Beteiligungsmanagement

Klaus-Michael Ahrend

Beteiligungsmanagement

Erfolgreiche Führung von Holding- und Beteiligungsgesellschaften

Springer Gabler

Klaus-Michael Ahrend
Haus der Energie
Hochschule Darmstadt, University of Applied Sciences
Darmstadt, Deutschland

ISBN 978-3-662-60587-5 ISBN 978-3-662-60588-2 (eBook)
https://doi.org/10.1007/978-3-662-60588-2

Die Deutsche Nationalbibliothek verzeichnet diese Publikation in der Deutschen Nationalbibliografie; detaillierte bibliografische Daten sind im Internet über http://dnb.d-nb.de abrufbar.

Springer Gabler

Springer Gabler ist ein Imprint der eingetragenen Gesellschaft Springer-Verlag GmbH, DE und ist ein Teil von Springer Nature.
Die Anschrift der Gesellschaft ist: Heidelberger Platz 3, 14197 Berlin, Germany

Vorwort von Prof. Dr. Klaus-Michael Ahrend

Sehr geehrte Leserin, sehr geehrter Leser,

vielen Dank, dass Sie dieses Buch erworben haben. Ich hoffe, es wird Ihnen eine interessante Lektüre sein, auf dem Weg zu einem erfolgreichen Beteiligungsmanagement!

Konzerne und Beteiligungsgesellschaften sind die tragenden Säulen der deutschen Wirtschaft. Ein Erfolgsfaktor ist die Führung der zugeordneten Beteiligungen, die die Interessen der Eigentümer berücksichtigt, Vertrauen in die Potenziale und Vorschläge der Tochterunternehmen legt und eine kooperative Zusammenarbeit fördert. Das vorliegende Buch soll Sie dabei unterstützen, das Beteiligungsmanagement situationsgerecht zu verbessern. Es bietet einen theoretisch fundierten und praktisch nutzbaren Überblick über die Gestaltung des Beteiligungsmanagements. Im Zentrum der Betrachtung stehen u. a.

- Selbstverständnis der Holding- bzw. Beteiligungsgesellschaft
- Beteiligungsstrategie des Mutterunternehmens
- Geschäftsmodellentwicklung
- Methoden für die Wertsteigerung der Beteiligungen
- Instrumente für die kooperative Zusammenarbeit von Mutter- und Tochterunternehmen
- Ansätze für die Unterstützung der Beteiligungen
- Personalentwicklung und Coaching
- Bündelung von Querschnittsfunktionen
- M&A und Post Merger Integration
- Umgang mit Konflikten/Konfliktmanagement

Das Buch richtet sich an Verantwortliche von Holding- und Beteiligungsgesellschaften, andere Akteure des Beteiligungsmanagements in Stabs- oder Zentralabteilungen (wie z. B. der Konzernentwicklung), Zwischengesellschaften oder in der öffentlichen Verwaltung sowie an die Akteure der Beteiligungen, die mit der unternehmensübergreifenden Zusammenarbeit befasst sind. Natürlich richtet sich das Buch auch an Studierende und Wissenschaftler, die sich für das Thema Beteiligungsmanagement interessieren. Für eine bessere Lesbarkeit wird auf die Verwendung von weiblicher und männlicher Form verzichtet.

Als Autor danke ich den zahlreichen Gesprächspartnern und Unterstützern, die dieses Buch ermöglicht haben. An erster Stelle danke ich meiner Familie für ihre Geduld und die unermüdliche Unterstützung. Liebe Leserin, lieber Leser, wenn Sie mir über Ihre Erfahrungen mit der Ausgestaltung des Beteiligungsmanagements berichten möchten oder den Dialog mit mir suchen, können Sie mich über klaus-michael@ahrend.de erreichen. Ich freue mich auf den Dialog.

Ich wünsche Ihnen viel Spaß bei der Lektüre und viel Erfolg bei der Verankerung der Instrumente für ein erfolgreiches Beteiligungsmanagement!

Klaus-Michael Ahrend

Vorwort von Jochen Partsch

„Habe Ehrfurcht vor dem Alten und Mut, das Neue frisch zu wagen, bleib treu der eigenen Natur und treu den Menschen, die du liebst"

Ernst Ludwig Karl Albrecht Wilhelm von Hessen und bei Rhein, letzter Großherzog von Hessen-Darmstadt

Das Zitat von Großherzog Ernst Ludwig von Hessen, einer Persönlichkeit, die die Wissenschaftsstadt Darmstadt bis 1918 geprägt hat, hält zwei wichtige Botschaften für das Thema Beteiligungsmanagement bereit. Die eine lautet, die bestehenden Beteiligungen mit Ehrfurcht zu führen und parallel über neue Geschäftsmöglichkeiten nachzudenken. Die andere lautet, dass jeder der Beteiligungen führt, auf seine Persönlichkeit vertrauen kann und die Führungskräfte der Beteiligungen respektieren und unterstützen sollte.

Die Wissenschaftsstadt Darmstadt hält ein Beteiligungsportfolio von über 150 Unternehmen. Diese sind in 8 Geschäftsfeldern tätig, Energie und Wasser, Immobilien, Mobilität, Gesundheit, Kultur und Freizeit, Telekommunikation und IT, Entsorgung und Abwasser sowie Beteiligungsmanagement. Entsprechend der großen Anzahl liegt eine wichtige Aufgabe im Beteiligungsmanagement. Mich als Beteiligungsdezernent unterstützt dabei die HEAG Holding AG, die von Klaus-Michael Ahrend mit einem Kollegen geführt wird. Mit analytischer Kompetenz, Empathie und umfangreicher Praxiserfahrung hat er die strategische Ausrichtung unserer kommunalen Unternehmen geprägt. So ist unser regionaler Energieversorger ENTEGA zu einem der führenden Ökoenergiedienstleister in Deutschland geworden und auch die anderen Geschäftsfelder der Darmstädter Stadtwirtschaft bilden eine gut funktionierende Einheit. Die über 150 Unternehmen tragen zur sozialen Stabilität bei, indem sie z. B. Wohnraum für breite Bevölkerungsschichten schaffen, attraktive Nahverkehrsleistungen sowie Gesundheitsleistungen der Maximalversorgung anbieten.

Wie Klaus-Michael Ahrend teile ich die Einschätzung, dass viele Städte, aber auch private Unternehmen von einem professionellen Beteiligungsmanagement profitieren können. Durch die Kombination von verschiedenen Instrumenten zu einem integrierten Beteiligungsmanagement ergibt sich ein Gesamtsystem, das die Kooperation in einem Unternehmensverbund fördert und zugleich ökonomischen Wert schaffen kann. Die Langfristigkeit des Ansatzes ermöglicht die Sicherung von Arbeitsplätzen vor Ort und damit eine hohe regionale Wertschöpfung. Das vorliegende Buch ist ein wichtiger Beitrag dafür.

Der Wichtigkeit des Themas entsprechend hoffe ich, dass das „Darmstädter" Modell des Beteiligungsmanagements auch in vielen anderen Städten aber auch in Unternehmensgruppen zur Anwendung kommen wird.

Den Leserinnen und Lesern wünsche ich viel Erfolg bei der Lektüre und der Anwendung.

Jochen Partsch

Oberbürgermeister und Beteiligungsdezernent der Wissenschaftsstadt Darmstadt

Vorwort von Klaus Möllerfriedrich

Viele Familien-Unternehmer suchen vergeblich einen Nachfolger aus der Familie. Um das Lebenswerk nicht ungeordnet zu hinterlassen, bietet sich ein Verkauf an eine passende Beteiligungsgesellschaft an. Eine dieser Gesellschaften ist die GESCO AG.

Das Beteiligungsmanagement hat aber nicht nur bei Beteiligungsgesellschaften eine hohe Bedeutung. Zahlreiche deutsche Konzerne erarbeiten ihre Wertschöpfung mit zahlreichen Beteiligungen im In- und Ausland. Aufgrund der zunehmenden Komplexität der Konzernstrukturen wird die Bedeutung des Beteiligungsmanagements in Deutschland und darüber hinaus weiter zunehmen.

Der Erfolg des Beteiligungsmanagements hängt von vielen unterschiedlichen Faktoren ab. Klaus-Michael Ahrend untersucht das Beteiligungsmanagement in einem umfassenden Rahmen. Er analysiert die unterschiedlichen Aufgaben aus einer strategischen Perspektive, entwickelt neue konzeptionelle Ansätze für den Aufbau von notwendigen Kompetenzen und präsentiert Vorschläge, die zum Erfolg des Beteiligungsmanagements beitragen. Eine professionelle Führung basiert auf einem immer wiederkehrenden Lernprozess, der überwiegend während der Berufstätigkeit durch die Reflexion des Handelns erfolgt. Das Buch ist eine willkommene Ergänzung dafür. Ganz nach dem Motto „Verba volant, scripta manent – Die Worte fliegen, das Geschriebene bleibt."

Die Untersuchung unterschiedlicher Gestaltungsformen des Beteiligungsmanagements liefert hilfreiche Ansätze für das „Voneinander Lernen" in der unternehmerischen Praxis. In jedem Kapitel werden die Grundlagen und nutzbare Methoden für die Anwendung der verschiedenen Handlungsfelder des Beteiligungsmanagements präsentiert.

Das vorliegende Buch empfehle ich allen Leserinnen und Lesern, die sich mit dem Beteiligungsmanagement beschäftigen. Für alle Fälle lässt sich das das Buch von Klaus-Michael Ahrend als hilfreiches Handbuch nutzen. Dies gilt für Entscheidungsträger in Unternehmen, für Unternehmensberater und Banken sowie für Wissenschaftler und Studenten, die ein besseres Verständnis des Themas anstreben.

Ich wünsche Ihnen, den Leserinnen und Lesern, interessante Einblicke und eine spannende Lektüre.

Klaus Möllerfriedrich
Gründer und Aufsichtsratsvorsitzender der GESCO AG

Inhaltsverzeichnis

Abkürzungsverzeichnis

Abb.	Abbildung
AG	Aktiengesellschaft, Arbeitsgruppe
App	Application
Aufl.	Auflage
Bd.	Band
BMWI	Bundesministerium für Wirtschaft und Technologie
bspw.	beispielsweise
BWL	Betriebswirtschaftslehre
bzgl.	bezüglich
bzw.	beziehungsweise
d. h.	das heißt
DIN	Deutsche Industrie Norm
et al.	et alii, et aliae, et alia
etc.	et cetera
EUR	Euro
evtl.	eventuell
f.	folgende
ff.	fortfolgende
ggf.	gegebenenfalls
Hrsg.	Herausgeber
i. d. R.	in der Regel
i.e.S.	im engeren Sinne
Inc.	Incorporated
incl.	inclusive
inkl.	inklusive
IT	Informationstechnologie
IuK	Information und Kommunikation
i.w.S.	im weiteren Sinne
Jg.	Jahrgang
KMU	Kleine und mittelständische Unternehmen

Mio.	Millionen
Mrd.	Milliarden
No.	Number
Nr.	Nummer
o. A.	ohne Autor
o. J.	ohne Jahrgang
S.	Seite
sog.	sogenannt
Tab.	Tabelle
u. a.	unter anderem
u. a. m.	und andere mehr
usw.	und so weiter
vgl.	vergleiche
Vol.	Volume (englisch „Ausgabe“)
z. B.	zum Beispiel

Über Den Autor

Prof. Dr. Klaus-Michael Ahrend ist seit 2008 Vorstand der HEAG Holding AG in Darmstadt. Weiterhin ist er Mitglied in verschiedenen Aufsichtsgremien, Beiräten und Verbänden, wie z. B. der Financial Experts Association.

Er studierte Betriebswirtschaftslehre an der Universität St. Gallen und promovierte an der Universität Trier. Seit 2015 ist er Honorarprofessor.

Von 1997 bis 2005 war Klaus-Michael Ahrend als Unternehmensberater bei der Firma Accenture im In- und Ausland tätig. Danach übernahm er von 2005 bis 2008 die Position des kaufmännischen Leiters der Stadtwerke Offenbach Holding GmbH.

Seit 2008 ist er Vorstand der HEAG in Darmstadt. Die HEAG ist das Leitunternehmen der Darmstädter Stadtwirtschaft. Als Beteiligungsmanagement ist die Gesellschaft verantwortlich für rd. 150 Unternehmen aus den Geschäftsfeldern Energie und Wasser, Immobilien, Mobilität, Gesundheit, Kultur und Freizeit, Telekommunikation und IT sowie Entsorgung und Abwasser.

Einleitung

1

Wissenschaft und Tapferkeit bauen die Größe auf.
Gracián (2005), Nr. 4

Zusammenfassung

Das Management von Beteiligungen ist eine zentrale Aufgabe von Konzern-Holding-Gesellschaften, von Private-Equity-orientierten Beteiligungsgesellschaften, von öffentlichen Holding- oder Beteiligungsgesellschaften sowie von Holding- oder Beteiligungsgesellschaften im Familieneigentum. Das Einführungskapitel erläutert den Inhalt des Buches, die Zielgruppen sowie den angestrebten Mehrwert für die Leser. Das vorliegende Buch bietet einen theoretisch fundierten und praktisch nutzbaren Überblick über die Gestaltung des Beteiligungsmanagements.

Wenngleich nur 9,5 % der deutschen Unternehmen konzernverbunden sind, vereinen sie dagegen 78,6 % des Umsatzes, 68,7 % der Bruttowertschöpfung, 56,2 % der Beschäftigten und 75,1 % der Investitionen in Sachanlagevermögen auf sich.[1] Insofern liegt der überwiegende Teil der deutschen Wirtschaftskraft in Konzernen, die wiederum aus zahlreichen Beteiligungen bestehen. Dabei handelt es sich gemäß § 18 AktG bei einem Konzern um eine Menge rechtlich selbstständiger Beteiligungen, die unter einheitlicher Leitung zusammengefasst sind.[2] Der Trend zur Bildung dezentraler Einheiten ist nicht nur in der

[1] Statistisches Bundesamt (2011).

[2] Vgl. Theisen (2000), S. 52–58.

K.-M. Ahrend, *Beteiligungsmanagement*,
https://doi.org/10.1007/978-3-662-60588-2_1

Privatwirtschaft vorhanden, sondern auch im öffentlichen Sektor.[3] Aufgrund der erkannten Notwendigkeit für die Etablierung von öffentlich-öffentlichen wie auch von öffentlich-privaten Kooperationen und der von vielen Bürgern und politisch Verantwortlichen gewollten Rekommunalisierung (in Abkehr von Privatisierungen) werden zunehmend Leistungen der Daseinsvorsorge in (neue) Beteiligungen von Kommunen und Bundesländern ausgegliedert. Entsprechend ist das Management von Beteiligungen eine zentrale Aufgabe von Konzern-Holding-Gesellschaften.

Neben Konzernen spielt das Beteiligungsmanagement auch eine zentrale Rolle bei Private-Equity-orientierten Beteiligungsgesellschaften, sanierungsorientierten Beteiligungsgesellschaften, öffentlichen Holding- oder Beteiligungsgesellschaften sowie bei Holding- oder Beteiligungsgesellschaften im Familieneigentum. Das Beteiligungsmanagement jeder dieser Einheiten wird durch ein Mutterunternehmen im Sinne eines Corporate Centers oder einer Zentrale geführt.[4] Im Folgenden wird als Mutterunternehmen das Unternehmen eines Konzerns bezeichnet, an der kein anderes Konzernunternehmen direkt und/oder indirekt mehrheitlich beteiligt ist. Dies umfasst auch Körperschaften des öffentlichen Rechts wie Gemeinden, Bundesländer und den Bund. Auch eine Beteiligungsgesellschaft, die keinen Konzern begründet, wird als Mutterunternehmen bezeichnet. Als Beteiligungen oder Beteiligungsunternehmen werden alle anderen Unternehmen benannt. Wenngleich auch eine Beteiligung ein Mutterunternehmen (für einen Teilkonzern) sein kann, wird diese Unschärfe bewusst akzeptiert. Entsprechend gelten die Ausführungen im Wesentlichen auch für das Beteiligungsmanagement eines Teilkonzerns. Auf die Verwendung von Begriffen wie Konzernobergesellschaft,[5] Obergesellschaft oder Führungsgesellschaft wird aufgrund der damit zum Ausdruck kommenden Subordination (der Beteiligungen bzw. der sog. Konzernuntergesellschaften) verzichtet.

Während sich die Zielsetzungen der genannten Mutterunternehmen unterscheiden, können sie alle auf das gleiche Methodenspektrum zurück greifen. Dabei sind die Methoden ähnlich wie Vokabeln für beide Kommunikationspartner, d. h. für das Holding- bzw. Beteiligungsunternehmen einerseits und für die Beteiligung auf der anderen Seite von Bedeutung. In jedem Fall zielt das Beteiligungsmanagement auf die nachhaltige Erwirtschaftung von Mehrwert durch eine zielorientierte Steuerung der Beteiligungen.

Obwohl zahlreiche Arbeiten zum Thema Beteiligungsmanagement vorliegen, besteht ein Bedarf an Arbeiten, die konkrete Hinweise für die Gestaltung der Methoden des Beteiligungsmanagements geben.[6] Die zum Thema Beteiligungsmanagement entstandenen wissenschaftlichen Beiträge konzentrieren sich meist auf einzelne Sachverhalte der Unternehmenszentrale, wie die Gestaltung des Beteiligungscontrollings oder den effizienten Aufbau von Querschnittsfunktionen.[7] Es fehlt eine breite und tiefe Darstellung der

[3] Vgl. Papenfuß und Schaefer (2017).

[4] Vgl. Zimmermann und Preuß (2000), S. 364.

[5] Vgl. Koblin (2002), S. 14.

[6] Vgl. Frost und Morner (2010), S. 18.

[7] Vgl. Kustin und Jones (1995); Goold et al. (2000); Rasheed et al. (2004); Bach und Petry (2004); Roland Berger Strategy Consultants (2005), Zimmermann et al. (2005), IBM (2008), Arthur D. Little (2008).

verfügbaren Methoden für die Schaffung von Wertbeiträgen durch das Beteiligungsmanagement.[8] Außerdem fehlt in der Literatur eine vertiefte Befassung mit einem kooperativen Verständnis des Beteiligungsmanagements. Die meisten Arbeiten befassen sich mit dem Thema aus Top-Down Sicht und gehen über den gemeinsamen Planungsprozess nicht auf die Belange der Beteiligungen ein.[9]

Das Ziel des vorliegenden Handbuchs ist die Entwicklung eines Handlungsrahmens für die Gestaltung eines erfolgreichen Beteiligungsmanagements. Dabei werden neben Beiträgen zum Beteiligungsmanagement auch Ansätze aus dem Konzernmanagement sowie aus der Führung von Private Equity Unternehmen einbezogen. Die theoretischen Ansätze werden verdichtet und zu einem praktisch nutzbaren Instrumentarium des Beteiligungsmanagements weiterentwickelt.

Einen Überblick über die in Deutschland vertretenen Konzerne und ihre Beteiligungsstrukturen ermöglichen Datenbanken wie z. B. die von Hoppenstedt[10]. Das vorliegende Handbuch konzentriert sich auf die Darstellung verschiedener Ansätze für die Durchführung des Beteiligungsmanagements anhand von über 40 Fallbeispielen. Für die Leser ergibt sich so die Möglichkeit einer direkten Reflexion für die Weiterentwicklung des „eigenen" Beteiligungsmanagements.

Die Instrumente werden dabei nicht nur aus Sicht des Mutterunternehmens, sondern auch aus der Sicht der Beteiligungen erläutert. Ein „kooperatives" Beteiligungsmanagement enthält Elemente der Aktivierung und Verstärkung sowie solche der Förderung und Stabilisierung. Dabei wird ein Verständnis von Mutterunternehmen und Beteiligung als wechselseitig notwendige Systeme, oder aus der Biologie bekannt, als Symbiose von sich beidseitig stärkenden Systeme zugrunde gelegt.

▶ In Summe ergibt sich so ein anwendungsorientiertes Instrumentarium des Beteiligungsmanagements aus Sicht des Mutterunternehmens und der Beteiligungen.

Damit ergänzt das Handbuch die wissenschaftliche Diskussion für die Weiterentwicklung der Methoden des Beteiligungsmanagements und Praktiker finden im Sinne eines anwendungsorientierten Verständnisses der Betriebswirtschaft[11] einen Überblick über das Spektrum an Instrumenten für die Ausgestaltung des unternehmensspezifischen Beteiligungsmanagements.

Die Anwendbarkeit zielt auf sämtliche in der Praxis vorkommenden Formen an Mutterunternehmen, von der Konzernholding, über das Leitunternehmen einer Unternehmensgruppe im Familieneigentum, die Führungsgesellschaft eines Konzerns in öffentlichem Eigentum bis hin zu kurz- oder langfristig ausgerichteten Beteiligungsgesellschaften.

---

[8] Vgl. Kreisel (1995); Campbell und Goold (1998); Young (2000); Bühner (2000); Goold et al. (2001); Goold und Campbell (2002); Sambeth (2003); von Werder und Grundei (2004); Goold et al. (2004); Johnston (2005); Krüger et al. (2007); Goold et al. (2007).

[9] Vgl. Maier (1997), S. 110–111.

[10] Vgl. http://www.konzernstrukturen.de.

[11] Vgl. Ulrich, H. (1981); Ulrich, H. (1984).

Abb. 1.1 Instrumentarium nach Handlungsorientierung und unternehmerischer Wirkung

Zielgruppe des Buches sind Verantwortliche von Holding- und Beteiligungsgesellschaften, andere Akteure des Beteiligungsmanagements in Stabs- oder Zentralabteilungen (wie z. B. der Konzernentwicklung), Zwischengesellschaften oder in der öffentlichen Verwaltung sowie die Akteure der Beteiligungen, die mit der unternehmensübergreifenden Zusammenarbeit befasst sind. Natürlich richtet sich das Buch auch an Studierende und Wissenschaftler, die sich für das Thema Beteiligungsmanagement interessieren.

Das Buch gliedert sich in 13 Kapitel. Nach der Einleitung beschreibt Kap. 2 die Grundlagen des Beteiligungsmanagements. Daran anschließend wird das Instrumentarium anhand von 11 weiteren Kapiteln erläutert. Abb. 1.1 präsentiert das Instrumentarium anhand der Dimensionen der Handlungsorientierung (strategische vs. operative) und der Unternehmerischen Wirkung (Konzern vs. Beteiligung). So entfaltet z. B. das Instrument Entwicklung Selbstverständnis und Beteiligungsstrategie eine strategische Handlungsorientierung mit konzernweiter unternehmerischer Wirkung. Demgegenüber hat die Digitalisierung eher eine operative Handlungsorientierung mit einer auf die Beteiligung fokussierten unternehmerischen Wirkung.

Das Beteiligungsmanagement ist kein linearer Prozess, sondern ein komplexes Themenfeld.[12] Dabei ist Komplexität die Fähigkeit eines Systems, in einer definierten Zeitspanne verschiedene (zahlreiche) Zustände annehmen zu können. Bei aller Strukturierung des Instrumentariums des Beteiligungsmanagements bleibt die Erkenntnis, dass es kein Patentrezept für die Ausgestaltung oder die Umsetzung gibt. Stattdessen gilt es, die Leitplanken in dem komplexen System festzulegen und entsprechend des marktlichen Umfelds und der Situation der Beteiligungen zu adaptieren.

Die aufgeführten Methoden wie z. B. die Formulierung einer Beteiligungsstrategie können dabei helfen, die Herausforderungen, Konflikte und Unklarheiten zu strukturieren und Entscheidungen zuzuführen. Gleichwohl bleibt der Wunsch nach einer linearen Abfolge von Problemanalyse, Methodenanwendung und Problemlösung unerreichbar.

[12] Vgl. Ulrich und Probst (1988), S. 58.

Dem Beteiligungsmanager bleiben in der Regel trotz gut aufbereiteter Fakten zahlreiche Widersprüche in der Einschätzung von Kontext und Situation eines Problems sowie verschiedene Optionen für die Methodenwahl und die Methodenanwendung. Die Fähigkeit des Umgangs mit dieser Unsicherheit ist eine der wichtigsten Anforderungen an einen Beteiligungsmanager. Das vorliegende Buch hilft bei der besseren Erfüllung einer anderen Anforderung, nämlich der Beherrschung der wesentlichen Methoden für das Beteiligungsmanagement. Während Banken die Risiken bewerten, Versicherungen die Risiken versichern, strukturieren und gestalten Beteiligungsmanager die Chancen und Risiken „ihrer" Beteiligungen.

Im Sinne einer Zusammenfassung lassen sich eine Reihe von Empfehlungen für das wertorientierte und kooperative Beteiligungsmanagement formulieren. Diese gelten einerseits für das Mutterunternehmen und andererseits für die Beteiligung.

- Kooperiere!
- Denke gemeinsam!, denke an Vorteile für Mutter und Beteiligung!
- Kommuniziere!
- Lege Wert auf eine gutes Team!
- Suche und fördere geeignete Geschäftsleiter, und vertraue in ihre Loyalität und ihr Engagement sowie in ihre Fähigkeiten und Kompetenzen.

Literatur

Arthur D. Little (2008) Rethinking the corporate center Studie. Arthur D. Little, München

Bach N, Petry T (2004) Corporate Functions und Corporate Services als Führungsinstrumente im Konzern – Ergebnisse der Untersuchung der DAX 30 Unternehmen. Working paper 02/2004, Professur für Betriebswirtschaftslehre II, Uni Gießen, Gießen

Bühner R (2000) Studie zu Größe und Gestaltung von Unternehmenszentralen. Universität Passau, Passau

Campbell A, Goold M (1998) Adding value from corporate headquarters. In: De Wit B, Myer R (Hrsg) Strategy: process, content, context: an international perspective, 2. Aufl. Cengage Learning, New York, S 484–500

Frost J, Morner M (2010) Konzernmanagement: Strategien für Mehrwert. Springer Gabler, Wiesbaden

Goold M, Campbell A (2002) Do you have a well-designed organization? Harv Bus Rev 80(3):117–124

Goold M, Young D, Bühner R, Blanc G, Collis D, Eppink J, Kagono T, Seminario GJ (2000) Corporate headquarters. An international analysis of their roles and staffing. Pearson, London

Goold M, Pettifer D, Young D (2001) Redesigning the corporate centre. Eur Manag J 19(1):83–91

Goold M, Pettifer D, Young D (2004) Redesigning the corporate centre. In: Wildemann H (Hrsg) Personal und Organisation. München, S 19–35

Goold M, Young D, Collis D (2007) The size, structure, and performance of corporate headquarters. Strateg Manag J 28(3):383–405

Gracián B (2005) Handorakel und Kunst der Weltklugheit. Beck/dtv, München

IBM (2008) The Global CEO Study – Das Unternehmen der Zukunft. ibm.com/doing/de/ceo
Johnston S (2005) Headquarters and subsidiaries in multinational corporations: strategies, tasks, and coordination. Palgrave, New York
Koblin C (2002) Wertsteigernde Konzernstrukturen, Dissertation, St. Gallen
Kreisel H (1995) Zentralbereiche: Formen, Effizienz und Integration. Gabler, Wiesbaden
Krüger W, Werder A v, Grundei J (2007) Center Konzepte: Strategieorientierte Organisation von Unternehmensfunktionen. Zeitschrift für Führung und Organisation, 76. Jahrgang, Ausgabe 1:4–11
Kustin R, Jones R (1995) The influence of corporate headquarters on leadership styles in Japanese and US subsidiary companies. Leadersh Org Dev J 16(5):11–15
Maier J (1997) Zur Dezentralisierung von Führungsaufgaben in Konzernen – eine Analyse der Führungsbeziehungen zwischen Konzernmutter- und Tochtergesellschaften. In: Roth A, Behme W (Hrsg) Organisation und Steuerung dezentraler Unternehmenseinheiten. Gabler, Wiesbaden, S 95–114
Papenfuß U, Schaefer C (2017) Beteiligungsmanagement und Public Corporate Governance: Grundsachverhalte und Reformperspektiven. Zeitschrift für öffentliche und gemeinwirtschaftliche Unternehmen 40(2–3):131–151
Rasheed AA, Yoshikawa T, Datta DK, Rosenstein J (2004) Convergence and restructuring: a comparison of Japan and the United States. In: Wildemann H (Hrsg) Personal und Organisation. TCW, München, S 35–57
Roland Berger Strategy Consultants (2005) Die Optimale Firmenzentrale – Ergebnisse der Corporate Headquarter Studie. think:act
Sambeth F (2003) Die Rolle des wertorientierten Corporate Center in der digitalen Medien- und Kommunikationsindustrie. Universität St. Gallen, St. Gallen
Statistisches Bundesamt (2011) Auszug aus Wirtschaft und Statistik: Ausgewählte Ergebnisse für kleine und mittlere Unternehmen in Deutschland 2009. DeStatis, Wiesbaden
Theisen MR (2000) Der Konzern. Betriebswirtschaftliche und rechtliche Grundlagen der Konzernunternehmung, 2. Aufl. Schäffer-Poeschel, Stuttgart
Ulrich H (1981) Die Betriebswirtschaftslehre als anwendungsorientierte Sozialwissenschaft. In: Geist MN, Köhler R (Hrsg) Die Führung des Betriebes. Schäffer-Poeschel, Stuttgart
Ulrich H (1984) Management. Haupt, Bern
Ulrich H, Probst GJB (1988) Anleitung zum ganzheitlichen Denken und Handeln, Ein Brevier für Führungskräfte. Haupt, Bern
von Werder A, Grundei J (2004) Konzeptionelle Grundlagen der Center-Organisation: Gestaltungsmöglichkeiten und Effizienzbewertung. In: Werder A v, Stöber H (Hrsg) Center-Organisation: Gestaltungskonzepte, Strukturentwicklung und Anwendungsbeispiele. Schäffer-Poeschel, Stuttgart, S 11–54
Young D (2000) Designing better headquarters. Ashridge Manag J Summer:1–17
Zimmermann TP, Preuß F (2000) „Conglomerate-Surplus" – Die erfolgreiche Führung von Multi-Business Unternehmen. In: Hinterhuber HH et al (Hrsg) Die Zukunft der diversifizierten Unternehmung. Vahlen, München, S 359–382
Zimmermann T, Huhle F, Schulte J, Stocker A (2005) Corporate headquarters 2005, Study results. Roland Berger, München

Beteiligungsmanagement: eine Annäherung

2

Zusammenfassung

Das Kapitel definiert den Beteiligungsbegriff aus juristischer und bilanzieller Perspektive und beleuchtet das Beteiligungsmanagement aus betriebswirtschaftlicher, biologischer und pädagogischer Perspektive. Als Beteiligungsmanagement wird die zielorientierte sachbezogene und personenbezogene Führung von Beteiligungen verstanden. Es zielt primär auf die Schaffung von Mehrwerten für Beteiligungen und Mutterunternehmen sowie auf die Unterstützung der Akteure der Beteiligungen. Beteiligungsmanager strukturieren und gestalten die Chancen und Risiken „ihrer" Beteiligungen. Die Kernaufgaben des Beteiligungsmanagements liegen in der Entwicklung von Selbstverständnis und Portfolio, der Aktivierung und Verstärkung, der Förderung und Stabilisierung, der Koordination der Zusammenarbeit sowie im Monitoring. Dazu kommen die Rollen, die spezifischen Objekte, die spezifische organisatorische Verankerung, die Methoden der Steuerung und das Instrumentarium des Beteiligungsmanagements.

Auf Basis dieser Elemente wird in diesem Kapitel ein Handlungsmodell für ein wertorientiertes Beteiligungsmanagement entwickelt und detailliert. Das Instrumentarium des Handlungsmodells umfasst 10 verschiedene Instrumente und rd. 150 einzelne Aufgaben.

2.1 Die Beteiligung aus juristischer Perspektive

Unternehmerisches Handeln erfolgt in der Regel im Rahmen einer privatrechtlichen Firma, einem Unternehmen. Im Zuge der unternehmerischen Entwicklung erwirbt bzw. entwickelt das Unternehmen Ressourcen in Form von Vorräten, Sachanlagevermögen und auch immateriellen Vermögensgegenständen (wie z. B. Patenten und Marken). Durch Wachstum (insb. im Ausland), strategische Diversifizierung der Aktivitäten und auch aufgrund von finanziellen und steuerlichen Gründen werden zusätzlich Beteiligungen gegründet.

K.-M. Ahrend, *Beteiligungsmanagement*,
https://doi.org/10.1007/978-3-662-60588-2_2

Grundsätzlich können Unternehmensbeteiligungen in verschiedenen Rechtsformen ausgestaltet werden. Die Voraussetzung ist dabei, dass die Gesellschafter oder Anteilseigner einen Anteil am Eigenkapital der Beteiligung erwerben bzw. gegen Einzahlung erhalten können. Die Anteilseigner werden dabei in der Regel in dem für das Unternehmen relevanten Handelsregister eingetragen. Daraus ergeben sich Rechte wie das Stimmrecht, das Recht auf Beteiligung am Gewinn, aber auch Pflichten. Zu den Pflichten zählen unter anderem das Handeln im Aufsichtsrat zum Wohle der Gesellschaft. Eine unmittelbare oder direkte Beteiligung liegt vor, wenn der Anteilseigner direkt an einem Unternehmen beteiligt ist. Eine mittelbare Beteiligung liegt vor, wenn der betreffende Anteilseigner über eine oder mehrere Zwischengesellschaft(en) an einem Unternehmen beteiligt ist.

Es lassen sich Einzelunternehmer (Einzelkaufmann e.K. bzw. Einzelkauffrau e.K.), Personengesellschaften (z. B. OHG oder KG) und Kapitalgesellschaften (z. B. GmbH oder AG) sowie sonstige Rechtsformen (z. B. Genossenschaft oder Verein) unterscheiden.[1] Mit der Wahl der Rechtsform bzw. dem Vorliegen einer bestimmten Rechtsform ergeben sich Unterschiede für den Umgang mit den Organen (Geschäftsführung, Aufsichtsrat und Anteilseignerversammlung) der Beteiligung. Sollten sich daraus Probleme für das Beteiligungsmanagement ergeben, wird regelmäßig ein Rechtsformwandel erwogen. Dabei sind die §§ 190 bis 304 UmwG und das Umwandlungssteuergesetz zu beachten. Während im Unternehmensregister vor allem Einzelunternehmer dominieren, handelt es sich bei Beteiligungen in der Regel um Kapital- oder Personengesellschaften. Abb. 2.1 gibt einen Überblick über die Verteilung der Rechtsformen in Deutschland.

Grundsätzlich können Anteilseigner an Mehrheits-, wie auch an Minderheitsbeteiligungen beteiligt sein. Der prozentuale Anteil des Mutterunternehmens am Nominalkapital der Beteiligung prägt nicht nur den Anteil an wirtschaftlichen Chancen und Risiken, sondern auch die Möglichkeit für die Einflussnahme an der Beteiligung (siehe Tab. 2.1).

Eine wesentliche Beteiligung liegt ab einer Beteiligungsquote von 20 % vor. Eine Alleinbeteiligung liegt bei einer Beteiligungsquote von 100 %, eine Eingliederungs- oder

[1] Das deutsche Unternehmensregister umfasst die Rechtsformen Europäische wirtschaftliche Interessenvereinigung (EWIV), Rechtsform ausländischen Rechts (mit verschiedenen Kategorien), Einzelkaufmann (e.K.) bzw. Einzelkauffrau (e.K.), Offene Handelsgesellschaft (OHG), Kommanditgesellschaft (KG), Gesellschaft mit beschränkter Haftung (GmbH) und die gemäß § 5a GmbHG als Unternehmergesellschaft (haftungsbeschränkt) (UG haftungsbeschränkt) firmierende „kleine GmbH", Aktiengesellschaft (AG), Eingetragene Genossenschaft (eG), Eingetragener Verein (eV), Kommanditgesellschaft auf Aktien (KGaA), Partnerschaft, Versicherungsverein auf Gegenseitigkeit (VVaG), Europäische Aktiengesellschaft (SE) sowie die Seerechtliche Gesellschaft. Sonderformen mit einem gemäß § 52 Abs. 2 Abgabenordnung gemeinnützigen Zweck wie z. B. die gemeinnützige GmbH (gGmbH), die gemeinnützige Unternehmergesellschaft (haftungsbeschränkt) oder die gemeinnützige Aktiengesellschaft (gAG) werden dabei nicht separat ausgewiesen. Stiftungen sowie öffentlich-rechtliche Rechtsformen wie z. B. Eigenbetriebe, Zweckverbände oder Anstalten des öffentlichen Rechts (AöR) fehlen in der Auflistung. Vgl. https://www.unternehmensregister.de.

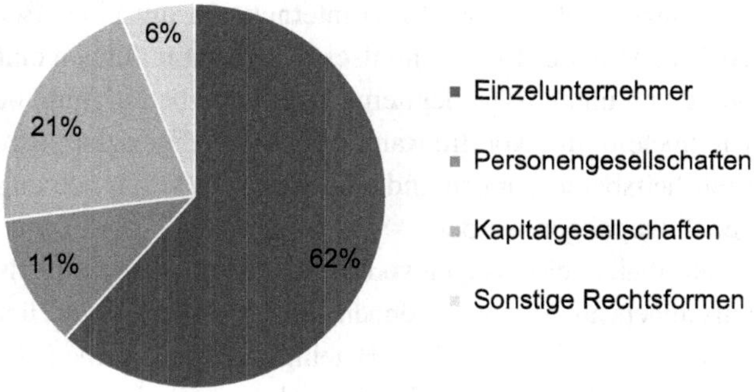

Abb. 2.1 Rechtsformen von Unternehmen in Deutschland. (Quelle: In Anlehnung an Statistisches Bundesamt 2018)

Tab. 2.1 Überblick über die Beteiligungsquoten (Quelle: In Anlehnung an Burger et al. 2010, S. 14)

Anteilsquote	Beschreibung	Anteilsquote	Beschreibung
>0 %, <5 %	Kleinstbeteiligung	>50 %, <75 %	Einfache Mehrheitsbeteiligung
5 % bis <25 %	Minderheitsbeteiligung	75 % bis <100 %	Qualifizierte Mehrheitsbeteiligung
25 %	Sperrminderheitsbeteiligung	100 %	Alleinbeteiligung
50 %	Beteiligung zu gleichen Teilen		

Squeeze-out-Beteiligung ab 95 % vor.[2] Ab einer Beteiligungsquote von 75 % liegt eine Dreiviertelmehrheit vor, die ermöglicht, Satzungsänderungen zu beschließen oder einen Beherrschungs-[3] und Gewinnabführungsvertrag[4] zu vereinbaren. Eine Mehrheitsbeteiligung liegt ab einer Beteiligungsquote von mehr als 50 % vor.[5] Bei einer Beteiligungsquote von genau 50 % liegt eine Beteiligung zu gleichen Teilen vor. Liegt eine Beteiligungsquote von mehr als 25 % (aber unter 50 %) vor, hat das Mutterunternehmen eine Sperrminorität und kann Beschlüsse wie Satzungsänderungen verhindern. Ebenso ermöglicht eine solche Minderheitsbeteiligung nach § 122 AktG die Möglichkeit, Hauptversammlun-

[2] Als Squeeze-out-Verfahren wird der Ausschluss anderer Anteilseigner mit einer Gesamtbeteiligung von unter 5 % verstanden. Gemäß § 327a AktG kann die Hauptversammlung auf Betreiben eines Aktionärs, der mehr als 95 % des Grundkapitals hält, die Kleinaktionäre gegen Zahlung einer angemessenen Barabfindung herausdrängen.

[3] Mit einem Beherrschungsvertrag wird gemäß § 291 Abs. 1 AktG die Leitung des beherrschten Unternehmens dem herrschenden Unternehmen unterstellt. Einschränkend gilt, dass die Wirksamkeit des Vertrags von dem Bestehen eines Abhängigkeitsverhältnisses abhängt.

[4] Ein Gewinnabführungsvertrag ist die Grundlage für eine gemäß § 14 Körperschaftsteuergesetz mögliche ertragssteuerliche Organschaft. Mit dieser wird der Jahresüberschuss (oder Verlust) der Beteiligung auf die Ebene des Mutterunternehmens übertragen und die Ertragssteuern auf Ebene der Beteiligung weitestgehend vermieden. Inwiefern die Steuerlast in gleicher Höhe auf Ebene des Mutterunternehmens anfällt, hängt von der dortigen steuerlichen Lage, insb. der Existenz von in der gleichen steuerlichen Sparte anrechenbaren laufenden Verlusten aus anderen Beteiligungen, laufenden Verlusten des Mutterunternehmens oder nutzbaren Verlustvorträgen ab.

[5] Gemäß § 16 AktG liegt dann ein in Mehrheitsbesitz stehendes Unternehmen vor. Gemäß § 133 AktG erfordern viele gesellschaftsrechtliche Beschlüsse mindestens eine einfache Mehrheit.

gen einzuberufen. Ein Mutterunternehmen mit einer Beteiligungsquote von mindestens 10 % kann in der Regel Anteilseigner versammlungen einberufen. Bei einer Beteiligungsquote von unter 10 % liegt eine Streubesitzbeteiligung, bei einer von unter 5 % liegt eine Kleinbeteiligung vor. Im Rahmen der Beteiligungsstrategie sollte definiert werden, ob nur Mehrheitsbeteiligungen und unter welchen Voraussetzungen auch Minderheitsbeteiligungen eingegangen werden.

Normalerweise hängen von der direkt gehaltenen Anteilsquote die Einflussrechte des Anteilseigners ab. Alternativ können die Einflussrechte auch über eine Kombination von direkten Anteilen und indirekt über Beteiligungen gehaltenen Anteilen wahrgenommen werden. Gleichwohl lässt sich die Einflussnahme auch disquotal, also unabhängig von der Anteilsquote in der Satzung oder in einem Konsortialvertrag mit anderen Anteilseignern definieren.

Neben direkten oder indirekten Beteiligungen kommen in der Unternehmenspraxis auch gegenseitige Beteiligungen vor. Dabei kann es sich um eine gegenseitige Beteiligung von Mutterunternehmen und Beteiligung, um die Beteiligung des Mutterunternehmens zusätzlich neben der indirekten Beteiligung direkt an einer Enkel- (oder weiter entfernten) Beteiligung, um eine gegenseitige Minderheitsbeteiligung von zwei Beteiligungen untereinander oder um eine gegenseitige Mehrheitsbeteiligung von zwei Beteiligungen handeln. Die Motivation für derartige Konstrukte liegt meist in der Verdeutlichung der Partnerschaft der Partner, in der Erschwerung von feindlichen Übernahmen, in steuerlichen Überlegungen z. B. für die Verlagerung von Gewinnen oder in der Realisierung von finanziellen Mitteln durch die mit der Beteiligung verbundenen stillen Reserven. Weitere Gründe können in der Stärkung des Haftungssubstrates durch die im Zuge der gegenseitigen Beteiligung begebenen Sicherheiten, in der Einschränkung der Mitbestimmungsrechte bei den Beteiligungen oder in der Schaffung von Übergangsstrukturen für die Realisierung von M&A-Transaktionen liegen. So können mit der Beteiligung Möglichkeiten des (internationalen) Umwandlungs- und Umwandlungssteuerrechts genutzt werden, die ohne das Vorliegen einer Beteiligung erschwert oder verteuert würden. Mit zunehmender Dichte von gegenseitigen Beteiligungen nimmt nicht nur die Transparenz des Beteiligungsportfolios ab, sondern die Notwendigkeit von Erklärungen für Finanzierungspartner. Meist entwickeln sich derartige Strukturen über die Zeit durch einzelne Ereignisse. Eine Entflechtung ist später meist gewollt, aber mühsam und teilweise teurer als die neben der Transparenz zusätzlich resultierenden Vorteile. Die Vorteile überwiegen insb. dann, wenn der Marktwert der zum Verkauf stehenden Beteiligung aufgrund der Auflösung von stillen Reserven zu einem deutlichen außerordentlichen Ertrag führt.

Zusätzlich zu gegenseitigen Beteiligungen ist die Unternehmensrealität auch durch Gemeinschaftsbeteiligungen geprägt. Bei diesen Strukturen halten mindestens zwei Mutterunternehmen Anteile an einer in der Regel neu gegründeten Beteiligung. Dies bietet sich für die Zusammenarbeit von zwei Beteiligungen in einem Konzern an, oder auch für die Zusammenarbeit von zwei oder mehreren bislang nicht verbundenen Mutterunternehmen. Dabei lassen sich die Anteilsquoten an einem Joint Venture zu jeweils gleichen Teilen zuordnen oder nach einem frei wählbaren Schlüssel. Wird die unternehmerische Führung und die Mehrheit bei einem Mutterunternehmen angesiedelt, übernimmt dieses in der Regel die Konsolidierung und die Rolle des ertrags- bzw. umsatzsteuerlichen Organträgers.

Mit der Begründung von Joint Venture Gesellschaften lässt sich eine effizientere Struktur abbilden, als durch die Begründung von zwei oder mehreren separaten Gesellschaften, die dann vertragsrechtlich miteinander kooperieren. Wird das Joint Venture nicht gemeinsam gegründet, sondern wird ein oder mehrere Partner an einem bestehenden Unternehmen beteiligt, spricht man nicht mehr von der Begründung eines Joint Ventures, sondern um eine Minderheitsbeteiligung. Bei öffentlichen Unternehmen gab es bzw. gibt es teilweise noch den Trend, private Unternehmen an bestehenden Unternehmen im Sinne von Public-Private-Partnerships[6] zu beteiligen oder gemeinsame Joint Ventures zu gründen.

In Abgrenzung zu der Gründung von Joint Ventures oder der Minderheitsbeteiligung eines neuen Partners an einer Beteiligung steht die Bildung einer strategischen Allianz. Diese dient im Wesentlichen der Bildung eines vertrags- oder gesellschaftsrechtlich verbundenen Ressourcen- und Kompetenzgeflechts von zwei oder mehreren Unternehmen. Strategische Allianzen können sich wie auch andere Kooperationen auf horizontale, vertikale oder diagonale Wertschöpfungsverknüpfungen beziehen. Häufig wird bei einer strategischen Allianz eine gegenseitige Beteiligung begründet. Diese Form der gegenseitigen Beteiligung von bislang unverbundenen Unternehmen führt ähnlich wie die gegenseitige Beteiligung innerhalb eines Konzerns zu einer Stärkung der Bindung der Partner aneinander.[7]

Es lassen sich offene und stille Beteiligungen unterscheiden. Bei offenen Beteiligungen kann die Öffentlichkeit das Beteiligungsverhältnis im Rahmen der jährlichen Berichterstattung sowie durch den Eintrag im Handelsregister nachvollziehen. Hingegen sind stille Beteiligungen für die Öffentlichkeit nicht sichtbar.[8] Sie dienen insbesondere für die Stärkung der Eigenkapitalbasis, ohne die neuen Anteilseigner mit Stimmrechten zu berücksichtigen.

Eine Mehrzahl an Beteiligungen unter einer einheitlichen Leitung bildet gemäß § 18 Abs. 1 AktG einen Konzern: „Sind ein herrschendes und ein oder mehrere abhängige Unternehmen unter der einheitlichen Leitung des herrschenden Unternehmens zusammengefasst, so bilden sie einen Konzern." Der Begriff Konzern hat seinen Ursprung in den lateinischen Wörtern „con" für zusammen, miteinander und „cernere" für sich unterscheiden, verschieden sein.[9] Demnach ist ein Konzern ein Verbund verschiedener Unternehmen. Während der Begriff des Konzerns in der öffentlichen Wahrnehmung durchaus präsent ist, handelt es sich bei einem Konzern nicht um eine Rechtsperson. Gleichwohl führt der Konzern zu einer stabilen Verbindung zwischen Mutterunternehmen und ihren Beteiligungen.

Die einheitliche Leitung lässt sich bei Mehrheitsbeteiligungen vermuten und führt zu einer geringeren Entscheidungsfreiheit der weiterhin rechtlich selbstständigen Unternehmen im Vergleich zu einem konzernunabhängigen Unternehmen.[10] Es lassen sich der Unterordnungskonzern und der Gleichordnungskonzern unterscheiden.

[6] Vgl. das Sonderheft 48/2016 der Zeitschrift für öffentliche und gemeinwirtschaftliche Unternehmen und den Beitrag von Ahrend und Hoschek (2016).

[7] Vgl. Zu der Ausprägung von strategischen Allianzen in Japan, als Keiretsu, vgl. Dolles (1997).

[8] Es gelten die Regelungen gemäß §§ 230–237 HGB.

[9] Vgl. Wenger (1999), S. 68 ff.

[10] Vgl. Theisen (2000), S. 15.

- Ein **Unterordnungskonzern** besteht aus einem herrschenden und einem oder mehreren abhängigen Unternehmen unter der einheitlichen Leitung des herrschenden Unternehmens.[11] Indizien für einen Unterordnungskonzern sind das Vorliegen eines Beherrschungsvertrags mit den Beteiligungen gemäß § 291 AktG oder die Eingliederung der Beteiligungen gemäß § 319 AktG in das Mutterunternehmen (im Sinne eines Vertragskonzerns).
- Bei einem **Gleichordnungskonzern** (oder Koordinierungskonzern) haben sich die beteiligten Unternehmen gemäß § 18 Abs. 2 AktG gleichberechtigt zusammengeschlossen. Zwar liegt zwischen den Unternehmen kein Abhängigkeitsverhältnis vor, gleichwohl sind sie einer einheitlichen Leitung unterstellt. Die einheitliche Leitung wird bei einem Gleichordnungskonzern z. B. durch eine personenidentische oder teilpersonenidentische Besetzung der Geschäftsführungen, durch einen vertraglich für das Mutterunternehmen und die Beteiligungen zuständigen gemeinsamen Beirat oder durch die Vereinigung der Anteilsmehrheit bei einer natürlichen Person als Eigentümer ermöglicht.

Eine einheitliche Leitung für eine Gruppe von Beteiligungen wird in der Regel durch eine Holdinggesellschaft ausgeübt. Bei einer Holding-Gesellschaft handelt es sich um ein Unternehmen, das als Obergesellschaft agiert, wesentliche Anteile über einen längeren Zeitraum (oder dauerhaft) an den rechtlich selbstständigen Beteiligungen hält und deren Hauptzweck im Erwerb und dem Halten von Beteiligungen besteht.[12] Die auch als Corporate Center bezeichnete Holding besteht aus der Geschäftsleitung und Zentraleinheiten wie Stäben und Zentralbereichen.[13] Für das Vorliegen eines Konzerns übt die Holdinggesellschaft eine einheitliche Leitung auf die Beteiligungen aus. Der Umfang der Ausgestaltung der Konzernführung unterscheidet sich je nach der strategischen Positionierung und dem Selbstverständnis des Mutterunternehmens (vgl. Kap. 3).

2.2 Die Beteiligung aus bilanzieller Perspektive

Beteiligungen sind nach § 271 Abs. 1, Satz 1 HGB „Anteile an anderen Unternehmen, die bestimmt sind, dem eigenen Geschäftsbetrieb durch Herstellung einer dauernden Verbindung zu jenem Unternehmen zu dienen." Neben Anteilen an börsennotierten Unternehmen fallen darunter auch Anteile an nicht-börsennotierten Kapitalgesellschaften (wie z. B. AG, GmbH oder KGaA), Personengesellschaften (wie z. B. OHG, KG, GmbH & Co. KG) oder an anderen juristischen Einheiten (wie z. B. Stiftung, GbR, EWIV). Gemäß § 271 Abs. 1 Satz 5 HGB handelt es sich bei Mitgliedschaften in Genossenschaften nicht um eine Beteiligung.

---

[11] Vgl. Burger et al. (2010), S. 25.

[12] Vgl. Hasselbach et al. (2011), S. 2. Eine Holdinggesellschaft kann auch Beteiligungen in Minderheit oder Mehrheit halten, ohne einen Konzern zu leiten.

[13] Vgl. von Werder und Grundei (2004), S. 45.

Gemäß § 271 Abs. 1 Satz 3 HGB wird eine solche dauernde und dem Geschäftsbetrieb dienende Verbindung angenommen, wenn die Anteile an einer Kapitalgesellschaft mehr als 20 % des Nennkapitals bzw. des Grundkapitals betragen. Bei Anteilen an einer Personengesellschaft geht man unabhängig von der Beteiligungshöhe vom Vorliegen einer Beteiligung aus. Die Bilanzierung der Beteiligungen erfolgt gemäß § 266 Abs. 2 A III HGB im Anlagevermögen unter den Finanzanlagen, entweder als Beteiligungen oder als Anteile an verbundenen Unternehmen. Dabei erfolgt die Bewertung bei Gründung bzw. Bilanzierung gemäß § 255 Abs. 1 HGB zu Anschaffungskosten. Die laufende Bewertung von Beteiligungen erfolgt nach dem Niederstwertprinzip gemäß § 253 HGB. Der Bilanzausweis soll zum Gläubigerschutz immer mit dem niedersten Wertansatz aus dauerhaft erwartetem Marktwert und Anschaffungskosten bewertet werden. Für die laufende Bewertung von Tochtergesellschaften bei der Rechnungslegung nach IFRS besteht gemäß IAS 27.10 Satz 1 ein Wahlrecht zwischen der Bilanzierung zu Anschaffungskosten oder der Bilanzierung gemäß IFRS 9 zum Fair Value Wert.

Inwiefern die Beteiligung dem haltenden Unternehmen dient, variiert je nach der Motivation für den Erwerb bzw. das Halten der Beteiligung (vgl. vertiefend Abschn. 3.1). Für die Bilanzierung macht der Einflussgrad der Muttergesellschaft einen deutlichen Unterschied. Beteiligungen, auf die die Muttergesellschaft eine *Beherrschung* (d. h. die Rendite beeinflussen kann) ausübt bzw. ausüben kann oder eine gemeinschaftliche Führung der Entscheidungsprozesse zwischen Mutter und Tochter vorliegt, werden in die Bilanzierung des Mutterunternehmens vollständig (bzw. um die Anteile weiterer Gesellschafter korrigiert) einbezogen. Es handelt sich dann um verbundene Unternehmen. Ein Indiz dafür ist die Existenz eines Beherrschungsvertrags über die Finanz- und Geschäftspolitik oder das Vorliegen einer vergleichbaren Formulierung des Gesellschaftsvertrags.[14] Weitere Kriterien sind gemäß § 290 Abs. 2 HGB die Mehrheit der Stimmrechte als Gesellschafter, das Recht zur Bestellung bzw. Abberufung der Mehrheit der Mitglieder des Leitungs- und des Aufsichtsorgans oder die Rolle der Beteiligung als Zweckgesellschaft des Mutterunternehmens. Gemäß § 290 Abs. 1 HGB muss ein Mutterunternehmen auch einen Konzernabschluss aufstellen, wenn es auf ein oder mehrere andere Unternehmen (Tochterunternehmen) einen unmittelbar oder mittelbar beherrschenden Einfluss ausüben kann. Entsprechend geht das Konzernverständnis des Handelsrechts über das des Aktiengesetzes hinaus. Unabhängig vom Vorliegen einer einheitlichen Leitung liegt handelsrechtlich ein Konzern vor, wenn das Mutterunternehmen entweder

- die Stimmenmehrheit der Gesellschafter besitzt,
- das Recht hat, die Mehrheit der Mitglieder des Verwaltungs-, Leitungs- oder Aufsichtsorgans zu bestellen oder abzuberufen oder
- die Möglichkeit hat, einen beherrschenden Einfluss auf Grund eines mit der Beteiligung geschlossenen Beherrschungsvertrags oder auf Grund einer Satzungsbestimmung dieser Beteiligung auszuüben.

[14] Aufgrund der Satzungsautonomie insb. bei der Rechtsform der GmbH lassen sich im Gesellschaftsvertrag umfangreiche Rechte für den Gesellschafter definieren.

Dagegen werden *assoziierte Unternehmen*, d. h. solche, auf die die Muttergesellschaft „nur" einen maßgeblichen Einfluss hat (vgl. § 311 Abs. 1 HGB), durch die Equity-Methode in der Bilanzierung des Mutterunternehmens berücksichtigt. Dabei wird die Beteiligung mit den Anschaffungskosten bzw. dem jeweiligen Beteiligungsbuchwert in den Konzernabschluss der Muttergesellschaft einbezogen. Ein Mutterunternehmen verfügt dann über maßgeblichen (und nicht beherrschenden Einfluss), wenn es zwar die Möglichkeit hat, an Entscheidungen über die Finanz- und Geschäftspolitik der Beteiligung mitzuwirken, ohne dabei jedoch die Beteiligung zu beherrschen. Nach IAS 28.6 liegt ein maßgeblicher Einfluss dann vor, wenn einer oder mehrere der folgenden Indikatoren vorliegen:

- die Zugehörigkeit einer oder mehrerer Personen des Mutterunternehmens zum Geschäftsführungs- und/oder Aufsichtsratsorgan oder einem gleichartigen Leitungsgremium des Beteiligungsunternehmens,
- die Beteiligung des Mutterunternehmens an Entscheidungsprozessen, einschließlich der Teilnahme an der Entscheidungsfindung über Dividenden oder anderweitige Ausschüttungen,
- wesentliche Geschäftsvorfälle zwischen den Anteilseignern und dem Beteiligungsunternehmen,
- den Austausch von Führungspersonal, oder
- die Bereitstellung von essenziellen fachlichen Informationen durch das Mutterunternehmen an die Beteiligung.

Für den Fall, dass eine Finanzanlage zwar dem Geschäftsbetrieb des Unternehmens dient und auch auf Dauer ausgelegt ist, aber keine Möglichkeit für eine unternehmerische Einflussnahme besteht, handelt es sich um Wertpapiere des Anlagevermögens (z. B. Anteile an Investmentfonds, Aktien). Liegt keine Absicht für die Förderung des Geschäftsbetriebs vor, erfolgt der Ausweis der Anteile gemäß § 266 Abs. 2 B III HGB im Umlaufvermögen, entweder als Anteile an verbundenen Unternehmen (also Mehrheitsbeteiligungen für die eine Veräußerungs- oder Integrationsabsicht besteht) oder als sonstige Wertpapiere des Umlaufvermögens (also Anteile an Unternehmen, die nicht als verbundene Unternehmen gelten).

2.3 Die Beteiligung aus finanzieller Perspektive

Die Investition in Unternehmensanteile ist eine interessante Geldanlage. Dabei lassen sich neben den am Kapitalmarkt gehandelten Aktien von Aktiengesellschaften oder Kommanditgesellschaften auf Aktien auch direkt Anteile an Unternehmen verschiedener Rechtsformen erwerben. Dabei können die Anteile auch in Investmentfonds[15] durch Investment-

[15] Vgl. die Aufstellung der größten Fondsgesellschaften angeführt von der Allianz Asset Management Gruppe unter BVI (2018), S. 31.

bzw. Beteiligungsgesellschaften gebündelt werden.[16] Bei einem Fokus auf die Optimierung des Anlageportfolios ohne ein aktives Eingreifen in die strategische oder operative Entwicklung der jeweiligen Beteiligung lassen sich folgende Ansätze unterscheiden:[17]

- **Kapitalstruktur-Arbitrage-Ansatz**. Eine eher kurzfristige Strategie liegt in der Nutzung von Arbitrage Möglichkeiten bei einem kapitalmarktorientierten Unternehmen. Dabei erwirbt der passive Investor ein nach seiner Einschätzung unterbewertetes Wertpapier der Beteiligung und verkauft parallel ein anderes Wertpapier derselben Beteiligung als Leerverkauf. Eine solche Strategie bietet sich zum Beispiel bei Beteiligungen mit zwei verschiedenen Aktiengattungen oder verschiedenen am Markt emittierten Anleihen an.
- **Ereignisbezogene Strategie**. Eine Beteiligung wird in Erwartung kurz- bis mittelfristiger Verbesserungen bei den Geschäftsmodellen der Beteiligung erworben. Dies kann zum Beispiel ein Markteintritt oder eine anstehende Restrukturierung sein. Wird das Ereignis erfolgreich bewältigt, zieht sich der passive Investor aus der Beteiligung zurück.
- **Buy-and-Hold Strategie**. Der passive Investor erwirbt eine aus seiner Sicht unterbewertete Beteiligung und wartet mittel- bis langfristig ab, bis der Markt für Unternehmensanteile die Anteile wieder höher bewertet. Dann veräußert der passive Investor die Anteile.

Die Geldanlage in Aktien oder der Erwerb von Anteilen ist dabei Teil des Anlageprozesses (siehe Abb. 2.2).

Zu den Anteilsrechten gehören dabei in erster Linie direkt gehaltene Aktien, unabhängig davon, ob sie börsennotiert sind oder nicht. Des Weiteren zählen auch Beteiligungen

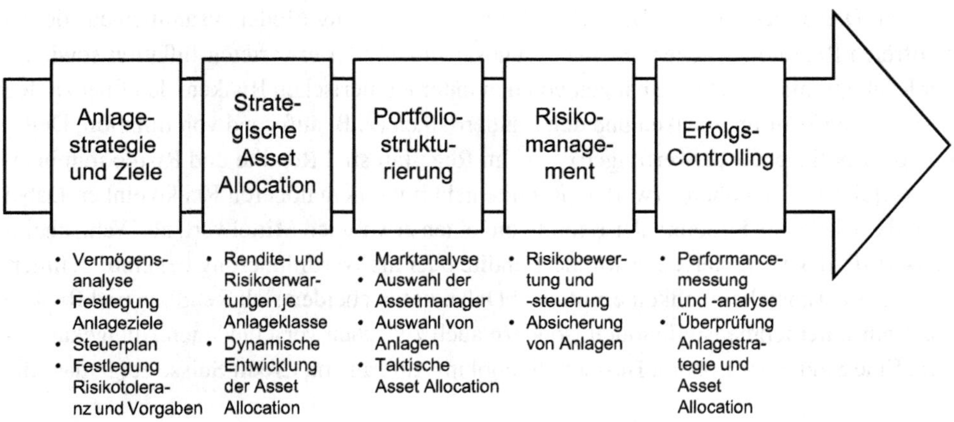

Abb. 2.2 Erwerb von Beteiligungen im Rahmen des Anlageprozesses

[16]Vgl. die Aufstellung der größten Vermögensverwalter, angeführt von BlackRock unter Investment und Pensions Europe (2017).

[17]Vgl. Liebler et al. (2004), S. 652.

an Sonstigen Kapitalgesellschaften (GmbHs und Genossenschaften) sowie an Personengesellschaften dazu. Das in solchen Unternehmen gebundene Kapital ist entsprechend der Unternehmensstruktur in Deutschland durchausbedeutend.[18]

Es handelt sich um Eigenkapital, grundsätzlich ist somit die Einflussnahme auf die unternehmerischen Entscheidungen möglich. Da für Geldanlagen meist nur wenige Anteile an börsennotierten Unternehmen erworben werden, ergeben sich in der Folge keine ausgeprägten Möglichkeiten für die Wahrnehmung von Maßnahmen des Beteiligungsmanagements. Wenngleich auch Kleinaktionäre über Informationsrechte verfügen, so sind ihre Möglichkeiten für Mitwirkung, Kontrolle oder Entscheidungen über strategische oder operative Sachverhalte der Beteiligungen sehr begrenzt. Sie beschränken sich meist auf die quotale Mitwirkung an den Beschlüssen der Hauptversammlung. Die Instrumente des Beteiligungsmanagement greifen erst für quotal substanzielle Beteiligungen an börsennotierten Unternehmen. Die größte Bedeutung hat das Beteiligungsmanagement bei Mehrheitsbeteiligungen an nicht börsennotierten Unternehmen.

Aufgrund des Charakters der Beteiligung am Eigenkapital des Unternehmens hängt der Anlageerfolg von den jährlichen Dividendenrückflüssen und der Wertveränderung zwischen Erwerb und Verkauf ab. Bei der Entscheidung für eine Beteiligungsinvestition stehen vor allem Rendite-, Risiko- und Liquiditätserwartungen im Fokus. Dazu kommen steuerliche, rechtliche oder regulatorische Randbedingungen, die eine Rolle zum Beispiel für die Haltedauer spielen können. In der jüngeren Vergangenheit wird die Auswahl der Anlageentscheidung auch durch deren Positionierung bezüglich der Nachhaltigkeit beeinflusst. Dabei spielen Kriterien aus den Bereichen Umwelt, Soziales und Governance eine Rolle.

Im Vordergrund der Geldanlage steht dabei die erwartete Rendite auf das investierte Kapital. Diese setzt sich auf Basis des Capital Asset Pricing Model zusammen aus der risikofreien Rendite (üblicherweise von Staatsanleihen), der erwarteten Inflation sowie einer Risikoprämie.[19] Letztere hängen von den unternehmerischen Risiken, den finanziellen Risiken, den Währungsrisiken und den Länderrisiken (z. B. aufgrund von Inflation, Deflation oder politischen Verwerfungen) ab.[20] Im Regelfall sind Rendite und Risiko miteinander korreliert: eine höhere erwartete Rendite geht mit einem höheren Risiko einher. Dabei wird das Risiko als Streuung der Rendite um einen erwarteten Mittelwert, als Wahrscheinlichkeit für das Verfehlen einer Mindestrendite oder als Wertminderung bei einer definierten Eintrittswahrscheinlichkeit ermittelt.[21] Dabei unterscheiden sich Renditen und Risiken nicht nur unternehmensindividuell, sondern auch zwischen verschiedenen Anlagekategorien. Eine Studie der London Business School im Auftrag von Credit Suisse zeigt, dass die

[18] Vgl. Deutsche Bundesbank (2018), S. 10.

[19] Vgl. Reilly und Brown (2006), S. 17–30.

[20] Vgl. Hirt und Block (2005), S. 11–15.

[21] Vgl. Markowitz (1952), S. 77 ff.; Franke und Hax (2004), S. 267 ff.

Anlage in Aktien im Vergleich zu anderen Anlagemöglichkeiten wie Anleihen, Staatsanleihen, Immobilien, Gold und weiteren am besten abschneidet.[22] So lag die reale, d. h. inflationsbereinigte durchschnittliche Rendite bei einer weltweiten Aktienanlage von 1900 bis 2017 bei 5,2 Prozent und von 1968 bis 2017 bei 5,3 Prozent – jeweils pro Jahr (vgl. Abb. 2.3). Für Anleihen ergab sich dagegen eine jährliche Rendite von rd. 2 Prozent (seit 1900) bzw. 4,4 Prozent (seit 1968). Dies verdeutlicht, dass sich die mit einer Aktienanlage verbundenen höheren Risiken in der Regel auszahlen. Neben den unternehmensspezifischen Risiken wirken dabei auch exogene Anlässe auf die Kurse. Dazu zählten Krisenereignisse wie die beiden Weltkriege. die große Depression in den 1930er-Jahren, die Ölkrise in den 1970er-Jahren, der Schwarze Freitag 1987, das Platzen der Internetblase und die Finanzkrise nach der Lehman-Pleite 2008. Gleichwohl ist die Affinität der deutschen Privatanleger für Aktien eher gering ausgeprägt. Nur rd. 7 % des privaten Geldvermögens ist in Aktien investiert.[23] Stattdessen ist das Privatvermögen vor allem in Versicherungen, Pensionskassen sowie in Spar-, Sicht- und Termineinlagen (über 73 %) angelegt. Auch die Aktionärsquote hat noch Potenzial. Im Jahre 2017 stieg die Zahl der Aktienanleger erstmals auf über 10 Mio.[24] Das entspricht einem Anteil von 15,7 % der Bevölkerung, die Aktien oder Aktienfonds besessen haben. Während über 50 % der Aktienanleger nur in Aktien- oder Mischfonds investiert haben, sind rd. 4,9 Mio. Privatanleger selbst Aktionäre.

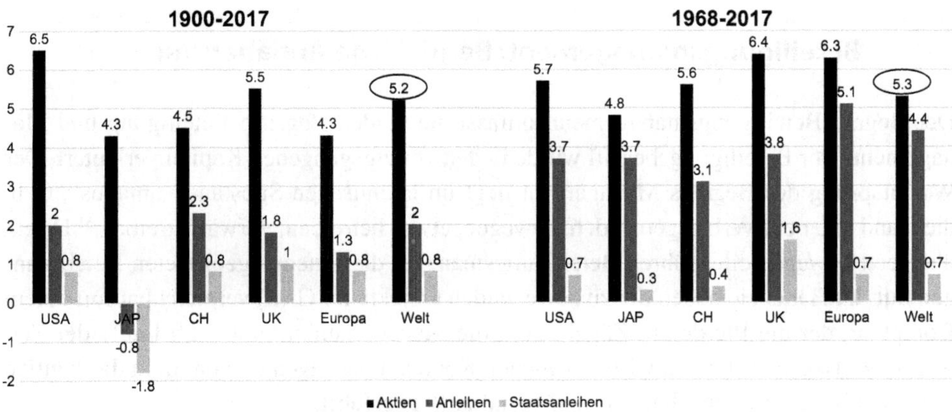

Abb. 2.3 Entwicklung der realen Verzinsung von Anlagen in Aktien, Anleihen und Staatsanleihen. (Quelle: in Anlehnung an Credit Suisse Research Institute 2018, S. 11)

[22]Vgl. Credit Suisse Research Institute (2018). Eine Unterscheidung von Aktien und dem Erwerb von Anteilen an Unternehmen unterbleibt. Die beiden Anlageklassen unterscheiden sich dabei nicht durch ihr Renditepotenzial, sondern durch vor allem die höhere Fungibilität (Handelbarkeit) der Aktien.

[23]Vgl. Bundesverband deutscher Banken e.V. (2018).

[24]Vgl. Deutsches Aktieninstitut e.V. (2018), S. 4.

Von diesen halten rd. 1,3 Mio. Aktien ihres Arbeitgebers. Die Aktionärsquote ist im europaweiten Vergleich deutlich unterdurchschnittlich.[25]

Zusätzlich zu den rationalen Abwägungen bei der Geldanlage zwischen Rendite, Sicherheit (bzw. Risiko) und einer für künftige Investitionen vorzuhaltenden Liquidität sind Entscheidungen der Geldanlage auch durch persönliche Präferenzen und die individuelle Risikoeinschätzung insb. im Umgang mit realisierbaren Gewinnen bzw. realisierbaren Verlusten geprägt. Die Behavioral Finance stellte fest, dass es keine Symmetrie zwischen diesen Entscheidungen gibt.[26] Neben einer ausgeprägten Verlustaversion bevorzugen die Anleger meist einen sicheren, wenngleich kleineren Gewinn im Vergleich zu einem unsichereren aber höheren Gewinn (sog. Prospekttheorie von Kahnemann und Tversky).[27]

Als eine persönliche Präferenz oder auch als ein Element einer nachhaltigen Portfoliotheorie (neben Rendite, Sicherheit (bzw. Risiko) und Liquidität) lässt sich das Kriterium der Nachhaltigkeit in puncto Ökologie, soziale Verantwortung sowie Governance priorisieren.[28] Mit der Einbindung von Ausschlusskriterien, Positivkriterien und/oder in der Auswahl von direkten, Themen- und Impact-Geldanlagen lässt sich eine nachhaltige Anlagepolitik realisierten.[29] In einer Meta-Studie konnten Bassen und seine Kollegen belegen, dass durch die Auswahl nachhaltiger Geldanlagen überwiegend ein Renditevorteil gegenüber nicht-nachhaltigen Geldanlagen erzielt werden konnte.[30]

2.4 Beteiligungsmanagement: Begriffliche Annäherung

Der Begriff Beteiligungsmanagement umfasst die beiden Begriffe Beteiligung und Management. Der Beteiligungsbegriff wurde in den vorangegangenen Kapiteln erläutert. Der Wortursprung des Begriffs Management liegt im lateinischen Substantiv „manus“, d. h. die Hand und dem Verb „agere“, d. h. bewegen, etwas betreiben, vorwärts treiben.[31] Direkt übersetzt bewegen oder führen Beteiligungsmanager die Ihnen zugeordneten Beteiligungen mit der Hand, sie haben die zu bewegenden Objekte im Griff, vergleichbar mit einem Dompteur, der die Pferde am Zügel durch die Manege laufen lässt.[32] Im Laufe der Zeit wurde der Begriff auf einen wirtschaftlichen Kontext übertragen und damit in das heutige Verständnis des „führens, lenkens und gestaltens“ überführt.

[25] Vgl. BVI (2018), S. 50.

[26] Vgl. z. B. Fama (1998), S. 283 ff. und vertiefend http://www.behaviouralfinance.net.

[27] Vgl. Kahneman und Tversky (1979), S. 263 ff.

[28] Vgl. EKD (2019), S. 9.

[29] Vgl. vertiefend Deml und Blisse (2016); Schäfer (2014); Schäfer (2019) sowie den aktualisierten Frankfurt-Hohenheimer Leitfaden als Anforderungskatalog für nachhaltige Geldanlagen unter Forschungsgruppe Ethisch-Ökologisches Rating (2016).

[30] Vgl. Friede et al. (2015), S. 210 ff.

[31] Vgl. Müller (2017), S. 4–5.

[32] Vgl. Neuberger (1997), S. 152.

Die Beteiligungsmanager gestalten zielorientiert die Aufgaben und Prozesse rund um die Beteiligungen. Ihr Handeln zielt auf die Verbesserung der beteiligungsbezogenen Führung des Mutterunternehmens und auf die Unterstützung der Beteiligung bei strategischen und operativen Aufgaben. Entsprechend ist das Beteiligungsmanagement ein Managementprozess auf zentraler und auf dezentraler Ebene. Die primären Ziele des Beteiligungsmanagements liegen in der Schaffung von Mehrwerten durch das Initiieren von Lernprozessen, den Wissenstransfer, die Interpretation und Entscheidungshilfe bei Alternativen sowie in der Unterstützung der Akteure der Beteiligungen. Darüber werden mit den Beteiligungen verbundene Verwaltungsaufgaben erbracht.

Durchdenkt man den Begriff des Managements weiter, so lässt er sich nach den Objekten des Managements ordnen. Einerseits umfasst er die Führung von Institutionen, Strukturen, Prozessen und Ressourcen, andererseits umfasst er die Führung von Menschen.[33] Entsprechend bedarf es Methoden des Beteiligungsmanagements, die eher der sachorientierten Führung dienen und solche, die eher der personenbezogenen Führung dienen. Die personenbezogene Führung erfolgt einerseits aktivierend, andererseits wechselseitig im Sinne einer kooperativen Zusammenarbeit. Die Aufgabe des Beteiligungsmanagers umfasst jedenfalls beides, die Nutzung von Methoden für die Gestaltung von Strategien, Strukturen und der Unternehmenskultur wie auch die Nutzung von Methoden für die kooperative Zusammenarbeit und die Motivation der Akteure der Beteiligungen.

Als Beteiligungsmanagement wird die zielorientierte sachbezogene und personenbezogene Führung von Beteiligungen verstanden. Es zielt primär auf die Schaffung von Mehrwerten für Beteiligungen und Mutterunternehmen sowie auf die Unterstützung der Akteure der Beteiligungen.

Entsprechend dem Managementregelkreis umfasst auch das Beteiligungsmanagement die Elemente Zielsetzung, Planung, Entscheidung, Realisierung und Kontrolle sowie im Zentrum die Kommunikation.[34] Es handelt sich bei dem Management von Beteiligungen um ein komplexes Themenfeld. Dabei ist Komplexität die Fähigkeit eines Systems, in einer definierten Zeitspanne verschiedene (zahlreiche) Zustände annehmen zu können.[35] Eine Lehre aus der Systemtheorie liegt darin, dass sich durch die Reduktion der Komplexität die Steuerbarkeit von Systemen verbessert.[36] Entsprechend bietet sich für das Management der Beteiligungen an, aus der Vielzahl der Möglichkeiten einige wenige auswählen.

---

[33] Eine Trennung in Management und Führung nimmt Neuberger vor. Vgl. Neuberger (2002), S. 40 ff. Auf die enge Verbindung weist Kotter hin: „Aber Führung allein wird es nicht schaffen, Jahr für Jahr die Vorhaben und Pläne in einem festgelegten zeitlichen und finanziellen Rahmen zu verwirklichen, während Management allein nie wirklich effektiven Wandel zu realisieren vermag." Kotter (1991), S. 22.

[34] Vgl. Horváth 1997, S. 82; KGSt (2012), S. 19.

[35] Vgl. Ulrich und Probst (1988), S. 58.

[36] Vgl. Luhmann (1970).

Die nachfolgend aufgeführten Methoden wie z. B. die Formulierung einer Beteiligungsstrategie können dabei helfen, die Herausforderungen, Konflikte und Unklarheiten zu strukturieren und Entscheidungen zuzuführen. Gleichwohl bleibt der Wunsch nach einer linearen Abfolge von Problemanalyse, Methodenanwendung und Problemlösung unerreichbar. Dem Beteiligungsmanager bleiben in der Regel trotz gut aufbereiteter Fakten zahlreiche Widersprüche in der Einschätzung von Kontext und Situation eines Problems sowie verschiedene Optionen für die Methodenwahl und die Methodenanwendung.

Die Fähigkeit des Umgangs mit dieser Unsicherheit ist eine der wichtigsten Anforderungen an einen Beteiligungsmanager. Während Banken die Risiken bewerten, Versicherungen die Risiken versichern, strukturieren und gestalten Beteiligungsmanager die Chancen und Risiken „ihrer" Beteiligungen.

Beteiligungsmanager strukturieren und gestalten die Chancen und Risiken „ihrer" Beteiligungen.

2.5 Beteiligungsmanagement aus organisatorischer Perspektive

Die Unternehmensorganisation umfasst neben der aufgabenzentrierten Aufbau- und Ablauforganisation einer Organisationseinheit auch die Regeln für die Zusammenarbeit mit den Akteuren anderer Organisationseinheiten.[37] Während die unternehmerische Realität einer Organisationseinheit immer mehr von Zusammenarbeit (z. B. durch Projektarbeit) geprägt ist, nimmt auch die Interaktion der Akteure der Systeme miteinander zu. Entsprechend lassen sich die Organisation des Mutterunternehmens und der Beteiligung als zwei miteinander verknüpfte, interagierende Systeme (mit individuellen Akteuren) verstehen.[38] Das System Beteiligung lässt sich in seine Einzelteile zerlegen (introspektiv), die Beziehungen des Systems zu seiner Umwelt werden analysiert (extraspektiv) und die charakteristischen Elemente des Systems und die Beziehungen zu seiner Umwelt werden analysiert (konstruktiv).[39] Danach bestehen

- ein spezifisches Ordnungsgefüge zwischen Mutterunternehmen und Beteiligung,
- verschiedene Beziehungen für die Kommunikation und Zusammenarbeit (mit unterschiedlicher Stärke und Vorzeichen) zwischen den Akteuren der Subsysteme, die die jeweiligen Subsysteme beeinflussen,
- langfristig geplante oder spontane, aber auch zufällige, selbstreferenzielle oder extern verursachte Impulse für Veränderungen der Subsysteme oder des gesamten Systems.

[37] Vgl. Lang (2007), S. 5.

[38] Vgl. Ulrich (1970), S. 105 ff.

[39] Vgl. Müller-Merbach (1992), S. 855–866.

Für das Beteiligungsmanagement lassen sich aus dem organisatorischen Systemverständnis wichtige Hinweise für die kooperative Zusammenarbeit der Akteure ableiten (vgl. Kap. 6). Die gesteuerte Veränderung der Systeme im Sinne des Veränderungsmanagements wird in Kap. 7 vertieft.

Einen weiteren Impuls liefert die Prinicipal-Agent-Theorie. Dabei konkretisiert sich das Verhältnis von Mutterunternehmen und Beteiligung in der Prinzipal-Rolle des Vorsitzenden des Aufsichtsrats bzw. der Anteilseignerversammlung, der vom Mutterunternehmen gestellt wird und der Agenten-Rolle des einzelnen Geschäftsführers bzw. des Geschäftsführungsteams der Beteiligung. Bei der Prinicipal-Agent-Theorie werden Interessensgegensätze von Prinzipal und Agent unterstellt, die aufgrund der Verfolgung von eigennützigen Interessen entstehen können. In der Folge entstehen eine Reihe von Problemstellungen:[40]

- **Informationsasymmetrie**. Das Mutterunternehmen (Prinzipal) hat weniger Informationen über das betreffende Feld der Beteiligung (Agent). Das Monitoring des Agenten ist erschwert, weil die mit der Aufgabe verbundenen Verpflichtungen nur grob und nicht im Detail festgelegt werden können. Es handelt sich um eine Situation unvollständiger Verträge. Da das Mutterunternehmen bei der Priorisierung des Ressourceneinsatzes auf die Informationen der Agenten vertrauen muss, kann durch die Informationsasymmetrie eine suboptimale Zuordnung der Ressourcen erfolgen (adverse Selektion).
- **Moral Hazard**. Ein weiteres Problem liegt in der Gefahr eines Moral Hazard im Zuge der Zusammenarbeit. Der Agent, also die Beteiligung, nutzt Handlungsspielräume aus, um ein Ergebnis zu präsentieren, dass unter den Erwartungen des Mutterunternehmens liegt. Dabei muss es sich nicht um ein geringeres wirtschaftliches Ergebnis handeln, sondern es können auch andere Erwartungen des Mutterunternehmens nicht oder nicht ausreichend erfüllt werden. Die Akteure der Beteiligung profitieren von einer geringeren persönlichen Belastung und von einer höheren Anerkennung bei den Beschäftigten. Das Mutterunternehmen nimmt aber nur das Ergebnis wahr, nicht die geringere Anstrengung. Dies liegt daran, dass das Ergebnis auch von externen Einflüssen abhängt und nicht nur von der Leistung des Agenten.

Der Informationsasymmetrie und dem Moral Hazard kann durch folgende Aktivitäten begegnet werden:[41]

- **Screening**. Das Mutterunternehmen versucht durch die Durchführung von Due Diligence Prüfungen vor dem Erwerb der Beteiligung und in der Folge durch ein stringentes Beteiligungsmanagement möglichst viele Informationen über die Beteiligung, deren Märkte und den Kundenerwartungen zu erhalten. Ebenso kann eine hohe Priorität auf

[40] Vgl. Jensen und Meckling (1976), S. 308.

[41] Vgl. Hirsch (2004), S. 60 ff.; Picot et al. (2005), S. 78 f.

die Auswahl geeigneter Agent-Akteure gelegt werden, denn die Haltung des Agenten ist von entscheidender Bedeutung. Dazu zählen Persönlichkeitsmerkmale wie Engagement, Eigeninitiative, Loyalität, Neugier und Kreativität.

- **Monitoring**. Während das Screening eher das große Bild umfasst, zielt das Monitoring auf die Details. Durch ein effektives Beteiligungscontrolling (mit Planung, Ist-Daten-Erfassung, Soll-Ist-Vergleich, Analyse, strategischer Kontrolle und Anpassung der Planung),[42] insb. den regelmäßigen Austausch der führenden Akteure von Mutterunternehmen und Beteiligung lassen sich die Handlungen der Beteiligung beobachten und kontrollieren.
- **Begrenzung der Handlungsspielräume**. Würde der Versuch unternommen, die Zusammenarbeit zwischen den Akteuren des Mutterunternehmens und der Beteiligung vollständig in einen Vertrag zu kleiden, würde dies die intrinsische Motivation der Akteure der Beteiligung schwächen oder zerstören. Der Wunsch nach selbstbestimmtem Arbeiten gebietet es, den Akteuren einen relativ großen Freiraum zu überlassen. Zwar können durch das Mutterunternehmen die Handlungsspielräume eingeschränkt werden, doch ist diese Maßnahme eher theoretischer Natur.
- **Signalling**. Die Beteiligung kann zum Abbau der Informationsasymmetrien umfangreich über das Unternehmen, die Strategie, die Geschäftsmodelle sowie die vorgesehenen Projekte berichten.
- **Self Selection**. Wählt der Agent eine von mehreren angebotenen Alternativen aus, lässt sich daraus etwas für die künftige Zusammenarbeit ableiten. Durch die Diskussion und das Angebot von Alternativen für die Zusammenarbeit im kommenden Jahr zwischen Mutterunternehmen und Beteiligung lässt sich erkennen, welche Motivation die Akteure für die Zusammenarbeit haben.
- **Interessensangleichung**. Einerseits können die Interessen durch einen diskursiven Austausch angenähert werden. Durch die Befragung der Akteure der jeweiligen Beteiligung lässt sich der beste Pfad für ein kooperatives Beteiligungsmanagement finden. Zusätzlich kann die Zielangleichung durch die Formulierung von Zielvereinbarungen mit monetären Vergütungsanreizen oder Malusregelungen verstärkt werden.

Die wesentliche Lehre aus dem Principal-Agent-Modell ist die Empfehlung, frühzeitig und regelmäßig über aktuelle Entwicklungen zu informieren und die gegenseitigen Erwartungen zu kommunizieren. Wissend, dass das Mutterunternehmen von den Handlungen und den Ergebnissen der Beteiligung abhängt, lassen sich damit die möglichen Nachteile aus Informationsasymmetrien und Moral Hazard minimieren. Die Agency-Theorie kann aber letztlich nicht erklären, wie das Beteiligungsmanagement in einem komplexen Kontext im Detail ausgestaltet werden sollte. Es verbleibt eine Situation unvollständiger Verträge. In der Realität sind die Akteure von Mutterunternehmen und Beteiligung keine selbstfokussierte Nutzenmaximierer, sondern arbeiten in einer Nutzengemeinschaft.

[42] Vgl. Buchholz (2013), S. 23.

Entsprechend lässt sich aus der Agency Theorie ableiten, dass die Prinzipale den Agenten aktiv ein hohes Maß an Vertrauen sowie eine breite Unterstützung zugedenken sollten. Im Gegenzug werden die Agenten eine überwiegend freiwillige Bereitschaft zu einer kooperativen und vertrauensvollen Zusammenarbeit zeigen. Diese bleibt solange bestehen, wie die vertrauensvolle und fördernde Haltung der Prinzipale erhalten bleibt. Kurzum, um opportunistisches Verhalten der Akteure der Beteiligungen zu vermeiden, braucht es gegenseitiges Vertrauen im Sinne eines kooperativen Beteiligungsmanagements.

2.6 Symbiose: Biologie und Beteiligungsmanagement

Tiere, Menschen und Pflanzen können gemeinsam Aufgaben erledigen, die sie alleine nicht schaffen können.[43] Eine dauerhafte beidseitige nutzbringende Zusammenarbeit wird in der Biologie als Symbiose bezeichnet.[44] Ein Beispiel für eine Symbiose sind die von dem Blütenstaub im weiteren Sinne lebenden Bienen und die von den Bienen zu bestäubende und dadurch überlebenden Pflanzen. Die Symbiose, genauer die Eusymbiose, stärkt beide Systeme.[45] Auf der Basis einer Symbiose entwickeln sich die Systeme mittel- bis langfristig weiter. Diese Weiterentwicklung wird auch als Ko-Evolution bezeichnet.[46] Andere Beispiele des Zusammenwirkens (keine Symbiose) in der Natur, wie das von Beutetier und Beute, oder das von Parasit und Wirt (Parasitismus) bieten sich nicht für eine Übertragung in den Kontext des Beteiligungsmanagements an. Dort dominieren Abhängigkeit und der Nutzenvorteil für eines der beiden Systeme.

Ähnlich wie bei der Symbiose von Bienen und Blüten in der Biologie handelt es sich bei Mutterunternehmen und Beteiligung um die Entwicklung von zwei aufeinander abgestimmten Systemen. Durch diese Symbiose sichern das Mutterunternehmen und die Beteiligung gegenseitig ihre Existenz und unterstützen wechselseitig ihren unternehmerischen Erfolg.

---

[43] Beispiele sind die gemeinsame Nahrungssuche der Ameisen, das Zusammenleben der Honigbienen, das gemeinsame Jagen der Rudeltiere jagen oder die Koexistenz von Bäumen in einem Wald.

[44] Bei einer Symbiose interagieren zwei oder mehrere unterschiedliche Arten mit einem wechselseitigen Vorteil. Das Interagieren kann dabei entweder in Form einer gelegentlichen Kooperation, also als (1) Allianz, als regelmäßige, aber nicht überlebensnotwendige Kooperation, also als (2) Mutualismus oder als regelmäßige und für die Partner überlebensnotwendige obligatorische Kooperation, also als Eusymbiose erfolgen. Vgl. Munk (2009), S. 150 ff.

[45] Andere Beispiele sind der Einsiedlerkrebs und die Seeanemone, vgl. https://www.wissen.de/lexikon/einsiedlerkrebs-symbiose, Blattschneiderameisen und Pilze im Ameisenbau, vgl. https://www1.wdr.de/mediathek/video-pilz-und-blattschneiderameisen-102.html, Termiten und Flagatellen, vgl. https://link.springer.com/content/pdf/10.1007%2FBF00594662.pdf, Mykorrhiza und Bäume, vgl. https://www.baumpflegeportal.de/aktuell/wissenswertes_mykorrhiza_pilzen/ oder riffbildende Steinkorallen und Zooxanthellen, vgl. https://www.spektrum.de/lexikon/biologie/steinkorallen/63531 oder die Eusymbiose von drei Systemen bei der Wolfsflechte aus einer Alge, einem Hefepilz und einem Gallpilz (Tremella lethariae), vgl. doi: 10.1016/j.cub.2018.12.022.

[46] Vgl. Mosbrugger (1995), S. 131 ff.

Auch wenn die Vorteile der symbiotischen Zusammenarbeit von zwei Systemen überwiegen, hat auch die Symbiose Nachteile. Tab. 2.2 zeigt die Vorteile und die Herausforderungen, die sich aus der Symbiose im biologischen Sinne ergeben und gibt einen Eindruck der möglichen Effekte im Beteiligungsmanagement.

Wie bei der biologischen Ko-Evolution üben das Mutterunternehmen und die Beteiligung gegenseitig einen Selektionsdruck aus, der die Anpassung des jeweiligen anderen Systems bedingt. Dazu kommt, dass es wie auch in der natürlichen Evolution zu einer Auslese zwischen den verschiedenen Beteiligungen kommt. Daraus folgen Veränderungen bei einem oder beiden Systemen, um auch künftig die Symbiose aufrecht erhalten zu können. Entsprechend ist auch eine dynamische Entwicklung des Beteiligungsmanagements notwendig, um die auf die beiden Systeme einwirkenden Kontextfaktoren sowie Veränderungen innerhalb der Systeme angemessen im Miteinander der Systeme abzubilden. Entsprechend sollte das Beteiligungsmanagement je nach Kontext eines spezifischen Konzerns bzw. einer spezifischen Beteiligungsgesellschaft in einer besonderen Art und Weise ausgestaltet werden.

2.7 Beteiligungsmanagement aus pädagogischer Perspektive

> „Die Jugend liebt heutzutage den Luxus. Sie hat schlechte Manieren, verachtet die Autorität, hat keinen Respekt vor den älteren Leuten und schwatzt, wo sie arbeiten sollte. Die jungen Leute stehen nicht mehr auf, wenn Ältere das Zimmer betreten. Sie widersprechen ihren Eltern, schwadronieren in der Gesellschaft, verschlingen bei Tisch die Süßspeisen, legen die Beine übereinander und tyrannisieren ihre Lehrer..."

Tab. 2.2 Vor- und Nachteile der Symbiose

Vorteile der Symbiose	Nachteile der Symbiose
Erfolgreiche Bestäubung: Sicherung der Fortführung der Beteiligung (Zufuhr von Kapital, Personal, Know-How und weiteren Ressourcen)	Zunehmende Komplexität: Wettbewerb (ggf. Streit) um Ressourcen des Mutterunternehmens; zunehmende Komplexität
Minimaler Energie- bzw. Ressourcenaufwand: Nutzung von Skalen- und Verbundvorteilen, Unterstützung der Beteiligungen durch das Mutterunternehmen	Zu enge wechselseitige Abhängigkeit: Mögliche Introvertiertheit und/oder Intoleranz gegenüber externem Umfeld
Vermeidung der Selbstbestäubung: Impulse für Veränderungen zur Vermeidung von zu starkem Fokus auf Kontinuität	Empfindlichkeit gegen äußere Störungen: Geringere Resilienz gegenüber Marktveränderungen durch Schutzfunktion des Mutterunternehmens
Hohe Diversität der Arten: Beteiligungsmanagement prägt Unterschiede von Konzernen	
Geringere Konkurrenz: Funktionsfähiges Beteiligungsmanagement reduziert den Wettbewerb um Unternehmensbeteiligungen	

Obwohl es sich um eine aktuelle Beschreibung handeln könnte, wird vorgenanntes Zitat dem antiken griechischen Philosophen Sokrates (um 469 v. Chr. – 399 v. Chr.) zugeschrieben. Ob die Erziehung der Zustandsbeschreibung etwas entgegensetzen kann, bleibt dem Einzelfall überlassen. Fast immer ist es offensichtlich, dass sich Eltern grundsätzlich und auf täglicher Basis relativ zu Nicht-Eltern wohler fühlen.[47] Mit etwas Abstand bedauern ältere Menschen am meisten, keine oder zu wenig Kinder gehabt zu haben, neben dem Bedauern, nicht genug Bildung erfahren zu haben.[48] Ob der Wunsch nach Kindern auch den Wunsch nach der Gründung oder dem Erwerb von Beteiligungen unterstützt, mag offen bleiben.

Die Erziehung von Kindern und Jugendlichen ist eine komplexe Aufgabe. Um die Komplexität bei der Erziehung zu reduzieren, sind aus der Vielzahl an Möglichkeiten einige wenige auszuwählen. Dies erfordert Mut, denn mit der Komplexitätsreduktion werden auch Optionen und Wege verhindert. Gleichwohl erfordert die Entwicklung einer starken Persönlichkeit die Festigung von Werten und Wegen, die nicht häufig hinterfragt oder umfassend verändert werden. Die Position, die eine Person in der Gesellschaft einnimmt, wird vor allem durch die eigenen Werte geprägt und durch die Rangfolge der für wichtig erachteten Werte. Entsprechend hoch ist die Bedeutung von Werten bei der Erziehung. Während Werte eher soziokulturell oder durch die Unternehmenskultur geprägt sind, bilden sich soziale Normen in Strukturen und Prozessen ab (z. B. die Gesetze oder die 10 Gebote). Ein wichtiges Element der Erziehung ist das Erlernen der Leistungsmotivation. Mit der Erfahrung, dass Leistung, insb. überdurchschnittliche Leistung, zu positiven Folgen wie guten Noten und Anerkennung führt, wird die Grundlage für die Leistungsmotivation des Erwachsenen gelegt. Verstärkend wirken die negativen Folgen von schlechten Leistungen oder von Fehlern.

Aus der Erziehung lassen sich darüber hinaus noch weitere Analogien ableiten (Tab. 2.3):

Gleichwohl erfolgt die pädagogische oder elterliche Erziehung von Kindern mit unterschiedlicher Intensität und in unterschiedlicher Art und Weise. Das Spektrum reicht von einem antiautoritären Erziehungsstil bis hin zu Helikopter-Eltern mit einem sehr aktiven Erziehungsstil. Von hoher Bedeutung für das kindliche Wohlbefinden ist das Gefühl, eigene Entscheidungen treffen zu können. Entsprechend kann eine sehr umfangreiche Fürsorge und Aufmerksamkeit einerseits bei den Eltern zu einem hohen Maß an Sorge oder sogar zu Depressionen führen. Andererseits kann sich ein solcher Erziehungsstil und der damit verbundene als gering wahrgenommene Freiraum bei den Kindern negativ auswirken.[49] So empfinden sie weniger eigene Autonomie, reduzierte Verbundenheit mit den Eltern, verminderte eigene Kompetenz und tendier en eher zu Depressionen und Bindungsstörungen. Im Gegenzug kann eine antiautoritäre Erziehung zu einer Vernachlässigung

[47] Vgl. Nelson et al. (2013).

[48] Vgl. Hattiangadi et al. (1995).

[49] Vgl. Schiffrin (2014).

Tab. 2.3 Analogien von Erziehung und Beteiligungsmanagement

Beispiele aus der Erziehung	Analogie im Beteiligungsmanagement
Die Eltern fördern und fordern ihre Kinder.	Das Beteiligungsmanagement fördert und fordert die Beteiligungen.
Die Eltern sorgen für eine ausreichende Ernährung der Kinder.	Das Beteiligungsmanagement sorgt für den Zugang der Beteiligungen zu Ressourcen, insb. zu Kapital.
Die Eltern kommunizieren regelmäßig, offen und intensiv mit den Kindern.	Das Beteiligungsmanagement kommuniziert regelmäßig, offen und intensiv mit den Beteiligungen.
Die Eltern sorgen für neue Eindrücke und Zugänge zu sozialen Gruppen.	Das Beteiligungsmanagement sorgt für neue Eindrücke und Zugänge zu einem erweiterten Netzwerk.
Die Eltern motivieren die Kinder zum Erlernen von Sportarten, um physische und mental fit zu bleiben.	Das Beteiligungsmanagement fördert die unternehmerische Fitness, z. B. durch Innovationsworkshops.
Die Eltern bringt den Kindern Sprachen, Musik und Kultur näher, um die kreative Gehirnhälfte zu trainieren.	Das Beteiligungsmanagement unterstützt und fördert den gesellschaftlichen Beitrag (Public Value[a]) der Beteiligungen.
Die Eltern unterstützen die Kinder bei der Lösung von Problemen und Konflikten.	Das Beteiligungsmanagement unterstützt die Beteiligungen bei der Lösung von Problemen und Konflikten.
Die Eltern beschützen ihre Kinder vor Ungemach, insb. vor Krankheiten.	Das Beteiligungsmanagement sorgt sich um die Risiken der Beteiligungen und versucht diese vor dem Eintritt von Risiken zu bewahren.
Die Eltern unterstützen die Kinder bei der schulischen Bildung (und darüber hinaus).	Das Beteiligungsmanagement unterstützt die Beteiligungen bei der Weiterentwicklung der Wissensbasis und der Geschäftsmodelle.
Die Eltern unterstützen die Kinder bei wichtigen Entscheidungen (z. B. Berufs- bzw. Studienwahl, Jobwechsel).	Das Beteiligungsmanagement unterstützt die Beteiligungen bei wichtigen strategischen Entscheidungen.
Die Eltern sprechen jedenfalls bis zur Volljährigkeit auch für ihre Kinder, auch später kommunizeren die Eltern meist für die Familie.	Das Beteiligungsmanagement unterstützt die Bildung einer Corporate Identity der Beteiligungen und entwickelt häufig eine Corporate Identity für die Unternehmensgruppe.
Die Eltern beschenken ihre Kinder und feiern mit ihnen Erfolge und Feste.	Das Beteiligungsmanagement unterstützt die Beteiligungen nach Kräften und feiert Erfolge und kommt regelmäßig zu (internen) Events zusammen.
Die Eltern kümmern sich um die Enkelkinder.	Das Beteiligungsmanagement unterstützt die Förderung von Start-ups der Beteiligungen.

[a]Vgl. Ahrend (2014), S. 3–20

führen. Als Vernachlässigung wird verstanden, wenn dem Kind Zuwendung, Akzeptanz, Schutz bzw. Förderung entzogen werden. Die Folge davon können Unreife oder eine unzureichende sozial-emotionale bzw. kognitive Entwicklung sein.[50] Auch dies kann zu Depressionen und Bindungsstörungen führen. Gemäß der Bindungstheorie gibt es drei grundsätzliche Bindungsmuster:[51]

[50]Vgl. Thyen (2008), S. 654 ff.

[51]Vgl. Bowlby und Ainsworth (2005).

- **Die sichere Bindung**. Durch das entspannte Vertrauen auf die bisherigen Bindungen wird der Aktionsradius um weitere Bindungen erweitert. Auch Rückschläge werden überwunden. Die sichere Bindung führt zu Selbstvertrauen, Respekt, Frustrationstoleranz und Empathie. Das Verhalten ist angemessen und vorhersehbar.
- **Die Angstbindung**. Bei einer angstbezogenen Bindung sind die Kinder durch nicht berechenbare Bindungspersonen geprägt. Dies kann auch in Drohungen gipfeln, verlassen zu werden. Dadurch organisieren die Kinder ihre Beziehungen auf ihre Weise. Die ängstliche Bindung führt zu Unsicherheit und Passivität gegenüber neuen Bindungen. Das Verhalten ist widersprüchlich von freundlich bis wütend, verstrickt und inkonsistent.
- **Die Bindungsvermeidung**. Mit einer schwach ausgeprägten emotionalen Bindung zu den Eltern entwickelt sich später eine Vermeidungshaltung für neue Bindungen. Dadurch entwickelt sich der Aktionsradius nur um wenige neue Bindungen. Die vermeidende Bindung führt zu Unsicherheit, Unabhängigkeit, Gefühlskälte und geringer Nähe zu anderen Menschen. Das Verhalten ist angespannt vorsichtig und distanziert.

Die Bindungsmuster verdeutlichen, dass die Zusammenarbeit zwischen Mutterunternehmen und Beteiligung auch psychologische Auswirkungen hat. Zwar wird eine sichere Bindung wie bei Eltern und Kindern nur eine idealisierte Vorstellung bleiben. Gleichwohl hilft eine kooperative Zusammenarbeit zwischen Mutterunternehmen und Beteiligung mit einem hohen Maß an gegenseitigem Vertrauen sich diesem Ideal anzunähern. Während die Ultima ratio bei der Kindererziehung die Fremdunterbringung bzw. die Freigabe zur Adoption darstellt, kann das Beteiligungsmanagement die Akteure der Beteiligungen auswechseln oder die Beteiligung veräußern (vgl. die Kap. 5 und 9). Aus Sicht der Pädagogik können derartige Maßnahmen zu einer Angstbindung oder zur Bindungsvermeidung führen, mit in der Folge negativen Folgen für die Motivation der betroffenen Akteure in den Beteiligungen.

Die Erziehung von Kindern und Jugendlichen ist zunehmend durch einen Abbau von elterlicher Autorität geprägt. Die Kinder sollen zu selbstständigen, freien Menschen erzogen werden, die elterliche Rolle gleicht eher der eines Freundes als der eines Betreuers oder einer Leitperson. Eine entsprechende Entwicklung ist auch für viele Akteure im Beteiligungsmanagement festzustellen. Wenngleich die Akteure jedes Mutterunternehmens aufgrund der Eigenschaft als Eigentümervertreter eine Autorität durch ihre hierarchische Position ausüben, ist die persönliche Autorität noch wichtiger. Letztere wird durch die Persönlichkeit, die Überzeugungskraft und durch die vorhandenen fachlichen Fähigkeiten geprägt. Entsprechend sollten die Akteure des Beteiligungsmanagements eher, am besten ausschließlich, ihre persönliche Autorität bei der Zusammenarbeit mit den Akteuren der Beteiligungen nutzen.

Auch lässt sich für Beteiligungen ableiten, diesen einen ausreichenden aber nicht zu großen Freiraum zu belassen. Die Größe des als angemessen empfundenen Freiraums lässt sich in der Erziehung durch regelmäßige Kommunikation entwickeln. Entsprechend folgt aus den Lehren der Pädagogik die Notwendigkeit für regelmäßige Abstimmung und Kommunikation zwischen dem Mutterunternehmen und den Beteiligungen. Während in der Erziehung in schwierigen Phasen der Rat von Psychologen und Ärzten eingeholt wird, bietet sich für das Beteiligungsmanagement der Einbezug von Beratern und Coaches an. Ebenso hilft der Austausch mit anderen Akteuren des Beteiligungsmanagements z. B. über Verbände wie dem Bundesverband deutscher Kapitalbeteiligungsgesellschaften (BVK).[52]

Die Unterschiede zwischen Kindern sind teils erblich und teils durch die Sozialisierung aus den Beziehungen zu Eltern, Geschwistern, Freunden und Erfahrungen aus dem Alltag begründet. Entsprechend bedarf jedes Kind eine individuelle elterliche Erziehung. Wenngleich die Unterschiede zwischen Beteiligungen weder erblich noch durch die Sozialisierung hervorgerufen sind, unterscheiden sich auch die Beteiligungen mehr oder weniger stark voneinander und erfordern ein individuell ausgeprägtes Beteiligungsmanagement. Die „Prägung" ist dabei nicht nur abhängig von den Fähigkeiten und der Herangehensweise der Akteure des Mutterunternehmens, sondern auch von der Aufnahmefähigkeit bzw. Akzeptanz der Akteure der Beteiligungen.

Aus der Perspektive von Erziehung und Pädagogik bleibt die Empfehlung, ein hohes Maß an Verbundenheit zwischen den Akteuren von Mutterunternehmen und Beteiligungen gekoppelt mit einer positiven und verbindlichen Kommunikation aufzubauen. Durch starke zwischenmenschliche Beziehungen wächst die Widerstandsfähigkeit (Resilienz) der Akteure im Wettbewerb um Kunden und Ressourcen.

2.8 Parenting Advantage: Die Qualität des Beteiligungsmanagements

Im privaten Umfeld sind das Elternhaus und die elterliche Erziehung prägende Elemente für die Entwicklung der Sprösslinge (vgl. auch Abschn. 2.7). Entsprechend macht es auch für eine Beteiligung einen Unterschied, welches Mutterunternehmen sie hält. Ein Mutterunternehmen kann mehr oder weniger positiv auf die unternehmerische Entwicklung der Beteiligung einwirken, die Beteiligung wird unterschiedlich stark gefördert. Diese Feststellung wird auch als Parenting Advantage bezeichnet.[53] Ein Mutterunternehmen kann entsprechend motiviert sein, eine Beteiligung zu veräußern, um für diese ein besseres Mutterunternehmen zu finden. Das neue Mutterunternehmen kann den Wert der neuen Beteiligung gegenüber dem bisherigen Mutterunternehmen steigern. Bei der Suche nach dem besseren Mutterunternehmen sind neben dem höheren erzielbaren Preis im Vergleich zum heutigen Wert bzw. den Preisen anderer Bieter vor allem die Konzepte zu vergleichen. Diese Konzepte lassen sich vollständig oder zu einem Teil auch durch das bisherige Mutterunternehmen umsetzen. Damit lässt sich der mögliche Parenting Advantage eines Dritten auch für das laufende Beteiligungsmanagement (statt einem Verkauf) nutzen.

[52] Vgl. https://www.bvkap.de.

[53] Vgl. Campbell et al. (1995a).

Die Ausgangslage kann anhand der Parenting Matrix veranschaulicht werden (Abb. 2.4).[54] Der „Fit“ zwischen Mutterunternehmen und Beteiligung wird anhand der Dimensionen (1) Übereinstimmung der kritischen Erfolgsfaktoren (Key Success Factors, KSF) der Beteiligung mit den Charakteristika des Mutterunternehmens und (2) Leistungen zwischen Mutterunternehmen und Beteiligung eingeordnet. Mithilfe der Matrix wird deutlich, wie die Passung des Mutterunternehmens zu den verschiedenen Beteiligungen des Portfolios aktuell ausgeprägt ist. Bei einer hohen Übereinstimmung und vielen Gelegenheiten für die Nutzenstiftung liegt die Beteiligung im „Heartland“ („Eng verbunden“) . Die elterlichen Ressourcen passen zu der Beteiligung und die Beteiligung passt zu den elterlichen Ressourcen. Außerhalb des Heartland Bereichs sollten entweder die Gelegenheiten für Synergien genutzt werden („Raum für Mehr“) oder die elterlichen Fähigkeiten ausgebaut werden („In der Falle“). Für Beteiligungen, die sich „Auf gutem Weg“ befinden, besteht schon ein hoher elterlicher Mehrwert, im „Heartland“ liegt der größte Mehrwert. Für die Bewertung ist ein Verständnis der Erfordernisse bei den Beteiligungen sowie der vorhandenen Ressourcen bzw. Mehrwertangebote seitens des Mutterunternehmens notwendig. Aufgrund der Dynamik der Positionierung der Beteiligung im Wettbewerb können sich Beteiligungen auch aus dem Heartland in Richtung „In der Fremde“ entwickeln. Für diesen Fall ist der Verkauf der Beteiligung an besser passende Eltern zu erwägen.

Für die Verbesserung bzw. Sicherung der durch die Parenting Matrix veranschaulichten Ausgangslage unterscheiden Goold und Campbell verschiedene elterliche Strategien (Parenting Strategies), die bei den Beteiligungen zu Mehrwerten führen sollen:[55]

Abb. 2.4 Parenting Matrix. (Quelle: In Anlehnung an Campbell et al. 1995a, S. 127)

[54] Vgl. Campbell et al. (1995a), S. 120–130.

[55] Vgl. Campbell et al. (1995b); Collis und Montgomery (1998), S. 83 ff.; Collis et al. (2007), S. 388 ff.

- **Stand-alone influence**. Einseitige Einflussnahme des Mutterunternehmens bei den Beteiligungen auf Basis von spezifischen Ressourcen bzw. Kompetenzen des Mutterunternehmens, z. B. durch Vorgabe strategischer Ziele, Angebot von Ressourcen und Querschnittsfunktionen sowie Vorgehen gegen wertvernichtende Aktivitäten der Beteiligungen
- **Linkage influence**. Fokussierung auf die wertschöpfende Zusammenarbeit zwischen Beteiligungen und auf die Realisierung von Synergien zwischen den Beteiligungen
- **Central functions and services**. Schaffung von Mehrwerten durch das Mutterunternehmen für jede Beteiligung, z. B. durch verbindende Ziele für den gesamten Konzern, F&E-Impulse, Konzerninnenfinanzierung, günstigere Beschaffung über das Mutterunternehmen, Zugang zu Kompetenzen und Wissen des Mutterunternehmens
- **Corporate development**. Wertorientierte Weiterentwicklung der strategischen Geschäftsbereiche des Mutterunternehmens und der Portfoliostruktur des Konzerns mit Vorteilen für die Beteiligungen, Erwerb von geeigneten Schwesterunternehmen durch das Mutterunternehmen

Es fällt auf, dass die ersten drei Parenting Strategies eine intensive Interaktion mit den Beteiligungen bewirken, wohingegen die letzte der Strategien, die Konzern- bzw. Portfolioentwicklung eine eher geringe Interaktion mit den Beteiligungen entfaltet. Während die Validierung des Portfolios den Verkauf der betreffenden Beteiligung zur Folge haben kann, kann die Suche nach neuen Geschäftsmodellen auch zu der Akquisition von Beteiligungen führen, von denen die eine oder andere sich für die Zusammenarbeit bis hin zu einer Fusion mit der betreffenden bereits bestehenden Beteiligung anbietet. Letzteres, nämlich die Zusammenarbeit bzw. eine Fusion von zwei Beteiligungen führt dann zu der Parenting Strategy der Linkage influence, bei der das Mutterunternehmen die Zusammenarbeit von Beteiligungen aktiviert bzw. fördert.

Deutlich detaillierter beschreibt Eisenstat die Aufgaben einer Konzernzentrale (Tab. 2.4).[56] Bei seinem Konzept handelt es sich nicht um grundsätzliche Alternativen wie bei der Typologie von Goold & Campbell, sondern um Aufgaben, die jedes Mutterunternehmen wahrnimmt. Gleichwohl unterscheidet sich die Intensität der Aufgabenwahrnehmung von Mutterunternehmen zu Mutterunternehmen. Eisenstat unterscheidet folgende 11 Aufgaben. In der rechten Spalte sind die passenden Parenting Strategies ergänzt.

2.9 Kernaufgaben des Beteiligungsmanagements

Das Management von Beteiligungen orientiert sich einerseits an der Unternehmensstrategie, andererseits sind die Unternehmensstrukturen und die Unternehmenskultur von Bedeutung. Strategie, Struktur und Kultur stehen dabei in einer wechselseitigen Abhängigkeit.

Die Gestaltung der Inhalte des Beteiligungsmanagements kann entweder langfristig vorausschauend, kurz- bis mittelfristig geplant oder fallbezogen im Augenblick des Auftretens

[56] Vgl. Eisenstat (1990); Kreisel (1995), S. 46.

Tab. 2.4 Aufgaben von Konzernzentralen nach Eisenstat (1990) (Quelle: In Anlehnung an Eisenstat 1990, S. 5 ff.)

Aufgabe	Beschreibung	Parenting Strategy
Corporate Guardian	Überwachung der Einhaltung von Konzernrichtlinien	Stand-alone influence
Translator	Interpretation der Ziele der Konzernleitung und Rückkopplung der Einschätzungen und Probleme von Beteiligungen	Stand-alone influence
Implementer	Installation von Programmen und Systemen für Beteiligungen	Central functions and services
Referee	Sicherstellung abgestimmter Verhaltensweisen zwischen verschiedenen Beteiligungen	Linkage influence
Learning Catalyst	Identifizierung und Weitergabe von Innovationen und Erfahrungen zwischen den Beteiligungen	Linkage influence
Systems Creation	Implementierung von Systemen und Infrastruktur, um die Kooperation zwischen verschiedenen Beteiligungen zu fördern	Linkage influence
Input Control	Sicherstellen, dass Informationen aus Beteiligungen zuverlässig und formal richtig aufbereitet sind	Stand-alone influence
Marketer	Akquisitionsaktivitäten, um das Leistungsangebot des Corporate Staff bekannt zu machen	Central functions and services
Administrative Services	Übernahme von Verwaltungsaufgaben für die Beteiligungen	Central functions and services
Auditor	Überprüfung der Einhaltung gesetzlicher und ähnlich bindender Vorschriften	Stand-alone influence oder Central functions and services
Scanner/ Spokesperson	Gewinnung externer Informationen und Repräsentation des Konzerns nach außen	Corporate development
Professional Services	Dienstleistungen, die sich auf den Konzern als Ganzes beziehen (Querschnittsfunktionen)	Linkage influence

von Problemen erfolgen. Eine einmalige, auf einen Fall bezogene Regelung ist eine Improvisation, eine kurz-, mittel- oder lang fristig erstellte und dann geltende Regelung eine Disposition. Im Folgenden wird der Fokus auf die langfristig vorausschauende Gestaltung des Beteiligungsmanagements gelegt. Zusätzlich werden im Rahmen der nachfolgenden Kapitel Methoden als dispositive Handlungsansätze bei bestimmten Konstellationen aufgezeigt.

Die Kernaufgaben des Beteiligungsmanagements umfassen einerseits die **normierende** Aufgabe der Entwicklung von Selbstverständnis und Portfolio und andererseits **interaktive** Kernaufgaben. Mit der normierenden Entwicklung von Selbstverständnis und Portfolio wird der Rahmen für die durch das Mutterunternehmen wahrgenommenen Aufgaben gesetzt sowie die Eckpunkte für die Beteiligungsstrategie und die Entwicklung des Beteiligungsportfolios durch Ausgründung aus dem Mutterunternehmen, durch Gründung oder durch Akquisition festgelegt. Durch das interaktive Beteiligungsmanagement kann ein Gesellschafter die Beteiligungen auf Basis von Zielen aktivieren, fördern, koordinieren und kontrollieren. Wie bereits ausgeführt, umfasst dies sachbezogene und personenbezogene Aufgaben. Abb. 2.5 fasst die wesentlichen Aufgaben zusammen, die nachfolgend erläutert werden.

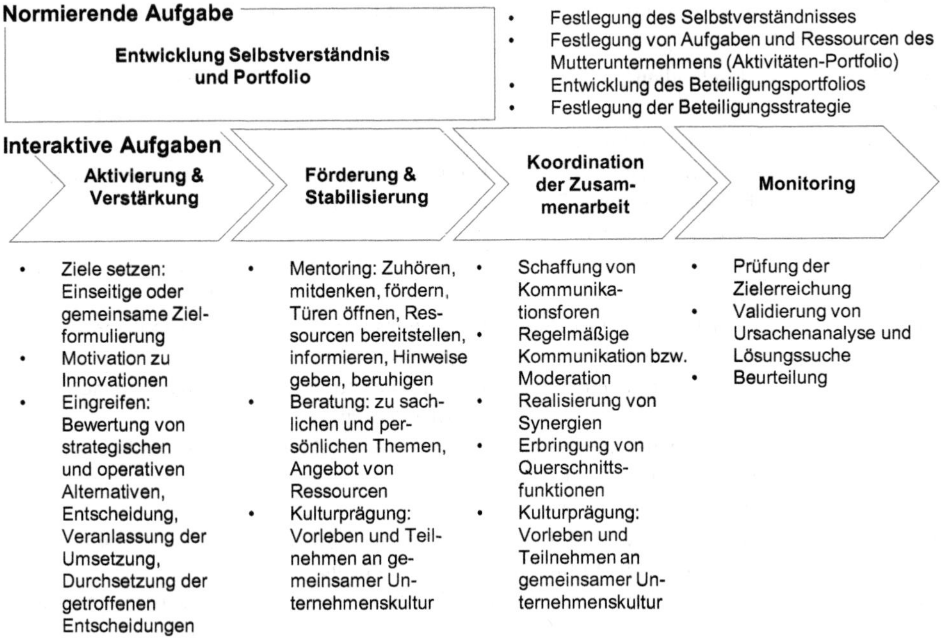

Abb. 2.5 Kernaufgaben des Beteiligungsmanagements

- **Entwicklung Selbstverständnis und Portfolio**. Dazu zählt einerseits die Validierung und Anpassung der Aktivitäten des Mutterunternehmens selbst und andererseits die Überprüfung und Anpassung des Beteiligungsportfolios (durch Ausgründung, Neugründung, Zukäufe, Verkäufe, Fusionen, strategische Allianzen und Kooperationen). Zunächst definiert das Mutterunternehmen das eigene Selbstverständnis (vgl. Kap. 3). Dabei wird festgelegt, welche Aufgaben durch welche Einheiten des Konzerns wahrgenommen werden. Vor allem umfasst dies die Frage, welche Ressourcen durch das Mutterunternehmen selbst vorgehalten werden und welche Aufgaben das Mutterunternehmen selbst wahrnimmt. Der Ursprung für die wahrzunehmenden Aufgaben ist die Definition des „Warum", also der Motivation für das Handeln.[57] Dann folgen der Weg und die einzelnen Aufgaben. Die Suche nach unternehmerischen Gelegenheiten führt bei jedem Mutterunternehmen immer wieder zu der Erweiterung des Beteiligungsportfolios. Neben der Erweiterung des Portfolios durch Gründungen, Zukäufe, Fusionen, strategische Allianzen oder Kooperationen erfolgen auch strategisch gewollt oder zur Ermöglichung der Erweiterung notwendige Konsolidierungen des Beteiligungsportfolios durch Verkäufe oder Fusionen. Während die M&A-Aktivität einerseits dem Mutterunternehmen dient, können Erweiterungen auch der Ergänzung der Ressourcen oder

[57] Vgl. Sinek (2011).

der strategischen Positionierung bereits bestehender Beteiligungen dienen. Dann verbindet sich die Kernaufgabe der Entwicklung von Selbstverständnis und Portfolio mit der später aufgeführten Kernaufgabe der Koordination der Zusammenarbeit. Im Rahmen der Beteiligungsstrategie werden die Eckpunkte für die Erwartungen an das bestehende und das künftige Beteiligungsportfolio festgelegt. Dazu zählt auch die Formulierung von Erwartungen an die Corporate Governance der Beteiligungen.

- **Aktivierung und Verstärkung.** Die Aktivierung umfasst das gemeinsame Setzen von Zielen und das Eingreifen. Neben der jährlichen Aktivierung durch Zielvereinbarungen erfolgt die Aktivierung auch im Rahmen der regelmäßigen Kommunikation der Akteure des Mutterunternehmens mit denen der Beteiligungen. Die Ziele lassen sich in Formalziele zur langfristigen Unternehmenssicherung und in Sachziele unterscheiden.[58] Letztere wiederum lassen sich in Leistungsziele und Finanzziele gliedern und entsprechen den Werttreibern bzw. Maßnahmen, um die Formalziele zu erreichen. Sie umfassen Eigentümerziele (z. B. Ausschüttung, Wertsteigerung), Kundenziele (z. B. Entwicklung Kundenzahl, Umsatz mit neuen Produkten), Beschäftigtenziele (z. B. Weiterbildungsstunden, Krankheitsquote), Prozessziele (z. B. Ausfallzeiten in der Produktion) sowie weitere Ziele (z. B. Verminderung Klimagase). Die Ziele sollten dabei herausfordernd, aber auch motivierend sein. Für die Auswahl und die Ausgestaltung von Zielsystemen lassen sich eine Reihe von Anforderungen formulieren. Tab. 2.5 fasst typische Anforderungen zusammen.

Das ggf. notwendige Eingreifen umfasst die Bewertung von bestehenden strategischen und operativen Alternativen, die Entscheidung über bestehende strategische und operative Alternativen sowie die Veranlassung der Umsetzung von getroffenen Entscheidungen oder die Durchsetzung von getroffenen Entscheidungen. Die Veranlassung der Umsetzung kann z. B. durch Überzeugung, Beauftragungen, Organisationsentwicklung, Neueinstellungen, Anpassungen des Rahmens der Corporate Governance und durch Beschlüsse von strategischen und operativen Maßnahmen bei der Beteiligung seitens des Mutterunternehmens erfolgen. Die Durchsetzung von getroffenen Entscheidungen erfolgt in der Regel durch das Management der Beteiligung, kann aber auch durch die Übernahme von Führungsfunktionen durch Personen des Mutterunternehmens realisiert werden. Bei direkt gehaltenen Beteiligungen in bestimmten Rechtsformen (insb. bei GmbHs) kann die Durchsetzung auch über direkte Weisungen der Anteilseignerin an die Geschäftsleitung erfolgen.[59]

- **Förderung und Stabilisierung.** Die Förderung und die Stabilisierung der Beteiligung umfassen das Mentoring, die Beratung der Beteiligungen und das Hinwirken auf die

[58] Vgl. Schierenbeck und Wöhle (2012), S. 78.

[59] Damit durchbricht der Gesellschafter die gemäß § 76 Abs. 1 AktG definierte Zuordnung der Geschäftsführung an das Geschäftsführungsorgan. Für mögliche Schäden daraus führt dies jedoch zur Übernahme der Verantwortung durch das Mutterunternehmen.

Tab. 2.5 Anforderungen an Kennzahlen (Quelle: In Anlehnung an Doran 1981; Wild 1982, S. 55 f.; Pfaff 2004, S. 131; Wöhe und Döring 2010, S. 75)

SMART-Prinzip	Prinzip von Wild	Prinzip von Wöhe/Döring	MADRISA-Prinzip
(S)pezifisch beschrieben *(M)essbare* Ergebnisse *(A)kzeptanz* bei den Empfängern *(R)ealisitische* Erwartungen *(T) erminverständnis*	*Realisierbarkeit* – Ziele sind erreichbar *Operationalität* – Ziele sind präzise bestimmt *Ordnung* – Zielhierarchie und Prioritäten sind klar definiert *Konsistenz* – Ziele sind widerspruchsfrei und aufeinander abgestimmt *Aktualität* – Ziele geben den aktuellen Stand wider *Vollständigkeit* – Alle wichtigen Ziele sind im Zielsystem berücksichtigt *Durchsetzbarkeit* – Ziele wirken auf einzelne Beschäftigte motivierend *Organisationskongruenz* – Ziele stehen in einem sinnvollen Zusammenhang zur Organisation *Transparenz und Überprüfbarkeit* – Zielsystem ist transparent und überprüfbar	*Motivationsfunktion* – Ziele liefern einen Impuls zur Verbesserung der Ausgangssituation *Realitätsbezug* – Ziele müssen erreichbar sein (Bezug zur aktuellen Entscheidungssituation) *Widerspruchsfreiheit* – Ziele sollten kompatibel sein. Konkurrenz-beziehungen sind möglichst zu vermeiden. *Verständlichkeit* – Zielrealisierung setzt Ziel verständnis voraus. *Kontrollierbarkeit* – Je konkreter die Zielvorgabe, desto leichter die Kontrollierbarkeit der erreichten Leistung.	*(M)essbar* nach Inhalt, Ausmaß, Zeit- und Segmentbezug *(A)nspruchsvoll*, d. h. Zielerreichung statt Vermeidungsziel *(D)urchführbar* im Hinblick auf die Zielerreichung *(R)ichtungsweisend* für die Strategieableitung *(I)ntegriert* in den Managementprozess *(S)pezifisch* auf das Unternehmen zugeschnitten *(A)ttraktiv*, d. h. motivierend und erstrebenswert

Entwicklung einer gemeinsamen Unternehmenskultur. Zu dem Mentoring der Beteiligungen gehören das Erfragen der aktuellen Herausforderungen und Bedarfe, das Anbieten und aktive Mitdenken bei der Bewältigung von persönlichen Problemstellungen, das Informieren über neue Entwicklungen des Mutterunternehmens und der Unternehmensgruppe sowie das Auftreten als wohlwollender Förderer der Akteure der Beteiligung. Insofern kann das Mentoring auch Teile eines persönlichen Coachings umfassen (vgl. Abschn. 7.3). Dazu zählt auch die Beruhigung der Akteure in schwierigen Zeiten, das stabilisierende Mitwirken sowie das Vorleben bzw. Prägen von unternehmenskulturellen Werten und Normen. Im Rahmen der Beratung unterstützen die Akteure des Mutterunternehmens aktiv oder auf Nachfrage die Geschäftsführung (und weitere Personen) der Beteiligung zu Fach- und Führungsthemen sowie zu Methoden.[60] Die Beratung erfordert ein entsprechend ausgeprägtes Know-How oder Kontakte in den betreffenden Themen. Dies wird bei den meisten Mutterunternehmen mindestens zu

[60] Vgl. Kreisel (1995), S. 42–43.

strategischen, Innovations-, Finanzierungs-, Investitionsrechnungs-, rechtlichen und Projektmanagementthemen vorhanden sein. Darüber hinaus bietet sich die Beratung für die Sammlung und Verdichtung von Ideen an. Durch Einbezug der Erfahrung und der Kreativität der Akteure des Mutterunternehmens lassen sich neue Ideen für die Beteiligung entwickeln bzw. schärfen. Unabhängig von fachlichen Themen umfasst die Beratung auch, Entscheidungsvorlagen der Beteiligung auf mögliche Alternativen zu hinterfragen sowie die Geschäftsleitung bei geplanten und bei laufenden Entscheidungen präventiv oder begleitend zu unterstützen. Das Beteiligungsmanagement agiert als Berater der Geschäftsleitung. Ein wichtiges Element der Förderung und Stabilisierung ist die Teilhabe der Akteure des Mutterunternehmens an der Etablierung einer gemeinsamen Unternehmenskultur. Durch gemeinsame Werte, Vorstellungen, Regeln und Paradigmen wird das gegenseitige Vertrauen gestärkt und damit die Basis für die künftige Zusammenarbeit. Die Unternehmenskultur prägt auch die Einstellung der Akteure zu Innovationen und den Umgang mit Veränderungen im Wettbewerb (Agilität).

- **Koordination der Zusammenarbeit**. Die Koordination der Beteiligungen umfasst die regelmäßige Kommunikation, die Realisierung von Synergien zwischen den Beteiligungen, die Erbringung von Querschnittsfunktionen für mehrere Einheiten der Unternehmensgruppe sowie das Hinwirken auf die Entwicklung einer gemeinsamen Unternehmenskultur (hier im Schwerpunkt zwischen den Beteiligungen). Die Akteure des Beteiligungsmanagements haben die Aufgabe, das Zusammenspiel der Beteiligungen zu organisieren, teilweise die dafür notwendigen Ressourcen zuzuweisen und ggf. im Konfliktfall die Einheiten zu einer gemeinsamen Lösung zu führen. Während bei der Aktivierung die Kommunikation den Zweck von Veränderungen zugunsten der betreffenden Beteiligung verfolgt, liegt das Ziel der koordinativen Kommunikation in der Realisierung von gemeinsamen Anknüpfungen zwischen den Beteiligungen einer Unternehmensgruppe. Durch die persönliche Kommunikation der Führungskräfte des Mutterunternehmens werden die Akteure der Beteiligungen koordiniert. Dies erfolgt u. a. durch die Schaffung von Kommunikationsforen zwischen Akteuren der Beteiligungen (und des Mutterunternehmens), die in diesem Rahmen regelmäßig stattfindende Kommunikation die ggf. ergänzende Moderation der Kommunikationsforen sowie durch die Unterstützung der Beteiligungen bei sich ergebenden Bedarfssituationen zur Realisierung gemeinsamer Aktivitäten. Die Realisierung von Synergien zwischen den Beteiligungen kann durch gemeinsame Projekte, die Verknüpfung bis hin zu der Bündelung von ähnlichen Aufgaben an einer oder wenigen Stellen erfolgen. Dies dient einerseits der Reduzierung von Kosten und andererseits der Erlösausweitung z. B. durch die Unterstützung bei der Positionierung im Markt und bei der Kundenansprache. Neben Synergien in den Kernbereichen der Wertschöpfung werden auch unterstützende Aufgaben für mehrere Beteiligungen in einer oder wenigen Organisationseinheiten des Mutterunternehmens oder der Unternehmensgruppe gebündelt (Querschnittsfunktionen). Dazu kommt das Vorleben, das Fördern und das Teilnehmen an einer gemeinsamen Unternehmenskultur der Beteiligungen und des Mutterunternehmens.

Synergien – Serienprodukt oder Designstudie?

Synergien entstehen aus dem Mehrwert der Zusammenarbeit von verschiedenen Einheiten eines Unternehmensverbunds gegenüber der Summe ihrer Einzelbeiträge. Auch wenn sich Synergien in Konzepten und Business Plänen vollmundig darstellen lassen, ist deren Realisierung in der Praxis herausfordernd. Dies liegt weniger an dem Willen des Mutterunternehmens, sondern an der notwendigen Bereitschaft von mindestens zwei Akteuren, für die Realisierung der Synergie eng zusammenzuarbeiten. Dagegen stehen häufig der Wunsch nach Eigenständigkeit, der Konzentration auf die eigenen Prozesse und in dem teilweise als ungerecht empfundenen Verhältnis zwischen Leistung und Gegenleistung. Es lassen sich fünf verschiedene Quellen für Synergien unterscheiden.[61]

- **Skaleneffekte.** Mit dem Ausbau der Menge an Output durch die Bündelung von gleichartigen Aufgaben mehrerer Beteiligungen können die mit der Erstellung verbundenen Stückkosten gesenkt werden. Beispiele sind der gemeinsame Einkauf von Vorleistungen oder die Bündelung von Querschnittsfunktionen.
- **Lerneffekte.** Durch einen Zuwachs an Erfahrung können Prozesse reibungsloser und mit höherer Qualität bearbeitet werden.[62] Die Lerneffekte wirken auf eine Minderung der Stückkosten und lassen Erlöseffekte aus der verbesserten Erfüllung der Kundenerwartungen erwarten. Beispiele sind die gemeinsame Durchführung von Produktionsprozessen oder die gemeinsame Qualitätssicherung.
- **Verbundeffekte.** Verbundeffekte resultieren aus dem Einsatz von komplementären Ressourcen bei Wertschöpfungsprozessen. Die gemeinsame Nutzung der Ressourcen führt zu Vorteilen, wenn der Einsatz bei unterschiedlichen Prozessen zu einer Subadditivität der Kosten führt. Dementsprechend sinken die Kosten durch die Erbringung des Prozesses in einer Einheit anstatt in zwei Einheiten. Oder die Prozesse werden miteinander so verbunden, dass ein Prozessverbund entsteht. Ebenso können Verbundvorteile resultieren, wenn durch die gemeinsame Ressourcennutzung ein Vorteil für den Kunden dargestellt werden kann. Eine spezielle Form der Verbundeffekte sind Transfereffekte.[63] Diese können aus der mehrfachen Nutzung von Ressourcen im Konzern entstehen. Dabei werden die Ressourcen von mehreren Einheiten nicht nur gemeinsam, sondern beteiligungsübergreifend genutzt. Ein Beispiel dafür ist eine Dachmarke.

[61] Vgl. Eckhoff (2006), S. 30–35.

[62] Vgl. Chatterjee (1986), S. 119–122.

[63] Vgl. Frost und Morner (2010), S. 66.

- **Zeitvorteilseffekte**. Aus der Zusammenarbeit mit einem Partner können zeitliche Vorteile für die Entwicklung von neuen Produkten, die Weiterentwicklung von Strukturen und Prozessen sowie die Erschließung neuer Märkte erzielt werden.
- **Machteffekte**. Diese ergeben sich nicht nur aus Größeneffekten am Beschaffungs- und am Absatzmarkt, sondern auch aus der Positionierung des Unternehmens am Markt. Synergien, die zu einer Stärkung der Position in einem Massenmarkt oder in einer Nische beitragen, stärken daher die Effekte der Marktmacht.

- **Monitoring**. Das Monitoring der Beteiligungen umfasst die Überprüfung der vorgelegten Unternehmensplanung, die Bewertung des (unternehmerischen) Handelns und der vorhandenen Risiken sowie die meist unterschwellige Überprüfung des Vertrauens in die Führungskräfte der Beteiligung. Das Monitoring erfolgt in der Regel weitgehend auf der Basis von Informationen, die seitens der Beteiligung zur Verfügung gestellt werden. Dazu zählen im Minimum die Informationen über Geschäftsentwicklung, Risikolage und Risikomanagement im Rahmen von Quartalsberichten. So liefert das Beteiligungscontrolling Informationen darüber, ob und wie eine Beteiligung zum Erfolg der Unternehmensgruppe beiträgt und welcher Beitrag für die gesetzten Ziele erbracht wird. Auf Basis dieser Berichte sowie zusätzlicher Abstimmungen werden Steuerungsimpulse für die Geschäftsführung des Mutterunternehmens und die der Beteiligung abgeleitet.[64] Werden Ziele deutlich bzw. mehrfach verfehlt, oder ist das Vertrauen nicht mehr gegeben, folgt ein deutliches Eingreifen (im Rahmen der Aufgabe „Aktivierung und Verstärkung“).

Das Beteiligungsmanagement schafft Mehrwerte primär durch die Aktivierung und Verstärkung, die Förderung und Stabilisierung, die Koordination der Zusammenarbeit und das Monitoring der Entwicklung der Beteiligungen. Zusätzlich setzt es den Rahmen durch eine entsprechende Entwicklung von Selbstverständnis und Portfolio.

Zusätzlich lassen sich als separate Aufgaben auch die Betreuung der Mitglieder der Aufsichtsgremien der Beteiligungen sowie die Beteiligungsverwaltung unterscheiden.

Die Betreuung der Aufsichtsratsmitglieder kann durch ein Aufsichtsratsbüro übernommen werden. Zu der Betreuung zählt neben der Mandatsträgervorbereitung (vgl. Abschn. 3.8.3) auch das Angebot von Weiterbildungsangeboten für die Mitglieder (vgl. Kap. 7).

Die Beteiligungsverwaltung umfasst in der Regel das Finanz- und Rechnungswesen, die juristische Betreuung der Beteiligungen sowie die Beschlusskontrolle. Die Aufgaben der Bilanzierung, der Rechnungslegung, des Liquiditätsmanagements, der Erstellung von Jahres- und Konzernabschlüssen, der Erstellung von Steuererklärungen sowie die Beglei-

[64] Vgl. Krupp (2007), S. 14.

tung der Wirtschaftsprüfer, Steuerberater und Finanzamtsprüfer übernimmt regelmäßig eine Abteilung für Rechnungswesen und Steuern. Die juristische Betreuung wird meist durch eine Rechtsabteilung wahrgenommen. Dazu zählen das Vertragsmanagement (Vorbereitung, laufende Überwachung und Beendigung von Verträgen),[65] die Begleitung bei rechtlichen Fragen sowie die Begleitung von rechtlichen Auseinandersetzungen. Die Überwachung der Einhaltung von Beschlüssen (mit Hinweisen auf noch nicht umgesetzte Beschlüsse gerade auch bei Joint Venture Unternehmen) sowie von anstehenden Terminen (z. B. Vorlage von Quartalsberichten, Entscheidung über die Verlängerung von Geschäftsführeranstellungsverträgen) erfolgt durch den jeweils zuständigen Beteiligungsmanager oder durch die Rechtsabteilung. Es wird deutlich, dass die Beteiligungsverwaltung deutliche Überschneidungen mit Aufgaben aufweist, die jedes Unternehmen (auch ohne Beteiligungen) wahrnehmen muss.

2.10 Rollen des Beteiligungsmanagements

Um die interaktiven Kernaufgaben des Beteiligungsmanagements (Aktivierung und Verstärkung, Förderung und Stabilisierung, Koordination der Zusammenarbeit und Monitoring) wahrzunehmen, nehmen die Akteure verschiedene Rollen wahr. Eine erste Unterteilung ist die der Rolle des Eigentümervertreters und der Rolle des Unternehmenspartners.[66] In der Rolle des Eigentümervertreters werden die Beteiligungen durch Teilnahme an Gremiensitzungen oder durch Vorgaben gesteuert. Der Unternehmenspartner begleitet die Beteiligungen kollegial auf Augenhöhe und unterstützt bei der Lösung von Problemstellungen. Beide Rollen, die Eigentümerrolle und die Rolle des unternehmerischen Partners können aktiv oder passiv, anders ausgedrückt mit unterschiedlichem Ausmaß wahrgenommen werden. Die Intensität hängt von der Art und Weise sowie der Regelmäßigkeit der Rollenwahrnehmung ab.[67]

Ergänzt um die Sichtweise der für Unternehmen prägenden Organe (Anteilseignerversammlung, Aufsichtsrat, Geschäftsführung) sowie der Verbindung des Unternehmens mit anderen Akteuren über Verträge und Netzwerke lassen sich vier Rollen des Beteiligungsmanagements ableiten. Die Eigentümerrolle wird in die (1) Organbezogene Führung und die (2) Weisungsbezogene Führung unterschieden. Die Rolle des Unternehmenspartners wird durch die (3) Vertragliche Führung und die (4) Diskursive Führung erfüllt.[68] Die Ausprägungen werden nachfolgend vorgestellt.

[65] Dies umfasst für das Mutterunternehmen sowie für alle Beteiligungen u. a. Satzungen, Unternehmensverträge (wie Ergebnisabführungs-, Beherrschungs- und Konsortialverträge), Geschäftsordnungen der Geschäftsführung, Geschäftsordnungen des Aufsichtsgremiums bzw. des Beirats, Organisationshandbücher, Anstellungsverträge der Geschäftsführung, Anstellungsverträge von Prokuristen, Gesellschafterbeschlüsse (u. a. zu Planung und Jahresabschlüssen), Handelsregisterauszüge, Protokolle der Sitzungen der Geschäftsführung, Protokolle der Sitzungen des Aufsichtsgremiums bzw. des Beirats, wesentliche Verträge, Unterlagen zu Rechtsstreitigkeiten.

[66] Vgl. grundsätzlich Cray (1984), S. 85 ff.; Appleyard et al. (1990), S. 406.

[67] Vgl. Nguyen (2009), S. 58.

- **Organbezogene Führung**. Als Eigentümervertreter bereiten die Akteure des Beteiligungsmanagements die Sitzungen der Organe der Beteiligung vor und nehmen an diesen teil. Es kann sich dabei um rechtlich verpflichtende (Gesellschafts- bzw. Hauptversammlung, Aufsichtsrat u. a. bei Aktiengesellschaften) oder fakultativ zusätzliche Organe (fakultativer Aufsichtsrat, Ausschüsse, Beirat, Konsortialausschuss) handeln. Die Satzung und die Geschäftsordnungen von Geschäftsführung und Aufsichtsgremium spezifizieren die Ausgestaltung der Mitwirkungsrechte (und -pflichten). Im Rahmen der Sitzungen werden die durch die Geschäftsführung erstellten Beschlussvorlagen behandelt (Entscheidungs- und Kontrollfunktion). Darüber hinaus werden auch Anregungen, Erwartungen und Empfehlungen der Eigentümervertreter im Denken und Handeln der Beteiligungen verankert (Beratungsfunktion). Gerade bei börsennotierten Unternehmen gewinnt die Mitwirkung von aktiven Investoren an Bedeutung für die organbezogene Führung. Durch klar formulierte Wortbeiträge (gerade bei Hauptversammlungen) und die Formulierung von Anträgen wirkt das sog. „Stewardship" der Anteilseigner auch ohne die Notwendigkeit einer Anteilsmehrheit oder einer Sperrminorität.[69] Durch die organbezogene Führung wird der Rahmen für die Entwicklung der Beteiligung geprägt. Das Leitbild der organbezogenen Führung sind satzungsgemäße Weichenstellungen durch die Anteilseignerversammlung und das Aufsichtsgremium.
- **Weisungsbezogene Führung**. Die stärkste Wirkung entfalten Beschlüsse bzw. direkte Weisungen zu strategischen und/oder operativen Themen im Rahmen von Gremiensitzungen oder ad hoc.[70] Dabei kann es sich um Beherrschungs- und Gewinnabführungsverträge, gruppenweit geltende Richtlinien oder den Beschluss von für die betreffende Beteiligung geltenden Standards zu Corporate Governance oder anderen Themen handeln. Werden die Weisungsrechte intensiv genutzt, kann sich die Besetzung der Geschäftsführung der Beteiligung durch separate Personen erübrigen. Stattdessen kann eine personenidentische Besetzung der beiden Geschäftsführungen erfolgen oder es werden Angestellte des Mutterunternehmens (z. B. mit Prokura) als Geschäftsführung der Beteiligung eingesetzt. Das Leitbild der weisungsbezogenen Führung liegt in einer einheitlichen Leitung durch das Mutterunternehmen mit Delegation von (großen) Teilen der Unternehmensführung an die Geschäftsführung der Beteiligung.

---

[68] Die vorgestellte Unterscheidung baut auf der Unterteilung von Leavitt (1965) in technokratische, strukturelle und persönliche Koordination auf. Die technokratische Koordination enthält Elemente der organbezogenen, der weisungsbezogene und der vertraglichen Steuerung, die strukturelle Koordination enthält Elemente der vertraglichen und der diskursiven Steuerung. Die diskursive Steuerung ist durch die persönliche Steuerung geprägt. Vgl. Leavitt (1965), S. 1144 ff.

[69] Vgl. Schaefer (2007); Fabritius et al. (2015) und die positiven Effekte aktivistischer Investoren in der empirischen Studie von Bassen et al. (2016). Im Vereinigten Königreich wurde für die Strukturierung der Stewardship-Aktivitäten ein Stewardship-Code eingeführt. Vgl. Financial Reporting Council (2012).

[70] Bestimmte Rechtsformen der Beteiligung (z. B. Aktiengesellschaft) schließen die weisungsbezogene Steuerung weitgehend aus.

- **Vertragliche Führung**. Wie auch bei Unternehmen, die nicht gesellschaftsrechtlich miteinander verbunden sind, kann die Aktivierung oder Koordination auch durch beidseitig durch Verträge vereinbarte Rechte und Pflichten erfolgen. Mit dem Beschluss und der Anwendung von gemeinsamen Verträgen, wie z. B. Dienstleistungsverträgen für die Erbringung von Querschnittsfunktionen, Werkverträgen oder Personalgestellungsverträgen, wird eine koordinierte Zusammenarbeit begründet und eine Steuerungsmöglichkeit für den Auftraggeber geschaffen. Es kann sich aber auch um beidseitige Verpflichtungen handeln, wie z. B. Rahmenvereinbarungen zu gemeinsamen Projekten, Vereinbarungen über gemeinsame Investitionen oder gemeinsame Leitbilder. Dann wird eine gegenseitige Einflussnahme begründet. Häufig noch wichtiger als die Inhalte der Verträge sind die mit der Umsetzung der Vereinbarungen einhergehende Vernetzung der betreffenden Organisationseinheiten der Beteiligung mit den dafür relevanten Einheiten des Mutterunternehmens und/oder mit denen von anderen Beteiligungen aus der Unternehmensgruppe. Dies führt zu einer persönlichen Annäherung der verschiedenen Akteure. Das Leitbild der vertraglichen Führung liegt in einem marktorientierten Austausch von Leistungen und Gegenleistungen mit einer Vernetzung der einbezogenen Organisationseinheiten.
- **Diskursive Führung**. Die persönliche Führung umfasst die tägliche Interaktion, um die Akteure der Beteiligungen zu informieren, zu motivieren, zu Innovationen anzuregen, zu entwickeln und mit ihnen zu sprechen. Durch die Kommunikation der Akteure zu bestimmten strategischen und operativen Sachverhalten unabhängig von formal geprägten Sitzungen der Gremien werden die gemeinsamen Ziele und Interessen geschärft. Dabei erfolgt eine Führung von oben und eine Führung von unten. Einerseits versuchen die Akteure der Beteiligung, die Erwartungen des Mutterunternehmens zu erfüllen und mit zu prägen. Dazu trägt bei den meisten Führungskräften bei, dass sie nur über einen befristeten Anstellungsvertrag verfügen, der zudem durch die Akteure des Mutterunternehmens (und ggf. weiteren Gesellschaftern) verlängert bzw. vorzeitig beendet werden kann. Andererseits versuchen die Akteure des Mutterunternehmens, die Akteure der Beteiligungen persönlich zu führen, bei der Entwicklung des Unternehmens zu unterstützen und für die Lösung von anstehenden Herausforderungen zu motivieren. Bei der diskursiven Führung helfen u. a. die Schaffung von Kommunikationsforen zwischen Akteuren der Beteiligungen und des Mutterunternehmens, die regelmäßige Kommunikation sowie die die Unterstützung der Beteiligungen bei sich ergebenden Bedarfssituationen. Das Leitbild für die diskursive Führung ist das Selbstverständnis einer auf Kompromisse angewiesenen kooperativen Zusammenarbeit.

2.11 Spezifische Objekte des Beteiligungsmanagements

Den verschiedenen Rollen des Beteiligungsmanagements gelten für unterschiedliche Objekte. Diese ergeben sich spezifisch für das jeweilige Mutterunternehmen und hängen von dem gewollten Aktivitätsgrad ab. Regelmäßig betrifft das Beteiligungsmanagement folgende Themen oder Managementobjekte.

- **Strategie und Geschäftsmodelle**. In der Regel werden die Unternehmensstrategie sowie ihre wesentlichen Elemente, wie auch die Geschäftsmodelle einer Beteiligung bereits durch die organbezogene Führung erfasst. Dazu gehört auch die Festlegung der durch das Unternehmen bearbeiteten strategischen Geschäftsfelder, die Definition von mittel- und langfristigen Plänen, die Prioritätensetzung hinsichtlich der Verwendung von Ressourcen sowie die strategische Kontrolle, d. h. die Überprüfung der Realisierung der Strategien und ihrer Prämissen. Gleichwohl erfolgen die Ausgestaltung der strategischen Maßnahmen und die Detaillierung der Geschäftsmodelle gerade bei einem hohen Aktivitätsgrad des Beteiligungsmanagements insb. im Rahmen der diskursiven Führung.
- **Strukturen und Prozesse**. Eine klassische Aufgabe der Geschäftsführung liegt in der Festlegung der unternehmensbezogenen Strukturen, Prozesse und der organisatorischen Richtlinien (z. B. Compliance, Unterschriftenregelungen, Antikorruption, Bilanzierung und Konsolidierung, Finanzierung etc.). Für eine steuernde Beeinflussung bzw. Mitwirkung bietet sich die diskursive Führung oder im Fall von gruppenweiten Richtlinien die organbezogene Führung an. Durch die Beratung und durch die Weitergabe von Erfahrungen seitens der Akteure des Mutterunternehmens kann die Organisationsentwicklung durch das Mutterunternehmen mit geprägt werden. Dies bietet sich vor allem für die Realisierung von Synergien durch die Verknüpfung von Einheiten verschiedener Beteiligungen oder durch die Bündelung von Aufgaben an. Letzteres erfolgt dann auch im Rahmen der vertraglichen Führung.
- **Personal**. Die Einstellung, Beförderung, Anpassung von Vergütungen oder Entlassung von Leistungsträgern sowie die Festlegung von Grundsätzen der Personalentwicklung sind von ähnlicher strategischer Bedeutung wie die Festlegungen zu Strategien und Geschäftsmodellen. Obschon Strategien in der Regel mit dem Aufsichtsgremium behandelt werden, ist dies bei Personalthemen selten der Fall. Wenn überhaupt, werden Entscheidungen von grundsätzlicher Bedeutung, wie eine Verlagerung einer Abteilung, die Akquisition von Teams eines Wettbewerbers oder die Einstellung eines neuen Geschäftsführers dort behandelt. Aufgrund der auch häufig hohen Bedeutung von Personalentscheidungen im Bereich von Fachkräften und im Bereich von Führungskräften von nachgeordneten Ebenen bietet es sich an, diese Themen im Rahmen der diskursiven Führung des Mutterunternehmens zu berücksichtigen.
- **Finanzierung**. Jede Beteiligung bedarf einer grundlegenden und einer bedarfsgerechten Ausstattung mit finanziellen Mitteln. Während die Zuführung von Eigenkapital (auch durch weitere Partner) vor allem eine (steuernde) Entscheidung des Mutterunternehmens darstellt, ist die Aufnahme von Fremdkapital in der Regel eine gemeinsame Entscheidung der Akteure von Mutterunternehmen und Beteiligung – besonders in Fällen der gebündelten Kapitalbeschaffung über das Mutterunternehmen oder parallel durch mehrere Beteiligungen. Seitens des Mutterunternehmens bieten sich dafür die organbezogene Führung für den formalen Beschluss, aber zuvor die diskursive Führung an. Dazu kommen Entscheidungen über die Ausgestaltung von finanzwirtschaftlichen, Controlling- und Risikomanagement-Prozessen sowie der internen Revision. Diese umfassen z. B. die Wahl des ERP-Systems oder die Ausgestaltung der Debitoren- und Kreditorenprozesse. Hierzu gelten die Ausführungen zum Themenfeld Strukturen und Prozesse.

- **Synergien**. Während Leistungen, die seitens der Beteiligung erwartet und gewünscht sind (z. B. Mitnutzung von Ressourcen des Mutterunternehmens oder von anderen Beteiligungen), keiner Koordination bedürfen, stellt sich die Frage nach Führung vor allem dann, wenn es sich um Synergiepotenziale handelt, die einer Überzeugung bedürfen. Dies liegt zum Beispiel dann vor, wenn die Leistungserstellung für Querschnittsfunktionen außerhalb der Beteiligung gebündelt werden sollen, wenn die gemeinsame Beschaffung zu einem anderen IT-System als dem bisher genutzten führt, wenn die Bündelung von Leistungen verschiedener Beteiligungen im Vertrieb zu einem Überhang an Vertriebsbeschäftigten bei der Beteiligung führt oder wenn die Einführung neuer Prozesse zu einer Verlagerung der Wertschöpfung in eine andere Beteiligung führt. Für die Motivation der Mitwirkung der Akteure der Beteiligung müssen neben den Vorteilen für die Unternehmensgruppe auch die direkten Vorteile für die Beteiligung erklärbar sein – und der Weg für die Umsetzung. Entsprechend bedarf es einer diskursiven, einer vertraglichen oder einer organbezogenen Führung, um derartige Synergien umzusetzen.

Es wird deutlich, dass sich für keines der genannten Themen im Rahmen eines kooperativen Verständnisses des Beteiligungsmanagements eine weisungsbezogene Führung empfiehlt. Gleichwohl findet dieser Weg unabhängig vom Thema seine Berechtigung bei Konflikten zwischen den Akteuren, bei unterschiedlichen Auffassungen über die Unternehmenspolitik oder bei Beteiligungen, die sich in einer Restrukturierung befinden. Das Mutterunternehmen sollte gemäß § 311 Abs. 1 AktG jedenfalls anstreben, den Leistungsaustausch nach Marktbedingungen, nach dem sog. at-arms-length-Prinzip zu gestalten. Das Prinzip wird durch erhöhte Verrechnungspreise, nicht marktkonforme Umlagen oder die Umlenkung von wirtschaftlichen Potenzialen der Beteiligung auf das Mutterunternehmen verletzt. Befinden sich die Beteiligungen in einem Konzernverbund, muss die Geschäftsführung des Mutterunternehmens einmal jährlich gemäß § 312 Abs. 1 AktG einen Abhängigkeitsbericht erstellen, der neben der Aufzählung der Leistungen und weiteren vertraglichen Beziehungen zwischen dem Mutterunternehmen und den verbundenen Unternehmen auch die durch Unterschrift zu bestätigende Erklärung beinhaltet, dass diese zu marktüblichen Konditionen erfolgen.[71] Dies umfasst auch Umlagezahlungen der Beteiligungen an das Mutterunternehmen und gewährte Nachteilsausgleichszahlungen. Gemäß § 317 f. AktG haften bei einer Missachtung die Geschäftsführung des Mutterunternehmens sowie der Aufsichtsrat des Mutterunternehmens und die Geschäftsführung der betreffenden Beteiligung gesamtschuldnerisch.

Teilweise kann auch seitens der Akteure eine Weisung erwünscht sein. Dies liegt daran, dass aufgrund der Weisung das Haftungsrisiko im Fall einer für die Beteiligung nachteiligen wirtschaftlichen Entwicklung durch das Mutterunternehmen getragen werden muss. Anders verhält es sich, wenn als Ergebnis einer diskursiven Führung die Akteure der Beteiligung entscheiden, ein für die Beteiligung wirtschaftlich nachteiliges Geschäft einzu-

[71] Zwar unterliegt der Abhängigkeitsbericht keiner Veröffentlichungspflicht, gleichwohl ist er aber gemäß § 313 Abs. 1 AktG dem Abschlussprüfer zur Prüfung vorzulegen.

gehen. In diesem Fall trägt die Geschäftsführung der Beteiligung das Haftungsrisiko. Für Entscheidungen, die von den Akteuren des Mutterunternehmens aufgrund der Entwicklung der Gruppe gewollt sind, aber unklar ist, ob die betreffende Beteiligung wirtschaftlich profitieren wird, lässt sich neben dem Weg der weisungsbezogenen Führung mithilfe eines für den Fall der Fälle vereinbarten Nachteilsausgleichs eine diskursive Einigung erzielen. Durch den Nachteilsausgleich werden auch mögliche Forderungen des Finanzamts aufgrund einer sogenannten verdeckten Gewinnausschüttung reduziert bzw. vermieden. Der Fiskus vermutet bei wirtschaftlich nachteiligen Rechtsgeschäften zugunsten des Mutterunternehmens eine verdeckte Gewinnausschüttung, deren Wert z. B. durch Marktvergleiche ermittelt wird. Auf eine festgestellte verdeckte Gewinnausschüttung fallen eine Ertragssteuerbelastung zzgl. eines Aufschlags an.

Reichen die Möglichkeiten der organbezogenen, der vertraglichen und der diskursiven Führung nicht aus, kann die weisungsbezogene Führung mit dem Abschluss von Beherrschungs- bzw. Ergebnisabführungsverträgen verbunden werden.[72] Ein Beherrschungsvertrag verdeutlicht die Üblichkeit von Weisungen im Sinne einer Beherrschung durch das Mutterunternehmen. Der Ergebnisabführungsvertrag regelt (zusätzlich), dass die Ergebnisse der Beteiligung vor deren Versteuerung der Sphäre des Mutterunternehmens zugerechnet werden. Entsprechend entfallen die Risiken von ggf. nicht marktüblichen Konditionen für die vertraglichen Leistungenzwischen Mutterunternehmen und Beteiligung.

Eine Besonderheit für das Beteiligungsmanagement sind Beteiligungen, die nicht zu einem Konzern gehören, sondern Bestandteile eines Unternehmensverbunds, eines Netzwerks, sind. Ein Beispiel sind die Sparkassen, die zwar zu der Sparkassen-Finanzgruppe gehören, aber rechtlich selbstständig sind. Während in derartigen Verbünden eine konzernleitende Einheit fehlt, besteht auch dort die Notwendigkeit der Führung der einbezogenen Partner, um eine für alle Partner positive Entwicklung zu gestalten. Aufgrund der rechtlichen Selbstständigkeit besteht keine Möglichkeit für eine organbezogene oder eine weisungsbezogene Führung. Da die Interessen der Kooperationspartner durchaus unterschiedlich sein können, bietet sich vor allem die Nutzung der diskursiven Führung an. In der idealen Ausprägung einigen sich die Kooperationspartner auf gemeinsame Standards, denen sie sich gemeinsam unterordnen, und nutzen damit die vertragliche Führung. Das Management der Beteiligungen in einem Unternehmensverbund erfolgt insofern vor allem dezentral.

2.12 Spezifische organisatorische Verankerung

Wenngleich das Beteiligungsmanagement grundsätzlich in der Verantwortung der Geschäftsleitung des Mutterunternehmens liegt, findet die konkrete organisatorische Ausgestaltung sehr unterschiedlich statt. Dies liegt einerseits an der unterschiedlichen Intensität in der Wahrnehmung der Kernaufgaben des Beteiligungsmanagements und andererseits an unternehmensspezifischen Präferenzen.

[72] Dies erfordert das Vorliegen einer Mehrheitsbeteiligung.

Dabei können die Aufgaben zentral durch eine dafür beauftragte Einheit, durch mehrere z. B. den verschiedenen Geschäftsbereichen eines Konzerns zugeordneten Einheiten oder als Matrixorganisation als Mischung von zentralen und dezentralen Elementen strukturiert werden. In mehrstufigen Konzernen werden Teile der Aufgaben durch das Mutterunternehmen der ersten Ebene und andere Aufgaben durch die Mutterunternehmen der zweiten oder weiterer Ebenen für die jeweils zugeordneten Beteiligungen wahrgenommen. In der Regel werden die Organisationseinheiten für Beteiligungsmanagement durch andere Organisationseinheiten (wie z. B. die Unternehmensentwicklung) unterstützt. Bei einer komplexen Strukturierung der Aufgaben des Beteiligungsmanagements sollte eine möglichst klare organisatorische Zuordnung der Aufgaben angestrebt werden. Bei Unternehmensgruppen mit wenigen Beteiligungen werden die Kernaufgaben des Beteiligungsmanagements häufig durch Fach- und Führungskräfte des Mutterunternehmens oder durch Einheiten wie die Unternehmensentwicklung, das Konzerncontrolling oder die Rechtsabteilung wahrgenommen.

Eine besondere Form der organisatorischen Ausgestaltung liegt vor, wenn das Beteiligungsmanagement nicht nur über Mitgliedschaften in der Anteilseignerversammlung sowie dem Aufsichtsgremium der Beteiligung verfügt, sondern auch (zeitlich befristet) eine Aufgabe mit Führungs- und/oder Fachverantwortung in der Beteiligung übernimmt. Insbesondere durch die Entsendung einer im Mutterunternehmen verantwortlichen Person (oder eines von dort beauftragten externen Interim-Managers) in eine geschäftsführende Tätigkeit (in Vollzeit oder in Nebentätigkeit zu der bisher ausgeübten Aufgabe) bei der Beteiligung prägt das Mutterunternehmen unmittelbar die Beteiligung.

2.12.1 Aufgaben des einzelnen Beteiligungsmanagers

Während dem Mutterunternehmen als Institution eine Reihe von Aufgaben zugeordnet werden können, gilt das genauso für die Akteure des Mutterunternehmens, die sich mit dem Beteiligungsmanagement auseinandersetzen. In der Regel nehmen in den Mutterunternehmen neben der Geschäftsleitung weitere direkt mit dem Beteiligungsmanagement betraute Personen (einer Einheit für Beteiligungsmanagement, Beteiligungscontrolling, Unternehmens- oder Organisationsentwicklung) wahr. Dabei wird der Beteiligungsmanager von Akteuren aus anderen Einheiten (insb. Finanz- und Rechnungswesen, Recht, Compliance) bei seinen Aufgaben unterstützt (siehe nachfolgendes Kapitel). Im Sinne einer Aufgabenbeschreibung nimmt der Beteiligungsmanager folgende Funktionen und Rollen wahr:

- Der Beteiligungsmanager steuert gemeinsam mit den Führungskräften der Beteiligung die Entwicklung der Beteiligung. Dabei werden Termine der Gesellschaftsorgane, regelmäßige Besprechungen und die kurzfristige Kommunikation genutzt.
- Der Beteiligungsmanager vermittelt den Akteuren der Beteiligung neben der Beteiligungsstrategie, den Regelungen über Unternehmensführung und Unternehmenskon-

trolle (Corporate Governance) auch die kurz-, mittel- und langfristigen Erwartungen des Mutterunternehmens. Er nimmt damit die Eigentümerinteressen wahr.
- Der Beteiligungsmanager informiert die Akteure der Beteiligung über aktuelle Entscheidungen und Entwicklungen des Mutterunternehmens sowie der übrigen Beteiligungen.
- Der Beteiligungsmanager vermittelt die Erwartungen, Vorschläge und Wünsche der Akteure der Beteiligungen an die Geschäftsleitung des Mutterunternehmens und koordiniert die Abstimmung.
- Der Beteiligungsmanager kommuniziert die Entwicklung der Beteiligung an die Geschäftsleitung des Mutterunternehmens.
- Der Beteiligungsmanager wirkt positiv auf die Motivation der Akteure der Beteiligung ein.
- Der Beteiligungsmanager trägt seinen Teil zu der Entwicklung des Gefühls einer Gruppenidentität bei. Dafür werden gemeinsame Ziele definiert, gemeinsame Erfolge kommuniziert und eine offene, vertrauensvolle Atmosphäre geschaffen. Gemeinsame Erfolge werden mit Ritualen gewürdigt. Fehler werden gemeinsam verarbeitet.
- Der Beteiligungsmanager nutzt gezielt den formellen Einbezug von weiteren Fach- und Führungskräften aus dem Mutterunternehmen oder anderen Beteiligungen für die Realisierung von zusätzlichen Potenzialen.
- Der Beteiligungsmanager bezieht informell weitere Akteure für die Entwicklung der Beteiligung ein.

Der Beteiligungsmanager agiert primär im Interesse des Mutterunternehmens, setzt sich aber auch für die Erwartungen, Vorschläge und Wünsche der Akteure der Beteiligungen ein. Die Beteiligungsmanager sind sich ihrer Kompetenzen und ihrer Grenzen bewusst. Sie arbeiten auf Augenhöhe mit den Akteuren der Beteiligungen zusammen. Sie pflegen einen zugleich kooperativen und konsequenten Arbeitsstil.

Wenn die Ziele erreicht oder übertroffen werden, erfreut dies die Beteiligungsmanager und alle weiteren Akteure. Leider kommen jedoch immer wieder abweichende Entwicklungen vor oder negative Überraschungen verhindern den Erfolg. Die Basis für die Überwindung solcher Schwierigkeiten liegt in der Kommunikation über den Sachverhalt und die Gründe und in der Suche nach möglichen Lösungsansätzen. Der Beteiligungsmanager erfragt, moderiert und unterstützt das Vorgehen. Der Beteiligungsmanager benötigt ein Gespür für den Umgang mit unterschiedlichen Erwartungen und Interessen (vgl. dazu auch Abschn. 2.5 über die Principal-Agent-Theorie).

Eine besondere Herausforderung liegt vor, wenn zwischen dem Beteiligungsmanager und den Akteuren Kommunikationsprobleme bestehen bzw. der Beteiligungsmanager seine Rolle nicht professionell wahrnimmt. Dies kann verschiedene Ursachen haben.

- **Falle der Fachkompetenz**. Aufgrund der hohen Anforderungen haben Beteiligungsmanager hohe Kompetenzen im Zusammenhang mit den ihnen zugeordneten Beteiligungen. Damit verbunden ist die Gefahr, dass der Beteiligungsmanager die Kompeten-

zen der Geschäftsführung der Beteiligung im Vergleich zu seinen eigenen infrage stellt. Damit überschätzt der Beteiligungsmanager seine eigenen Kompetenzen.[73] Dies kann statt der angestrebten vertrauensvollen Zusammenarbeit zu einem Konkurrenzkampf ausarten. Dadurch wird die Kommunikation und die Beziehung zwischen dem Beteiligungsmanager und den Akteuren der Beteiligung stark belastet. Um die Fachkompetenz-Falle zu vermeiden, sollten dem Beteiligungsmanager (immer wieder) durch die Geschäftsführung des Mutterunternehmens seine Aufgaben und Grenzen kommuniziert werden. Zu den Aufgaben eines Beteiligungsmanagers zählt nicht der Eingriff in die operative Geschäftsführung der Beteiligung. Gleichwohl sind die Grenzen zwischen unterstützenden Vorschlägen und anmaßenden Vorschlägen häufig fließend.
- **Falle des Erfolgs**. Der Erfolg des Beteiligungsmanagements tritt meist bei den Beteiligungen zutage und wird von den Akteuren der Beteiligung intern oder öffentlich gewürdigt. Hingegen werden die Leistungen der Beteiligungsmanager meist nur im kleinen Kreis wahrgenommen und honoriert. Die Erfolgs-Falle kann zu Neid oder Missgunst führen und damit zu Kommunikationsproblemen mit den Akteuren der Beteiligung. Um die Erfolgs-Falle zu vermeiden, sollte die Geschäftsführung des Mutterunternehmens (und auch weitere Akteure, wie z. B. der Vorsitzende des Aufsichtsrats) die Erfolge des Beteiligungsmanagements intern und öffentlich hervorheben. Zusätzlich sollte auf Basis von Zielvereinbarungen der individuelle Erfolg des Beteiligungsmanagers angemessen honoriert werden.
- **Falle der Hierarchie**. Für Akteure der Beteiligung führt die Interaktion mit dem Beteiligungsmanager teilweise zu einem Missverständnis, nämlich der Wahrnehmung der Rolle des Beteiligungsmanagers als die eines direkten Vorgesetzten. Daraus kann sich die Delegation von Entscheidungen an den Beteiligungsmanager ergeben. Diese Umkehr von Verantwortung kann im Falle von Fehlentscheidungen zu einer Belastung für die Zusammenarbeit zwischen dem Beteiligungsmanager und den Akteuren der Beteiligung führen. Um die Hierarchie-Falle zu vermeiden, sollte klar vereinbart werden, welche Entscheidungen durch wen getroffen werden. Sämtliche Entscheidungen im Rahmen der operativen Geschäftsführung obliegen der Geschäftsführung der Beteiligung. Bestimmte strategische Entscheidungen obliegen dem Aufsichtsgremium bzw. den Gesellschaftern der Beteiligung. Entscheidungen durch den Beteiligungsmanager beschränken sich auf wenige Bereiche in der direkten Zusammenarbeit zwischen Mutterunternehmen und Beteiligung. Diese ergeben sich aus der vorgenannten Aufgabenbeschreibung des Beteiligungsmanagers.

Die genannten und andere Probleme lassen sich am besten durch eine enge Zusammenarbeit der Beteiligungsmanager untereinander, mit der Geschäftsleitung des Mutterunternehmens

---

[73] Vgl. Hitt et al. (2001), S. 103 ff.

mens und mit den Akteuren der Beteiligungen verhindern. Entstehen Beziehungskonflikte zwischen dem Beteiligungsmanager und den Akteuren der Beteiligung, sollten diese angesprochen werden, um sie gemeinsam zu lösen. Es muss ausreichend Zeit investiert werden, um Regeln für die Zusammenarbeit zu entwickeln und bei Bedarf zu modifizieren.

2.12.2 Aufgaben des Beteiligungsmanagement-Teams

Wie bereits beschrieben, benötigt ein Beteiligungsmanager ein breites Wissen zu den ihm zugeordneten Beteiligungen. Nur in seltenen Fällen wird dieses Wissen in einer Person vereint sein können. Daher ist eine Zusammenarbeit des Beteiligungsmanagers mit einem interdisziplinären Team die Regel. Das Beteiligungsmanagement-Team umfasst Beschäftigte aus den für das jeweilige Mutterunternehmen vorhandenen betrieblichen Funktionen sowie ggf. externen Partnern. Ein gutes Beteiligungsmanagement-Team kann Leistungen auch unter schwierigen Bedingungen mit relativ kurzer Rüstzeit erbringen. Dabei fühlen sich im Idealfall alle Teammitglieder mitverantwortlich für die gemeinsame Aufgabe. Sie identifizieren sich mit der Aufgabe und mit der Gruppe. Dabei hat das Team in der Wahl der Struktur für die Zusammenarbeit meist einen hohen Freiheitsgrad (mit weitgehender Selbstorganisation), ebenso in der Art und Weise der Bearbeitung der anstehenden Themen. Das Verhalten der Teammitglieder untereinander sollte direkt, locker und partnerschaftlich sein. Unabhängig davon orientiert sich das Team an der Beteiligungsstrategie des Mutterunternehmens und versucht bei der Bearbeitung der Themen einen unternehmensbezogenen Standard zu leben. Dies umfasst zum Beispiel einen ähnlichen Außenauftritt bei Presseerklärungen der Beteiligungen. Dafür hilft die Entwicklung eines Prozessdenkens und die Orientierung an den relevanten Arbeitsprozessen. Die Arbeitsprozesse werden dabei eng mit der Geschäftsführung der Beteiligung abgestimmt.

Ob das Team als Team gegenüber der Beteiligung auftritt, oder es im Hintergrund agiert und der Beteiligungsmanager die einzige Schnittstelle zu der Beteiligung ist, muss je nach Erwartungen von Mutterunternehmen und Beteiligung entschieden werden. Jedenfalls hilft eine schnelle gegenseitige und reibungsarme Kommunikation für den Teamerfolg. In Rücksprache mit der Geschäftsführung klärt das Team zudem externe Schnittstellen, beauftragt (in Rücksprache mit der Geschäftsführung) externe Partner zu bestimmten Sachverhalten und stimmt die Ergebnisse mit diesen ab. Häufig werden Anwaltskanzleien und Unternehmensberater für einzelne Fachfragen beauftragt. Für die Teamentwicklung gelten die Empfehlungen aus dem Kapitel zu Personalentwicklung (vgl. Kap. 7).

Die Zusammenarbeit des Beteiligungsmanagement-Teams untereinander kann dabei unterschiedlich harmonisch verlaufen. Wenngleich es keine sequenzielle Entwicklung sein muss, lässt sich die Güte der Zusammenarbeit in verschiedenen Entwicklungsphasen beschreiben (siehe Tab. 2.6).[74]

---

[74] Vgl. Francis und Young (1982).

Tab. 2.6 Phasen der Teamentwicklung (Quelle: in Anlehnung an Francis und Young, S. 175)

Stufe 1 Orientierungsphase	Stufe 2 Kampfphase	Stufe 3 Organisationsphase	Stufe 4 Arbeitsphase
Kennzeichen • Fragen, Informationen sammeln • Ziele klären, verstehen, definieren • Methoden entwickeln Kennzeichen der Beziehungsebene: • Suche nach Akzeptanz, Rolle • Abhängigkeit von Leitung/mitgebrachten Normen/Standards • unpersönliches, vorsichtiges Abtasten	Kennzeichen • Entweder-oder-Muster • Definieren von Aufgaben/Rollen • Widerstand gegen Aufgabe und Methoden Kennzeichen der Beziehungsebene: • unterschwellige Konflikte • ungleichmäßige Interaktion (Cliquenbildung) • Kampf um Territorien	Kennzeichen • Spielregeln für den Umgang • offene Klärung der Standpunkte • kooperative Suche nach Alternativen • Sterilität/mühsames Vorwärtskommen Kennzeichen der Beziehungsebene: • Entspannung/ Wohlfühlen • Harmonietendenz/ Konfliktvermeidung • Idealisierung/ Elitedarstellung nach außen	Kennzeichen • flexible Arbeitsweise/ Selbstorganisation • Ideenreichtum und Effizienz • Work Culture (im Dienste des Teams) • ganzheitliche rollierende Planung Kennzeichen der Beziehungsebene: • Übernahme von Verantwortung füreinander (Wir-Gefühl) • selbstverständliche Reflexion über Zusammenarbeit/ Feedback • geklärte Verhaltensstandards

Unabhängig von den Phasen lässt sich festhalten, dass jedes Beteiligungsmanagement-Team eine Selbsteinschätzung anhand der obigen Ausprägungen vornehmen sollte. Auf Basis dieser Analyse lassen sich dann Verbesserungen auf fachlicher, methodischer und Beziehungsebene ableiten. Die regelmäßige Befassung mit den Möglichkeiten für die Verbesserung und Veränderung der Zusammenarbeit im Team wirkt sich dabei direkt auf die Zusammenarbeit mit den Akteuren der Beteiligung aus. Schließlich muss sich die Teamentwicklung nicht auf die Entwicklung des Beteiligungsmanagement-Teams beschränken, sondern kann auch das Tandem-Team aus den Akteuren des Beteiligungsmanagement und denen der Beteiligung umfassen.

2.13 Erstes Zwischenfazit

Als Zwischenfazit ergibt sich folgendes Modell für das Beteiligungsmanagement. Es umfasst als Grundlage die normative Aufgabe der Entwicklung von Selbstverständnis und Portfolio und die interaktiven Aufgaben der Aktivierung, der Förderung, der Koordination der Zusammenarbeit sowie des Monitorings. Dazu kommen die Rollen der organbezogenen, der weisungsbezogenen, der vertraglichen und der diskursiven Führung. Unternehmensspezifisch ergeben sich die Objekte und die Organisation des Beteiligungsmanagements.

Während sich die Rollen nur auf die interaktiven Aufgaben beziehen (und nicht die normierende Aufgabe) sind die spezifischen Objekte und Organisationsmöglichkeiten für alle Kernaufgaben des Beteiligungsmanagements festzulegen. Abb. 2.6 fasst das Rollen-Aufgaben-Modell des Beteiligungsmanagements zusammen.

2.14 Steuerungsmethoden des Beteiligungsmanagements

Eine wichtige Ergänzung erfährt der Aufgabenkanon des Beteiligungsmanagements durch die Methoden der Unternehmenssteuerung. Unter Steuerung lässt sich allgemein die „function of information and motivation for (intelligent) conformity to (…) a system of interrelated actions."[75] Die Beteiligungssteuerung erfolgt mit einer „visible hand" im Gegensatz zu der Steuerung der Kapitalmärkte im Sinne einer „invisible hand".[76] Die Steuerung durch das Mutterunternehmen führt im Gegensatz zu der Steuerung über den Kapitalmarkt zu Vorteilen durch die Berücksichtigung unternehmensspezifischer Besonderheiten, die personenbezogene Zusammenarbeit, die Entwicklung von gegenseitigem Vertrauen sowie durch die langfristige und damit nachhaltige Entwicklung der Beteiligung. Auf Basis von Informationen motiviert der Beteiligungsmanager zu der Formulierung von Zielen, der Umsetzung von Zielvorgaben und der Einhaltung von Handlungsvorgaben, um Konformität hervorzurufen. Die Motivation besteht in der Schaffung von intrinsisch oder extrinsisch bedingten Anreizen für die Akteure der Beteiligungen. Als extrinsische Möglichkeiten der

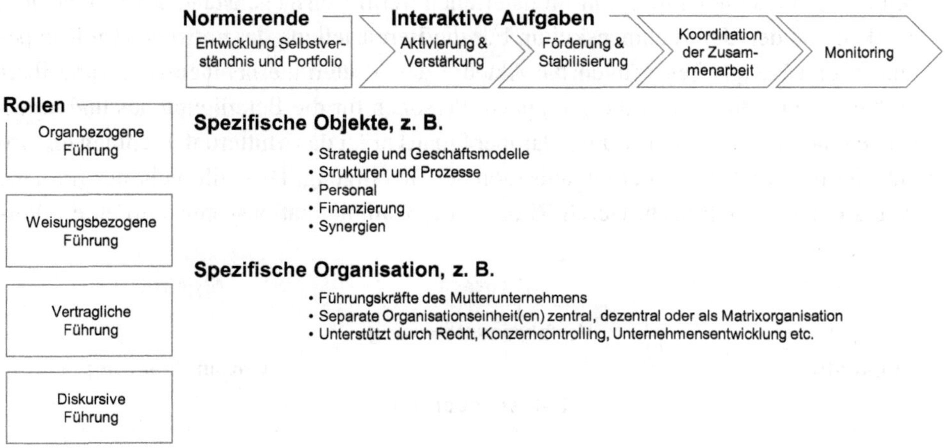

Abb. 2.6 Aufgaben-Rollen-Modell des Beteiligungsmanagements

[75] Vgl. Kaufmann (1986), S. 225.
[76] Vgl. Chandler (1962), S. 17.

Belohnung kann der Beteiligungsmanager aus den folgenden „auswählen“:[77] Zuneigung und Freundschaft, Status, Geld, Information, Güter und Dienstleistungen.

Für die Steuerung lassen sich eine Reihe von Steuerungsmethoden für die Problemlösung, Entscheidung und Koordination innerhalb von Organisationen nutzen.[78] Sie ermöglichen die

- Analyse und Bewertung von Problemen und Verhaltensweisen sowie die Entwicklung von Lösungsalternativen,
- Entscheidung zwischen Alternativen unter Berücksichtigung von Zielen sowie die
- Koordination von Prozessen und der Zusammenarbeit.

Die Entwicklung der Beteiligungen sollte nicht dem Zufall überlassen werden, stattdessen kann ein Repertoire an Steuerungsmethoden genutzt werden. So lassen sich im Wesentlichen vier Ansätze für die Steuerung von Unternehmen unterscheiden: die Inputsteuerung, die Verfahrenssteuerung, die Selbststeuerung sowie die Outputsteuerung. Abb. 2.7 verdeutlicht die vier Steuerungsmethoden, die nachfolgend konkretisiert werden.[79]

- **Inputsteuerung**. Bei der Inputsteuerung werden die Voraussetzungen für die Leistungserbringung der Beteiligungen geschaffen bzw. angepasst. Entsprechend wählen die Akteure des Mutterunternehmens materielle oder immaterielle Ressourcen, die sie der Beteiligung zuweisen, zur Verfügung stellen oder mit der Beteiligung weiterentwickeln. Neben der Bereitstellung oder der Unterstützung bei Finanzierungen kann es sich um den Zugang zu oder die Sachanlagen oder Produktionskapazitäten selbst handeln. Eine Hauptaufgabe der Inputsteuerung liegt in der Bereitstellung von Kompetenzen und Fähigkeiten sowie von immateriellen Vermögensgegenständen wie Patenten, Marken und der Unternehmenskultur. Für die Bereitstellung der notwendigen Kompetenzen und Fähigkeiten wählen die Akteure des Mutterunternehmens aufgrund ihrer vorhandenen Erfahrungen die geeigneten Personen für die Beteiligung aus und unterstützen die Personalentwicklung. Darüber hinaus prägt das Mutterunternehmen die Sozialisierung der Akteure der Organisation der Beteiligung. Dies gilt nicht nur für neue Akteure der Organisation. Durch Rituale und Kommunikationsforen werden die Vor-

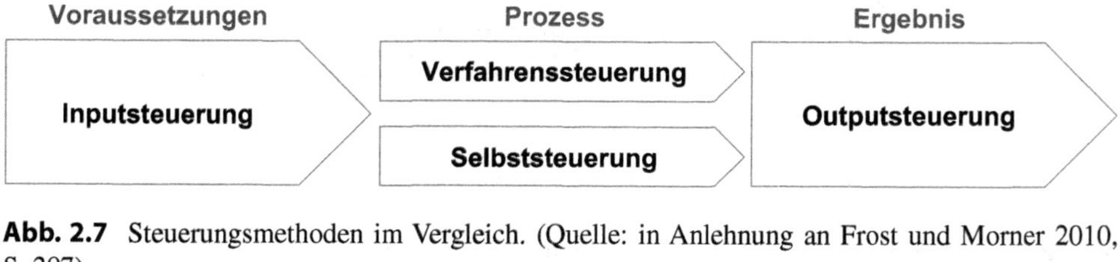

Abb. 2.7 Steuerungsmethoden im Vergleich. (Quelle: in Anlehnung an Frost und Morner 2010, S. 207)

[77] Vgl. Foa und Foa (1980), S. 77–83.

[78] Vgl. Ouchi (1979); Eisenhardt (1985); Cardinal et al. (2004); Frost (2005), S. 13 ff.

aussetzungen für gemeinsame Werte, Routinen und Verhaltensweisen gestärkt, letztlich für eine gemeinsame das Handeln prägende Unternehmenskultur.[80] Die Inputsteuerung vertraut auf eine weitgehend dezentrale Transformation der zur Verfügung gestellten Ressourcen durch die Akteure der Beteiligung.

- **Verfahrenssteuerung**. Die Akteure des Mutterunternehmens wirken in die Verfahren der Beteiligungen ein. Die Einwirkung bei Strategien, Geschäftsmodellen und Prozessen kann dabei regelmäßig oder fallweise stattfinden. Gerade bei Restrukturierungen erfolgt eine intensive Einflussnahme insb. auf die Erlös- und die Kostenstrukturen und regelmäßige Weisungen an die Geschäftsführung der Beteiligung.[81] Am Beispiel der Prozessoptimierung wird die Bandbreite deutlich: sie reicht von der zentralen Überprüfung und Anpassung der Prozesse im Rahmen einer dauerhaft gültigen Organisationsanweisung über die Durchführung einer fallweisen Revision der Prozesse unter Einbindung der Akteure Beteiligung bis hin zu der Mitwirkung von Akteuren des Mutterunternehmens bei einem von der Beteiligung geleiteten Projekts zur Prozessoptimierung. Eine verbreitete Ausprägung der Verfahrenssteuerung liegt in der Festlegung von (monetären und nicht-monetären) Wesentlichkeitsgrenzen für bestimmte Entscheidungen der Geschäftsführung eines Unternehmens, ab denen die Befassung des Aufsichtsgremiums oder der Eigentümerversammlung erforderlich wird. Bis zu den Wesentlichkeitsgrenzen (z. B. für die Durchführung einer Investition oder bei einer Veränderung der Strategie des Unternehmens) kann die Geschäftsführung im Rahmen der Delegation selbst die Verfahren steuern, ab der Wesentlichkeitsgrenze greift wiederum die Verfahrenssteuerung durch das Mutterunternehmen. Jedenfalls ist für die Verfahrenssteuerung ein ausgeprägtes Detailwissen der einbezogenen Akteure des Mutterunternehmens erforderlich.
- **Selbststeuerung**. Mit der fallweisen oder themenspezifischen Delegation von Entscheidungsrechten an einzelne Akteure der Beteiligungen werden diese befähigt, Entscheidungen über bestimmte Sachverhalte selbstständig zu treffen. Verbunden mit diesen Freiheiten kann sich ein hohes Maß an Motivation ergeben. Gleichwohl besteht die Gefahr der eigenen Überschätzung und einer geringer werdenden Bereitschaft, sich mit anderen auszutauschen (bei Gruppen des Groupthinks). Die Selbststeuerung liegt auch bei all den zahlreichen Sachverhalten vor, bei denen in der betreffenden Beteiligung weder Input-, Output-, noch Verfahrenssteuerung greifen. Da derartige Sachverhalte häufig Entscheidungen bedürfen, bei denen Erwartungen verschiedener Anspruchsgruppen (auch des Mutterunternehmens) vorliegen, sind Verhandlungen über den betreffenden Sachverhalt notwendig. Die Selbststeuerung führt zu Abstimmungen bzw. Verhandlungen im Sinne einer diskursiven Steuerung. Durch den Diskurs wird der Ein-

[79] Vgl. Frost (2005), S. 305 ff.; Frost und Morner (2010), S. 205 ff.

[80] Vgl. zu den Typen der Unternehmenskultur Markt, Bürokratie und Hybride (wie z. B. Clans, Netzwerke) Ouchi (1980), S. 129 ff.; David und Han (2004), S. 39; Thomasson (2009); Karré (2012).

[81] Vgl. zu Prozesskontrollen z. B. Das und Teng (2001).

bezug der Interessen der einbezogenen Akteure angestrebt. Für die Diskurse und damit die Selbststeuerung helfen spontane oder institutionalisierte Kommunikationsforen bzw. Ausschüsse, bei denen Fach- und Führungskräfte mehrerer Beteiligungen sowie Fach- und Führungskräfte des Mutterunternehmens teilnehmen – also horizontal, vertikal oder lateral. Damit lassen sich Informationen und Wissen teilen und die Grundlage für den regelmäßigen Diskurs zwischen Mutterunternehmen und Beteiligung legen. Dem Bedarf an Zeit steht die Aussicht auf kooperativ ausgehandelte und damit gemeinsam getragene Lösungen gegenüber. Dafür benötigen die Akteure ein hohes Maß an Kommunikations-, Verhandlungs- und Konfliktmanagementfähigkeiten.
- **Outputsteuerung**. Bei der Outputsteuerung werden die Ergebnisse der Handlungen der Beteiligungen gesteuert. Dies kann über finanzielle oder nichtfinanzielle Kennzahlen erfolgen, die im Rahmen des Beteiligungscontrolling geplant und berichtet werden. Andererseits kann es sich bei den Ergebnissen auch um erreichte (strategische) Ziele handeln, die sich weniger in Kennzahlen als vielmehr in neuen Geschäftsmodellen, Konzepten oder organisatorischen Veränderungen niederschlagen. Ein verbreitetes Instrument für die Outputsteuerung sind Zielvereinbarungen, die Kennzahlen oder definierte Ergebnisse umfassen, deren Eintritt nach einer zeitlichen Frist überprüft wird. Ein anderes Instrument liegt in der Vereinbarung von Verträgen zwischen den Akteuren über Leistungen mit festgelegten Qualitäten und Preisen im Sinne des vertragsbezogenen Managements.[82] Auch die Ergebnisse der Verträge lassen sich wie bei Markttransaktionen üblich überprüfen. Bei der Outputsteuerung verbleibt im Vergleich zu der Verfahrenssteuerung ein relativ hoher Grad an Selbstständigkeit der Beteiligungen.

Es wird deutlich, dass sich die vier verschiedenen Steuerungsmethoden im Rahmen des Beteiligungsmanagement sehr gut unterscheiden lassen, aber in der Praxis in der Regel eine Mischung von ihnen vorliegen wird. So nutzt eine Finanzholding meist eine Kombination aus Inputsteuerung, Outputsteuerung und Selbststeuerung (vgl. zu den verschiedenen Holding-Typen Abschn. 3.4). Eine Managementholding nutzt eine Kombination aus allen vier Steuerungsmethoden, während ein Stammhauskonzern sich vor allem auf eine Kombination aus Input-, Verfahrens- und Outputsteuerung konzentriert.

2.15 Monitoring-Methoden des Beteiligungsmanagements

Das Controlling der Unternehmensentwicklung einer Beteiligung ist grundsätzlich die Aufgabe der dort installierten Geschäftsführung. Zusätzlich führt das Beteiligungsmanagement entweder stichprobenhaft oder regelmäßig im Dialog mit der Geschäftsführung der Beteiligung ein Monitoring durch. Bei Holding- und Beteiligungsgesellschaften mit zahlreichen Beteiligungen erfolgt dies als regelmäßiges Beteiligungs-Controlling. Es lassen sich folgende Methoden für das Monitoring unterscheiden.

[82] Vgl. Ouchi (1979), S. 843 ff.

- **Überprüfung der Unternehmensplanung**. Die kurz- und mittelfristige Unternehmensplanung mit Erfolgs-, Bilanz-, Cash-Flow-, Personal und leistungsbezogener Planung ist ein verdichtetes Abbild der vorgesehenen Veränderungen der wirtschaftlichen Leistungskraft und der vorgesehenen strategischen und operativen Entwicklungen. Die Überprüfung durch das Beteiligungsmanagement bezieht sich dabei nicht nur auf die Berücksichtigung der Ziele und Erwartungen des Mutterunternehmens, sondern auch auf deren Belastbarkeit, auf vorhandene Planungspuffer, auf Potenziale für die Übererfüllung der Planung und auf die Konsistenz der Teilpläne.
- **Überprüfung der Abweichungsanalyse**. Das Monitoring umfasst die Überprüfung der festgestellten Abweichungen, der dafür gefundenen Erklärungen und der daraus abgeleiteten Rückschlüsse bzw. Entscheidungen. Dies betrifft zunächst die Abweichungen von finanziellen und nicht-finanziellen Kennzahlen zu den geplanten Werten. Neben den Ergebniskontrollen (Soll-Ist-Vergleiche) lassen sich auch die Planfortschrittskontrollen bzw. Hochrechnungen (Soll-Wird-Vergleiche), die Zielkontrollen (Soll-Soll-Vergleiche) und die Prognosekontrollen (Wird-Wird-Vergleiche) überprüfen.[83]
- **Überprüfung der strategischen Kontrolle**. Das Monitoring überprüft die durchgeführte strategische Kontrolle. Diese umfasst die Validierung der den Strategien und Geschäftsmodellen zugrunde liegenden Prämissen (Prämissenkontrolle), die Durchführungskontrolle sowie die Ergebniskontrolle.[84] Zusätzlich kann das Beteiligungsmanagement die seitens der Geschäftsführung durchgeführte strategische Frühaufklärung überprüfen. Dabei handelt es sich um die frühzeitige Wahrnehmung von sich abzeichnenden Veränderungen in Markt, Wettbewerb und Technologien sowie die daraus resultierenden Chancen und Risiken.
- **Überprüfung des internen Kontrollsystems**. Eine weitere Methode des Monitorings liegt in der Überprüfung des vorhandenen internen Kontrollsystems (mit Risikomanagement, Revision und Compliance) liegen. Das Minimum definiert § 93 Abs. 2 AktG. Danach hat die Geschäftsführung geeignete Maßnahmen zu treffen, insbesondere ein Überwachungssystem einzurichten, damit den Fortbestand der Gesellschaft gefährdende Entwicklungen frühzeitig erkannt werden. Dazu überprüft das Beteiligungsmanagement die regelmäßig unterjährig berichteten erwarteten und eingetretenen Risiken, deren Bewertung und die vorgesehenen bzw. ergriffenen Maßnahmen im Umgang mit den Risiken. Zusätzlich wird die Funktionsfähigkeit des internen Kontrollsystems regelmäßig diskutiert. Einmal im Jahr erfolgt die Überprüfung des internen Kontrollsystems durch die mit der Prüfung des Jahresabschlusses zu beauftragenden Wirtschaftsprüfungsgesellschaft. In seltenen Fällen wird zusätzlich im Anschluss an die Jahresabschlussprüfung oder separat unterjährig eine Sonderprüfung zu bestimmten Sachverhalten beauftragt. Derartige Sonderprüfungen beziehen sich meist auf die Überprüfung der Ordnungsmäßigkeit der Geschäftsführung, auf das Verhalten bestimmter Fach- und Führungskräfte oder auf die Einhaltung von rechtlichen Vorgaben sowie internen Richtlinien und Verfahren.

---

[83] Waniczek et al. (2018), S. 20 ff.

[84] Vgl. Ahrend (2001), S. 12 ff.

2.16 Zweites Zwischenfazit

Während sich für die normierende Aufgabe der Entwicklung von Selbstverständnis und Portfolio des Mutterunternehmens als Steuerungsmethode die Selbststeuerung anbietet, stehen für die interaktiven Kernaufgaben die vier Steuerungsmethoden zur Auswahl.

Durch die Ergänzung des Aufgaben-Rollen-Modells (siehe Abb. 2.8) um die dargestellten Steuerungs- und Monitoring-Methoden ergibt sich ein Aufgaben-Rollen-Methoden-Modell für das Beteiligungsmanagement. Es spannt den Rahmen auf, in dem die Beteiligungsmanager eines Mutterunternehmens agieren können.

2.17 Instrumente für Mehrwertschaffung durch Beteiligungsmanagement

Ein wesentliches Ziel jedes Mutterunternehmens, unabhängig davon ob es sich um eine Holdinggesellschaft oder um eine Beteiligungsgesellschaft handelt, liegt in der Steigerung bzw. der Sicherung des Unternehmenswertes der Gruppe und damit jeder Beteiligung. Leider gelingt den Mutterunternehmen die Wertschaffung nicht immer. Dafür sind zahlreiche Hürden zu überwinden.[85]

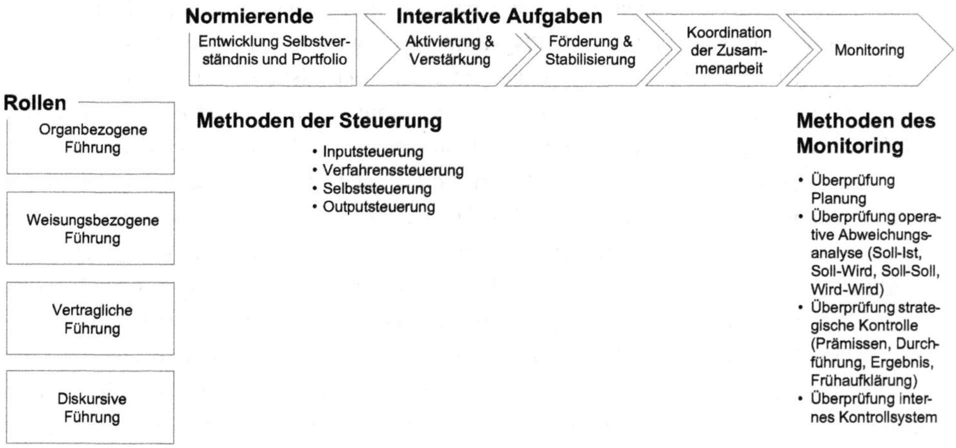

Abb. 2.8 Aufgaben-Rollen-Methoden Modell des Beteiligungsmanagements

[85] Vgl. entsprechend Roghé et al. (2017).

Nachdem im vorangegangenen Kapitel der Handlungsrahmen des Beteiligungsmanagements festgelegt wurde, stellt sich nun die Frage nach den konkreten Möglichkeiten für die Schaffung von Mehrwert durch das Beteiligungsmanagement.

Im ersten Schritt werden die Typologien von Stabell & Fjeldstad, Goold, Campbell & Alexander sowie die Studie von Roland Berger zu Mehrwertschaffung von Konzernzentralen vorgestellt. Daran folgt die Entwicklung eines darauf aufbauenden Instrumentariums für die Mehrwertschaffung.

2.17.1 Typologie der Mehrwertschaffung nach Stabell & Fjeldstad

Für die Realisierung von Mehrwerten bei einer Beteiligung unterscheiden Stabell & Fjeldstad drei verschiedene Ansätze: der Value Transfer (Werttransfer), das Value Capturing sowie die direkte und indirekte Value Creation (Wertschöpfung).[86]

- **Value Transfer**. Der Werttransfer entsteht im Rahmen des Portfoliomanagements, genauer bei dem Erwerb und dem späteren Verkauf einer Beteiligung. Durch die Nutzung von Arbitragemöglichkeiten am Markt für Unternehmensbeteiligungen lassen sich Werte auch kurzfristig zwischen dem Erwerb und dem späteren Verkauf realisieren. Häufig messen verschiedene Gesellschafter einer Beteiligung einen unterschiedlichen Wert zu. Diese Wertpotenziale bestehen aufgrund von Informationsasymmetrien, einer sehr guten Marktkenntnis sowie der richtigen Einschätzung der zukünftigen Marktbewertung durch das handelnde Mutterunternehmen. Um diese Kenntnisse aufzubauen, bedarf es Branchenexperten, finanzieller Experten und eines breiten Netzwerks an potenziellen Verkäufern und Käufern.[87] Durch das breite Netzwerk werden neben klassischen Transaktionen auch solche möglich, die nicht im Zuge eines standardisierten Verfahrens zustande kommen. Durch die Suche eines (besser) passenden neuen Mutterunternehmens (oder durch einen Börsengang oder auch durch ein Delisting von der Börse) lassen sich abhängig von der Marktphase erhebliche Renditen realisieren. Ein Weg für die Arbitrage ist der Erwerb von Unternehmen mit einem Conglomerate Discount, die anschließende Aufteilung des Unternehmens in verschiedene Teile (Asset Stripping) und deren Verkauf an verschiedene (strategische) Partner.[88] Der Conglomerate Discount unterstellt, dass sich stark diversifizierte Konzerne weniger um die einzelnen Beteiligungen kümmern, besonders wenig um solche in Rand-Geschäftsfeldern.[89] Gleichwohl widersprechen dieser Theorie die Erfolge der Private Equity Unternehmen, die sich vor allem mit diversifizierten Unternehmen befassen. Offenbar kümmern sie

[86] Vgl. Stabell und Fjeldstad (1998), S. 413–418; Berg und Gottschalg (2005), S. 15–22.

[87] Vgl. Berg und Gottschalg (2005), S. 15–22.

[88] Vgl. Lang und Stulz (1994); Berger und Ofek (1995); Servaes (1996); Campa und Kedia (2002); Martin und Sayrak (2003); Erdorf et al. (2013).

[89] Vgl. Gottschalg (2002), S. 3.

sich trotz diversifiziertem Portfolio sehr fokussiert um die Verbesserung der Geschäfts- und Wertentwicklung ihrer Beteiligungen. Für den Conglomerate Discount zeigt sich in der Literatur ein uneinheitliches Bild.[90] Möglicherweise besteht eine inverse U-förmige Abhängigkeit der Performance von dem Grad der Diversifikation.[91]

- **Value Capturing**. Der Wert einer Beteiligung wird auch durch Preisveränderungen am Markt für Unternehmen geprägt. Dieser Wertsteigerungshebel ist in der Regel eher exogen geprägt, nämlich durch die Preisentwicklung für vergleichbare Beteiligungen über die Zeit. Entsprechend steigen Bewertungs-Multiples, wenn sich die Preise für M&A-Transaktionen in einem bestimmten Land, in der betreffenden Branche und/oder in einer bestimmten Geschäftsmodell-Ausprägung verbessern. Ohne notwendige Veränderungen bei der strategischen oder operativen Entwicklung der Beteiligung ergeben sich Arbitrage-Effekte. Gleichwohl können sich die Preise für vergleichbare Beteiligungen auch reduzieren, mit entsprechenden Auswirkungen für den Wert der betreffenden Beteiligung.
- **Direct Value Creation.** Direkt lässt sich der Wert einer Beteiligung durch Maßnahmen der strategischen Differenzierung, der Verbesserung der operativen Effizienz, durch Synergien sowie durch Financial Engineering steigern.[92] Dabei wird eine direkte Wirkung auf Produktivität, Umsatz, Aufwand, Investitionen, Cashflow und Ergebnis erzielt. Neben der Optimierung der Kostenstruktur und der Intensivierung des Vertriebs gehören dazu organisatorische Verbesserungen. Bei der strategischen Differenzierung wird nach zusätzlichen Wachstums- und Entwicklungsmöglichkeiten gesucht. Dazu zählen z. B. Erweiterungsinvestitionen oder der Erwerb von passenden weiteren Beteiligungen. Mit dem Financial Engineering werden die Kapitalstruktur sowie die Kapitalkosten kurzfristig und mittelfristig optimiert. Damit verbunden ist die Berücksichtigung der Zinsänderungs- oder Kreditausfallrisiken.
- **Indirect Value Creation.** Durch die Auswahl eines qualifizierten Managements für die Beteiligung und die Einführung einer zielorientierten Führung des Managements lässt sich indirekt der Wert der Beteiligung erhöhen. Mithilfe eines Netzwerks an vertrauenswürdigen und fachlich versierten Führungskräften kann das Mutterunternehmen das bestehende Management stärken oder ersetzen. Neben der Wahl der Führungskräfte hilft ein aktives Monitoring, die enge Zusammenarbeit mit dem Mutterunternehmen, die mögliche Beteiligung des Managements am Unternehmen und am Unternehmenserfolg sowie die Ausrichtung an gemeinsamen Interessen. Zusätzlich erfolgt eine aktive Betreuung und Beratung der Beteiligung im Sinne eines Mentorings. Neben der Umsetzung der gesetzten Ziele wird das Mentoring (und das Monitoring) auch zur Risikominimierung eingesetzt. Mit diesen Ansätzen wird indirekt die Ertragskraft des Unternehmens verbessert.

---

[90] Vgl. Wernerfelt und Montgomery (1988), Mathur et al. (2004) und die empirischen Belege für einen Conglomerate Surplus, also der Belohnung von Diversifikation durch den Kapitalmarkt bei Beckmann et al. (2009), S. 89–90 und Hann et al. (2013).

[91] Vgl. Palich et al. (2000); Villalonga (2004).

[92] Vgl. Bader (1996), S. 68–74.

2.17.2 Typologie der Mehrwertschaffung nach Goold, Campbell & Alexander

Eine andere Unterscheidung der wesentlichen Aufgaben für die Wertschöpfung liefert die Typologie von Goold, Campbell & Alexander.[93] Sie formulieren die Ansätze Envisioning (Vorgaben setzen), Intervening (Intervention), Central Services (Erbringung von Leistungen) und Expertise (Einbringung von Erfahrungen).

- **Envisioning**. Das Mutterunternehmen gibt die strategischen Ziele bzw. Missionen des Konzerns und des Mutterunternehmens vor, positioniert den Konzern in der Öffentlichkeit und bei Gremiensitzungen und formuliert die Erwartungen des Mutterunternehmens an die Beteiligungen.
- **Intervening**. Zu den Interventionsaufgaben gehören die Entwicklung bzw. Weiterentwicklung der Strategie der Beteiligung sowie die Entwicklung von Maßnahmen für die Verbesserung der Ergebnisse, insb. solche für die Erzielung von Synergien zwischen den Beteiligungen. Darüber hinaus zählen dazu Personalmaßnahmen wie der Austausch von Führungskräften, aber auch die Vorgabe von Schulungen, Coachings und anderen Maßnahmen der Personalentwicklung.
- **Central Services**. Mögliche Dienstleistungen seitens des Mutterunternehmens liegen in den Bereichen Finanzierung, in der Skalierung von Vorteilen durch die gemeinsame Nutzung von Ressourcen (wie Infrastruktur und Querschnittsfunktionen) sowie im Transfer von Managementkapazitäten.
- **Expertise**. Das Mutterunternehmen kann die Expertise von Spezialisten einbringen und Wissen für die Entwicklung von Innovationen organisieren, den Zugang zu Märkten und Ressourcen ermöglichen sowie den Zugang zu externen Kooperationspartnern und Netzwerken für die Beteiligung öffnen.

Tab. 2.7 gibt eine Übersicht.

Tab. 2.7 Wertschöpfende Aktivitäten in der Typologie von Goold et al. (Quelle: in Anlehnung an Johnson et al. 2008. S. 313)

Envisioning	Intervening	Central Services	Expertise
Developing strategic intent/mission	Challenging/developing strategy	Investment	Specialist expertise
Clear external image	Developing strategic capabilities	Transfering managerial capabilities	Knowledge sharing
Setting expectations/ standards	Improving business and performance	Scale advantages	Leverage
	Achieving synergies		Brokering
	Coaching and training		
	Monitoring performance		

[93] Vgl. Goold et al. (1994), S. 15–30.

2.17.3 Studie von Roland Berger zu Mehrwertschaffung durch Konzernzentralen

Die Beiträge bzw. Fähigkeiten des Beteiligungsmanagements werden in einer Studie von Roland Berger in zwei Kategorien unterteilt: fundamentale Fähigkeiten und wertschöpfende Fähigkeiten. Bei den betrachteten 130 Konzernen wurde die wahrgenommene Bedeutung des jeweiligen Themas sowie der aktuelle Umsetzungsgrad in dem jeweiligen Mutterunternehmen bewertet.[94] Abb. 2.9 fasst die Ergebnisse zusammen.

Die Befragung zeigt für alle Themen einen deutlichen Abstand zwischen der beigemessenen Bedeutung und der empfundenen aktuellen Performance. Ebenso wird nahezu allen Fähigkeiten eine hohe (4 ist die maximale Ausprägung) Bedeutung zugemessen. An der Spitze liegen die grundsätzlichen Themen „Ensure Corporate Governance“ und „Provide financing“ sowie die wertschöpfenden Themen „Provide strategic direction“ und „Provide Talent“. Dabei erscheint die Unterteilung zwischen fundamentalen und wertschöpfenden Fähigkeiten bzw. Aufgaben schwer nachvollziehbar. So führen die Aufgaben „Exploit synergies“ und „Provide financing“ in vielen Konzernen zu deutlichen Wertbeiträgen, obwohl sie laut Roland Berger nur zu den fundamentalen Aufgaben zählen. Auch weisen die Aufgaben „Enable global collaboration“ und „Exploit synergies“ wie auch die Aufgaben „Provide strategic direction“ und „Strenghten innovation“ sowie die Aufgaben „Manage the portfolio“ und „Manage complexity“ große Überschneidungen auf. Gleichwohl ist die Studie von Roland Berger eine hilfreiche empirische Validierung von geeigneten Instrumenten für die Wertschöpfung durch das Mutterunternehmen.

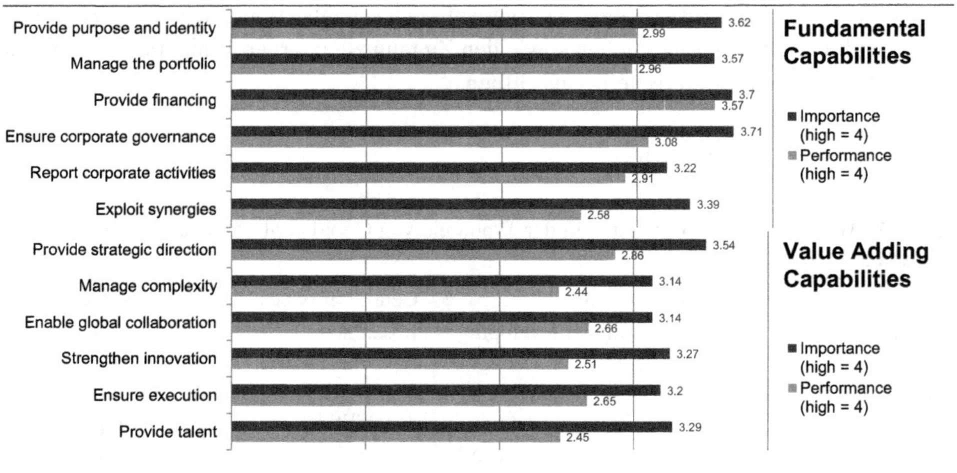

N = 130, Roland Berger 2014, S. 7

Abb. 2.9 Fundamentale und wertschöpfende Fähigkeiten von Konzernzentralen. (Quelle: in Anlehnung an Roland Berger (2014), S. 7, N=130)

[94] Vgl. Roland Berger (2014).

2.17.4 Instrumentarium des Beteiligungsmanagements

Für die Mehrwertschaffung für die Beteiligungen und für die Mehrwertschaffung für das Mutterunternehmen lassen sich generische sowie unternehmens- bzw. branchenspezifische Werthebel unterscheiden.[95] Die generischen Werthebel sind solche, die für alle Beteiligungen in den meisten Situationen anwendbar sind. Neben finanziellen Hebeln gehören dazu auch nicht-finanzielle Hebel wie die Entwicklung von Strategie und Geschäftsmodellen, die Leistungserbringung, die Besetzung von Schlüssel-Personen oder eine kooperative Zusammenarbeit von Mutterunternehmen und Beteiligungen. Aufgrund der differierenden erwarteten Rendite und dem unterschiedlichen Zeithorizont bis zum Greifen der Maßnahmen variiert auch die Intensität der Wahrnehmung der verschiedenen Wertsteigerungsoptionen variieren. Gleichwohl eint das Beteiligungsmanagement aller Mutterunternehmen, dass sie auf die gleichen generischen Instrumente für die Wertsteigerung zurückgreifen können. Allein die Beteiligungsstrategie sowie weitere strategische Ziele der Holding- bzw. Beteiligungsgesellschaften limitieren die verwendeten Instrumente. Abb. 2.10 gibt einen Überblick über verschiedene Beziehungen im Rahmen des Beteiligungsmanagements.

Für jedes Mutterunternehmen gilt im Sinne der Transaktionskosten, dass die verwendeten Steuerungsinstrumente stets so eingesetzt werden sollten, dass die Kosten für die Steuerungsmechanismen geringer sind als die sich ergebenden positiven Ergebnisbeiträge durch die Steuerungsmechanismen.[96] Entsprechend beschränkt sich das Mutterunternehmen auf ein Minimum an administrativen Belastungen der Beteiligungen, an finanziellen Belastungen durch Verrechnungen und an wertmindernden Weisungen.

Neben aktiven Beiträgen für die Schaffung von Mehrwerten für die Beteiligung beschränkt sich das Mutterunternehmen auf ein Minimum an administrativen Belastungen der Beteiligungen, an Belastungen durch Verrechnungen und an wertmindernden Weisungen.

Auf der Basis der Ansätze von Stabell & Fjeldstad, Goold, Campbell & Alexander sowie der Studie von Roland Berger wird nachfolgend ein integriertes Modell der Instrumente des Beteiligungsmanagements dargestellt.[97] Tab. 2.8 gibt einen Überblick, wie das neue Modell auf den drei Hauptquellen aufbaut.

Es wird deutlich, dass das neue Modell die Instrumente der einbezogenen Quellen vollständig abbildet. Darüber hinaus enthält es zusätzliche Instrumente, wie die Mitwirkung bei der Entwicklung neuer Geschäftsmodelle, die Besetzung von Mitgliedern des Aufsichtsgremiums der Beteiligung, die Durchführung von Restrukturierungsmaßnahmen und die Begleitung von Digitalisierungsprojekten bei den Beteiligungen. Die Aufnahme

[95] Vgl. Weber-Henschel (2002), S. 56.

[96] Vgl. Merchant und van der Stede (2012), S. 10.

[97] Dabei flossen auch die Hinweise aus den Beiträgen von Berg und Gottschalg (2005) und Landau (2011) mit ein.

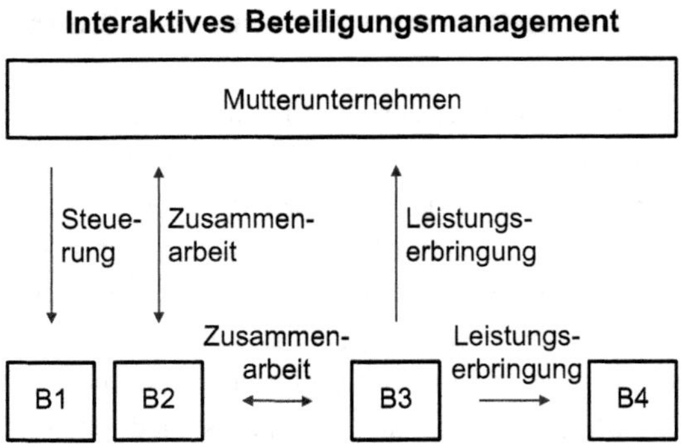

Abb. 2.10 Beziehungen der Akteure im Beteiligungsmanagement

Tab. 2.8 Vergleich der Instrumentarien

Stabell und Fjeldstad (1998)	Goold et al. (2014)	Roland Berger (2014)	Ahrend (dieses Buch)
Value Transfer	n/a	Manage complexity	Entwicklung Selbstverständnis und Beteiligungsstrategie – dort Beteiligungsstrategie sowie M&A und Post Merger Integration
Value Capturing		Manage the portfolio	
Direct Value Creation	Envisioning: Developing strategic intent/ mission	Provide strategic direction	Strategie- und Geschäftsmodellentwicklung – dort Strategieentwicklung
	Intervening: Challenging/ developing strategy		
	n/a	Enable global collaboration	
	n/a	Strengthen innovation	
	Central Services: Investment	Provide financing	Beteiligungsfinanzierung
	Intervening: Achieving synergies	Exploit synergies	Ergebnismanagement & Restrukturierung – dort Synergiemanagement
	Envisioning: Setting expectations/ standards	n/a	Kooperative Zusammenarbeit
	Intervening: Improving business and performance	n/a	Ergebnismanagement & Restrukturierung – dort: Kostenmanagement

(Fortsetzung)

Tab. 2.8 (Fortsetzung)

Stabell und Fjeldstad (1998)	Goold et al. (2014)	Roland Berger (2014)	Ahrend (dieses Buch)
Indirect Value Creation	Envisioning: Clear external image	Provide purpose and identity	Personalentwicklung und Coaching – dort: Entwicklung Unternehmenskultur und Entwicklung Corporate Identity
	Central Services: Transfering managerial capabilities	Provide talent	Besetzung und Vergütung von Geschäftsführung und Aufsichtsgremium: dort Geschäftsführung
	Expertise: Specialist expertise		Ergebnismanagement & Restrukturierung – dort: Synergiemanagement
	Expertise: Knowledge Sharing		
	Expertise: Leverage		
	Expertise: Brokering		
	Central Services: Scale advantages	Ensure execution	Bündelung Querschnittsfunktionen
	Intervening: Monitoring performance		Ergebnismanagement & Restrukturierung – dort: Ergebnismanagement
	Intervening: Coaching and training	n/a	Personalentwicklung und Coaching
	Intervening: Developing strategic capabilities	n/a	
n/a	n/a	Ensure corporate governance	Entwicklung Selbstverständnis und Beteiligungsstrategie – dort: Selbstverständnis
		Report corporate activities	
		n/a	Strategie- und Geschäftsmodellentwicklung – dort: Geschäftsmodellentwicklung
			Besetzung und Vergütung von Geschäftsführung und Aufsichtsgremium: dort Aufsichtsgremium
			Ergebnismanagement & Restrukturierung – dort Restrukturierung
			Digitalisierung

Abb. 2.11 Instrumentarium des wertorientierten Beteiligungsmanagements

der zusätzlichen Instrumente ergibt sich aus deren Relevanz für die Praxis. Eine anwendungsorientierte Erläuterung erfolgt im Rahmen der entsprechenden Kapitel.

Auf der Basis der beschriebenen Ansätze wurde ein neues Instrumentarium für das Beteiligungsmanagement entwickelt. Es umfasst 10 Elemente, die sich anhand der Dimensionen Handlungsorientierung (strategische vs. operative) und unternehmerische Wirkung (Konzern vs. Beteiligung) gliedern lassen. Während die Entwicklung des Selbstverständnisses und der Beteiligungsstrategie des Mutterunternehmens eine strategische Handlungsorientierung mit konzernweiter unternehmerischer Wirkung darstellt, entfaltet z. B. die Digitalisierung eher eine operative Handlungsorientierung mit einer auf die Beteiligung fokussierten unternehmerischen Wirkung. Abb. 2.11 gibt einen Überblick.

2.18 Handlungsmodell für ein wertorientiertes Beteiligungsmanagement

Die Instrumente des wertorientierten Beteiligungsmanagements ermöglichen die Bearbeitung der normierenden und der interaktiven Aufgaben in den verschiedenen Rollen. Da die Anwendung der Instrumente zu Auswirkungen auf die Unternehmensplanung und die operative und strategische Unternehmensentwicklung führt, werden die Ergebnisse auch im Rahmen des Monitorings überprüft. Allerdings wirken die Instrumente nicht auf die Durchführung der Monitoring-Aufgaben selbst.

Auf der Basis der beschriebenen Ansätze ergibt sich ein neues integriertes Handlungsmodell für ein wertorientiertes Beteiligungsmanagement. Es lässt sich für die Ausgestaltung des Beteiligungsmanagements bei jedem Mutterunternehmen anwenden. Die spezifische Ausgestaltung ergibt sich anhand des Selbstverständnisses des Mutterunternehmens und seiner Beteiligungsstrategie. Abb. 2.12 fasst das neu entwickelte Handlungsmodell zusammen.

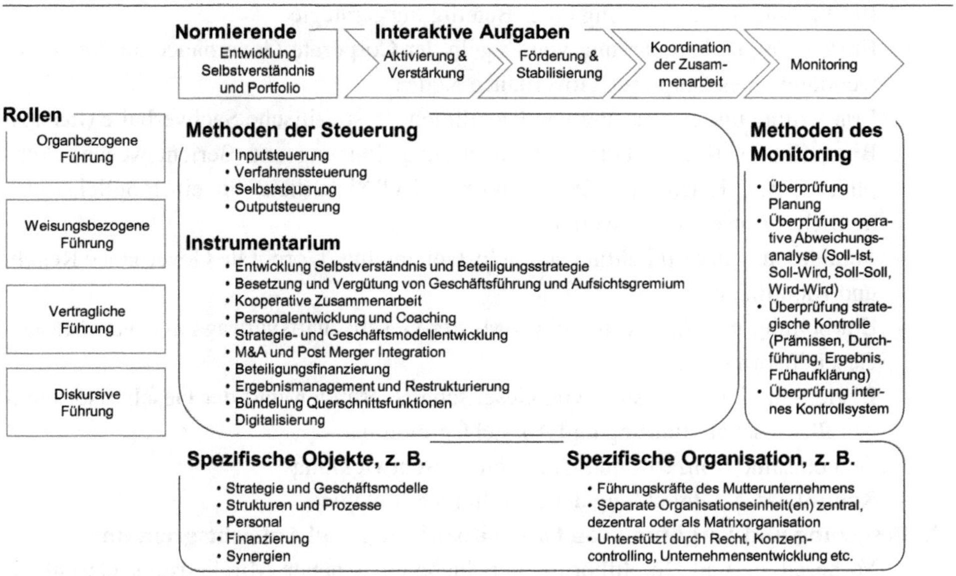

Abb. 2.12 Handlungsmodell für ein wertorientiertes Beteiligungsmanagement

Beispiele dafür, wie die Abbildung gelesen werden kann sind folgende: Für die Aktivierung der Beteiligung im Rahmen einer organbezogenen Führungsentscheidung wird eine neue Geschäftsführung für die Beteiligung berufen. Oder für die Koordination der Zusammenarbeit wird im Rahmen der vertraglichen Führung eine Vereinbarung über die Bündelung der Querschnittsfunktionen in einer neuen Organisationseinheit beschlossen. Oder es wird für die Förderung der Beteiligung im Rahmen der diskursiven Führung ein Coaching für die Fach- und Führungskräfte durchgeführt. Oder es werden für die Aufgabe der Portfolio-Entwicklung des Mutterunternehmens im Rahmen der diskursiven Führung mögliche M&A-Kandidaten für die Beteiligungsstrategie mit der Beteiligung zusammengestellt.

2.19 Detaillierung des Handlungsmodells

Den Instrumenten für ein wertorientiertes Beteiligungsmanagements lassen sich verschiedene Aufgaben zuordnen. Nachfolgende Aufzählung gibt einen Überblick.

1. **Entwicklung von Selbstverständnis und Beteiligungsstrategie**
   - Entwicklung und Weiterentwicklung des Selbstverständnisses des Mutterunternehmens (auch im Sinne des Parenting Advantage)
   - Festlegung von Aufgaben und Ressourcen des Mutterunternehmens (Aktivitäten-Portfolio)

- Erarbeitung und Anpassung einer Beteiligungsstrategie
- Erarbeitung und Anpassung von Regeln der Corporate Governance und/oder Anwendung eines Corporate Governance Kodex
- Erarbeitung und Anpassung von Richtlinien für spezifische Sachverhalte (insb. zu Bilanzierung, Konsolidierung, Finanzierung, Planung und Berichtswesen, Compliance, Anti-Korruption, Datenschutz und IT-Sicherheit) für ein möglichst einheitliches Entscheidungsverhalten
- Veranlassung der Einhaltung von Selbstverständnis, Corporate Governance Regeln und Richtlinien
- Erarbeitung und Anpassung eines Muster-Gesellschaftsvertrags und von Muster-Geschäftsordnungen
- Begleitung der Anpassung von Gesellschaftsverträgen und der Geschäftsordnungen für Geschäftsführung und Aufsichtsgremium
- Gemeinsame Konzern- und Unternehmensentwicklung
- Kontrolle der Entwicklung der Beteiligungsstrategie

2. **Besetzung und Vergütung von Geschäftsführung und Aufsichtsgremium**
   - Vorbereitung und Durchführung der Suche eines neuen Mitglieds der Geschäftsführung (u. a. Definition der Anzahl an Geschäftsführern, Definition Anforderungsprofil, ggf. Begleitung des Personalberaters bzw. der Vermittlungsagentur für Interim-Manager)
   - Erstellung und Anpassung eines Muster-Anstellungsvertrags für Mitglieder der Geschäftsführung
   - Erstellung und Anpassung des Anstellungsvertrags für das neue Mitglied der Geschäftsführung
   - Vorbereitung und Bestellung bzw. Abberufung von Mitgliedern der Geschäftsführung der Beteiligung (und ggf. weiterer Führungskräfte)
   - Erstellung eines Aufhebungsvertrags mit einem Mitglied der Geschäftsführung
   - Analyse und Anpassung der Vergütung der Mitglieder der Geschäftsführung (und ggf. weiterer Führungskräfte)
   - Entwurf der Jahres- und der mittelfristigen Ziele und Vereinbarung mit der Geschäftsführung (oder Weiterleitung an die vorsitzende Person der Gesellschafterversammlung bzw. des Personalausschusses des Aufsichtsgremiums)
   - Entwurf der Einschätzung der Zielerreichung für die Beurteilung der variablen Vergütung der Geschäftsführung und Durchführung der Zielerreichungsgespräche mit der Geschäftsführung (oder Weiterleitung der Einschätzung an die vorsitzende Person der Gesellschafterversammlung bzw. des Personalausschusses des Aufsichtsgremiums)
   - Erstellung des Vergütungsberichts
   - Vorbereitung der Bestellung bzw. Abberufung von Mitgliedern des Aufsichtsgremiums bzw. Beirats der Beteiligung
   - Analyse und Anpassung der fixen (Tantieme und Sitzungsgeld) und der ggf. vorhandenen variablen Vergütung der Mitglieder des Aufsichtsgremiums bzw. Beirats

- Erarbeitung und Bereitstellung von Informationen für neue Mitglieder des Aufsichtsgremiums bzw. Beirats
- Erarbeitung und Anpassung von Schulungsangeboten für Mitglieder der Aufsichtsgremien bzw. Beiräte der Beteiligungen
- Aktive Wahrnehmung der Mandate in den Aufsichtsgremien bzw. Beiräten mit Vorbereitung, ggf. Vorgesprächen, aktiver Teilnahme und Nachbereitung
- Vorbereitung und Durchführung von Effizienzprüfungen des Aufsichtsrats
- Begleitung von externen Prüfungen mit Relevanz für den Aufsichtsrat

3. **Kooperative Zusammenarbeit**
   - Entwicklung und Anpassung der Eckpunkte für die Zusammenarbeit der Akteure des Mutterunternehmens und der Akteure der Beteiligungen
   - Vorbereitung von Gremiensitzungen (Gesellschafterversammlungen, Sitzungen des Aufsichtsgremium) – mit Vorgesprächen und Vorbereitung der Tagesordnung
   - Durchführung von Gremiensitzungen
   - Nachbereitung von Gremiensitzungen
   - Initiierung und Moderation von Kommunikationsforen
   - Regelmäßiger Austausch (in Jour Fixe, Fach Jour Fixe und weitere formellen und informellen Kommunikationsforen)
   - Motivation der Akteure der Beteiligung
   - Fachliche Beratung der Akteure der Beteiligung (insb. kaufmännisch, organisatorisch, rechtlich und bezogen auf die Wertschöpfung) im Sinne einer internen Unternehmensberatung
   - Begleitung der Erstellung von Investitionsrechnungen
   - Gemeinsame Strategie-Workshops
   - Gemeinsame Projekte
   - Gemeinsame Veranstaltungen
   - Gemeinsame interne Kommunikation
   - Gemeinsame Presse- und Öffentlichkeitsarbeit (Stärkung der Corporate Identity)
   - Gemeinsame Betreuung der Investor Relations
   - Gemeinsame Projekte für das Gemeinwohl
4. **Personalentwicklung und Coaching**
   - Beratung und Begleitung der Beteiligungen bei Personalentwicklung und Coaching
   - Festlegung und Anpassung eines gruppenweiten Personalentwicklungskonzepts
   - Erarbeitung und Anpassung von gruppenweiten Schulungsangeboten für Führungskräfte und Beschäftigte der Beteiligungen
   - Durchführung bzw. Begleitung von individuellen Personalentwicklungsmaßnahmen
   - Durchführung bzw. Begleitung von teambezogenen Personalentwicklungsmaßnahmen
   - Analyse und Ableitung von Maßnahmen für die Weiterentwicklung der Unternehmenskultur

- Analyse und Ableitung von Maßnahmen für eine gemeinsame Corporate Identity
- Persönliches Mentoring von Akteuren der Beteiligungen
- Persönliches Coaching der Führungskräfte der Beteiligungen

5. **Strategie- und Geschäftsmodellentwicklung**
   - Beratung der Beteiligungen zu strategischen Themen
   - Überprüfung und Abstimmung der Strategien der Beteiligung, auch zu der Positionierung hinsichtlich organischem Wachstum vs. M&A
   - Überprüfung und Abstimmung der bestehenden Geschäftsmodelle hinsichtlich einzelner oder mehrerer Elemente
   - Gemeinsame Entwicklung neuer Geschäftsmodelle
   - Überprüfung und Abstimmung der Business Pläne für die Geschäftsmodelle
   - Begleitung der Entwicklung von Messgrößen für die Erfolgsmessung von strategischen Zielen und Geschäftsmodellen
   - Begleitung der Umsetzung der Strategien und Geschäftsmodelle
6. **M&A und Post Merger Integration**
   - Weiterentwicklung des Beteiligungsportfolios
   - Beratung und Begleitung der Beteiligungen während des Transaktionsprozesses und bei der Integration nach Abschluss der Transaktion
   - Aufbau und Pflege des Kontakts zu potenziellen Partnern, Verkäufern und Vermittlern
   - Entwicklung und Anpassung von möglichen Transaktionsstrukturen (insb. Anteilserwerb, Fusion, Joint Venture, gegenseitige Beteiligung, Verkauf von Anteilen, Neugründung)
   - Vorbereitung einer Transaktion bzw. Kooperation
   - Due Diligence
   - Vorbereitung der notwendigen Beschlüsse
   - Durchführung der Transaktion bzw. Vereinbarung von Kooperationsverträgen
   - Entwurf und Anpassung von Konsortialverträgen mit Mitgesellschaftern
   - Integration von neuen Beteiligungen bzw. Kappung der Schnittstellen bei Desinvestitionen
7. **Beteiligungsfinanzierung**
   - Beratung und Begleitung der Beteiligungen bei Finanzierungsthemen
   - Analyse und Anpassung der Finanzierungsstruktur
   - Bereitstellung von finanziellen Mitteln durch das Mutterunternehmen
   - Bereitstellung von Sicherheiten durch das Mutterunternehmen
   - Begleitung oder aktive Einwerbung von zusätzlichen finanziellen Mitteln für die Beteiligung (Eigenkapital, Fremdkapital, Mezzanine-Kapital)
   - Begleitung der Beantragung von öffentlichen Zuschüssen
   - Begleitung der Beantragung von öffentlichen Sicherheiten
   - Begleitung der Erstellung von Verwendungsnachweisen von öffentlichen Zuschüssen
   - Begleitung der Rückführung von finanziellen Mitteln der Beteiligung

8. **Ergebnismanagement & Restrukturierung**
   - Beratung und Begleitung der Beteiligungen bei Ergebnismanagement & Restrukturierung, laufend und im Rahmen der Wahrnehmung der Mandate in Gesellschafterversammlung und Aufsichtsgremium
   - Analyse der Unternehmensplanung, (Quartals-) Berichte, strategischen Kontrolle und des internen Kontrollsystems der Beteiligung insb. hinsichtlich Soll-Ist-Vergleiche (Monitoring)
   - Erstellung von konzernübergreifenden Quartalsberichten und weiteren Berichten (z. B. über Risiken, Compliance), gemeinsam mit den Beteiligungen
   - Begleitung der Planung der Beteiligung inkl. Planungsprämissen und Kommentierung
   - Erstellung Konzernplanung
   - Begleitung der Aufstellung des Jahresabschlusses der Beteiligung (insb. bezüglich Feststellungen zu Bilanzierungswahlrechten, Umlagen, Leistungsbeziehungen)
   - Aufstellung Jahresabschluss des Mutterunternehmens
   - Aufstellung Konzernabschluss des Mutterunternehmens
   - Erstellung von Stellungnahmen zu Themen der Beteiligungen
   - Analyse und Ableitung von Maßnahmen für die Anpassung der Organisationsstruktur
   - Prozessanalyse und Ableitung von Empfehlungen
   - Analyse von internen und externen Schnittstellen und Ableitung von Empfehlungen (z. B. Insourcing)
   - Ableitung und Abstimmung von Maßnahmen für eine verbesserte Kundenbindung und Kundengewinnung (Customer Relationship Management)
   - Analyse, Abstimmung und Umsetzung von wachstumsorientierten Synergien zwischen dem Mutterunternehmen und der betreffenden Beteiligung
   - Analyse und Abstimmung von wachstumsorientierten Synergien zwischen verschiedenen Beteiligungen
   - Gemeinsame Markenentwicklung und Markenpflege
   - Analyse und Ableitung von weiteren Maßnahmen für Wachstum
   - Analyse und Ableitung von Maßnahmen zur Senkung der direkten Kosten
   - Analyse und Ableitung von Maßnahmen zur Optimierung des Working Capital
   - Analyse und Ableitung von gemeinsamen Skaleneffekten (z. B. Einkaufsbündelung)
   - Analyse und Ableitung von gemeinsamen Lerneffekten (z. B. Qualitätssicherung)
   - Analyse und Ableitung von gemeinsamen Verbundeffekten (z. B. gemeinsame Nutzung und Entwicklung von Ressourcen aus Lager, Logistik und Produktion, Cross-Selling, gruppenweite Kooperationen)
   - Initiierung und Begleitung von synergieorientierten Projekten zwischen den Beteiligungen
   - Förderung und Begleitung von synergieorientierten Projekten zwischen den Beteiligungen und dem Mutterunternehmen

- Angebot und Bereitstellung von Ressourcen des Mutterunternehmens (z. B. Kompetenzen, Dachmarke, Patente, Forschungs- und Entwicklungsleistungen)
- Angebot und Bereitstellung von Leistungen des Mutterunternehmens (siehe auch unter Querschnittsfunktionen)
- Analyse und Ableitung von Anpassungen der Berichtsstrukturen
- Analyse und Ableitung von Maßnahmen zur Anpassung der Anreizstrukturen
- Analyse und Ableitung von Personalmaßnahmen
- Erstellung Sanierungskonzept
- Priorisierung der Maßnahmen und Unterstützung der Umsetzung
- Ggf. Veranlassung oder Durchsetzung der getroffenen Entscheidungen

9. **Bündelung Querschnittsfunktionen**
   - Bündelung und Weiterentwicklung von IT-Leistungen (z. B. gemeinsame IT Strategie, gemeinsamer Erwerb, Einrichtung und Administration von ITK-Hardware, Entwicklung und Pflege von Software, gemeinsame Beschaffung und Betrieb von Software)
   - Bündelung der Nutzung von Lösungen für Dokumenten- und Wissensmanagement
   - Bündelung und Weiterentwicklung von Leistungen des Finanz- und Rechnungswesens (inkl. Treasury, Cash Management und Steuern)
   - Bündelung und Weiterentwicklung von Leistungen des Controllings
   - Bündelung und Weiterentwicklung von Leistungen der Personalverwaltung
   - Bündelung und Weiterentwicklung von Leistungen der Personalentwicklung
   - Bündelung und Weiterentwicklung von Leistungen der Presse- und Öffentlichkeitsarbeit
   - Bündelung und Weiterentwicklung von Investor Relations Leistungen
   - Bündelung und Weiterentwicklung von Leistungen der internen Kommunikation
   - Bündelung des Beauftragtenwesens (z. B. für Arbeitssicherheit, Brandschutz, Sicherheit, Umweltschutz, Compliance, Datenschutz)
   - Bündelung der Versicherungen und der Schadensregulierung
   - Bündelung des Vertragsmanagements
   - Bündelung der Aufgaben der internen Revision
   - Bündelung der Bewertung von Pensionsrückstellungen (Aktuarsleistungen)
   - Bündelung der Beauftragung von Wirtschaftsprüfungsleistungen
   - Bündelung der Beauftragung von Steuerberatungsleistungen
   - Bündelung der Beauftragung von juristischen Beratungsleistungen
   - Bündelung der Beauftragung bzw. Erbringung von Leistungen des Immobilien- und Facility-Managements sowie des Werkschutzes
10. **Digitalisierung**
   - Beratung der Beteiligungen bei Digitalisierungsthemen
   - Begleitung des Ideen- und Innovationsmanagements der Beteiligung
   - Begleitung des Intellectual Property Managements der Beteiligung
   - Begleitung von Digitalisierungsprojekten der Beteiligung

Literatur

Ahrend K-M (2001) Eine Typologie der strategischen Kontrolle im deutschen Konzern am Beispiel eines Energieversorgers. Books on Demand, Ismaning

Ahrend K-M (2014) Corporate Governance in der Energiewirtschaft – zwischen Unternehmenswert und Public Value. Energiewirtschaftliche Diskussionsbeiträge der h_da. 2/2014

Ahrend K-M, Hoschek M (2016) Gemischtwirtschaftliche Unternehmen in der Stadtwirtschaft der Wissenschaftsstadt Darmstadt. Zeitschrift für öffentliche und gemeinwirtschaftliche Unternehmen (ZögU), Beiheft 48/2016, S 127–146

Appleyard T, Strong N, Walton P (1990) Management control of foreign subsidiaries. Eur Manag J 8(3):402–407

Bader H (1996) Private Equity als Anlagekategorie. Dissertation, St. Gallen

Bassen A, Schiereck D, Thamm C (2016) Activist shareholders and the duration of supervisory board membership: evidence for the German aufsichtsrat. Corp Ownersh Control 13(2):521–531

Beckmann P, Fechtel A, Heuskel D (2009) Comeback der Konglomerate? – Diversifikation wird als Wachstums- und Risikostrategie wieder salonfähig – und strategisch interessant. Zeitschrift Führung + Organisation 78:88–94

Berg A, Gottschalg O (2005) Understanding value generation in buyouts. J Restructuring Finance 2(1):9–37

Berger P, Ofek E (1995) Diversification's effect on firm value. J Financ Econ 37(1995):39–65

Bowlby J, Ainsworth MS (2005) Frühe Bindung und kindliche Entwicklung, 5. Aufl. Reinhardt, München

Buchholz L (2013) Strategisches Controlling, 2. Aufl. Springer, Wiesbaden

Bundesverband deutscher Banken e.V. (2018) Rekord: Geldvermögen der Deutschen erreicht 5,9 Billionen Euro, Pressemitteilung v. 31.05.2018, Berlin. https://bankenverband.de/newsroom/presse-infos/rekord-geldvermoegen-der-deutschen/. Zugegriffen am 31.08.2019

Burger A, Ulbrich P, Ahlemeyer N (2010) Beteiligungscontrolling, 2. Aufl. Oldenbourg, München

BVI Bundesverband Investment und Asset Management e.V.: BVI 2018, BVI: Frankfurt am Main

Campa JM, Kedia S (2002) Explaining the diversification discount. J Financ 57(4):1731–1762

Campbell A, Goold M, Alexander M (1995a) Corporate strategy – the quest for parenting advantage. Harv Bus Rev 73(2):120–132

Campbell A, Goold M, Alexander M (1995b) The value of the parent company. Calif Manag Rev 38(1):79–97

Cardinal LS, Sitkin SB, Long CP (2004) Balancing end rebalancing in the creation end evolution of organizational control. Organ Sci 15(4):411–431

Chandler ADJ (1962) Strategy and structure. Chapter in the history of the American industrial enterprise. Harvard Business School Press, Cambridge

Chatterjee S (1986) Types of synergy and economic value: the impact of acquisitions on merging and rival firms. Strateg Manag J 7(1986):119–139

Collis D, Montgomery C (1998) Creating corporate advantage. Harv Bus Rev 76(3):70–83

Collis D, Young D, Goold M (2007) The size, structure, and performance of corporate headquarters. Strateg Manag J 28:383–405

Cray D (1984) Control and coordination in multinational corporations. J Int Bus Stud 15(2):85–98

Credit Suisse Research Institute (2018) Credit Suisse Global Investment Returns Yearbook 2018. Credit Suisse, Zürich

Das TK, Teng B-S (2001) Trust, control, and risk in strategic alliances: an integrated framework. Organ Stud 22(2):251–283

David RJ, Han S-K (2004) A systematic assessment of the empirical support for transaction cost economics. Strateg Manag J 25(1):39–58

Deml M, Blisse H (2016) Grünes Geld. Das Handbuch für ethisch-ökologische Geldanlagen. Verlag Medianet, Wien

Deutsche Bundesbank (2018) Ergebnisse der gesamtwirtschaftlichen Finanzierungsrechnung für Deutschland – 2012 bis 2017. Deutsche Bundesbank, Frankfurt am Main

Deutsches Aktieninstitut e.V. (2018) Aktionärszahlen des Deutschen Aktieninstituts 2017, Frankfurt am Main. https://www.dai.de/files/dai_usercontent/dokumente/studien/2018-02-19%20Aktieninstitut%20Aktionaerszahlen%202017%20Web.pdf. Zugegriffen am 31.08.2019

Dolles H (1997) Keiretsu. Emergenz, Struktur, Wettbewerbsstärke und Dynamik japanischer Verbundgruppen: Ein Plädoyer für eine interpretative Erweiterung ökonomischer Analysen in der interkulturellen Managementforschung. Peter Lang, Bern

Doran GT (1981) There‘s a S.M.A.R.T. way to write management‘s goals and objectives. Management Review, 70(1), AMA FORUM:35–36

Eckhoff J (2006) Synergiecontrolling im Rahmen von Mergers & acquisitions. Herbert Utz Verlag, München

Eisenhardt KM (1985) Control – organizational and economic approaches. Manag Sci 31(2):134–149

Eisenstat RA (1990) Corporate staff work in divisionalized corporations, working paper 90-056. Harvard Business School, Boston

EKD (Evangelische Kirche in Deutschland) (2019) Leitfaden zur ethisch-nachhaltigen Geldanlage in der evangelischen Kirche, „EKD Texte 113“, 4. Aufl. EKD, Hannover

Erdorf S, Hartmann-Wendels T, Heinrichs N, Matz M (2013) Corporate diversification and firm value: a survey of recent literature. Fin Mkts Portfolio Mgmt 27:187–215

Fabritius A, Lyons P, Kulenkamp S (2015) In Deutschland haben es Hedgefonds leichter. Börsen-Zeitung, 11.04.2015, S 9

Fama EF (1998) Market efficiency, long-term returns, and behavioral finance. J Financ Econ 49(3):283–306

Financial Reporting Council (2012) The UK Stewardship Code. London: FRC. https://www.frc.org.uk/getattachment/d67933f9-ca38-4233-b603-3d24b2f62c5f/UK-Stewardship-Code-(September-2012).pdf

Foa EB, Foa UG (1980) Resource theory. In: Gergen KJ, Greenberg MS, Willis RH (Hrsg) Social exchange. Springer, Boston, S 77–94

Forschungsgruppe Ethisch-Ökologisches Rating (Hrsg) (2016) Systemänderung oder Kollaps unseres Planeten. Verlag Altius, Erkelenz

Francis D, Young D (1982) Mehr Erfolg im Team: Ein Trainingsprogramm mit 46 Übungen zur Verbesserung der Leistungsfähigkeit in Arbeitsgruppen. Edition Windmühle, Hamburg

Franke G, Hax H (2004) Finanzwirtschaft des Unternehmens und Kapitalmarkt. Springer, Berlin

Friede G, Busch T, Bassen A (2015) ESG and financial performance: aggregated evidence from more than 2000 empirical studies. J Sustain Financ Invest 5(4):210–233

Frost J (2005) Märkte in Unternehmen, Organisatorische Steuerung und Theorien der Firma. DUV/Gabler, Wiesbaden

Frost J, Morner M (2010) Konzernmanagement: Strategien für Mehrwert. Springer Gabler, Wiesbaden

Goold M, Campbell A, Alexander M (1994) Corporate level strategy. Wiley, Hoboken

Gottschalg O (2002) Why financial buyers do it better? – Agency theory meet the knowledge-based view of the firm, working paper, INSEAD 2002

Hann R, Ogneva M, Ozbas O (2013) Corporate diversification and the cost of capital. J Financ 68:1961–1999

Hasselbach K, Nawroth C, Rödding A (2011) Beck'sches Holding Handbuch. Beck, München

Hattiangadi N, Medvec VH, Gilovich T (1995) Failing to act: regrets of Terman's geniuses. Int J Aging Hum Dev 40(3):175–185

Hirsch N (2004) Agency-theoretische Analyse der Private-Equity Beteiligung: Gestaltungsmöglichkeiten zur Minimierung von Informationsasymmetrien. Books on Demand, Norderstedt
Hirt GA, Block SB (2005) Managing investments. McGraw-Hill, New York
Hitt MA, Harrison JS, Ireland RD (2001) Mergers and acquisitions: a guide to creating value for stakeholders. Oxford University Press, Oxford
Horváth P (1997) Internationales Beteiligungscontrolling. Controller-Magazin 22(2):81–88
Investment & Pensions Europe (2017) The top 400 asset managers. https://www.fundresearch.de/fundresearch-wAssets/sites/default/files/Nachrichten/Top-Themen/2918/IPE-Top-400-Asset-Managers-2017.pdf. Zugegriffen am 31.08.2019
Jensen MC, Meckling WH (1976) Theory of the firm: managerial behaviour, agency costs and ownership structure. J Financ Econ 3:305–360
Johnson G, Scholes K, Whittington R (2008) Exploring corporate strategy, 8. Aufl. Pearson, Harlow
Kahneman D, Tversky A (1979) Prospect theory: an analysis of decision under risk. Econometrica 47(2):263–291
Karré P (2012) Conceptualizing hybrid organisations: a public administration approach. Working paper. Neither public nor private: mixed forms of service delivery around the globe, University of Barcelona, 17–18 May 2012
Kaufmann F-X (1986) The relationship between guidance, control and evaluation. In: Kaufmann F-X, Majone G (Hrsg) Guidance, control, and evaluation in the public sector: the Bielefeld interdisciplinary project. Walter De Gruyter, Berlin, S 211–228
KGSt (2012) Steuerung kommunaler Beteiligungen. KGST, Köln
Kotter J (1991) Abschied vom Erbsenzähler. ECON, Düsseldorf
Kreisel H (1995) Zentralbereiche. Gabler, Wiesbaden
Krupp AD (2007) Beteiligungscontrolling kompakt. Books on Demand, Norderstedt
Landau C (2011) Wertschöpfungsbeiträge durch Private-Equity-Gesellschaften – Empirische Untersuchung europäischer Spin-off-Buyouts. Springer, Wiesbaden
Lang R (2007) Individuum und Organisation – Revisited: Neue Konturen eines Forschungsfeldes? In: Lang R, Schmidt A (Hrsg) Individuum und Organisation – Neue Trends eines organisationswissenschaftlichen Forschungsfeldes. Springer, Wiesbaden, S 1–17
Lang L, Stulz RM (1994) Tobin's Q, corporate diversification, and firm performance. J Polit Econ 102(1994):1248–1280
Leavitt HJ (1965) Applied organizational change in industry: structural, technological and humanistic approaches. Handbook of organizations. Rand McNally & Co., Chicago, S 1144–1170
Liebler H, Schiereck D, Schmid M (2004) Distressed debt investing. Bank-Archiv – Zeitschrift für das gesamte Bank- und Börsenwesen 52(9):649–660
Luhmann N (1970) Soziologie als Theorie sozialer Systeme. In: Luhmann N (Hrsg) Soziologische Aufklärung. Band 1. Aufsätze zur Theorie sozialer Systeme, 6. Aufl. Westdeutscher Verlag, Opladen, S 113–136
Markowitz HM (1952) Portfolio Selection. J Financ 7(1):77–91
Martin JD, Sayrak A (2003) Corporate diversification and shareholder value: a survey of recent literature. J Corp Finan 9:37–57
Mathur I, Singh M, Gleason KC (2004) Multinational diversification and corporate performance: evidence from European firms. Eur Financ Manag 10(3):439–464
Merchant K, van der Stede W (2012) Management control systems: performance measurement, evaluation and incentives, 3. Aufl. Prentice Hall, Upper Saddle River
Mosbrugger V (1995) Koevolution von Blütenpflanzen und Insekten. In: Mey J, Schmidt R, Zibulla S (Hrsg) Streitfall evolution. Hirzel, Stuttgart, S 131–148
Müller H-E (2017) Unternehmensführung: Strategie – Management – Praxis, 3. Aufl. De Gruyter Oldenbourg, München
Müller-Merbach H (1992) Vier Arten von Systemansätzen, dargestellt in Lehrgesprächen. ZfB 62(8):853–876

Munk K (2009) Ökologie – Evolution. Georg Thieme Verlag, Stuttgart
Nelson SK, Kushlev K, English T, Dunn EW, Lyubomirsky S (2013) In defense of parenthood: children are associated with more joy than misery. Psychol Sci 24(1):3–10
Neuberger O (1997) Zur Verkommenheit der Manager – Pathologien der Individualisierung. In: Scholz C (Hrsg) Individualisierung als Paradigma. Kohlhammer, Stuttgart, S 135–160
Neuberger O (2002) Führen und führen lassen: Ansätze, Ergebnisse und Kritik der Führungsforschung. UTB, Stuttgart
Nguyen HL (2009) Foreign parent firm contributions, experiences, and international joint venture control and performance. Int Manag Rev 5(1):56–69
Ouchi WG (1979) A conceptual framework for the design of organizational control mechanisms. Manag Sci 25(9):833–848
Ouchi WG (1980) Markets, bureaucracies, and clans. Adm Sci Q 25(1):129–141
Palich LE, Cardinal LB, Miller CC (2000) Curvilinearity in the diversification – performance linkage: an examination of over three decades of research. Strateg Manag J 21(2):155–174
Pfaff (2004) Praxishandbuch Marketing: Grundlagen und Instrumente. Campus, Frankfurt am Main
Picot A, Dietl H, Franck E (2005) Organisation: eine ökonomische Perspektive. Schäffer-Poeschel, Stuttgart
Reilly FK, Brown KC (2006) Investment analysis and portfolio management. Thomson/South-Western, Mason
Roghé F, Toma A, Scholz S, Schudey A, Koike J (2017) Boosting performance through organization design. https://www.bcg.com/de-de/publications/2017/people-boosting-performance-through-organization-design.aspx. Zugegriffen am 31.08.2019
Roland Berger (2014) From headquarters to ahead-quarters: how corporate functions can add more value – key findings of the study corporate headquarters 2014. Roland Berger, München
Schaefer H (2007) Shareholder activism und corporate governance. Neue Zeitschrift für Gesellschaftsrecht 10:900–903
Schäfer H (Hrsg) (2014) Institutionelle Anleger und nachhaltige Kapitalanlagen. Springer, Wiesbaden
Schäfer H (2019) On values in finance and ethics – forgotten trails and promising pathways. Springer Briefs in Finance, Springer, Wiesbaden
Schierenbeck H, Wöhle C (2012) Grundzüge der Betriebswirtschaftslehre. Oldenbourg, München
Schiffrin HH, Liss M, Miles-McLean H, Geary KA, Erchull MJ, Tashner T (2014) Helping or hovering? The effects of helicopter parenting on college students' well-being. J Child Fam Stud 23(3):1–10
Servaes H (1996) The value of diversification during the conglomerate merger wave. J Financ 51(4):1201–1225
Sinek S (2011) Start with why: how great leaders inspire everyone to take action. Portfolio, New York
Stabell CB, Fjeldstad OD (1998) Configuring for competitive advantage – on chains, shops and networks. Strateg Manag J 19(5):413–437
Statistisches Bundesamt (2018) Unternehmensregister 2017, https://www.destatis.de/DE/Zahlen-Fakten/GesamtwirtschaftUmwelt/UnternehmenHandwerk/Unternehmensregister/Tabellen/UnternehmenRechtsformenWZ2008.html. Zugegriffen am 30.09.2018
Theisen MR (2000) Der Konzern: betriebswirtschaftliche und rechtliche Grundlagen der Konzernunternehmung, 2. Aufl. Schäffer-Poeschel, Stuttgart
Thomasson A (2009) Exploring the ambiguity of hybrid organisations: a stakeholder approach. Finan Account Manag 23(3):353–366
Thyen U (2008) Neglect of neglect, Umgang mit Vernachlässigung von Kindern in der ärztlichen Praxis. Monatsschrift Kinderheilkunde 7(2008):654–661
Ulrich H (1970) Die Unternehmung als produktives soziales System. Haupt, Bern/Stuttgart

Ulrich H, Probst GJB (1988) Anleitung zum ganzheitlichen Denken und Handeln, Ein Brevier für Führungskräfte. Haupt, Bern

Villalonga B (2004) Diversification discount or premium? New evidence from the business information tracking series. J Financ 59(2):479–506

Waniczek M, Feichter A, Schwarzl P, Eisl C (2018) Management Reporting – Berichte wirksam und adressatengerecht gestalten. Linde, Wien

Weber-Henschel N (2002) Wertvorteile durch Finanzkommunikation und ihr Einfluss auf die Unternehmenswertentwicklung. Difo, Bamberg

Wenger A (1999) Organisation Multinationaler Konzerne: Grundlagen, Konzeption und Evaluation. Haupt, Bern

von Werder A, Grundei J (2004) Konzeptionelle Grundlagen der Center-Organisation: Gestaltungsmöglichkeiten und Effizienzbewertung. In: Werder A v, Stöber H (Hrsg) Center-Organisation: Gestaltungskonzepte, Strukturentwicklung und Anwendungsbeispiele. Schäffer-Poeschel, Stuttgart, S 11–54

Wernerfelt B, Montgomery CA (1988) Tobin's q and the importance of focus in firm performance. Am Econ Rev 78(1):246–250

Wild J (1982) Grundlagen der Unternehmungsplanung, 4. Aufl. VS Verlag, Opladen

Wöhe G, Döring U (2010) Einführung in die Allgemeine Betriebswirtschaftslehre, 24. Aufl. Vahlen, München

3 Selbstverständnis des Mutterunternehmens

Zusammenfassung

Die Zinsentwicklung führt zu einer deutlichen Verschiebung von Anlagegeldern aus dem Anleihemarkt in Richtung von Aktienanlagen und in Richtung direkter Unternehmensbeteiligungen. Entsprechend konkurrieren viele Konzern-Mutterunternehmen und Beteiligungsgesellschaften mit ihren verfügbaren Geldmitteln, dem „dry powder", um wenige zum Verkauf stehende mittelständische Unternehmen. Das Selbstverständnis des Mutterunternehmens ist eine Quelle für eine positive Differenzierung.

Die Formulierung eines Selbstverständnisses des Mutterunternehmens ist die Grundlage für die Ausgestaltung des Beteiligungsmanagements. Dies umfasst die wesentlichen Aufgaben, die seitens der Holding- oder Beteiligungsgesellschaft wahrgenommen werden sollen. Mit den Aufgaben verbunden ist eine Zuordnung entsprechender Ressourcen. Das vorliegende Kapitel präsentiert einen Gestaltungsrahmen für die Formulierung des Selbstverständnisses von Mutterunternehmen. Darüber hinaus stehen die Motive für den Erwerb und das Halten von Beteiligungen, ausgewählte Typologien von Mutterunternehmen sowie eine neue Mission-Eigentümer-Matrix der realen Ausprägungen von Mutterunternehmen im Fokus. Das Kapitel umfasst auch eine quantitative Analyse der Beteiligungsstrukturen der DAX-30-Konzerne. Darüber hinaus enthält das Kapitel rund 30 Fallbeispiele, die Einblicke in die Praxis gewähren.

3.1 Motive für den Erwerb und das Halten von Beteiligungen

Es gibt unterschiedliche Motivationen, sich mit Unternehmensbeteiligungen zu befassen. Jedes Unternehmen gründet mit zunehmendem Wachstum, zunehmender Diversifizierung oder zunehmender Internationalisierung nach und nach Tochtergesellschaften bzw. betei-

K.-M. Ahrend, *Beteiligungsmanagement*,
https://doi.org/10.1007/978-3-662-60588-2_3

ligt sich an bestehenden Unternehmen. Entsprechend einer integrativen Management-Sicht[1] sind die dabei zugrunde liegenden Motive strategischer, struktureller und kultureller Natur.

- Als **strategische Motive** stehen zum Beispiel der Aufbau eines neuen Geschäftsmodells, die Ermöglichung von Wachstumschancen in anderen Märkten, die spezifische Bearbeitung eines Kundensegments, die Integration von Wertschöpfungsstufen in das bestehende Angebot (Vorwärts- oder Rückwärtsintegration), die Schaffung von Zusatznutzen für die Kunden durch Ergänzung oder Anreicherung der bestehenden Produkte bzw. Dienstleistungen oder der Aufbau von Kooperationen mit anderen Unternehmen im Vordergrund. Mithilfe einer Beteiligung lassen sich auch gesellschaftsrechtliche Kooperationen[2] (oder Akquisitionen) begründen, ohne dass eine Beteiligung des Partners am Mutterunternehmen erforderlich wäre. Neben der Spezifität der Marktbearbeitung und der Partnerfähigkeit kann eine Beteiligung auch die Ausprägung bestimmter Kernkompetenzen oder Ressourcen unterstützen. Im Zusammenhang mit Kooperationen bzw. Akquisitionen fällt häufig der Begriff der Synergie. Durch das gegenseitige Ergänzen soll ein Zusatznutzen im Vergleich zu dem Nebeneinander zweier Unternehmen bzw. Unternehmensteile realisiert werden. Dies erfolgt durch die Bündelung der spezifischen Größen (Skaleneffekte) oder durch die gegenseitige Ergänzung der Geschäftsmodelle (Verbundeffekte). Neben dem unternehmerischen Kalkül für das Eingehen einer Beteiligung kann die strategische Motivation für eine Beteiligung auch primär finanzieller Natur sein. Dann steht das Interesse an Anteilen am Bilanzgewinn und an der mit der Entwicklung der Beteiligung verbundenen Wertsteigerung im Vordergrund. Aber auch finanzwirtschaftliche Synergien durch Skaleneffekte (z. B. günstigere Finanzierung) und Verbundeffekte (z. B. Risikoreduktion durch Portfolioerweiterung) spielen eine Rolle.
- Mithilfe von Beteiligungen lässt sich die **Unternehmensstruktur** klarer gliedern und Risiken[3] bzw. mögliche Schäden bestimmter (junger) Geschäftsmodelle können gekapselt werden. Durch die eigenständige Organisation (mit Geschäftsführung und ggf. Aufsichtsgremium) lassen sich die ausgegliederten Einheiten besser steuern. Zusätzlich können finanzielle oder direkt steuerliche Vorteile anlassgebend sein, eine Beteiligung zu gründen bzw. zu belassen. Auch erfordert das Tätigwerden in bestimmten (internationalen) Märkten die Gründung einer separaten Gesellschaft. Bei öffentlichen

[1] Vgl. Bleicher (1991), S. 3 ff.

[2] Beispiele dafür sind Joint-Venture-Gesellschaften, die von unterschiedlichen Gesellschaftern für einen gemeinsamen Zweck gegründet werden oder ÖPP- (Öffentlich-Private-Partnerschaften-) Gesellschaften, mit dem Zweck, Anlagen oder Bauwerke zu errichten, zu sanieren, zu betreiben oder zu bewirtschaften, die der Erfüllung öffentlicher Aufgaben dienen.

[3] Ein Risiko ist dabei die Auswirkung von Unsicherheit auf ein Planergebnis. Die Abweichung bei Eintritt des Risikos kann sowohl positiv als auch negativ sein. Vgl. DIN EN 62198 (VDE 0050-6):2014-8, S. 6.

Unternehmen dienen Ausgründungen von Ämtern oder die Gründung neuer Unternehmen neben strategischen Vorteilen auch der Verbesserung der Flexibilität und Effizienz im unternehmerischen Handeln und der Nutzbarkeit von personalbezogenen Vorteilen. So kann ein neues Unternehmen einem anderen (oder keinem) Tarifvertrag angehören, Personen können marktgerecht vergütet werden und das Unternehmen kann eine bessere Arbeitgebermarke aufbauen.
- Ein Motiv für die Ausgründung von Aktivitäten kann auch in der **Unternehmenskultur** begründet sein. Soll die bestehende Unternehmenskultur nicht prägend für den Aufbau bzw. die Weiterentwicklung eines (neuen) Geschäftsmodells sein, so wird für das (neue) Geschäftsmodell eine Beteiligung gegründet bzw. übernommen. Anders ausgedrückt können Beteiligungen die Ambidextrie unterstützen. Als Ambidextrie lässt sich die Mischung zwischen Tradition und Erneuerung, zwischen Effizienz und Agilität, zwischen stabilen und neuen Geschäftsmodellen beschreiben.[4] Dabei stehen Zuverlässigkeit mit klaren Strukturen und Abläufen sowie Flexibilität mit Projekten und kundenorientierten Pilotlösungen nebeneinander. Entsprechend bietet sich eine (neue) Beteiligung auch für die Gründung eines Innovationslabors an, in dem verschiedene Innovationen für eine Unternehmensgruppe realisiert werden sollen.[5]

3.2 Mutterunternehmen – Träger des Beteiligungsmanagements

Die verschiedenen Ausprägungen von Konzernen bzw. Unternehmensgruppen lassen sich in der Theorie nach ihrer Struktur (Leistungsaufbau), nach der Branche (Leistungsprogramm) und nach ihrer geografischen Ausdehnung unterscheiden.[6] Nach dem Leistungsaufbau lassen sich horizontale, vertikale und diversifizierte Konzerne bzw. Unternehmensgruppen differenzieren. Während die Beteiligungen horizontaler Konzerne auf der gleichen Wertschöpfungsstufe tätig sind, sind die Beteiligungen vertikaler Konzerne in aufeinanderfolgenden Wertschöpfungsstufen aktiv. Bei diversifizierten Konzernen sind die Beteiligungen weder in den gleichen noch in aufeinanderfolgenden Wertschöpfungsstufen tätig. Während sich die Differenzierung nach Leistungsaufbau, Branche und geografischer Ausdehnung für eine Unterscheidung von Konzernen eignet, bedarf es für Typologien von Mutterunternehmen anderer Kriterien.

Nachfolgend wird zunächst die pragmatische Typologie von Traa und im Anschluss die bekannte Typologie der Unterscheidung der Mutterunternehmen von Konzernen vorgestellt. Es schließen sich die empirisch geprägten Typologien von Roland Berger und Goold & Campbell sowie die von Johnson et al. an. Dann wird die Typologie von Frost & Morner

[4] Vgl. Raisch und Birkinshaw (2008).

[5] Vgl. Ahrend und Hölle (2018), S. 26.

[6] Vgl. Hoffmann (1993), S. 9–10.

erläutert. Abschließend erfolgt die Ableitung eines Modells für die Entwicklung des Selbstverständnisses eines Mutterunternehmens.[7]

Wenngleich in der Realität häufig eine Mischung verschiedener Rollen des Mutterunternehmens je nach Beteiligung festzustellen ist, schafft eine Typologie die nötige Trennschärfe für die Formulierung eines Selbstverständnisses des Mutterunternehmens. Mit einer möglichst fokussierten Festlegung dieses Selbstverständnisses und einer dementsprechend authentischen Haltung gelingt den Akteuren eine glaubwürdigere interne und externe Kommunikation. Je nach Ausgestaltung des Selbstverständnisses wird die Gewinnung von neuen Portfolio-Unternehmen erleichtert und die Orientierung und Motivation der Akteure der Beteiligungen unterstützt.

3.3 Typologie der Mutterunternehmen von Traa

Eine erste Struktur für die Unterscheidung von verschiedenen Mutterunternehmen bietet die Typologie von Traa:[8]

- **Minimum Corporate Center**. Übernahme der minimal notwendigen Funktionen aus juristischer und funktionaler Sicht. Das Corporate Center gibt finanzielle Zielgrößen vor und überwacht deren Einhaltung.
- **Strategic Leader**. Weitgehende operative Selbstständigkeit der Beteiligungen bei strategischer Rahmensetzung durch das Corporate Center. Bei Bedarf greift das Corporate Center durch Weisungen in die Geschäftsführung der Beteiligungen ein.
- **Synergy Manager**. Das Corporate Center übt eine Koordinationsfunktion zwischen den Beteiligungen aus.
- **Business Partner**. Möglichst umfassende Erbringung von Mehrwerten für die Beteiligungen. Dazu zählt die Wahrnehmung von Beratung gegenüber den Beteiligungen.
- **Sourcing Manager**. Das Corporate Center erbringt interne Dienstleistungen und koordiniert die Lieferantenbeziehungen.

Wenngleich die vorgestellte Unterscheidung pragmatisch erscheint, bietet sie dennoch die Grundlage für die Entwicklung eines Selbstverständnisses des Mutterunternehmens.

3.4 Typologie der Mutterunternehmen von Konzernen

Für die Wahrnehmung der einheitlichen Leitung in einem Konzern bedarf es einer konzernführenden Einheit. Diese wird in der Regel als Holding bezeichnet. Der Begriff Holding leitet sich aus dem Begriff „hold" für halten und besitzen ab. Entsprechend hält eine

[7] Weitere Unterscheidungen finden sich bei Chandler (1991), S. 33, Rogers et al. (2002), S. 95–98, Collis et al. (2007), S. 387.

[8] Vgl. Traa (2013), S. 32.

Holding mehrere Beteiligungen. Gemäß § 2 Abs. 1 Nr. 1 Kapitalanlagegesetzbuch hält eine Holding eine oder mehrere Beteiligungen, deren Wert langfristig gesteigert werden soll. Über das Halten hinaus nimmt eine Holding die Aufgaben des Beteiligungsmanagements wahr. Sie prägt die Entwicklung des Konzerns und – in unterschiedlicher Intensität – die Entwicklung der jeweiligen Beteiligungen.

Bezogen auf die Rolle einer Holding in einem Konzern lassen sich grundsätzlich drei verschiedene Ausprägungen unterscheiden: die Finanz-, die Führungs- oder strategische Managementholding und der Stammhauskonzern.[9] Teilweise wird das Stammhaus als operative (Management-) Holding bezeichnet oder es wird zwischen dem Stammhaus und der strategischen Managementholding die operative Holding als weitere Variante ergänzt. Die verschiedenen Ausprägungen unterscheiden sich bezüglich ihres Führungsverständnisses sowie der unterschiedlich verteilten Entscheidungsprozesse.

Gegenüber einem Stammhauskonzern sind eine Holding und ihre Beteiligungen deutlich dezentraler aufgestellt. Den Beteiligungen werden größere Freiräume übertragen und das Portfolio wird durch die Holding bedarfsweise aktiv verändert. Entsprechend liegen meist mehrere heterogene Geschäftsfelder in dem Konzern vor. Während eine Finanzholding mit einem relativ passiven Beteiligungsmanagement agiert, ist dieses bei einer strategischen Managementholding deutlich aktiver ausgeprägt. Die aktivste Form des Beteiligungsmanagement wird in einem Stammhauskonzern gelebt.

- **Stammhaus**. Das Mutterunternehmen agiert selbstständig unternehmerisch am externen Markt. Neben der Wahrnehmung des im Stammhaus verbliebenen operativen Geschäfts agiert das Mutterunternehmen im Stammhauskonzern relativ dominant. Rechtlich kann es sich bei dem Mutterunternehmen um das Stammhaus selbst handeln, oder es besteht eine rechtlich selbstständige Führungsgesellschaft, eine operative Holding, die auch die Aufgaben des Beteiligungsmanagements wahrnimmt. Die Beteiligungen unterstützen das operative Geschäft des Stammhauses. So erbringen sie z. B. Vorleistungen, übernehmen den Vertrieb insb. in Auslandsmärkten oder unterstützen das Mutterunternehmen in anderer Form. Aufgrund der zwischen Stammhaus und Beteiligungen verteilten Wertschöpfung findet eine enge Zusammenarbeit statt. In der Regel ist der Diversifikationsgrad geringer ausgeprägt als in den anderen Konzern-Typen. Alle wichtigen strategischen und operativen Entscheidungen werden durch das Mutterunternehmen getroffen. Zusätzlich werden auch verschiedene Aufgaben für die Wertschöpfung der Beteiligungen sowie Querschnittsfunktionen für die Beteiligungen erbracht. Entsprechend umfangreich sind die realisierten Synergien. Das Mutterunternehmen definiert Standards und Richtlinien, die Beteiligungen verfügen über ein geringes Maß an Autonomie. Mit der strikten Hierarchie ist ein weitgehender Verzicht von Autonomie der Beteiligungen verbunden. In der maximalen Ausprägung umfasst dies auch

[9] Vgl. Bernhard und Witt (1995), Bassen (1998), Mellewigt und Matiaske (2000), Theisen (2000), Borchers (2000), S. 28 ff., Scheffler (2005).

Weisungen an das Management. Mit der hohen Zentralisierung kann andererseits auch eine zunehmende Schwerfälligkeit verbunden sein.[10]

- **Strategische Managementholding**. Die strategische Holding verfolgt keine eigenständigen markt- bzw. produktbezogenen Aufgaben im Mutterunternehmen. Stattdessen konzentriert sie sich auf die Aufgaben der Konzernleitung. Dies umfasst die Vorgabe von strategischen Leitplanken, die Entwicklung der strategischen Ausrichtung mit Zielen und wesentlichen Maßnahmen. Im Einzelfall festzulegen ist der Grad der Mitwirkung der Beteiligungen bei der Entwicklung der Leitplanken.[11] Regelmäßig gehört zu den formulierten Zielen die Stärkung der Zusammenarbeit der Beteiligungen untereinander und die Nutzung von Synergiepotenzialen zwischen dem Mutterunternehmen (also der Holding) und den Beteiligungen der Gesellschaften zur Kooperation untereinander. Außerdem erbringt die strategische Holding zentral verschiedene Dienstleistungen für die Beteiligungen. Dazu zählen z. B. Marktforschung, Öffentlichkeitsarbeit und die Einführung von Standards z. B. zu Corporate Governance, Wissensmanagement und Umweltmanagement. Daneben berät das Mutterunternehmen die Beteiligungen, damit diese innovative Produkte entwickeln können, ihre Prozesse optimieren und sich zukunftsfähig aufstellen. Entsprechend bietet das Mutterunternehmen auch die Analyse von Branchenentwicklungen (z. B. durch beauftragte Studien) und die Ableitung von Szenarien für die Unternehmensentwicklung der Beteiligungen an. Die Beteiligungen behalten ein hohes Maß an operativer Autonomie. Die Diversifizierung der Tätigkeiten der Beteiligungen kann durchaus ausgeprägt vorliegen. Zwischen der strategischen Holding und dem Stammhaus lässt sich die operative Managementholding bzw. operative Holding positionieren. Die operative Holding erbringt kein operatives Geschäft für Dritte, gleichwohl steuert sie die zugeordneten Beteiligungen strategisch und operativ. Gleichwohl werden bei der operativen Holding die Querschnittsfunktionen in rechtlich selbstständigen Einheiten organisiert.
- **Finanzholding**. Die Finanzholding konzentriert sich auf das Management des Beteiligungsportfolios im Sinne der Vermögensverwaltung und die Wahrnehmung des Finanzmanagements für die Gesellschaften. Entsprechend liegt ein eher passives Beteiligungsmanagement vor. Die finanziellen Aufgaben liegen insbesondere in der Vorgabe von finanziellen Zielen, der Zuteilung von finanziellen Mitteln, der Unterstützung der Finanzierung der Beteiligung sowie bei juristischen und bei Controlling-Themen. Die Beteiligungen erhalten zwar gewisse Vorgaben von dem Mutterunternehmen, dürfen aber innerhalb dieser Grenzen frei und unabhängig entscheiden. Das Mutterunternehmen greift dabei weder in das operative Geschäft noch in die strategische Ausrichtung der Beteiligungen ein. Entsprechend gering fällt auch die Zusammenarbeit der Beteiligungen untereinander oder die Wahrnehmung von Querschnittsfunktionen seitens des

[10] Vgl. Scheffler (2005), S. 59–60.

[11] Vgl. vertiefend Borchers (2000), S. 24 ff.

Mutterunternehmens aus. Es entwickeln sich unterschiedliche Ansätze für die Wertschöpfung und die Querschnittsfunktionen im Sinne einer gelebten Vielfalt. Die Diversifikation der Beteiligungen kann durchaus ausgeprägt sein. Das Mutterunternehmen definiert Vorgaben von Finanzkennzahlen und den Rahmen, in dem die Beteiligungen agieren können. Daneben besteht die Aufgabe der Finanzholding in der Weiterentwicklung des Beteiligungsportfolios durch Zukäufe und Verkäufe. Eine der Finanz-Holding ähnliche Variante ist die einer Beteiligungsholding. Die Beteiligungsholding legt ähnlich wie die Finanzholding einen Fokus auf das Portfoliomanagement. Allerdings erbringt die Beteiligungsholding keine Leistungen des Finanzmanagements für die Beteiligungen, sondern nur selektive Unterstützungsleistungen.

Abb. 3.1 fasst die verschiedenen Ausprägungen von Stammhaus, strategischer Managementholding und Finanzholding zusammen. Auch die Varianten der operativen Holding und der Beteiligungsholding sind ergänzt.

Eine empirische Validierung erfährt die Unterteilung z. B. durch die Studie von Roland Berger über die Führungsgesellschaften von Konzernen. Auf Basis einer Befragung von 130 deutschen Konzernen werden die Typen Financial Holding, Strategic Management Holding, Operational Management Holding und Integrated Headquarters (vgl. Abb. 3.2) unterschieden. Damit decken sich die Ausprägungen mit denen in den letzten Kapiteln beschriebenen. Interessant ist die Vertiefung der vier Typen nach den Dimensionen Führungsprinzipien und Integrationsgrad der Managementsysteme (wie Personal, Finanzen und IT).

Eine ähnliche empirische Validierung haben Goold & Campbell bereits in den 80er-Jahren durchgeführt. Sie haben anhand der Dimensionen Planungseinfluss der Konzern-

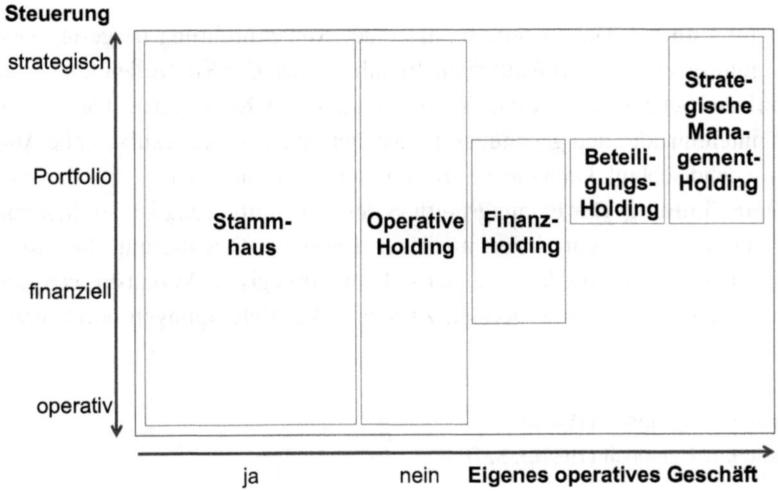

Abb. 3.1 Typologie der Mutterunternehmen von Konzernen

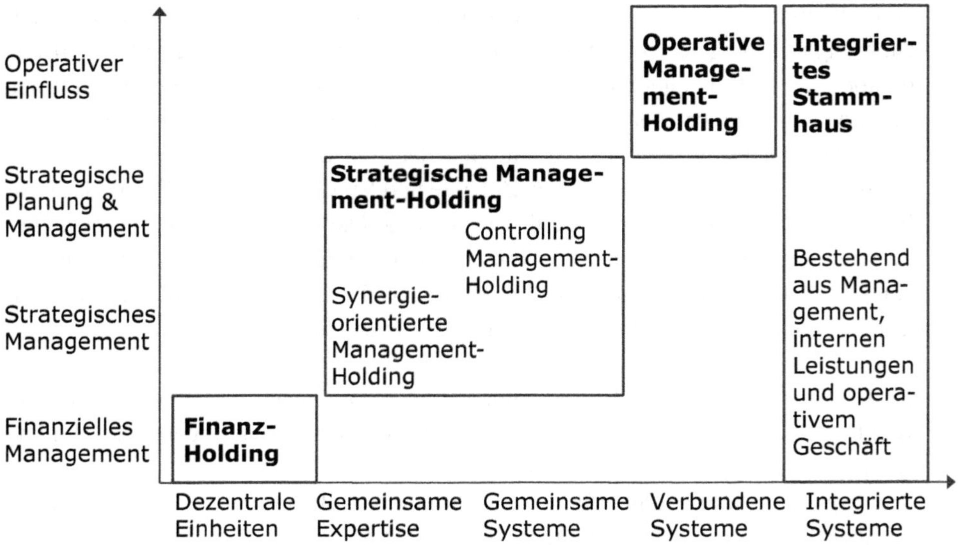

Abb. 3.2 Typologie von Konzernzentralen nach Roland Berger. (Quelle: In Anlehnung an Roland Berger 2014, S. 21)

leitung sowie Kontrolleinfluss der Konzernleitung drei Typen von Mutterunternehmen als besonders praxisrelevant und erfolgreich abgeleitet.[12] Die Planung bezieht sich auf strategische und auf operative (finanzielle) Themen. Die Kontrolle erfolgt durch (kurzfristige) Kennzahlensteuerung, durch Einbindung in die Umsetzung strategischer Ziele oder durch eine periodische Überprüfung der Realisierung der strategischen Ziele. Die Typen werden als Financial Control, Strategic Planning und Strategic Control bezeichnet.[13] Abb. 3.3 gibt einen Überblick.

- **Financial Control**. Der Planungseinfluss der Konzernführung ist gering ausgeprägt, die Planung erfolgt dezentral durch die Beteiligungen. Der Kontrolleinfluss konzentriert sich auf die Setzung und Kontrolle von finanziellen Kennzahlen. Die Beteiligungen haben untereinander und gegenüber der Konzernleitung eine relative hohe Autonomie. Entsprechend schlank kann die Konzernmutter ausgestaltet sein.
- **Strategic Planning**. Der Planungseinfluss der Konzernführung ist deutlich vorhanden. Die Planung erfolgt zentralisiert mit einer Top-down-Orientierung. Der Kontrolleinfluss der Konzernführung konzentriert sich auf strategische Vorgaben. Der Fokus liegt auf der Realisierung von Synergien zwischen den Beteiligungen durch gemeinsame

[12] Vgl. Goold und Campbell (1987a).

[13] Vgl. Goold und Campbell (1987b), S. 70 ff.

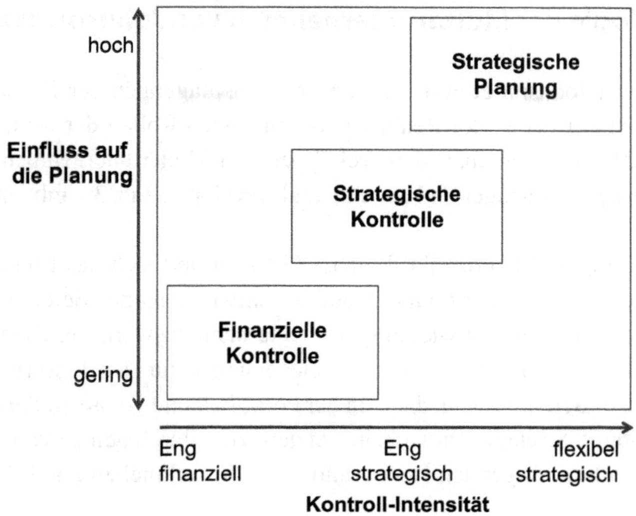

Abb. 3.3 Typologie der Mutterunternehmen von Goold & Campbell. (Quelle: In Anlehnung an Goold & Campbell 1987, S. 54)

Ziele, Kooperations- und Kommunikationsplattformen sowie im Angebot von Querschnittsfunktionen durch das Mutterunternehmen. Durch die zusätzlichen Aufgaben ist das Mutterunternehmen größer ausgestaltet. Insbesondere Stabsabteilungen nehmen Aufgaben wie Unternehmensentwicklung, Abstimmung der Aktivitäten der Beteiligungen, Kommunikation mit den Beteiligungen oder die Integration von neuen Akquisitionen wahr. Dazu zählen auch Aufgaben wie die Erbringung von Querschnittsfunktionen, die Durchführung ökonomischer und rechtlicher Analysen sowie die fachliche Unterstützung der Beteiligungen.

- **Strategic Control.** Der Planungseinfluss der Konzernleitung ist klar vorhanden, meist erfolgen die Initiativen dezentral, die Entscheidungen zentral. Der Kontrolleinfluss der Konzernleitung erfolgt in strategischer und finanzieller Hinsicht. Der Fokus liegt auf der Nutzung von gemeinsamen Ressourcen (insb. Kompetenzen) des Mutterunternehmens seitens der Beteiligungen und in der gemeinsamen Weiterentwicklung der Wettbewerbsvorteile. Dabei variiert die Intensität je nach der Themenstellung. Die strategische Kontrolle kombiniert Elemente der Managementfunktionen finanzielle Kontrolle und strategische Planung.

Die genannten Typen lassen sich gut den vorgestellten Typen der Konzern-Mutterunternehmen zuordnen. So ähnelt der Typus Financial Control dem der Finanz-Holding, der Typus Strategic Planning dem der strategischen Managementholding und der Typus Strategic Control dem der operativen Holding.

3.5 Typologie der Mutterunternehmen von Johnson et al.

Die Typologie von Johnson et al. kombiniert die Ausprägungen der Parenting Strategies (aus Abschn. 2.8) mit der in der Realität vorkommenden Rollen der Mutterunternehmen von Konzernen.[14] Daraus ergeben sich drei Typen von Mutterunternehmen: den Portfolio Manager, den Synergy Manager und den Parental Developer. Tab. 3.1 gibt einen Überblick.

- **Portfolio Manager**. Als Portfolio Manager konzentriert sich das Mutterunternehmen wie ein Akteur auf den Finanzmärkten auf die Entwicklung des Beteiligungsportfolios. Im Vordergrund steht die Entwicklung des Unternehmenswerts der Beteiligungen. Dafür identifiziert der Portfolio Manager Gelegenheiten für den Erwerb von möglichst unterbewerteten Beteiligungen, die er in der Folge hält und vor allem durch die Nutzung der buy-and-build Strategie entwickelt. Letztere zielt durch den Erwerb einer weiteren Beteiligung und der folgenden Kooperation bzw. Verschmelzung auf die Realisierung

Tab. 3.1 Typologie der Mutterunternehmen nach Johnson et al. (Quelle: In Anlehnung an Johnson et al. 2008, S. 313)

	Portfolio Manager	Synergy Manager	Parental Developer
Envisioning			
Developing strategic intent/mission		X	X
Clear external image		X	X
Setting expectations/standards	X		
Intervening			
Monitoring performance	X		
Improving business and performance			X
Challenging/developing strategy		X	X
Coaching and training		X	X
Developing strategic capabilities		X	
Achieving synergies		X	
Central Services			
Investment	X	X	X
Scale advantages		X	
Transfering managerial capabilities	X	X	
Expertise			
Specialist expertise			X
Knowledge sharing		X	
Leverage		X	X
Brokering		X	X

[14]Vgl. Johnson et al. (2008), S. 308 ff. Dabei basieren die ersten beiden Typen auf dem Beitrag von Porter (1987) und der dritte Typus auf dem Beitrag von Goold et al. (1994).

von Synergien. Weitere Maßnahmen zielen auf den Austausch des Managements, die Konzentration der Beteiligung auf ihr Kerngeschäft durch Verkäufe von Nebengeschäften und auf die Realisierung von Kostensenkungsmaßnahmen bei der Beteiligung. Da die Finanzierung durch ein hohes Maß an Fremdkapital erfolgt, muss die Ergebnisverbesserung auch Teile des Kapitaldienstes des Erwerbs umfassen. Nach einer gewissen Halteperiode von wenigen Jahren verkauft der Portfolio Manager die weiter entwickelte Beteiligung in der Erwartung eines Aufpreises gegenüber dem Erwerb. Das Mutterunternehmen ist dabei schlank aufgestellt und lässt den Beteiligungen im Rahmen der vorgesehenen finanziellen Ziele und Maßnahmen ein hohes Maß an Autonomie. Hingegen wird die Ergebnisentwicklung genau beobachtet und begleitet. Die Akteure des Mutterunternehmens sollten sich gut mit M&A-Transaktionen auskennen sowie die fachlichen Anforderungen für die Realisierung der genannten Maßnahmen beherrschen. Gleichwohl werden sie sich bei der Diskussion mit den Akteuren der Beteiligungen eher zurückhalten, wenn es um die Realisierung von Synergien mit anderen Beteiligungen geht. Zu starke Bindungen der Beteiligungen untereinander können zu negativen Effekten im Fall eines späteren Verkaufs führen.
- **Synergy Manager**. Das Mutterunternehmen orientiert sich an verschiedenen Methoden für die Realisierung von Mehrwerten zwischen den Beteiligungen einerseits und zwischen dem Mutterunternehmen und den Beteiligungen andererseits. Aufbauend auf einer Beteiligungsstrategie werden Beteiligungen lange oder dauerhaft im Portfolio gehalten und entwickelt. Für die Realisierung von Synergien wird die Zusammenarbeit zwischen den Beteiligungen angeregt und aktiv ausgebaut, Ressourcen des Mutterunternehmens werden auch durch die Beteiligungen genutzt und Querschnittsfunktionen im Unternehmensverbund gebündelt. Dazu kann auch die Nutzung einer Dachmarke zählen, die gemeinsame Personalentwicklung, der Austausch von Führungskräften zwischen den Beteiligungen oder die gemeinsame Durchführung von Innovations-Workshops. Die Zielsetzung des Mutterunternehmens liegt in der Schaffung von Ergebnisbeiträgen, die über den Kosten für deren Vorbereitung und Realisierung liegen. Eine wichtige Voraussetzung für den Erfolg liegt in der Schaffung einer auf Kooperation und Zusammenarbeit aufbauenden Unternehmenskultur. Dies erfordert entsprechende Entscheidungen bei Neueinstellungen und bei der Personalentwicklung. Eine weitere Erfolgsvoraussetzung liegt in der Wertschätzung dieser Synergien durch die Kunden der Beteiligungen. Entsprechend wird das Mutterunternehmen bei der Weiterentwicklung des Beteiligungsportfolios auch auf die Realisierbarkeit von zusätzlichen Synergien Wert legen. Welchen Nutzen haben die anderen Beteiligungen von der zusätzlichen Akquisition oder Kooperation? Schließlich basiert der Erfolg des Synergy Managers auf Akteuren des Mutterunternehmens, die neben einem entsprechenden Fachwissen auch eine integrierende Persönlichkeit und die notwendige Haltung für die Überzeugung der Akteure der Beteiligungen mitbringen. Denn nicht jede Synergie führt bei singulärer Betrachtung aus Sicht einer bestimmten Beteiligung für diese zu einem Vorteil. Erst aus Sicht des Konzerns und durch die Realisierung einer weiteren Synergie mit Vorteilen für die bestimmte Beteiligung wird das Ganze zu einem gemeinsamen Erfolg.

- **Parental Developer**. Während die Synergien bei dem Typus Synergy Manager vor allem auf solchen zwischen den Beteiligungen beruhen, legt das Mutterunternehmen des Typus eines Parental Developers den Fokus auf Synergien und Wertbeiträge des Mutterunternehmens mit bzw. für die Beteiligungen. Auf Basis einer klaren Beteiligungsstrategie und gemeinsam mit den Beteiligungen erarbeiteten strategischen Zielen setzt der Parental Developer auf die Nutzung der Ressourcen des Mutterunternehmens durch die Beteiligungen. Dazu zählen beispielsweise die Kompetenzen im Bereich Forschung und Entwicklung, gemeinsame Finanzierungen, die Nutzung der bestehenden Dachmarke oder der Zugang zu Netzwerken und Partnern des Mutterunternehmens. Gerade für kleinere Beteiligungen bietet sich die Nutzung von Querschnittsfunktionen als Dienstleistungen des Mutterunternehmen an. Dazu zählt regelmäßig die Bündelung von Beschaffungen ähnlicher Leistungen durch das Mutterunternehmen. Das Mutterunternehmen zielt auf den langfristigen Verbleib der Beteiligungen im Portfolio, jedenfalls solange, bis nicht andere Mutterunternehmen einen größeren Mehrwert für die Beteiligung bieten können. Spätestens dann, wenn das Mutterunternehmen zu Mehrkosten für die Beteiligung (statt einem Wertbeitrag) führt, sollte über einen Verkauf nachgedacht werden. Entsprechend setzt das Mutterunternehmen auf die regelmäßige Weiterentwicklung der eigenen Leistungen zum Nutzen der Beteiligungen. Ebenso werden Beteiligungen erworben, die von den Angeboten des Mutterunternehmens profitieren können. Der Parenting Advantage, der Vorteil des Mutterunternehmens für die Beteiligungen kann einerseits aus Sicht der Beteiligungen entwickelt werden. Andererseits können sich die Wertbeiträge auch durch die strategische Entwicklung des Mutterunternehmens als Stammhaus mit eigenen operativen Geschäftsmodellen ergeben. So wird sich die Entwicklung einer Forschungs- und Entwicklungsabteilung eher für Stammhäuser mit eigenem Geschäft anbieten, als für eine schlanke Holding. Das Mutterunternehmen zielt, ähnlich wie bei dem Typus Synergy Manager auf die Schaffung von Ergebnisbeiträgen, die über den Kosten für deren Vorbereitung und Realisierung liegen. Im Fall des Parental Developers geht es dabei weniger um die Synergien zwischen den Beteiligungen, sondern um die Wertbeiträge der Leistungen des Mutterunternehmens für die Beteiligungen. Diese sollten fokussiert benannt und weiterentwickelt werden. Wie beim Synergy Manager beruht der Erfolg auf einer auf Kooperation und Zusammenarbeit aufbauenden Unternehmenskultur und in der Wertschätzung der Wertbeiträge des Mutterunternehmens durch die Kunden der Beteiligungen. Für die Weiterentwicklung des Beteiligungsportfolios wird das Mutterunternehmen auch einen Fokus auf die Nutzbarkeit der Wertbeiträge des Mutterunternehmens legen. Die Akteure des Mutterunternehmens sollten über ein hohes Fachwissen über die Schaffung von Wertbeiträgen verfügen. Da die Beteiligungen von den Wertbeiträgen des Mutterunternehmens klar profitieren, bedarf es weniger einer stark ausgeprägten Überzeugungskraft der Akteure des Beteiligungsmanagements. Stattdessen sollten die Akteure an der Weiterentwicklung der Wertbeiträge des Mutterunternehmens und an der Suche nach geeigneten Kooperationspartnern für die Erbringung zusätzlicher Mehrwerte für die Beteiligungen arbeiten.

Auch die von Johnson et al. entwickelten Typen lassen sich gut den vorgestellten Typen der Konzern-Mutterunternehmen zuordnen. So ähnelt der Typus Portfolio Manager dem der Finanz-Holding, der Typus Synergy Manager der operativen Holding und der Typus Parental Developer dem der strategischen Managementholding. Gleichwohl zeigen sich auch Unterschiede. So transferiert der Portfolio Manager im Gegensatz zur Finanz-Holding auch Managementkapazitäten an die Beteiligungen oder der Parental Developer legt im Gegensatz zur strategischen Managementholding den Schwerpunkt auf Synergien zwischen Mutterunternehmen und Beteiligungen (und nicht auch auf Synergien zwischen den Beteiligungen). Diese Unterschiede verdeutlichen den Handlungsrahmen für die Gestaltung des Selbstverständnisses eines Mutterunternehmens.

Die Erbringung von Vorteilen seitens des Mutterunternehmens für die Beteiligungen steht dabei im Wettbewerb zu anderen Mutterunternehmen. In diesem Sinne stehen die Mutterunternehmen in einem Wettbewerb um das für die jeweilige Beteiligung am besten geeignete Mutterunternehmen. Wird ein besser geeignetes Mutterunternehmen erkannt, besteht die Ultima ratio im Verkauf der Beteiligung an das andere Mutterunternehmen.

3.6 Typologie der Mutterunternehmen von Frost & Morner

Die Typologie von Frost & Morner baut auf der von Goold & Campbell bzw. der von Johnson et al. auf.[15] Sie schlagen verschiedene Möglichkeiten für die Mehrwertschaffung im Konzern vor, die das jeweilige Mutterunternehmen für sich auswählen kann. Gleichwohl lässt sich der Ansatz als Typologie der Mutterunternehmen verstehen, da sie vergleichbar mit den bereits behandelten Typologien neben der Mehrwertschaffung auch das Selbstverständnis des jeweiligen Mutterunternehmens beschreibt. Als Dimensionen für die Typologie wählen die Autorinnen den (beabsichtigten oder bestehenden) Einfluss der Konzernleitung sowie die Verwandtschaft der Teileinheiten bzw. Beteiligungen aus. Als Unterkategorien der beiden Dimensionen wird folgende Unterteilung präsentiert.[16]

- **Einfluss der Konzernleitung**. Der Einfluss wird in die Managementfunktion (mit Planungseinfluss und Kontrolleinfluss) sowie das Aufgabenspektrum der Konzernleitung für die Unterstützung der Geschäftsaktivitäten der Beteiligungen (mit obligatorischen Aufgaben, Zentralisierung funktionaler Aufgabenbereiche sowie zusätzlichen Managementaufgaben) unterteilt. Die Dimension beschreibt, ob die Unternehmensgruppe eher zentralisiert oder dezentralisiert organisiert ist.
- **Verwandtschaft der Teileinheiten**. Die Nähe der Beteiligungen wird in die Managementverwandtschaft (d. h. der Ähnlichkeit der Anforderungen an die Steuerung und

[15] Vgl. Frost und Morner (2010), S. 5 ff. Vgl. grundlegend Goold und Campbell (1989), Goold et al. (1994), Nayyar (1992) sowie Johnson et al. (2008), S. 308 ff.

[16] Vgl. Frost und Morner (2010), S. 81.

strategische Führung der Beteiligungen, z. B. aufgrund ähnlicher Produkteigenschaften, gleichem Produktlebenszyklus, gleicher Branche oder ähnlicher Wettbewerbsposition) sowie in die Ressourcenverwandtschaft (mit den Ausprägungen keine Ressourcenverwandtschaft, gemeinsame Nutzung von Ressourcen z. B. bei materiellen Vermögengegenständen und Querschnittsfunktionen), Transfer von Ressourcen (z. B. bei immateriellen Vermögensgegenständen, Kompetenzen und Fähigkeiten[17]) sowie Kombination von Ressourcen z. B. bei der wechselseitigen ergänzenden Kombination von komplementären Ressourcen[18] unterteilt. Die Ressourcenverwandtschaft beschreibt die Ähnlichkeit der Beteiligungen bezüglich ihres Ressourceneinsatzes (Ähnlichkeit vs. Komplementarität).

Abb. 3.4 verdeutlicht die drei grundlegenden Ansätze für die Wertschaffung im Konzern, die nachfolgend beschrieben werden.

- **Intrapreneurshipstrategie**. Die Beteiligungen werden wie autonome Unternehmen, Intrapreneure, geführt. Das Mutterunternehmen trägt zu der Verbesserung der Leistung innerhalb der Beteiligungen bei. Dazu bietet sich z. B. die Bereitstellung von finanziellen Ressourcen durch einen internen Markt an.[19] Auch setzt das Mutterunternehmen finanzielle Ziele und Leistungsvorgaben. Auf die Realisierung von Synergien zwischen

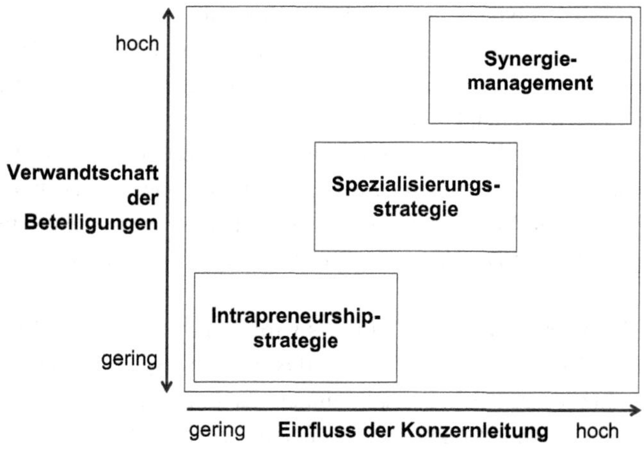

Abb. 3.4 Typologie der Mutterunternehmen von Frost & Morner. (Quelle: In Anlehnung an Frost und Morner 2010, S. 103)

[17] Vgl. z. B. Tanriverdi und Venkatraman (2005).

[18] Vgl. Schumpeter (1964), S. 100.

[19] Vgl. Cowen und Parker (1997).

den Beteiligungen wird kein Wert gelegt, da zwischen den Einheiten nur eine geringe Ressourcen- sowie ebenso nur eine geringe Managementverwandtschaft bestehen.

- **Spezialisierungsstrategie**. Wird der Schwerpunkt auf die Spezialisierung gelegt, sind die Beteiligungen aufgefordert, ähnliche Aufgaben an eine Stelle abzugeben. Einzelne Aktivitäten der Wertschöpfung oder Querschnittsaktivitäten werden bei dem Mutterunternehmen oder dezentral in Kompetenzcentern gebündelt. Der Mehrwert entsteht durch Skalen-, Lern- oder Verbundeffekte. Das Mutterunternehmen fördert die Realisierung von Synergien innerhalb des Konzerns. Neben dem „Pooling" werden Ressourcen für mehrere Güter und Leistungen verwendet. Diese Clubressourcen sind z. B. spezielle Fähigkeiten, die immer wieder beteiligungsübergreifend angewendet werden können.[20]
- **Synergiemanagement**. Bei dieser Strategie zielt das Mutterunternehmen auf eine starke Zusammenarbeit der Beteiligungen bei der Wertschöpfung. Die angestrebten Synergien umfassen solche aus der Kooperation durch die gegenseitige Bereitstellung von Ressourcen bis hin zu der Erstellung gemeinsamer Leistungen. Eine wichtige Grundlage für beteiligungsübergreifende Synergien liegt in der Ähnlichkeit der Ressourcen der Beteiligungen. Aus dem Verständnis von Konzernen als Bündel von Ressourcen lässt sich seitens des Mutterunternehmens zusätzlicher Mehrwert durch die Schaffung von Zugängen und durch die Kombination von Ressourcen schaffen. Ein Beispiel sind Vertriebssynergien durch den Verkauf von Produkten einer Beteiligung durch eine andere (Cross-Selling). Der Mehrwert entsteht durch die Nutzung von Verbundeffekten. Mit einer hohen Verwandtschaft der Ressourcen der Beteiligungen bietet sich eine starke Konzernführung an, die auf die Initiier ung und Sicherung der Zusammenarbeit zwischen den Einheiten zielt. Dabei kann es sich einerseits um kombinierbare ähnliche materielle oder immaterielle Ressourcen handelnund andererseits um die Kombination von komplementären Ressourcen verschiedener Beteiligungen oder von der Führungsgesellschaft und den Beteiligungen. So können die Beteiligungen z. B. die Innovations- und Technologiekompetenzen sowie ihr organisatorisches Wissen kombinieren. Das Mutterunternehmen bringt neben der Dachmarke die Reputation und die finanzielle Leistungskraft ein.

Die Typologie von Frost & Morner konzentriert sich weniger auf die Frage der Steuerung von Strategien und operativen Entwicklungen der Beteiligungen durch das Mutterunternehmen, sondern auf die Art und Weise der Realisierung von Synergien. Gleichwohl ähnelt die Intrapreneurship-Strategie dem Selbstverständnis einer Finanz-Holding, die Spezialisierungsstrategie dem Selbstverständnis einem Stammhaus oder einer operativen Holding und das Synergiemanagement dem Selbstverständnis einer strategischen Managementholding.

[20] Vgl. Foss und Iversen (1997), S. 5 ff.

3.7 Eigentümerstruktur der Beteiligungen in Deutschland

Um die Vielfalt der Ausprägungen von Mutterunternehmen in der Realität aufzuzeigen, bietet sich ein Blick auf die Eigentümerstruktur der Beteiligungen an. Beteiligungen haben eine hohe finanzielle Bedeutung für die deutsche Volkswirtschaft. Im Jahre 2017 lag das Vermögen der Anteile an nichtbörsennotierten Aktien und der sonstigen Anteilsrechte bei 2753,9 Mrd. Euro. Anteile an börsennotierten Aktiengesellschaften im In- und im Ausland sind nicht einbezogen, da diese weitestgehend Wertpapiere im Sinne der Geldanlage und nicht des Beteiligungsmanagements darstellen. Im Vergleich dazu lag die Börsenkapitalisierung der Dax 30 Konzerne am 29.12.2018 bei 965 Mrd. Euro,[21] die in Investmentfonds getätigten Anlagen bei 2677 Mrd. Euro[22] und das in Grund und Boden gebundene Vermögen der deutschen Volkswirtschaft bei 4606,4 Mrd. Euro.[23] Doch wem gehören die Beteiligungen? Abb. 3.5 gibt einen Überblick über die Eigentümerstruktur an Beteiligungen.

Es wird deutlich, dass rd. 55 % des in Beteiligungen gebundenen Vermögens von nichtfinanziellen Kapitalgesellschaften gehalten wird. An nächster Stelle stehen staatliche Mutterunternehmen (von Bund, Bundesländern und Gemeinden), die 14 % des in Beteiligungen gebundenen Vermögens halten. Als nächstes folgen Mutterunternehmen von Privatpersonen (insb. Unternehmerfamilien) mit 11 %. Schließlich folgen die Beteiligun-

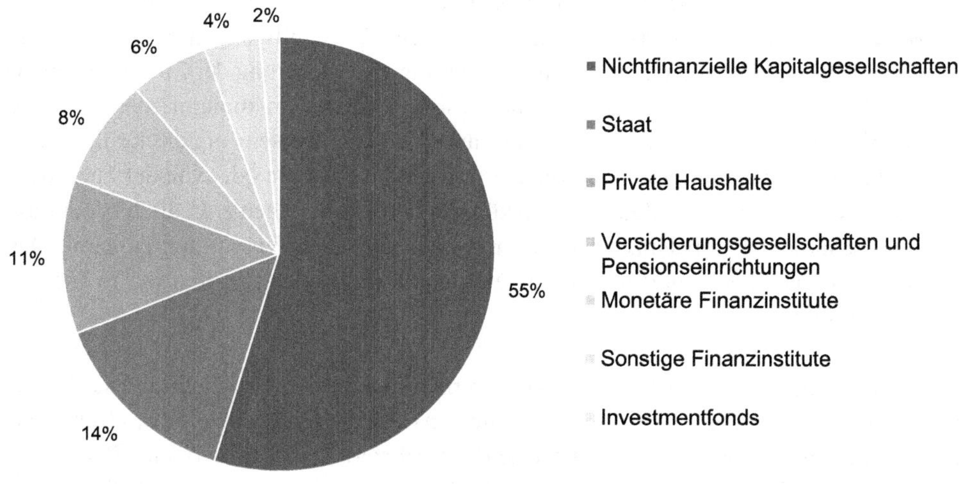

Abb. 3.5 Beteiligungen im Vermögen verschiedener Sektoren. (Quelle: In Anlehnung an Deutsche Bundesbank 2018c, S. 22–28 (ohne Sektor übrige Welt))

[21] Vgl. https://www.boerse.de/gewichtung/Dax-Aktien/DE0008469008.

[22] Vgl. Deutsche Bundesbank (2018c), S. 83.

[23] Vgl. Deutsche Bundesbank (2018c), S. 7.

gen von Kapitalgesellschaften aus dem Finanzsektor mit in Summe 20 % der in Beteiligungen gebundenen Vermögens. Zu diesen Mutterunternehmen zählen Banken, Versicherungen, Investmentfonds und sonstige Finanzinstitute wie Private Equity Gesellschaften.

Gemäß der Finanzierungsrechnung der Deutschen Bundesbank werden Anteile an börsennotierten und an nicht börsennotierten Kapitalgesellschaften sowie an Personengesellschaften ausgewiesen. Tab. 3.2 zeigt die Positionen für den Sektor nichtfinanzielle Kapitalgesellschaften.

Aus der Tabelle lässt sich erkennen, dass Unternehmen außerhalb des Finanzsektors ihre Anteile an Beteiligungen in den letzten 6 Jahren ausgebaut haben. Für 2017 liegt der Anteil des Wertes der Anteilsrechte am Geldvermögen der nichtfinanziellen Kapitalgesellschaften bei 43,5 %. Der Wert verdeutlicht, dass die Beteiligungen im Vergleich zu Bargeld, Termingeldern, Investitionen in Investmentfonds, Forderungen aus Krediten, sonstige Forderungen sowie sonstigem Geldvermögen eine hohe Bedeutung aufweisen.

Leider ist eine Unterteilung der Anteile an börsennotierten Anteilen in Wertpapiere (im Sinne der Geldanlage) und Beteiligungen bzw. Anteile an verbundenen Unternehmen nicht möglich. Gleichwohl ist zu vermuten, dass die Anteile an börsennotierten Aktien überwiegend den Charakter von Wertpapieren für die Geldanlage haben. Anders sieht es bei den sonstigen Anteilsrechten aus. Diese umfassen alle Formen von Anteilsrechten außer den in die Unterkategorien börsennotierte Aktien und nicht börsennotierte Aktien eingeordneten. Zu den sonstigen Anteilsrechten zählen insbesondere:[24] (1) Vermögenseinlagen der persönlich haftenden Gesellschafter am Kapital von Kommanditgesellschaften auf Aktien; (2) Geschäftsanteile an Gesellschaften mit beschränkter Haftung; (3) Beteiligungen an Personengesellschaften mit eigener Rechtspersönlichkeit sowie (4) Beteiligungen an Genossenschaften mit eigener Rechtspersönlichkeit. Damit handelt es sich eindeutig um Beteiligungen, die zumindest mittelfristig gehalten werden und damit Bestandteile des Beteiligungsmanagements sind. Ähnlich verhält es sich bei den Anteilsrechten an nicht börsennotierten Aktien.

Tab. 3.2 Anteilsrechte von nichtfinanziellen Kapitalgesellschaften. (Quelle: In Anlehnung an Deutsche Bundesbank 2018c, S. 72–80)

	2012	2013	2014	2015	2016	2017
Anteile an börsennotierten Aktien	269,1	275,4	262,2	273,0	292,3	332,7
Anteile an börsennotierten Aktien des Auslands		53,6	30,4	35,2	49,2	53,5
Nicht börsennotierte Aktien	706,5	773,9	842,7	916,4	891,4	967,6
Sonstige Anteilsrechte	336,3	388,0	448,6	499,7	527,0	540,4
Summe	1311,9	1490,9	1583,9	1724,3	1759,9	1893,7

[24] Vgl. Europäische Union (2014), S. 166 f.

3.8 Mission-Eigentümer-Matrix von Mutterunternehmen

Die verschiedenen vorgestellten Typologien verdeutlichen, dass sich als Extremformen solche mit einem Fokus auf die strategische und/oder operative Entwicklung der Unternehmensgruppe und solche mit einem Fokus auf die finanzielle Entwicklung der Unternehmensgruppe unterscheiden lassen. Für Mutterunternehmen mit einem Fokus auf die finanzielle Entwicklung spielen vor allem rendite- und risikobezogene Motive eine Rolle. Entsprechend lassen sich die in der Realität vorkommenden Mutterunternehmen anhand ihrer Mission als Konzern-Mutterunternehmen (mit Stammhäusern und Holdinggesellschaften) und als Beteiligungsgesellschaften unterteilen. Als weiteres Strukturmerkmal bietet sich bei den Konzern-Mutterunternehmen eine Unterscheidung in finanzielle und in nicht-finanzielle Unternehmen an. Bei Beteiligungsgesellschaften erübrigt sich diese Unterteilung, da sie grundsätzlich zu den Unternehmen gehören, die der Finanzwirtschaft zuzurechnen sind. Diese Gliederung ist eine wichtige Basis für die Entwicklung des Selbstverständnisses eines Mutterunternehmens.

Zusätzlich lassen sich die Eigentümerstrukturen des Mutterunternehmens unterteilen. Auf der Basis der vorgestellten Eigentümerstrukturen der Beteiligungen lassen sich die Eigentümer eines Mutterunternehmen in Unternehmen, öffentliche Eigentümer (wie z. B. Gebietskörperschaften) oder Privatpersonen bzw. Familien unterscheiden. Alternativ oder zusätzlich zu den drei genannten Haupteigentümern können die Anteile des Mutterunternehmens nach § 2 Abs. 5 Wertpapierhandelsgesetz an einer Börse gehandelt werden. Der Streubesitz, also der Anteil des Aktienkapitals, der an der Börse gehandelt wird,[25] variiert dabei selbst bei den DAX-30-Unternehmen deutlich. Für eine Aufnahme in den DAX-30 ist ein Mindest-Streubesitz von 10 % erforderlich.[26] So liegt der Streubesitz z. B. von VW bei 10,8 %, der der Deutschen Börse bei 60,54 %.[27] Meist liegt der Streubesitz börsennotierter Unternehmen deutlich unter 100 %. Im Regelfall sind Beteiligungsgesellschaften mit Anteilen von jeweils über 2 % beteiligt.

Eine separate Zuordnung von Mutterunternehmen des dritten Sektors unterbleibt. Bei Mutteruntenehmen des dritten Sektors handelt es sich um Organisationen, die neben privatwirtschaftlichen Unternehmen und öffentlichen Unternehmen stehen.[28] Es handelt sich in der Regel um gemeinnützig tätige Organisationen, die in den Rechtsformen gGmbH (gemeinnützige GmbH), gAG (gemeinnützige AG), Verein, Stiftung oder Genossenschaft organisiert sind. Aufgrund des Trends zum sozialen und ökologischen Entrepreneurship handeln die Organisationen häufig nicht mehr nur gemeinnützig, sondern verfolgen (parallel)

---

[25] Vgl. https://deutsche-boerse.com/dbg-de/unternehmen/wissen/boersenlexikon/boersenlexikon-article/Streubesitz-243300.

[26] Vgl. https://deutsche-boerse.com/dbg-de/media/deutsche-boerse-spotlights/spotlight/DAX-Index-Benchmark-und-Barometer-f-r-die-deutsche-Wirtschaft-148654.

[27] Vgl. https://www.onvista.de/aktien/unternehmensprofil/Volkswagen-VZ-Aktie-DE0007664039 bzw. https://www.onvista.de/aktien/Deutsche-Boerse-Aktie-DE0005810055.

[28] Vgl. zum Dritten Sektor Ahrend (2016), S. 44 ff.

auch wirtschaftliche Ziele. Halten die Organisationen des dritten Sektors Beteiligungen, können sie meist den nicht-finanziellen Konzern-Mutterunternehmen zugeordnet werden.

In Abb. 3.6 wird die Mission-Eigentümer-Matrix von Mutterunternehmen dargestellt und mit Beispielen hinterlegt. Die eine Dimension enthält die verschiedenen Eigentümer, die andere Dimension die Mission unterteilt in Konzern-Mutterunternehmen und Beteiligungsgesellschaften.

In der Darstellung fehlt ein Beispiel für eine deutsche börsennotierte Beteiligungsgesellschaft mit einem öffentlichen Eigentümer. Vielleicht entwickelt sich eine solches Mutterunternehmen in den nächsten Jahren. Viele größere börsennotierte Konzerne mit öffentlichen Anteilseignern haben bereits eigene Einheiten für Beteiligungsinvestitionen, z. B. die Deutsche Telekom Capital Partners,[29] e.on Co-Investments[30] oder Innogy Ventures.[31] Seitens der öffentlichen Hand könnte eine börsennotierte Ausgründung oder eine neue Gründung für die Anlage von Pensionsgeldern mit späterem Börsengang folgen. Dabei ließen sich auch die Ansätze von Staatsfonds wie dem norwegischen Staatsfonds Statens pensjonsfond, der österreichischen ÖBAG (vgl. Abschn. 3.10.8) oder der Universitätsfonds wie dem California Public Employees' Retirement System oder dem Yale Investment Office einbeziehen. Zwar sind diese Institutionen nicht börsennotiert, gleichwohl

			Mission		
			Konzern-Mutterunternehmen		Beteiligungsgesellschaft
			Nicht-finanzielles	Finanzielles	
Eigentümer	Unternehmen	Börsennotiert	Deutsche Lufthansa AG	ERGO Group AG	Deutsche Beteiligungs AG
		Nicht börsennotiert	Rewe Group	DZ Bank AG	Triton Partners
	Person/Familie	Börsennotiert	Merck KGaA	Quirin Privatbank AG	GBK Beteiligungen AG
		Nicht börsennotiert	Robert Bosch GmbH	B. Metzler seel. Sohn & Co. KGaA	Orlando Management AG
	Öffentliche Hand	Börsennotiert	Mainova AG	Commerzbank AG	n/a
		Nicht börsennotiert	HEAG Holding AG	Landesbank Hessen-Thüringen	Beteiligungs-Managementgesellschaft Hessen mbH

Abb. 3.6 Mission-Eigentümer-Matrix von Mutterunternehmen

[29] Vgl. https://telekom-capital.com.

[30] Vgl. https://www.eon.com/de/neue-energie/innovation/investment-team.html.

[31] Vgl. http://www.innogy-ventures.com/web/cms/en/477104/innogy-venture-capital-gmbh.

berücksichtigen sie auch Investitionen in Beteiligungen für die Anlage der Pensionsrückstellungen, Währungsreserven und verfügbaren liquiden Mitteln.

In den nachfolgenden Abschnitten werden folgende Ausprägungen vertieft:

1. Konzern-Mutterunternehmen im Eigentum von Unternehmen
2. Konzern-Mutterunternehmen im Eigentum von Privatpersonen und Familien
3. Öffentliche Konzern-Mutterunternehmen
4. Beteiligungsgesellschaften

3.8.1 Konzern-Mutterunternehmen im Eigentum von Unternehmen

Im Gegensatz zu den kurz- oder mittelfristig orientierten Beteiligungsgesellschaften steht bei Konzern-Mutterunternehmen im Eigentum von Unternehmen in der Regel die Langfristigkeit der Beteiligung im Vordergrund. Das Ergebnis des Mutterunternehmens soll gerade *nicht* durch Veräußerungsgewinne von Beteiligungen geprägt sein. Nicht der Deal Flow steht im Fokus, sondern der Aufbau einer starken Gruppe. Die Hauptaktivitäten des Mutterunternehmens liegen in der Steuerung und Unterstützung der Beteiligungen sowie ab und zu in der Prüfung von Akquisitionsobjekten.

Häufig sind die Mutterunternehmen von Konzernen auch noch operativ als Unternehmen am externen Markt tätig. Es handelt sich entsprechend um Stammhäuser oder ehemalige Stammhäuser, die nunmehr im Schwerpunkt als strategische Managementholding aufgestellt sind, aber noch in geringem Umfang eigenes externes Geschäft betreiben.

Neben nicht-finanziellen Konzern-Mutterunternehmen finden sich auch zahlreiche finanzielle Konzern-Mutterunternehmen, insbesondere aus den Sektoren der Banken und Versicherungen. Zwar haben sich seit 2009 im Zuge der Krise von 2008 viele Kreditinstitute wie z. B. Deutsche Bank oder Commerzbank von Unternehmensanteilen getrennt. Gleichwohl halten Banken immer noch in ihren Bilanzen eine Vielzahl an Wertpapieren und Unternehmensbeteiligungen für ihre Kreditersatzgeschäfte.[32] Dazu kommen Beteiligungen an jungen Unternehmen. Bei den jungen Unternehmen handelt es sich häufig um FinTech Unternehmen, d. h. Start-ups aus dem Bereich Financial Technology. Gemäß der Bundesbank umfasst der Begriff „technologisch getriebene Finanzinnovationen, die in neuen Finanzinstrumenten, -dienstleistungen oder -intermediären resultieren. Bei den Produkten kann es sich dabei um Lösungen für Privat- (Business to Consumer: B2C) oder Firmenkunden (Business to Business: B2B) handeln, um Backoffice-Anwendungen oder um alternative Lösungen für Kernfunktionen traditioneller Finanzintermediäre (z. B. Kreditvergabe, Zahlungsverkehr oder Vermögensverwaltung)."[33] Neben dem strategisch motivierten Beteiligungsportfolio haben zahlreiche Finanzunternehmen zusätzlich (oder mit

[32] Vgl. Deutsche Bundesbank (2018a).

[33] Deutsche Bundesbank (2017).

dem Schwerpunkt darauf) Beteiligungsgesellschaften etabliert, die die Möglichkeit der Geldanlage in die Anlageklasse Private Equity ermöglichen. Dabei handelt es sich in der Regel um Beteiligungen, die eher dem nicht-finanziellen Sektor zugeordnet werden können. Vergleichbar mit der Auflage von Aktien- oder Rentenfonds sind offene oder geschlossene Spezialfonds für Direktinvestitionen in Beteiligungen eine interessante Anlageklasse. Zwar liegen die Risiken bei derartigen Anlagen höher als bei direkten Aktieninvestitionen, gleichwohl sind die erwartbaren Renditen auch entsprechend höher (vgl. Abschn. 3.8.4).

Zum Jahresende 2017 hielten die deutschen Banken ein Volumen von rd. 112,5 Mrd. Euro an Beteiligungen und Anteilen an verbundenen Unternehmen.[34] Das entspricht einem Anteil von 1,5 % an der Bilanzsumme. Der überwiegende Teil ist mit rd. 69 % in verbundene Unternehmen investiert. Bezogen auf die Geschäftstätigkeit konzentrieren sich die Anteile auf Beteiligungen an nicht-finanzielle Unternehmen im In- und Ausland (69 %). Nur rd. 31 % entfallen auf Anteile an Banken im In- und Ausland. Neben Banken existieren noch weitere Mutterunternehmen aus dem Finanzsektor, die ihre Beteiligungen im Rahmen ihrer Konzernentwicklung (nicht ausschließlich als Geldanlage) erwerben bzw. halten. Es handelt sich um Versicherungen und Altersversorgungseinrichtungen wie Versorgungswerke, Pensionskassen oder Zusatzversorgungsanstalten. So verfügten die Erstversicherer (Lebens-, Kranken-, Schaden- und Unfallversicherer) Ende 2017 über Kapitalanlagen in Höhe von rd. 1351 Mrd. Euro.[35] Davon waren rd. 51,3 Mrd. Euro in Beteiligungen investiert. Dies entspricht einem Anteil von 3,8 % der Kapitalanlagen.

Weitere Beispiele für Konzern-Mutterunternehmen im Eigentum von Unternehmen sind zahlreiche börsennotierte Unternehmen, die Zwischenholding-Gesellschaften des Mittelstands oder auch viele Zwischenholding-Gesellschaften des Mittelstands.

Häufig sind Konzern-Mutterunternehmen nicht nur eng in den Verbund des Konzerns involviert, sondern auch in Unternehmensnetzwerke mit Unternehmen außerhalb des Konzerns. Meist bestehen zwischen den kooperierenden Einheiten keine Beteiligungen, sondern nur mehr oder weniger konkret formulierte vertragliche Leistungsbeziehungen. Dies kann von einem Letter of Intent über die Zusammenarbeit in einem Projekt bis zu der klaren Vereinbarung eines Werkvertrags mit Leistungen mehrerer Partner reichen. In einer solchen föderalen Struktur können die Partner gleichberechtigt sein oder einzelne Partner nehmen eine dominantere Rolle als die anderen Partner ein. Das Verhältnis der Partner wird zu den jeweils diskutierten Punkten untereinander ausgehandelt. Dieser Bund unabhängiger Unternehmen will als eine Zweckgemeinschaft bestimmte Themen miteinander koordinieren. Damit ein Unternehmensnetzwerk nicht nur kurzfristig besteht, braucht es neben konkreten Inhalten der Zusammenarbeit auch ein Mindestmaß an Standards für die Zusammenarbeit, Kommunikation und Koordination. Dies umfasst u. a. die Formulierung von gemeinsamen Zielen, die Etablierung von Entscheidungsgremien, die Definition gemeinsamer Aufgaben und Projekte, die Definition und Überwachung von Kennzahlen für die Zielerreichung, die Erarbeitung von Regeln u. a. für die Bearbeitung

[34] Vgl. Deutsche Bundesbank (2018b), S. 7, 54.

[35] Vgl. GDV (2018), S. 33.

gemeinsamer Projekte, für die Zusammenarbeit außerhalb von Projekten, für die Förderung eines zielkonformen Verhaltens der Mitglieder und für die Aufnahme neuer Netzwerkmitglieder.[36] Diese Aufgaben kann ein separates Netzwerkmanagement wahrnehmen oder Teil des Beteiligungsmanagements sein. Ein Beispiel für ein Konzern-Mutterunternehmen, das zugleich auch Teil eines Unternehmensnetzwerks ist, ist die Thüga Aktiengesellschaft.[37] Einerseits gehören zu der Thüga-Gruppe, wie bei vielen anderen Konzern-Mutterunternehmen, eine Reihe von Mehrheitsbeteiligungen. Andererseits hält die Thüga über 100 Minderheitsbeteiligungen an Stadtwerken im Sinne eines Unternehmensnetzwerks. Darüber hinaus bestehen auch vertragliche Vereinbarungen zu weiteren Unternehmen, ohne das mit diesen ein Beteiligungsverhältnis besteht. Die Thüga AG unterstützt ihre Beteiligungen und ihre Netzwerkpartner durch Beratung und Dienstleistungen und initiiert gemeinsame Projekte oder gemeinsame Aktivitäten.

Analyse der Beteiligungsstrukturen der Dax-30-Unternehmen

Wenngleich im Jahre 2018 nur 465 deutsche Unternehmen an der Börse notiert waren, bündeln diese einen großen Anteil des Vermögens an Beteiligungen.[38] Die bedeutendsten börsennotierten Mutterunternehmen sind die DAX-Unternehmen. Auf der Basis der Jahresabschlüsse für das Geschäftsjahr 2018 wurde eine Analyse der Beteiligungsstrukturen durchgeführt. Dabei wurden folgende Hypothesen formuliert:

- **Bedeutung Finanzanlagen**. Ist der Anteil der Finanzanlagen am Anlagevermögen des Holdingunternehmens hoch, deutet dies darauf hin, dass das Unternehmen an einer Vielzahl von Unternehmen oder wenigen bedeutenden Unternehmen beteiligt ist. Ebenso spricht ein hoher Anteil der Finanzanlagen eher für das Vorliegen einer strategischen Managementholding oder einer Finanzholding.
- **Bedeutung verbundene Unternehmen**. Ist die Position Anteile an verbundenen Unternehmen relativ bedeutsam im Vergleich zu den anderen Positionen des Finanzanlagevermögens des Mutterunternehmens deutet dies darauf hin, dass die Beteiligungsstrategie vor allem oder ausschließlich Mehrheitsbeteiligungen vorsieht, die durch das Mutterunternehmen geführt werden können. Bei den verbundenen Unternehmen gemäß § 271 Abs. 2 HGB handelt es sich um Beteiligungen, die in den Konzernabschluss des Mutterunternehmens im Rahmen der Vollkonsolidierung gemäß § 290 Abs. 1 und 2 HGB einzubeziehen sind. Bei diesen Beteiligungen hat das Mutterunternehmen in der Regel weitgehende Mitspracherechte und kann die Geschäftsentwicklung durchsetzen.
- **Bedeutung Ertrag verbundener Unternehmen**. Sind die Erträge aus verbundenen Unternehmen zum Jahresüberschuss relativ hoch, spricht das für eine hohe Ertragskraft der vollkonsolidierten Mehrheitsbeteiligungen.

[36] Vgl. Eymann et al. (2018), S. 11 ff.

[37] Vgl. https://www.thuega.de.

[38] Vgl. https://de.theglobaleconomy.com/Germany/Listed_companies.

- **Bedeutung Gewinnabführungen.** Liegen zusätzlich die Erträge aus Gewinnabführungen im Verhältnis zu den Erträgen aus verbunden Unternehmen (inkl. Gewinnabführungen) relativ hoch, spricht das für eine hohe Bedeutung der Erträge aus Mehrheitsbeteiligungen, bei denen ein Ergebnisabführungsvertrag mit dem Mutterunternehmen vorliegt. Diese Beteiligungen werden in der Regel von dem Mutterunternehmen beherrscht.
- **Bedeutung Verlustübernahmen.** Bei Unternehmen mit einem relativ hohen Anteil der Verlustübernahmen am Jahresüberschuss besteht im vorliegenden Jahr eine geringe Ertragskraft aus den betreffenden Mehrheitsbeteiligungen mit einem Ergebnisabführungsvertrag. In der Regel handelt es sich dabei um eine nur kurzfristige Entwicklung.

Nachfolgend werden die Ergebnisse der Analyse vorgestellt (Abb. 3.7). Bei fast allen Dax-Unternehmen hatten die Finanzanlagen einen Anteil von über 73,5 %, bei den meisten sogar bei über 90 % an der Bilanzsumme. Der Durchschnitt lag bei 91,3 %. Das spricht für einen hohen Dezentralisierungsgrad und damit tendenziell für das Vorliegen der Holding-Typen Strategische Managementholding oder Finanzholding. Nur 2 Unternehmen wiesen einen Anteil der Finanzanlagen von unter 70 % auf, BMW mit 22,5 % und Deutsche Lufthansa mit 69,5 %. Bei diesen wurde ein hohes Maß an Sachanlagen in der Bilanz des Mutterunternehmens bilanziert und spricht für das Vorliegen von operativem Geschäft im Mutterunternehmen im Sinne eines Stammhauses.[39]

Der Anteil der verbundenen Unternehmen am Finanzanlagevermögen variiert zwischen 41,6 % und 100 % (Abb. 3.8). Der Durchschnitt liegt bei 85,1 %. Die geringeren Quoten bei Beiersdorf AG, Münchener Rück SE und Deutsche Post AG deuten darauf hin, dass dort neben vollkonsolidierten Mehrheitsbeteiligungen auch Minderheitsbeteiligungen eine Rolle spielen.

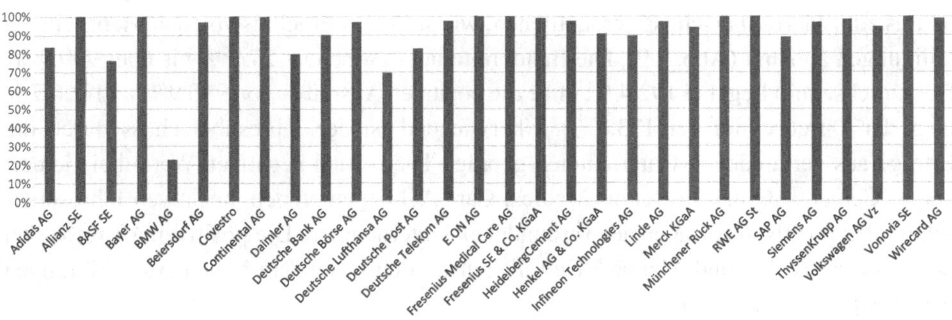

Abb. 3.7 Analyse der Bedeutung des Finanzanlagevermögens der DAX-Unternehmen. (Quelle: Eigene Analyse auf Basis der Jahresabschlüsse der Mutterunternehmen für 2018)

[39] Der Anteil des Betriebsergebnisses des Mutterunternehmens am Jahresüberschuss als Indikator für das operative Geschäft des Mutterunternehmens (als weiteres Indiz für das Vorliegen eines Stammhauses) konnte aus den verfügbaren Daten der meisten Dax-Unternehmen nicht ermittelt werden.

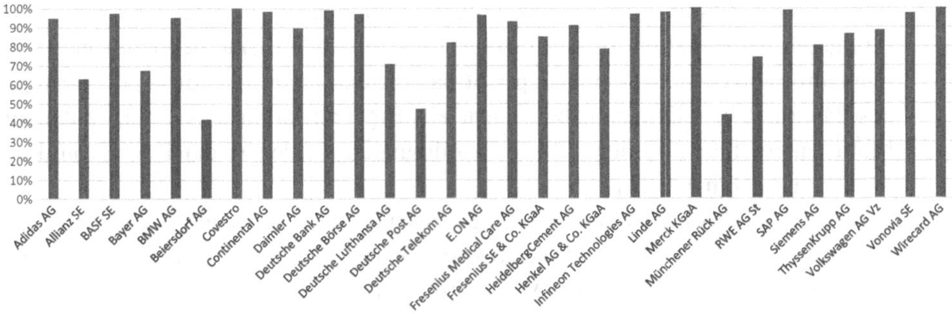

Abb. 3.8 Analyse der Bedeutung der verbundenen Unternehmen der DAX-Unternehmen. (Quelle: Eigene Analyse auf Basis der Jahresabschlüsse der Mutterunternehmen für 2018)

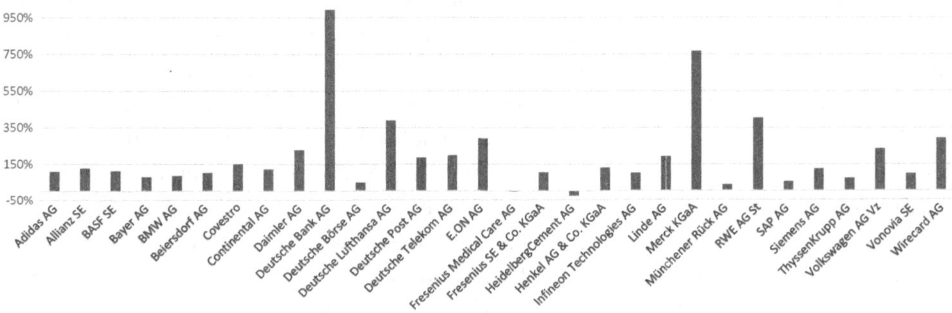

Abb. 3.9 Analyse der Erträge aus verbundenen Unternehmen der DAX-Unternehmen. (Quelle: Eigene Analyse auf Basis der Jahresabschlüsse der Mutterunternehmen für 2018)

Die Erträge aus verbunden Unternehmen (inkl. Gewinnabführungsverträge) im Verhältnis zum Jahresüberschuss verdeutlichen, wie stark das Ergebnis von den Mehrheitsbeteiligungen abhängt (Abb. 3.9). Die Bandbreite liegt zwischen -27,2 % bis über 990,9 %. Der Durchschnitt liegt bei 192,4 %, ohne die positiven Ausreißer von 990,9 % und 766,7 % liegt der Durchschnitt bei 133,8 %. Überwiegend ist der Jahresüberschuss durch die Erträge aus verbundenen Unternehmen geprägt. Die beiden negativen Werte bei Heidelberger Cement AG und Fresenius Medical Care AG liegen an dem negativen Jahresüberschuss, bei positiven Erträgen aus verbundenen Unternehmen. Die positiven Ausreißer bei Deutsche Bank AG und Merck KGaA liegen an den besonders hohen Ausschüttungen bzw. Gewinnabführungen.

Ein weiteres Ergebnis liefert die Bedeutung der Erträge aus Gewinnabführungen im Verhältnis zu den Erträgen aus verbundenen Unternehmen (inkl. Gewinnabführungen) (Abb. 3.10). Die Bandbreite liegt zwischen 4,2 % und 100 %. Der Durchschnitt lag bei 60,7 %. Besonders ausgeprägt sind Gewinnabführungsverträge bei den Unternehmen BMW AG, Covestro, Continental AG, Deutsche Post AG, Fresenius Medical Care AG, Heidelberger Cement AG und Wirecard AG.

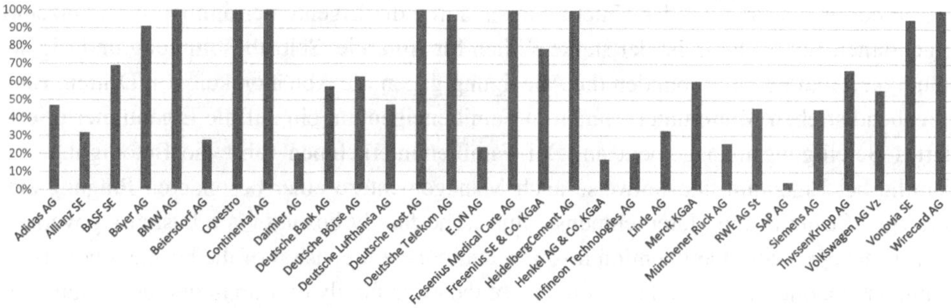

Abb. 3.10 Analyse der Bedeutung von Gewinnabführungsverträgen der DAX-Unternehmen. (Quelle: Eigene Analyse auf Basis der Jahresabschlüsse der Mutterunternehmen für 2018)

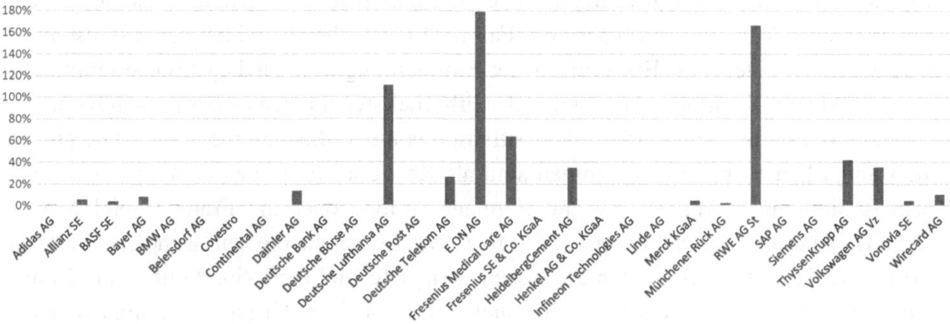

Abb. 3.11 Analyse der Bedeutung von Verlustübernahmen der DAX-Unternehmen. (Quelle: Eigene Analyse auf Basis der Jahresabschlüsse der Mutterunternehmen für 2018)

Der Anteil der getragenen Verlustübernahmen im Verhältnis zum Jahresüberschuss präsentiert ein variantenreiches Ergebnis (Abb. 3.11). Die meisten Unternehmen mussten keine Mehrheitsbeteiligungen mit einem Ergebnisabführungsvertrag unterstützen. Der Durchschnitt lag bei 23,7 %. Lediglich bei den Unternehmen E.ON AG, RWE AG und Deutsche Lufthansa AG mussten mehr als 100 % des Jahresüberschusses für Verluste der Mehrheitsbeteiligungen eingesetzt werden.

3.8.2 Konzern-Mutterunternehmen im Eigentum von Privatpersonen und Familien

Von den rund 3,2 Mio. deutschen Unternehmen sind über 90 % eigentümergeführt bzw. familienkontrolliert.[40] Das vereint rund 56 % der sozialversicherungspflichtigen Arbeitsplätze in Deutschland. Die Stärke des deutschen Mittelstands liegt in der Innovation und Kreativität

[40] Vgl. Hemel und Link (2017), S. 7.

und in der engen Prägung des Unternehmens durch die Eigentümerfamilien bzw. einzelne Eigentümer. Ein Sinnbild ist der starke Willen für Autarkie, Selbstbestimmung und Eigenständigkeit und damit verbunden die Abneigung gegen die Abhängigkeit von Dritten. Entsprechend streben Mutterunternehmen in Familieneigentum ein auf die Eigentümer orientiertes Beteiligungsmanagement an. Bei Familienunternehmen führt die Beteiligung der Familie bei Eigentum und teilweise auch Management zu einer besonderen Prägung auf Strategie, Struktur und Unternehmenskultur. „The family business is a business governed and/or managed with the intention to shape and pursue the vision of the business held by a dominant coalition controlled by members of the same family or a small number of families in a manner that is potentially sustainable across generations of the family or families."[41]

Die enge Bindung der Familienmitglieder an den Erfolg des Family Offices bzw. der Beteiligungsgesellschaft im Familieneigentum führt zu einer entsprechend persönlicheren Sicht auf Chancen und Risiken, Einschätzungen zu Transparenz und Erwartungen als dies bei anderen Typen des Mutterunternehmens der Fall ist. Entsprechend sind bei der Ausgestaltung der Beteiligungsstrategie die Erwartungen der Familienmitglieder an die jährlichen Einkünfte sowie Aspekte der Nachfolgeplanung und der Erbschaftsregelungen zu berücksichtigen.

Dabei gibt es eine breite Varianz der Definition von Familienunternehmen.[42] Die großen mittelständischen Familienunternehmen sind als Konzern-Mutterunternehmen organisiert. Beispiele sind die Merck KGaA, die Reimann-Gruppe oder die Franz Haniel & Cie. GmbH. Daneben existieren fokussierte Family Office Einheiten, die häufig eher den Charakter von Beteiligungsgesellschaften aufweisen. Beispiele sind die Skion GmbH, die Delton AG oder die GBK Beteiligungen AG. Bei einer Family Business Group wiederum handelt es sich um einen familiengeführten Konzern, der verschiedene, zumeist an der Börse notierte Unternehmen umfasst und von einer Einzelperson oder einer Familie kontrolliert wird.[43] Beispiele für solche Unternehmensgruppen sind die asiatischen Keiretsu oder Zaibatsu.

3.8.3 Öffentliche Konzern-Mutterunternehmen

In der Regel nehmen öffentliche Mutterunternehmen und ihre Beteiligungen Aufgaben der Daseinsvorsorge wahr.[44] Als ein öffentliches Unternehmen gilt „jedes Unternehmen, auf

[41] Chua et al. (1999), S. 25.

[42] Vgl. die Analyse von über 200 Beiträgen bei Chua et al. (1999).

[43] Vgl. Almeida und Wolfenzon (2006).

[44] Der Begriff ist nicht eindeutig definiert. Die Grundlage stammt von Ernst Forsthoff, der den Begriff in den 1930er-Jahren als grundlegende Versorgung der Bevölkerung mit wesentlichen Gütern und Dienstleistungen durch den Staat und/oder von der öffentlichen Hand geförderten Organisationen prägte. Vgl. Forsthoff (1971), S. 75–76. Beispiele für Tätigkeiten der Daseinsvorsorge sind Abfallbeseitigung, Wasserversorgung, Energieversorgung und Öffentlicher Personennahverkehr.

das die öffentliche Hand aufgrund Eigentums, finanzieller Beteiligung, Satzung oder sonstiger Bestimmungen, die die Tätigkeiten des Unternehmens regeln, unmittelbar oder mittelbar einen beherrschenden Einfluss ausüben kann."[45] Der beherrschende Einfluss von Bund, Bundesland, Gebietskörperschaft oder einer anderen Körperschaft des öffentlichen Rechts liegt vor, wenn die Möglichkeit einer Beherrschung über die Mehrheit der Stimmrechte besteht, eine tatsächliche Ausübung ist nicht erforderlich. Dabei sind öffentliche Mutterunternehmen öffentliche Unternehmen, öffentlich-rechtliche Institutionen (wie z. B. Sparkassen) oder selbst Körperschaften des öffentlichen Rechts (z. B. Gemeinden, Bundesländer, der Bund oder die Evangelische Kirche in Deutschland).

Durch den zunehmenden Reformdruck bei den Gebietskörperschaften und der steigenden Erwartung an Flexibilität, Partnerfähigkeit sowie marktfähigen Vergütungsstrukturen nimmt die Ausgründung von Aufgaben der Daseinsvorsorge aus der Kernverwaltung in Beteiligungen zu. Aufgrund als überhöht empfundener Gewinne und gemindertem Einfluss der Gebietskörperschaft auf die ehemals privatisierten Aufgaben tendieren viele Städte zu einer Rekommunalisierung von ehemals privatisierten Aktivitäten.[46] Bei öffentlichen Unternehmen nimmt das Beteiligungsmanagement vor allem eine koordinierende und beratende Funktion ein: „Das Beteiligungsmanagement ist der fachliche Berater der Verwaltungsspitze und der politischen Gremien. Es ist Ansprechpartner in allen Fragen der Steuerung der Beteiligungen."[47]

Die Anforderungen an eine „Good Public Corporate Governance" ähneln dabei denen eines guten Beteiligungsmanagements von privaten Unternehmen. Die OECD beschreibt die Hauptaufgaben des Staats als aktiver Eigentümer wie folgt:[48]

- Sicherstellung seiner Vertretung bei Hauptversammlungen und effektive Stimmrechtsausübung;
- Schaffung klar strukturierter, leistungsbasierter und transparenter Verfahren für die Bestellung von Board-Mitgliedern[49] in Unternehmen, die voll oder mehrheitlich Staatseigentum sind, aktive Mitwirkung bei der Bestellung sämtlicher Boards staatseigener Unternehmen und Förderung von Vielfalt in den Boards;
- Festlegung sowie Überwachung der Umsetzung allgemeiner Mandate und Zielsetzungen für staatseigene Unternehmen, wie z. B. finanzielle Zielvorgaben, Kapitalstrukturziele und Risikotoleranzniveaus;

[45] Art. 2.1 der Richtlinie 80/723/EWG v. 25.05.1980.

[46] Vgl. Libbe (2011).

[47] Deutscher Städtetag (2017), S. 41.

[48] OECD (2016), S. 20–21.

[49] Die Ausführungen unterstellen mit dem Begriff „Board", dass die Geschäftsführungsfunktion und die Aufsichtsfunktion in einem Gremium wahrgenommen werden, also ein einstufiges Führungssystem, wie in den angelsächsischen Ländern üblich, vorliegt. Gleichwohl sieht die OECD das zweistufige System mit getrennter Geschäftsführungs- und Aufsichtsfunktion, wie in Deutschland üblich, als gleichwertig an. Vgl. OECD (2016), S. 17.

- Einrichtung von Berichtssystemen, die es dem Eigentumsträger ermöglichen, die Leistungen staatseigener Unternehmen einer regelmäßigen Überwachung, Prüfung und Evaluierung zu unterziehen und die Einhaltung maßgeblicher Corporate-Governance-Standards durch die staatseigenen Unternehmen zu beaufsichtigen und zu überwachen;
- Entwicklung einer Offenlegungspolitik für staatseigene Unternehmen, in der die offenzulegenden Informationen, die geeigneten Kanäle für die Offenlegung sowie Mechanismen zur Gewährleistung der Informationsqualität bestimmt werden;
- Aufrechterhaltung eines kontinuierlichen Dialogs mit den externen Abschlussprüfern und den spezifischen Kontrollinstanzen des Staats, sofern dies nach Maßgabe des Rechtssystems und des Umfangs der staatlichen Unternehmensbeteiligung angemessen und zulässig ist;
- Entwicklung einer klaren Vergütungspolitik für die Boards staatseigener Unternehmen, die den lang- und mittelfristigen Interessen der Unternehmen dient und die Anwerbung und Motivierung qualifizierter Fachkräfte unterstützt.

Eine Besonderheit des Beteiligungsmanagements bei öffentlichen Unternehmen liegt in der Notwendigkeit, grundlegende Entscheidungen nicht nur in der Eigentümerversammlung bzw. im Aufsichtsgremium zu fassen, sondern auch die Regierung bzw. das Parlament der Kommune, des Bundeslandes oder des Bundes in die Entscheidungen einzubeziehen. Dadurch und durch die Besetzung der Eigentümerversammlung sowie des Aufsichtsgremiums durch politisch gewählte Vertreter[50] hat das Beteiligungsmanagement eine besondere Bedeutung. Organisatorisch wird hierfür eine Abteilung in der Kernverwaltung oder eine ausgegründete Gesellschaft für das Beteiligungsmanagement etabliert. Das öffentliche Beteiligungsmanagement umfasst in der Regel folgende Aufgaben:[51]

- Erarbeitung einer (teils öffentlichen) Eigentümerstrategie unter Einbindung von Politik und Geschäftsführungen der Beteiligungen, vorbereitet und moderiert durch das Beteiligungsmanagement
- Erarbeitung und Anpassung einer Richtlinie für die Public Corporate Governance
- Vorbereitung der Sitzungen von Gesellschafterversammlung und Aufsichtsgremien[52]

[50] Die Besetzung erfolgt zur Sicherung eines angemessenen politischen Einflusses und ist in der Regel durch die jeweiligen Gemeindeordnungen vorgegeben. Vgl. z. B. § 125 der Hessischen Gemeindeordnung v. 17.03.2005.

[51] Einen vertieften Überblick liefert u. a. Papenfuß (2013, 2019), Piesold (2017).

[52] Die Mandatsträgervorbereitung umfasst dabei u. a.: Vorbereitung der Tagesordnung mit der Geschäftsführung, Vorbereitung der politisch gewählten Mandatsträger mit Vorgesprächen zu den Unterlagen der anstehenden Gremiensitzung, Prägnante Zusammenfassung der Inhalte je Tagesordnungspunkt, Vertiefte Erläuterung, Analyse und Aufzeigen von Alternativen bei entscheidungsrelevanten Vorlagen bzw. bei wesentlichen Neuerungen bzw. Abweichungen bei Informationsvorlagen (aus kaufmännischer, juristischer und soweit möglich aus technischer Sicht), Vorbereitung von Fragen für die Mandatsträger für eine vertiefte Diskussion in der Sitzung des Aufsichtsgremiums und Abgabe von Empfehlungen.

- Begleitung der Sitzungen von Gesellschafterversammlung und Aufsichtsgremien
- Vorbereitung und Begleitung von Beschlüssen der Gremien der Gebietskörperschaft (Regierung bzw. Parlament von Stadt, Gemeinde, Landkreis, Bundesland oder Bund) betreffend der Beteiligungen (insb. Unternehmensgründungen, Erwerb von Gesellschaftsanteilen, Verkauf von Gesellschaftsanteilen, Verschmelzung von Beteiligungen, Liquidation von Beteiligungen, maßgebliche Erweiterungen des Unternehmensgegenstands)
- Vorbereitung und Begleitung von Beschlüssen der Aufsichtsbehörden der Gebietskörperschaft (z. B. Regierungspräsidium, Landesministerien, Bundesministerien) zu Beschlüssen betreffend der Beteiligungen
- Vorbereitung und Begleitung von Prüfungen der Revision der Gebietskörperschaft, von Prüfungen der Aufsichtsbehörden (wie z. B. Regierungspräsidium, Landesrechnungshof, Bundesrechnungshof), von Prüfungen der Finanzbehörden und von Prüfungen von juristischen Behörden (z. B. bei Verstößen gegen das Vergaberecht)
- Begleitung der Beantwortung von parlamentarischen Anfragen
- Angebot von Informations- und Schulungsveranstaltungen für die Mandatsträger
- Erstellung Beteiligungsbericht (als Übersicht über alle wesentlichen Beteiligungen)
- Begleitung der Aufstellung des Jahresabschlusses der Beteiligung (insb. bezüglich Feststellungen zu der Prüfung nach § 53 Haushaltsgrundsätzegesetz)
- Begleitung der Erstellung der Haushaltsplanung der Gebietskörperschaft (insb. bezüglich Ausschüttungen, Zuschüssen, Leistungsbeziehungen)
- Begleitung der Erstellung des Gesamtabschlusses der Gebietskörperschaft (bestehend aus dem Abschluss der Kernverwaltung und den Abschlüssen der Beteiligungen)
- Beteiligungsverwaltung (im wesentlichen zentrale Vorhaltung und Aktualisierung von Unterlagen zu Beteiligungsportfolio, Organigramme, Satzungen, Verträgen, Gesellschafterversammlungen und Sitzungen der Aufsichtsgremien sowie von Daten der Jahresabschlüsse, Quartalsberichte und Planungen)

Häufig nehmen die Mutterunternehmen der öffentlichen Hand neben dem Beteiligungsmanagement auch noch operative Aufgaben der Daseinsvorsorge wahr und sind insofern Stammhäuser oder strategische Managementholdings mit operativem Geschäft. Beispiele dafür sind zahlreiche Stadtwerke, oder Stadtwerke-Holding-Gesellschaften wie die Stadtwerke Frankfurt am Main Holding GmbH, die HEAG Holding AG oder die LVV Leipziger Versorgungs- und Verkehrsgesellschaft mbH. Neben Stammhäusern und Holdinggesellschaften finden sich auch einige Beteiligungsgesellschaften in öffentlicher Hand.[53]

[53] Vgl. vertiefend die Vereinigung mittelständischer Beteiligungsgesellschaften unter https://www.mbg-beteiligungskapital.de.

3.8.4 Beteiligungsgesellschaften

Im Gegensatz zu Konzern-Mutterunternehmen liegt bei einer Beteiligungsgesellschaft häufig kein Konzern vor. Dies ist dann der Fall, wenn die Beteiligungsgesellschaft nur Minderheitsanteile an ihren Beteiligungen hält und damit keine einheitliche Leitung ausüben kann. Gleichwohl existieren auch Beteiligungsgesellschaften, die einen Konzern führen. Dann erwirbt das Mutterunternehmen in der Regel Mehrheitsbeteiligungen und kann eine einheitliche Leitung ausüben. Eine Beteiligungsgesellschaft weist in der Regel eine kurz- bis mittelfristigen Haltedauer der Beteiligungen von meist unter 10 Jahren auf. Ein hoher Deal Flow steht im Fokus.[54] Entsprechend liegen die Hauptaktivitäten in der regelmäßigen Prüfung und Bewertung von möglichen Akquisitionsobjekten sowie in der Begleitung der Beteiligungsunternehmen. Die primäre Gewinnquelle für die Beteiligungs- bzw. Private Equity Gesellschaft liegt in der Differenz zwischen Kauf- und Verkaufspreis. Die Akquisition von zusätzlichen Beteiligungen erfolgt meist durch den Verkauf der Einheiten seitens großer Unternehmen oder von anderen Beteiligungsgesellschaften. Gerade für große Unternehmen kommen Beteiligungsgesellschaften als Käufer in Frage, wenn ein Verkauf an einen direkten Wettbewerber nicht gewollt ist. Dies kann an den weiter bestehenden Verflechtungen, z. B. durch Liefer- oder Kundenbeziehungen des Akquise-Objekts mit der verkaufenden Einheit, liegen. Die Beteiligungsgesellschaften schaffen Mehrwert, in dem sie ehemalige Konzerngesellschaften verselbstständigen, d. h. das Unternehmen durch Aufbau von Ressourcen zu mehr Eigenständigkeit entwickeln. Daneben werden Maßnahmen für die Ergebnisverbesserung genutzt und häufig zusätzliche Akquisitionen für die neu erworbene Beteiligungen ergänzt (buy-and-build[55]).

Gemäß § 1 Abs. 3 bzw. 11 Kapitalanlage gesetzbuch handelt es sich dabei meist um Investmentgesellschaften in der Rechtsform AG oder KG. Beteiligungsgesellschaften, die ausschließlich den Zweck verfolgen, Beteiligungen zu erwerben, zu halten, zu verwalten und zu veräußern, werden gemäß dem Gesetz über Unternehmensbeteiligungsgesellschaften (UBGG) auch als Unternehmensbeteiligungsgesellschaften bezeichnet.[56] Damit kann unter bestimmten Voraussetzungen eine weitgehende Befreiung von der Körperschafts- und der Gewerbesteuer verbunden sein.[57] Die Beteiligungsgesellschaften verwalten häufig selbst oder über eine Verwaltungsgesellschaft ein Sondervermögen oder einen alternativen

[54] Vgl. Frommann und Leopold (1998).

[55] Vgl. Brigl et al. (2016), S. 3. Im Durchschnitt lag die Rendite (Internal Rate of Return) bei buy-and-build-Akquisitionen zwischen 1998 und 2012 bei 31,6 % gegenüber 23,1 % bei stand-alone-Fällen.

[56] Vgl. § 2 Abs. 2 UBGG.

[57] Vgl. § 8b Abs. 1 Körperschaftssteuergesetz im Sinne des Schachtelprivilegs zur Vermeidung von Doppelbesteuerungen und gemäß § 3 Nr. 23 Gewerbesteuergesetz. Vgl. zu den Voraussetzungen § 3, § 4 Abs. 4 und § 7 UBGG.

Investmentfonds (AIF).[58] In der Regel wird das Investmentvermögen in verschiedene Fonds unterteilt, die unterschiedlich lange Laufzeiten haben und oft auch verschiedene Anlageschwerpunkte aufweisen.[59] Genauer handelt es sich meist um sog. Spezial-AIFs, deren Anteile gemäß § 1 Abs. 6 Kapitalanlagegesetzbuch nur auf Grund von schriftlichen Vereinbarungen mit der Verwaltungsgesellschaft oder auf Grund der konstituierenden Dokumente des AIF von institutionellen Anlegern erworben werden dürfen. Durch das Angebot von Fonds sowie von Fund-of-Fund Lösungen können Investoren in verschiedene, teilweise zugangsbeschränkte Private Equity Anlagen investieren. Für Co-Investments (also Direktinvestitionen in einzelne Beteiligungen) sprechen die in der Regel geringeren Verwaltungsgebühren (im Vergleich zu den regulierten Fonds), dagegen aber die geringere Diversifikation und damit das entsprechend erhöhte Ausfallrisiko im Vergleich zu Private Equity Fonds.

Je nach Herkunft der Finanzierungsmittel lassen sich Captives (finanziert durch Mutterunternehmen, wie z. B. AXA Private Equity oder Allianz Capital Partners) oder Independents (finanziert durch externe Investoren über Fonds, wie z. B. Permira oder Blackstone) unterscheiden. Bei genauerer Betrachtung können die Captives in Corporate Investors, Family Offices, Endowments and Foundations (Gesellschaften, die durch Stiftungen, Universitäten oder kulturelle Institutionen begründet wurden und deren Erträge für einen gemeinnützigen Zweck vorgesehen sind), Government agencies (Bundes-, Länder- oder regionale staatsnahe Institutionen insb. für die Förderung von Innovationen), Sovereign wealth funds (staatsnahe Fonds, die in Private Equity Fonds zwecks Portfoliodiversifikation investieren), Pension Funds und in Other asset managers unterschieden werden. Die Independents können entweder direkt durch externe Investoren über einen Fonds (z. B. von Banken oder Versicherungen) oder über ein Fund-of-Fund (d. h. Fonds investieren in separate Private Equity Fonds) finanziert werden.[60] Abb. 3.12 verdeutlicht für die Quellen der Finanzierung von Private Equity Investitionen für die Länder Deutschland, Österreich und Schweiz (DACH), dass der überwiegende Anteil von den für ihren langfristigen Anlagehorizont bekannten Pensionskassen (25 %), Familien (23 %) sowie Governmental Agencies (10 %) stammt.

Der Bestand an Private Equity Beteiligungen unterliegt einem stetigen Wandel. Entsprechend werden nicht die Bilanzgrößen, sondern die Investitionen und Desinvestitionen in Private-Equity-Beteiligungen veröffentlicht. Im Jahre 2017 wurden 11,3 Mrd. Euro in

[58] Für die Manager von Private Equity Fonds gelten nach der AIFM-Richtlinie Erlaubnis- bzw. Registrierungspflichten, Anforderungen an die Eigenmittelausstattung, Liquiditäts- und Risikomanagement- sowie Transparenz- und Berichtspflichten, die von der BaFin überwacht werden. Vgl. die AIFM- Richtlinie 2011/61/EU v. 01.07.2011 über die Verwalter alternativer Investmentfonds.

[59] Vgl. z. B. das Fonds-Angebot von Wealthcap unter https://www.wealthcap.com/angebote-und-loesungen/fondsportfolio-private-equity-2122#dokumente.

[60] Vgl. Invest Europe (2018), S. 9.

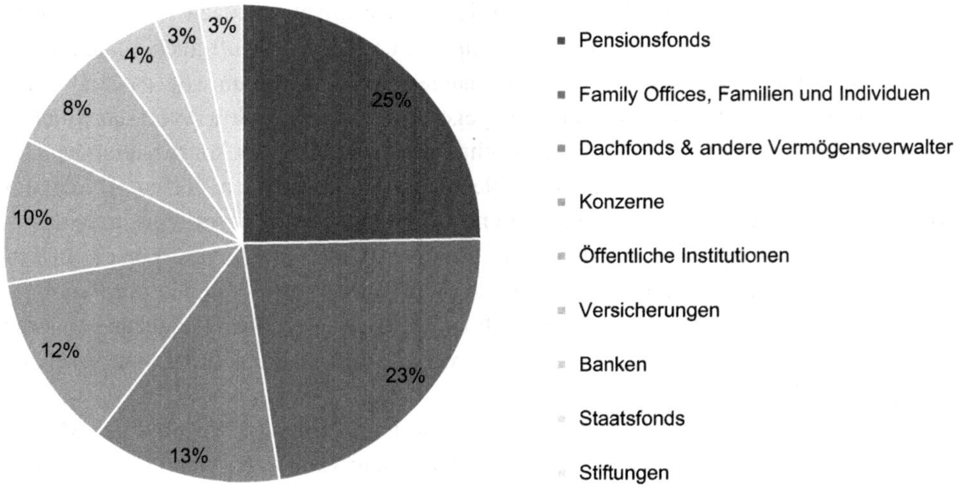

Abb. 3.12 Quellen der Finanzierung von DACH-Private Equity Investments 2017. (Quelle: In Anlehnung an Invest Europe 2018, S. 15)

Private Equity Beteiligungen investiert.[61] Hingegen wurden 5,4 Mrd. Euro aus Private Equity Beteiligungen de-investiert.[62] Die überwiegenden Investitionen erfolgten in Buy-outs (79 %), gefolgt von Wachstums-, Turnaround- und Replacement-Finanzierungen (12 %) sowie Venture Capital (9 %). Die Alternativen der Private Equity Transaktionen lassen sich in folgende Segmente unterteilen:[63]

- Bei **Buy-out-Transaktionen** wird der Erwerb eines Unternehmens finanziert. Typischerweise wird eine Mehrheits- oder Kontrollbeteiligung übernommen.[64]
- Bei **Wachstumsfinanzierungen** wird meist eine Minderheitsbeteiligung in relativ reife Unternehmen investiert, die das Geld für den Ausbau und die Verbesserung ihrer Aktivitäten oder die Expansion in neue Märkte für das weitere Wachstum suchen.

[61] Vgl. BVK (2018), S. 12.

[62] Überwiegend (mit 50,6 %) erfolgten Verkäufe an strategische Investoren (sog. Trade Sale), gefolgt von Verkäufen an andere Beteiligungsgesellschaften (sog. Secondary Sale mit 40,4 %). Die Exit-Varianten Börsengang (0,3 %), Rückzahlung von Vorzugsaktien, Darlehen oder Mezzanine (1,8 %), Verkauf an Finanzinstitutionen (0,9 %) oder der Verkauf an das Management (1 %) waren wie auch der Totalverlust (3,2 %) von nachrangiger Bedeutung. Vgl. BVK (2018), S. 25. Vgl. auch Kaserer et al. (2009), S. 12–24.

[63] Vgl. BVK (2018), S. 34 f.

[64] Während bei einem Management Buy-out das derzeitige Management mit dem Private Equity Unternehmen eine Beteiligung erwirbt, erfolgt der Erwerb bei einem Management Buy-in gemeinsam mit einem externen Management. Dabei erfolgt ein Buy-out meist überwiegend mit Fremdkapital und wird daher als Leveraged Buy-out bezeichnet.

- Bei **Turnaround-Transaktionen** fließt Geld in ein bestehendes Unternehmen, das in finanziellen Schwierigkeiten ist, mit der Absicht der Wiederherstellung des unternehmerischen Erfolges und eines anschließenden zügigen Verkaufs. Die „Vulture investors“ besitzen zusätzlich umfangreiche Erfahrungen im Bereich der Restrukturierung.[65] Mit dem Erwerb eines Krisenunternehmens soll dieses vor der sehr wahrscheinlichen Insolvenz bewahrt werden.
- Bei **Replacement-Finanzierungen** wird eine Minderheitsbeteiligung an einem Unternehmen von einer anderen Private Equity-Gesellschaft oder von (einem) anderen Anteilseigner(n) erworben.
- Bei **Venture Capital Finanzierungen** werden die Finanzierungsphasen Seed, Start-up und Later Stage-Venture Capital unterschieden.
  - Bei **Seed Finanzierungen** werden Unternehmen finanziert, bevor diese die Massenproduktion bzw. den Vertrieb beginnen, mit dem Ziel Forschung, Produktentwicklung oder Produktdesign zum Abschluss zu bringen. Dies umfasst auch Markttests und die Erstellung von Prototypen.
  - Bei **Start-up Finanzierungen** werden Unternehmen finanziert, sobald das Produkt oder die Dienstleistung fertig entwickelt wurde, um die Massenproduktion bzw. den Vertrieb zu starten und anfängliches Marketing zu finanzieren. Unternehmen können sich im Aufbau befinden oder seit Kurzem im Geschäft sein, haben jedoch ihr Produkt noch nicht auf den Markt gebracht.
  - Bei **Later-stage Finanzierungen** werden Unternehmen finanziert, die den Breakeven erreicht haben oder auch noch nicht. Later Stage-Venture Capital fließt gewöhnlich in bereits mit Venture Capital finanzierte Unternehmen.

Es lassen sich börsennotierte Beteiligungsgesellschaften (z. B. Deutsche Beteiligungs AG), nicht-börsennotierte Beteiligungsgesellschaften (z. B. Triton Partners), Beteiligungsgesellschaften im Eigentum von Personen oder Familien (z. B. Skion GmbH, Delton AG oder GBK Beteiligungen AG) sowie öffentliche Beteiligungsgesellschaften unterscheiden.[66] Bei den öffentlichen Beteiligungsgesellschaften handelt es sich z. B. um die Wachstumsfinanzierungseinheiten der Bundesländer, die sogenannten Mittelständischen

[65] Vgl. Hotchkiss und Mooradian (1998), S. 240 ff.

[66] Weitere Informationen finden sich teilweise bei den Beteiligungsgesellschaften selbst sowie bei den Verbänden Bundesverband Alternative Investments (BAI) unter https://bvai.de, Bundesverband Deutscher Kapitalbeteiligungsgesellschaften (BVK) unter https://www.bvkap.de, Bundesvereinigung Repositionierung, Sanierung und Interimmanagement (BRSI) unter https://www.brsi.international, Invest Europe: The Voice of Private Capital (ehemals European Private Equity und Venture Capital Association) unter https://www.investeurope.eu, Vereinigung mittelständischer Beteiligungsgesellschaften unter https://www.mbg-beteiligungskapital.de sowie Turnaround Management Association (TMA) unter https://turnaround.org. Außerdem finden sich Übersichten bei Investorenguide.de unter https://www.investorenguide.de/investor-finden, PEI (https://www.privateequityinternational.com/database) und CEPRES (https://www.cepres.com/private-equity-database).

Beteiligungsgesellschaften wie z. B. die Mittelständische Beteiligungsgesellschaft Hessen mbH oder die Beteiligungsgesellschaften der Landesbanken.[67] Andere öffentliche Beteiligungsgesellschaften sind die von einzelnen oder mehreren Sparkassen. Beispiele sind die Sparkassenbeteiligungsgesellschaft Heilbronn-Franken mbH & Co. KG, die S-Beteiligungsgesellschaft der Sparkasse Freiburg-Nördlicher Breisgau mbH, die S-UBG AG oder die S-Beteiligungsgesellschaft Essen mbH & Co KG. Dazu kommen bundesbezogene Beteiligungsgesellschaften wie die KfW IPEX-Beteiligungsholding GmbH, die KfW Beteiligungsholding GmbH, die Gesellschaft zur Beteiligungsverwaltung GZBV mbH & Co. KG, die tbg – Technologie-BeteiligungsGesellschaft mbH und die ÖPP Deutschland Beteiligungsgesellschaft mbH. Während in Deutschland kein Mutterunternehmen die Beteiligungen des Bundes bündelt, existiert in Österreich mit der Österreichischen Beteiligungs AG (ÖBAG) eine solche Einheit schon seit Jahren. Eine Variante ist die Beteiligung von privaten Beteiligungsgesellschaften an öffentlichen Unternehmen. Den Bereich bezeichnet das Private Equity Unternehmen EQT als Public Value.[68]

Wenngleich die Haltedauer meist kurz- bis mittelfristig ist (z. B. Apax, 3i und Odewald), gibt es auch Beteiligungsgesellschaften mit einem langfristigen Investitionshorizont (z. B. GESCO, Indus, MBB Industries). Zusätzlich haben sich einige auf Beteiligungen in Turnaround-Situationen spezialisiert (z. B. Arques, AURELIUS). Gemeinsam ist den meisten Beteiligungsgesellschaften die Fokussierung auf eine maximale Wertsteigerung. Der Fokus liegt auf die Erzielung einer möglichst hohen Rendite auf das eingesetzte Kapital. So lag die erwartete Mindestrendite von Beteiligungsgesellschaften (ohne die öffentlichen mittelständischen Beteiligungsgesellschaften) im Jahre 2011 bei 18,7 % p.a., die der mittelständischen Beteiligungsgesellschaften bei 7,4 % p.a.[69] Dass die relativ hohen Renditen in der Regel auch mit einem hohem Risiko einhergehen, zeigt Tab. 3.3. Den hohen annualisierten Renditen von US-Private Equity Unternehmen mit einem Anlagevolumen von mindestens 1 Mrd. US-$ stehen auch hohe Standardabweichungen gegenüber.

Während die Private Equity Gesellschaften mit ihren Methoden vor einigen Jahren noch große Mehrwerte realisieren konnten, wird deren Realisierung zunehmend schwieriger, da das Wissen und die Anwendung der Techniken für eine Realisierung von Mehrwerten zunehmend verbreitet ist. Eine Übersicht über die aktuelle Markteinschätzung des Beteiligungskapitalmarkt gibt das German Private Equity Barometer und das Global Private Equity Barometer.[70]

[67] Z. B. die Helaba Digital GmbH & Co. KG (https://helaba.digital), die Saarländische Kapitalbeteiligungsgesellschaft mbH (https://kbg-saar.de).

[68] Vgl. https://www.eqtpartners.com/business-segments/private-capital/public-value/.

[69] KfW Bankengruppe (2013), S. 15.

[70] Vgl. https://www.kfw.de/PDF/Download-Center/Konzernthemen/Research/KfW-Research/Economic-Research/Wirtschaftsindikatoren/German-Private-Equity-Barometer/PDF-Dateien/GPEB_Q1_2019.pdf und Coller Capital (2019) sowie das Magazin Private Equity Findings unter https://www.collercapital.com/private-equity-findings-15.

Tab. 3.3 Rendite Top-10 der US Private Equity Gesellschaften für das Jahr 2017. (Quelle: In Anlehnung an Phillips 2018, S. 15)

Private Equity Firm Name	Internal Rate of Return (Median)	Standardabweichung der Rendite
W Capital Partners	60,74 %	156,65 %
Brentwood Associates	55,46 %	87,81 %
Summit Partners	46,59 %	111,16 %
Lime Rock Partners	45,05 %	183,23 %
EW Healthcare Partners	40,87 %	83,16 %
Livingbridge	40,36 %	45,52 %
Vista Equity Partners	39,78 %	66,34 %
GCP Capital Partners	39,38 %	214,00 %
Baird Capital	39,35 %	147,03 %
Francisco Partners	37,18 %	177,67 %

3.9 Rahmen für die Entwicklung eines Selbstverständnisses des Mutterunternehmens

Auf der Basis der Kenntnis der verschiedenen Typologien von Mutterunternehmen lässt sich nun der Rahmen für die Entwicklung eines Selbstverständnisses des Mutterunternehmens ableiten. Die wesentlichen Gestaltungsparameter umfassen dabei neben Mission und Eigentümerstruktur auch Ausprägungen zu den Angeboten des Mutterunternehmens für die Beteiligungen sowie zu der strategischen und operativen Einflussnahme des Mutterunternehmens. Ein weiterer Gestaltungsparameter ist ein eigenständiger Marktauftritt (im Sinne eines Stammhauses). Neben der Wahrnehmung einer bestimmten Aufgabe spielt für die Gestaltung auch das wahrgenommene Ausmaß, die Intensität oder der Aktivitätsgrad eine Rolle. Abb. 3.13 gibt einen Überblick über die verschiedenen Gestaltungsparameter, die im Nachgang kurz skizziert werden.

1. **Mission und Eigentümerstruktur**. Grundsätzlich ist festzuhalten, ob es sich um ein Konzern-Mutterunternehmen oder eine Beteiligungsgesellschaft handelt. Darüber hinaus ist festzulegen, wem das Mutterunternehmen derzeit gehört und künftig gehören soll. Als Eigentümer kommen Unternehmen, Privatpersonen oder eine Familie oder die öffentliche Hand in Frage. Zusätzlich ist zu entscheiden, ob das Unternehmen börsennotiert ist, sein soll bzw. bleiben soll.
2. **Eigenständiger Marktauftritt**. Es ist festzulegen, ob das Mutterunternehmen einen oder mehrere externe Märkte unabhängig von den Beteiligungen bearbeitet.
3. **Relevante Aktivitäten der Unternehmensgruppe**. Es ist festzulegen, in welchen Geschäftsfeldern der Konzern bzw. die Unternehmensgruppe in den nächsten Jahren tätig sein will. Dazu gehört die Schwerpunktsetzung auf finanzielle oder nichtfinanzielle Geschäftsmodelle, die Festlegung der relevanten Produkt-/Markt-Kombinationen, der zugehörigen Schlüssel-Ressourcen sowie Wettbewerbsstrategien im Sinne einer Konzernstrategie. Eine weitere Festlegung liegt in der Definition von

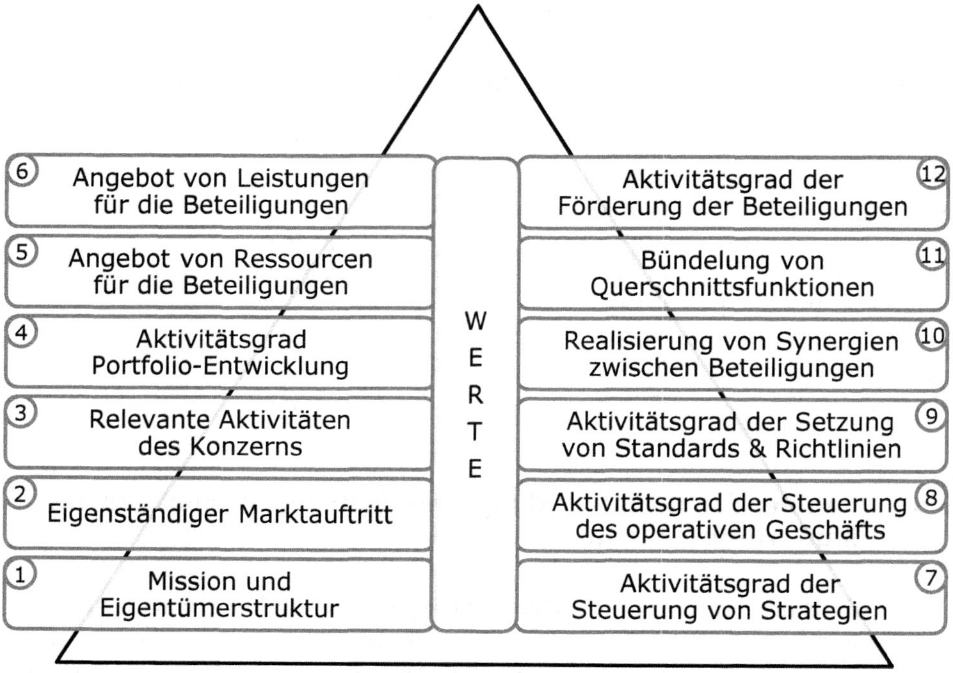

Abb. 3.13 Gestaltungsparameter für das Selbstverständnis des Mutterunternehmens

Prüffeldern für den Aufbau neuer Geschäftsmodelle, z. B. mithilfe eines Innovationslabors.[71] Dazu gehört auch die Identifikation der für das Mutterunternehmen relevanten Stakeholder, ihrer Interessen und der Ansätze für eine möglichst weitgehende Befriedigung dieser Interessen. Dabei kann eine Wesentlichkeitsanalyse für die Priorisierung der Erwartungen helfen, die wiederum die Grundlage für regelmäßige Dialoge mit den Stakeholdern bilden.[72] Abb. 3.14 gibt einen Überblick über wesentliche Stakeholder des Mutterunternehmens.

4. **Aktivitätsgrad Portfolio-Entwicklung**. Es ist festzulegen, ob das Mutterunternehmen gar nicht, selektiv oder regelmäßig das bestehende Portfolio verändert. Damit ergibt sich das Maß an organischem und an externem Wachstum. Genaueres definiert die Beteiligungsstrategie (siehe Kap. 4).
5. **Angebot von Ressourcen für die Beteiligungen**. Es ist festzulegen, welche Ressourcen das Mutterunternehmen vorhält und wie bei de Beteiligungen die notwendigen Schlüssel-Ressourcen sichergestellt werden können. Dies umfasst die Förderung des Aufbaus erfolgsrelevanter Ressourcen bei den Beteiligungen sowie die Bereitstellung von Ressourcen seitens des Mutterunternehmens. Dazu zählt im Sinne des Aktivitäts-

[71] Vgl. Ahrend und Hölle (2018), S. 26.

[72] Vgl. zur Wesentlichkeitsanalyse https://integratedreporting.org/resource/materiality-in-integrated-reporting/.

Abb. 3.14 Wesentliche Stakeholder eines Mutterunternehmens

grads für das Finanzmanagement die Festlegung, wie das Mutterunternehmen die Beteiligungen bei deren Finanzierung unterstützt. Ohne das notwendige Maß an Finanzierung lässt sich kein oder kein ausreichender Kundennutzen erbringen. Gerade bei kleineren Beteiligungen erfolgt die Unterstützung häufig intensiver als bei großen Beteiligungen, die sich kurz- und mittelfristig weitgehend eigenständig finanzieren. Aber selbst bei großen Beteiligungen kann ein Mutterunternehmen durch Thesaurierung von Teilen des Jahresergebnisses kurzfristige Finanzierungsbedarfe decken helfen. Weitere Beispiele für Ressourcen, die das Mutterunternehmen anbieten kann, sind eine Dachmarke, Kompetenzen von Beschäftigten zu Produktentwicklung, Vertrieb oder Digitalisierung oder der Zugang zu Netzwerken und Partnern des Mutterunternehmens. Eine Übersicht über mögliche Ressourcen gibt Abb. 11.4.

6. **Angebot von Leistungen für die Beteiligungen**. Es ist festzulegen, welche Leistungen das Mutterunternehmen für die Beteiligungen vorhält und im Rahmen von Leistungsverträgen anbietet bzw. deren Nutzung erwartet. Beispiele dafür sind die Leistungen von Abteilungen für Unternehmensentwicklung, interne Unternehmensberatung, Forschung und Entwicklung, Nachhaltigkeitsmanagement oder Marktforschung. Dazu gehört auch der Transfer von Führungskräften an die Beteiligung.
7. **Aktivitätsgrad der Steuerung von Strategien der Beteiligungen**. Es ist festzulegen, ob und wie stark das Mutterunternehmen Einfluss auf die Entwicklung von Strategien und Geschäftsmodellen bei den Beteiligungen nimmt. In der Mindestausprägung beschränkt sich die Steuerung auf die Befassung und Beschlussfassung zu Strategien und Mittelfristplanungen im Rahmen der Sitzungen des Aufsichtsgremiums der Beteiligungen. Neben einer solchen passiven „hands-off"-Haltung stehen die situative Einflussnahme auf das strategische Management sowie die regelmäßige aktive Einflussnahme auf die strategische Geschäftsentwicklung zur Auswahl.
8. **Aktivitätsgrad der Steuerung des operativen Geschäfts der Beteiligungen**. Es ist festzulegen, ob und wie umfangreich das Mutterunternehmen die operative Entwicklung der Beteiligungen beeinflusst. Beispiele sind der Austausch von Schlüsselpersonen,

die Durchführung von Projekten zum Ergebnismanagement oder die Integration von neu erworbenen Beteiligungen. Die Kombination des Aktivitätsgrad der Steuerung der strategischen und der operativen Entwicklung der Beteiligung prägt den Grad der Dezentralisierung der Unternehmensgruppe. Dabei kann der Grad der Dezentralität bzw. der Selbstständigkeit von Beteiligung zu Beteiligung variieren. Ebenso kann sich der Grad der Dezentralität über die Zeit verändern.

9. **Aktivitätsgrad der Setzung von Standards und Richtlinien**. Es ist festzulegen, ob Mehrheitsbeteiligungen Standards z. B. zu Corporate Governance, Qualitätsmanagement, Wissensmanagement oder Umweltschutz sowie Richtlinien z. B. zu der Konzernbilanzierung, Nutzung von derivativen Instrumenten oder Datenschutz einhalten sollen. Entsprechende Regelwerke können durch das Mutterunternehmen oder gemeinsam mit den Beteiligungen erarbeitet bzw. festgelegt werden.
10. **Realisierung von Synergien zwischen Beteiligungen**. Es ist festzulegen, ob und wie stark das Mutterunternehmen die Realisierung von Synergien zwischen Beteiligungen motiviert. Dabei lassen sich Skalen-, Lern- und Verbundeffekte nutzen. Beispiele sind die Bündelung des Einkaufs von gleichartigen Leistungen, die gemeinsame Nutzung von immateriellen Vermögensgegenständen wie Patenten und Lizenzen, der Austausch von Führungskräften zwischen den Beteiligungen oder Vertriebssynergien durch den Verkauf von Produkten einer Beteiligung durch eine andere (Cross-Selling). Das umfasst auch die gemeinsame Nutzung von Ressourcen und deren gemeinsame Weiterentwicklung. Die Realisierung von Synergien mit dem Mutterunternehmen ergibt sich aus dem Angebot von Ressourcen bzw. Leistungen für die Beteiligungen.
11. **Bündelung von Querschnittsfunktionen**. Es ist festzulegen, ob und wie das Mutterunternehmen die Bündelung von Querschnittsfunktionen motiviert und die Umsetzung unterstützt. Beispiele sind die Bündelung der Aufgaben für Beschaffung, Logistik, Personalabrechnung, Rechnungswesen, IT, Facility Management oder Versicherungsmanagement.
12. **Aktivitätsgrad der Förderung der Beteiligungen**. Das Mutterunternehmen unterstützt die Beteiligungen dabei, dass diese den Wert der einzelnen Beteiligung und damit der Unternehmensgruppe erhöhen können. Es ist festzulegen, ob und wie das Mutterunternehmen die Akteure der Beteiligungen über das genannte Angebot an Ressourcen (insb. Kapital), Leistungen und Querschnittsfunktionen hinaus unterstützt. Bei einer Betrachtung der Elemente eines Geschäftsmodells (vgl. zu den Elementen Abschn. 8.3) kann das Mutterunternehmen grundsätzlich in allen Bereichen unterstützen. Beispiele sind das Angebot von gemeinsamen Kommunikationsforen, eine vertrauensvolle Zusammenarbeit oder das Angebot von Personalentwicklungs- und Coaching-Leistungen.

Die Basis für das Selbstverständnis stellen von den Akteuren des Mutterunternehmens geteilte Werte der Unternehmenskultur dar. Dabei handelt es sich um die grundlegende Motivation für das Handeln des Mutterunternehmens.[73] Beispiele für solche Überzeugungen sind:

[73] Vgl. Sinek (2011).

- Entwicklung und Realisierung von Geschäftsmodellen für die Verbesserung der Lebensqualität möglichst vieler Menschen
- Steigerung des Unternehmenswerts des Mutterunternehmens (und der Beteiligungen)
- Kontinuierliches Wachstum um Aktivitäten, die eine Verbindung zu den bestehenden Aktivitäten haben
- Entwicklung und Weiterentwicklung von Vorteilen für die Beteiligungen durch das Mutterunternehmen
- Vermeidung von Wertvernichtung durch das Mutterunternehmen (z. B. keine Eingriffe ohne Wertbeitrag, kein Berichtswesen zum Selbstzweck, keine übertriebene Aktivität)
- Schaffung und Sicherung von attraktiven Arbeitsplätzen im Mutterunternehmen (und in den Beteiligungen)

Der Zweck oder die Gründe, das Warum, prägen die Ausgestaltung und ermöglichen, dass die gewählten Ausprägungen der verschiedenen Parameter in dem spezifischen Mutterunternehmen zusammenpassen.

Das Beteiligungsmanagement eines Mutterunternehmens hängt stark von dem definierten Selbstverständnis ab. Auch wenn die meisten Unternehmen nicht trennscharf nur eine Rolle wahrnehmen, hilft dennoch die Kategorisierung bei der Selbstbestimmung und der darauf aufbauenden Entwicklung des Beteiligungsmanagements. Auf Basis des Selbstverständnisses lassen sich die dafür notwendige organisatorische Ausgestaltung sowie die erforderlichen Ressourcen planen. Durch die Kombination der verschiedenen Parameter lässt sich ein Selbstverständnis des Mutterunternehmens entwickeln, das den in den vergangenen Abschnitten vorgestellten Typen ähnelt, aber auch neue Formen.

Aus den Gestaltungsparametern lassen sich vereinfacht vier typische Ausprägungen für den Aktivitätsgrad des Beteiligungsmanagements ableiten. Der Aktivitätsgrad der Betreuung der Beteiligung variiert in einem Kontinuum zwischen einer aktiven Betreuung und einer passiven Betreuung. Die Festlegung des Aktivitätsgrads ist dabei eine wichtige Entscheidung, die sich aus dem Selbstverständnis des Mutterunternehmens ergibt. Von der Auswahl des Aktivitätsgrades hängt jedoch nicht per se eine höhere oder tiefere Rentabilität ab.[74] Letztlich muss der Aktivitätsgrad zu der Bedarfssituation der Beteiligung und den individuellen Präferenzen der Führungskräfte des Mutterunternehmens passen. Unabhängig vom Aktivitätsgrad lassen sich die verschiedenen in den nachfolgenden Kapiteln beschriebenen Instrumente des Beteiligungsmanagements nutzen.

Bei dem Selbstverständnis eines aktiven Beteiligungsmanagements (in der Rolle des Kümmerers) nutzt das Mutterunternehmen die Mitgliedschaften in den Aufsichts- und Gesellschaftergremien für eine aktive Steuerung und Beratung der Geschäftsführung der Beteiligungen. Zusätzlich erfolgen regelmäßige Führungs- und Fachabstimmungen zwischen Mutterunternehmen und Beteiligung, bei denen es um eine mehr oder weniger detaillierte Abstimmung zu inhaltlichen Themen geht. Diese umfassen strategische wie auch operative Fragestellungen. In Summe werden die Beteiligungen intensiv betreut, insbe-

[74] Vgl. die entsprechenden Studienergebnisse von MacMillan et al. (1989), S. 27–47.

sondere auch hinsichtlich der Auswahl der Geschäftsführung, der strategischen Ausrichtung und der Realisierung von Synergien. Es werden aktiv Beteiligungen zur Stärkung des Kerngeschäfts zugekauft und Möglichkeiten für die Zusammenarbeit zwischen bestehenden Beteiligungen und den Aufbau von Kooperationen genutzt. Ein aktives Beteiligungsmanagement umfasst auch Unterstützungsleistungen für die Beteiligungen. Diese können Themen wie z. B. Forschung und Entwicklung, interne Unternehmensberatung, konzernweite Personalentwicklung, Coaching oder Querschnittsfunktionen umfassen.

In der maximalen Ausprägung (in der Rolle des Machers) umfassen die Aufgaben des Mutterunternehmens neben den Steuerungsaufgaben und den unterstützenden Aufgaben auch noch Aufgaben eines operativen Unternehmens. In diesem Fall verfolgt das Mutterunternehmen parallel zu den Aufgaben als Leitunternehmen weitere Geschäftsmodelle mit Kunden außerhalb der Unternehmensgruppe. In diesem Selbstverständnis wird ein Teil der Energie der in dem Mutterunternehmen tätigen Führungskräfte und Teammitglieder in Aufgaben außerhalb des Beteiligungsmanagements gelenkt. Der Vorteil liegt in einem höheren Verständnis der Akteure für die unternehmerischen Belange der Beteiligungen. Andererseits kann diese Doppelbelastung auch zu einer reduzierten Wahrnehmung der Aufgaben des Beteiligungsmanagements führen. Um dieses Risiko einzugrenzen, sollten die verschiedenen Aufgaben möglichst von verschiedenen Personen wahrgenommen werden.

Eine weitere Ausprägung des Selbstverständnisses liegt in der Kombination der Wahrnehmung von Steuerungsaufgaben und von operativen Aufgaben, ohne jedoch unterstützende Aufgaben für die Beteiligungen anzubieten. Diese Variante findet sich häufig bei Stammhäusern, die nach und nach Beteiligungen insb. für den Vertrieb gegründet haben. Dabei nimmt das Mutterunternehmen die Rolle des Integrators wahr und führt Mehrheitsbeteiligungen. Das Beteiligungsmanagement konzentriert sich auf die Entwicklung einer gemeinsamen Strategie und auf deren Basis die Ableitung von wesentlichen Maßnahmen für die jeweilige Beteiligung und für die Zusammenarbeit zwischen den Beteiligungen.

Bei einem eher passiven Selbstverständnis des Mutterunternehmens nimmt dieses nur wenige Aufgaben des Beteiligungsmanagements wahr. Der strategische Koordinator konzentriert seine Rolle auf die Steuerungsaufgaben. Dabei lässt sich im Sinne der Unterscheidung von Finanzholding und Managementholding ein Fokus auf finanzielle Steuerungsaufgaben oder eine weitergehende Steuerung auch bezogen auf strategische Vorgaben unterscheiden. Es kann ein hoher Grad an Diversifikation vorliegen.

Abb. 3.15 fasst die verschiedenen Varianten der Betreuungsintensität zusammen.

Dazu kommen die für jedes Mutterunternehmen obligatorischen Aufgaben. Diese ergeben sich durch gesetzliche Vorgaben oder sind die Voraussetzung für das Beteiligungsmanagement. Dazu zählen in der Regel folgende Aufgaben: Allgemeine Konzern- und Unternehmenssteuerung (Zielvorgaben, Ressourcenallokation), Außenvertretung (des Konzerns und) des Mutterunternehmens, Investor Relations, Personelle Führung mit Personalentwicklung und Personalverwaltung, Konzern- bzw. Unternehmensrechnungslegung inkl. finanzieller und steuerlicher Berichterstattung, Konzern- und Unternehmenscontrolling, rechtliche Vertretung (des Konzerns und) des Unternehmens sowie das Vorhalten eines

Unterstützung	**KÜMMERER** • Kombination aus Steuerung und Unterstützung der Beteiligungen • Zusätzliche Unterstützungsaufgaben wie z. B. Forschung und Entwicklung oder Querschnittsfunktionen	**MACHER** • Kombination aus Steuerung, Unterstützung der Beteiligungen und eigener operativer Tätigkeit • Zusätzliche Unterstützung der Beteiligungen durch wertschaffende Leistungen
Steuerung	**STRATEGISCHER KOORDINATOR** • Finanzielle (und strategische) Steuerung der Beteiligungen • Festlegung von Selbstverständnis und Beteiligungsstrategie • Außenkommunikation der Gruppe	**INTEGRATOR** • Kombination aus Steuerung und eigener operativer Tätigkeit • Zusätzliche operative Wertschöpfung mit Kunden außerhalb der Unternehmensgruppe
	Strategischer Fokus	**Strategischer und operativer Fokus**

Abb. 3.15 Ausgestaltung der Aufgaben des Mutterunternehmens

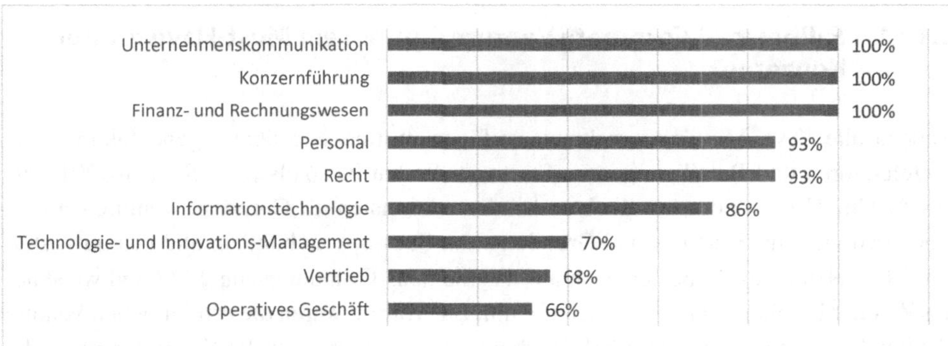

Abb. 3.16 Typische Prozesse in einer Unternehmenszentrale. (Quelle: In Anlehnung an Traa 2013, S. 52)

funktionsfähigen internen Kontrollsystems mit Risikomanagement, Compliance und Revision.[75] Eine Studie unterstreicht, dass regelmäßig Management- und Supportprozesse im Mutterunternehmen angesiedelt sind. Der Anteil von wertschöpfungsnahen Aufgaben ist hingegen deutlich geringer ausgeprägt (vgl. Abb. 3.16).

Die Zinsentwicklung führt zu einer deutlichen Verschiebung von Anlagegeldern aus dem Anleihemarkt in Richtung von Aktienanlagen und in Richtung direkter Unternehmensbeteiligungen. Entsprechend konkurrieren viele Konzern-Mutterunternehmen und Beteiligungsgesellschaften mit ihren verfügbaren Geldmitteln, dem „dry powder", um wenige zum Verkauf stehende mittelständische Unternehmen. Der aktuelle M&A Markt ist

[75] Vgl. Goold et al. (2001, 2007).

ein Verkäufermarkt. Der Eigentümer eines gut im Markt positionierten mittelständischen Unternehmens mit guten Ergebnissen kann zwischen verschiedenen interessierten Käufern entscheiden. Aus Sicht der Mutterunternehmen verlangt dies nach einer klaren Positionierung gegenüber potenziellen Beteiligungen, die über das Investieren von Eigenkapital deutlich hinausgeht. Das Selbstverständnis des Mutterunternehmens ist eine Grundlage für eine positive Differenzierung.

3.10 Fallbeispiele

Die nachfolgenden Fallbeispiele umfassen das Selbstverständnis bzw. Ansätze für die Wertsteigerung aus Konzern-Mutterunternehmen im Eigentum von Unternehmen, Konzern-Mutterunternehmen im Eigentum von Privatpersonen und Familien, Öffentlichen Konzern-Mutterunternehmen sowie von Beteiligungsgesellschaften.

3.10.1 Fallbeispiel Corporate Venture Capital: ein Must-Have großer Konzerne

Nahezu alle DAX-Mutterunternehmen verfügen mittlerweile über eigene Inkubatoren, Akzeleratoren und Beteiligungen an Start-ups. So hat beispielsweise Siemens 2016 die next47 GmbH gegründet, um die bestehenden Aktivitäten für Corporate Venture Capital, Kooperationen mit Start-ups und Gründung von Start-ups zu bündeln und neu aufzustellen.[76] Der Name next47 bezieht sich auf das Siemens-Gründungsjahr 1847 und weist auf das Ziel der Etablierung neuer Geschäfte hin. Ein Vorbild waren die erfolgreichen Venture Capital Acceleratoren wie StartX[77] der Stanford University oder der Y Combinator,[78] der mittlerweile über 1900 Start-ups unterstützt hat, darunter Airbnb und dropbox. Das Technologieunternehmen Merck hat für seine Schwerpunkte Healthcare, Life Science und Performance Materials und darüber hinaus den Venture Capital Fonds M-Ventures gegründet.[79] Dieser investiert weltweit in Ideen mutiger Unternehmer. Der Hauptsitz des Unternehmens ist Amsterdam mit Niederlassungen in Deutschland, USA und Israel. Dabei ist der Fonds durch eine „Chinesische Mauer" vom Merck Geschäft getrennt, soll aber innerhalb des Zeitrahmens einer Venture-Investition eine positive Auswirkung auf die Kernbereiche von Merck entfalten.

Weitere Beispiele für Beteiligungsgesellschaften der Dax-Konzerne, die Corporate Venture Capital investieren sind: Allianz X (Allianz, https://www.allianzx.com), BASF

[76] Vgl. https://next47.com/.

[77] Vgl. https://startx.com.

[78] Vgl. https://www.ycombinator.com/topcompanies.

[79] Vgl. http://www.m-ventures.com/.

Venture Capital (https://www.basf.com/global/de/who-we-are/organization/locations/europe/german-companies/BASF_Venture-Capital), Bayer LifeHubs (https://www.lifehub-boston.bayer.com), Blackprint booster (vonovia, https://blackprintbooster.de/accelerator), BMW iVentures (https://www.bmwiventures.com), Co-pace Corporate Venture Capital (Continental, https://www.co-pace.com), Daimler TechInvest (https://www.daimler.com/innovation/venture/techinvest.html), Fresenius Medical Care Ventures (https://www.freseniusmedicalcare.com/en/healthcare-professionals/services-resources/fmcv), German Tech Entrepreneurship Center (Henkel u. a., https://www.gtec.center), Helios Hub (Fresenius, https://www.helios-gesundheit.de/hub), Hubraum (Telekom, https://www.hubraum.com), Innogy Ventures (RWE, www.innogy-ventures.com), Innowerft (SAP, https://innowerft.com), Leadsports (Adidas, https://www.leadsports.com/about), Lufthansa Innovation Hub (https://lh-innovationhub.de), Sapphire Ventures (SAP, https://sapphireventures.com), Scania Growth Capital (Volkswagen, https://www.scania.com/group/en/section/innovation/scania-growth-capital), Startup Autobahn (Deutsche Post, u. a. https://startup-autobahn.com) und Tech Founders (Linde, https://www.techfounders.com).

Ein Beispiel für eine Corporate Venture Capital Gesellschaft außerhalb der Dax-Konzerne ist die Beteiligungsgesellschaft Phoenix Contact Innovation Ventures.[80] Sie agiert als unabhängige Corporate Venture Capital Einheit der Phoenix Contact Gruppe. Entsprechend sucht das Unternehmen nach Beteiligungen, die nahe den Geschäftsmodellen der Unternehmensgruppe liegen. Ein anderes Beispiel ist das Gründercoaching-Angebot der HEAG.[81]

3.10.2 Fallbeispiel Disproportionale Gewinnverteilung bei Google, Facebook und Lyft

Entsprechend dem Grundsatz der Gleichbehandlung der Aktionäre (§ 53a AktG) hat jeder Gesellschafter in der Regel ein quotales Stimmrecht, im Sinne von one-man, one-vote. Gleichwohl ergeben sich im unternehmerischen Alltag immer wieder Konstellationen, die eine Besserstellung bestimmter Aktionäre bei einer Aktiengesellschaft oder bestimmter Gesellschafter bei einer GmbH erforderlich machen. Dazu zählt die Erwartung von Unternehmensgründern, trotz Beteiligung von strategischen oder Finanz-Investoren, einen höheren Einfluss beizubehalten. Oder die bisherigen Eigentümer eines Unternehmens wollen, trotz einem anstehenden Börsengang des Unternehmens, eine stärkere Mitsprache bewahren als dies für die Publikumsaktionäre vorgesehen sein soll.

Einerseits lassen sich solche Ziele mit der Unterteilung von Aktiengattungen gemäß § 11 AktG insb. von stimmrechtslosen Vorzugsaktien und Stammaktien umsetzen. Beispiele sind Unternehmen wie BMW oder Henkel. Eine andere Möglichkeit besteht in der

---

[80] Vgl. https://www.phoenixcontact-innovationventures.com.

[81] Vgl. https://www.heag.de/gruendercoaching-mentoring/.

Ausgestaltung von Mehrfachstimmrechten. Zwar ist dies in Deutschland gemäß § 12 Abs. 2 AktG für Aktiengesellschaften unzulässig, lässt sich aber in GmbH-Satzungen wie auch bei Aktiengesellschaften in anderen Ländern umsetzen.

Gerade Technologie-Unternehmen nutzen diesen Weg häufig. So haben die Gründer von Google bzw. Alphabet oder Facebook das Instrument verwendet, oder auch die Gesellschafter verschiedener US-Medienunternehmen.[82] Die Bewertung der Vor- und Nachteile einer starken Bindung zu den Gründern bleibt dem Einzelfall überlassen. Die starke Rolle von Gründer Leslie Wexner bei L. Brands (u. a. Victoria's Secret) wird von den Aktienmärkten offenbar als lähmend wahrgenommen. Hingegen verlief der Börsengang von Lyft Anfang 2019 erfolgreich, wenngleich die Gründer die 20-fachen Stimmrechte bei nur 7 % Kapitalanteil beibehielten.[83]

3.10.3 Fallbeispiel Siemens AG: Stärkere Dezentralisierung des Mutterunternehmens

Im Jahr 2018 hat das Dax-Unternehmen Siemens eine strategische Neuausrichtung vollzogen. Die Vision 2020+ umfasst nicht nur den Neustart von Angeboten von Beratungsleistungen im Hinblick auf die Digitalisierung der Kunden, sondern auch eine Neuordnung der Konzernstruktur. Das Unternehmen unterscheidet ab dem 01.10.2018 die drei operativen Unternehmen Gas and Power, Smart Infrastructure und Digital Industries und die drei strategischen Unternehmen Siemens Mobility, Siemens Healthineers und Siemens Gamesa Renewable Energy.[84] Dazu kamen seit dem 01.04.2019 die Siemens Portfolio Companies. Zu diesen zählen große Mehrheitsbeteiligungen. Sie stehen etwas weniger im Fokus der Konzernentwicklung und weisen einen höheren Grad der Dezentralisierung als die operativen und die strategischen Unternehmen auf. Das Ziel der gesamten Umorganisation lag in der Stärkung der unternehmerischen Freiheit der jeweiligen Einheiten vereint unter der gemeinsamen Marke Siemens. In dem Zuge wurde die bisherige Organisationsebene der Divisionen aufgelöst, die Landesorganisationen neu geordnet und die Konzernzentrale verschlankt. Diese soll sich auf die Kernaufgaben Finanzen, Governance & Markets, Recht und Compliance, Personalwesen und Kommunikation beschränkten.[85]

Darüber hinaus werden unter dem Begriff Service Companies die bisherige Division Financial Services sowie die Einheiten Global Business Services und Real Estate Services gruppiert. Das Service-Portfolio soll deutlich effizienter werden. Zusätzlich verbleibt der Bereich Corporate Development, der u. a. die Konzernforschung umfasst.

[82] Vgl. Hohensee (2018).

[83] Vgl. Thielmann (2019), S. 3.

[84] Vgl. https://new.siemens.com/global/de/unternehmen/ueber-uns/unternehmensstruktur.html.

[85] Vgl. Siemens AG (2018).

Der Vorstandsvorsitzende Joe Kaeser erläutert die neue Strategie wie folgt: „Nicht die größten Unternehmen werden überleben, sondern die anpassungsfähigsten. Deshalb werden wir das Verständnis für unsere Eigentümerkultur weiter ausbauen und unseren Geschäften deutlich mehr unternehmerische Selbstständigkeit einräumen als bisher. Dazu gehört auch die direkte Zuordnung von geschäftsnahen Funktionen. Wir werden unsere Kunden noch schneller und kompetenter – nicht nur bei Digitalisierung – in ihren Zielen unterstützen und beraten können. Für unsere Mitarbeiter bedeutet das Siemens der nächsten Generation mehr individuelle Freiheit, Gestaltungsspielraum und Übernahme von Verantwortung. Unsere Investoren profitieren ebenso, weil wir den Geschäften alle Instrumente an die Hand geben, um in ihrem jeweiligen Marktumfeld die Besten zu sein. Ein noch stärkeres Siemens kann auch seiner gesellschaftlichen Verantwortung besser gerecht werden." Und als Strategie für die ertragsschwachen Geschäfte gibt Jochen Eickholt, Leiter der Portfolio Companies aus: „Wir denken wie Private Equity. In allen Fällen haben die Firmen einen Wert, der in der Vergangenheit unterschätzt wurde."[86]

3.10.4 Fallbeispiel Merck: Rolle des familiengeprägten Gesellschafterrats bei einem börsennotierten Unternehmen

Eine besondere Form der Corporate Governance zeigt die Firma Merck. Das Unternehmen firmiert als Kommanditgesellschaft auf Aktien wodurch eine Kombination der Börsennotierung und eine starke Einflussnahme der Familie als Haupteigentümer ermöglicht wird. Das Unternehmen wird derzeit von fünf Vorständen, die gleichzeitig persönlich haftende Gesellschafter sind, geführt.[87] Diese werden durch die E. Merck KG berufen, die rd. 70 % des Eigenkapitals der Merck KGaA hält. Die übrigen rd. 30 % sind im Streubesitz von privaten und institutionellen Aktionären und werden an der Börse gehandelt. Neben dem Aufsichtsrat wird die Geschäftsleitung auch durch den Gesellschafterrat kontrolliert, dem neun Mitglieder angehören. Auf der Webseite lautet das Selbstverständnis: „Unsere Geschäftsleitung und unser Aufsichtsrat lenken und überwachen gemeinsam mit dem Gesellschafterrat die Umsetzung der Vision von Merck."[88] Und bei der Firma E. Merck KG heißt es: „Die E. Merck KG ist nicht an der Geschäftsführung beteiligt, sie trifft die unternehmerischen Grundsatzentscheidungen des Merck-Konzerns."[89] Die Mitglieder des Gesellschafterrats werden durch einen Familienrat (der wiederum ein Teil der Mitglieder der Gesellschafterversammlung aller Familienmitglieder der Nachfahren der Unternehmensgründer

---

[86] Vgl. o. V. (2019), S. 6.

[87] Vgl. https://www.merckgroup.com/de/company/who-we-are/management/executive-board.html.

[88] Vgl. https://www.merckgroup.com/de/investors/corporate-governance/boards-committees.html.

[89] Vgl. https://www.merckgroup.com/de/company/who-we-are/management/e-merck-kg.html.

repräsentiert) gewählt. Die Aufgaben werden wie folgt beschrieben: „Der Gesellschafterrat wird vom Familienrat gewählt und entspricht dem Aufsichtsrat einer AG. Er entscheidet über die Bestellung und Abberufung der Geschäftsleitungsmitglieder der Merck KGaA. Das Gremium überwacht die Geschäftsführung der KGaA, erteilt die Zustimmung zu außergewöhnlichen Geschäften, insbesondere Großinvestitionen, und stellt den Jahresabschluss der E. Merck KG fest."[90]

Die Tradition des Unternehmens reicht bis auf das Jahr 1668 zurück. Entsprechend blickt die Firma Merck KGaA auf eine über 350-jährige Geschichte zurück. Die Entwicklung war durch eine Reihe von Einflüssen geprägt:

- Exzellenz in den Kernmärkten führte zu starkem Wachstum,
- Starker familiärer Einfluss blieb bis heute bestehen, gleichwohl verabschiedete sich vor längerer Zeit die Familie aus der Geschäftsführung und beschränkte sich auf die Rolle des Hauptanteilseigners und der Einflussnahme über den Gesellschafterrat,
- Internationalisierung prägte die Unternehmensentwicklung, das Wachstum erfolgte durch organische Gründungen von Auslandstöchtern sowie durch Akquisitionen,
- Vernetztes, interdisziplinäres Denken und eine hohe Affinität für die Suche nach Innovationen ermöglichte die eigenständige Entwicklung neuer Geschäftsmodelle,
- Diversifikation in neue Geschäftsmodelle erfolgte immer wieder parallel zu der Weiterentwicklung des bisherigen Kerngeschäfts.

Das Beteiligungsmanagement der Firma Merck ist geprägt durch die Entwicklung als Stammhauskonzern, der sein Beteiligungsportfolio vor allem durch die Gründung von Tochtergesellschaften im Ausland und durch selektive Akquisitionen anorganisch entwickelt hat.

3.10.5 Fallbeispiel Possehl Gruppe: Steuerungsprinzipien

Die Possehl Gruppe wird durch die Holding L. Possehl & Co. mbH geleitet und ist ein über 150 Jahre altes Familienunternehmen aus Lübeck.[91] Da der Sohn des Gründers keine Kinder hatte, ging die Firma in die gemeinnützige Possehl-Stiftung über. Der Mischkonzern mit mehr als 150 Beteiligungen ist u. a. in der Branche der Edelmetallverarbeitung tätig.[92] Die Beteiligungen werden anhand folgender Prinzipien gesteuert:[93]

---

[90] Vgl. https://www.merckgroup.com/de/company/who-we-are/management/e-merck-kg.html.

[91] Vgl. https://www.possehl.de/die-gruppe/#geschichte.

[92] Vgl. https://www.possehl.de/die-gruppe/#ziele-strategie.

[93] Vgl. https://www.possehl.de/die-gruppe/#gruppe-steuern.

- **Kurze Wege und schnelle Entscheidungen**. Eine gute Gelegenheit wartet nicht und ein dringendes Ereignis erlaubt selten Aufschub. Warum auch? Die modernen Kommunikationswege ermöglichen in Organisationen heute schnelle und effiziente Austauschprozesse. Auch bei uns: Wir sind in der Holding für unsere Gesellschaften jederzeit und auf kurzem Weg ansprechbar. So können wir rasch und unkompliziert dazu beitragen, dass eine Aufgabe gelöst wird. Dem Prinzip folgen alle unsere Unternehmen.
- **Neues Wagen**. Angesichts der hohen Entwicklungsdynamik in den Märkten müssen auch unsere Unternehmen noch agiler werden und sich insbesondere in den kommenden Jahren den Herausforderungen der Digitalisierung stellen. Wir halten unsere Gesellschaften dazu an, die Chancen, die sie erkennen, mit einem „kontrollierten Risiko" zu erschließen. Damit nehmen wir auch in Kauf, dass sie im Nachhinein mit manchen Entscheidungen nicht immer richtig liegen. Aber das ist Unternehmertum. Wichtig ist, dass es in der Summe passt.
- **Klare Ziele und offenes Feedback** Auch für unsere Gesellschaften ist die Handlungsfreiheit an Bedingungen geknüpft. Wir legen großen Wert auf Transparenz, klare Vereinbarungen und verständliche Rückmeldungen. Dazu nutzen wir die informellen Dialoge, Quartals- und Jahresgespräche mit unseren Geschäftsleitern. Grundsätzlich schätzen wir das persönliche Gespräch mehr als den Austausch über Mails, exzessive Kennzahlengebilde oder gestylte Präsentationen.
- **Kooperative Führung** Keiner kennt seine Gewässer besser als der Kapitän, der sich Tag für Tag darin bewegt. Das wissen wir, weil wir als „aufmerksame Aufsichtsräte", Controller und „Berater" aus der Holding vormals selbst in Führungspositionen operativer Einheiten viele Jahre Erfahrung gesammelt haben. Deshalb haben wir großes Vertrauen in diejenigen, die unsere Unternehmen führen. Wir machen sie so stark wie möglich und geben ihnen im Alltag bei der operativen Weiterentwicklung größtmöglichen Spielraum. Statt auf Vorgaben setzen wir auf Austausch und Impulse. Auf diese Weise wächst ein wechselseitiges Vertrauen, das in einer schwierigeren Phase hilfreich ist.
- **Regelmäßiger Austausch** Information gibt Sicherheit. Deshalb stehen unsere Führungen in einem regelmäßigen und engen Austausch miteinander. Die Geschäftsbereichsleiter besprechen laufend die kurzfristigen Entwicklungen mit den operativen Managements. Dem schließen sich die in Lübeck stattfindenden Quartalsgespräche zwischen den Geschäftsführungen und der Holdingführung an. Im Herbst folgen die Planungsgespräche. Parallel dazu steht die Holdingführung auch regelmäßig vor Ort im Austausch mit den jeweiligen Geschäftsführungen.
- **Bottom-Line Accountability** Zu unserem Führungsverständnis gehört auch, dass sich unsere Gesellschaften eigenständig und unabhängig voneinander entwickeln sollen. Damit geht einher, dass sie in eigener Ergebnisverantwortung operieren. Jede Gesellschaft muss sich für sich rechnen. Quersubventionierungen sind nicht vorgesehen. Gruppenweite Aktionen haben in der Regel optionalen Charakter und gehen zumeist auf Initiativen einzelner Gruppenunternehmen zurück. Beispiele sind Cyber Security, Benchmarks, gemeinsamer Einkauf von Lizenzen oder der Innovationswettbewerb.

3.10.6 Fallbeispiel Reimann Gruppe: Expansion und Diversifikation eines Familienkonzerns

Die Geschichte der Familie Reimann und ihr unternehmerisches Wirken umfasst mehr als 190 Jahre.[94] Die frühen Generationen konnten u. a. mit Benckiser ein ertragreiches Chemieunternehmen etablieren. Darauf aufbauend diversifizierte die Familie in zukunftsträchtige neue Geschäftsfelder, wie zum Beispiel in Haushaltsprodukte mit Coty und Labelux. Es wurden wenige Akquisitionen getätigt, diese aber mit Geduld weiterentwickelt. Dabei sind die Beteiligungen in unterschiedlichen Branchen aktiv und lassen nur wenige Synergien zu. Durch die Fusion mit anderen Unternehmen und/oder einen Börsengang wird Wachstum ermöglicht und gleichzeitig Ausstiegsmöglichkeiten für sich selbst sowie Einstiegsmöglichkeiten für Dritte geschaffen. Mit dem Einstieg von Dritten soll das Wachstum forciert werden. Der Ausstieg aus Geschäftsbereichen erfolgt ohne Notwendigkeit, sondern zur Realisierung von Mehrwerten für die Verwendung der frei werdenden Mittel in neue unternehmerische Projekte.

Seit langem überlässt die Familie das Management der Beteiligungen und der Investmentholding Personen außerhalb der Familie.

3.10.7 Fallbeispiel HEAG Holding AG: Stadtwirtschaftsstrategie

Die HEAG Holding AG ist das Beteiligungsmanagement der Wissenschaftsstadt Darmstadt. Das Mutterunternehmen der HEAG-Gruppe nahm seit Jahren die Aufgaben des Beteiligungsmanagements wahr und wurde 2007/2008 zusätzlich mit den entsprechenden Aufgaben für die weiteren Beteiligungen der Stadt betraut. Dabei soll die HEAG die Unternehmen der Stadt als strategische Managementholding so ausrichten, dass diese die Anforderungen der Zukunft erfolgreich meistern und dadurch langfristig eine qualitätsvolle und am Gemeinwohl orientierte Daseinsvorsorge für die Menschen in der Stadt und der Region gewährleisten können.[95] Es zählen über 100 Beteiligungen zu dem HEAG-Beteiligungsportfolio, zusätzlich werden 50 Schwestergesellschaften durch die Holding betreut.

Die Beteiligungen sind in den Geschäftsfeldern Energie und Wasser, Immobilien, Mobilität, Gesundheit und Soziales, Telekommunikation und IT, Entsorgung und Abwasser sowie Kultur und Freizeit tätig. Das Geschäftsmodell der HEAG zielt auf die Schaffung von Mehrwerten insb. für den städtischen Eigentümer, die Beteiligungen und die Bürger - durch Transparenz über die Stadtwirtschaft (d. h. die städtischen Beteiligungen), durch Entscheidungsvorbereitung sowie durch die Erbringung von effizienten Querschnittsfunktionen.

[94] Vgl. Zellweger und Kammerlander (2014), S. 28–31.

[95] Vgl. HEAG (2019), S. 13.

Eine wichtige Basis für die Steuerung der Beteiligungen liegt in der regelmäßig aktualisierten Stadtwirtschaftsstrategie. Diese enthält die strategischen Ziele und Maßnahmen, die von Politik und Unternehmen durch Moderation der HEAG festgelegt wurden. Auszüge der Stadtwirtschaftsstrategie werden auch öffentlich bereitgestellt.[96] Darüber hinaus umfasst der Darmstädter Beteiligungskodex die Erwartungen der Eigentümer an eine verantwortungsvolle, zielgerichtete und nachhaltige Unternehmensführung und -aufsicht.[97] Der Darmstädter Beteiligungskodex wird von allen Mehrheitsbeteiligungen der Wissenschaftsstadt Darmstadt angewendet. Die Entsprechenserklärungen werden jährlich im Beteiligungsbericht veröffentlicht.[98]

3.10.8 Fallbeispiel ÖBAG

Die Österreichische Beteiligungs AG (ÖBAG) ist die Beteiligungsgesellschaft der Republik Österreich. Das Unternehmen im Eigentum der Republik Österreich ging 2019 aus der Österreichische Bundes- und Industriebeteiligungen GmbH (ÖBIB) hervor. Die Aufgaben der Staatsholding werden durch die Novelle BGBl. I Nr. 96/2018 zum ÖIAG-Gesetz geregelt.[99] Wesentliche Aufgaben des Unternehmens sind die Steuerung der Beteiligungen im Interesse des Wirtschafts- und Forschungsstandorts, die Sicherung und Schaffung von Arbeitsplätzen in Österreich und die Umsetzung von Entscheidungen des Bundes bei den Beteiligungen. Dabei wird ein aktives Management bei den Beteiligungen angestrebt. Bei allen Beteiligungen soll möglichst der Vorsitz im Aufsichtsrat durch den ÖBAG-Vorstand eingenommen werden.[100] Für Zukäufe ist neben Beschlüssen der österreichischen Regierung zuvor die Zustimmung eines Beteiligungskomitees einzuholen. Dieses Gremium soll den Vorstand und Aufsichtsrat der Staatsholding beraten.

Das Mutterunternehmen ist an den börsennotierten Unternehmen OMV, Post AG sowie Telekom Austria beteiligt. Ebenso nimmt das Unternehmen das Beteiligungsmanagement für die Bundesimmobiliengesellschaft BIG, die Verbund AG und die Casino Austria wahr.

3.10.9 Fallbeispiel Sparkassen-Finanzgruppe: ein Beispiel für ein Unternehmensnetzwerk

Zu dem Unternehmensverbund der Sparkassen-Finanzgruppe gehören rund 540 Mitglieder, u. a. rd. 390 Sparkassen, mehrere Landesbanken, Versicherungen und weitere Beteiligungen.[101] Es handelt sich um keinen Konzern, sondern um ein Netzwerk rechtlich selbst-

---

[96] Vgl. https://www.heag.de/stadtwirtschaft/stadtwirtschaftsstrategie/.

[97] Vgl. https://www.heag.de/stadtwirtschaft/darmstaedter-beteiligungskodex/.

[98] Vgl. https://www.heag.de/stadtwirtschaft/beteiligungsbericht/.

[99] Vgl. https://www.oebag.gv.at.

[100] Vgl. https://www.trend.at/wirtschaft/oebag-beteiligungsgesellschaft-bundes-10449888.

[101] Vgl. https://www.dsgv.de/sparkassen-finanzgruppe/organisation/verbandsstruktur.html.

ständiger Einheiten (ohne eine konzernleitende Institution). Die Verbindung des Netzwerks wird einerseits vom Deutschen Sparkassen- und Giroverband (DSGV) und andererseits von 12 regionalen Sparkassen- und Giroverbänden erbracht. Dabei sind die regionalen Verbände Körperschaften des öffentlichen Rechts, werden von den zugeordneten Sparkassen und ihren kommunalen Trägern gebildet und sind Mitglieder des DSGV. Der DSGV formuliert die grundsätzliche strategische Ausrichtung der Finanzgruppe (mit Gesamtbanksteuerung, Produkte und Leistungen, Risikomanagement), verwaltet Sicherungsmittel und ist Träger der zentralen Bildungseinrichtungen der Finanzgruppe. Die nachgeordneten Sparkassen- und Giroverbände unterstützen in rechtlichen, geschäftspolitischen und bankfachlichen Fragen sowie bei den Querschnittsfunktionen Marketing und Kommunikation und agieren durch die sog. Prüfungsstellen als Wirtschaftsprüfer der Sparkassen.[102] Zusätzlich bieten die Regionalverbände den Verbundunternehmen Leistungen der Aus- und Weiterbildung über regionale Sparkassenakademien an. Bemerkenswert ist, dass trotz der rechtlichen Selbstständigkeit der jeweiligen Verbundunternehmen und der dezentralen Führung durch Geschäftsleiter und Aufsichtsgremien eine weitgehend einheitliche Produktentwicklung, eine gemeinsame Marken- und Öffentlichkeitsarbeit sowie weitere Querschnittsfunktionen gebündelt werden. Es handelt sich um ein Beispiel für eine klare vertragliche Steuerung, da die wesentlichen Eckpunkte der Zusammenarbeit (Strategieentwicklung, Beratung, Wahrnehmung von Querschnittsfunktionen etc.) in den Gesellschaftsverträgen der Sparkassen- und Giroverbänden festgelegt sind.[103]

Die Besonderheit des gemeinsamen Prozesses für die Wirtschaftsprüfung ergibt sich nach § 340k HGB und orientiert sich nach den üblichen Vorschriften und Standards des Instituts der Wirtschaftsprüfer in Deutschland.[104] Derartige verbundbezogene Prüfungsstellen gibt es ferner für Genossenschaften, für öffentliche Körperschaften und für Unternehmen der Wohnungswirtschaft.[105]

3.10.10 Fallbeispiel ADCURAM: Squeeze-out der Minderheitsgesellschafter der Bien-Zenker GmbH

Die Beteiligungsgesellschaft ADCURAM Group AG ist eine Industrieholding in Privatbesitz.[106] Es werden Unternehmen mit Potenzial erworben, mithilfe eines 40-köpfigen Expertenteams aktiv strategisch und operativ weiterentwickelt und langfristig gehalten. Ge-

[102] Vgl. https://www.dsgv.de/verband/aufgaben.html.

[103] Vgl. z. B. § 2 der Satzung des Rheinischen Sparkassen- und Giroverbandes unter https://www.rsgv.de/_download_gallery/rechtliche-grundlagen/Satzung_RSGV_2018.pdf.

[104] Vgl. https://wirtschaftspruefer.sparkasse.de/uber-uns/die-prufungsstellen.

[105] Vgl. § 44 des Gesetzes über eine Berufsordnung der Wirtschaftsprüfer.

[106] Vgl. https://www.adcuram.de/ueber-uns/.

sucht werden Beteiligungen, die von mittelständischen Unternehmen oder Konzernen verkauft werden sollen sowie solche aus Nachfolgeregelungen. Das Unternehmen bietet den Beteiligungen Know-How in den Bereichen Finanzierung & Controlling, Einkauf & Logistik, IT & Geschäftsprozesse, Produktion & Technologie sowie Vertrieb & Service. Zusätzlich werden die Beteiligungen und das Investmentteam durch die Mitarbeiter aus den Holding-Funktionen unterstützt. Dies umfasst Themen wie Steuern, Recht, Controlling und Rechnungslegung sowie Personal, Marketing und Office Management. Ein Beispiel für den Erwerb einer Beteiligung ist die Bien-Zenker GmbH.[107]

- Die Bien-Zenker GmbH plant, baut und vertreibt Fertighäuser. Das Angebot reicht von Häusern mit Eigenleistung bis hin zu schlüsselfertigen Häusern der gehobenen Klasse.
- „Zunächst standen wir bei der Übernahme vor einigen Herausforderungen“, erinnert sich Dr. Matthias Meise, Mitgründer von ADCURAM. So war die Due Diligence aufgrund der Kapitalmarktsituation stark limitiert. „Schwierig war auch“, so Meise, „dass wir von der Elk Fertighaus AG nur 89,44 Prozent der Aktien erwerben konnten“. Aktienrechtliche Voraussetzung für einen Squeeze-out sind mindestens 90 Prozent. Hinzu kamen weitere Herausforderungen: ein schlanker Aktienkaufvertrag ohne Garantiekatalog und eine anstehende Nachfolgesituation im Management. Zunächst stieg ADCURAM bei der Bien-Zenker Aktiengesellschaft im Jahr 2013 ein, indem es das Aktienpaket der Elk-Fertighaus AG übernahm. ADCURAM finanzierte die Transaktion mit mehr als 70 Prozent aus eigenen Mitteln.
- Anschließend übernahm ADCURAM die übrigen Aktien – durch ein freiwilliges öffentliches Übernahmeangebot und einen verschmelzungsrechtlichen Squeeze-out.
- ADCURAM optimierte den Einkauf, investierte in die technologische Ausstattung und stärkte den Vertrieb. ADCURAM baute leistungsfähige kaufmännische Prozesse auf und implementierte ein durchgängiges ERP-System. „Mit dem Aufbau einer eigenständiger Vertriebsorganisation und einem neuen Produktprogramm unter einer neuen Marke (Living Haus) haben wir die Aktivitäten im unteren Preissegment forciert und massiv in zukünftiges Wachstum investiert“, erzählt Meise.
- Der Erfolg gibt ADCURAM Recht. Die Bien-Zenker GmbH ist heute einer der profitabelsten Fertighausanbieter in Deutschland. Im Rahmen eines Wettbewerbs hat das Bundesbauministerium Bien-Zenker im Jahr 2014 für seine nachhaltigen Ein- und Zweifamilienhäusern prämiert. Zuletzt wurde das Unternehmen auf der BAU 2015 mit dem bestmöglichen Prädikat „exzellent“ ausgezeichnet. 2014 erwirtschaftete das Unternehmen mit 450 Mitarbeitern einen Umsatz von 125 Millionen Euro.

[107] Vgl. https://www.adcuram.de/strategie/erfolge/#case-study-bienzenker.

3.10.11 Fallbeispiel AURELIUS: Ablauf einer Transaktion

Die AURELIUS Equity Opportunities SE & Co. KGaA ist eine börsennotierte Beteiligungsgesellschaft. Das Mutterunternehmen investiert in Beteiligungen mit Entwicklungspotenzial, bspw. Randbereiche von Konzernen oder private Unternehmen in Sondersituationen. Dabei versteht sich die AURELIUS Gruppe als langfristiges Good Home für ihre Beteiligungen. Nachfolgend wird das Fallbeispiel des Erwerbs der Entwicklung und der Veräußerung des Unternehmens Solidus Solutions beschrieben.[108]

- **Opportunität**. zwei separate Geschäftsbereiche (Mühlen und Konverter), Raum für Effizienzsteigerungen, bestehender Investitionsrückstand
- **Wichtige Kennzahlen bei Übernahme**. Umsatz: rd. 240 Mio. EUR, EBIT: knapp positiv
- **Marktumfeld**. stabil mit einigen positiven Trends, Raum für weitere Konsolidierung, Potenzial für Expansion & Produktinnovationen
- **Situation**. „Ungeliebtes Kind“: Nicht-Kerngeschäft eines multinationalen Konzerns, nicht im Fokus des Managements, wenige Investitionen getätigt, Champion in seinem Markt
- **Neuausrichtung**
  - Direkt nach der Übernahme: Einsetzung eines Interim Management-Teams, Wiederanfahren stillgelegter Maschinen, neue Berichts-/ Monitoring-Strukturen, Austausch der Finanzmodule, Aufsetzen Cash Pooling, Integriertes Kosten-Preis-Modell, Umfirmierung in Solidus, Entwicklung einer Corporate Identity, Kundenkommunikation, Aufbau einer eigenen IT-Infrastruktur und Datenmigration
  - Restrukturierung: Einführung gemeinsamer Service-Center, Vorruhestandsprogramm, Fixkostenreduktion
  - Effizienzsteigerung und Wachstumsinitiativen: Umsetzung von ca. 60 Maßnahmen zur Effizienzsteigerung, Gesamtergebnisverbesserung ~ 18 Mio. EUR, Einführung eines Investitionsprogramms zur Gewinnsteigerung, Initiativen zur Vertriebsstärkung und zur nachhaltigen Produktentwicklung
  - Weiteres Wachstum durch M&A: Umsatzplus von ca. 135 Mio. EUR durch strategische Zukäufe u. a. durch Fibor Packaging, Abelan South und Northern Paper, Identifikation der Übernahmeziele mit geografischer Expansion, Kapazitätssteigerung and Realisierung von Synergien
- **Ergebnis**. EBITDA seit Akquisition mehr als vervierfacht, d. h. ein hoch profitables und unabhängiges Unternehmen
- **Verkauf im Juni 2019** an Centerbridge Partners L.P. für einen Kaufpreis von 330 Mio. Euro mit einem Buchgewinn von rd. 102 Mio. Euro für AURELIUS.

[108] Vgl. https://aureliusinvest.de/site/assets/files/3834/aur_hv_19_07_2019.pdf, S. 10 ff.

3.10.12 Fallbeispiel AURELIUS: Buy-and-build-Strategie bei Getronics

Die AURELIUS GROUP ist ein europaweit tätiger Multi-Asset-Manager. Neben Investitionen in Beteiligungen (Equity Opportunities und Wachstumskapital) werden auch Investitionen in Fremdkapital (Debt Opportunities) und in Immobilien (Real Estate Opportunities) getätigt. Mit über 100 Experten werden Investitionsgelegenheiten identifiziert, erworben, entwickelt und wieder verkauft. Über die börsennotierte AURELIUS Equity Opportunities SE & Co. KGaA werden Transaktionen mit mittelständischen Beteiligungen in Umbruch- und Sondersituationen durchgeführt. Ein Beispiel für eine durchgeführte Transaktion ist der Erwerb, die Entwicklung und die Veräußerung des Unternehmens Getronics.[109]

Das IT-Unternehmen Getronics N. V.[110] mit Sitz in Belgien wurde im Mai 2012 als Carve-out von KPN erworben. Zum Erwerbszeitpunkt lag das EBITDA bei 2,0 Mio. Euro. Das Unternehmen hatte im Vergleich zu seinen Wettbewerbern eine nur geringe Wirtschaftlichkeit und Folgeumsätze bei bestehenden Kunden. Das Unternehmen verfügte über keine Gruppenstrategie und die Organisationseinheiten waren wenig miteinander verbunden. Einen Überblick über das Leistungsangebot gibt Abb. 3.17.

Die Beteiligungsgesellschaft führte ein Kostensenkungsprogramm durch (u. a. mit Outsourcing der Logistik, Standardisierung des Controllings und des Anwendungs-Portfolios) und verbesserte die Umsätze durch die Implementierung eines Kundenbindungs- und Upselling-Programms. Einen Überblick über das veränderte Leistungsangebot gibt Abb. 3.18.

Zusätzlich wurden im Sinne einer Buy-and-Build-Strategie eine Reihe von Add-on-Acquisitions durchgeführt. Es handelte sich dabei um folgende Transaktionen:

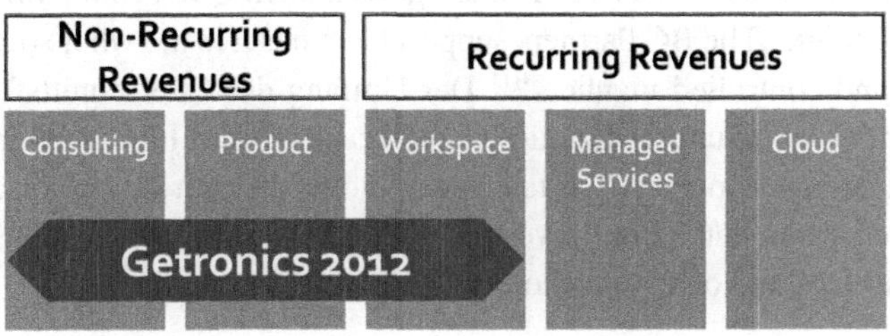

Abb. 3.17 Leistungsangebot von Getronics zum Erwerbszeitpunkt. (Quelle: In Anlehnung an AURELIUS 2019)

[109] Vgl. AURELIUS (2019).

[110] Vgl. https://www.getronics.com.

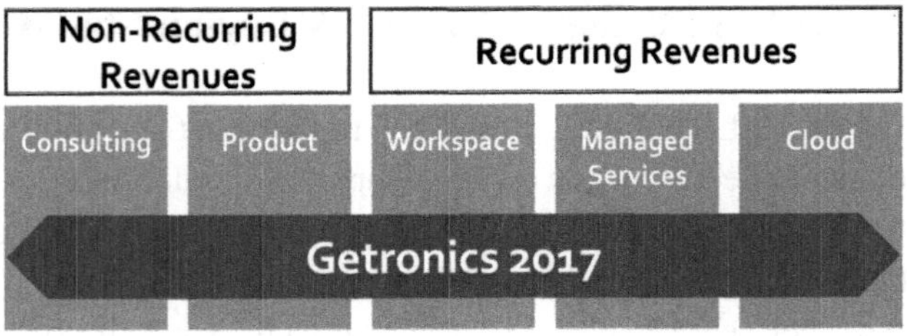

Abb. 3.18 Leistungsangebot von Getronics zum Verkaufszeitpunkt. (Quelle: In Anlehnung an AURELIUS 2019)

- Erwerb von Steria Iberica vom spanischen Steria Konzern
- Fusion der schweizerischen Getronics Aktivitäten mit dem bereits bestehenden AURELIUS-Unternehmen Connectis
- Erwerb des Vertriebsgeschäfts der japanischen NEC-Gruppe im Bereich Unified Communications in den Ländern Großbritannien, Spanien, Portugal und der Schweiz
- Erwerb der IT-Beratungsaktivitäten in Spanien, Brasilien und Chile der Telvent-Gruppe, einem Unternehmen des französischen Schneider Electric-Konzerns
- Erwerb des Cloud-Geschäfts CMC (Colt Managed Cloud) der Colt Group S.A.

Das Unternehmen wurde im Juli 2017 an die Grupo Cimcorp verkauft. Das EBITDA lag beim Verkaufszeitpunkt bei 31,1 Mio. Euro. AURELIUS konnte den EBITDA um 29,1 Mio. Euro verbessern.

3.10.13 Fallbeispiel BC Partners: Shared Services Gesellschaft

BC Partners Limited ist eine europäische Beteiligungsgesellschaft. Der Fokus liegt auf Buy-outs und Aktquisitionen von international tätigen Unternehmen. Die Erwartung an die Rolle der in einer Shared Services Einheit gebündelten Querschnittsfunktionen äußert BC Partners wie folgt: „The BC Partners support team ensures the whole organisation runs in an efficient and controlled manner.“[111] Der Umfang der Querschnittsfunktionen wird wie folgt beschrieben: „Support functions are organised into fund support, compliance, finance, IT, and human resources. The teams work together with a common aim of creating a best-in-class environment for our investment teams and investor relations professionals to deliver for our LPs and other stakeholders“.[112]

[111] Vgl. https://www.bcpartners.com/about/support.

[112] Vgl. https://www.bcpartners.com/about/support.

3.10.14 Fallbeispiel BPE: Die BPE-MBI-Initiative und Ablauf einer Unternehmensnachfolge

Die BPE Unternehmensbeteiligungen GmbH ist eine Beteiligungsgesellschaft, die als Spezialist für Unternehmensnachfolgen positioniert ist.[113] Weitere Themenfelder liegen im Erwerb von ausgegliederten Konzerneinheiten (Spin-offs oder Carve-outs) und in der Reorganisation von nicht profitablen Unternehmen. Das Ziel sind Mehrheitsbeteiligungen, die langfristig gehalten werden. Ein Schwerpunkt der Tätigkeit liegt in der Durchführung von Management-Buy-ins (MBIs), bei denen ein erfahrener Manager ein Unternehmen, in der Regel zur Lösung eines Nachfolgeproblems, übernimmt. Die BPE-MBI-Initiative zielt auf die Suche nach geeigneten Managern für MBIs. Die Manager können sich zu Vorzugskonditionen beteiligen und nehmen die operative Geschäftsführung bei der Beteiligung wahr. Die BPE-MBI-Initiative lässt sich durch folgende Eckpunkte beschreiben:[114]

- Bei vielen Unternehmen besteht eine zusätzliche Problematik bei der Nachfolgeregelung, wenn das bestehende Management der zweiten Ebene nicht in der Lage oder willens ist, die operative Führung des Unternehmens bzw. die Unternehmerrolle zu übernehmen. In diesen Fällen, in denen kein geeigneter operativer Nachfolger bereitsteht, der unternehmerische Verantwortung übernehmen will, wird die Regelung der Nachfolge zu einem „echten" Nachfolgeproblem.
- Die Lösung ist ein sogenannter Management Buy-in (MBI), bei dem der zukünftige Geschäftsführer und Unternehmer von außen kommt. Dies bedeutet nicht, dass die zweite Managementebene nicht auch (unternehmerisch) eingebunden werden kann.
- Ein inhabergeführter Mittelständler zeichnet sich meist durch eine auf den Unternehmer zugeschnittene Organisations- und Führungsstruktur aus. Eine solche Struktur baut auf eine loyale zweite Ebene, die oft keinen Führungsanspruch (mehr) oder keine unternehmerischen Ambitionen hat. Dies ist für einen neu eintretenden externen Manager eine ausgezeichnete Ausgangssituation. Er kann als „Neuer" auf die langjährige Erfahrung der zweiten Ebene bauen, wenn es ihm gelingt, diese für sich zu gewinnen. Dies kann den größten Nachteil des MBI, nämlich die Tatsache, dass der eintretende Manager das Unternehmen nicht kennt, kompensieren.
- Eine Allianz aus bestehender zweiter Ebene und MBI-Kandidat mit ergänzendem Erfahrungsschatz und hoher Veränderungsdynamik ist eine ausgezeichnete Voraussetzung, um Potenziale zu identifizieren und den Unternehmenswert langfristig und nach-

[113] Vgl. https://www.bpe.de/bpe-kennenlernen/.

[114] Vgl. https://www.bpe.de/bpe-mbi-initiative/.

haltig zu steigern. Ergänzend ist eine Beteiligung der zweiten Ebene an dem Unternehmen eine Anerkennung der bisherigen Leistung und schafft Vertrauen.

- Ein Kandidat, mit dem BPE bereit ist, ein Unternehmen zu erwerben, sollte BPE schon langjährig bekannt sein. Die Frage, ob man gemeinsam bereit ist, ein Unternehmen zu erwerben, muss dabei vorab geklärt sein. Eine Situation, bei der die Entschlossenheit zur Kooperation zwischen dem MBI-Kandidaten und der Beteiligungsgesellschaft noch in Frage gestellt wird, erhöht die ohnehin schon hohe Komplexität der Unternehmensnachfolge zusätzlich. Daher setzt BPE seit Jahren und mit nachhaltigem Erfolg mit der BPE MBI-Initiative darauf, mit dem betreffenden MBI-Kandidaten bereits als Käuferallianz aufzutreten. Die Wahrscheinlichkeit, eine passende Transaktion dann auch wirklich abzuschließen, erhöht sich dadurch erfahrungsgemäß erheblich. Die Käuferallianz zwischen BPE und einem geeigneten MBI-Kandidaten stellt ein Alleinstellungsmerkmal dar. Daher ist der Zugang zu geeigneten MBI-Kandidaten und die Kenntnis über deren Eignung und Bereitschaft, einen MBI tatsächlich auch durchzuführen, eine wichtige Voraussetzung, wenn sich eine Beteiligungsgesellschaft dem Thema Nachfolgelösung bzw. Nachfolgeproblemlösung vollumfänglich widmen möchte.
- Dieses Konzept hat BPE im Jahre 2007 institutionalisiert und aus der langjährigen Erfahrung heraus die BPE MBI-Initiative ins Leben gerufen. Durch regelmäßige, auf die Identifikation potenzieller MBI-Kandidaten zugeschnittene Veranstaltungen (BPE Unternehmertag und BPE MBI-Dinner) werden Kandidaten, die zuvor über das Netzwerk identifiziert wurden, über das exklusive Konzept informiert und deren Interesse und Eignung hinterfragt. Nur eine limitierte Anzahl von ca. 10 Managern wird in die BPE MBI-Initiative aufgenommen, mit denen dann konkret angebotene Transaktionen geprüft, aber auch weitere Transaktionen pro-aktiv gesucht werden. Viele durch diese Initiative identifizierte MBI-Kandidaten sind bereits in Portfoliounternehmen von BPE tätig geworden.

Der Ablauf einer Unternehmensnachfolge folgt folgenden sechs Schritten:[115]

- **Erster Kontakt**. Nach der ersten Kontaktaufnahme sollte zunächst ein persönlicher Kennenlerntermin stattfinden. Dieser kann entweder in dem Unternehmen oder, wenn strikte Vertraulichkeit gewährleistet werden soll, zunächst beispielsweise in den Geschäftsräumen von BPE stattfinden. Im Anschluss erfolgt in der Regel der Austausch einer Vertraulichkeitserklärung, bevor vorhandene, möglichst aussagekräftige Unterlagen des Unternehmens an BPE übermittelt werden. Im Anschluss und sofern möglich sollte eine Unternehmensbesichtigung stattfinden. Idealerweise kann dann in den ersten zwei Wochen nach der ersten Kontaktaufnahme eine erste Bewertungsindikation

[115] Vgl. https://www.bpe.de/bpe-kennenlernen/.

sowie eine Beurteilung und Grundkonzeption für eine potenzielle Transaktion vorgestellt und diskutiert werden. Hilfreich – aber nicht zwingend notwendig – für diese erste Beurteilung ist die Vorlage eines detaillierten und schlüssigen Unternehmenskonzeptes / Business Plans sowie der jeweiligen Jahresabschlüsse des Unternehmens.

- **Strukturprüfung**. Im Zeitraum zwischen der zweiten und dritten Woche könnte dann die vorgesehene Transaktion detailliert strukturiert und ein einigungsfähiges Angebot erarbeitet werden. Die Finanzierung wird unter Berücksichtigung der gesellschaftsrechtlichen Belange möglichst steueroptimiert strukturiert. Die Beteiligungsstruktur ist von Fall zu Fall unterschiedlich und orientiert sich an den Bedürfnissen der Parteien und anderen Einflussfaktoren, wie vorhandene Kapitalausstattung, steuerliche und gesellschaftsrechtliche Gegebenheiten, sowie den Präferenzen der zukünftigen Partner.
- **Absichtserklärung**. Im Anschluss an die Diskussionen der beteiligten Parteien über die entscheidenden Kriterien und Eckdaten einer möglichen Transaktion wird BPE ein detailliertes Angebot in Form einer Absichtserklärung oder „Letter of Intent" (LOI) ausarbeiten. In dieser sind die Details der Transaktion festgelegt und möglichst weitgehend konkretisiert. Diese soll die Grundlage für eine Umsetzung der Transaktion sein und möglichst alle relevanten Themen bereits abdecken. Die Unterzeichnung einer solchen Absichtserklärung ist für die vierte Woche vorgesehen und dient als Ausgangspunkt für die anschließenden Prüfungen.
- **Due Diligence**. Zwischen der vierten und achten Woche – je nach Größe und Komplexität der Transaktion – ist eine detaillierte Untersuchung und (Über-) Prüfung sämtlicher wirtschaftlicher und rechtlicher Angaben sowie des Marktumfeldes geplant. Weiterhin werden gegebenenfalls Finanzierungszusagen von den involvierten Banken eingeholt und ein erster Kaufvertragsentwurf erstellt. Üblicherweise besteht die Due Diligence aus folgenden Einzelprüfungen: Finanzen und Steuern, Recht, Markt, ggf. Umwelt.
- **Kaufvertrag**. Parallel beginnen die Vertragsverhandlungen. Diese sollten die Dauer von drei Wochen nicht überschreiten. Der Abschluss der Transaktion sollte idealerweise nach maximal drei Monaten durchgeführt sein.

Beteiligungsphase: Ein wesentlicher Bestandteil der Beteiligungsphilosophie von BPE ist die Betreuung und Entwicklung der Portfoliounternehmen nach Eingehen der Beteiligung. Hierzu gehört, dass nach Abschluss der Transaktion ein Unternehmensbeirat eingerichtet wird, der aus externen Fachbeiräten, ggf. dem verkaufenden Unternehmer sowie einem Vertreter von BPE besteht. Dieser soll die Fortschritte bei der behutsamen Nachfolgeregelung beurteilen und das neue Management bei der Definition einer nachhaltigen, langfristig angelegten Strategie unterstützen. Im neuen Gesellschaftsvertrag wird zudem individuell fixiert, in welchen Abständen und in welcher Form das Management des Portfoliounternehmens über relevante Entwicklungen im Unternehmen informiert. Obwohl BPE ein „Hands-off-Investor" ist, werden die Portfoliounternehmen auf deren Wunsch in Teilbereichen unterstützt. So haben wir beispielsweise bestehende Portfoliounternehmen bei der Akquisition komplementärer Unternehmen oder Unternehmensteile aktiv begleitet. Dies gilt ebenfalls bei der Suche nach qualifiziertem Personal sowie bei der Entscheidung zu wesentlichen Investitions- und Expansionsvorhaben. Aufgrund der begrenzten Anzahl von Portfoliounternehmen stehen wir jederzeit kurzfristig und unbürokratisch zur Verfügung.

3.10.15 Fallbeispiel EQT: Corporate Governance Verständnis

EQT Partners AB ist eine der weltweit führenden Private Equity Beteiligungsgesellschaften mit Sitz in Stockholm.[116] EQT wurde von Investor AB, der Beteiligungsgesellschaft der Familie Wallenberg gegründet und ist noch zu 31 % im Besitz von Investor AB. Die übrigen Anteile werden von den Partnern des Unternehmens gehalten. Der Fokus der Investitionen liegt in Nordeuropa und in Asien.

Ein zentrales Element der Beteiligungsstrategie von EQT bei den erworbenen Mehrheitsbeteiligungen ist eine klare Verankerung von Rollen und Verantwortlichkeiten, wozu die Etablierung einer Troika aus dem CEO der Beteiligung, dem Vorsitzenden des Aufsichtsrats der Beteiligung sowie dem zuständigen EQT Partner, gehört. Das Modell wird wie folgt beschrieben:[117]

- EQT applies a Corporate Governance Model for all majority-owned portfolio companies with clear roles and responsibilities. Once a new portfolio company is acquired, EQT appoints a Board of Directors with a Chairman, generally an Industrial Advisor, supported by other sector/industry specialists from the EQT Industrial Network and the EQT partner responsible for monitoring the portfolio company. The Board of Directors defines and monitors strategic plans in the portfolio companies and ensures that management gets the relevant support and resources to implement these and to run the company in an efficient, responsible and accountable manner. The board is carefully structured for each portfolio company and its specific needs and is usually kept small to ensure strong commitment and swift decision-making. The Board of Directors appoints the CEO.
- An important requirement for the governance to work well is that management, the Board of Directors and EQT, as owner, share the same interest. This is achieved by inviting the board and senior management to invest in the portfolio company. A common mindset and shared agenda is also established through a joint business plan and a high level of transparency.

[116] EQT rangiert mit den eingeworbenen Mitteln über die letzten Jahre mit 28,7 Mrd. $ hinter The Carlyle Group, Blackstone, KKR, Apollo Global Management, CVC Capital Partners, Warburg Pincus auf Platz 7. Nach CVC Partners ist EQT die größte Private Equity Beteiligungsgesellschaft mit Hauptsitz in Europa. Vgl. Somerville (2018).

[117] Vgl. https://www.eqtpartners.com/About-EQT/Business-Model/Corporate-Governance.

- An important pillar within the Corporate Governance Model is the TROIKA, consisting of the Chairman, the portfolio company CEO and the EQT partner. The TROIKA works closely together on an informal and continuous basis, which provides a sounding board to the CEO. He or she can address and get advice and support on different topics such as operational or strategic issues. The TROIKA offers the portfolio company an extra supportive forum and keeps the owners updated on the business and progress. The TROIKA does not have decision-making powers and is in no way a substitute for the portfolio company Board of Directors.
- Continuous performance evaluation is a crucial part of the EQT corporate governance model. The performance of the CEO, Chairman, the overall Board of Directors and the Investment Advisory Professional is assessed once a year in a comprehensive appraisal process. This process ensures that relevant competencies are present on the board and that governance works in accordance with EQT's objectives and principles. This evaluation can lead to changes in the board composition.

3.10.16 Fallbeispiel Heartland: Beteiligungsgesellschaft mit klarem Branchenfokus

Heartland A/S ist ein Beispiel für eine auf eine Branche spezialisierte Beteiligungsgesellschaft. Die Investmentgesellschaft des Unternehmers Anders Holch Povlsen investiert primär in Unternehmen der Modewirtschaft. Die Beteiligungsstrategie sieht eine langfristige Ausrichtung vor. „We do not venture into business opportunities without having our hearts in it, and we only look for long term engagements. In that sense, our investment view is very much affected by the Holch Povlsen family values. We believe that people create results, and when we look for new opportunities, we look just as much at the people we are partnering with, as we look to the actual investments. The right business plan is nothing without the right person to bring it to life.“[118]

Wenngleich keine Veröffentlichungen über die Beteiligungsstruktur vorliegt, gehören u. a. folgende Beteiligungen aus der Bekleidungsindustrie zu der Beteiligungsgesellschaft: Bestseller und Bestseller Fashion Group China als Ursprungsbeteiligungen sowie ASOS, Zalando, About You, M and M Direct, Bianco Footwear, J. Lindberg und Smart Guy Group.[119] Im Jahre 2018 beteiligte sich Heartland mit 300 Mio. Euro US-$ an der Kapitalerhöhung von About You. Das Hamburger Unternehmen kam damit auf eine Unternehmensbewertung von über 1 Milliarde US-§, d. h. About You wurde zu einem „Unicorn“.[120]

---

[118] Vgl. https://about.bestseller.com/news/welcome-heartland.

[119] Vgl. https://heartland.co/.

[120] Vgl. https://corporate.aboutyou.de/de/presse/about-you-wird-zum-ersten-unicorn-aus-hamburg-%E2%80%A8heartland-a-s-steigt-als-neuer-investor-bei-fashion-tech-start-up-ein.

Als Randaktivitäten ist Heartland auch an &Tradition (Leuchten), Nemlig (Onlinehandel), Blackbird Air (Fluggesellschaft), United Insurance A/S (Versicherungen primär für Bestseller Brillen), Klarna (Zahlungsdienstleistungen) und Wildland (Investitionen und Verhinderung der Ausbeutung von Wald- und Naturschutzgebieten) beteiligt.

3.10.17 Fallbeispiel Mutares: Durchführung eines Turnarounds

Die Mutares SE & Co. KGaA ist ein Beteiligungsunternehmen, dass sich auf den Erwerb von Beteiligungen in Umbruchsituationen konzentriert.[121] In der Regel erwirbt Mutares ertragsschwache Unternehmen bzw. Unternehmensteile, die nicht mehr zum Kerngeschäft eines Konzerns gehören und daher herausgelöst werden oder bei denen im Zuge der Unternehmensnachfolge eine Veräußerung sinnvoll ist. Durch eine neue zukunftsorientierte Unternehmensstrategie und die Realisierung von bewährten und unkonventionellen unternehmerischen Maßnahmen wird für die Beteiligung Mehrwert geschaffen. Die Restrukturierung orientiert sich an fünf Prinzipien: Entrepreneurship, Operativer Einsatz, Wachstum, Nachhaltigkeit und Teamwork. Es folgt ein Beispiel für die Durchführung eines typischen Turnarounds durch Mutares:[122]

- **Company in special situation**. Part of group, Headquarters in Europe, medium-sized with sales of EUR <500m, loss-making and operational inefficiencies
- **Active approach for Turnaround**. Implementing carve-out and setup of support functions, set up & execution of turnaround program, local support by Mutares Consulting
- **Organic growth for Repositioning**. Review of go-to-market for strategic repositioning, opening up of new sales channels, new product innovation, local support by Mutares Consulting
- **Anorganic growth**. Complementary add-on acquisition(s), deal support by Mutares M&A, local operational support by Mutares Consulting

3.10.18 Fallbeispiel Nord Holding: Werttreiber als Hebel für die Wertsteigerung

Die Nord Holding ist eine Beteiligungsgesellschaft von mehreren norddeutschen Sparkassen, öffentlich-rechtlichen Versicherungen und Versorgungswerken sowie der Norddeutschen Landesbank (mit einem 15 %-Anteil).[123] Die Schwerpunkte liegen in der Strukturierung und Finanzierung von Unternehmensnachfolgen, in der Übernahme von Konzernteilen bzw. Tochtergesellschaften von Konzernen und in der Expansionsfinanzie-

[121] Vgl. https://mutares.de/unternehmen/#company.

[122] Vgl. Mutares (2019), S. 6.

[123] Vgl. https://www.nordholding.de/en/nord-holding/.

rung mittelständischer Unternehmen. Die Beteiligungen werden in der Regel langfristig gehalten. Regelmäßig nutzt das Mutterunternehmen folgende Werttreiber (Value Drivers) für die Wertsteigerung der Beteiligungen:[124]

- **Strategic value enhancement**. An essential part of NORD Holding's value added is early on identifying a successful long-term strategy based on historical and emerging performance drivers, and future growth trajectories. Combining rigorous analysis and deep industry knowledge, we support companies to prioritize and implement the best strategic choices to increase the company's performance.
- **Organisational development**. NORD Holding seeks to encourage an entrepreneurial spirit among its companies, aligning the incentives of all stakeholders with the long-term success of the business to promote the necessary culture to catalyse growth. For NORD Holding, organisational coaching is an essential part of the value added for a company. We actively leverage our broad network of human resources specialists to assist the organisation at every stage.
- **Operational development**. In seeking to drive sustainable growth, NORD Holding supports the companies in optimizing costs basis, improving margins and maximizing long-term profitability. NORD Holding seeks to ensure that margins remain resilient across market cycles and provide the company with a solid basis to build on for future growth. To develop and subsequently monitor the implementation of identified measures, NORD Holding has created the role of a portfolio support director.
- **Financial support**. At NORD Holding, we truly believe that each company requires a tailored equity structure. Therefore, we support to optimize the capital structure, always supporting the growth plans of the company.

3.10.19 Fallbeispiel Nordic Capital: Ansatz für ein wertorientiertes Beteiligungsmanagement

Die schwedische Beteiligungsgesellschaft Nordic Capital investiert in mittlere und große Unternehmen mit dem Schwerpunkt in Nordeuropa. Ein Branchenschwerpunkt liegt im Bereich Gesundheit.[125] Die Mission von Nordic Capital wird wie folgt beschrieben:[126]

- Nordic Capital is an active, engaged owner that works in close collaboration with portfolio companies – often identifying truly transformative angles. The goal is to support the creation of strong, sustainable businesses that will thrive in the long term.
- When a business is acquired, Nordic Capital appoints a Board of Directors. The Board members are carefully selected in order to provide the best possible combination of

[124] Vgl. https://www.nordholding.de/en/direct-investments/approach/#value-driver.

[125] Vgl. https://www.nordiccapital.com.

[126] Vgl. https://www.nordiccapital.com/building-businesses/ownership-excellence/.

knowledge and experience. The Board is responsible for defining business strategy as well as ensuring that management receives the necessary support for implementation.
- Nordic Capital works in close partnership with the management teams of its companies, who often invest alongside Nordic Capital Funds. This ensures a true alignment of interest and is a pre requisite for successful business development.
- Operational improvement is key to ownership excellence and Nordic Capital contributes significantly in this area to create growth and value faster.
- A strong organisational framework ensures that the portfolio companies are equipped with the right resources and competencies to achieve their goals within an optimal time frame. As a result of this, 70 % of the value created by Nordic Capital comes from operational improvement.
- Nordic Capital generates strong returns for the investors in our Funds by the building of businesses that are more valuable at exit than they were before Nordic Capital's acquisition. This benefit is not realised until exit of the businesses.

Die Ansätze des Beteiligungsmanagements im Sinne einer Ownership Excellence werden nachfolgend beschrieben:

- **Operations Team**. Nordic Capital's Operations Team includes professionals with deep industry knowledge and experience. Their role is to support and ensure the consistent application of best practice across the investment portfolio.
- **Strategic HR and Portfolio talent development**. In-house expertise drives management assessment, leadership development and recruitment within Nordic Capital's companies.
- **Industrial Advisors Network**. A network of 100+ industrial advisors, including Operating Chairmen, industry and functional experts, is connected to Nordic Capital.
- **Cross Portfolio Initiatives**. Delivering value from procurement, commercial excellence, digitalisation and other efforts across the portfolio.
- Governance: Portfolio company governance, based on a set of best practices, is an essential part of Nordic Capital's value creation model. A dedicated Sustainability function promotes best practice in environmental, social and corporate governance within our Funds as well as the portfolio companies.

3.10.20 Fallbeispiel Project A: Aktive Unterstützung durch das Mutterunternehmen

Die Beteiligungsgesellschaft Project A (Project A Services GmbH & Co. KG) ist ein internationales Venture Capital Unternehmen, das vor allem in Frühphasen-Unternehmen investiert.[127] Eine Besonderheit des Mutterunternehmens liegt in der ausgeprägten Unter-

[127] Vgl. https://www.project-a.com.

stützung der Beteiligungen durch den operativen Support des Mutterunternehmens. Die Unterstützung bezieht sich auf die Bereiche Business Intelligence, Communications & PR, Design, Talent acquisition & HR, Online Marketing, Product Management, Sales & Customer Success, Software Engineering und Venture Development. Der operative Support basiert auf langjährigen Erfahrungen in der Digitalbranche und steht den Beteiligungen auf Nachfrage zur Verfügung. Im Rahmen der Zusammenarbeit mit den Beteiligungen werden die notwendige technische Infrastruktur sowie Kompetenzen und Teams in erfolgsrelevanten Bereichen aufgebaut. Nachfolgend Auszüge aus der Unternehmensstrategie:[128]

- **Business Intelligence**. Für junge Unternehmen ist es entscheidend von Anfang an inhouse Kompetenzen im Umgang mit Daten aufbauen. Das Business Intelligence-Team beschäftigt sich mit der systematischen Aggregation und Analyse von Daten sowie der Übersetzung dieser in gewinnbringende Erkenntnisse, die es den Portfoliounternehmen ermöglichen, bessere strategische und operative Entscheidungen, z. B. in den Bereichen Sales, Operations, Marketing oder CRM, zu treffen. Mit dem hauseigenen Data Warehouse (DWH), das auf die Anforderungen des jeweiligen Unternehmens abgestimmt wird, können Reports und Analysen zu Nutzer- und Kaufverhalten, Website-Traffic sowie vielen anderen Parametern erstellt werden. Das DWH ist das Herzstück eines datengetriebenen Unternehmens. Die hier gesammelten und aufbereiteten Daten können operativ beispielsweise für die Aussteuerung von Marketingkampagnen an ausgewählte Nutzersegmente, die technische Umsetzung von Produktempfehlungen oder die Performance-Optimierung von Kampagnen genutzt werden.
- **Communication & PR**. Besonders Start-ups sind auf mediale Sichtbarkeit und eine klare Kommunikation ihres Produkts angewiesen. Das Communications-Team berät und unterstützt die Portfoliounternehmen bei allen Themen rund um die interne und externe Kommunikation – von klassischer Pressearbeit, über die Konzeption, Planung und Umsetzung einer Kommunikationsstrategie, bis hin zu redaktionellen Tätigkeiten. Inhaltlich reicht das Spektrum dabei von Finanzierungsmeldungen, über Produkt- und Unternehmens-PR, bis hin zur Krisenkommunikation. Die Portfoliounternehmen profitieren außerdem von einem umfangreichen Netzwerk in verschiedenen Branchen.
- **Design**. Das Design-Team verleiht den Visionen und Produkten der Portfoliounternehmen ein Gesicht und macht diese für die jeweiligen Nutzer erfahrbar und zugänglich. Design ist dabei weit mehr als die oberflächliche, visuelle Gestaltung von Logos und Webseiten: Im Sinne des User Centered Designs stehen die Nutzer bei Produktdesign, über User Experience und Interaction Design, bis hin zum konkreten User Interface im Mittelpunkt und werden im Rahmen kontinuierlicher User Tests in die Entwicklung einbezogen. Neben der konkreten Anfertigung von Prototypen und Designs für unterschiedlichste Zwecke übernimmt das erfahrene Design-Team auch strategische und konzeptionelle Aufgaben – ob bei der Entwicklung einer UX- und User Flow-Strategie oder der Erarbeitung eines Branding-Konzepts.

[128] Vgl. https://www.project-a.com/de/ueber-uns/expertise.

- **Talent acquisition & HR**. Unternehmen können nur mit einem starken Team langfristig erfolgreich sein. Als strategischer Partner unterstützt das HR-Team die Geschäftsführung und die Personalverantwortlichen der Ventures auf verschiedenen Ebenen. Die Anforderungen an Organisationsaufbau und -entwicklung variieren dabei je nach Wachstumsphase des Unternehmens. In einer sehr frühen Phase stehen das Recruiting, die Personalauswahl, der Aufbau der Teams sowie das operative Personalmanagement im Fokus. Mit zunehmender Unternehmensgröße werden strategische Aufgaben wie der Aufbau und die Entwicklung einer starken Führungsebene, die Förderung stabiler Unternehmensstrukturen, die Weiterbildung aller Mitarbeiter und die Einführung von regelmäßigen Feedbackprozessen wichtiger.
- **Online Marketing**. Datengetriebenes und leistungsorientiertes Marketing und Customer Relationship Management (CRM) zählen zu den wichtigsten Wachstumsfaktoren für Start-ups. Bei Project A arbeiten Experten für alle relevanten Bereiche des Performance Marketings wie Suchmaschinen-Marketing (SEM), Suchmaschinenoptimierung (SEO), Affiliate Marketing, Display Marketing und Social Media Marketing. Sie alle unterstützen die Portfoliounternehmen auf strategischer, taktischer und operativer Ebene bei der Planung, Umsetzung und Optimierung von Kampagnen. In allen Bereichen arbeiten wird datengetrieben und in enger Zusammenarbeit mit dem BI-Team gearbeitet. Auf diese Weise können Kampagnen bereits während der Laufzeit effektiver gestaltet werden. Neben der kontinuierlichen Optimierung von Marketingaktivitäten unterstützt das Online Marketing-Team die Ventures auch bei der Implementierung von Tools für Tracking und Bid-Management.
- **Product Management**. Der Bereich Produktmanagement ist die zentrale Schnittstelle zwischen allen IT-Teams, Designern, den Gründern der Portfoliounternehmen und dem Management. Hier laufen die Interessen und Anforderungen der einzelnen Bereiche zusammen. Produktmanager begleiten jedes neue Produkt oder Feature von der ersten Idee über die Spezifikation bis zur Implementierung und darüber hinaus.
- **Sales & Customer Success**. Das Sales-Team unterstützt die Portfoliounternehmen in den Bereichen Vertrieb, Account Management und Kundenservice, um den Aufbau einer effizienten und skalierbaren Vertriebsfunktion zu gewährleisten. Dabei wird ein holistischer Ansatz verfolgt und entsprechend eng mit den Bereichen Marketing, Product Management und Business Intelligence zusammengearbeitet. Am Anfang der operativen Unterstützung stehen in der Regel die Identifikation der Ziele, Kundensegmentierung und die Implementierung der wichtigsten Kennzahlen. Um einen wirklich skalierbaren Vertrieb aufzubauen und die volle Kontrolle über diesen sicherzustellen, unterstützt das Sales-Team auch bei der Definition entsprechender Prozesse und dem Aufsetzen eines passenden CRM-Systems. Ein hohes Maß an Automation verbessert dabei die Effizienz im Vertrieb sowie die Genauigkeit der Kennzahlen. Besonders schnell wachsenden Unternehmen hilft ein gut durchdachtes Vertriebs-Tool im Hinblick auf weiteres Wachstum und internationale Roll-Outs enorm.

- **Software Engineering.** Eine leistungsstarke und skalierbare IT-Infrastruktur bildet den Kern digitaler Geschäftsmodelle. Das breitgefächerte Team aus Softwareentwicklern, Systemadministratoren und Qualitätsmanagern entwickelt in Zusammenarbeit mit den Portfoliounternehmen nutzerfreundliche und effiziente Softwarelösungen für unterschiedliche Anwendungsbereiche. Dabei achten die Entwickler streng auf sauberen Code, der von den Entwicklerteams der Portfoliounternehmen gut gewartet werden kann. Außerdem wird auf schlanke, pragmatische Architekturen und, wo immer möglich, auf bewährte Open Source-Komponenten gesetzt. Neuentwicklungen werden konsequent in die Core-Systeme eingepflegt, damit bei neuen Projekten an bewährte Entwicklungen anknüpft werden kann.
- **Venture Development.** Die Intensität der operativen Unterstützung sowie der erforderliche Wissenstransfer werden individuell auf die Anforderungen des jeweiligen Portfoliounternehmens abgestimmt. Die Venture Development Manager stellen dabei den erfolgreichen und effizienten Ablauf der operativen Unterstützung sicher. Als Generalisten behalten sie die übergreifende Projektstruktur im Überblick und übernehmen gleichzeitig eine große Bandbreite operativer Aufgaben. Abhängig von den spezifischen Bedürfnissen des Ventures kann dies die Verantwortung für das Schaffen neuer Strukturen oder aber das interimistische Ausfüllen einer vakanten Position sein. Ihre Tätigkeiten reichen dabei vom Aufbau der Produktion, der Distributionslogistik oder des Kundenservice bis hin zu Analyse, Planung und Umsetzung von Internationalisierungsstrategien. In späteren Phasen fallen auch Kostenstrukturanalysen sowie Prozessoptimierungen in den Aufgabenbereich des Venture Developments.

3.10.21 Fallbeispiel Scaleworks – Beteiligungsgesellschaft mit einem Fokus auf den Erwerb von 100 %-Beteiligungen

Ein interessantes Modell verfolgt das Beteiligungsunternehmen Scaleworks aus San Antonio (Texas). Es handelt sich um einen Finanzinvestor, der sich für den Erwerb von Beteiligungen durch dafür initiierte Fonds finanziert. Das besondere ist, dass das Unternehmen seine Zielunternehmen vollständig erwirbt. Scaleworks konzentriert sich auf den Erwerb von jungen Unternehmen aus dem Bereich Software as a Service (SaaS), deren Geschäftsmodell sich bereits im Markt bewiesen hat. Der Erwerb zielt auf ein durch Scaleworks finanziertes gesundes Wachstum des Geschäftsmodells. Während die Unternehmer eine leitende Aufgabe in „ihrem" Unternehmen behalten können, wird mit dem Erwerb in Absprache mit den Verkäufern ein neues Management installiert. Für Seriengründer bietet das die Möglichkeit, das Wachstum des gegründeten Unternehmens in neue Hände zu übergeben und sich der nächsten Gründung widmen zu können.

3.10.22 Fallbeispiel Vendis Capital: Betonung der partnerschaftlichen Werte

Die belgische Beteiligungsgesellschaft Vendis Capital investiert in kleine und mittelgroße europäische Beteiligungen aus dem Bereich Markenprodukte für Privatkunden.[129] Es werden Minderheiten- oder Mehrheitsbeteiligungen erworben. Der Beteiligungserwerb soll dabei keine hohe finanzielle Fremdkapitalbelastung bei der Beteiligung bewirken. Stattdessen werden Gewinne angemessen allokiert und die Akteure des Mutterunternehmens agieren als erfahrene Sparring Partner.[130] Dabei legt das Mutterunternehmen großen Wert auf partnerschaftliche Werte. Diese werden durch die finanzielle Beteiligung des Managements, weitgehende Autonomie des Managements der Beteiligungen, gemeinsamer Respekt und klare Rollen und Verantwortlichkeiten gefördert. Die Partnership Values von Vendis umfassen vier Elemente:[131]

- **Alignment of interest through joint shareholding**. The Vendis investment model is based on joint shareholdership between Vendis Capital and the ‚operating partner', whether that is the original founder(s) and/or the management team. The relative stake of each party is determined on a case-by-case basis. Financial alignment is not just a tool, it is intrinsic to our way of working together. Also at the level of our funds' shareholding, the management of Vendis is financially aligned with its shareholders as the team has invested significant personal capital into its funds.
- **Autonomy of portfolio companies**. We appreciate and encourage the individual identities and cultures of each of our portfolio companies and their management teams. The management of each portfolio company is responsible for implementing its own value creation plan. Vendis is involved through active board participation, and matters which need board approval are clearly defined upfront. Possible synergies between portfolio companies are not specifically sought after, but could be exploited if the opportunity is there and if desired by the respective management companies.
- **Mutual respect**. We assume nobody is always right. In our decision-making process, both internally and with our portfolio companies, we aim for consensus. We believe this approach leads to better decisions. Combining the insights we have gained from other companies with the in-depth operational experience of our operating partner is key to our way of working together.
- **Clear roles and responsibilities**. All decisions regarding daily operations are always taken by management, whereas decisions on strategy, financing and top management are taken by the board. Vendis is actively involved at board level, not at management level. On an ongoing basis and to the extent useful for management, we also function

[129] Vgl. https://www.vendiscapital.com.

[130] Vgl. https://www.vendiscapital.com/what-we-bring-to-our-partner-companies/.

[131] Vgl. https://www.vendiscapital.com/partnership-values/.

as coach or sparring partner to share our experience and network and to provide tailored support in areas such as M&A, management recruiting, expansion, financial planning and reporting, bank relations, real estate, etc. If on any of these projects we are asked to take a lead role, we will always do so in close collaboration with management.

3.10.23 Fallbeispiel Amrop: Code of Professional Practice

Die Amrop Gruppe ist eine internationale Partnerschaft von rechtliche selbstständigen, unabhängigen inhabergeführten Personalberatungsunternehmen. Durch die Bündelung in dem Amrop Netzwerk mit einem Führungsteam in Brüssel wird das gemeinsame Marketing, allgemeine Prozesse und das Qualitätsmanagement koordiniert.[132] Statt eines Konzerns wurde eine Netzwerkorganisation aufgebaut, die global verschiedene Geschäftsbereiche betreibt, u. a. Board Services, der bei der Suche von Mitgliedern von Aufsichtsgremien unterstützt. Interessant ist die Ausgestaltung des Code of Professional Practice, der wie ein Code of Conduct als Regelwerk für das Handeln der Mitglieder der Netzwerkorganisation gilt:[133] „In its actions towards Clients, Candidates and Colleagues, Amrop commits to a Code of Professional Practice […]. This Code of Practice is integrated into the admittance, onboarding and practice of Amrop Offices, Partners and Staff".

ETHICS: We conduct business in a way that is transparent, honest and trustworthy. We:

- present clear, fair and competitive proposals to Clients and Candidates
- strive to check the veracity of declarations pertaining to assignments (Clients and Candidates)
- take all measures to avoid conflicts of interests
- adhere to off-limits agreements
- refrain from presenting a Candidate to more than one organization at the same time
- refrain from approaching a placed Candidate for opportunities outside the Client organization
- are committed to the strictest confidentiality in our business conduct, respecting all Data Protection and Privacy laws and principles.

CARING: We show consideration and value for people as individuals. We:

- are Trusted Advisors for our Clients, assuring sustained, personal attention at senior levels
- follow up on the performance and satisfaction of Clients and Candidates post placement

---

[132] Vgl. https://www.amrop.com/about-amrop.

[133] Vgl. https://www.amrop.com/amrop-code-professional-practice.

- exercise ‚reflection in action' in our dealings with others, checking biases and assumptions before forming conclusions
- create space for constructive feedback sharing: at the appropriate time and place, and with a positive inner attitude
- train, coach and mentor Amrop Partners, Consultants, Researchers and Associates
- support our Amrop Colleagues in all possible ways to assure their well-being and success
- help our Amrop Colleagues to pursue their ‚core excellence' in their work, respecting their limits.

CURIOSITY: We are forward looking, and exercise an ‚explorer' mentality in our quest for knowledge. We:

- help Clients identify and position transformative leaders with a responsible vision, drive and ambition
- implement a ‚context driven' approach; based on our Clients' business, market and leadership needs
- invest in proprietary Thought Leadership to keep abreast of Client and Candidate needs
- participate in Amrop's formal learning programs and transfer new knowledge into our Client and Candidate interactions
- are open to informal learning from each other, irrespective of level or seniority, within Amrop offices and across borders
- actively seek to learn about and understand other cultures, national and organizational.

AGILITY: We work collaboratively, efficiently and flexibly to meet the needs of internal and external stakeholders. We:

- offer innovative and best-practice solutions in critical leadership domains
- are open and willing to discuss ways in which our knowledge and experience can be an asset to our clients
- exercise proactivity and fast response at all times
- are on a quest to evolve as individuals and as an organization
- are able and willing to challenge our established convictions and assumptions
- help each other to try, fail, learn, and try again.

EXCELLENCE: We pay keen attention to processes and outcomes. We:

- take all measures to ensure the robustness of Amrop processes and tools
- benchmark Amrop processes and practice with best-in-class peer organizations
- assure that quality levels are consistent in all Amrop offices
- signal any quality issues in a proactive and timely manner to the relevant stakeholders

- check Client and Candidate satisfaction levels at pre-agreed milestones of an assignment
- replace a placed Candidate who leaves under pre-agreed conditions within a pre-agreed time frame, and respecting pre-agreed fees.

INCLUSION: We nourish ‚diversity of demographics and of thought'. We:

- exercise objectivity, cross-checking for signs of preferential treatment or exclusion of individuals or groups
- visit Clients in pairs to ensure a relevant blend of expertise and perspectives
- strive to present a diverse range of Candidates, in terms of mindset and demographics
- invest in virtual and physical platforms to share knowledge and expertise across geographies and cultures
- build diversity into Amrop's own recruitment and development policies build Amrop teams and workgroups across cultural borders
- ensure openness and transparency throughout Amrop, eschewing ‚in-groups' or elitism.

Underpinning Amrop's Code of Professional Practice, we strive at all times to act in accordance with Amrop's global Mission: Shaping sustainable success through inspiring leaders.

3.10.24 Fallbeispiel ARIX Research: Unterstützung von M&A-Targetsuche und Due Diligence

Die Arix Business Intelligence GmbH ist auf die Unterstützung von Beteiligungsgesellschaften mit Informationsdienstleistungen spezialisiert.[134] Neben Marktanalysen (u. a. mit Größe, Entwicklung, Prognosen, Verteilung, Durchdringung, Treiber, Hemmnisse) und Wettbewerbsanalysen (u. a. mit Key Player, Marktanteile, Stärken/Schwächen, Geschäftsmodelle, Profile, USPs, Strategien) umfasst dies auch die Begleitung bei der Suche von M&A-Targets und die Begleitung von Due Diligence Prozessen. Das Leistungsspektrum von Arix umfasst folgende Bereiche:[135]

- **Market Analysis**. Description of industry or sector, containing major player, sales channels, customer profiles, future market development, main influencers i.e. economy, technology, politics or legislation.

[134] Vgl. http://www.arix-research.com/about.html.

[135] Vgl. http://www.arix-research.com/services.html.

- **Trend Analysis.** We analyze complex market situations to find sectoral, industry or even niche trends that can influence a company heavily. We do this either ad-hoc to fix a problem or on a continuous basis by monitoring and evaluating market developments.
- **Competitve Intelligence.** We analyze your competitors quickly, thoroughly and efficiently. To do this we use our broad database infrastructure and expert interviews all across the world. If you don't understand your competitors market actions, contact us.
- **Financial Analysis.** Many of our rivals in business struggle with analyzing financials. With our roots in private equity we can go as deep as an investment professional would go. What more can you ask?
- **Product Intelligence.** Sometimes it's not enough to read about a product or see a brochure. Sometimes you need it either in hand to take it apart and analyze it, or sometimes proof is needed that relevant patent infringements really exist. We get you the products from all over the world.
- **B2B Market Research.** For us this is about understanding niche markets all across the world. If you need customer satisfaction analysis, conjoint analysis or other sorts of metric guidance to make better informed decision, just contact us.
- **Peer Group Analysis.** Sometimes things need to be evaluated, one way or another. In private equity and consulting this is a standard to measure things which cannot be gauged easily. We find the peers and wring out the relevant facts.
- **Transaction Multiple Analysis.** Here we are in the heart of private equity. We find multipliers from current and past deals and set them into context if you want.
- **Company Profiles.** Sometimes all that's needed is a quick company profile that provides decision makers with a quick glance of the key-facts. So we leverage time for proper meeting preparation and help our clients to ask the right questions.
- **Research Consulting.** Sometimes internal structures in companies are changed and we know building a research center from scratch is not an easy task. We also know about all the things that can go wrong and are happy to help with our knowledge on structures, methods, sources and processes.
- **Target Screening.** A target is usually an acquisition target and we can dig deep to uncover all kinds of external information to isolate the truly interesting companies fast.
- **Commecial Due Diligence.** We do commercial due diligence. People in private equity know what this means and we do, too. We look at the company, the surroundings be it competitors, clients, regulation, politics, suppliers, the management or any other black swan that pops up.

3.10.25 Fallbeispiel Bright Solutions: Nutzung virtueller Teams als Angebot für das Ergebnismanagement

Der Darmstädter Unternehmer Manuel Pistner ist ein gelungenes Beispiel für die Führung von virtuellen Teams. Mit seiner auf IT- und Digitalisierungsprojekte fokussierten Agentur Bright Solutions zielt er auf die Zusammenarbeit mit virtuellen Teams. Nach eigener Auskunft handelt es sich bei der Firma um die erste Fullservice-Agentur, die virtuelle Teams für die digitale Arbeit einsetzt und dem Kunden so ein Maximum an Flexibilität, Effizienz und Transparenz bietet.[136] Der Ansatz soll Zugang zu erfahrenen Experten ermöglichen, bei einem sehr guten Preis-/Leistungs-Verhältnis. Die virtuellen Teams aus Freelancern aus verschiedenen Ländern der Welt (derzeit über 50) werden durch eine (oder mehrere) Führungsperson(en) geführt, die die Aufgaben koordinieren, die Qualität der Bearbeitung durch die Teammitglieder prüfen, ggf. virtuelle Teammitglieder austauschen und dem Auftraggeber als Ansprechpartner zur Verfügung stehen. Eine wichtige Voraussetzung für die Zusammenstellung der virtuellen Teams liegt in der vorherigen Durchführung von online-gestützten Assessment Centern, mit deren Hilfe eine Einschätzung der Fähigkeiten potenzieller Teammitglieder erfolgt. Für den Fall der Beauftragung können dann zügig neue Team-Mitglieder einbezogen werden. Die Führungskraft des virtuellen Teams hat wie auch bei lokalen Teams die Aufgabe, eine gruppenspezifische Vision und eine der Aufgabenstellung entsprechenden Projektkultur aufzubauen. Gerade bei der Heterogenität aus verschiedenen Kulturen und Persönlichkeiten bedarf es der integrativen Kraft der Führungskraft, um das Team zum Erfolg zu führen. Wenngleich das persönliche Vertrauen bei der Zusammenarbeit von virtuellen Teams aufgrund der räumlichen Distanz gering ausgeprägt ist, führt die gegenseitige Abhängigkeit bei der Aufgabenerfüllung zu einer zeitlich befristeten, intensiven Verbundenheit. Im Gegensatz zu lokalen Teams ist das Gemeinschaftsgefühl eher aufgaben- als personenbezogen.

3.10.26 Fallbeispiel GFEP: Staffelstab Nachfolgeberatung

Die GFEP GmbH ist ein unabhängiges Investment Office für unternehmerische Direktbeteiligungen im Eigentum der aktiven Partner. Neben den eigenen Investitionen in Beteiligungen berät das Unternehmen Familien, Family Offices und private sowie institutionelle Unternehmenseigentümer in Sachen Beteiligungserwerb sowie Beteiligungsmanagement. Ein spezielles Angebot liegt in der als Staffelstab benannten Beratung für Familienstrategie und Nachfolge. Diese umfasst folgende Elemente:[137]

- **Ziel**. Erhalt bzw. Wiederherstellung der Entscheidungs- und Handlungsfähigkeit von Unternehmerfamilien
- **Typische Herausforderungen**.
  - Treffen von gemeinsamen, zeitnahen Investitionsentscheidungen bei Direktbeteiligungen im Familien- oder Gesellschafterkreis

[136] Vgl. www.Brightsolutions.de.

[137] Vgl. https://www.gfep.de/bereiche.

  - Persönliche Ziele und Erwartungen einzelner in Bezug auf Familien und Unternehmen unklar
  - Entfremdung und/oder Konflikte der Familienmitglieder über die Generationen und in den Generationen
  - Zersplitterung der Anteile und Management der entstehenden Komplexität
  - Management einer Vielzahl von Gesellschaftern (mit unterschiedlichen Ausbildungen, Lebenszielen etc.)
  - Mangelnde Identifikation mit dem Unternehmen
  - Nachfolgeprozesse gestalten: differenziert in Nachfolge in die Führung und Nachfolge in das Eigentum
  - Rollendefinition und -veränderung in der Unternehmerfamilie
  - Erwartungen der Eltern und der Junioren
  - Geschwistergesellschaften: vorbereiten, gestalten
  - Stammesdenken auflösen
  - Ausbildungsgrad von aktiven und passiven Gesellschaftern
  - Gerechtigkeitsdilemma: Leistungsgerechtigkeit vs. Verteilungsgerechtigkeit nach Köpfen
- **Lösungsansätze.**
  - Verfahrensgerechtigkeit: Einbindung der Betroffenen in den Prozess bzw. in die Entscheidungsfindung führt zu gemeinsamen, langfristig akzeptierten Antworten
  - Gemeinsame Erarbeitung einer Familienstrategie
  - Prozess in moderierten, strukturierten Workshops
  - Zusammenfassung der Ergebnisse in der Familienverfassung = Strategiepapier der Inhaber
  - Gemeinsames Grundverständnis über Vision, Mission, Ziele, Geschäftsmodell, Strukturen und Personen
  - Gemeinsame Regeln für den Umgang mit dem Familienunternehmen
  - Gemeinsame Regeln für den Umgang innerhalb der Unternehmerfamilie (inklusive Konfliktprävention)
- **Ergebnis.**
  - Zusammenhalt und Identifikation werden gefördert
  - Friede und Stabilität sichert die Entscheidungs- und Handlungsfähigkeit der Unternehmerfamilie

3.10.27 Fallbeispiel inerim-x.com: Interim-Management Online-Plattform

Neben zahlreichen Personalberatern und speziellen Interim-Management-Agenturen haben sich auch Online-Plattformen für die Vermittlung von Interim-Managern entwickelt. So bietet z. B. die Plattform interim-x.com einen Online-Marktplatz für Interim Management-Projekte. Neben dem Angebot von Projekten können sich Interim-Manager präsentieren.[138] Nachfolgendes Beispiel zeigt einen typischen Ablauf für den Einsatz eines Interim-Managers.[139]

- **Ausgangssituation**. Ein mittelständisches Unternehmen wurde von einem Konzern der Druckmaschinenindustrie übernommen. Es ist spezialisiert auf die Sondereinzelfertigung von customized Druckmaschinen im Bereich Flexodruck. Vier Prototypen aus einer Baureihe machten in den Jahren 2014 und 2015 bei der Inbetriebnahme erhebliche Probleme. Die daraus resultierenden Vertragspönalen brachten das Unternehmen in eine extreme wirtschaftliche Schieflage. Das Unternehmen musste in der Post Merger Phase saniert und restrukturiert werden. Nach Abschluss der Restrukturierung wurden innerhalb von nur 15 Monaten 4 CFO's (in Personalunion auch COO) ausgetauscht. Schlüsselkräfte waren völlig demotiviert und drohten, zu kündigen. Die CFO und COO Positionen waren unbesetzt. Die Prozesse sowie die Kommunikation zwischen den Fachbereichen im Hause sowie auch zu der Konzernmutter waren deutlich verbesserungsbedürftig. Das bevorstehende Zertifizierungsaudit der DQS war so nicht zu bestehen und es bestand die Gefahr, dass damit die Zertifizierung des gesamten Konzerns nicht möglich war.
- **Projektanforderungen**. Im Hinblick darauf wurde eine hands-on arbeitende Führungskraft gesucht, die Post-Merger-, Change Management- und Erfahrung im Coaching mitbringt und sich in der Organisation eines Konzerns bewegen kann. Man benötigte eine Führungskraft, die über Integrationserfahrung in allen kaufmännischen Prozessen verfügt und darüber hinaus den Bereich Operations führen kann. Weiterhin – da das gekaufte Unternehmen ein kleiner Mittelständler ist – sollte eine ausgeprägte mittelständische Orientierung gegeben sein, d. h. die Bereitschaft, sich auch Kleinigkeiten anzunehmen, mit Excel Details auszuarbeiten, auch selber einmal zu buchen, wenn das nötig ist, das Reporting selber zu erstellen, Zahlen zu validieren, etc.
- **Ziele**. Die wesentlichen Ziele des Interim Mandats waren:
  - Leitung des CFO Bereichs (mit Controlling, ReWe, Personal und IT) sowie des COO Bereichs (mit Einkauf, Projektsteuerung sowie Montage)
  - Erarbeitung eines Zukunftskonzeptes für den Standort, da wesentliche Baureihen des Unternehmens am Ende des Produktlebenszyklus stehen
  - Die Integration und Anpassung der Prozesse & Strukturen im gekauften Unternehmen, um das Zertifizierungsaudit der DQS zu bestehen
  - Motivation und Halten der Schlüsselkräfte
  - Suche und Einstellung eines externen CFOs

[138] Andere Beispiele sind https://www.expertence.com, https://www.i-fellow.de oder https://www.unitedinterim.com.

[139] Vgl. https://www.interim-x.com/de-EU/case-studies/uebernahme-der-funktionen-des-cfo-und-coo-inkl-suche-und-einarbeitung-eines-nachfolgers/.

- **Ergebnisse und Ausblick.** Zunächst wurde die Suche nach einem CFO in Festanstellung angegangen. Dieser wurde zum Jahresbeginn 2018 eingestellt und hat nach der Einarbeitung seine Funktion vollumfänglich übernommen. Weiterhin war auf Grund einer Kündigung zu Beginn des Mandates die Controlling Position vakant. Diese wurde auf Grund der kurzen Kündigungsfrist zunächst interimistisch besetzt. Zum Jahresende ist diese Position auch wieder in Festanstellung neu besetzt und der Interim Controller wird sich dann zurückziehen. Die Strukturen und Prozesse der neuen Konzernmutter waren insbesondere im Financial Bereich und Einkauf auf die neuen Vorgaben des Konzerns anzupassen. Danach wurden sämtliche Prozesse durch DQS auditiert und nach DIN ISO erfolgreich zertifiziert. Parallel dazu wurde mit dem Commitment der gesamten Führungsmannschaft ein Zukunftskonzept (Businessplan mit einem Planungshorizont von 5 Jahren) erarbeitet. Das Konzept wurde im Dezember 2017 präsentiert und vom Vorstand des Konzerns für gut befunden und genehmigt. Durch die proaktive Steuerung des Change-Management Prozesses gelang es, die Schlüsselkräfte wieder zu motivieren. Hinzu kam, dass sich durch das Aufzeigen eines Zukunftsplans die Motivation im gesamten Unternehmen deutlich verbessert hat. Der Jahresüberschuss war trotz schlechter Auftragslage seit Jahren erstmals wieder leicht positiv. Dies ist zurückzuführen auf ein optimiertes Produktportfolio und ein striktes Kostenmanagement.

3.10.28 Fallbeispiel Sicnum: Sanierungskonzept für einen Anlagenbauer

Das Beratungsunternehmen Sicnum ist auf Unternehmen in Sondersituationen spezialisiert. In über 800 Projekten wurden mehr als 460 mittelständische Unternehmen in Wachstums- und Krisenphasen wie auch bei Beteiligungssituationen beraten.[140] Das Unternehmen besteht aus 20 festen Mitarbeitern und weiteren freien Branchen- und Funktionsspezialisten. Ein Fallbeispiel aus der Sanierungsberatung ist die Erarbeitung eines Sanierungskonzepts und der Umsetzungsbegleitung bei einem Anlagenbauer.[141]

- **Ausgangssituation.** Der Mandant ist ein mittelständisches, inhabergeführtes Unternehmen im Druckbereich (Anlagenbauer im Bereich Druckplattenmanagement für den Zeitungsdruck) mit eigener Softwareentwicklung und Konstruktion sowie weltweitem Service. Zu Projektstart zeichnete sich das Unternehmen durch eine stark rückläufige Gesamtleistung aus.

[140] Vgl. https://www.sicnum.de.

[141] Vgl. https://www.sicnum.de/referenzen-fallbeispiele/industrie.html#c759.

- **Aufgabenstellung**. SICNUM wurde beauftragt, gemeinsam mit dem Unternehmen ein Sanierungskonzept gem. IDW Standard (IDW S 6) zu erarbeiten und als neutraler und objektiver Berater eine Fortführungsprognose abzugeben.
- **Vorgehensweise**. Im Sanierungsprojekt wurden insbesondere folgende Themen behandelt:
  - Umfangreiche Analyse zur Beurteilung der Marktsituation
  - Betrachtung der strategischen, finanzwirtschaftlichen und organisatorischen Ausgangssituation
  - Identifizierung der Hauptproblemfelder Strategie, Vertrieb und Projektmanagement als bestimmende Themen zur Wiederherstellung einer angemessenen Renditefähigkeit
  - Erarbeitung strategischer und organisatorischer Maßnahmen zur Konsolidierung und Neuausrichtung des Geschäftsmodells
  - Detaillierte Maßnahmen- und Terminplanung insbesondere für die strategischen Themen
  - Beurteilung der erarbeiteten Maßnahmen bzgl. ihrer Ergebnis- und Liquiditätswirkung
  - Aufbau einer Ergebnis-, Finanz- und Bilanzplanung für den Planungszeitraum
  - Erstellung eines tragfähigen Finanzierungskonzepts
- **Ergebnis**. Die Effizienz in der Projektdurchführung und -kalkulation konnte kurzfristig gesteigert werden. Auf Basis des Sanierungskonzeptes wurden die erforderlichen leistungs- und finanzwirtschaftlichen Maßnahmen umgesetzt, so dass der Fortbestand der Gesellschaft mit Erhalt der Arbeitsplätze sichergestellt werden konnte.

3.10.29 Fallbeispiel Triton Partners: Gemeinsame Shared Services

Die Beteiligungsgesellschaft Triton Partners investiert in mittelständische Unternehmen aus Europa und sucht die aktive Zusammenarbeit mit dem Management der Beteiligungen.[142] Ein besonderes Angebot liegt in den Querschnittsfunktionen, die die Triton Tochter West Park Management Services für das Mutterunternehmen und die Beteiligungen erbringt. Das Angebot umfasst Leistungen wie strategische, operationale und wirtschaftliche Due Diligence, Strukturierungs-, Abwicklungs- sowie Finanzierungsberatung für potenzielle Investitionen, Beratungsleistungen in Bezug auf Working Capital- und Beschaffungs-Management sowie laufende Steuer-, Strukturierungs-, Finanzierungs-, Rechts- und Kommunikations-Beratung und wird bei Bedarf erbracht.[143] Zwei Beispiele sind das West Park Einkaufsprogramm und die Human Capital Practice.

[142] Vgl. https://www.triton-partners.de.

[143] Vgl. https://www.triton-partners.de/%C3%BCber-uns/#zusammenarbeit.

- Mit dem West Park Einkaufsprogramm unterstützt Triton die Beteiligungen in Ihrer Wertsteigerung durch gebündelte Einkaufs-Maßnahmen von gleichen oder ähnlichen Einkaufskategorien. Das Programm fokussiert sich in erster Linie auf die indirekten Einkaufskategorien wie Beratungs-Dienstleistungen (Strategische Unternehmensberatung, Wirtschaftsprüfer, etc.), Transport-Dienstleistungen (Straße, See, Luft), Energie (Strom, Gas), MRO-Services (Persönliche Schutzausrüstung, Kleinstwerkzeuge, Verbrauchsmaterialien), Fuhrpark (PKW-Nutzfahrzeug-Rahmenvereinbarungen, Flotten-Management, Gabelstapler), IT (Hardware und Software-Verträge), Geschäftsreisen (Travel Management Provider, Kreditkarten, Hotels, Fluggesellschaften, Leihwagenfirmen), Transport-Verpackungsmaterialien (Palletten, Kartonagen, Big Bags, Stretchfolien, etc.), Telekommunikation (Fest- und Mobilnetz). Die Einkaufsbündelung führt oft zum Abschluss von Gruppen-Kontrakten zu marktgerechten Preisen und Konditionen unter Beibehaltung von Qualitäts- und Service- Anforderungen, die den Triton-Portfoliofirmen zur Nutzung und zum Direktbezug zur Verfügung gestellt werden. Die Lieferanten-Auswahl basiert auf der Fähigkeit der Lieferanten, die Anforderungen des Portfolios hinsichtlich Qualität, Service, Zuverlässigkeit, Innovation, ESG und Wettbewerbsfähigkeit zu übertreffen und die Triton Portfoliofirmen in ihrer Marktposition zu stärken.
- In enger Zusammenarbeit mit den Portfoliounternehmen und unseren Investmentteams unterstützt die Human Capital Practice Initiativen zur Talent-, Führungs- und Organisationsförderung, die leistungsstarke Teams und Einzelpersonen unterstützen. So werden Nachwuchstalente für kommendes Wachstum entwickelt und Organisationspraktiken aufgebaut, die die Durchführung von Unternehmenstransformation und -wachstum unterstützen. Wir sind an allen Phasen des Portfolio-Lebenszyklus beteiligt, von der Auswahl und dem Onboarding großartiger Führungskräfte, der Unterstützung von Managementteams durch strategische HR-Initiativen und der Entwicklung von Führungsteams. Dabei werden Unternehmenskultur und Werte zielgerichtet abgestimmt und sichergestellt, dass Human Capital ein integrierter Bestandteil ist. Tritons Human Capital Practice stützt sich auf ein Expertennetzwerk bestehend aus verschiedenen namhaften Beratungsunternehmen und Universitäten sowie Portfoliounternehmen und Triton Investment Professionals.

Literatur

Ahrend K-M (2016) Geschäftsmodell Nachhaltigkeit – Ökologische und soziale Innovationen als unternehmerische Chance. Springer, Wiesbaden

Ahrend K-M, Hölle T (2018) Innovationsmanagement: Wie der Public Sector von Innovationslaboren profitieren kann. Kommune 21. September-Oktober 2018. S 26–27

Almeida H, Wolfenzon D (2006) A theory of pyramidal ownership and family business groups. J Finance 61(12):2637–2681

AURELIUS Equity Opportunities SE & Co. KGaA (2019) Case study getronics. https://aureliusinvest.de/site/assets/files/3128/getronics_one_pager.pdf. Zugegriffen am 31.08.2019

Bassen A (1998) Dezentralisierung und Koordination von Entscheidungen in der Holding. DUV, Wiesbaden

Bernhardt W, Witt P (1995) Holding-Modelle und Holding-Moden. ZfB 65(12):1341–1364

Bleicher K (1991) Organisation: Strategien – Strukturen – Kulturen, 2. Aufl. Gabler, Wiesbaden

Borchers S (2000) Beteiligungscontrolling in der Management-Holding: Ein integratives Konzept. Springer, Wiesbaden

Brigl M, Jansen A, Schwetzler B, Hammer B, Hinrichs H (2016) The power of buy and build – how private equity firms fuel next-level value creation. https://www.bvkap.de/sites/default/files/study/bcg_power-of-buy-and-build-feb-2016.pdf. Zugegriffen am 31.08.2019

BVK (2018) Der deutsche Beteiligungskapitalmarkt 2017. Bundesverband Deutscher Kapitalbeteiligungsgesellschaften, Berlin

Chandler A (1991) The functions of the HQ unit in the multi-business firm. Strateg Manag J 12(Special Issue Winter):31–50

Chua JH, Chrisman JJ, Sharma P (1999) Defining the family business by behavior. Entrep Theory Pract 23(4):19–39

Coller Capital (2019) Global private equity barometer. Coller Research Institute, London et al.

Collis D, Young D, Goold M (2007) The size, structure, and performance of corporate headquarters. Strateg Manag J 28(4):383–405

Cowen T, Parker D (1997) Markets in the firm. A market-process approach to management. The Institute of Economic Affairs, London

Deutsche Bundesbank (2017) FinTechs – Finanztechnologie Unternehmen. https://www.bundesbank.de/de/aufgaben/bankenaufsicht/einzelaspekte/finanztechnologie-unternehmen/fintechs-finanztechnologie-unternehmen-598228. Zugegriffen am 07.04.2017

Deutsche Bundesbank (2018a) Erläuterung der Bankbilanzen. https://www.bundesbank.de/de/service/schule-und-bildung/schuelerbuch-geld-und-geldpolitik-digital/grundzuege-des-bankgeschaefts-614160. Zugegriffen am 31.08.2019

Deutsche Bundesbank (2018b) Bankenstatistik https://www.bundesbank.de/resource/blob/770378/87c64e33e6a5889f6a844c3623c55c66/mL/2018-12-bankenstatistik-data.pdf. Zugegriffen im Dezember 2018

Deutsche Bundesbank (2018c) Vermögensbilanzen 1999–2017: Sektorale und gesamtwirtschaftliche Vermögensbilanzen. Deutsche Bundesbank, Frankfurt am Main

Deutscher Städtetag (2017) Gute Unternehmenssteuerung – Strategien und Handlungsempfehlungen für die Steuerung städtischer Beteiligungen. Deutscher Städtetag, Berlin und Köln

Europäische Union (2014) Europäisches System Volkswirtschaftlicher Gesamtrechnungen ESVG 2010. Amt für Veröffentlichungen der Europäischen Union, Luxemburg

Eymann T, Buck C, Burster S, Sarikaya S (2018) Gestaltung von erfolgreichem Netzwerkmanagement für Gesundheitsnetzwerke. Veröffentlichung im Rahmen von INDiGeR – Innovative Netzwerke für Dienstleistungen und Gesundheit in Regionen von Morgen. Universität Bayreuth, Bayreuth

Forsthoff E (1971) Der Staat der Industriegesellschaft. Beck, München

Foss NJ, Iversen M (1997) Promoting Synergies in Multiproduct firms: Toward a Resource-Based View, Working Paper, Department of Industrial Economics and Strategy Nr. 97-12. Copenhagen Business School, Copenhagen

Frommann H, Leopold G (1998) Eigenkapital für den Mittelstand – Venture Capital im In- und Ausland. Beck, München

Frost J, Morner M (2010) Konzernmanagement –Strategien für Mehrwert. Gabler, Wiesbaden

GDV Gesamtverband der Deutschen Versicherungswirtschaft e. V (2018) Fakten zur Versicherungswirtschaft. GDV, Berlin
Goold M, Campbell A (1987a) Strategies and styles: the role of the centre in managing diversified companies. Blackwell, Oxford
Goold M, Campbell A (1987b) Many best ways to make strategy. Harv Bus Rev 65(6):70–76
Goold M, Campbell A (1989) Strategy and styles: the role of the centre in managing diversified corporations. Cambridge University Press, Oxford
Goold M, Campbell A, Alexander M (1994) Corporate-led strategy: creating value in the multibusiness company. Wiley, New York
Goold M, Pettifer D, Young D (2001) Redesigning the corporate centre. Eur Manag J 19(1):83–91
Goold M, Young D, Collis D (2007) The size, structure, and performance of corporate headquarters. Strateg Manag J 28(3):383–405
HEAG (2019) Geschäftsbericht über das Geschäftsjahr 2018. HEAG, Darmstadt
Hemel U, Link H (2017) Zukunftssicherung für Familienunternehmen: Beteiligungen, Verkäufe und Übernahmen. Kohlhammer, Stuttgart
Hoffmann F (1993) Konzernbegriff und Konzernformen. In: Hoffmann F (Hrsg) Konzernhandbuch: Recht, Steuern, Rechnungslegung, Führung, Organisation, Praxisfälle. Gabler, Wiesbaden, S 5–24
Hohensee M (2018) „Diktator Zuckerberg" kontrolliert sich selbst. Wirtschaftswoche. https://www.wiwo.de/unternehmen/it/facebook-hauptversammlung-diktator-zuckerberg-kontrolliert-sich-selbst/22631732.html. Zugegriffen am 01.06.2019
Hotchkiss ES, Mooradian RM (1998) Acquisitions as a means of restructuring firms in chapter 11. J Financ Intermed 7(3):240–262
Invest Europe (2018) 2017 European private equity activity. Invest Europe, Brüssel
Johnson G, Scholes K, Whittington R (2008) Exploring corporate strategy, 8. Aufl. Pearson, Harlow
Kaserer C, Achleitner A-K, von Einem C, Schiereck D (2009) Private Equity in Deutschland – Rahmenbedingungen, ökonomische Bedeutung und Handlungsempfehlungen. Books on Demand, Norderstedt
KfW Bankengruppe (2013) Mindestrenditeerwartung von Beteiligungsgesellschaften: Ansprüche werden bescheidener. KfW, Frankfurt am Main
Libbe J (2011) Rekommunalisierung als Trend und Chance für Kommunen? https://difu.de/publikationen/difu-berichte-32011/rekommunalisierung-als-trend-und-chance-fuer-kommunen.html. Zugegriffen am 31.08.2019
MacMillan IC, Kulow DM, Khoylian R (1989) Venture capitalists' involvement in their investments: Extent and performance. J Bus Ventur 4(1):27–47
Mellewigt T, Matiaske W (2000) Strategische Konzernführung: Stand der empirischen betriebswirtschaftlichen Forschung. ZfB 70(5):611–631
Mutares SE & Co. KGaA (2019) Investor Relations Presentation, .https://mutares.de/wp-content/uploads/2019/06/MUTARES-IR-June-2019.pdf. Zugegriffen im Juni 2019
Nayyar PR (1992) On the measurement of corporate diversification strategy – evidence from large U.S. service firms. Strateg Manag J 13(3):219–235
o. V (2019) Siemens verfolgt Private-Equity-Strategie. Börsen-Zeitung. 28.08.2019. S. 6.
OECD (2016) OECD-Leitsätze zu Corporate Governance in staatseigenen Unternehmen, Ausgabe 2015. OECD Publishing, Paris
Papenfuß U (2013) Verantwortungsvolle Steuerung und Leitung öffentlicher Unternehmen: Empirische Analyse und Handlungsempfehlungen zur Public Corporate Governance. Springer, Wiesbaden
Papenfuß U (2019) Public corporate governance. In: Reichard C, Veit S, Wewer G (Hrsg) Handbuch zur Verwaltungsreform, 5. Aufl. Springer, Wiesbaden

Phillips GM (2018) Risk-adjusted private equity performance. Using individual portfolio company outcomes. Working paper Tuck School of Business, Dartmouth College, 13.11.2018

Piesold R (2017) Kommunales Beteiligungsmanagement und -controlling. De Gruyter Oldenbourg, München

Porter ME (1987) From competitive advantage to corporate strategy. Harv Bus Rev 65(3):43–59

Raisch S, Birkinshaw J (2008) Organizational ambidexterity: antecedents, outcomes, and moderators. J Manag 34(3):375–409

Rogers P, Holland T, Haas D (2002) Value acceleration – lessons from private-equity masters. Harv Bus Rev 80(2):94–101

Roland Berger (2014) From headquarters to ahead-quarters: how corporate functions can add more value – key findings of the study corporate headquarters 2014. Roland Berger, München

Scheffler E (2005) Konzernmanagement, 2. Aufl. Vahlen, München

Schumpeter JA (1964) Theorie der wirtschaftlichen Entwicklung. Eine Untersuchung über Unternehmergewinn, Kapital, Kredit, Zins und den Konjunkturzyklus. Duncker & Humblot, Berlin

Siemens AG (2018) Pressemitteilung v. 01.08.2018: Siemens stellt mit der Vision 2020+ Weichen für die Zukunft. Siemens AG, München

Sinek S (2011) Start with why: how great leaders inspire everyone to take action. Portfolio, New York

Somerville, M. (2018) The ten biggest private equity firms in the world. https://www.growthbusiness.co.uk/the-ten-biggest-private-equity-firms-in-the-world-2462432/. Zugegriffen am 21.09.2018

Tanriverdi H, Venkatraman N (2005) Knowledge relatedness and the performance of multi-business firms. Strateg Manag J 26(2):97–119

Theisen MR (2000) Der Konzern. Betriebswirtschaftliche und rechtliche Grundlagen der Konzernunternehmung, 2. Aufl. Schäffer-Poeschel, Stuttgart

Thielmann K-H (2019) LONG-TERM INVESTING Research AG – Institut für die langfristige Kapitalanlage – Mit ruhiger Hand 59(2019) vom 22. Juli 2019. https://www.long-term-investing.de/deutsch/mit-ruhiger-hand/. Zugegriffen am 31.08.2019

Traa S (2013) Archetypbasierte Evaluation von Corporate Centers. Dissertation Universität Ulm.

Zellweger T, Kammerlander N (2014) Family Business Groups in Deutschland. Generationenübergreifendes Unternehmertum in grossen deutschen Unternehmerdynastien. Center for Family Business CFB-HSG, St. Gallen

4 Entwicklung der Beteiligungsstrategie

Zusammenfassung

Die Erarbeitung einer Beteiligungsstrategie ist die Grundlage für ein überlegtes Beteiligungsmanagement. Die Strategie definiert den Suchraum für künftige Beteiligungen und Grenzen als Indikation für Verkaufsentscheidungen. Im vorliegenden Kapitel werden die Elemente der Beteiligungsstrategie erläutert und anhand von 11 Fallbeispielen vertieft.

4.1 Entwicklung des Beteiligungsportfolios

Jedes Mutterunternehmen überprüft regelmäßig das bestehende Beteiligungsportfolio. Das Portfoliomanagement zielt dabei neben dem Wachstum auch auf die Risikostreuung des Gesamtportfolios durch Einbindung von Beteiligungen mit passendem Risiko-Rendite-Profil.[1] Im Sinne eines Fondsmanagers beobachtet der Beteiligungsmanager die Potenziale für Käufe und Verkäufe auf dem Markt für Unternehmenskontrolle. Das kann neben dem Erwerb von etablierten Unternehmen auch den Erwerb von Krisenunternehmen und deren Sanierung umfassen. Im Sinne eines Konzernentwicklers analysiert der Beteiligungsmanager die bestehenden und erwartbar wachsenden Märkte und die im Konzern befindlichen Ressourcen. Mit dem Erwerb einer Beteiligung lassen sich entsprechend Fähigkeiten und Erfahrungen für die Unternehmensgruppe nutzen. Und im Sinne eines Organisationsentwicklers prüft der Beteiligungsmanager, ob sich weitere Potenziale für eine stärkere Zusammenarbeit der bestehenden Beteiligungen untereinander im Sinne von wechselseitigen Beteiligungen oder Verschmelzungen anbieten. Der Erwerb einer

[1] Vgl. Porter (1987), S. 43–59.

K.-M. Ahrend, *Beteiligungsmanagement*,
https://doi.org/10.1007/978-3-662-60588-2_4

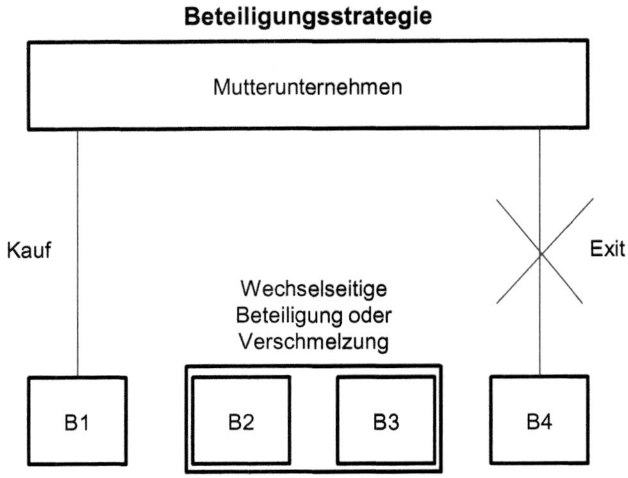

Abb. 4.1 Basisentscheidungen für die Weiterentwicklung des Beteiligungsportfolios

Beteiligung kann die Bündelung von Aufgaben oder die Realisierung weiterer Synergien in der Unternehmensgruppe fördern.

Die Basis für die Entwicklung des Beteiligungsportfolios ist eine Beteiligungsstrategie, die wiederum auf dem Selbstverständnis des Mutterunternehmens fußt (vgl. Kap. 3). Die wesentlichen Optionen für die Weiterentwicklung des Beteiligungsportfolios fasst Abb. 4.1 zusammen.

4.1.1 Nutzung von Chancen auf dem Markt für Unternehmensbeteiligungen (Kauf)

Zunächst kann das Mutterunternehmen Zukäufe bei günstigen Gelegenheiten und/oder für die strategisch motivierte Ausweitung des Beteiligungsportfolios durchführen. Mithilfe von Portfolioanalysen lassen sich passende Bereiche für neue Beteiligungen identifizieren. Neben der Analyse von Stärken und Schwächen sowie von Chancen sowie Risiken von bestehenden Beteiligungen liefern weitere Portfolioanalysen Hinweise auf die Ausgewogenheit von Beteiligungen.[2] Durch Vergleich mit Beteiligungen anderer Konzerne, möglichen Neu-Beteiligungen und Abwägungen zur strategischen Beteiligungsplanung ergibt sich eine dynamische Sicht auf die Entwicklung des Portfolios. Als Gruppierungskriterien sind neben Branche, Geschäftsmodell, Region und Reifegrad bzw. Lebenszyklus vor allem finanzielle Größen relevant. Beispiele dafür sind die Rendite in Kombination mit dem Risikoprofil oder die Cash Flow Quote in Kombination mit der Wachstumsquote.

Dem Charme des Wachstums sollte immer mit einem guten Maß an Vorsicht begegnet werden. Dies gilt umso mehr in Zeiten von niedrigen Zinsen und damit günstigen Finanzierungen. Der Kaufpreis sollte nicht sehr, am besten gar nicht durch die erwarteten

[2] Vgl. z. B. Ahrend et al. (2002), S. 544.

Synergien erklärt werden müssen (vgl. zu den Herausforderungen von M&A-Transaktionen Kap. 9). Stattdessen sollte sich der Kaufpreis am stand-alone-Wert der neuen Beteiligung orientieren.

Für die Stärkung der bestehenden Beteiligungen lassen sich durch den Erwerb von passenden Unternehmen zusätzliche Möglichkeiten für Synergiepotenziale realisieren. Werden Zukäufe für bestehende Beteiligungen durchgeführt wird dies auch als buy-and-build-Strategie bezeichnet. Der Erwerb kann dabei durch das Mutterunternehmen oder durch die Beteiligung erfolgen, entweder als Asset-deal oder als Share-deal. Bei Asset-deals werden Vermögenspositionen des Zielunternehmens erworben und in eine bestehende Organisationseinheit integriert, bei Share-deals erfolgt der Erwerb über Anteile am Eigenkapital.

4.1.2 Zusammenarbeit der Beteiligungen untereinander und mit dem Mutterunternehmen

Die Entwicklung des Beteiligungsportfolios wird auch durch den möglichen Grad der Zusammenarbeit einer künftigen Beteiligung mit den bestehenden Beteiligungen sowie mit dem Mutterunternehmen geprägt. Eine potenziell neue Beteiligung sowie eine bestehende Beteiligung lassen sich anhand folgender Matrix einordnen (vgl. Abb. 4.2). Die Dimension der Wechselwirkung unterscheidet den Umfang der gemeinsamen Zusammenarbeit bzw. den gegenseitigen Nutzen mit anderen Beteiligungen der Unternehmensgruppe. Die Dimension der Interaktion differenziert die Intensität der Zusammenarbeit mit dem Mutterunternehmen.

- **Finanzbeteiligung**. Bei einer Finanzbeteiligung wird unabhängig davon, ob es sich um eine Minderheits- oder Mehrheitsbeteiligung handelt, lediglich stand-alone auf die Beteiligung geblickt. Auch eine Wechselwirkung mit anderen Beteiligungen in der Gruppe unterbleibt. Ebenso erfolgt nur eine geringe Interaktion mit dem Mutterunternehmen.

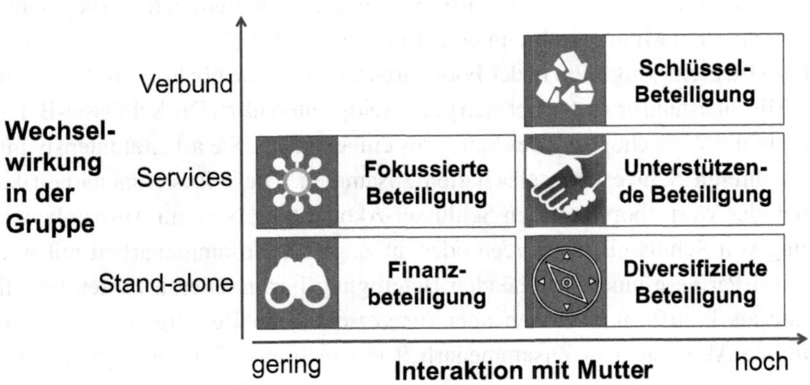

Abb. 4.2 Arten von Beteiligungsunternehmen

Neben Finanzbeteiligungen fallen auch strategische Minderheitsbeteiligungen oder Beteiligungen an Start-up-Unternehmen in diesen Typus, da auch dort aufgrund der Minderheitenstellung häufig weder eine intensive Wechselwirkung mit den Schwestergesellschaften noch eine intensive Interaktion mit dem Mutterunternehmen stattfindet.

- **Diversifizierte Beteiligung**. Bei einer Beteiligung an einem vom Kerngeschäft der Gruppe unabhängigen (diversifizierten) Geschäftsmodell unterbleibt eine enge Zusammenarbeit mit anderen Beteiligungen in der Gruppe. Hingegen ist die Zusammenarbeit mit dem Mutterunternehmen, gerade bei Mehrheitsbeteiligungen mit hoher strategischer Bedeutung intensiv und die Interaktion erfolgt regelmäßig. Neben diversifizierten Beteiligungen sind weitere Beispiele für diesen Typus ein Vertriebsunternehmen für ein Produktsegment des Mutterunternehmens, ein Joint Venture des Mutterunternehmens mit einem externen Partner (der die Mehrheit an der Beteiligung hält) oder eine Ausgründung von Aktivitäten des Mutterunternehmens.
- **Fokussierte Beteiligung**. Diese Beteiligungen arbeiten für eine oder mehrere andere Beteiligungen in ihrem Kerngeschäft. Dabei nutzen sie Synergien durch die Nutzung von Größenvorteilen. Statt diese Beteiligungen in eine bestehende Beteiligung zu integrieren, werden sie häufig separat oder als Anteil an einem Joint Venture gehalten. Auch steuerliche oder regulatorische Gründe oder eine geplante spätere Veräußerung können dafür sprechen. Aufgrund der Fokussierung auf die einseitige Zuarbeit für eine oder mehrere andere Beteiligungen bleibt die Interaktion mit dem Mutterunternehmen auf ein Minimum beschränkt. Jedenfalls fallen unter die fokussierten Beteiligungen typischerweise auch die meisten Beteiligungen der Beteiligungen (im Sinne von Enkel-, Urenkel- und Beteiligungen n-ten Grades).
- **Unterstützende Beteiligung**. Diese Beteiligungen unterstützen andere Beteiligungen (und das Mutterunternehmen) einseitig und weisen eine hohe Interaktion mit dem Mutterunternehmen auf. Dabei werden Synergien durch die Ausnutzung von Größenvorteilen genutzt. Zu dieser Gruppe können einerseits Beteiligungen im Bereich der ausgelagerten Querschnittsfunktionen gehören, die inhaltlich durch das Mutterunternehmen geführt werden. Andererseits gehören dazu auch solche Beteiligungen, die wichtige Leistungen für die Wertschöpfungsprozesse anderer Beteiligungen erbringen und dabei intensiv mit dem Mutterunternehmen zusammenarbeiten.
- **Schlüssel-Beteiligung**. Wie in der Forstwirtschaft wird die höchste Produktivität durch einen Mischbestand erwartet, der sich gegenseitig unterstützt. Die Schlüssel-Beteiligung ist eng in die Wertschöpfung des Konzerns eingebunden. Sie arbeitet intensiv mit einer oder mehreren Schwestergesellschaften zusammen. Diese Zusammenarbeit kann im Bereich der Wertschöpfung (den Schlüssel-Aktivitäten), bei dem Aufbau bzw. der Sicherung von Schlüssel-Ressourcen oder im Zuge der Zusammenarbeit mit wichtigen Schlüssel-Partnern einer bestehenden Beteiligung liegen. Hierzu zählen Gesellschaften, die als Plattform zwischen oder für verschiedene Beteiligungen agieren, oder bestimmte Aktivitäten in Zusammenarbeit mit mehreren Beteiligungen durchführen. Durch die gemeinsame Nutzung von Ressourcen werden Verbundsynergien ermöglicht (im Vergleich zu der Nutzung von Größenvorteilen bei fokussierten bzw. unterstützen-

Abb. 4.3 Optionen für den Verkauf von Beteiligungen

den Beteiligungen). Beispiele für die gemeinsamen Ressourcen sind gemeinsam genutzte Anlagevermögensgegenstände, der gemeinsame Vertrieb oder eine gemeinsame Wissensbasis. Dadurch kann eine solche Beteiligung nicht einfach durch einen externen Dienstleister ersetzt werden. Die Interaktion mit dem Mutterunternehmen ist mindestens mittel ausgeprägt. Häufig erfolgt die Interaktion nicht nur auf inhaltlicher, sondern auch durch eine hohe persönliche Bindung.

4.1.3 Nutzung von Chancen auf dem Markt für Unternehmensbeteiligungen (Verkauf)

Bei Beteiligungsgesellschaften erfolgt neben dem Erwerb auch relativ häufig auch der Verkauf von Beteiligungen aus dem Portfolio. Bei Konzern-Mutterunternehmen ist dies eher ein seltener Vorgang und wird meist strategisch durch die Konzentration auf das Kerngeschäft oder finanziell durch die notwendige Realisierung von stillen Reserven aufgrund eines attraktiven Angebots erklärt. Es lassen sich grundlegend folgende Optionen für einen Anteilsverkauf unterscheiden: (1) Börsengang, (2) Verkauf an einen strategischen Investor (sog. Trade Sale), (3) Verkauf an einen Finanzinvestor (sog. Secondary Sale), (4) Verkauf an die vorherigen Eigentümer (sog. Buy Back) sowie (5) Verschmelzung mit einer anderen Beteiligung gegen Gewährung von neuen Anteilen. Für die Schaffung von Mehrwerten wird ein im Vergleich zum Buchwert und zum Kaufpreis möglichst hoher Verkaufspreis bzw. möglichst attraktive Verkaufskonditionen angestrebt. Abb. 4.3 fasst die verschiedenen Verkaufsoptionen zusammen.

4.2 Elemente einer Beteiligungsstrategie

Bei einer Beteiligungsstrategie handelt es sich um eine Funktionalstrategie, die im Gegensatz zu einer Konzernstrategie oder einer Unternehmensstrategie einen speziellen Bereich der Unternehmensentwicklung regelt. Die Beteiligungsstrategie setzt die Ziele und die Leitplanken für den Umgang mit neuen und mit bestehenden Beteiligungen. Sie umfasst folgende Punkte, die in Abb. 4.4 zusammengefasst sind und nachfolgend erläutert werden.

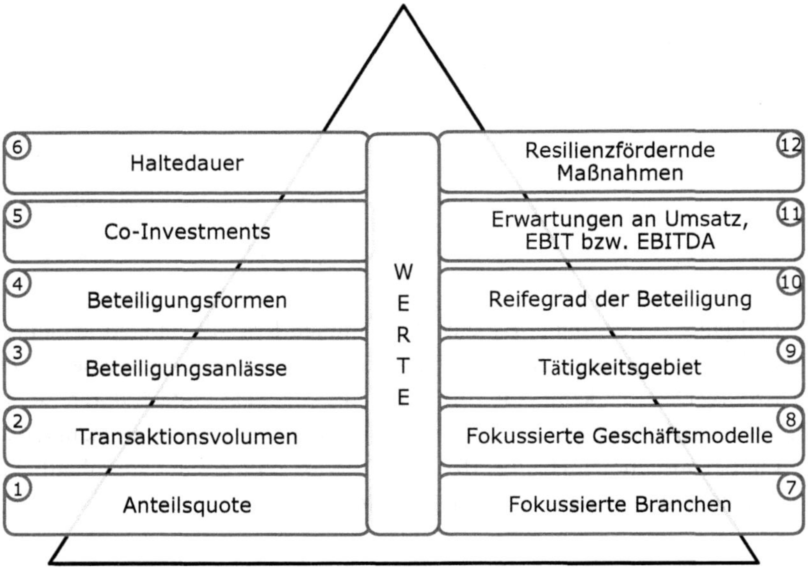

Abb. 4.4 Elemente der Beteiligungsstrategie

1. **Anteilsquote**. Das Mutterunternehmen hat festzulegen, ob es grundsätzlich eher Minderheits- und/oder Mehrheitsbeteiligungen anstrebt. Während bei Konzern-Mutterunternehmen in der Regel Mehrheitsbeteiligungen mit Bezug zum Kerngeschäft und Minderheitsbeteiligungen bei Start-ups oder Joint Ventures erworben werden, halten sich die Beteiligungsgesellschaften mit dem Fokus auf Mehrheitsbeteiligungen und solche mit dem Fokus auf Minderheitsbeteiligungen die Waage. Als Kategorien bieten sich dafür an: unter 25 %, zwischen 25 % und 50 %, über 50 % zu 100 %. Dazu kommen Festlegungen zu angestrebten Kooperationen mit keinem bzw. zunächst keinem Anteilserwerb.
2. **Transaktionsvolumen**. Für die in Frage stehenden Akquisitionen bzw. Fusionen ist festzulegen, in welcher Größenordnung die Erwerbe liegen dürfen. Eine genauere Sicht sieht die Aufteilung in das zu Beginn sowie absehbar später notwendige Eigenkapital sowie in das bei Erwerb und später notwendige Fremdkapital vor. Neben dem je Beteiligung angestrebten Transaktionsvolumen kann auch die jährliche Gesamtsumme des angestrebten Transaktionsvolumens festgelegt werden.
3. **Beteiligungsanlässe**. Die Beteiligungsanlässe unterscheiden sich deutlich je nach vorliegendem Selbstverständnis des Mutterunternehmens. Während Konzern-Mutterunternehmen vor allem Übernahmen und Start-up Akquisitionen durchführen konzentrieren sich Beteiligungsgesellschaften auf verschiedene Anlässe wie Wachstum, Buy-out, Unternehmensnachfolge, Start-up oder Sanierung/Turnaround. Insbesondere stellt sich die Frage, ob bewusst nach unterbewerteten Beteiligungen (Fall 1) oder nach solchen mit einer stetigen risikoarmen Entwicklung (Fall 2) gesucht wird. Bei unterbewerteten Beteiligungen kann es sich um kleine oder größere Unternehmen

mit unterschätztem Potenzial aber solider wirtschaftlicher Lage handeln (Fall 1a) oder um Unternehmen in der Krise, die aufgrund ihrer bisherigen wirtschaftlichen Entwicklung zu günstigen Konditionen (bei entsprechend höherem Risiko) erworben werden können (Fall 1b).

4. **Beteiligungsformen**. In der Regel erfolgt die Beteiligung durch den Erwerb von Eigenkapital. Gleichwohl lassen sich auch Mezzanine-orientierte Beteiligungen oder auch Kombinationen aus Eigenkapital und Gewährung von Gesellschafterdarlehen antreffen. Es ist festzulegen, ob das Eigenkapital in Form von Liquidität oder in Form von Vermögensgegenständen, wie z. B. Anteilen an anderen Unternehmen oder die Gewährung von werthaltigen Rechten oder durch Beratungsleistungen im Sinne von „sweat equity" erfolgt.
5. **Co-Investments**. Sind alleinige Investitionen in die neuen Beteiligungen vorgesehen, oder besteht Offenheit oder sogar die Erwartung, dass sich neben dem Mutterunternehmen weitere Partner an der Transaktion beteiligen. Auch wenn regelmäßig nur eine Minderheitsbeteiligung angestrebt wird, kann diese alleine oder mit weiteren Partnern erworben werden. Typischerweise eignen sich als Partner andere Mutterunternehmen, das Management der Beteiligung, Investmentfonds oder Privatpersonen bzw. Familien.
6. **Haltedauer**. Während bei Konzern-Mutterunternehmen in der Regel eine dauerhafte, jedenfalls langfristige Haltedauer angestrebt wird, variiert dies bei Beteiligungsgesellschaften deutlich. Die überwiegende Zahl strebt kurz- bis mittelfristige Haltedauern an, währen einige wenige eine langfristige Haltedauer anstreben.
7. **Fokussierte Branchen**. Das Mutterunternehmen legt die Branchen fest, in denen die künftigen Beteiligungen ihre Schwerpunkte haben sollen. Dies ergibt sich aus dem Selbstverständnis über die relevanten Aktivitäten der Unternehmensgruppe. Zusätzlich wird explizit der priorisierte Suchraum definiert. Je dauerhafter und aktiver dieser Suchraum kommuniziert wird, umso stärker entwickelt sich eine Positionierung des Mutterunternehmens auf dem Markt für Unternehmenskontrolle aus Sicht potenzieller Verkäufer. Neben der expliziten Festlegung auf bestimmte Branchen bietet sich ggf. der Einbezug von angrenzenden Branchen an, z. B. bezogen auf vorgelagerte oder nachgelagerte Wertschöpfungsstufen.
8. **Fokussierte Geschäftsmodelle**. Durch die Eingrenzung von gewünschten Geschäftsmodellen wird es leichter, neue Beteiligungen im Sinne einer buy-and-build-Strategie mit den bestehenden Beteiligungen zu verbinden. Als Struktur für die Unterscheidung von Geschäftsmodellen eignen sich z. B. die von Gassmann et al.[3] oder die von Ahrend.[4] Neben den Geschäftsmodellen selbst lässt sich eine Erwartung an die Verwandtschaft bzw. Diversifizierung zu bestehenden Geschäftsmodellen formulieren (von einem hohen Verwandtschaftsgrad bis zu einer breiten Streuung). Aufgrund ähnlicher Eigenschaften bezüglich der Produkt-/Markt-Kombination oder der

[3] Vgl. Gassmann et al. (2013).

[4] Vgl. Ahrend (2016), S. 85.

Geschäftsfelder lassen sich Beteiligungen in Geschäftsfeldern zusammenfassen und auf Basis von Portfolioanalysen fehlende Bereiche für neue Beteiligungen identifizieren.

9. **Tätigkeitsgebiet der Beteiligung**. Für eine bessere Einbindbarkeit in das bestehende Beteiligungsportfolio und für die Erreichbarkeit durch das Mutterunternehmen bietet sich eine Festlegung des Sitzes und der angestrebten Internationalität bzw. Regionalität[5] der neuen Beteiligungen an. Dies kann sich auf eine bestimmte Region (für öffentliche Unternehmen), auf ein Land (wie Deutschland), auf ausgewählte Länder (z. B. Deutschland, Österreich und Schweiz) oder auf einen Kontinent bzw. eine Ländergruppe (wie Europa) beziehen.
10. **Reifegrad der Beteiligung**. Das Mutterunternehmen legt fest, ob es sich bei den Unternehmen um Start-ups, junge Unternehmen oder um am Markt etablierte Unternehmen handeln soll.
11. **Erwartungen an Umsatz, EBITDA und EBIT**. Eine Festlegung auf eine Bandbreite (mit Unter- und Obergrenze) bzw. von Minimalerwartungen an bestimmte Finanzkennzahlen hilft bei der Konkretisierung des erwarteten Reifegrads bzw. der erwarteten Profitabilität der Beteiligung. Zusätzlich lassen sich auch Erwartungen an die bisherige Volatilität der Ergebnisse, den maximalen Verlust in den letzten Jahren oder die bestehenden Marktrisiken formulieren.
12. **Resilienzfördernde Maßnahmen**. Die Beteiligungsstrategie sollte auch Maßnahmen umfassen, die die Resilienz fördern, d. h. die Widerstandsfähigkeit der Organisation gegenüber Veränderungen aus dem Umfeld und aus der jeweiligen Beteiligung. Eine Maßnahme liegt in der regelmäßigen Überprüfung der Beteiligungsstrategie. Weitere Maßnahmen für die Verbesserung der organisatorischen Resilienz liegen in der Verankerung von Regelungen der Corporate Governance und in der Etablierung eines funktionsfähiges Beteiligungscontrollings (vgl. das Abschn. 4.3.2). Dazu zählen auch entsprechende Maßnahmen zur Vermeidung des Eintritts von Risiken sowie die Definition von Schutzmaßnahmen für den Fall des Eintritts von Risiken.[6] Die Resilienz bzw. die Wertverlustverhinderungsfunktion des Beteiligungsmanagements wird durch Maßnahmen der internen Revision sowie eine gruppenweite Compliance ergänzt.

Die Grundlage für die Beteiligungsstrategie bieten die Werte des Mutterunternehmen im Umgang mit ihren Beteiligungen. Im engeren Sinne handelt es sich um die Mehrung der Unternehmenswerte, im weiteren Sinne um ein am Selbstverständnis der Verantwortung orientiertes Management. Soll die Unternehmenskultur auf die neuen Beteiligungen übertragen werden, oder geht es um weitgehende Dezentralität gerade auch bei den

[5] Neben Anforderungen an die Internationalität kann der Fokus, insb. bei öffentlichen Unternehmen auf die Tätigkeit in einer Stadt bzw. einer Region um eine Stadt gelegt werden.

[6] Vgl. Bundesamt für Verfassungsschutz et al. (2016) mit weiteren Hinweisen zum Schutz von Unternehmenswerten.

unternehmerischen Werten? Die Werte der Beteiligungsstrategie stimmen mit denen aus dem Kap. 3 zum Selbstverständnis des Mutterunternehmens überein.

Bezogen auf die bestehenden Beteiligungen lassen sich eine Reihe weiterer Elemente für die Beteiligungsstrategie ergänzen. Dazu zählen:

- Vorgesehene Geschäftsfelder, zu denen sich die Beteiligungen zusammenfassen lassen
- Maximale oder minimale Anzahl der gehaltenen Beteiligungen je Geschäftsfeld
- Grad der Diversifikation der Beteiligungen innerhalb eines Geschäftsfelds
- Aktivitätsgrad des Mutterunternehmens im Umgang mit der jeweiligen Beteiligung
- Betreuungsaufwand je Beteiligung (z. B. in einer Einteilung nach gering, mittel, hoch)

4.3 Resilienzfördernde Maßnahmen

Ein resilientes Unternehmen verfügt über drei Merkmale: (1) robuste Governance, (2) agile Führung und (3) strategische Anpassungsfähigkeit.[7] Während die strategische Anpassungsfähigkeit mit der regelmäßigen Überprüfung und ggf. Anpassung der Beteiligungsstrategie einhergeht, erfordert die agile Führung auch ein agiles Beteiligungsmanagement, das in diesem Buch erläutert wird. Nachfolgend werden Maßnahmen für eine robuste Governance beschrieben. Dies umfasst Regelungen für die Corporate Governance, ein leistungsfähiges Beteiligungscontrolling, Schärfung der Problemlösungskompetenz sowie weitere resilienzfördernde Maßnahmen.

4.3.1 Regelungen für die Corporate Governance

Einen wichtigen Rahmen für neue wie auch für die bestehenden Beteiligungen setzen die durch das Mutterunternehmen definierten Regelungen der Corporate Governance. Diese können im Rahmen von Beteiligungsrichtlinien, als Grundsätze der Unternehmensführung oder als spezielle Regeln für die Corporate Governance formuliert werden. Dabei bilden die Regeln der Corporate Governance den rechtlichen sowie verfahrensbezogenen Rahmen für die Leitung, Steuerung und Überwachung eines Unternehmens.[8] Entsprechend ist die Variation der Ausgestaltung relativ groß. Meist sind die Corporate Governance Regelungen über Jahre entstanden und durch den vorhandenen strategischen, strukturellen und kulturellen Kontext geprägt. Unabhängig vom Ausprägungsgrad der strategischen und operativen Einflussnahme des Beteiligungsmanagements gelten klare Regelungen der Corporate Governance als ein Qualitätsstandard für die Unternehmensführung und Unternehmensaufsicht von Unternehmen. Durch die öffentliche Kommunikation der Corporate Governance

[7] Vgl. BS65000:2014 „Guidance on organizational resilience“. Vgl. auch den ISO-Standard ISO 22316:2017 „Security and resilience – Organizational resilience – Principles and attributes“.

[8] Vgl. Lutter (2003), S. 738.

Regelungen wächst das öffentliche Vertrauen und die Organe der Beteiligung schärfen ihr Selbstverständnis. Eine verantwortungsvolle Corporate Governance kann dazu beitragen, dass einerseits die Beteiligung und andererseits das Mutterunternehmen bei der Erfüllung ihrer Ziele unterstützt werden und damit die Resilienz gestärkt wird.[9]

Mit den OECD-Grundsätzen der Corporate Governance von 1999[10] wurde in Deutschland die Entwicklung von Corporate Governance Grundsätzen für börsennotierte Gesellschaften angestoßen. Die OECD beschreibt Corporate Governance wie folgt: „Corporate Governance involves a set of relationships between a company's management, its board, its shareholders and other stakeholders. Corporate governance also provides the structure through which the objectives of the company are set, and the means of attaining those objectives and monitoring performance are determined. Good corporate governance should provide proper incentives for the board and management to pursue objectives that are in the interests of the company and its shareholders and should facilitate effective monitoring."[11] Am 26.02.2002 folgte die erste Fassung des Deutschen Corporate Governance Kodex (DCGK), erarbeitet von einer Expertenkommission.[12] Der Kodex umfasst geltende Gesetze, Soll-Vorschriften im Sinne von Empfehlungen und Kann-Vorschriften im Sinne von Anregungen. Gemäß § 161 AktG ist für kapitalmarktorientierte Unternehmen die Anwendung und die Abgabe einer jährlichen Entsprechenserklärung über die befolgten und die nicht befolgten Empfehlungen verpflichtend. Trotz der Fokussierung des DCGK auf die Belange von großen kapitalmarktorientierten Unternehmen liegt, lassen sich die dort und in den OECD Leitlinien hinterlegten Prinzipien auch bei nicht börsennotierten Unternehmen berücksichtigen. Die darin verankerten Ziele Transparenz, Risikovorsorge, Klarheit über die Unternehmensziele und Vermeidung von Interessenskonflikten bei Geschäftsleitung und Aufsichtsgremium können für die Corporate Governance jedes Unternehmen gelten. „Der Vorstand leitet das Unternehmen in eigener Verantwortung im Unternehmensinteresse, also unter Berücksichtigung der Belange der Aktionäre, seiner Arbeitnehmer und der sonstigen dem Unternehmen verbundenen Gruppen (Stakeholder) mit dem Ziel nachhaltiger Wertschöpfung."[13] Die OECD geht davon aus, dass eine gute Corporate Governance nicht nur die Effizienz der Unternehmen verbessert, sondern auch deren Wert. Die Berücksichtigung eines Corporate Governance Regelwerks kann dabei in vier Varianten erfolgen: (1) Beachtung eines bestehenden Regelwerks (z. B. OECD Leitlinien, Deutscher Corporate Governance Kodex, einen der bestehenden Public Corporate Governance Kodizes von Bund, Ländern oder Kommunen oder den für öffentliche Unternehmen in Erarbeitung befindlichen Public Corporate Governance Musterkodex[14]) als interne Rahmensetzung, (2) Beachtung eines speziell für die Unternehmensgruppe entwickelten Kodex als interne Rahmensetzung, (3) Beachtung eines bestehenden Regel-

[9] Vgl. Goergen et al. (2008), S. 175 ff.

[10] Vgl. OECD (2015b) und für öffentliche Unternehmen OECD (2015a).

[11] OECD (2004), S. 11.

[12] Vgl. Regierungskommission (2017).

[13] Vgl. Ziffer 4.1.1 des DCGK vom 07.02.2017.

[14] Vgl. https://www.pcg-forschungsportal.de/expertenkommission/.

werks und öffentliche Abgabe einer Entsprechenserklärung oder (4) Beachtung eines speziell für die Unternehmensgruppe entwickelten Kodex als interne Rahmensetzung und öffentliche Abgabe einer Entsprechenserklärung.[15]

Im Rahmen einer jährlichen Entsprechenserklärung zum zuvor beschlossenen Kodex erklärt jede Geschäftsleitung und jedes Aufsichtsgremium öffentlich, welche Empfehlungen beachtet wurden, und welche aus welchen Gründen nicht (entsprechend dem Grundsatz „comply or explain“). Wenngleich die Corporate Governance Regeln dem Grunde nach keinen Gesetzescharakter haben, wirkt die öffentliche Abgabe der Entsprechenserklärung wie soft law.[16] Die Anwendung des Kodex kann sogar durch Aufnahme von Verweisen auf Elemente des Kodex in die Unternehmenssatzung verankert werden. Jedenfalls gehen die Geschäftsleiter und die Mitglieder des Aufsichtsgremiums mit dem Kodex eine (Selbst-) Verpflichtung ein. Als ultima ratio kann die Verweigerung der Einhaltung des Kodex zu einer Verweigerung der Entlastung der Organe oder einzelner Organmitglieder führen, eine Wiederbestellung infrage stellen oder auch eine Abberufung zur Folge haben.

Neben einem Corporate Governance Kodex sind weitere Elemente der Corporate Governance in Satzung, Geschäftsordnung des Aufsichtsgremiums, Geschäftsordnung der Geschäftsleitung oder einem Code of Conduct hinterlegt. Dazu kommen Festlegungen im Rahmen der Strategie, einer Compliance-Richtlinie, in Lagebericht und Anhang des Jahresabschlusses,[17] in den Quartalsberichten oder in den jährlichen Zielvereinbarungen zwischen Geschäftsleitung und Aufsichtsgremium.

Mit der Corporate Governance werden normative Festlegungen[18] getroffen, die eine dauerhafte Bedeutung für das Unternehmen und seine Führungssysteme haben. Damit ist die Ausgestaltung der Corporate Governance eine Möglichkeit, sich im Wettbewerb um Kunden, Kapital und Beschäftigte zu differenzieren. Im internationalen Kontext von börsennotierten Unternehmen zeigen dies bereits Corporate Governance Ratings oder Aktivitäten von institutionellen Investoren für die Verbesserung der Corporate Governance bei ihren Portfoliounternehmen zur Stärkung der Unternehmensperformance.[19]

Die Corporate Governance sollte so konkret wie möglich sein. Mit klaren Regeln gewinnt die Corporate Governance an Qualität. Nachfolgende Grundsätze helfen bei der Ausgestaltung:

- Professionelle Besetzung von Geschäftsführung und Aufsichtsrat (vgl. Kap. 5)
- Klare Zuordnung der Verantwortung für die verschiedenen Organe des Unternehmens durch Satzung und Geschäftsordnungen für Geschäftsführung und Aufsichtsgremium

[15] Vgl. als Beispiel den Darmstädter Beteiligungskodex unter Wissenschaftsstadt Darmstadt (2018).

[16] Vgl. Schmidt (2002), S. 47.

[17] Vgl. z. B. im Rahmen der Erklärung zur Unternehmensführung nach § 289a HGB; DRS 20.K45-47, den Bericht über Strategien und Ziele nach DRS 20.39-44, den Bericht über das Geschäftsmodell nach DRS 20.36-38 sowie den Vergütungsbericht nach DRS 17.

[18] Vgl. Bleicher (2004).

[19] Vgl. GMI Ratings (2013); The California Public Employees' Retirement System (CalPERS) (2014).

unter Nutzung der Zustimmungsvorbehalte vor Durchführung bestimmter Geschäfte gemäß § 111 Abs. 4 Satz 2 AktG
- Vertrauensvolle Zusammenarbeit zwischen Geschäftsführung, Aufsichtsrat und Anteilseignern
- Vermeidung von Interessenkonflikten bei Geschäftsführung und Aufsichtsgremium
- Orientierung der Handlungen von Geschäftsführung und Aufsichtsgremien am Unternehmenswohl gemäß § 93, § 116 AktG (Treue-, Fürsorge-, Sorgfalts- und Geheimhaltungspflicht)
- Aktive Informationspolitik der Geschäftsführung für Aufsichtsgremien, Anteilseigner und weitere Stakeholder
- Profunde Vorbereitung der Sitzungen von Vorstand und Aufsichtsrat für das Treffen informierter und nachvollziehbarer Entscheidungen
- Bedarfsweise Weiterbildung der Mitglieder von Geschäftsführung und Aufsichtsgremium, z. B. zu Themen der Digitalisierung (vgl. Kap. 13)
- Professionelles (Beteiligungs-) Controlling, Risikomanagement und Compliance
- Regelmäßige externe Überprüfung der Rechnungslegung durch eine Wirtschaftsprüfungsgesellschaft[20]

4.3.2 Beteiligungscontrolling für mehr Resilienz

Eine weitere Maßnahme für die Verbesserung der Resilienz von Mutterunternehmen und Beteiligungen liegt in der Etablierung eines leistungsfähigen Beteiligungscontrollings. Dies umfasst je nach Selbstverständnis des Mutterunternehmens eine mehr oder weniger standardisierte Koordination der Unternehmensplanung und des Beteiligungsberichtswesens.

4.3.2.1 Koordination der Unternehmensplanung

Abgeleitet von den jeweiligen Unternehmensstrategien sowie den Erwartungen des Mutterunternehmens erstellen die Beteiligungen ihre Mittelfrist- und der Jahresplanung. Das Mutterunternehmen nimmt mehr oder weniger intensiv Einfluss auf die Erstellung der Unternehmensplanungen und koordiniert in Konzernverbünden den Prozess der Konzernplanung. Neben dem Planungsprozess werden die Inhalte, die zu nutzenden Systeme und die groben Termine für den Ablauf der Jahres- und Mittelfristplanung erläutert. Wichtige Elemente der Planung sind die konzernweiten bzw. unternehmensspezifischen (Spitzen-) Kennzahlen. Neben der Aufzählung gehört dazu auch die Definition für deren Berechnung. Die Planung umfasst in der Regel auch einen verbalen Teil, in dem erläutert wird, welche Maßnahmen zur Verbesserung der Situation ergriffen werden.

[20] Derzeit üblich ist für die Sicherstellung der Unabhängigkeit des Prüfers eine Dauer der Bestellung von 5 Jahren. Gemäß der EU-Verordnung 537/2014 ist eine Dauer von bis zu 10 Jahren möglich. Vgl. die Empirie bei Ewelt-Knauer et al. (2013); Köhler und Ratzinger-Sakel (2018).

Dabei umfassen die Planungen neben finanziellen Formalzielen auch leistungsbezogene, risikobezogene und weitere Sachziele.[21] Wenngleich häufig die Bedeutung von wertorientierten Kenngrößen unterstrichen wird, orientieren sich die DAX-30 Unternehmen mit knapp 80 % an traditionellen finanziellen Steuerungsgrößen.[22] Ein ähnliches Bild zeigen Studien zu den verwendeten internen Steuerungsgrößen.[23] Im Sinne des integrierten Berichtswesen sollte die Planung neben finanziellen Steuerungsgrößen auch Zielwerte über die Entwicklung des produktiven Kapitals (z. B. Auftragsbestand, Produktionsauslastung, neue Produkte, Qualität, Rückläufe), des Humankapitals (z. B. Weiterbildung, Fluktuation, unbesetzte Stellen), des intellektuellen Kapitals (z. B. Patente, Kooperationsprojekte mit Universitäten), des Sozialkapitals (z. B. Beziehungen zu Kunden und Lieferanten) sowie des ökologischen Kapitals (z. B. Nutzung von Energie, Boden und Wasser) beinhalten.[24] Dabei haben auch nichtfinanzielle Steuerungsgrößen eine Bedeutung für die wirtschaftliche Lage. Für die Priorisierung hilft ein Minimum an finanziellen Kennzahlen und ein Maximum an Fakten über die bisherige und künftige Entwicklung der relevanten Werttreiber. Für die Priorisierung von Zielen und Maßnahmen besteht die Herausforderung darin, die Sach- und Formalziele aufeinander abzustimmen, sodass das definierte Geschäftsmodell möglichst effektiv und effizient umgesetzt werden kann.

Abgeleitet aus den jeweiligen Unternehmensplanungen sind darauf aufbauend Zielvereinbarungen zwischen den Akteuren des Mutterunternehmens und den jeweiligen Verantwortlichen der Beteiligungen abzuschließen. Diese haben üblicherweise einen engen Konnex zu der variablen Vergütung der Führungskräfte der Beteiligungen (vgl. Abschn. 5.4 und 5.6). Der Ablauf der Planung der Beteiligung und die Vereinbarung von Zielvereinbarungen sollte dabei nicht ausschließlich Top-down erfolgen, sondern in einem Gegenstromverfahren, das Top-down und bottom-up Elemente umfasst. Gerade die Erwartungen für die nächsten Jahre sollten in einem kooperativen Miteinander erarbeitet werden.

4.3.2.2 Etablierung eines effektiven Beteiligungsberichtswesens

Für das Beteiligungsmanagement ist ein aussagekräftiges Berichtswesen unerlässlich. Für ein qualitätsvolles Berichtwesen definiert das Mutterunternehmen häufig die Inhalte, die zu nutzenden Systeme (bzw. Formate und Eingabemasken) sowie die Termine für die Erstellung der Quartals- und ggf. auch der Monatsberichte.

Neben finanziellen und nichtfinanziellen Steuerungsgrößen muss es jedenfalls auch die Entwicklung von Risiken (im Sinne von Schadenshöhe, Eintrittswahrscheinlichkeit und Gegenmaßnahmen) und von Chancen enthalten. Darüber hinaus fassen die Berichte auch die wesentlichen Entwicklungen und Besonderheiten zu einem quartals- oder monatsbezogenen „verbalen" Lagebericht zusammen. Neben der Nutzung von finanziellen (traditionellen und wertorientierten) Kennzahlen helfen auch solche zu den relevanten Werttreibern im

[21] Vgl. Borchers (2006), S. 238.

[22] Vgl. Fink et al. (2016); Needham et al. (2018), S. 230 ff.

[23] Vgl. Schäffer und Lewerenz (2011), S. 295 ff.; Horster und Knauer (2012), S. 118 ff.

[24] Vgl. https://integratedreporting.org.

Sinne des Integrated Reporting Frameworks. Das Berichtswesen ist dabei eine wichtige Grundlage für die Verhinderung von Wertverlusten bei der Beteiligung.

Gerade aufgrund der notwendigen Fülle relevanter Informationen ist auf das Prinzip der Wesentlichkeit zu achten, um bei der vorhandenen Komplexität die Kernthemen ausreichend zu priorisieren. Statt einer übertriebenen Detaillierung und dem Festhalten an einem umfangreichen Berichtspaket zählt eher die interpretierte Zusammenfassung auf einer Seite (als one-pager) oder die prägnante online-Darstellung eines Steuerungs-Cockpits (Dashboard) zu den verwendeten Berichtsformaten.

Durch eine intensive Überprüfung der Entwicklung des Einsatzes von Ressourcen und der Entwicklung der Erfolgsgrößen der Beteiligungen werden frühzeitig Veränderungen gegenüber den strategischen Zielen und der Unternehmensplanung deutlich. Die Berichte machen Fehlentwicklungen transparent und bieten die Grundlage für Ursachenanalysen.[25] Den Gefahren der Entwicklung einer „Zahlengläubigkeit“ und der Ablenkung der Berichte von nicht darin enthaltenen wichtigen Entwicklungen muss mit regelmäßigen Diskussionen über die Unternehmensentwicklung zwischen den Akteuren des Mutterunternehmens und der Beteiligung begegnet werden. Steuerungsgrößen bilden nicht die Basis für Vertrauen. Nur eine vertrauensvolle Kommunikation bietet die Basis für eine kooperative Zusammenarbeit.

Ebenfalls sollte der Blick neben der Vergangenheit auch die Zukunft (insb. die Hochrechnung zum Jahresende) enthalten. Gerade die Zukunftsorientierung ermöglicht die Diskussion über mögliche Szenarien und Handlungsvarianten, bei denen das Mutterunternehmen die Beteiligung unterstützen kann. Auch kann anhand von Szenarien der Planwerte der nächsten Jahre eine Einschätzung der Notwendigkeit von Investitionen und zusätzlich notwendigen Maßnahmen reifen. Zusätzlich ermöglicht die Digitalisierung die Verarbeitung von großen Datenmengen auch zum Nutzen für die Analyse von steuerungsrelevanten Daten.

4.3.3 Schärfung der Problemlösungskompetenz

Neben einem leistungsfähigen Beteiligungscontrolling gilt es, die Handlungsorientierung der Akteure von Beteiligungen und Beteiligungsmanagement im Blick zu behalten. Die Kenntnis von Abweichungen zum Plan ist eine gute Grundlage, reicht aber häufig noch nicht aus, um schwierige Themen anzupacken. Für die Lösung von Problemen bei den Beteiligungen sind eine Reihe von Schwellen zu überwinden. Abb. 4.5 fasst diese zusammen.

Die Erfolgsfaktoren für ein problembewusstes Handeln sind die Aufmerksamkeit und die Problemerkenntnis auf Ebene des Mutterunternehmens, das Problembewusstsein bei der Beteiligung und schließlich die Handlungsfähigkeit für die Problemlösung.

[25] Vgl. z. B. Burger und Ulbrich (2005), S. 62 ff.

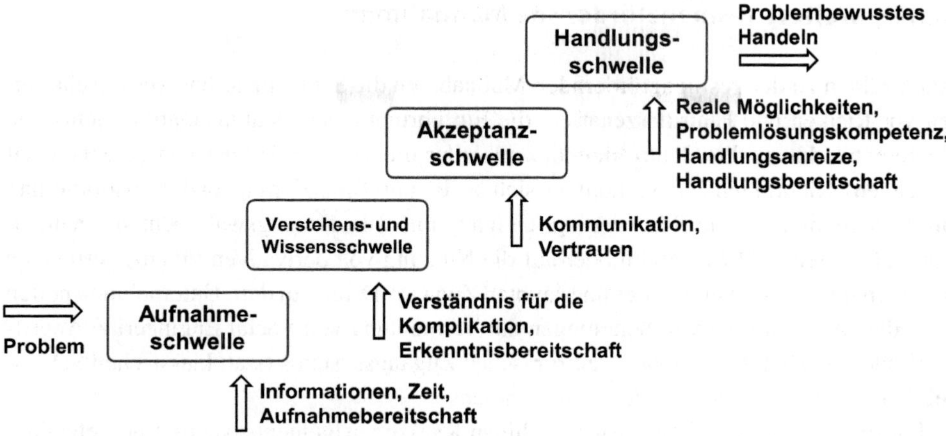

Abb. 4.5 Schwellen für den Umgang mit Problemen bei einer Beteiligung

- **Aufmerksamkeit**. Für die Wahrnehmung eines Problems sind neben der Übermittlung der relevanten Informationen ein für die Aufnahme ausreichender zeitlicher Freiraum sowie die Bereitschaft zur Aufnahme notwendig. Von hoher Bedeutung sind finanzielle und nichtfinanzielle Daten aus dem Beteiligungscontrolling und ein regelmäßiger offener Austausch mit der Beteiligung.
- **Problemerkenntnis**. Zusätzlich bedarf es der Fähigkeit, die hinter einem Problem liegende Komplikation, also die (potenziell) negative Wirkung auf bestimmte Kennzahlen oder im Sinne der Früherkennung auf die strategische Positionierung bzw. die Geschäftsmodelle der Beteiligung zu verstehen. Neben dem Wissen, dies erkennen zu können, ist auch die Bereitschaft für die Problemerkenntnis erforderlich. Gerade die langjährigen Betreuer einer Beteiligung können stattdessen zu der Verdrängung von Problemen tendieren.
- **Problembewusstsein**. Eine Problemerkenntnis hilft aber nicht, wenn das Thema nicht mit der betreffenden Beteiligung besprochen und reflektiert wird. Dies erfordert aber nicht nur die Diskussion der Erkenntnis, sondern auch die Bereitschaft, das Problem als solches zu akzeptieren. Nur mit einem gegenseitigen Vertrauen wird die Basis für den konstruktiven Umgang mit dem Problem geschaffen. Fehlt das Vertrauen kann die Kommunikation zum aktiven Missverständnis, zu Schutzbehauptungen, zu Ignoranz in der Wahrnehmung oder sogar zu einer Übertragung des Problems als eines auf der persönlichen Ebene führen.
- **Handlungsfähigkeit**. Wird das Problem als solches von den Akteuren akzeptiert, geht es schließlich um die Erarbeitung und Umsetzung einer Lösung. Die Problemlösungsfähigkeit umfasst die Analyse der Problemursachen, die kreative (gemeinsame) Entwicklung von Lösungsaltnativen und schließlich die Entscheidung für eine Lösungsvariante. Dafür muss das Problem grundsätzlich lösbar sein, d. h. mindestens eine realisierbare Lösungsvariante aus Sicht von Mutterunternehmen und Beteiligung existieren. Ebenso notwendig sind intrinsische oder extrinsische Handlungsanreize bei den Akteuren der Beteiligung nötig, sich der Problemlösung auch annehmen zu wollen.

4.3.4 Weitere resilienzfördernde Maßnahmen

Auch zählen zu den resilienzfördernden Maßnahmen die Sensibilisierung der Beschäftigten vor Risiken und Eintrittsszenarien, die Einführung eines Qualitätsmanagements, die Weiterentwicklung des Controllingkonzepts oder die Verabschiedung von (gruppenweit geltenden) Richtlinien. Diese können sich z. B. auf Bilanzierung und Konsolidierung (insb. Eckpunkte für die Bilanzierung, Umgang mit Bilanzierungswahlrechten), gemeinsame IT-Systeme, IT-Sicherheit oder auf die Nutzung von derivativen Finanzinstrumente beziehen. Für die Prävention des unerlaubten Zugangs Dritter zu dem Unternehmen helfen z. B. die Durchführung von Schulungen zur Vermeidung von Social Engineering Angriffen[26] oder die Einführung eines elektronischen Zugangssystems (statt klassischen Schlüsseln) zu den Räumlichkeiten des Unternehmens.

Für die Etablierung eines leistungsfähigen Risikomanagementsystems sind neben der Definition von Zielen, Prozessen und Verantwortlichkeiten vor allem eine breite Erfassung von möglichen Risiken durch die Organisation zu empfehlen. Dabei hilft der Einbezug in die jährlichen Personalgespräche, die Berücksichtigung des Themas in der Gruppen- und Unternehmenskommunikation sowie die Durchführung von 360-Grad-Analysen. Durch die Etablierung von Standards steigen Effizienz und Qualität von Unternehmensführung und Unternehmensaufsicht.

Der Schutz der Unternehmenswerte und der Mitarbeiter vor Bedrohungen und die Fähigkeit der Organisation, auf Risiken und Veränderungen vorbereitet zu sein, stärken die Basis für einen nachhaltigen unternehmerischen Erfolg.

4.4 Fallbeispiele

4.4.1 Fallbeispiel Beteiligungsstrategie von AURELIUS

Die AURELIUS Equity Opportunities SE & Co. KGaA ist eine börsennotierte Beteiligungsgesellschaft. Das Mutterunternehmen investiert in Beteiligungen mit Entwicklungspotenzial, bspw. Randbereiche von Konzernen oder private Unternehmen in Sondersituationen. Dabei versteht sich die AURELIUS-Gruppe als langfristiges Good Home für ihre Beteiligungen. Die Eckpunkte der Beteiligungsstrategie sind folgende[27]:

---

[26] Social Engineering Angriffe sind Cyberattacken, bei denen im Vorfeld ein Angreifer über öffentliche Quellen Interna des Unternehmens recherchiert, diese mit Informationen aus Telefonaten oder Emails mit fingiertem Interesse verknüpft und so die Grundlage für die Versendung von vertrauensvoll wirkenden Emails (mit Links auf Schadsoftware) an ausgewählte Personen im Unternehmen vorbereitet. Vgl. z. B. das Angebot von IT-Seal unter www.it-seal.de.

[27] Vgl. Aurelius (2019), S. 2.

- **Investitionsfokus**. Unternehmen in Umbruchsituationen mit Verbesserungspotenzial, Sondersituationen wie Abspaltungen von Konzern-Randbereichen, Nachfolgeregelungen, Streitende Gesellschafter, deutliches Verbesserungspotenzial
- **Umsatz des Unternehmens**. zwischen 50 Mio. und 1 Mrd. Euro
- **Durchschnittlicher Kaufpreis**. rd. 8 Mio. Euro (von negativ bis 15 Mio. Euro)
- Auch komplexe Transaktionen und Ablösungen bestehender Kapitalgeber möglich

4.4.2 Fallbeispiel Beteiligungsstrategie der BeteiligungsKapital Hannover (Sparkasse Hannover)

Die BeteiligungsKapital Hannover ist eine 100 %-ige Tochtergesellschaft der Sparkasse Hannover und entstand aus dem Zusammenschluss der regionalen Sparkassen-Beteiligungsgesellschaften RBI, RBK und Hannover-Fonds.[28] Ziel ist die Förderung und Stärkung von mittelständischen Unternehmen im Wirtschaftsraum Hannover. Die Beteiligungsstrategie umfasst folgende Eckpunkte[29]:

- **Anteilsquote**. in der Regel Erwerb von Minderheitsanteilen
- **Transaktionsvolumen**. 300.000 € bis 3.000.000 €
- **Beteiligungsanlässe**. Wachstumsfinanzierung, Gesellschafterwechsel, Management-Buy-out sowie -Buy-in, Spin-off, Börsengang, Start-up
- **Beteiligungsformen**. Eigenkapital, Mezzanine-Kapital oder in Kombination
- **Co-Investments**. Offen für Co-Investments
- **Haltedauer**. vereinbarter Ausstieg nach durchschnittlich fünf bis sieben Jahren
- **Fokussierte Branchen**. kein Branchen-Schwerpunkt
- **Fokussierte Geschäftsmodelle**. kein Schwerpunkt
- **Tätigkeitsgebiet**. Schwerpunkt im Wirtschaftsraum Hannover
- **Reifegrad der Beteiligung**. etablierte Unternehmen oder junge Unternehmen mit erreichter Marktfähigkeit und einem überdurchschnittlichen Wachstums- und Ertragspotenzial
- **Erwartungen an Umsatz, EBIT bzw. EBITDA**. ertragsstarke Unternehmen
- **Resilienzfördernde Maßnahmen**. keine Einflussnahme auf die operative Geschäftsführung, vereinbarte Informations-, Mitwirkungs- und Kontrollrechte

4.4.3 Fallbeispiel Beteiligungsstrategie der Beteiligungsgesellschaft Co-Investor

Eine interessante Variante für die Bündelung der Anlagen von Unternehmern und Familien bietet die Beteiligungsgesellschaft Co-Investor AG.[30] Einerseits bündeln die Gesell-

[28] Vgl. https://www.bk-hannover.de/.

[29] Vgl. https://www.bk-hannover.de/philosophie/index.html.

[30] Vgl. https://www.co-investor.com.

schafter des Unternehmens ihre gemeinsamen Investitionen in mittelständische Wachstumsunternehmen im deutschsprachigen Raum, darüber hinaus bieten sie interessierten weiteren Investoren die Möglichkeit für Co-Investments. Damit werden Direktbeteiligungen ohne Fonds ermöglicht, die durch die Co-Investor AG begleitet und betreut werden. Dabei wird Wert auf das gegenseitige Vertrauen von Eigentümern, dem Unternehmer einer Beteiligung, dem Führungspersonal der Beteiligung und den Mitgliedern des Netzwerks gelegt. Die Beteiligungsstrategie umfasst folgende Eckpunkte[31]:

- **Anteilsquote**. in der Regel qualifizierte Minderheitsbeteiligungen
- **Transaktionsvolumen**. 5–25 Mio. Euro
- **Beteiligungsanlässe**. Management-Buy-out, Carve-out, Wachstumskapital
- **Beteiligungsformen**. Eigenkapital, Gesellschafterdarlehen oder Mezzanine-Finanzierungen
- **Co-Investments**. Offen für Co-Investments insb. mit dem Gründer bzw. Management der Beteiligung und weiteren Co-Investoren
- **Haltedauer**. ca. 3–6 Jahre
- **Fokussierte Branchen/Geschäftsmodelle**. Food & Beverage, Healthcare & Life Science und IT & Technologies, aber auch andere Industrien; mittelständische Unternehmen, nachvollziehbares, belastbares Geschäftsmodell, klar definierbares Wachstums- und Wertsteigerungspotenzial, qualifizierte und überzeugende Gründer und Unternehmer, die nach Möglichkeit am Unternehmen beteiligt bleiben
- **Tätigkeitsgebiet**. Fokus auf Deutschland, Österreich und Schweiz
- **Reifegrad der Beteiligung**. etablierte Unternehmen
- **Erwartungen an Umsatz bzw. Ergebnisse**. Positiver Cashflow und Umsatz im mittleren einstelligen Millionenbereich
- **Resilienzfördernde Maßnahmen**. Enge Begleitung des Unternehmens, Zugang zum Netzwerk

4.4.4 Fallbeispiel Beteiligungsstrategie der Beteiligungsgesellschaft Cornerstone

Die Beteiligungsgesellschafft CornerstoneCapital (CornerstoneCapital Verwaltungs AG) ist Eigenkapitalpartner für Management Buyouts und Wachstumskapital bei etablierten Wachstumsunternehmen. Das Mutterunternehmen legt den Fokus auf Minderheits- oder Mehrheitsbeteiligungen bei deutschsprachigen Technologieunternehmen. Als Investmentphilosophie gilt die Investition in erfolgreiche Managementteams, basierend auf Vertrauen, Kooperation und Schnelligkeit. Es wird eine partnerschaftliche Zusammenarbeit angestrebt, bei der die Akteure des Mutterunternehmens als Sparringspartner dem

[31] Vgl. https://www.co-investor.com/ueberuns/index.htm.

Management Denkanstöße und Handlungsoptionen zur strategischen Ausrichtung agieren. Die Beteiligungsstrategie umfasst folgende Eckpunkte[32]:

- **Anteilsquote**. Regelmäßig Mehrheitsbeteiligungen, ggf. auch Minderheitsbeteiligungen, z. B. bei Wachstumssituationen
- **Transaktionsvolumen**. bis € 50 Mio., bevorzugt: € 3 bis € 15 Mio.
- **Beteiligungsanlässe**. Management-Buy-out, Carve-out, Nachfolgelösungen, Wachstumskapital
- **Beteiligungsformen**. Eigenkapital
- **Co-Investments**. Offen für Co-Investments
- **Haltedauer**. flexibel, auch lange Haltedauern möglich
- **Fokussierte Branchen/Geschäftsmodelle**. Investitionsgüterindustrie, Software und IT – Services, technologische Dienstleistungen, Medizintechnik, Chemie
  - Unternehmen mit einer herausragenden technologischen Kompetenz und strategischen Möglichkeiten der Wertsteigerung
  - Erfolgreiche Positionierung – Unsere Unternehmen differenzieren sich durch einen technologischen Produkt- oder Prozessvorteil in einem Wachstumsmarkt. Sie verfügen über nachhaltige Eintrittsbarrieren und operieren in einem konjunkturunabhängigen Umfeld.
  - Fortgeschrittener Marktlebenszyklus/Potenzial zur Marktführerschaft – Produkte bzw. Dienstleistungen unserer Unternehmen bieten einen klaren, bereits etablierten Kundennutzen und eine starke Positionierung im Markt
- **Tätigkeitsgebiet**. Fokus auf Deutschland, Österreich und Schweiz
- **Reifegrad der Beteiligung**. etablierte Unternehmen
- **Erwartungen an Umsatz bzw. Ergebnisse**. Umsatz größer € 10 Mio. (bei hohem Wachstum und/oder herausragender Technologie auch kleiner)
- **Resilienzfördernde Maßnahmen**. Fokus auf strategische Themen, keine Einflussnahme in das operative Tagesgeschäft, Unterstützung durch den Zugang zum Netzwerk des Mutterunternehmens

4.4.5 Fallbeispiel Beteiligungsstrategie der Beteiligungsgesellschaft Endurance Capital

Endurance Capital ist eine Mittelstandsholding, die in mittelständische Unternehmen in Sondersituationen investiert. Die Gesellschafter sind Unternehmer, die Beteiligungen mit einer langfristigen Perspektive erwerben und entwickeln wollen. Endurance Capital bietet Zugang zum Endurance-Expertennetzwerk, Zugang zu Kompetenzen in den Bereichen Finanzierungslösungen, Organisations-/Restrukturierungsprozesse, Immobilienmanagement,

[32] Vgl. https://www.cornerstone-capital.de/.

Beschaffung und Vertrieb sowie Buy-and-build Unterstützung (also Add-on Zukäufe). Die Beteiligungsstrategie umfasst folgende Eckpunkte[33]:

- **Anteilsquote**. in der Regel Mehrheitsbeteiligungen
- **Co-Investments**. Management mit einer signifikanten Eigenbeteiligung, offen für Co-Investments auch von Altgesellschaftern
- **Haltedauer**. lange
- **Resilienzfördernde Maßnahmen**. aktiver Gesellschafter auf Augenhöhe mit dem Management, strategischer und langfristiger Sparringspartner der Geschäftsführung, keine operative Geschäftsführung

4.4.6 Fallbeispiel Beteiligungsstrategie der GESCO AG

Die GESCO AG ist eine Beteiligungsgesellschaft und wurde im Jahr 1989 von Klaus Möllerfriedrich mitgegründet (vgl. Vorwort). Das Mutterunternehmen investiert langfristig in mittelständische Industrieunternehmen, in der Regel im Zuge eines Verkaufs der Familieneigentümer als Alternative zu einer Nachfolgelösung. Seit 1998 ist das Unternehmen börsennotiert. Die Unternehmen der GESCO AG agieren operative selbstständig, werden aber durch das Mutterunternehmen durch Controlling, Coaching und Consulting aktiv begleitet.[34] Insofern handelt es sich um eine Finanz-Holding. Für die Bewahrung der unternehmerischen Substanz eines Unternehmers oder einer Familie wird das Unternehmen meist mit Mehrheitsanteilen oder zu 100 % der Anteile übernommen. Das Management kann Anteile an der Beteiligung erwerben. Darüber hinaus gibt es ein Mitarbeiterbeteiligungsprogramm für inländische Mitarbeiter. Durch den langfristigen Anlagehorizont wird Vertrauen bei den Verkäufern geschaffen und durch die klare Perspektive bei der Unternehmensführung und der Belegschaft die Motivation gesichert. Den Idealfall ist „der Mittelständler, der langsam den Ruhestand antreten muss. Kinder sind entweder nicht vorhanden oder sie verfolgen andere Interessen. Dieser Unternehmer hat nun das Problem, was er mit seinem Unternehmen, oftmals seinem Lebenswerk, macht. Hier kommen wir ins Spiel … Wenn ein solcher Unternehmer sein Unternehmen abgeben will, möchte er einen adäquaten Kaufpreis erhalten … Viele wollen ihr Unternehmen aber auch in guten Händen sehen. Das heißt, dass die Gesellschaft nicht zerschlagen oder weiter verkauft wird. Auch soll es nicht an einen Wettbewerber gehen, der womöglich die Produktion schließt. Solche Unternehmer suchen dann eben einen neuen langfristigen Eigentümer wie uns. Wir verstehen uns dezidiert nicht als Private Equity-Unternehmen. Formal ist die Bezeichnung Beteiligungsgesellschaft richtig, wie auch die Bezeichnung Finanzinvestor. Aber wohler fühlen wir uns mit dem Verständnis des langfristigen Eigentümers."[35]

---

[33] Vgl. https://endurance-capital.de/endurance-capital/ueber-uns/beteiligungsstrategie/.

[34] Vgl. https://www.gesco.de/ueber-uns/strategie/.

[35] Vgl. Huber (2019).

Die Beteiligungsstrategie der GESCO AG umfasst wenige Anforderungen. Der Suchraum sind Hidden Champions, Markt- und Technologieführer aus dem technologiegetriebenen Mittelstand. Die Ziel-Branchen sind: Maschinen- und Anlagenbau, Unternehmen mit Produktion, Handel oder Dienstleistung im Bereich Metall- und Kunststoffverarbeitung, Elektroindustrie oder Automatisierungstechnik, Werkzeugbau.

Die Akquisitionskriterien werden wie folgt genannt[36]: Umsatz ab ca. 20 Millionen Euro, positiver Cashflow, keine Sanierungsfälle, Hauptsitz in Deutschland, starke Eigenkapitalausstattung, überzeugendes, etabliertes Geschäftsmodell, möglichst starke Marktposition in der Nische.

4.4.7 Fallbeispiel Beteiligungsstrategie der INDUS AG

Bei der INDUS Holding Aktiengesellschaft handelt es sich um eine börsennotierte Beteiligungsgesellschaft.[37] Ähnlich wie die GESCO AG investiert das Unternehmen langfristig in mittelständische Unternehmen in der Regel als Alternative für eine familienbezogene Nachfolgeregelung. Die Geschäftsfelder der Beteiligungen der INDUS AG sind Bau/Infrastruktur, Fahrzeugtechnik/Engineering, Maschinen- und Anlagenbau, Medizin- und Gesundheitstechnik, Metalltechnik. Dabei agieren die Tochtergesellschaften operativ und wirtschaftlich weiterhin eigenständig. Die Eckpunkte der Beteiligungsstrategie sind folgende[38]:

- **Grundsätzliche Strategie**. „Kaufen, halten & entwickeln“
- Jährlich bis zu drei Zukäufe
- **Zielbranchen**. Automatisierungs-, Mess- und Regeltechnik, Bautechnik, Sicherheitstechnik, Medizin- und Gesundheitstechnik, Technik für Infrastruktur und Logistik, Energie- und Umwelttechnik
- Ergänzende Zukäufe von jüngeren Unternehmen in den Zukunftsfeldern: Industrie 4.0/ Digitalisierung, Innovative Bautechnik, Öffentliche und private Sicherheit, Medizintechnik für die alternde Gesellschaft, Intelligente Logistik/Infrastruktur, GreenTech
- Zusätzlich punktuelle Prüfung von Einstiegsmöglichkeiten bei Unternehmen bei denen INDUS dem Unternehmen und seinen Mitarbeitern langfristig bessere Entwicklungsmöglichkeiten bieten kann
- **Beteiligungskriterien**[39]. Umsatz 20–100 Mio. Euro, EBIT 2–10 Mio. Euro, EK-Quote >30 %, zweistellige Umsatzrendite, breite Abnehmerstruktur, Nischenpositionierung, eigene industrielle Wertschöpfung, Wachstumsperspektive (auch international), Cashflow-Orientierung, geringe/keine Bankverbindlichkeiten

---

[36] Vgl. https://www.gesco.de/unternehmenserwerb/akquisitionskriterien/.

[37] Vgl. https://www.indus.de.

[38] Vgl. https://www.indus.de/indus/ziele-und-strategie.html.

[39] Vgl. Indus (2018), S. 6.

4.4.8 Fallbeispiel Beteiligungsstrategie der MBB SE

Die MBB SE ist eine mittelständische, familiengeführte und börsennotierte Beteiligungsgesellschaft. Das Mutterunternehmen konzentriert sich auf den Erwerb und das Management mittelständischer, technologiefokussierter Industrieunternehmen. Dabei wird eine langfristige Zusammenarbeit und kein baldiger Wiederverkauf angestrebt.

Bei den nachfolgend aufgeführten Suchkriterien fällt auf, dass diese einerseits für neue eigenständige Beteiligungen und andererseits für neue Beteiligungen als Ergänzung für die bestehenden Beteiligungen formuliert sind.[40]

- **Kriterien für neue eigenständige Beteiligungen in der MBB-Gruppe**. Mehrheitsbeteiligungen, Unternehmenswert bis zu 100 Mio. €, Umsatz ab 20 Mio. €, etablierte, nachhaltige Geschäftsmodelle, Unternehmen aus Deutschland, Österreich und der Schweiz, Akquisitionsfokus: Unternehmensnachfolgen, Konzernabspaltungen, Bilanzrestrukturierungen
- **Kriterien für neue Beteiligungen, ergänzend für bestehende MBB-Töchter**. Mehrheitsbeteiligungen, auch kleinere Unternehmen ab 1 Mio. € Umsatz, auch schwierige Ertragssituationen, keine regionale Begrenzung, Akquisitionsfokus:
  - Maschinenbauunternehmen/Automatisierer für Automotive-Kunden, ggf. E-Mobility Geschäft – sowohl regional, als auch Low-Cost- und NAFTA-Standorte (für Aumann)
  - IT-Unternehmen und Systemhäuser mit Fokus auf Network Security, Shared Infrastructure und Datacenter (für DTS)
  - Automotive-Zulieferer mit Produkten auf regenerativer Rohstoff-Basis wie Holz, Faserverbund oder anderen Leichtbau-Materialien (für Delignit)
  - Hersteller von Tissueprodukten oder Handelshäuser mit Weiterverarbeitungskapazität (für Hanke Tissue)
  - Matratzen/Schlafmöbel (für CT Formpolster)

4.4.9 Fallbeispiel Beteiligungsstrategie der Mittelständischen Beteiligungsgesellschaft Hessen mbH

Die Mittelständische Beteiligungsgesellschaft des Bundesland Hessen (MBG Hessen) ist eine öffentliche Beteiligungsgesellschaft und bietet Unternehmen aus Hessen Eigenkapital in Form von stillen Beteiligungen.[41] Die Beteiligungsgesellschaft verfügt über kein eigenes Personal und wird daher von der BM H Beteiligungs-Managementgesellschaft Hessen mbH geleitet und koordiniert. Zur Risikodeckung verfügt die MBG Hessen über eine Rückgarantie der Bürgschaftsbank Hessen GmbH auf einen Teil der stillen Einlagen.

---

[40] Vgl. https://www.mbb.com/wachstum/unternehmenskauf/akquisitionsfokus.html.

[41] Vgl. https://www.mbg-hessen.de/index.php/ueber-uns-mbgh und https://www.bmh-hessen.de.

Die Refinanzierung erfolgt über das ERP-Beteiligungsprogramm der KfW oder über die WIBank am Kapitalmarkt. Die Beteiligungsstrategie umfasst folgende Eckpunkte[42]:

- **Anteilsquote**. Minderheitsbeteiligungen
- **Transaktionsvolumen**. bis 1,5 Mio. Euro
- **Beteiligungsanlässe**. Innovationsprojekte einschließlich der Entwicklung und Kommerzialisierung neuer Produkte, die Errichtung, Erweiterung, grundlegende Rationalisierung oder Umstellung von Betrieben, Kooperationen, Existenzgründungen sowie Umstrukturierungen, Nachfolgelösungen, Erbauseinandersetzungen oder auch beim Ausscheiden von Gesellschaftern; in Ausnahmefällen Mitfinanzierung von Konsolidierungskonzepten; keine Beteiligung an Unternehmen in Schwierigkeiten (Sanierungen)
- **Beteiligungsformen**. Stärkung des Eigenkapitals durch typisch stille Beteiligungen, mit einer festen und einer ergebnisabhängigen jährlichen Vergütung zuzüglich einer Provision für die Garantie auf die Beteiligung an die Bürgschaftsbank Hessen GmbH; ggf. mit zusätzlichen Vereinbarungen, wie z. B. Wertzuwachsregelungen oder Beteiligung am Verkauf von Betriebsvermögen
- **Co-Investments**. Offen für Co-Investments
- **Haltedauer**. in der Regel 10 Jahre, dann in der Regel Rückzahlung zum Nominalbetrag
- **Fokussierte Branchen/Geschäftsmodelle**. KMU der gewerblichen Wirtschaft inkl. des Handwerks; Existenzgründer, junge Unternehmen sowie etablierte Firmen, die neue Innovations- und Wachstumsperspektiven realisieren wollen
- **Tätigkeitsgebiet**. Vorhaben im Land Hessen
- **Reifegrad der Beteiligung**. Existenzgründer und etablierte Unternehmen
- **Erwartungen an Umsatz bzw. Ergebnisse**. Gruppenumsatz von bis zu 50 Mio. EUR, in Einzelfällen von bis zu 75 Mio. EUR
- **Resilienzfördernde Maßnahmen**. keine Mitwirkung am operativen Geschäft, Kontrolle (ggf. durch einen Firmenbeirat) der Geschäftsentwicklung anhand von Beschlüssen über Geschäfte von besonderer Bedeutung, Berichten und Planungen des Unternehmens sowie dem Recht zur Einsichtnahme in die Geschäftsbücher; zusätzlich Gewährung des Rechts zur Einsichtnahme in die Geschäftsunterlagen zur Prüfung der Verwendung der zur Verfügung gestellten Finanzierungsmittel an Bund, Land Hessen, Hessischer Rechnungshof und MBG H

4.4.10 Fallbeispiel Beteiligungsstrategie von nwk und nwu, Unternehmen der Sparkasse Bremen

Die nwk nordwest Kapitalbeteiligungsgesellschaft der Sparkasse Bremen mbH bietet als Tochtergesellschaft der Sparkasse Bremen Eigenkapital oder eigenkapitalähnliche Finanzierungen in Höhe von 0,5 bis 5,0 Mio. EUR. Die nwu nordwest Unternehmensbeteili-

[42] Vgl. MBG H (2016).

gungsgesellschaft der Sparkasse Bremen mbH ist eine Tochter der nwk nordwest und bietet einerseits Eigenkapital (oder Mezzanine-Kapital), andererseits Sicherheiten, die wiederum zu Fremdkapital der Sparkasse Bremen führen können. Die Geschäftsbesorgung für nwk und nwu erfolgt über Mitarbeiter der Sparkasse Bremen.
Als Beteiligungsanlässe werden folgende genannt[43]:

- Organisches Wachstum durch neue Produkte/Leistungen und Zugang zu neuen Märkten
- Wachstum durch Konsolidierung (Akquisitionen)
- Umstrukturierung/Erweiterung des Gesellschafterkreises
- Beitritt von internem/externem Management zum Gesellschafterkreis (MBO/MBI)
- Andere Neuordnung der Passivseite

Als Beteiligungskriterien gelten folgende[44]:

- Operativ positive Ertragslage
- Konkurrenzfähige Produkte und Dienstleistungen
- Erkennbares Entwicklungspotenzial
- Bereitschaft zur mittel- bis langfristigen Zusammenarbeit
- Transparente Information und Kommunikation
- Beteiligungshöhe bis 49 Prozent (für Eigenkapital- Direktbeteiligungen)
- Volumen von 0,5 Mio. EUR bis 5,0 Mio. EUR je Beteiligung

4.4.11 Fallbeispiel Beteiligungsstrategie der Possehl-Gruppe

Die Possehl Gruppe wird durch die Holding L. Possehl & Co. mbH geleitet und ist ein über 150 Jahre altes Familienunternehmen aus Lübeck.[45] Da der Sohn des Gründers keine Kinder hatte, ging die Firma in die gemeinnützige Possehl-Stiftung über. Der Mischkonzern mit mehr als 150 Beteiligungen ist u. a. in der Branche der Edelmetallverarbeitung tätig.[46] Die Eckpunkte der Beteiligungsstrategie sind folgende[47]:

- Neuer Geschäftsbereich ab 80 Mio. Euro Umsatz
- Oder Ergänzungsakquisitionen in den bereits bestehenden Geschäftsbereichen
- Oder Erwerb im Mittelstandssegment (10–80 Mio. Euro Umsatz)
- Und: Stabiles Geschäftsmodell, hohe Produktqualität, gute Marktstellung (vorzugsweise in einer Nische), Fokus auf produzierendes Gewerbe, nachhaltige Dividendenfähigkeit, Mehrheitsübernahme (auch schrittweise)

---

[43] Vgl. http://www.nwk-nwu.de/anlaesse/.

[44] Vgl. http://www.nwk-nwu.de/kriterien/.

[45] Vgl. https://www.possehl.de/die-gruppe/#geschichte.

[46] Vgl. https://www.possehl.de/die-gruppe/#ziele-strategie.

[47] Vgl. https://www.possehl.de/ma/#mastrategie.

Literatur

Ahrend K-M (2016) Geschäftsmodell Nachhaltigkeit – Ökologische und soziale Innovationen als unternehmerische Chance. Springer, Wiesbaden

Ahrend K-M, Pfaffhausen H, Schäfer T (2002) Gewinnorientierte Beteiligungssteuerung. Energiewirtschaftliche Tagesfragen 8(52):544–547

Aurelius (2019) Vortrag bei der ordentlichen Hauptversammlung am 19. Juli 2019. https://aureliusinvest.de/site/assets/files/3834/aur_hv_19_07_2019.pdf. Zugegriffen am 31.08.2019

Bleicher K (2004) Das Konzept integriertes Management: Vision – Mission – Programme, 7. Aufl. Campus, Frankfurt

Borchers S (2006) Beteiligungscontrolling – Ein Überblick. Zeitschrift für Planung 17(2006):-233–250

Bundesamt für Verfassungsschutz; Bundesamt für Sicherheit in der Informationstechnik; Allianz für Sicherheit in der Wirtschaft e.V (2016) Einführung in den Wirtschaftsgrundschutz. o. V., Berlin

Burger A, Ulbrich PR (2005) Beteiligungscontrolling. Oldenbourg, München

Ewelt-Knauer C, Gold A, Pott C (2013) Rotation von Prüfungsgesellschaften: Internationale Bestandsaufnahme und Empirische Befunde. Die Wirtschaftsprüfung, S 125–133

Fink S, Schrapp S, Wolff M (2016) Drivers of value creation – the role of value-based management and underlying institutions. Manag Account Res 33(12):42–60

Gassmann O, Frankenberger K, Csik M (2013) Geschäftsmodelle entwickeln: 55 innovative Konzepte mit dem St. Galler Business Model Navigator. Hanser, St. Gallen

GMI Ratings (2013) The GMI ratings AGR model: measuring accounting and governance risk in public corporations. GMI, New York

Goergen M, Manjon MC, Renneboog L (2008) Recent developments in German corporate governance. Int Rev Law Econ 28:175–193

Horster J, Knauer T (2012) Eignung und Einsatz finanzieller Steuerungskennzahlen zur wertorientierten Unternehmenssteuerung. Zeitschrift für Controlling Management 56(2):118–124

Huber S (2019) Interview mit Oliver Vollbrecht, Leiter Investor Relations der Gesco AG, Finanztrends.info, 20.1.2019. https://www.finanztrends.info/gesco-ag-interview-mit-oliver-vollbrecht-leiter-investor-relations/. Zugegriffen am 31.08.2019

Indus AG (2018) Präsentation der Ergebnisse für die ersten neun Monate 2018. Bergisch Gladbach: Indus. https://www.indus.de/fileadmin/user_upload/indus/pdf/download/finanzpraesentationen/2018-9M_Ergebnisse_de.pdf. Zugegriffen am 31.08.2019

Köhler AG, Ratzinger-Sakel NVS (2018) Aktuelle Entwicklungen auf dem WP-Markt in Deutschland – Umsätze und Mandate der Prüfungsgesellschaften nach Transparenzberichten. Betriebs-Berater 73(36):2091–2093

Lutter M (2003) Deutscher Corporate Governance Kodex. In: Hommelhoff P, Hopt KJ, von Werder A (Hrsg) Handbuch Corporate Governance. Beck, Köln/Stuttgart, S 737–748

MBG H Mittelständische Beteiligungsgesellschaft Hessen mbH (2016) Ein Finanzierungsangebot an den hessischen Mittelstand – Vergabekriterien/Richtlinien. MBG, Wiesbaden

Needham S-P, Mack K, Müller S (2018) Wertorientierte Leistungsindikatoren in der Unternehmenssteuerung. Zeitschrift für Corporate Governance 5/2018:230–234

OECD (2004) OECD principles of corporate governance. OECD, Paris

OECD (2015a) OECD-Leitsätze zu Corporate Governance in staatseigenen Unternehmen. OECD, Paris

OECD (2015b) G20/OECD-Grundsätze der Corporate Governance. OECD, Paris

Porter ME (1987) From competitive advantage to corporate strategy. Harv Bus Rev 65(3):43–59

Regierungskommission (2017) Deutscher Corporate Governance Kodex, 07.02.2017. https://www.dcgk.de//files/dcgk/usercontent/de/download/kodex/170424_Kodex.pdf. Zugegriffen am 31.08.2019

Schäffer U, Lewerenz U (2011) Die Entwicklung der wertorientierten Unternehmenssteuerung im DAX. Zeitschrift für Controlling und Management 55(2011):295–298

Schmidt H (2002) Der Deutsche Corporate Governance Kodex und das Transparenz- und Publizitätsgesetz. Trend: Zeitschrift für soziale Marktwirtschaft. 2. Quartal 2002, S 46–50

The California Public Employees' Retirement System (CalPERS) (2014) Towards sustainable investment & operations – making progress. o. V., Sacramento

Wissenschaftsstadt Darmstadt (2018) Darmstädter Beteiligungskodex vom 01.11.2018. https://www.heag.de/stadtwirtschaft/darmstaedter-beteiligungskodex. Zugegriffen am 31.08.2019

Besetzung und Vergütung von Geschäftsführung und Aufsichtsgremium

5

Zusammenfassung

Das vorliegende Kapitel beschreibt das Vorgehen bei der Auswahl von Mitgliedern der Geschäftsführung, von Führungskräften und von Mitgliedern des Aufsichtsgremiums. Ebenso werden die Rahmenbedingungen für die Vergütung der Mitglieder von Geschäftsführung und Aufsichtsgremium dargestellt. Schließlich werden Ansatzpunkte für die Unterstützung der Mandatsträger z. B. mithilfe von Schulungs- und Coaching-angeboten und Hinweise für eine konstruktiv-kritische Zusammenarbeit des Aufsichtsgremiums präsentiert.

5.1 Besetzung der Geschäftsführung

Die Leitung eines Unternehmens wird gemäß § 76 Abs. 1 AktG bzw. § 35 GmbHG durch das Geschäftsleitungsorgan wahrgenommen. Je nach Rechtsform handelt es sich dabei um den Vorstand, die Geschäftsführung oder die Betriebsleitung. Die Vertretung der Gesellschaft gegenüber der Geschäftsführung obliegt bei obligatorischen Aufsichtsräten gemäß § 111 Abs. 2 Satz 3 AktG dem Aufsichtsrat. Bei Beteiligungen ohne einen Aufsichtsrat oder mit einem fakultativen Aufsichtsrat erfolgt die Vertretung in der Regel durch die Anteilseignerversammlung. Diese Vertretung umfasst neben der Berufung von neuen Mitgliedern der Geschäftsführung auch die Abberufung und die Wahrnehmung von Rechtsstreitigkeiten der Gesellschaft mit der Geschäftsführung. Entsprechend verfügen die Aufsichts- bzw. Anteilseigner-Gremien mit der Wahl und Bestellung der richtigen Führungskräfte über ein mächtiges Instrument für ein gutes Beteiligungsmanagement. Eine schlechte Wahl kann für die Beteiligung und damit auch für das Mutterunternehmen zu

K.-M. Ahrend, *Beteiligungsmanagement*,
https://doi.org/10.1007/978-3-662-60588-2_5

umfangreichen finanziellen Nachteilen führen.[1] Die Notwendigkeit einer Neubestellung eines Mitglieds der Geschäftsführung kann sich aufgrund einer geplanten Neubestellung, z. B. im Zuge einer Altersnachfolge oder der Vergrößerung des Geschäftsführungsorgans, oder aufgrund einer Vakanz nach einer Abberufung, einer beidseitigen Vertragsauflösung oder nach dem Ausbleiben einer Wiederbestellung ergeben. Gerade der Austausch des Managements nach einer Akquisition durch erfahrene Geschäftsleiter, denen die Akteure des Mutterunternehmens vertrauen, ist ein häufig genutztes Instrument für die Wertsteigerung.[2]

Während die Auswahl durchaus allein durch die Akteure des Mutterunternehmens getroffen werden kann, findet die Suche nach geeigneten Geschäftsleitern häufig in Zusammenarbeit mit Personalberatern statt. Vor der Suche sollte klar sein, welche Aufgaben bzw. Ressorts dem Geschäftsführer zugeordnet werden, ob die Geschäftsführer gleichberechtigt positioniert sein sollen, oder welches Mitglied der Geschäftsführung der Sprecher bzw. der Vorsitzende der Geschäftsführung sein soll. Diese Fragen sind jedenfalls nach der Besetzung in einer Geschäftsordnung für die Geschäftsordnung gemäß § 77 Abs. 1 AktG festzulegen.

Für die Auswahl eines neuen Mitglieds der Geschäftsführung sind regelmäßig folgende Anforderungen zu diskutieren.[3]

- **Persönliche Kompetenz.** Z. B. persönliche Autorität, Leistungsbereitschaft, Offenheit, Selbstsicherheit, Glaubwürdigkeit, Zukunftsorientierung, Leidenschaft
- **Fachliche Kompetenz.** Z. B. Fachwissen, Kenntnis der Branche, Wirtschaftliches Handeln, Sprachkenntnisse
- **Methodische Kompetenz.** Z. B. Analytisches Denken, Konzeptionelle Fähigkeiten, Visionäres Denken, Organisation
- **Soziale Kompetenz.** Z. B. Kommunikations- und Teamfähigkeit, Umgang mit Gesellschaftern und Geschäftsführungskollegen, Empathie, Unterstützen und Ermutigen
- **Handlungskompetenz.** Z. B. Selbstreflexionsfähigkeit, Lernfähigkeit

Für die Beurteilung der Persönlichkeit (die erste der vorgenannten Anforderungen) bietet sich die Verwendung des sehr weit verbreiteten Fünf-Faktoren-Modell (auch als Big-Five- oder OCEAN-Modell bekannt) an. Es umfasst die Elemente Openness (Offenheit für Erfahrungen), Conscientiousness (Gewissenhaftigkeit), Extraversion (Geselligkeit), Agreeableness (Verträglichkeit) und Neuroticism (Negative Emotionalität).[4] Während die

[1] Vgl. Werner und Nitschke (2013), S. 143.

[2] Vgl. Barker et al. (2001), S. 225 ff.

[3] Vgl. IQP (2017); Nachtwei et al. (2017); Liebenow et al. (2017). Ein kurioses Ergebnis liefern auf Basis von http://www.anaface.com Halford und Hsu (2013).

[4] Vgl. Allport und Odbert (1936), S. 10 ff. Dabei zeigt des Fünf-Faktoren-Modell eine hohe Ähnlichkeit zu einem anderen weit verbreiteten Persönlichkeits-Modell, dem JobPersonality-Test. Er wird häufig bei Management Assessments verwendet und umfasst die Elemente Führungsmotivation, Leistungsmotivation, Team- und Zusammenarbeitsfähigkeit, Durchsetzungs- und Konfliktfähigkeit,

Tab. 5.1 Elemente des Fünf-Faktoren-Modells. (Quelle: in Anlehnung an Fehr 2006, S. 115–117)

Persönlichkeitsdimension	von …	bis …
Openness	Offenheit für Erfahrung, Kreativität, (geistige) Beweglichkeit, Neugier	Konservatismus, Beharrlichkeit, Tradition, Unbeweglichkeit
Conscientiousness	Gewissenhaftigkeit	Nachlässigkeit, Lockerheit
Extraversion	Extravertiertheit	Introversion
Agreeableness	Anpassung, Kooperation Konformität, Verträglichkeit	(kompetitive) Konkurrenz, Reaktivität, Antagonismus
Neuroticism	Negative Emotionalität	Belastbarkeit

Ursprünge bis in die 1930er-Jahre zurückliegen, wurden seitdem über 3000 wissenschaftliche Studien mit dem Modell durchgeführt.[5] Eine traurige Berühmtheit hat die Methode bei den Analysen von Cambridge Analytica erzielt, die u. a. für persönliches Targeting zur Beeinflussung der US-Präsidentschaftswahl 2016 verwendet wurden.[6] Die Ausprägungsextrema in der Tab. 5.1 sind dabei nicht als „gut" oder „schlecht" zu verstehen, sondern sollen dazu dienen, eine Persönlichkeit als Ganzes zu beurteilen.

Die Beurteilungen ergeben sich in der Regel durch die Auswertung der Antworten aus einem Persönlichkeits-Test zur Selbst- oder Fremdeinschätzung.[7] Eine hohe oder niedrige Ausprägung verdeutlicht dabei, dass sich die Werte der betreffenden Person vom Durchschnitt der jeweiligen Stichprobe unterscheiden. Auch auf den Big Five baut das Führungskräfte-Modell von Hemel & Link auf. Sie unterscheiden vier Führungstypen:[8]

- **Autonomieorientierte**. Personen, die von der eigenen Führungsstärke überzeugt sind und weitgehend alles entscheiden wollen.
- **Kontrollfreaks**. Personen, die sehr strukturiert arbeiten und handeln. Sie wollen alles regeln, sind zuverlässig und verlangen Loyalität und Unterordnung.
- **Beziehungsorientierte**. Personen, die mit Teamgeist pflegen und gerne mit anderen Menschen zusammenarbeiten.
- **Stimulanzorientierte**. Personen, die ein kreatives Chaos verbreiten und mit neuen Ideen zu Innovationen beitragen. Das Umfeld muss für Strukturen sorgen.

Häufig finden sich in der Realität Mischformen der vier Typen. Gleichwohl hilft die Einordnung bei der Suche nach den richtigen Führungskräften. Während in öffentlichen

---

Einfühlungsvermögen und Kontaktfähigkeit, Ideenreichtum und Offenheit, Organisationsfähigkeit und Gewissenhaftigkeit, Stressbewältigung und Anpassungsfähigkeit. Vgl. https://boa.zeit.de/recruiting/.

[5] Vgl. Howard und Howard (2002), S. 3 ff.

[6] Vgl. Brodwin (2018).

[7] Einen detaillierten Einblick liefert der Beitrag von Danner et al. (2019).

[8] Vgl. Hemel und Link (2018), S. 20 f.

Tab. 5.2 Charakterisierung von Level-5-Managern. (Quelle: in Anlehnung an Collins 2001, S. 66–70)

Level-5	Sorgt durch eine Mischung aus persönlicher Bescheidenheit und professioneller Durchsetzungskraft für nachhaltige Spitzenleistung
Level-4	Effektiver Manager: Sorgt für Engagement und die konsequente Umsetzung einer klaren überzeugenden Vision; stimuliert höhere Leistungsstandards
Level-3	Kompetenter Manager: Organisiert Menschen und Ressourcen für eine effektive und effiziente Umsetzung vorgegebener Ziele
Level-2	Team-Mitglied: Trägt mit seinen individuellen Fähigkeiten zum Erfolg der Gruppenziele bei und arbeitet effektiv mit anderen in einer Gruppe zusammen
Level-1	Begabtes Individuum: Erbringt produktive Beiträge durch Talent, Wissen, Fertigkeiten und gute Arbeitsgewohnheiten

Unternehmen oder in Familienunternehmen eher Führungskräfte der Typen 1 und 2 „erwartet" werden, suchen digitale Unternehmen eher Persönlichkeiten der Typen 3 und 4.

Eine andere hilfreiche Struktur für die Suche nach künftigen Führungskräften ist das Level-5-Konzept von Collins (Tab. 5.2).[9] Demnach sind Führungskräfte dann besonders erfolgreich, wenn sich persönliche Bescheidenheit mit enormer beruflicher Willenskraft verbindet, also wenn sie zurückhaltend und furchtlos sind. Level-5-Manager lenken ihre persönlichen Egoismen um und richten sie auf das höhere Ziel, mit energischem Durchsetzungsvermögen ein Spitzenunternehmen zu errichten. Sie sind Fanatiker und wollen Erfolge abliefern. Dies zeigt sich nicht nur bei strategischen Entscheidungen, sondern auch in der täglichen Arbeit, die von Sorgfalt und Fleiß geprägt ist. Sie ähneln eher akribischen Arbeitsbienen als Zirkuspferden. Der Charakterisierung des Level-5 Manager stehen die der Level-1 bis Level-4 gegenüber.

Der Fokus der Level-5 Führungskräfte liegt dabei auf der Frage nach dem „Wer?". Im Vordergrund steht die Gewinnung und das Halten von guten Führungskräften und Mitarbeitern – im Sinne von Strategy Follows People. Erst im zweiten Schritt kommt das „Was?", die Strategie, das Geschäftsmodell. Schließlich folgt die Umsetzung. Demgegenüber beginnen Level-4-Führungskräfte mit der Festlegung des „Was?", also der Definition von Strategie, Geschäftsmodell und Umsetzungstaktik. Im zweiten Schritt wird dann das geeignete Personal gesucht und hoffentlich gefunden. Wenngleich viele Führungskräfte über die Reihenfolge von „Wer?" und „Was?" so denken wie die Reihenfolge von Henne und Ei, bleibt aus der Level-5-Studie der Hinweis, dass Führungskräfte dann erfolgreich sind (oder sein können), wenn sie bescheiden, zurückhaltend und sachorientiert sind. Charismatische Führungskräfte mit einem großen Ego wirken zwar auf den ersten Blick erfolgversprechend, gemäß der Studie vollzogen die von ihnen geführten Unternehmen aber nur eine mäßige oder schlechte Entwicklung.

Das Anforderungsprofil für die neue Führungskraft wird aus der Strategie, den erwarteten Herausforderungen für die Stelle sowie aus den Erwartungen der Kunden des Unternehmens abgeleitet. Dabei werden Musskriterien (z. B. Ausbildung, Vorerfahrungen, Persönlichkeitseigenschaften), Sollkriterien (Erfahrungen und Fähigkeiten, die bei

[9] Vgl. Collins (2001), S. 66–70.

Bedarf noch erworben werden können) sowie Wunschkriterien unterschieden. Mit einer klaren Formulierung des erforderlichen fachlichen Wissens und Könnens sowie der erwarteten persönlichen Eigenschaften kann die Suche strukturierter zum Erfolg führen.

Eine Führungskraft sollte möglichst nicht durch ihre hierarchische Position Akzeptanz finden, sondern durch ihre persönliche Autorität (vgl. Abschn. 2.7). Mit natürlicher Autorität gelingt es den Führungskräften leichter, die Organisation und die Beschäftigten in Richtung der Unternehmensziele zu lenken. Entsprechend sollte die Suche nach einer neuen Führungskraft auf Aspekte der persönlichen Autorität Wert legen. Einer Person wird eine persönliche Autorität zugestanden, wenn sie kompetent, zuverlässig, konstant und vertrauenswürdig erscheint. Also sollte die Suche nach neuen Führungskräften auch die Merkmale Kompetenz, Zuverlässigkeit, Konstanz im Handeln und Vertrauenswürdigkeit umfassen.[10]

- Eine Person ist kompetent, wenn sie mit ihrem Können die ihr zugeordneten Aufgaben erledigt. Die Kompetenz umfasst Fachkompetenz, Sozialkompetenz und Führungskompetenz. Mit besonderen Erfahrungen, der Bereitschaft dazuzulernen und mit zu der neuen Position passenden Referenzen aus vergangenen Positionen kann eine Person ihre Kompetenz unterstreichen. Kompetenz stärkt die Legitimität der Autorität.[11]
- Eine Person ist zuverlässig, wenn sie über einen längeren Zeitraum ihr Verhalten und ihre Kompetenz immer gleichbleibend unter Beweis stellt. Die Kollegen erleben keine Überraschungen und wissen, was sie von der Person erwarten können.
- Eine Person ist konstant oder ausgeglichen, wenn sie stetig und beharrlich ist. Damit verbunden ist ein weitgehend gleichbleibendes Leistungs- und Energieniveau bei der Bewältigung der Aufgaben. Mit Beharrlichkeit und hohem Engagement sind eine motivierte Haltung der Person gegenüber den sich stellenden Herausforderungen verbunden.
- Eine Person ist vertrauensvoll, wenn ihr bereits in der Vergangenheit Vertrauen geschenkt wurde und vor allem wenn der persönliche Auftritt das Wagnis rechtfertigt, sich verletzlich zu zeigen, z. B. spontane Ideen zu äußern, eigene Fehler zuzugestehen oder den Gegenüber zu kritisieren. Um Vertrauen schenken zu können, hilft eine sichere Umgebung. Muss sich die Führungskraft bewähren, wird weniger Vertrauen, sondern Pflichtbewusstsein und Eifer reifen. Auf Basis des Wagnisses, einer anderen Person sein Vertrauen zu schenken, wird diese wiederum motiviert auch ihrerseits das Vertrauen zu schenken. Als Nebeneffekt entsteht durch die Wertschätzung bei dem mit Vertrauen Beschenkten auch zusätzliches Selbstvertrauen.

Bei der Wahl der Führungskräfte sollten solche ausgewählt werden, die kompetent sind, um ihnen Aufgaben zuzutrauen, die zuverlässig sind, um ihnen vertrauen zu können und die konstant sind, um keine Überraschungen zu erleben. Es geht um Personen, denen man

[10] Vgl. Blasius und Schmitz-Roden (2013), S. 55–60.

[11] Vgl. Carpenter und Krause (2014), S. 8.

Tab. 5.3 Typische Grundwerte von Geschäftsleitung und Organisationseinheiten. (Quelle: in Anlehnung an Wieland und Grüninger 2000, S. 131)

Leistungswerte	Kommunikationswerte	Kooperationswerte	Moralische Werte
• Kompetenzentwicklung • Leistungsbereitschaft • Flexibilität • Kreativität • Innovationsorientierung • Qualität	• Achtung • Zugehörigkeit • Offenheit • Transparenz • Verständigung • Risikobereitschaft	• Loyalität • Teamgeist • Konfliktfähigkeit • Offenheit • Kommunikations-orientierung	• Ehre • Demut • Integrität • Fairness • Ehrlichkeit • Vertragstreue • Verantwortung

vertraut, dass sie einen bei der Wahrnehmung der zentralen, relevanten und sichtbaren Aufgaben nicht enttäuschen werden. Während sich die Literatur dazu kaum äußert, spielt das Vertrauen oft die entscheidende Rolle für die Auswahl und für die Verlängerung der meist befristeten Verträge mit einem Mitglied der Geschäftsleitung. Ohne ein ausreichendes Maß an Vertrauen fehlt die Basis für die Zusammenarbeit zwischen den Akteuren von Beteiligung und Mutterunternehmen. Kompetenz und Vertrauen lassen sich in der Regel gut erklären. Hingegen sind die einer Person zugrunde liegenden Werte weniger gut zu objektivieren. Gleichwohl prägen diese das Handeln der Unternehmensführung. Insofern sollten die mit der Unternehmenssteuerung befassten Akteure einen Grundkonsens über die im Rahmen der Unternehmensführung zu lebenden Werte anstreben. Dazu zählt für jeden Geschäftsleiter insbesondere ein demütiger Umgang mit dem anvertrauten Vermögen. Dazu kommt das Selbstverständnis als ehrbarer Kaufmann bzw. ehrbare Kauffrau. Schließlich bedarf es der Offenheit für eine enge und respektvolle Zusammenarbeit mit dem Aufsichtsgremium und weiteren Anspruchsgruppen. Der konstruktive Austausch ist die Voraussetzung für gegenseitiges Vertrauen. Das gemeinsame Werteverständnis lässt sich in einem Verhaltenskodex (Code of Conduct) oder einem Leitbild festhalten. Einen Überblick über mögliche Inhalte gibt Tab. 5.3.

Häufig orientiert sich die Beschreibung der Werte an Standards, wie z. B. dem United Nations Global Compact, dem Kodex der Business Social Compliance Initiative oder dem B.A.U.M. Kodex.[12] Eine geeignete Führungskraft ist die Voraussetzung für eine authentische und erfolgreiche Ausgestaltung der Corporate Governance.

Auf der Basis von Vertrauen wächst auch die Loyalität der Führungskraft zum Unternehmen. Mit einer loyalen Bindung lassen sich schwierige Aufgaben bewältigen, Krisen durchstehen und Konflikte überwinden. Mit der Auswahl von Führungskräften, denen das Auswahlgremium bzw. der Gesellschafter vertrauen, wird ein wichtiger Beitrag zur Stabilisierung der Organisation der Beteiligung geleistet. Bleibt das Vertrauen aus und wird die Zusammenarbeit auf sachlich-rationale Art und Weise abgehandelt, fehlt auch die Loyalität und es kommt zu einer instabilen Beziehung der Führungskraft zu der Organisation der Beteiligung und des Mutterunternehmens.

[12] Vgl. https://www.unglobalcompact.org; http://www.unpri.org; http://www.bsci-intl.org; https://www.baumev.de/kodex.html.

5.2 Führung im Team oder in Personalunion

Die Suche von neuen Geschäftsleitern basiert auf der Überlegung, dass die definierten Kriterien möglichst gut durch die gesuchte Person erfüllt werden. Allerdings sollte dabei nicht übersehen werden, dass die Performance der Unternehmensführung nicht nur von der Einzel-Performance abhängt, sondern von der Gesamtperformance des Leitungs-Teams. Entsprechend spielt bei der Suche einer neuen Führungskraft neben den individuellen Kriterien auch die optimale Zusammensetzung des Teams eine Rolle. Dabei ist einerseits das Führungsteam auf der Ebene der Beteiligung zu betrachten und andererseits das gesamte Führungsteam des Mutterunternehmens und der Beteiligung. Die Performance wird erwartbar umso besser sein, je mehr sich die Personen ergänzen. Dabei spielen nicht nur unterschiedliche, sich ergänzende fachliche Erfahrungen eine Rolle, sondern auch eine gute kommunikative Passung. Ob die Passung eher bei ähnlichen oder bei unterschiedlichen sozial-kommunikativen Stilen höher ist, ist schwer prognostizierbar. Im Wesentlichen kommt es auf die Fähigkeit an, dauerhaft in einem Team zusammenarbeiten zu wollen und zu können.

Durch die Besetzung von Führungskräften in Personalunion lassen sich Interessensgegensätze zwischen den Akteuren des Mutterunternehmens und denen der Beteiligung minimieren. Übernimmt ein Akteur des Mutterunternehmens (mit oder ohne Mitgliedschaft in der dortigen Geschäftsführung) zusätzlich ein Geschäftsführungsmandat bei einer Beteiligung, so führt diese personelle Verflechtung zu einer deutlichen Zentralisierung der Führungsentscheidungen. Die Interessen des Mutterunternehmens werden direkt durch einen Akteur in der Beteiligung vertreten. Gleichwohl muss der Akteur als Geschäftsführer der Beteiligung die Interessen zum Wohle dieser Gesellschaft vor denen des Mutterunternehmens priorisieren, auch wenn es sich um dieselbe Person handelt. Entsprechend können trotz Personalunion Interessensgegensätze bestehen bleiben. Es lassen sich zwei Formen der Personalunion unterscheiden, die Multisystempositioning und das Multiple Directorship. Als Alternativen zu einer Personalunion sind weitere Führungsmodelle zwischen den Akteuren des Mutterunternehmens und der Beteiligung vorstellbar. Je nach dem gewählten Modell liegt eine stärkere oder schwächere Verankerung der Willensbildung des Mutterunternehmens in der Beteiligung vor.[13] Nachfolgend werden die Modelle kurz beschrieben:

- **Multisystempositioning**. Bei dieser Form der Personalunion hat der betreffende Akteur im Mutterunternehmen und in der Beteiligung die gleiche Aufgabe, entweder in der Geschäftsführung oder in den beiden Aufsichtsgremien.
- **Multiple Directorship**. Diese Form der Personalunion liegt vor, wenn ein Mitglied der Geschäftsführung des Mutterunternehmens im Aufsichtsgremium der Beteiligung vertreten ist. Offenkundig ist dieser Ansatz weniger zentralistisch als der des Multisystempositioning. Diese Form kann mit unterschiedlichen Personen auch mit der Variante Multisystempositioning in einer Unternehmensgruppe kombiniert werden.

[13] Vgl. Holtmann (1989), S. 73–80.

- **Dopppeldeckermodell**. Auf der Ebene der Geschäftsleitung des Mutterunternehmens findet sich eine ähnliche fachliche Ressortzuordnung wie die auf der Ebene der Geschäftsführung der Beteiligung. Das jeweilige Mitglied der Geschäftsführung der Beteiligung hat also einen passenden fachlichen und in der Regel vertretungsberechtigten Ansprechpartner. Damit lassen sich Abstimmungen schneller realisieren und das Mutterunternehmen kann fachlich leichter führen.
- **Modifiziertes Doppeldeckermodell**. Bei dem modifizierten Doppeldeckermodell sind mehrere Beteiligungen (mit ähnlichen Geschäftsmodellen oder Branchenzugehörigkeit) einem Mitglied der Geschäftsleitung des Mutterunternehmens zugeordnet. Damit gewinnt der Zusammenhalt und die Möglichkeit für die Realisierung von Synergien in dem Ressort der einbezogenen Beteiligungen an Bedeutung, die Dezentralisierung der Beteiligungsführung hat eine höhere Bedeutung.
- **Koordinatorenmodell**. Bei diesem Führungsmodell liegen unterschiedliche fachliche Verantwortlichkeiten bei den Mitgliedern der Geschäftsführung des Mutterunternehmens und denen der Beteiligung vor. Dies führt dazu, dass die Geschäftsführung des Mutterunternehmens eher als Koordinator oder Coach für die Geschäftsführung der Beteiligungen agiert. Auch diskutieren in der Regel alle Mitglieder der Geschäftsführung des Mutterunternehmens über die Belange der Beteiligung und entscheiden gemeinsam. Entsprechend weist dieses Modell den höchsten Grad der Dezentralisierung der Beteiligungsführung auf.

Im privaten Umfeld lässt sich zwar feststellen, dass sich die Partner hinsichtlich Einstellungen, Werten und Alter ähneln, allerdings finden sich häufig deutliche Unterschiede bei den Persönlichkeitsmerkmalen der Partner.[14] Verschiedene Studien kommen zu dem Ergebnis, dass sich eine Ähnlichkeit in den Persönlichkeitsmerkmalen eher positiv auf die Partnerschaftsqualität auswirkt.[15] Die Persönlichkeitsähnlichkeit fördert die Fähigkeit, den emotionalen Zustand des Partners zu erkennen und damit zu reduzierten Konflikten. Die Ähnlichkeit führt zu einer Verstärkung der eigenen Einschätzungen. Wenngleich sich Paartypen aus dem privaten Umfeld nicht direkt auf den Beteiligungsmanager und sein Pendant bei der Beteiligung (bzw. zwischen zwei gleichberechtigten Führungskräften innerhalb einer der beiden Einheiten) übertragen lassen, kann der Paartypus „Alteingespieltes Team" durchaus als Vorbild für die berufliche Zusammenarbeit dienen.[16] Er lässt sich wie folgt beschreiben: „Die Partnerschaft [...] ist geprägt durch ein hohes Maß an Unabhängigkeit, Gelassenheit und zufriedener Genügsamkeit. [...] Es handelt sich um eine relativ „reife" Form des Miteinanders, bei welcher eine starke Akzentuierung persön-

[14] Vgl. Wunderlich (2012), S. 105–106.

[15] Vgl. Wunderlich (2012), S. 109.

[16] Wunderlich unterscheidet noch weitere Paartypen, nämlich die Instabil-Spannungsgeladenen, die glücklich Verliebten, die Genießer des Augenblicks, die Gehemmten, die unglücklichen Streithälse und die freundschaftlich Distanzierten. Vgl. Wunderlich (2012), S. 273 ff.

licher Freiheit und Selbstständigkeit besteht, sich die Partner aber dennoch mit Vertrauen, Wertschätzung und Wohlwollen begegnen."[17]

5.3 Nachfolgeplanung

Aufgrund der Relevanz von Führungskräften für die Unternehmensentwicklung hat die Besetzung von Schlüsselpositionen der Beteiligungen eine hohe Bedeutung. Die Akteure des Mutterunternehmens sollten eine langfristige Nachfolgeplanung für die bestehenden Stellen anstreben. Damit wird eine geordnete Übergabe von Aufgaben und eine gewisse Kontinuität in der Art und Weise der Wahrnehmung von Verantwortung sichergestellt. Eine langfristige Nachfolgeplanung erfordert eine darauf ausgerichtete Personalentwicklung. Die Identifikation von geeigneten, potenziellen Nachfolgern muss sich dabei nicht auf eine einzelne Beteiligung beschränken, sondern kann sich auf die gesamte Gruppe erstrecken. Unabhängig davon, ob es sich um eine formelle oder eine informelle Suche und Vorbereitung handelt, sollten die Führungskräfte des Mutterunternehmens einen Überblick über derzeit oder in der Zukunft geeignete Führungskräfte entwickeln. Durch gezielte Weiterbildungsmaßnahmen, Coaching- und Mentoring-Angebote werden ausgewählte Personen für ihre künftigen Aufgaben vorbereitet. Dabei kann es sich um einen Pool an potenziellen Führungskräften handeln, oder um die Förderung einzelner Personen für eine bestimmte zukünftige Führungsaufgabe. Ein Nebeneffekt dieser Nachwuchsförderung liegt in der Bindung der Potenzialträger an die Unternehmensgruppe oder an die betreffende Beteiligung. Entsprechend bietet es sich an, die Nachwuchsförderung als Argument in der Personalgewinnung zu nutzen.

Unabhängig vom Vorliegen einer guten Nachfolgeplanung stehen für die Besetzung von Mitgliedern der Geschäftsführung einer Beteiligung weiterhin die Möglichkeiten der externen Personalsuche und der internen Besetzung zur Auswahl.

5.4 Abschluss von Geschäftsführerverträgen

Der Vorstand und abgeleitet meist auch die Geschäftsführung wird gemäß § 84 Abs. 1 und 3 AktG durch den Aufsichtsrat bestellt und mit einem Anstellungsvertrag ausgestattet. In der Regel beträgt die Laufzeit für den Anstellungsvertrag 5 Jahre (oder weniger). Die Akteure des Mutterunternehmens bereiten in der Regel den Anstellungsvertrag, die Vergütungsvereinbarung sowie die ggf. notwendige Auflösungsvereinbarung mit dem Vorgänger vor.

Um eine möglichst hohe Motivation der Geschäftsführung zu erreichen, werden neben einer fixen Vergütung auch variable Vergütungsbestanteile (wie z. B. Gehalt, Aktienoptionen

[17] Wunderlich (2012), S. 274.

oder Aktien) definiert.[18] Diese werden von der Erreichung von jährlichen oder mehrjährlichen Zielen abhängig gemacht. Als Grundlage dafür wird jährlich eine Zielvereinbarung zwischen dem Aufsichtsrat und der Geschäftsführung getroffen. Durch die Ermöglichung der Beteiligung des Managements (und von Teilen der Belegschaft) an dem Eigenkapital des Unternehmens wird die Identifikation der Beteiligten mit dem Unternehmen gestärkt und die Interessen des Mutterunternehmens zu einem Teil auch zu Interessen der Beteiligten.

Bei der Bemessung der Vergütung und der übrigen Vertragsbestandteile des Anstellungsvertrags sollte die Marktfähigkeit durch Vergleiche ähnlicher Positionen in anderen Unternehmen sowie die Angemessenheit durch Vergleiche mit ähnlichen Positionen in der Unternehmensgruppe sowie mit den Beschäftigten in der betreffenden Beteiligung angestrebt werden. Für Vorstände von Aktiengesellschaften ist eine Analyse der Angemessenheit der Vergütungshöhe seit der Einführung des Gesetzes zur Angemessenheit der Vorstandsvergütung (VorstAG) vom 31. Juli 2009 verpflichtend.[19] Entsprechend bieten Personalberater und Wirtschaftsprüfungsunternehmen die Dienstleistung der Erstellung von Marktvergleichen an.

Für die Ausgestaltung des Anstellungsvertrags bietet sich die Nutzung von möglichst standardisierten Verträgen bzw. Vertragsbestandteilen an. Dazu zählen Standards zu Arbeitszeiten, Urlaubsanspruch, Krankmeldung, Altersversorgung, Dienstwagen, Versicherungsleistungen, Zulässigkeit von Nebentätigkeiten sowie zu Erfindungen, Geheimhaltung, Wettbewerbsverbot und Kündigungsmodalitäten.

Die Erwartung, dass eine variable Vergütung eine Person zu Höchstleistungen motiviert, basiert auf dem Modell der Leistungsmotivation.[20] Die Leistungsmotivation in einer bestimmten Situation oder für eine bestimmte Aufgabe wird als Produkt aus drei Faktoren verstanden, dem Leistungsmotiv, der Erfolgserwartung und dem Erfolgsanreiz.

- **Leistungmotiv**. Das Leistungsmotiv besteht in der Einstellung des Menschen, den Erfolg zu suchen oder den Misserfolg zu vermeiden. Ob mehr das eine oder das andere im Vordergrund steht, hängt von der frühkindlichen Erziehung des Menschen ab. Das Leistungsmotiv motiviert. Die Führungskräfte des Mutterunternehmens sollten die Leistung fordern, Ziele verhandeln und vereinbaren. Damit werden die Akteure der Beteiligungen als Partner ernst genommen.

[18] Wenngleich diese Praxis in der Praxis sehr verbreitet ist, gibt es auch Kritik an der Nutzung von variablen Vergütungsbestandteilen bei der Gesamtvergütung, jedenfalls gegenüber individuellen variablen Vergütungen. Vgl. Frey und Osterloh (2012) und Cable und Vermeulen (2016).

[19] Vgl. insb. § 87 Abs. 1 AktG (angemessenes Verhältnis der Gesamtbezüge zu den Aufgaben und Leistungen des Vorstandsmitglieds, zur Lage der Gesellschaft sowie zur üblichen Vergütung) sowie § 120 AktG (Votum der Hauptversammlung über das Vergütungssystem). Vgl. darüber hinaus die Regelungen der EU-Richtlinie 2017/828 v. 17.05.2017 (ARUG II), insb. Nr. 29–41 der Begründung bzw. §§ 9a, 9b und 9c zur Änderung der Richtlinie 2007/36/EG zu den Informationspflichten und der Abstimmung der Hauptversammlung über die Vergütungspolitik börsennotierter Gesellschaften.

[20] Vgl. Brunstein und Heckhausen (2010), S. 146 ff.

- **Erfolgserwartung**. Die Erfolgserwartung hängt von der Schwierigkeit der Aufgabe ab und von einem allgemeinen oder persönlichen Maßstab der Erfolgsmessung. Dabei spielen das Niveau des persönlichen Anspruches und die Arbeitsausführung eine große Rolle. Weiterhin ist für die Erfolgserwartung wichtig, dass der Erfolg bei einer Aufgabe durch die eigene Anstrengung und die eigenen Fähigkeiten und nicht etwa durch den Zufall erklärt wird. Der Erfolg muss direkt nach der Aufgabenerfüllung bestätigt werden. Führungskräfte sollen also direkt nach der Aufgabenerfüllung loben und anerkennen. Über die Personalentwicklung können die Akteure unterstützt werden, Aufgaben wahrzunehmen und zu erfüllen, die persönliches Wachstum ermöglichen.
- **Erfolgsanreize**. Die Erfolgsanreize hängen zum einen von vergangenen Erfolgen in ähnlichen Situationen ab, zum anderen spielen die Schwierigkeiten in der konkreten Situation und das Selbstvertrauen eine große Rolle.

5.5 Onboarding der neuen Führungskraft

Sobald der neue Manager die Position übernommen hat, beginnt eine neue Phase für die Person und für die Organisation der Beteiligung. Das Handeln eines neuen Managers in den ersten Monaten hat eine wichtige Auswirkung für den langfristigen Erfolg oder Misserfolg. Für das Onboarding lassen sich eine Reihe von Risiken und Erfolgsgrundsätzen formulieren (Tab. 5.4).[21]

5.6 Jährliche Festlegung von Zielen und variabler Vergütung

Feedback geben und Feedback nehmen sind wichtige Formen der institutionalisierten Kommunikation. Ein Jahresgespräch dient in der Regel dem Feedback und der Bewertung der Zielerreichung, der Zielvereinbarung, der Gestaltung der Zusammenarbeit der involvierten Personen sowie der Förderung der Entwicklung der Führungskraft der Beteiligung durch den Gesellschafter oder den Aufsichtsratsvorsitzenden. Neben den Jahresgesprächen sollten unterjährig Gespräche über die Inhalte, die Ziele und das Klima der Arbeit dazu gehören.

Eine positive Gesprächsbeziehung zu den Akteuren der Beteiligung ist eine wichtige Voraussetzung für ein gut gelingendes Jahresgespräch. Auf der Basis eines symmetrischen Verlaufs, d. h. eines möglichst ausgewogenen Redeanteils beider Partner, sollten ein Rückblick auf das vergangene Jahr und ein Ausblick auf das nächste Jahre und darüber hinaus erfolgen. Dabei sind folgende Themen zu behandeln:[22]

---

[21] Vgl. Ciampa und Watkins (1999), S. 273–279.

[22] Vgl. z. B. Nagel et al. (2008).

Tab. 5.4 Risiken und Erfolgsgrundsätze für den Start in eine Managementposition. (Quelle: in Anlehnung an Ciampa und Watkins 1999, S. 273–279; Hill 1994; S. 3 ff.; Clegg 2000)

Risiken	Erfolgsgrundsätze
Isoliert sein. Neue Manager können isoliert werden, wenn sie zu viel Zeit mit Lesen (von Finanzdaten und Analysen etc.) verbringen und nicht genügend Zeit für Besprechungen und Gespräche investieren. Der Nachteil einer solchen Isolation ist, dass sie die Entwicklung wichtiger Beziehungen und die Information über das, was wirklich vor sich geht, behindert.	Nutzen Sie die Zeit vor dem Einstieg. Da der Weg in neue Positionen meist mit einer Übergangszeit verbunden ist, sollten neue Führungskräfte die Zeit vor dem Einstieg effektiv nutzen. Die Vorbereitung erleichtert den Einstieg und schafft den nötigen Freiraum für die hohe Beanspruchung mit dem Tagesgeschäft nach dem Einstieg.
Schnelle Anworten: Neue Führungskräfte können sich zu sehr auf ihre Erfahrungen und ihr Methodenwissen verlassen und entsprechend schnelle Antworten auf sich ergebende Fragen geben. Andere stellen sehr hohe Erwartungen an die Motivation ihrer Mitarbeiter. Gleichwohl bedürfen Veränderungen der Organisation und der Unternehmenskultur häufig einer Analyse und Würdigung der Ausgangslage und eine partizipative Anpassung. Führungskräfte, die zu schnell zu Lösungen vordringen, untergraben ihr Potenzial, die umfassende Unterstützung zu erhalten, die erforderlich ist, um Veränderungen wirklich umzusetzen.	Organisieren, um zu lernen. Die Führungskräfte sollten möglichst umfassend die neue Umgebung erlernen. Dazu gehören ein Verständnis für den Markt, der aktuellen Geschäftsstrategie und der Fähigkeiten der Organisation. Zweitens gehört dazu ein Verständnis über die Unternehmenskultur mit ihren Normen und Werte. Schließlich sollte die neue Führungskraft verstehen, wie Entscheidungen getroffen werden und welche Einflusskräfte dabei wirken.
Zu lange am bestehenden Team festhalten. Oft schützen neue Führungskräfte ihre ehemaligen Unterstützer, auch wenn deren Leistung nur mittelmäßig ist. Dieses Vorgehen ist nicht ratsam, da die Verantwortlichen für die Ergebnisse ihrer Mitarbeiter verantwortlich sind.	Schnelle Erfolge realisieren. Spätestens nach einem halben Jahr sollte eine neue Führungskraft in der Lage sein, Fortschritte zu zeigen, die von den Mitarbeitern als Impuls wahrgenommen werden. Solche schnellen Erfolge werden durch das Erkennen von Potenzialen ermöglicht, die in kurzer Zeit gehoben werden können.
Sich zu viel vornehmen. Ein weiterer möglicher Irrtum neuer Führungspersönlichkeiten besteht darin, zu viele Dinge in Gang zu setzen, um zu versuchen, sehr aktiv zu wirken. Obwohl es von Vorteil sein kann, parallele Projekte und Themen anzustoßen, sollten es nicht zu viele unwichtige Themen sein, die Ressourcen und Energie für die wenigen wirklich wichtigen Initiativen beeinträchtigen.	Legen Sie den Grundstein für wichtige Verbesserungen. Um über die schnellen Erfolge hinaus etwas zu erreichen, sind Führungskräfte gut beraten, die Grundlage für tiefgreifende kulturelle Veränderungen zu legen. Dies kann auf verschiedene Weise erfolgen, einschließlich Pilotprojekten, neuen Leistungsmaßnahmen oder Schulungsinitiativen.

(Fortsetzung)

Tab. 5.4 (Fortsetzung)

Risiken	Erfolgsgrundsätze
Sich mit den falschen Leuten umgeben. Neue Führungskräfte müssen entscheiden, wem sie in welchem Umfang zuhören möchten. Wenn das nahe Umfeld keine ausreichende Kenntnis der Organisation hat, aktiv Informationen verzerrt oder die Nähe zu der Führungskraft für die persönliche Agenda nutzt, können andere wichtige Personen und ihr Input verloren gehen.	Erstellen Sie eine persönliche Vision. Die Erstellung einer gelungenen Vision erfolgt mit den Phasen Beobachtung, Soll-Vorstellung, Visualisierung und konkrete Maßnahmen. Bei der Erstellung der Vision sollte die Führungskraft die Hinweise von Vertrauten aus der Organisation einbeziehen.
Unrealistische Erwartungen setzen. Während anspruchsvolle Ziele das Auswahlgremium für die neue Führungskraft beeindruckt haben, stellen überzogene Erwartungen der Führungskraft an die Organisation wie auch unrealistische Erwartungen der Organisation an die Führungskraft keine gute Basis dar. In der Regel kann die neue Führungskraft noch nicht über ein tiefes Verständnis der gesamten Organisation verfügen und darüber, was erforderlich ist, um sie zu führen.	Bilde erfolgreiche Koalitionen. Keine Organisation kann verändert werden, wenn Personen oder Menschen mit Autorität das nicht wollen. Ohne dies zu berücksichtigen, können Führungskräfte viel planen, aber nur wenig erreichen.
	Selbststeuerung. Neue Führungskräfte sind mit erheblichen Anforderungen konfrontiert, da sie viele Stunden auf Reisen oder Besprechungen verbringen, um ihre Aufgaben zu erledigen. Zu den emotionalen Anforderungen zählen nicht nur der Druck bei der Arbeit, sondern auch Störungen des Privatlebens. Die Stressbewältigung gewinnt eine hohe Bedeutung.

- **Feedback (ohne Beurteilung).** Das Gespräch startet mit der wechselseitigen Einschätzung über wesentliche Entwicklungen im Vorjahr, zu dem wahrgenommenen Verhalten und zur Zusammenarbeit der beiden Personen.
- **Bewertung der Zielerreichung.** Hier erfolgt ein gemeinsamer Rückblick auf die konkreten Arbeitsaufgaben, Anforderungen, Rahmenbedingungen und Schwierigkeiten bei der Aufgabenbearbeitung. Daran schließt sich die gemeinsame Beurteilung der Zielerreichung an.
- **Festlegung der Höhe der Vergütung.** Bei diesem Punkt wird auf Basis der Zielerreichung die Höhe der variablen Vergütung festgelegt. Ebenso können Anpassungen der übrigen Vergütungsbestandteile besprochen werden. Die Veränderung der Anreizstrukturen kann stimulierend auf die Motivation des Managements wirken und flankiert damit andere Maßnahmen des Beteiligungsmanagements. Je nach Ausgestaltung der Satzung erfolgt der Beschluss über die Höhe der variablen Vergütung sowie über die übrigen Vergütungsbestandteile durch den Aufsichtsrat, den Personalausschuss oder die Gesellschafterversammlung.

- **Zielvereinbarung**. Hier geht es um die einvernehmliche Festlegung der Ziele für die nächste Zeitperiode (in der Regel ein Jahr). Es sollte ein gemeinsames Verständnis für die Ziele und die Maßstäbe zur Messung der Zielerreichung entwickelt werden.
- **Persönliche Entwicklungsziele**. Neben der Formulierung von verschiedenen unternehmensbezogenen Zielen sind auch persönliche Entwicklungsziele zu formulieren. Diese sind zwar in der Regel keine Grundlage für die variable Vergütung, gleichwohl sind sie aber wichtige Bestandteile des Jahresgesprächs. Dazu gehören Themen wie der Erwerb zusätzlicher Fähigkeiten und Kenntnisse, die Erweiterung der Verantwortung (z. B. Projektleitung, Mitwirkung in einer Task Force, Vertetung des Unternehmens in Verbänden), die mentale und inhaltliche Vorbereitung auf neue bzw. zusätzliche Aufgaben, die Zusammenarbeit mit einem Mentor oder einem Coach sowie die Gestaltung des Arbeitsumfelds. Zu den Faktoren des Arbeitsumfelds gehören das Klima, die Handlungsspielräume, der Arbeitsplatz und das Führungsteam. Nur wenn auch über diese persönlichen Themen gesprochen wird, lassen sich Verbesserungen umsetzen.
- **Würdigung der Zielvereinbarungen**. Als Synopse lassen sich nochmals einige Vorteile der Vereinbarung von Zielen wiederholen, wie z. B. die Vertiefung des Vertrauensverhältnisses zwischen Mutterunternehmen und Beteiligung, die Förderung der Klarheit von Aufgaben und Arbeitsschwerpunkten, der offene Dialog, die Förderungder Priorisierung, die Unterstützung des Denkens in Ergebnissen, die Verknüpfung der strategischen Zielsetzungen des Unternehmens mit den Arbeitsschwerpunkten, die Schaffung von Orientierung auch bei unsicheren Entwicklungen des Marktumfelds, die Zusicherung von Unterstützung bei der Lösung von Herausforderungen und Problemen, die Zeichensetzung für die Führung von Zielvereinbarungsgesprächen mit den Beschäftigten der Beteiligung sowie die Strukturierung und Objektivierung der Beurteilung der Zielerreichung.

Um die Diskussion symmetrisch zu gestalten, stellt der die Ziele vereinbarende Akteur, z. B. eine Führungskraft des Mutterunternehmens auch die Frage, was die Führungskraft der Beteiligung von dem Mutterunternehmen und von der betreffenden Person persönlich erwartet. Dazu zählt auch eine Einschätzung zu der Zusammenarbeit und zu der gelebten Rolle des Mutterunternehmens. Das hilft bei der Weiterentwicklung des Beteiligungsmanagements und verbessert die Vertrauensbasis für das Gespräch und die weitere Zusammenarbeit.

Die Ziele bzw. Kriterien für die Bemessung der variablen Vergütung sollten folgende Anforderungen berücksichtigen:[23]

- **Gerechtigkeit**. Ein Anreizsystem sollte grundsätzlich dazu führen, dass hohe Anforderungen mit hohen Anreizen einhergehen. Darüber hinaus sollten Anreize die richtigen Führungskräfte und Mitarbeiter anziehen und binden sowie soziale Aspekte berücksichtigen.

[23]Vgl. z. B. Kiefer und Knebel (2011), S. 185.

- **Lenkungswirkung**. Die Kriterien sollten den Arbeitsaufwand und die Arbeitszeit bei Führungskräften und Mitarbeitern im Sinne der Unternehmensziele lenken. In dem Zuge lassen sich auch Kriterien einbeziehen, die ein nachhaltiges Handeln der Führungskräfte befördern.[24] Jedenfalls sollten Kriterien aus verschiedenen Bereichen formuliert werden (d. h. insb. nicht nur ausschließlich finanzielle Ziele). Es bieten sich dafür die Dimensionen der Balanced Scorecard (Finanzen, Prozesse, Personal und Kunden) oder die Struktur der Integrated Reporting Methode (Finanzkapital, Produktionskapital, Geistiges Kapital, Humankapital, Sozial-/Netzwerkkapital und Natürliches Kapital) an.
- **Fokus**. Der Einfluss eines Kriteriums sollte deutlich wahrgenommen werden. Jedes Kriterium sollte auf mindestens 10 % bis 20 % Einfluss kommen.
- **Beeinflussbarkeit**. Der Erfolg bei den ausgewählten Zielgrößen muss vom Betroffenen beeinflusst werden können. Sie müssen also dem Verantwortungsbereich entsprechen und sich durch entsprechende Handlungen signifikant beeinflussen lassen. Bei Bedarf sollten die Chancen und die Risiken für die Zielerreichung diskutiert und dokumentiert werden.
- **Überprüfbarkeit**. Einerseits sollten die Ziele messbar und daher quantitative Größen sein, andererseits sollten auch qualitative Größen einbezogen werden. Ein Konzept oder eine Strategie lassen sich nicht in Seitenzahlen überprüfen, wohl aber, ob sie erarbeitet und mit dem Aufsichtsrat abgestimmt sind. Jedenfalls sollten die Komponenten transparent und objektiv nachprüfbar sein.
- **Umsetzbarkeit**. Die Beschäftigten müssen sich auf die Ziele verlassen können (keine unterjährigen Anpassungen) und genügend Zeit haben, sich auf die Ziele einzustellen. Zusätzlich müssen die Kriterien realistisch umsetzbar sein.
- **Definierter Zeithorizont**. Neben kurzfristig relevanten sollten auch längerfristig angelegte Zielgrößen einbezogen werden. Dies verhindert eine opportunistische Verhaltensweise, bei der eine Kennzahl durch massiven Einsatz „hochgedrückt" wird, während längerfristig Nachteile für das Unternehmen entstehen.

5.7 Besetzung von Mitgliedern des Aufsichtsgremiums

Zahlreiche Beteiligungen verfügen neben der Anteilseignerversammlung auch über ein Aufsichtsgremium. Während ein Aufsichtsrat gemäß §§ 95 bis 116 AktG für Aktiengesellschaften und Kommanditgesellschaften auf Aktien sowie gemäß § 9 GenG für Genossenschaften zwingend vorgeschrieben ist, gilt dies bei Unternehmen in der Rechtsform der GmbH gemäß § 1 Abs. 1 Nr. 3 DrittelbG erst ab einer Größe von 500 Arbeitnehmern. Bei Kapitalanlagegesellschaften ist ein Aufsichtsrat unabhängig von der Zahl der Beschäftigten zu bilden, wenn gemäß § 18 Abs. 2 KAGB ein erhöhtes Publikumsschutzinteresse

[24] Vgl. die Leitlinien für eine nachhaltige Vergütung unter http://www.leitlinien-vorstandsverguetung.de.

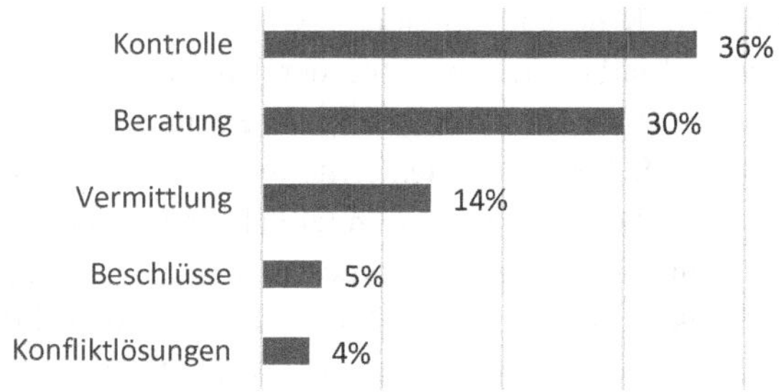

Abb. 5.1 Top-5 Rollen des mittelständischen Beirats. (Quelle: in Anlehnung an Deloitte & Touche GmbH Wirtschaftsprüfungsgesellschaft 2010, S. 6)

vorliegt. Darüber hinaus wird häufig freiwillig ein Aufsichtsrat oder ein Beirat eingerichtet.[25] Während die Kernaufgaben des obligatorischen Aufsichtsrates die Überwachung[26] und die Beratung der Geschäftsführung darstellen, lassen sich die Aufgaben sowie die Rechte und Pflichten von fakultativen Aufsichtsgremien relativ frei definieren, solange sie nicht Aufgaben der Geschäftsführung umfassen.[27] Diese obliegen im dualistischen System der Geschäftsführung bzw. dem Vorstand. Die dualistische Struktur der Geschäftsführung deutscher Unternehmen führt zu einer besonderen Bedeutung des Aufsichtsgremiums. Während bei monistischen Führungssystemen (wie in England und in den USA) das jeweilige Board-Mitglied immer eine Führungsrolle innehat, haben die Mitglieder eines deutschen Aufsichtsrats die Aufgabe, die für die Geschäftsführung verantwortlichen Vorstandsmitglieder (bzw. die Geschäftsführung) zu kontrollieren und zu beraten. Bezogen auf Beiräte im Mittelstand liegen gemäß einer Studie von Deloitte die Kernaufgabe in der Überwachung (36 %), gefolgt von der Beratung (30 %) (vgl. Abb. 5.1).

---

[25] Der fakultative Aufsichtsrat wird meist als Organ in der Satzung der Gesellschaft verankert. Alternativ lässt sich auch ein schuldrechtlicher Beirat unabhängig von der Satzung errichten, dem einzelne Verträge zwischen Gesellschaft und den Mitgliedern zugrunde liegen. Jedenfalls hilft eine Geschäftsordnung für den Aufsichtsrat bzw. den Beirat, in der Ziele, Aufgaben und organisatorische Details geregelt werden.

[26] Gemäß Ziff. 14 der Begründung der Richtlinie 2005/162/EG sind die Hauptaufgaben des Verwaltungs-/Aufsichtsrats, dafür zu sorgen, dass die Finanzausweise und andere damit zusammenhängende Informationen, die von der Gesellschaft veröffentlicht werden, ein vollständiges, den tatsächlichen Verhältnissen entsprechendes Bild der Lage der Gesellschaft vermitteln, sowie die Verfahren zur Risikobewertung und zum Risikomanagement zu überwachen. Unter Corporate Governance Gesichtspunkten umfasst die Überwachung aber durchaus weitere Aspekte, wie die strategische Kontrolle, die Einhaltung von Zielen, die konstruktiv-kritische Diskussion von Entscheidungsvorlagen, die Einhaltung der Unternehmensplanung und die Überwachung der Risiken. Letztlich stehen folgende Themen im Fokus der Überwachung: die Rechtmäßigkeit des unternehmerischen Handelns, die Ordnungsmäßigkeit des unternehmerischen Handelns, die Zweckmäßigkeit des unternehmerischen Handelns und die Wirtschaftlichkeit des unternehmerischen Handelns.

[27] Häufig wird dem Aufsichtsrat die Beschlussfassungskompetenz über die in der Satzung definierten zustimmungspflichtigen Geschäfte übertragen. Vgl. dazu § 111 Abs. 4 S. 2 AktG. Alternativ kann diese auch bei der Gesellschafter- bzw. Hauptversammlung oder der Geschäftsführung verbleiben.

Für das Mutterunternehmen liegen die Vorteile aus der Bildung eines fakultativen Aufsichtsrats in der Ermöglichung von zusätzlicher Objektivität über die Geschäftsentwicklung, die Ausweitung der Kontroll- bzw. Beratungskompetenz durch zusätzliche Mitglieder (über die Vertreter der Gesellschafter hinaus) sowie in der Schaffung eines (zusätzlichen) formalisierten Austauschs, der die Entwicklung eines Gemeinschaftsgefühls und damit mittelbar einer gemeinsamen Unternehmenskultur stärkt. Die Mitglieder des Aufsichtsrats können bei richtiger Auswahl auch die Strategieentwicklung und die Umsetzung der Strategien der Beteiligung unterstützen.[28] Das vertiefte Verständnis von internen Abläufen durch die erneute vertiefende Betrachtung im Zuge einer Sitzung des hoffentlich vertrauensvoll zusammenarbeitenden Gremiums hilft bei anstehenden Entscheidungen, Veränderungen in der Unternehmensstruktur oder der Suche von Führungskräften.

Für die Beteiligung liegen die Vorteile eines fakultativen Aufsichtsrates ebenfalls in der Realisierung eines zusätzlichen Formats für den Austausch mit den Gesellschaftern. Damit lässt sich die Zusammenarbeit mit dem Mutterunternehmen versachlichen und gegebenenfalls bestehende oder zu erwartende Konflikte insbesondere zwischen mehreren Gesellschaftern vermeiden bzw. frühzeitig diskutieren. Meist lässt sich der Aufwand für die Sitzungen des Aufsichtsrats bzw. Beirats auf ein vernünftiges Maß begrenzen. Im Vergleich zu der Beauftragung eines externen Unternehmensberaters bieten die Sparringspartner eines Aufsichtsgremiums eine kostengünstige Möglichkeit für die Einbindung von externer Expertise und Erfahrung für die Zukunftssicherung.

Das Aufsichtsgremium hat dabei mindestens 3 und höchstens 21 Mitglieder und seine Amtszeit beträgt in der Regel 4 Jahre.[29] Bei der Zusammensetzung sind die Mitbestimmungsregeln sowie die Vorgaben des beschlossenen Corporate Governance Kodex zu beachten. Sollte das Unternehmen mehr als 500 Beschäftigte haben, greift das Drittelbeteiligungsgesetz, bei mehr als 2000 Beschäftigten greift das Mitbestimmungsgesetz. Im ersten Fall wird der Aufsichtsrat zu einem Drittel von der Arbeitnehmerseite, im zweiten Fall paritätisch, d. h. zur Hälfte von der Arbeitnehmerseite besetzt. Zudem gilt, falls es sich um eine kapitalmarktorientierte Kapitalgesellschaft im Sinne des § 264d HGB handelt, dass gemäß § 100 Abs. 5 AktG mindestens ein unabhängiger Finanzexperte dem Aufsichtsgremium angehören muss. Die Mitglieder sollten in ihrer Gesamtheit mit dem Sektor, in dem das Unternehmen tätig ist, vertraut sein. Gemäß Ziff 5.4.1 Abs. 1 DCGK sollte der Aufsichtsrat so zusammengesetzt sein, „dass seine Mitglieder insgesamt über die zur ordnungsgemäßen Wahrnehmung der Aufgaben erforderlichen Kenntnisse, Fähigkeiten und fachlichen Erfahrungen verfügen." Dazu kommen besondere Voraussetzungen, die sich z. B. aus den Anforderungen des angewandten Corporate Governance Kodex ergeben,

[28] Vgl. Cornforth und Chambers (2010), S. 100–104.

[29] Für Beiräte lassen sich auch mehr Mitglieder oder längere Bestellungszeiträume definieren. So umfasst z. B. der Beirat des kommunalen Unternehmens Entega AG mehr als 70 Mitglieder. Vgl. https://www.entega.ag.

z. B. bezüglich Alter, Geschlecht, Nationalität, Anzahl Mitgliedschaften in anderen Aufsichtsgremien, bisherige Dauer der Zugehörigkeit im betreffenden Aufsichtsrat.[30]

Neben einem breiten Erfahrungsspektrum, vielfältigen beruflichen Hintergründen ist auch eine möglichst hohe Unabhängigkeit der Mitglieder von dem betreffenden Unternehmen anzustreben. Die Idealform der Unabhängigkeit besteht in einer finanziellen und in einer emotionalen Unabhängigkeit von der Entwicklung des betreffenden Unternehmens und seiner Beschäftigten.[31] Als wesentliche Elemente gelten dafür das Fehlen von wesentlichen vertraglichen Beziehungen zwischen der Person des Aufsichtsratsmitglieds, der Person nahestehenden Personen und Unternehmen auf der einen Seite und dem beaufsichtigten Unternehmen auf der anderen Seite. Hat die Person ein Interesse an Aufträgen des betreffenden Unternehmens oder ist sie von Weisungen abhängig, gilt sie nicht als unabhängig. Liegt eine Abhängigkeit der Person vom Wohl des Unternehmens vor, oder verfolgt die Person im Hauptberuf (z. B. als Mitglied der Geschäftsführung oder des Aufsichtsgremiums) die Interessen eines Wettbewerbers, eines wesentlichen Kunden oder Lieferanten des Unternehmens, bei dem sie nun zum Aufsichtsrat gehören soll, liegen neben einer fehlenden Unabhängigkeit auch signifikante Interessenskonflikte vor.[32] Das gleiche gilt im Fall des Vorliegens von engen persönlichen Bindungen zu Mitgliedern der Geschäftsführung des beaufsichtigten Unternehmens. Bei unwesentlichen vertraglichen Beziehungen (z. B. kauft ein Aufsichtsratsmitglied ab und zu Produkte des betreffenden Unternehmens) oder bei Beziehungen zu Fach- bzw. Führungskräften (nicht der Geschäftsführung) liegt in der Regel weiterhin eine ausreichende Unabhängigkeit vor. Im Einzelnen lässt sich die Unabhängigkeit für typische Gruppen potenzieller Mitglieder bewerten.[33]

- **Arbeitnehmer- bzw. Gewerkschaftsvertreter**. Wenngleich Mitglieder aus dem Kreis der Beschäftigten bzw. der Gewerkschaften aufgrund der Mitbestimmungsrechte für große Unternehmen unabdingbar sind und für kleine und mittlere Unternehmen aufgrund des Einbezugs dieser wichtigen Anspruchsgruppe anzuraten sind, ist deren Unabhängigkeit nicht gegeben. Aufgrund der arbeitsrechtlichen Abhängigkeit des Beschäftigten kann schwerlich von einer Unabhängigkeit ausgegangen werden.[34] Dies gilt auch für Gewerkschaftsvertreter, da die Personen, die von Gewerkschaften entsandt

[30] Vgl. https://www.dcgk.de.

[31] Vgl. Anhang II der Richtlinie 2005/162/EG.

[32] Vgl. EU-Kommission (2005), Begründung, Ziff. 7, 8, 11, 15 und 18 sowie Abschnitt III, Ziff. 13.

[33] Die folgende Aufzählung baut auf den Vorschlägen des Anhang II von EU-Kommission (2005) auf. Gleichwohl sollte das Thema unternehmensindividuell behandelt werden. Entsprechen formuliert auch die EU-Kommission: „Was unter Unabhängigkeit zu verstehen ist, sollte in erster Linie der Verwaltungs-/Aufsichtsrat selbst festlegen.“ EU Kommission (2005), Begründung, Ziff. 18.

[34] Vgl. entsprechend Baums (2016), S. 7 ff. und Staake (2016), S. 853–856.

werden, als Vertretung der Interessen der Arbeitnehmer agieren und damit nicht unabhängig sein können.[35]

- **Vertreter der Eigentümer**. Mitglieder von Aktionären, die weniger als 10 % des stimmberechtigten Eigenkapitals des betreffenden Unternehmens besitzen, können grundsätzlich (außer es sprechen andere Interessenskonflikte dagegen) als unabhängig bezeichnet werden.[36] Die Personen, die einen Gesellschafter, der mehr als 10 % des stimmberechtigten Eigenkapitals des betreffenden Unternehmens besitzt, vertreten, gelten wiederum nicht als unabhängig, da sie in der Regel die Interessen des jeweiligen Aktionärs im Vordergrund sehen. Dies gilt analog für Familienmitglieder bei Familiengesellschaften mit Aufsichtsgremium und für die Vertreter von politischen Institutionen bei öffentlichen Mehrheitsbeteiligungen.
- **Ehemalige Mitglieder der Geschäftsführung**. In § 105 Abs. 1 AktG ist geregelt, dass keine Vorstandsmitglieder zugleich Mitglieder des Aufsichtsgremiums sein dürfen. Entsprechend lässt sich dies als Erwartung auch für ehemalige Mitglieder der Geschäftsführung formulieren. Dies liegt nicht nur an den durch die Personen bewirkten Entscheidungen aus der Vergangenheit, sondern auch an den in der Regel weiterlaufenden bzw. erwarteten Bezügen, z. B. in Form von Mehrjahresvergütungen oder Pensionen. Zumindest kann die Unabhängigkeit in der sog. cooling-off-Periode von zwei Jahren gemäß § 100 Abs. 2 Nr. 4 AktG bezweifelt werden.

Es wird deutlich, dass die Wahl von unabhängigen Mitgliedern von Aufsichtsgremien keine einfache Aufgabe darstellt. Gleichwohl lohnt die Suche, um die Voraussetzungen für eine effektive und im Interesse des Unternehmens geführte Diskussion im Aufsichtsgremium zu ermöglichen. Dieses Ziel eint die Geschäftsführung der Beteiligung und die Akteure des Mutterunternehmens.

In unklaren Fällen sollte diese Frage im Aufsichtsgremium diskutiert werden. Sind Sachverhalte der Abhängigkeit gegeben, kann entweder der Sachverhalt, zum Beispiel ein Vertrag, durch das Aufsichtsgremium genehmigt werden[37] (mit der Folge des Verlustes der Unabhängigkeit des Aufsichtsratsmitglieds), das Mitglied tritt von seinem Mandat zurück oder die Gesellschafterversammlung beruft das Aufsichtsratsmitglied ab.[38]

Soviel zur Theorie der Unabhängigkeit. Wenngleich sich die Unabhängigkeit auch im Verlauf der Tätigkeit z. B. aufgrund der Annäherung des Mitglieds an das Unternehmen oder durch die Herausbildung von gruppendynamischen Entwicklungen im Rahmen der aufsichtsratsinternen Debatten vermindern kann, kann festgehalten werden, dass das Beteiligungsmanagement und die Beteiligungen von einem Gutteil an unabhängig besetzten

[35] Vgl. MüKoAktG (2019), § 100 Rn. 75, 79.

[36] Vgl. Habersack (2008), S. 98, 105.

[37] Vgl. zu Verträgen mit Aufsichtsratsmitgliedern die Regelungen in § 114 Abs. 1 AktG.

[38] Weitere Prinzipal-Agent Beziehungen liegen z. B. zwischen dem Vorsitzenden des Aufsichtsrates und den übrigen Aufsichtsratsmitgliedern oder zwischen dem Vorstandsvorsitzenden und den übrigen Vorstandsmitgliedern vor.

Mitgliedern des Aufsichtsgremiums profitieren.[39] Dies liegt im wesentlichen an der Vermeidung von Interessenskonflikten mit negativer Wirkung auf das Unternehmen.

Für die Besetzung der Mitglieder des Aufsichtsgremiums einer Beteiligung legt das Mutterunternehmen die Anforderungen fest und sucht geeignete Personen.[40] Dabei werden zusätzlich weitere Gesellschafter einbezogen. Zusätzlich wird in der Praxis die Einbindung von Vertretern wichtiger Partner des Unternehmens (Zulieferer, Vertriebspartner, Banker, etc.), von dem Unternehmen hilfreiche externe Berater (Wirtschaftsprüfer, Unternehmensberater, Medien-/Marketing-Berater, Anwälte, Steuerberater, etc.), von Persönlichkeiten aus Wirtschaft, Wissenschaft, Politik und Zeitgeschehen sowie von Experten aus dem Unternehmen erwogen.

Bei der Besetzung sollte die Bereitschaft zum fachlichen Austausch im Vordergrund stehen. Sonst kann es sein, dass sich die Rolle des Aufsichtsgremiums nach und nach von einer mitwirkenden zu einer repräsentativen bzw. verwaltenden verändert. Ebenso hilft bei der Besetzung ein hohes Maß an Diversität. Die Diversität in der Zusammensetzung sollte insbesondere auch durch den angemessenen Einbezug von Frauen im Aufsichtsgremium hergestellt werden.[41] Für die Auswahl der Mitglieder des Aufsichtsrats sollte neben den fachlichen Anforderungen auch Wert auf die persönlichen Voraussetzungen gelegt werden. Dazu zählen insbesondere die erwartete Loyalität zum Unternehmen, die ausreichende zeitliche Bereitschaft für die Wahrnehmung des Amtes, die Integrität und ein hohes Maß an Verantwortung, im Sinne eines „ehrbaren Kaufmanns“ (vgl. hierzu Abschn. 6.5).

Während die meisten Unternehmen bei der Benennung auf die Vorschläge der Gesellschafter oder der Geschäftsführung vertrauen, nehmen große Unternehmen eine strukturierte Suche vor. Für diese Aufgabe lässt sich ein Nominierungsausschuss des Aufsichtsrats oder eine auf die Besetzung von Aufsichtsgremien spezialisierte Personalberatungsgesellschaft nutzen. Der erste Schritt bei der strukturierten Suche von Mitgliedern des Aufsichtsgremiums liegt in der Definition eines Kompetenzprofils für das Gesamtgremium.[42]

Bei Banken und Versicherungen ergeben sich diese Anforderungen nach § 25d Abs. 1 Satz 1 KWG und § 24 Abs. 1 VAG aus dem Merkblatt zu den Mitgliedern von Verwal-

---

[39] Vgl. z. B. Martinek (2008), S. 51 ff.

[40] Dies steht allerdings im Widerspruch zu der Empfehlung für das Profil der unabhängigen nicht geschäftsführenden Direktoren bzw. Aufsichtsratsmitglieder gemäß Anhang II d) der Richtlinie 2005/162/EG, wonach die betreffende Person keinesfalls ein Anteilseigner mit einer Kontrollbeteiligung sein darf oder einen solchen vertreten darf.

[41] Vgl. hierzu das Gesetz für die gleichberechtigte Teilhabe von Frauen und Männern an Führungspositionen (FüPoG) vom 01.05.2015. Danach gilt eine Mindestquote von 30 Prozent für das jeweils unterrepräsentierte Geschlecht für neu zu besetzende Aufsichtsratspositionen in börsennotierten und voll mitbestimmungspflichtigen Unternehmen. Dies sind derzeit etwa 100 Unternehmen. Wird die Quote bei einer Neuwahl nicht beachtet, bleiben die für das unterrepräsentierte Geschlecht vorgesehenen Plätze unbesetzt. Darüber hinaus müssen alle börsennotierte oder mitbestimmungspflichtige Unternehmen eigene Zielgrößen zur Erhöhung des Frauenanteils bei Aufsichtsgremien, Vorstand und oberster Management-Ebene beschließen und darüber öffentlich informieren.

[42] Vgl. Ziff. 5.4.1. Abs. 2 DCGK und vertiefend Barth (2013).

tungs- und Aufsichtsorganen gemäß KWG und KAGB der Bundesanstalt für Finanzdienstleistungsaufsicht.[43] Grundsätzlich sollen die Mitglieder zuverlässig sein, die erforderliche Sachkunde zur Wahrnehmung ihrer Kontrollfunktion sowie zur Beurteilung und Überwachung der Geschäfte, die das jeweilige Unternehmen betreibt, besitzen und der Wahrnehmung ihrer Aufgaben ausreichend Zeit widmen.[44] Als Anforderungen an die Sachkunde wird erwartet, dass die Mitglieder die vom Unternehmen getätigten Geschäfte verstehen und deren Risiken beurteilen können. Neben kaufmännischen Kenntnissen ist dafür zusätzlich auch die branchenbezogene Expertise durch Vorerfahrungen oder durch Fortbildungen nachzuweisen. Ebenso wird erwartet, dass die Mitglieder mit den für das Unternehmen wesentlichen gesetzlichen Regelungen vertraut sein müssen und sich angemessen weiterbilden. Der Bedarf für die Weiterbildung soll für das gesamte Gremium ermittelt werden und dann durch Schulungen des Gesamtgremiums wie auch für einzelne Mitglieder gedeckt werden. Zusätzlich muss bei kapitalmarktorientierten Kapitalgesellschaften im Sinne von § 264d HGB gemäß § 100 Abs. 5 AktG mindestens ein unabhängiges Mitglied des Aufsichtsrats über Sachverstand auf den Gebieten Rechnungslegung oder Abschlussprüfung verfügen. Fehlen die Voraussetzungen der erforderlichen Sachkunde kann die BaFin gemäß § 36 Abs. 1 Satz 1 Nr. 1–3 KWG bzw. § 303 Abs. 2 Nr. 1 VAG die Genehmigung der Ausübung der Tätigkeit versagen oder die Abberufung eines bereits bestellten Mitglieds verlangen.

Eine entsprechende Anforderungsliste lässt sich auch für Unternehmen nutzen, die nicht der Finanzwirtschaft angehören. So beschreibt zum Beispiel die Deutsche Lufthansa AG die Anforderungen an ihre Aufsichtsratsmitglieder unterteilt in die Kategorien (1) Allgemeine Anforderungen an Aufsichtsratsmitglieder, (2) Anforderungen an die Zusammensetzung des Gesamtgremiums, (3) Anforderungen an Kenntnisse, Fähigkeiten und fachliche Erfahrungen im Gesamtgremium/Diversitätskonzept und (4) Anforderungen an die Vertreter der Anteilseigner.[45]

- Die Kategorie 1 beschreibt dabei vor allem Themen der Integrität, Unabhängigkeit und ausreichende zeitliche Verfügbarkeit.
- Die Kategorie 2 umfasst eine maximale Zahl ehemaliger Vorstandsmitglieder, eine maximale Dauer der Aufsichtsratszugehörigkeit und ein Höchstalter für neue Aufsichtsratsmitglieder.
- Die Kategorie 3 fordert, dass unterschiedliche, sich gegenseitig ergänzende fachliche Profile, Berufs- und Lebenserfahrungen, eine ausgewogene Altersmischung, verschiedene Persönlichkeiten und eine angemessene Vertretung beider Geschlechter berücksichtigt werden sollen.
- Schließlich regelt Kategorie 4 die fachlichen Anforderungen an die Vertreter der Anteilseigner. Dazu zählen neben Kenntnisse des Sektor Luftverkehr folgende Anforde-

[43] Vgl. Bundesanstalt für Finanzdienstleistungsaufsicht (2016).

[44] Vgl. Bundesanstalt für Finanzdienstleistungsaufsicht (2016), S. 19.

[45] Vgl. Lufthansa Group (2018), S. 1 f.

rungen:[46] Sachverstand auf den Gebieten Rechnungslegung oder Abschlussprüfung (Financial Expert), interne Kontrollverfahren sowie Kapitalmarkt, Erfahrung in der Führung oder Überwachung börsennotierter oder vergleichbarer Organisationen, Erfahrung im Bereich Marketing, Vertrieb, Kunden, Erfahrung im Bereich Personal, Organisation, Erfahrung im Bereich Politik, Verbandsarbeit oder Wissenschaft, Erfahrung im Bereich Digitalisierung sowie Erfahrung im Bereich Recht und Compliance.

Angesichts der hohen fachlichen Anforderungen wird es zunehmend schwieriger, ausreichend qualifizierte Personen für die Aufsichtsratsarbeit zu finden. Einen guten Überblick über die Situation der Zusammensetzung, Arbeitsweise und Vergütung verschiedener Länder gibt z. B. der Spencer Stuart Board Index (siehe Tab. 5.5).

5.8 Vergütung der Mitglieder des Aufsichtsgremiums

Bezogen auf die Vergütung der Mitglieder des Aufsichtsrats zeigt sich häufig eine Kombination aus einer fixen Komponente und einer von der Unternehmensentwicklung abhängigen variablen Vergütung. Ebenso erfolgt eine zusätzliche Vergütung für die Rollen des Vorsitzenden, des stellvertretenden Vorsitzenden sowie für die Mitgliedschaft bzw. den Vorsitz von Ausschüssen des Aufsichtsrats. Damit sollen die zusätzliche zeitliche Beanspruchung sowie die erhöhte inhaltliche Verantwortung berücksichtigt werden.

Bei der Bemessung der Vergütung sollte wie auch bei den Mitgliedern der Geschäftsführung die Marktfähigkeit durch Vergleiche mit ähnlichen Positionen in anderen Unternehmen sowie durch Vergleiche mit ähnlichen Positionen in der Unternehmensgruppe überprüft werden.

5.9 Weiterbildung der Mitglieder des Aufsichtsgremiums

Die wesentlichen Pflichten des Aufsichtsgremiums sind in § 111 AktG geregelt. Dazu gehört auch, dass die Mitglieder über Mindestkenntnisse und -fähigkeiten verfügen müssen, die erforderlich sind, um alle normalerweise anfallenden Geschäftsvorgänge ohne fremde Hilfe verstehen und sachgerecht beurteilen zu können.[47] Auf Basis angemessener durch die Geschäftsleitung gegebener oder zusätzlich erfragter Information hat das Aufsichtsgremium die Aufgabe, die Geschäftsleitung zu überwachen. Die Schwerpunkte liegen dabei auf der Überwachung von Strategie und Organisation, internem und externem Rechnungswesen, der Umsetzung der gesetzten Planung sowie der gesetzten Ziele. Die Kontrolle bezieht sich dabei auf die Aspekte Rechtmäßigkeit und Ordnungsmäßigkeit der Geschäftsleitung, Zweckmäßigkeit sowie Wirtschaftlichkeit der Handlungen. Darüber

[46] Vgl. Lufthansa Group (2018), S. 2.

[47] Vgl. dazu auch das Hertie-Urteil des Bundesgerichtshofs unter BGHZ 85, 293.

Tab. 5.5 Vergleich von Merkmalen der Aufsichtsräte in verschiedenen Ländern. (Quelle: in Anlehnung an Spencer Stuart 2018, S. 34–38)

	Deutschland	Frankreich	Schweiz	UK	USA
Anzahl einbezogener Unternehmen	70	40	20	150	485
Dualistisches oder Monistisches System	70/0	7/33	0/20	1/149	0/485
Durchschnittliche Anzahl an Aufsichtsrats- bzw. Board-Meetings	6,8	9,1	8,3	7,3	8
% Unternehmen mit Effizienzprüfung	17 %	30 %	12,5 %	44 %	9 %
Identität von Chairman und CEO	0 %	52,5 %	0 %	0,7 %	49,9 %
Durchschnittliche Größe von Aufsichtsrat bzw. Board	13,8	13,7	10,4	10,1	10,8
Durchschnittliche Größe von Aufsichtsrat bzw. Board (ohne Arbeitnehmervertreter)	7,5	12	N/A	10,1	N/A
% unabhängiger Mitglieder	60 %	58 %	83,2 %	61,3 %	85 %
Durchschnittsalter: Alle	58	58,9	60	59	–
Durchschnittsalter: Vorsitzender	66	61,4	63,5	65,4	–
% Mitglieder aus dem Ausland: Alle	25,3 %	35 %	58,2 %	33,3 %	8,2 %
% Vorsitzender aus dem Ausland	13 %	17,5 %	30 %	21,3 %	–
Durchschnittliche Anzahl Nationali täten im Aufsichtsrat bzw. Board	2,5	4,3	6,15	3,7	–
% weibliche Mitglieder: Alle	32 %	42,5 %	24 %	27,5 %	24 %
% weibliche Vorsitzende von Aufsichtsrat bzw. Board	4 %	42 %	5 %	3,9 %	4,1 %
% neue Mitglieder im Aufsichtsrat bzw. Board	20 %	13,5 %	13,5 %	13,6 %	8,4 %
% weibliche neue Mitglieder	26 %	41,9 %	39,3 %	35,7 %	40 %
% Ausländer der neuen Mitglieder	12 %	36,8 %	78,6 %	37,7 %	10,5 %
Durchschnittliche Zahl an Mitgliedschaften in Aufsichtsräten bzw. Boards pro Mitglied	N/A	1,3	2	2,2	2,1
Durchschnittliche Zahl an Mitgliedschaften in Aufsichtsräten bzw. Boards pro Vorsitzender	2,8	2,3	2,4	2,2	1,5
% Unternehmen mit einer Altersgrenze	88 %	45 %	37,5 %	0 %	71 %
Durchschnittliche Altersgrenze	72	71,6	71,1	N/A	73,5
Durchschnittliche Dauer der Mitgliedschaft	5,7	5,7	5,9	4,6	8,1
Durchschnittliche Gesamtvergütung für den Vorsitzenden	291.226 Euro	627.954 Euro	179.687 Euro	477.176 Euro	389.540 Euro
Durchschnittliche Gesamtvergütung für Prüfungsausschuss-Mitgliedschaft	31.552 Euro	22.642 Euro	51.802 Euro	17.472 Euro	12.172 Euro

(Fortsetzung)

Tab. 5.5 (Fortsetzung)

	Deutschland	Frankreich	Schweiz	UK	USA
Durchschnittliche Gesamtvergütung für Vergütungsausschuss-Mitgliedschaft	N/A	14.542 Euro	45.707 Euro	14.868 Euro	10.751 Euro
Durchschnittliche Gesamtvergütung für Nominierungsausschuss-Mitgliedschaft	N/A	12.294 Euro	37.645 Euro	11.183 Euro	8359 Euro
Durchschnittliche Größe des Vorstandsteams	5,1	12,5	9,4	9,9	–
% Ausländer im Vorstandsteam	25 %	32 %	60,6 %	37,6 %	–
% Frauen im Vorstandsteam	10 %	16 %	10,1 %	18,6 %	–

hinaus sollen die Aufsichtsratsmitglieder neben der konstruktiven Kontrolle zum Wohl des Unternehmens auch die Geschäftsleitung bei den gestellten Aufgaben beraten. Dabei trägt jedes Mitglied im Rahmen der persönlichen, eigenverantwortlichen und am Unternehmensinteresse orientierten Mitgliedschaft grundsätzlich ein individuelles Haftungsrisiko gemäß § 117 AktG. Um dieses zu begrenzen, ist es weitgehend auch bei deutschen Unternehmen üblich geworden, neben der Geschäftsführung auch die Aufsichtsratsmitglieder mit einer Directors and Officers Versicherung (D&O-Versicherung) abzusichern.[48] Mithilfe dieser Vermögensschadenhaftpflichtversicherung wird die Haftung für leichte teilweise auch für grobe Fahrlässigkeit vermieden bzw. vermindert.

Um diese Aufgaben angemessen wahrnehmen zu können, bedarf es nicht nur einer sorgfältigen Auswahl der Mitglieder des Gremiums, sondern auch der kontinuierlichen Weiterbildung und der Vorbereitung der Sitzungen. Für die Akteure des Mutterunternehmens, die auch Mitglieder in Aufsichtsgremien von Beteiligungen sind, kann die Weiterbildung auch im Rahmen der Personalentwicklung (vgl. Kap. 7) erfolgen. Da in den Aufsichtsgremien meist auch weitere Personen Mitglieder sind, sollte für das gesamte Gremium ein geeignetes Angebot für die Weiterbildung vorgesehen werden. Während die Mitglieder der Geschäftsleitung häufig durch ihr Tagesgeschäft, die Lektüre von relevanten Veröffentlichungen sowie den Austausch mit Kollegen aus der Branche ihr Wissen aktualisieren, erfordert dies bei den Mitgliedern der Aufsichtsgremien (teilweise) zusätzlicher Angebote. Für das Treffen von gut informierten Entscheidungen ist neben der Verfügbarkeit angemessener Informationen (vgl. das nächste Kapitel) besonders auch eine breite und tiefe Erfahrung im Umgang mit betriebswirtschaftlichen Methoden erforderlich. Wichtige Methoden im Rahmen von funktionsfähigen Managementsystemen sind insb. Investitionsrechnung, Unternehmensbewertung, Jahres- und Quartalsabschlüsse, Risikomanagement und Compliance.

Die folgende Aufzählung gibt einen Überblick über mögliche Kursangebote, die in der Regel durch Akteure des Mutterunternehmens, der Beteiligung oder durch externe Dienst-

[48] Vgl. Thümmel (2003), S. 198 ff.

leister vor Ort im Unternehmen, als Telefon- oder Videokonferenz, online oder als Mischvariante (blended learning) erbracht werden.

- Informationsveranstaltung zu Beginn der Gremientätigkeit
- Aktuelle Branchenentwicklungen
- Strategien des Unternehmens und der Wettbewerber
- Rechte und Pflichten des Aufsichtsgremiums
- Zusammenarbeit im Aufsichtsgremium
- Kaufmännische Führung (mit Controlling, Bilanzanalyse, Risikomanagement und Compliance)
- Spezielle, anlassbezogene Themen (z. B. zum Thema Digitalisierung)[49]

Für die Sitzungsvorbereitung sind auch relevante Informationen über die Tagesordnung hinaus einzubeziehen. Jedes Mitglied sollte den Anspruch haben, an einer Sitzung des Aufsichtsgremiums nur mit einem breiten und möglichst aktuellen Verständnis über das Marktumfeld und die Beteiligung teilzunehmen. Zusätzlich ist für neue Mitglieder und besonders für den Vorsitzenden des Gremiums ein Mentoring-Angebot hilfreich. Die Mentoren können dabei ehemalige Mitglieder des Gremiums, externe Dienstleister oder entsprechend erfahrene Personen des Mutterunternehmens sein. Das Mentoring des Vorsitzenden umfasst auch die Auswahl der Tagesordnungspunkte für die anstehenden Gremiensitzungen. Bei öffentlichen Unternehmen und fallweise bei anderen Beteiligungen bietet sich für jede oder für ausgewählte Sitzungen des Aufsichtsgremiums an, die Mandatsträger für die anstehende Sitzung vorzubereiten. Dies kann durch erfahrene Personen des Mutterunternehmens oder durch externe Experten erfolgen.[50] Die Kosten für den Einbezug von Sachverständigen für das Aufsichtsgremium trägt die Beteiligung, sofern die Beratung angemessen und im Vorhinein mit der Geschäftsleitung abgestimmt ist.

5.10 Konstruktiv-kritische Zusammenarbeit des Aufsichtsgremiums

Ein kompetentes Aufsichtsgremium ist noch lange kein effektives Aufsichtsgremium. Nur durch das Konzert der Mitglieder, durch eine gute Zusammenarbeit der Mitglieder untereinander und mit dem Vorsitzenden gewinnt das Aufsichtsgremium an Effektivität und an Effizienz. Entsprechend dem Verweis von § 116 Satz 1 AktG auf § 93 Abs. 1 AktG hat

[49] Wie bei jeder neuen Technologie sollte der Aufsichtsrat die Geschäftsführung bezüglich deren Anwendung beraten, begleiten und auch kontrollieren. Die Anpassung der Konzern- und der Unternehmensstrategien und der Geschäftsmodelle durch die Digitalisierung führen jedenfalls zu einer regelmäßigen Befassung mit den Chancen und Risiken aus der Nutzung von Informations- und Telekommunikationstechnologien und -Anwendungen. Vgl. Probst und Theisen (2018). Meckl und Schmidt (2019).

[50] Vgl. § 109 Abs. 1 Satz 2 AktG und § 111 Abs. 2 Satz 2 AktG. Im Fall von Aktionären nehmen diese Aufgabe häufig Stimmrechtsberater wie IVOX oder Institutional Shareholder Services wahr.

jedes Mitglied des Aufsichtsgremiums die Sorgfaltspflichten eines ordentlichen und gewissenhaften Organmitglieds zu erfüllen. Grundsätzlich kann ein Aufsichtsgremium nur dann erfolgreich arbeiten, wenn eine ausreichende Informationsgrundlage zur Verfügung steht. Die Information muss verlässlich, zeitnah und relevant sein. Durch eine hohe Qualität der Informationsversorgung des Aufsichtsgremiums hat dieses eine gute Grundlage für das Treffen von Entscheidungen. Fehlentscheidungen aufgrund von falschen Annahmen werden minimiert. Dabei sollte die Geschäftsführung dem Aufsichtsgremium aktiv und auf Nachfrage einfach verständliche Informationen mit einer Synopse der Kernaussagen präsentieren. Eine Entscheidung ist dann gut vorbereitet, wenn der inkrementelle Zuwachs an Nutzen durch zusätzliche Informationen (Informationswert) die Kosten für die Gewinnung und Verarbeitung übersteigt.[51] Der Fokus kann dabei nicht nur auf finanziellen und vergangenheitsorientierten Informationen liegen, sondern auch zukunftsorientierte Elemente umfassen. Bei der Bewertung von Alternativen und Szenarien können neben deren wirtschaftlichen Auswirkungen auch das Aufzeigen der Opportunitätskosten einer Nicht-Entscheidung sowie die möglichen Folgen einer Entscheidung auf deren Reversibilität helfen. Die angemessene Information des Aufsichtsgremiums ist eine Bringschuld der Geschäftsleitung und eine Holschuld des Aufsichtsgremiums. Aus der Kombination von angemessenen Informationen (gegebenenfalls unter Einbezug von externen Gutachtern), wirkungsvollen Methoden und einer angemessenen Befassung im Aufsichtsgremium lassen sich die Anforderungen der Business Judgement Rule[52] erfüllen. Im Zeitalter von Cloud-Diensten kann jedes Unternehmen erwägen, das Aufsichtsgremium zeitgemäß über ein „Aufsichtsrats-Portal" zu informieren. Dieses sollte neben einer hohen Datensicherheit die Möglichkeit der Recherche vergangener Sitzungen sowie weitere Funktionen insb. zur Stimmabgabe umfassen. Neben den Angeboten insb. von anglo-amerikanischen Anbietern lassen sich auch die Angebote von deutschen Unternehmen entsprechend nutzen.

Regelmäßig sollte die Geschäftsführung gemäß § 90 AktG (auch in der GmbH) mindestens einmal im Jahr über folgende Sachverhalte berichten:

- beabsichtigte Strategie (und Geschäftsmodelle)
- andere grundsätzliche Fragen der Unternehmensplanung und deren Umsetzung (z. B. wesentliche neue Verträge bzw. Kündigungen, Veränderungen bei Führungskräften (Prokuristen) im Unternehmen und (zumindest auf Ebene Geschäftsleitung) der Beteiligungen, wesentliche Veränderungen bei der Entwicklung von Tarifverträgen), Auswirkungen des Unternehmenshandelns auf Umwelt, Gesellschaft und die Arbeitgebermarke
- Finanz-, Investitions- und Personalplanung, bewertete Risiken und Gegenmaßnahmen, Themen und Ergebnisse der internen bzw. externen Revision
- Rentabilität der Gesellschaft und des Eigenkapitals

[51] Vgl. Hagenloch (2009), S. 121 ff.

[52] Die Business Judgement Rule schließt gemäß §§ 93 Abs. 1 S. 2, 116 S. 1, 117 AktG unter bestimmten Voraussetzungen eine Pflichtverletzung und damit eine Haftung seitens von Vorständen und Aufsichtsräten aus. Vgl. OLG Hamm, Urteil vom 12.07.2012 (I-27U12/10) und Ziff. 3.8 DCGK vom 13.05.2013.

- Wesentliche Geschäftsabläufe
- Geschäfte, die für Rentabilität oder Liquidität der Gesellschaft von erheblicher Bedeutung sind.

Die digitale Entwicklung der Beteiligung muss ein regelmäßiges Thema im Aufsichtsrat sein. Breiter gefasst lässt es sich als der Einsatz von innovativen, also digitalen und auch nicht digitalen, Technologien beschreiben. Regelmäßig sollten die Chancen und Risiken aus neuen Technologien einerseits für die Strukturen, Prozesse und den Arbeitsalltag sowie andererseits für die Produkte und Dienstleistungen der Beteiligung diskutiert werden. Nur durch den regelmäßigen Diskurs über innovative Technologien lässt sich ein technologiebezogener Wandel eines Unternehmens begleiten. Bei der Diskussion sollten neben den Technologien in knapper Form vor allem die Wirkungen auf die Geschäftsmodelle der Beteiligung seitens der Geschäftsführung vorbereitet und im Aufsichtsrat diskutiert werden. Dies schärft den Blick der Geschäftsführung auf die Einschätzung der Wesentlichkeit der Technologien und auf die möglichen Auswirkungen für das Unternehmen. Der distanzierte, wenngleich durch eigene Erfahrungen teilweise viel tiefere Blick, eines Aufsichtsratsmitglieds auf diese Technologien verstärkt, schwächt oder verändert die Einschätzung des Managements. In der Idealform ist es ein Sparring auf Augenhöhe.

Bezogen auf den Ablauf von Sitzungen des Aufsichtsgremiums können Schwierigkeiten in einer dominanten Person bzw. dominanten Gruppen, unzureichender Zeit für die Behandlung von diskussionsrelevanten Themen und in einer unzureichenden oder fehlenden Vorbereitung der Mitglieder des Gremiums vor der Sitzung liegen.[53] Ebenso bestehen Risiken für die Qualität der Aufsichtsarbeit aus gruppendynamischen Prozessen, dem Groupthink.[54] Jedes Aufsichtsgremium unterliegt der Gefahr, dass sich Denkmuster einstellen, die dem Streben nach Einstimmigkeit soweit folgen, dass eine Befassung mit Alternativen oder eine realistische Einschätzung von Handlungsalternativen gegenüber einem vorgebrachten Vorschlag außer Kraft gesetzt werden. Damit einhergehend ist auch vorstellbar, dass Risiken unterschätzt oder ausgeblendet werden, Informationen nur selektiv oder unvollständig in die Behandlung der Tagesordnung einbezogen werden oder einmal gesetzte strategische Ziele nicht reflektiert werden.

Um diesen Risiken zu begegnen, sollten folgende Empfehlungen für eine gute Zusammenarbeit im Aufsichtsgremium beachtet werden.

1. Gute Vorbereitung und Organisation der Sitzungen
2. Konstruktive, professionelle Atmosphäre und angemessener Umgangston
3. Akzeptanz unterschiedlicher Persönlichkeiten
4. Kein Zulassen der Dominanz von Einzelnen
5. Straffe Sitzungsführung mit dem Ziel, die meisten Mitglieder zu beteiligen
6. Kritische Evaluation als Aufgabe von jedem einzelnen Mitglied

[53] Vgl. Ruhwedel (2013).

[54] Vgl. Irving (1972).

7. Nutzung von Fach- und temporären Ausschüssen für eine vertiefte Behandlung ausgewählter Themen
8. Keine festgefahrenen Haltungen, keine vorgegebenen Präferenzen, keine Bequemlichkeit zulassen
9. Offenheit für Szenarien, neue Vorschläge und Alternativen
10. Einsatz externer Experten insbesondere für die Bewertung wichtiger Sachverhalte

Gerade die Punkte 8 und 9 sind für viele Geschäftsleitungen und für viele Gremien eine Herausforderung. In der Regel werden die Vorschläge der Geschäftsleitung diskutiert und meist auch beschlossen. Regelmäßig sollte dem Vorschlag der Geschäftsleitung eine Diskussion von Szenarien vorausgehen und/oder das Durchdenken von Alternativen durch das Aufsichtsgremium für wichtige Entscheidungen üblich sein. Dies gilt auch für Strategien im Sinne der strategischen Agilität.

Um die Effektivität des Aufsichtsgremiums zu verbessern bzw. beizubehalten, bietet sich eine regelmäßige Evaluation der Stärken und Schwächen der Arbeit des Aufsichtsrats an.[55] Dabei sollten auch die Ausschüsse betrachtet werden. Die Prüfung kann durch Einzelgespräche, einer Bewertung im Zuge einer Aufsichtsratssitzung oder durch (anonymisierte) Fragebögen durchgeführt werden. Themenbereiche sind üblicherweise (für das Gesamtgremium und separat für die Ausschüsse) die Zusammensetzung, Innere Ordnung und Organisation, Prozesse und Arbeitsweise, Informationsversorgung, Sitzungshäufigkeit und -dauer, Kompetenz und Leistung einzelner Mitglieder sowie die Ergebnisse der Arbeit.[56]

Literatur

Allport GW, Odbert HS (1936) Trait names: a psycho-lexical study. Psychol Monogr 47(1):1–171

Barker VL, Patterson PW, Mueller GC (2001) Organizational causes and strategic consequences of the extent of top management replacement during turnaround attempts. J Manag Stud 38(2):235–269

Barth S (2013) Die Nominierung von Aufsichtsratsmitgliedern – Eine empirische Untersuchung der Auswahlprozesse im Aufsichtsrat und seinen Ausschüssen. Springer, Wiesbaden

Baums T (2016) Unabhängige Aufsichtsratsmitglieder. ILF Working Paper Nr. 149

Blasius A, Schmitz-Roden U (2013) Bewusst erziehen: Nachdenkliches zum bewussten Umgang mit Erziehung (in schwierigen Zeiten). Springer, Wiesbaden

Brodwin E (2018) Here's the personality test Cambridge Analytica had Facebook users take. Business Insider. 19.03.2018. https://www.businessinsider.de/facebook-personality-test-cambridge-analytica-data-trump-election-2018-3?r=US&IR=T. Zugegriffen am 31.08.2019

Brunstein JC, Heckhausen H (2010) Leistungsmotivation. In: Heckhausen J, Heckhausen H (Hrsg) Motivation und Handeln. Springer, Wiesbaden, S 145–192

[55] Vgl. Ziff. 5.6 DCGK; Ugboro und Obeng (2009), S. 240; Hilb (2013).

[56] Vgl. vertiefend Jürgens und Lippert (2005); Strieder (2007); Sick (2011).

Bundesanstalt für Finanzdienstleistungsaufsicht (2016) Merkblatt zu den Mitgliedern von Verwaltungs- und Aufsichtsorganen gemäß KWG und KAGB vom 4.01.2016 zuletzt geändert am 31.01.2017. https://www.bafin.de/SharedDocs/Veroeffentlichungen/DE/Merkblatt/mb_verwaltungs-aufsichtsorgane_KWG_KAGB.html. Zugegriffen am 31.08.2019

Cable D, Vermeulen F (2016) Stop paying executives for performance. Harv Bus Rev 16(2):47–49

Carpenter D, Krause GA (2014) Transactional authority and bureaucratic politics. J Public Adm Res Theory 25(1):5–25

Ciampa D, Watkins M (1999) Right from the start: taking charge in a new leadership role. Harvard Business Review Press, Boston

Clegg B (2000) Instant stress management. Kogan Page, London

Collins J (2001) Level 5 leadership: the Triumph of humility and fierce resolve. Harv Bus Rev 79(1):66–76

Cornforth C, Chambers N (2010) The role of corporate governance and boards in organizational performance. In: Walsh K, Harvey G, Jas P (Hrsg) Connecting knowledge and performance in public services: from knowing to doing. Cambridge University Press, Cambridge, S 99–127

Danner D, Rammstedt B, Bluemke M, Lechner C, Berres S, Knopf T, Soto CJ, John OP (2019) Das Big Five Inventar 2 – Validierung eines Persönlichkeitsinventars zur Erfassung von 5 Persönlichkeitsdomänen und 15 Facetten. Diagnostica 65(3):121–132

Deloitte & Touche GmbH Wirtschaftsprüfungsgesellschaft (2010) Beiräte im Mittelstand. Deloitte, o.O.

EU-Kommission (2005) Empfehlung der Kommission vom 15.02.2005 zu den Aufgaben von nicht geschäftsführenden Direktoren/Aufsichtsratsmitgliedern börsennotierter Gesellschaften sowie zu den Ausschüssen des Verwaltungs-/Aufsichtsrats, 2005/162/EG, ABl. EU Nr. L 52/51)

Fehr T (2006) Big Five. Die fünf grundlegenden Dimensionen der Persönlichkeit und ihre 30 Facetten. Persönlichkeitsmodelle und Persönlichkeitstests. In: Simon W (Hrsg.) Persönlichkeitsmodelle und Persönlichkeitstests: 15 Persönlichkeitsmodelle für Personalauswahl, Persönlichkeitsentwicklung, Training und Coaching, 2. Aufl.. GABAL, Offenbach, S 113–135

Frey BS, Osterloh M (2012) Stop tying pay to performance. the evidence is overwhelming: it doesn't work. Harv Bus Rev 14(1):51–52

Habersack M (2008) Aufsichtsrat und Prüfungsausschuss nach dem BilMoG. Die Aktiengesellschaft (AG), S 98–107

Hagenloch T (2009) Grundzüge der Entscheidungslehre. Books on Demand, Norderstedt

Halford JT, Hsu H-C (2013) Beauty is wealth: CEO appearance and shareholder value. Working paper, 20.11.2013

Hemel U, Link H (2018) Zukunftssicherung für Familienunternehmen – Beteiligungen, Verkäufe, Übernahmen. Kohlhammer, Stuttgart

Hilb M (2013) Integrierte Corporate Governance: Ein neues Konzept zur wirksamen Führung und Aufsicht von Unternehmen, 5. Aufl. Springer, Berlin

Hill L (1994) Exercising influence. Harvard Business School note 9-494-080. Harvard Business School Press, Boston

Holtmann M (1989) Personelle Verflechtungen auf Konzernführungsebene. Springer Gabler, Wiesbaden

Howard JM, Howard PJ (2002) Führen mit dem Big-Five-Persönlichkeitsmodell. Das Instrument für optimale Zusammenarbeit. Campus, Frankfurt/New York

IQP (2017) FAQ zum IQP-Persönlichkeitstest©. http://download.iqp-germany.de/FAQ_IQP-Persoenlichkeitstest.pdf. Zugegriffen am 31.08.2019

Irving J (1972) Victims of groupthink. Houghton Mifflin, Boston

Jürgens U, Lippert I (2005) Kommunikation und Wissen im Aufsichtsrat. Voraussetzungen und Kriterien guter Aufsichtsratsarbeit aus der Perspektive leitender Angestellter. Studie in Kooperation mit dem Deutschen Führungskräfteverband (ULA). WZB, Berlin

Kiefer B-U, Knebel H (2011) Taschenbuch Personalbeurteilung, 12. Aufl. Windmühle, Hamburg

Liebenow D, von Bernstorff C, Uedelhoven S, Nachtwei J (2017) Der Dreiklang fundierter Potenzialanalysen: KAI. VQP – HR Consulting Rev 8/2017:41–45

Lufthansa Group (2018) Anforderungsprofil für Aufsichtsratsmitglieder der Deutschen Lufthansa AG. Lufthansa, Köln

Martinek M (2008) Wettbewerbliche Interessenkonflikte von AG-Aufsichtsräten im Licht der deutschen Corporate Governance-Debatte. Wettbewerb in Recht und Praxis (WRP) 1/2008:51–67

Meckl R, Schmidt J (2019) Digital corporate governance. Betriebs-Berater 4/2019:131–134

MüKoAktG (2019) Münchener Kommentar zum Aktiengesetz. Band 2: §§ 76–117, MitbestG, DrittelbG, 5. Aufl. Beck, München

Nachtwei J, Uedelhoven S, von Bernstorff C, Liebenow D (2017) Evidenz statt Voodoo. Personalmagazin 12/2017:34–37

Nagel R, Oswald M, Wimmer R (2008) Das Mitarbeitergespräch als Führungsinstrument. Klett-Cotta, Stuttgart

Probst A, Theisen MR (2018) Aufsichtsratsarbeit und Digitalisierung – Ergebnisse der 18. Panel-Befragung. Der Aufsichtsrat 11/2018:154–156

Ruhwedel P (2013) Aufsichtsrats-Score 2013, Studie zu Effizienz, Besetzung, Transparenz und Vergütung der DAX- und MDAX-Aufsichtsräte. FOM, Essen

Sick S (2011) Die Effizienzprüfung des Aufsichtsrats. Ein Leitfaden zur Evaluation. Hans Böckler Stiftung, Düsseldorf

Spencer Stuart (2018) Der Spencer Stuart Board Index Deutschland. Spencer Stuart, o.O.

Staake M (2016) Arbeitnehmervertreter als unabhängige Aufsichtsratsmitglieder? NZG 22/2016:853–856

Strieder T (2007) Effizienzprüfung des Aufsichtsrats im Sinne des DCGK mittels Fragebogen. Zeitschrift für Corporate Governance 4/2007:168–178

Thümmel RC (2003) Persönliche Haftung von Managern und Aufsichtsräten: Haftungsrisiken bei Managementfehlern, Risikobegrenzung und D&O-Versicherung, 3., völlig neu bearb. Aufl. Boorberg, Stuttgart.

Ugboro IO, Obeng K (2009) Board activities, involvement, and public transit performance. Adm Soc 41(2):235–257

Werner C, Nitschke U (2013) Managementdiagnose. In: Werner C, Elbe M (Hrsg) Handbuch Organisationsdiagnose. Beck, München, S 143–157

Wieland J, Grüninger S (2000) EthikManagementSysteme und ihre Auditierung: Theoretische Einordnung und praktische Erfahrungen. In: Wieland J (Hrsg) Dezentralisierung und weltweite Kooperationen. Die moralische Herausforderung der Unternehmen. Metropolis, Marburg, S 123–164

Wunderlich SM (2012) Das Konstrukt der Beziehungs- und Bindungspersönlichkeit und sein Einfluss auf die Partnerschaftsqualität. Dissertation der Universität, Hamburg

Kooperative Zusammenarbeit

6

Zusammenfassung

Ein wichtiges Instrument des Beteiligungsmanagements ist die Förderung einer kooperativen Zusammenarbeit zwischen den Akteuren von Mutterunternehmen und Beteiligung. Dabei lässt sich eine kooperative Zusammenarbeit nicht verordnen. Stattdessen entsteht die kooperative Zusammenarbeit in einem gemeinsamen Lernprozess. Dieser umfasst unter anderem folgende Elemente: Aufbau von Kooperationsbereitschaft, regelmäßige wertschätzende und vertrauensvolle Kommunikation, Erarbeitung gemeinsamer Problemlösungen und Formulierung gemeinsamer Ziele bzw. Treffen gemeinsamer Entscheidungen. Das Kapitel beschreibt Methoden für die Etablierung und Beibehaltung einer kooperativen Zusammenarbeit. Dazu zählen Kommunikationsforen sowie die Kommunikationslandkarte, die Erkenntnisse über unterstützende und behindernde Kräfte in einer Unternehmensgruppe sowie Hinweise für eine persönlich überzeugende Kommunikation ermöglicht.

6.1 Mehr Zusammenarbeit: transaktional und transformativ

Ein wichtiges Instrument für ein wertorientiertes Beteiligungsmanagement liegt in der Verbesserung der Zusammenarbeit zwischen dem Mutterunternehmen und den Beteiligungen. Die Zusammenarbeit hat dabei immer einen steuernden, einen kontrollierenden und einen unterstützenden Bereich.

Jeder Mensch hat durch die entsprechende Sozialisierung neben einem eigennützigen Antrieb auch die Motivation für Zusammenarbeit und Kooperation.[1] Durch die Sozialisierung des familiären, schulischen und erweiterten Umfelds wird die persönliche Motivation

[1] Vgl. Kahneman und Tversky (2000), S. 16–30.

K.-M. Ahrend, *Beteiligungsmanagement*,
https://doi.org/10.1007/978-3-662-60588-2_6

für die Zusammenarbeit geprägt. Sie ist abhängig von den geteilten Werten und den akzeptierten Normen. Dazu kommt der gesellschaftliche und institutionelle Rahmen – in einer Demokratie ist Vertrauen stärker ausgeprägt als in einer Diktatur, in Friedenszeiten ebenso als in Zeiten von Bürgerkrieg oder Krieg.[2] Für die gesellschaftliche Transformation zu mehr Zusammenarbeit sind Vorbilder nötig, die bereit sind, sich gegen Widerstände durchzusetzen. Ebenso bedarf es Vorreiter in jedem Mutterunternehmen, sich für eine kooperative Zusammenarbeit einzusetzen.

Wie kann die Kooperationsbereitschaft der Akteure gestärkt werden? Kooperation bedeutet „das Tätigsein von zwei oder mehr Individuen, das bewusst planvoll aufeinander abgestimmt die Zielerreichung eines jeden beteiligten Individuums in gleichem Maße gewährleistet".[3] Wichtige Bedingungen für die Realisierung von Kooperationen sind identische oder kongruente Ziele, kompatible Pläne für die Realisierung der Ziele, Bereitschaft zum Austausch von Ressourcen und die Regelbarkeit der Kooperationsbeziehung.[4] Es lassen sich die disjunktive und die konjunktive Kooperation unterscheiden: Während es in der disjunktiven Kooperation ausreicht, wenn lediglich einer der Kooperationspartner den Handlungsablauf bis hin zum Kooperationsziel vollzieht, wirken in der konjunktiven Kooperation die Beteiligten mit je eigenen, eindeutig umrissenen Handlungsanteilen auf den Handlungsablauf bis hin zur Zielerreichung. Das übergeordnete Kooperationsziel wird erst erreicht, wenn alle Beteiligten ihre Teilhandlungen ausgeführt haben und entsprechend das jeweilige Teilziel erreicht wurde.

Das Beteiligungsmanagement ist künftig stark durch die auch in der Personalführung bedeutenden Grundsätze von kooperativer Zusammenarbeit und gegenseitigem Vertrauen geprägt. Die hierarchische Arbeitsbeziehung wird immer mehr durch eine Zusammenarbeit mit wechselseitiger Beeinflussung abgelöst. Nicht nur die Akteure des Mutterunternehmens nehmen Einfluss auf die Akteure der Beteiligungen, sondern auch die Akteure der Beteiligungen nehmen Einfluss auf die Akteure des Mutterunternehmens. Interessant ist die Feststellung von Wunderer, dass sich die unterschiedlichen Strategien der Führung „von oben" von denen der Führung „von unten" kaum unterscheiden.[5] Die Anwendung, Akzeptanz und letztlich der Erfolg hängen vielmehr von der Situation und den handelnden Akteuren ab. Er unterscheidet die in Tab. 6.1 aufgezählten Führungsstrategien.

Beide Aufzählungen werden von der Taktik der sachlich, fundiert und empfängerorientierten Begründung angeführt, gefolgt von vertrauensvollen, freundlichen Arbeitsbeziehungen und bestimmtem Auftreten. Es folgen eine enge Zusammenarbeit im Sinne einer Koalition gegenüber Dritten sowie das verhandlungsbereite Vertreten der eigenen Meinung. Die Nutzung von fachlicher oder hierarchischer Autorität rangiert relativ weit hin-

[2] Vgl. Tyler (2011), S. 5–12.

[3] Piepenburg (1991), S. 82.

[4] Vgl. Piepenburg (1991), S. 81–89.

[5] Vgl. Wunderer (2007), S. 196.

Tab. 6.1 Strategien der Führung „von oben" und der Führung „von unten". (Quelle: in Anlehnung an Wunderer 2007, S. 196)

Führung „von oben"	Führung „von unten"
1. Begründung 2. Freundlichkeit 3. Bestimmtheit 4. Koalition 5. Verhandlung 6. höhere Autorität 7. Sanktionen	1. Begründung 2. Freundlichkeit 3. Bestimmtheit 4. Koalition 5. höhere Autorität 6. Verhandlung

Tab. 6.2 Idealtypische Führungsstile nach Kurt Lewin. (Quelle: In Anlehnung an Bickenbach und Soltwedel 1996, S. 3–6)

Autoritärer Führungsstil	Kooperativer bzw. partizipativer Führungsstil	Laissez-faire Führungsstil
• Klare Trennung: Vorgesetzter entscheidet und kontrolliert; Mitarbeiter führen aus. • Leistungssteigerung durch Respekt oder Angst • Folge ist ein distanziertes Verhältnis	• Mitarbeiter werden in den Entscheidungsprozess mit einbezogen • Regelmäßige Kommunikation • Delegation ist möglich • Fremdkontrolle wird (teilweise) durch Eigenkontrolle ersetzt • Bei Fehlern Hilfe statt Bestrafung • Besseres Verständnis über die Zusammenhänge, höhere Motivation • Aber: möglicherweise langsamere Entscheidungsgeschwindigkeit	• Mitarbeiter haben Freiheit • Entscheidung und Kontrolle liegt bei der Gruppe • Zufällige Information an den Vorgesetzten • Hohes Maß an Kreativität, aber auch Chaos

ten. Dies verdeutlicht, einerseits die hohe Bedeutung von analytisch-rationalem Argumentieren und andererseits die der kooperativen Zusammenarbeit zwischen Mutterunternehmen und Beteiligung.

Statt einer einseitigen Verhaltenssteuerung des Mutterunternehmens geht es um ein ausgeglichenes Verhältnis des (emotionalen) Gebens und Nehmens. Fühlen sich die Partner in ihrer Arbeitsbeziehung wohl, dann handelt es sich um eine ausgeglichene Beziehung. Kurzum: Die Akteure des Mutterunternehmens und der Beteiligungen müssen das Gefühl haben, dass sie zusammengehören. Dies entspricht einem primär partizipativen Führungsstil, der im Sinne der Unterscheidung von Lewin zwischen einem autoritären und einem laissez-faire Führungsstil liegt (vgl. Tab. 6.2).

Ein erfolgreiches Beteiligungsmanagement beruht auf einer Kombination aus transformativer und transaktionaler Führung.[6] Die gemeinsame Entwicklung und die energiegeladene

[6] Vgl. Bass und Avolio (1994), S. 12–16.

Vermittlung von Handlungsprämissen und Zielen ist die Voraussetzung für eine effiziente Umsetzung in Maßnahmen und Abläufen.

- Bei der **transaktionalen Führung** liegt der Fokus auf den Transaktionen zwischen den Akteuren. Sie sollen möglichst ökonomisch effizient sein und klaren Prozessen folgen. Die Zusammenarbeit ist durch eine hohe Sachlichkeit und Zuverlässigkeit geprägt. Beiträge für eine kooperative Zusammenarbeit kommen dabei (mehr oder weniger) durch Unternehmensstrategie, Geschäftsmodelle und Beschlüsse (wie z. B. zu Konzernrichtlinien, Personalentwicklung) und institutionalisierte Formen der Interaktion. Dazu gehört auch die Vermittlung von Kontakten durch das Mutterunternehmen, z. B. zu Finanzierungspartnern, zu anderen Mutterunternehmen, zu Beratern und Vermittlern, zu wissenschaftlichen Institutionen und zu weiteren Partnern. Die transaktionale Führung führt im positiven Fall zu einem Gefühl der Sicherheit, im negativen Fall zu Distanziertheit.
- Hingegen liegt bei der **transformativen Führung** der Fokus auf der Übertragung und Teilung von Werten und Vorstellungen.[7] Durch die Begeisterung für gemeinsame Ziele soll Motivation und Sinnstiftung entstehen. Die Führungskräfte nehmen ihre Vorbildfunktion wahr, entwickeln die individuellen Stärken sowie Talente von Beschäftigten und regen zu kreativen Problemlösungen an. Die transformative Führung erfolgt meist persönlich direkt durch Kommunikation und oder indirekt über Medien. Das Verhalten der Akteure des Mutterunternehmens, ihre Art, Ziele zu verdeutlichen, Aufgaben zu koordinieren, Mitarbeiter durch Gespräche zu motivieren und Ergebnisse zu kontrollieren, sind zentrale Bestandteile. Es geht um die Effektivität des Handelns, weniger um dessen Effizienz. Mit der transformativen Führung können im positiven Fall ein Gefühl der Begeisterung, im negativen Fall Gefühle der Überforderung bzw. der Unsicherheit entstehen. Studien zeigen, dass die transformationale Führung überwiegend positive Auswirkungen auf die Motivation, den Teamgeist, die Kreativität und den Umgang mit Stress haben.[8]
- Die **Prinzipien der transformativen Führung** haben Bass und Avolio (1994) wie folgt definiert.[9]
  - **Idealized Influence (Identification)**. Führungskräfte verhalten sich respektvoll und integer, sind verlässlich und loyal. Auf dieser Basis wird ihnen vertraut und sie genießen Anerkennung.
  - **Inspirational Motivation**. Die transformationale Führungskraft fördert den Teamgeist und vermitteln gemeinsame, anspruchsvolle und inspirierende Ziele. Sie versuchen, den Sinn hinter den Zielen und Aufgaben zu erklären.
  - **Intellectual Stimulation**. Transformationale Führungskräfte stimulieren die Beschäftigten, sich mit Kreativität für neue Lösungen zu befassen und Gewohnheiten und Routinen zu hinterfragen.

---

[7] Vgl. Kaune und Wagner (2016), S. 29 ff.

[8] Vgl. Barbuto (2005); Cleavenger und Munyon (2012); Braun et al. (2013); Kissi et al. (2013).

[9] Vgl. Avolio und Bass (2004).

- **Individualized Consideration.** Die Führung erfolgt individuell und nicht einheitlich. Im Verständnis einer coachingorientierten Führung werden die Belange des jeweiligen Beschäftigten berücksichtigt, um ein hohes Maß an Motivation und Wirksamkeit zu erzielen.

Mit der Kombination von transformativer und transaktionaler Führung lassen sich auch kognitiv beide Gehirnhälften einsetzen, und zwar der Akteure des Mutterunternehmens und der Akteure der Beteiligung. Die linke Gehirnhälfte konzentriert sich auf das konvergente Denken und auf routinierte sequenzielle Problemlösungen. Die rechte Gehirnhälfte konzentriert sich auf das divergente Denken, auf abstrakte Gedanken und Vergleiche, auf Bilder und auf die Synthese von verschiedenen Ideen. In der Kombination fließen logisches und intuitives Denken, strukturierte und spontane Handlungsgrundlagen zusammen. Während die linke Gehirnhälfte durch Faktenwissen und Heuristiken „geschult" werden kann, bleibt die rechte Gehirnhälfte stark von individuellen Prägungen abhängig.[10]

Eine solche kombinierte Führung ist indes nicht leicht zu realisieren. Häufig konzentrieren sich Führungskräfte auf einen der beiden Führungsstile. Dies liegt an einer über Jahre entwickelten Prägung, einer fehlenden Selbstreflexion und damit einer geringen persönlichen Flexibilität. Es lohnt sich, z. B. im Rahmen von Coaching-Gesprächen, die Fähigkeit (zurück) zu erlangen, mit dem eigenen Führungsstil flexibel umgehen zu können. Eine Alternative kann in der Besetzung einer Doppelspitze liegen, die aus einer eher transformativ führenden Persönlichkeit und einer eher transaktional führenden Persönlichkeit besteht.

In der maximalen Ausprägung reift aus einer kooperativen Zusammenarbeit der Akteure miteinander ein geteiltes Verständnis über Werte, Verhaltensweisen und den Umgebungskontext. Damit nähern sich die Unternehmenskulturen einander an oder es bildet sich eine gemeinsame übergreifende Unternehmenskultur. Wichtige Elemente sind neben der Stiftung von Nutzen für Mutterunternehmen und Beteiligung zusätzliche Werte wie Solidarität, Gegenseitigkeit, Fairness und Gemeinschaft. Es lassen sich eine Reihe von Werten für ein kooperatives Beteiligungsmanagement zusammenfassen. Abb. 6.1 gibt einen Überblick.

Diesem Zielbild nahe kommen die japanischen Keiretsu oder die südkoreanischen Jaebeol. Wichtige Elemente dieser Netzwerke oder Unternehmensverbünde sind die Schaffung gegenseitiger Vorteile für die Unternehmen als Element einer starken Bindung (z. B. Überkreuzbeteiligungen, Austausch von Führungskräften, Bevorzugung der Beauftragung innerhalb der Gruppe, Mitarbeiteraktien), eine intensive Kommunikation und Abstimmung auf Führungsebene und die Nutzung gemeinsamer Ressourcen (z. B. einer gemeinsamen Hausbank oder eines gemeinsamen Handelshauses).[11] Dadurch entsteht bei den Mitgliedern dieser Unternehmensnetzwerke ein starkes Gemeinschaftsgefühl. Die

---

[10] Vgl. Den Ouden (2012).

[11] Vgl. Grabowiecki (2006).

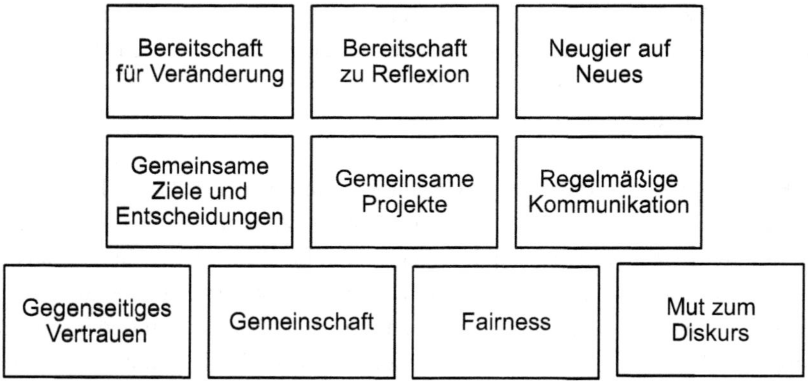

Abb. 6.1 Ausgewählte Werte des kooperativen Beteiligungsmanagements

Mitgliedschaft in dem Netzwerk und die Beziehung zu anderen Akteuren der Unternehmensgruppe haben eine hohe Relevanz für das ökonomische Handeln.

Menschen suchen Verbindungen, bei denen sie sich einerseits verbunden und andererseits auch als frei fühlen können. Dieses Grundbedürfnis sollte auch die Verbindung zwischen den Akteuren des Mutterunternehmens und den Akteuren der Beteiligungen prägen. Fehlt die Verbundenheit oder die Freiheit führt dies zu ausweichendem Verhalten. Neben Anstellungsvertrag und Zielvereinbarung gilt es, einen psychologischen Vertrag zu vereinbaren. Dieser enthält gegenseitige Versprechungen, im Sinne von „an individual's beliefs regarding terms and conditions of a reciprocal exchange agreement between that person and another party".[12] Diese informelle, ungeschriebene Vereinbarung besteht aus beabsichtigtem Verhalten und wahrgenommenem Verhalten. Wird das Erklärte nicht eingehalten, kommt das einer Änderung oder Kündigung der Vereinbarung gleich.

Eine der Aufgaben des Beteiligungsmanagements liegt darin, die kooperative Zusammenarbeit mit den Akteuren der Beteiligungen zu stärken. Die Unternehmensgruppe profitiert davon in vielfältiger Weise (vgl. Abb. 6.2):

- Menschen sind soziale Wesen. Entsprechend trägt ein positiv empfundener Austausch mit anderen Menschen zu einem gemeinsamen Selbstverständnis, zu einem Gemeinschaftsgefühl bei.
- Menschen wollen in der Regel etwas beitragen, eine positive Wirkung erzielen. Die kooperative Zusammenarbeit führt zu einer höher empfundenen Eigenverantwortung und zu mehr Kreativität. Das trägt zum Empfinden der Akteure nach Sinn bei.
- Menschen wollen erfolgreich sein. Werden Ziele gemeinsam gesetzt und werden diese umgesetzt, entsteht das Gefühl, etwas geschafft zu haben. So lassen sich leichter Sy-

[12] Rousseau (1989), S. 123; Rousseau (1995).

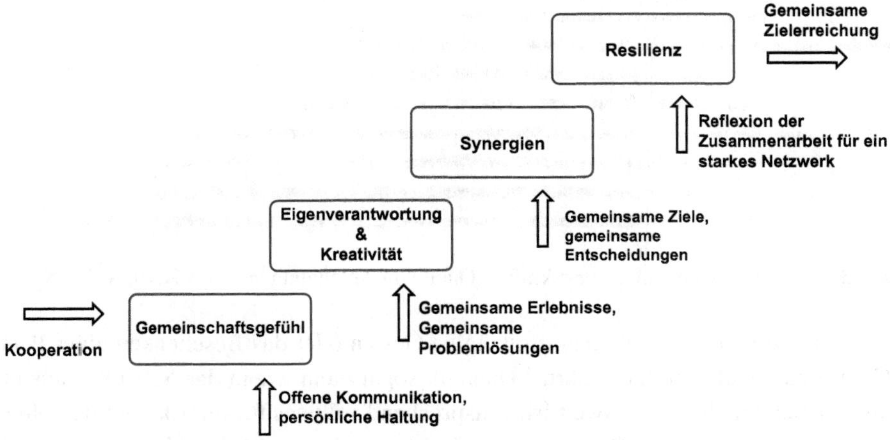

Abb. 6.2 Nutzen der kooperativen Zusammenarbeit

nergien in der Unternehmensgruppe realisieren, als im Fall einer distanzierten, jeder für sich optimierenden Zusammenarbeit.
- Menschen (und Organisationen) stärken ihre Resilienz, ihre Fähigkeit im Umgang mit Veränderungen, durch ein starkes Netzwerk und die Reflexion der Zusammenarbeit.

6.1.1 Beteiligungsmanagement ist Wertschätzung

Motivation entsteht durch Anerkennung der Leistungen und durch Lob. Die Motivation eines Menschen wird durch nichts mehr angeregt, wie durch den Wunsch und dessen Erfüllung nach persönlicher und sozialer Anerkennung. Insofern ist ein zentrales Element für die Zusammenarbeit mit den Akteuren der Beteiligungen und für die Personalentwicklung der Ausdruck von persönlicher Anerkennung, Wertschätzung und Zuwendung durch die Akteure des Mutterunternehmens.[13] Eine positive Fremdeinschätzung durch Danken und Loben führt zu einer Stärkung des Selbstwertgefühls der Akteure der Beteiligung und zu mehr Motivation für künftige Aufgaben.

Ein Zeichen für diese Wertschätzung ist ein Selbstverständnis des Beteiligungsmanagers bzw. der Akteure des Mutterunternehmens als Coach bzw. als Coaches für die Akteure der Beteiligungen. Im Sinne der transformativen Führung werden die Belange der Akteure der Beteiligungen ernst genommen, um ein hohes Maß an Motivation und Wirksamkeit zu erzielen. Diese Zielsetzung entspricht auch der Erwartung an eine zeitgemäße Personalführung, wie eine Studie von Hays belegt. Gefragt nach den Anforderungen an Führungskräfte antworteten rd. 49 % der Befragten, dass diese in der Rolle als Coaches gesehen werden, gefolgt von der Rolle als Personalentwickler mit 44 % (vgl. Abb. 6.3).

[13] Vgl. Bauer (2008), S. 38–39.

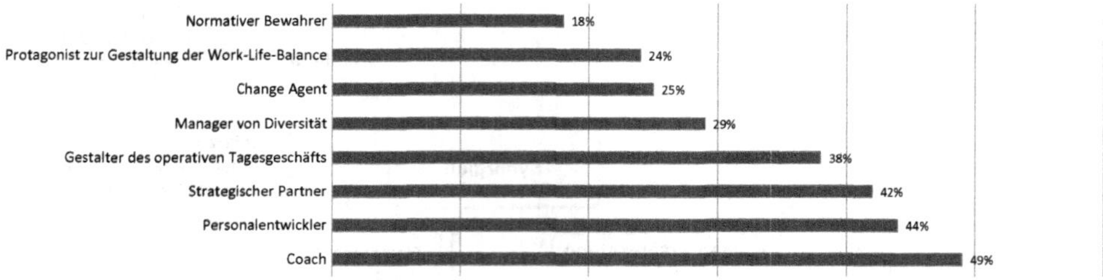

Abb. 6.3 Anforderungen an Führungskräfte. (Quelle: in Anlehnung an Hays 2019, S. 20. N = 868)

Eine andere Studie belegt, dass großzügige Gesten oder das Beschenken einer Person im Gehirn zu Glücksgefühlen führt.[14] Dies gilt sogar dann, wenn das Schenken aus ökonomischer Sicht nicht lohnenswert ist. Entsprechend sollte es für die Akteure des Mutterunternehmens selbstverständlich sein, den Leistungsträgern der Beteiligungen zum Geburtstag und zu besonderen Anlässen zu gratulieren und ihnen immer wieder mal eine kleine Aufmerksamkeit zukommen zu lassen. Dies gilt genauso für die Leistungsträger des Mutterunternehmens.

6.1.2 Beteiligungsmanagement ist Interaktion

Es wurde deutlich, dass das auch die Entwicklung der interorganisationalen Beziehungen zwischen den Akteuren des Mutterunternehmens und den Akteuren der Beteiligungen umfasst. Die Akteure sollten sich ihrer sozialen Interdependenz bewusst sein und agieren in einer Interaktionsgemeinschaft. Im einfachen Fall sind die Ziele und Nutzenkalküle der beiden Akteursgruppen identisch. Anders verhält es sich bei unterschiedlichen Zielen und Nutzenkalkülen. Die Akteure haben häufig unterschiedliche inhaltliche und soziale Interessen. Für den Ausgleich der Interessendisparität bedarf es statt einer autokratischen einer gemeinsamen Lösungsgestaltung. Das Beteiligungsmanagement muss Handlungskonfigurationen oder Maßnahmen suchen, wie die unterschiedlichen Perspektiven in ein produktives Ergebnis überführt werden können.

Wie ausgeführt, wird das Beteiligungsmanagement zunehmend partizipativ, d. h. es gilt die Wünsche, Interessen und Perspektiven der zu steuernden Akteure einzubeziehen.[15] Mit einer interaktiven Steuerung wird angestrebt, die bestehenden oder möglichen zukünftige Differenzen zwischen steuernder Einheit und gesteuerter Einheit zu minimieren.[16] Als angestrebte Wirkung lässt sich aus dem Relationship Marketing im Business-to-Business-Bereich

[14] Vgl. Park et al. (2017).

[15] Vgl. Göbel (2009), S. 135–140.

[16] Vgl. Kirsch und Seidl (2004), S. 1366.

ableiten, dass „Verlässlichkeit, loyales Verhalten, aber eben auch ein gewisses Wohlwollen haben einen empirisch nachgewiesenen hohen Einfluss auf das Verhalten des Abnehmers“.[17]

Dies trägt zu einer verbesserten Unternehmensentwicklung bei: „the more that relationships or exchanges between supervisor and subordinates are based on mutual trust and loyalty, interpersonal affect, and respect for each other, the better the subordinate's performance [...]“.[18] Die Erwartung vieler Beschäftigen zielt auf die eigene Selbstverwirklichung. Das Gefühl der Selbstverwirklichung ist nicht nur wichtig für die Motivation, sondern auch für die Gesundheit. Für ein Gefühl der Wertschätzung des eigenen Lebens und damit der Selbstverwirklichung sind regelmäßig folgende Fragen zu klären.[19]

- **Persönliche Bedeutung**. Für wen ist eine Person wichtig?
- **Zugehörigkeit**. Zu welcher Gruppe gehört eine Person?
- **Eigene Werte**. Was ist für die Person wichtig?
- **Konsistenz**. Passen die Elemente zusammen?

Diese vier Fragen sind nicht nur im privaten Umfeld, sondern auch im beruflichen Alltag von Bedeutung. Wer keine Wertschätzung im Team genießt, keine emotionale Bindung zu seiner Abteilung oder zum Unternehmen aufbaut oder keine klaren Vorstellungen für die persönliche Entwicklung im Unternehmen hat, der wird das eigene Berufsleben nicht als befriedigend oder sinnstiftend ansehen. Entsprechend muss auch das Beteiligungsmanagement diese Aspekte berücksichtigen:

- Wie kann eine wertschätzende Zusammenarbeit mit den Akteuren der Beteiligung aufgebaut werden? Wer signalisiert die Wertschätzung?
- Wie kann die emotionale Bindung der Beschäftigten zur Unternehmensgruppe gestärkt werden? Ist jede Person Mitglied von mindestens einem Team?
- Wie können persönliche Ziele jedes Beschäftigten einbezogen werden?
- Wie lassen sich die Führung des Mutterunternehmens und die Führung der Beteiligung konsistent umsetzen und weiterentwickeln?

Modernes Beteiligungsmanagement versteht die Entwicklung von Mutter und Tochter als symbiotisch oder koevolutionär (vgl. Abschn. 2.6). Ohne den Erfolg der Beteiligung wird sich auch kein Erfolg des Mutterunternehmens einstellen. Ohne eine steuernde und unterstützende Mutter wird sich auch die Beteiligung nicht gut entwickeln. Dazu kommt, dass die Funktionsfähigkeit der Führung mit klassischen Hierarchien im Beteiligungsmanagement häufig nur gering ausgeprägt ist. Dies liegt einerseits daran, dass die Akteure

[17] Backhaus (2003), S. 759.

[18] Settoon et al. (1996), S. 224.

[19] Vgl. Schnell (2016), S. 16 ff.

wissen, dass die Aufdeckung einer absichtlichen den Erwartungen des Mutterunternehmens zuwiderlaufenden Handlung der Beteiligung schwierig ist. Auch liegt es daran, dass die Bereitschaft für die Nutzung von Sanktionsmöglichkeiten (wie z. B. einer Abberufung eines Geschäftsführers) relativ selten gegeben ist.

Die kooperative Zusammenarbeit bedarf einer regelmäßigen und intensiven bilateralen Kommunikation (vgl. Abschn. 6.2). Das umfasst den Austausch der Akteure des Mutterunternehmens, einer Beteiligung, anderen Beteiligungen der Gruppe und externen Partnern. Zudem erfordert eine gute Zusammenarbeit ein hohes Maß an gegenseitigem Vertrauen (vgl. Abschn. 6.1.3). Dabei sind hierarchische Macht und Vertrauen durchaus eng beeinander. Sie folgen dem gleichen Prinzip, in dem „they influence the selection of actions in the face of other possibilities".[20]

Die kooperative Zusammenarbeit hilft auch dabei, die Ultima Ratio, nämlich den Verkauf der Beteiligung möglichst zu vermeiden. Ein weiterer Vorteil liegt in der Wirkung auf Unternehmenskultur und Arbeitgebermarke. Junge Führungskräfte und Beschäftigte erwarten eine kooperative Führung und damit auch ein kooperatives Beteiligungsmanagement.

In der Unternehmenspraxis wird die Zusammenarbeit immer aus einer Mischung von Vertrauen und hierarchischer Macht, kooperativer Interaktion und Weisung, also Fördern und Fordern, geprägt sein.

6.1.3 Gegenseitiges Vertrauen

Vertrauen ist wie die Luft zum Atmen. So lange sie da ist, merkt man es nicht bewusst, gleichwohl ist sie unabdingbar für das Leben. Mit dem Vertrauen verhält es sich ähnlich. Fehlt Vertrauen, kann Unternehmen die Luft ausgehen. Unternehmensskandale verursachen eine Vertrauensverknappung bei den Geldgebern und den Kunden. Fehlendes Vertrauen erhöht die Transaktionskosten. Entsprechend lässt sich das Vertrauen auch rational erklären. Vertrauen oder ein soziales Verhalten ist der Austausch von fassbaren oder nicht fassbaren Aktivitäten zwischen mindestens zwei Personen, die sich als mehr oder weniger ergiebig oder kostenintensiv herausstellen können.[21] Das Nutzenkalkül ist dabei beidseitig und führt zu reziproken Austauschbeziehungen mit Leistung und Gegenleistung. Vertrauen spart damit Transaktionskosten, also Kosten für die Einrichtung offizieller Information und Kommunikation. Es wird deutlich: Vertrauen kann emotional, durch Gewohnheit oder rational entstehen.

Vertrauen ist im Unternehmen wie auch in der Gesellschaft der soziale Klebstoff, der eine Gemeinschaft stark macht. Vertrauen schafft Freiräume, es motiviert und ermutigt zu eigenverantwortlichem Handeln sowie zu Kreativität. Vertrauen ermöglicht eine bessere

[20] Luhmann (1979), S. 112.

[21] Vgl. Homans (1961), S. 13.

Zusammenarbeit, das gemeinsame offene Diskutieren und das gemeinsame Treffen von Entscheidungen. Durch das Gemeinschaftsgefühl wiederum wird die Widerstandsfähigkeit, die Resilienz des Unternehmens gesteigert.

Dabei bedeutet Vertrauen auch, sich verletzlich zu zeigen.[22] Vertrauen ist eine Vorleistung, die erbracht wird, mit der Erwartung oder der Hoffnung, dass das Vertrauen erwidert und in der Folge die Vorteile einer vertrauensvollen Kommunikation und Zusammenarbeit entstehen. Es handelt sich nicht nur um eine einmalige Vorleistung, sondern um eine immer wieder zu erbringende Handlung und damit um eine persönliche Haltung. Entscheidend ist, dass diese Vorleistung bewusst erbracht wird und auch bewusst durch die das Vertrauen empfangende Personen auch wahrgenommen wird. Dafür bietet sich an, die Delegation von Aufgaben mit einer weitgehenden Handlungsautonomie zu verbinden. Bei dem Teilen von vertraulichen Informationen sollte auf die Vertraulichkeit hingewiesen werden und an die Kreativität der das Vertrauen empfangenden Personen appelliert werden, daraus Ansatzpunkte für neue Geschäftsmodelle abzuleiten. Letztlich entsteht Vertrauen aus gemeinsamen Werten, aus offener Kommunikation und aus einer persönlichen emotionalen Haltung. Tab. 6.3 fasst eine Reihe von Vertrauensprinzipien zusammen.

Ob gegenseitiges Vertrauen entstehen kann, hängt dabei von beiden Personen ab. Personen, die sich die Verletzlichkeit zunutze machen, und zum Beispiel vertrauliche Informationen weitergeben oder die Ideen eines anderen als ihre eigenen Ideen ausgeben, werden nach und nach isoliert und genießen weniger Vertrauen als andere. Wer Vertrauen schenkt, und häufig davon enttäuscht wurde, wird seine Haltung überdenken. Bei der Suche nach neuen Mitarbeitern, bei Zielvereinbarungs- und Zielerreichungsgesprächen und besonders bei der Entscheidung über Beförderungen bietet es sich an, an eine vertrauensvolle Kommunikation und Zusammenarbeit zu appellieren.

Für das Beteiligungsmanagement liegt ein guter Anfang in der Erkenntnis, dass sich die Akteure beider Einheiten vergewissern, dass sie wissen, dass sie einander brauchen. Auf dieser Basis werden unterschiedliche Lösungen für den Ausgleich der Interessen entwickelt, immer wieder aufs Neue. Ergibt sich dabei für die Akteure eine für beide Seiten akzeptable Balance wächst ein Gefühl der Solidarität. Gerät die Zu-

Tab. 6.3 Vertrauensprinzipien

– Vertraue anderen Menschen, es lohnt sich – Vertrauen zu schenken, stärkt eine offene Unternehmenskultur – Teile neue Ideen, auch wenn sie noch nicht ausgereift sind – Hoffe auf die Weiterentwicklung der Ideen	– Belohne das geschenkte Vertrauen durch Vertrauen – Wahre vertrauliche Informationen – Gebe keine Ideen oder Vorschläge eines Anderen als eigene aus

[22] Vgl. Weibel et al. (2018), S. 37.

sammenarbeit immer wieder oder dauerhaft in ein Ungleichgewicht, muss das Geben und Nehmen, die Gegenseitigkeit wieder hergestellt werden. Mit dem Aufbau von Vertrauen investieren die Akteure in die positiven Effekte einer langfristigen Kooperation. Hingegen geben sie die Chancen einer kurzfristigen Nutzenmaximierung zulasten der anderen Akteure auf. Sie investieren in die Bindungskraft der Beziehung. Das gegenseitige Vertrauen ist also eine wichtige Erfolgsvoraussetzung für das Beteiligungsmanagement. Auch die Studie von Bain unterstreicht, welche Bedeutung Vertrauen bei der Unternehmensführung hat (Tab. 6.4).[23]

Im Gegensatz zu Unternehmenskulturen, bei denen jede Einheit und jeder Akteur ausschließlich auf das eigene Wohlbefinden konzentriert ist, führt eine vertrauensorientierte Unternehmenskultur zu der Übernahme von Verantwortung füreinander.

Der Anstand und die Moral gebieten es, das entgegengebrachte Vertrauen wiederum mit Vertrauen als Gegengabe zu erwidern. Nur mit Geben, Nehmen und Erwidern entsteht dauerhaft eine vertrauensvolle Zusammenarbeit und damit eine gegenseitige Loyalität der Akteure. Von besonderer Bedeutung ist dabei die Haltung der für eine Beteiligung primär verantwortlichen Person des Mutterunternehmens. Diese Person lebt die Beziehung zu der Beteiligung maßgeblich vor und beeinflusst durch ihr Handeln und die Interaktion mit den anderen Akteuren das Verhalten der weiteren Akteure des Mutterunternehmens und mittelbar auch der Akteure der Beteiligung. Es gilt, Werte wie Offenheit, Akzeptanz und Toleranz vorzuleben. Dies ist besonders dann herausfordernd, wenn sich die Unternehmenskulturen von Mutterunternehmen und Beteiligung deutlich unterscheiden oder die Akteure

Tab. 6.4 Wesentliche Managementtrends. (Quelle: in Anlehnung an Bain 2018, S. 1)

Trend	Agree	Disagree
Today's business leaders must trust and empower people, not command and control them	79 %	5 %
Culture is at least as important as strategy for business success	75 %	8 %
Supply chain capabilities are increasingly vital to success in our industry	67 %	9 %
Digital disruptions and software solutions are rapidly changing the rules of competition	66 %	9 %
We are disciplined cost managers who focus our spending on strategic priorities	63 %	13 %
Customers are less loyal to brands than they used to be	61 %	15 %
We could dramatically boost innovation by collaborating with outsiders, even competitors	59 %	15 %
Excessive complexity is raising our costs and hindering our growth	58 %	16 %
Bureaucracy and excessive levels of hierarchy are putting us at a competitive disadvantage	56 %	20 %
Effective mergers and acquisitions will be critical to success in our industry	56 %	19 %

[23] Vgl. Bain (2018).

der Beteiligung den Akteuren des (neuen) Mutterunternehmens eher ablehnend gegenüberstehen.

Beispiele für die Gestaltung von Vertrauenskontexten in Unternehmen sind:

- Regelmäßiger persönlicher Kontakt
- Regelmäßige persönliche Interaktion
- Diskussion und setzen gemeinsamer Ziele
- Zukunftsorientierte persönliche Sicherheit
- Controlling statt Kontrolle
- Vorhersagbarkeit, Verlässlichkeit und Transparenz durch Kommunikation
- Zugehörigkeit: Teammitglieder statt Mitarbeiter
- Lessons learned statt Sanktionen

6.1.4 Gemeinsame Identität

Die gemeinsame Identität von Mutterunternehmen und Beteiligung entsteht in einem gemeinsamen Lernprozess. Dieser umfasst neben Wissen und Know-how auch die Art und Weise, nach welchen Spielregeln die Zusammenarbeit und Kommunikation verläuft. Die Übernahme von Verantwortung füreinander führt zu der Entwicklung eines Gemeinschaftsgefühls, eines Wir-Gefühls der Akteure.

- Dies zeigt sich auf ***sachlicher*** Ebene in Vorgehens- und Verhaltensweisen, die die Zusammenarbeit fördern. Beispiele sind gemeinsame Erlebnisse, z. B. durch gemeinsame Projekte oder geteilte regelmäßig wahrgenommene Aufgaben, gemeinsam errungene Problemlösungen, gemeinsam formulierte Ziele, Strategien und Geschäftsmodelle sowie gemeinsame Entscheidungen. Auch gehört dazu eine regelmäßige Reflexion über die Qualität der Zusammenarbeit. Mit wiederholter Anwendung und gemeinsamer Akzeptanz werden diese Methoden Teil der gemeinsamen Identität.
- Auf der ***emotionalen oder persönlichen*** Ebene gehören dazu der gelebte Stil der Kommunikation (vertrauensvoll und „auf Augenhöhe") in der täglichen Zusammenarbeit, der Umgang mit unterschiedlichen Meinungen, der Umgang mit Konflikten, die wahrgenommene Führungsrolle der Akteure des Mutterunternehmens sowie gemeinsame Werte im Sinne einer gemeinsamen Unternehmenskultur. Kommunikation ist eine der zentralen Aufgaben im Beteiligungsmanagement. Wird sie wirksam eingesetzt, können Kooperation gefördert, Probleme gelöst und Entscheidungen gemeinsam getroffen werden. Jedenfalls erfordert eine offene Kommunikation Mut, Selbstbewusstsein und Durchhaltevermögen. Mit der Entwicklung einer für beide Seiten tragfähigen Position wird die gemeinsame Identität gestärkt. Gemeinsame Werte werden durch die sie prä-

gende und lebende Gruppe als nützlich, sinnvoll und teils auch als sinngebend empfunden. Wichtige Werte für die Akteure von Mutterunternehmen und Beteiligung sind ein respektvoller Umgang miteinander, eine auf Vertrauen basierte offene Kommunikation, die Bereitschaft, füreinander da zu sein, sich gegenseitig zu stärken und das gegenseitige externe Vorkommen lassen. Die gemeinsamen Werte können in Vereinbarungen einbezogen werden. Noch wichtiger ist es aber, die Werte durch regelmäßige entsprechende Handlungen zu untermauern. Daraus entsteht Glaubwürdigkeit.

6.1.5 Gemeinsame Erlebnisse und errungene Problemlösungen

Die Stärke der kooperativen Zusammenarbeit wird einerseits über die Zeit und andererseits durch gemeinsame Projekte, kritische Phasen oder gemeinsame Problemlösungen geprägt. Gerade das gemeinsame Durchstehen von Krisen und Konflikten mit Kunden oder anderen Stakeholdern führt zu gemeinsamen Routinen. Letztlich wächst daraus der gemeinsame Zusammenhalt zwischen Mutterunternehmen und Beteiligung. Dies gilt auch für das erfolgreiche Durchstehen von Konflikten zwischen Führungseinheit und Beteiligung. Statt solche Konflikte durch das Durchsetzen der „stärkeren" Partei zu lösen, bietet es sich an, eine für beide Seiten akzeptable Lösung zu suchen. Dabei gilt es, das Gespür für das Mögliche zu bewahren und nach der Einigung die Vereinbarung innerlich und öffentlich zu bejahen. Bei dem gemeinsamen Problemlösen helfen eine Reihe von Regeln:

- Sich genau ausdrücken und nachfragen, wie der andere es verstanden hat.
- Begriffe auf einen Nenner bringen, Begriffsbedeutungen klären.
- Eigene Wissensgrenzen erkennen und das Wissen anderer nutzen/einbeziehen.
- Unterscheiden zwischen sicheren Wahrnehmungen/Wissen und Interpretationen/Meinungen/Annahmen.
- Urteile, Schlussfolgerungen zurückstellen – erst alle verfügbaren Informationen zusammenstellen.
- Bewusste Gesprächsordnung einhalten – persönliche Standpunkte mitteilen, zu erkennen geben.
- So arbeiten/handeln, dass Kollegen nahtlos ansetzen können.
- Überblick über die Arbeitsmengen verschaffen – daraus Arbeitsteilung festlegen.

6.1.6 Gemeinsame Ziele und Entscheidungen

Die höchste Wirkung für die Stärkung der kooperativen Zusammenarbeit entfaltet sich durch die gemeinsame Diskussion über Ziele, Strategien, Geschäftsmodelle und das Personal der Beteiligungen. Das Belohnungszentrum im Gehirn, das sogenannte Nucleus accumbens im Stratum wird immer dann aktiviert, wenn ein Mensch eine Entscheidung treffen darf.[24] Das bedeutet, dass mit einer Entscheidung (gleich welcher Art und unabhängig von ihrer Wirkung) ein positives Gefühl assoziiert wird. Entscheidungen führen zu einer positiven Selbstwahrnehmung und tragen damit direkt zur Zufriedenheit des Entscheiders bei. Also ist es von hoher Bedeutung, möglichst viele Akteure der Beteiligungen in die Entscheidungen des Mutterunternehmens einzubeziehen.

Durch die damit gelebte Offenheit zu vertraulichen Themen wird neben der Kooperation auch die Sinnstiftung des Handelns der Beteiligung (und der Beteiligten) geschärft. Was ist der Sinn hinter den Zielen? Der gemeinsam verstandene Sinn ist naturgemäß ausgeprägter, wenn die Leistungsangebote neben ihrem Kundennutzen auch einen positiven Beitrag für die Gesellschaft und die Umwelt haben (im Sinne von nachhaltigen Geschäftsmodellen).[25] Wichtig ist zudem die Erkenntnis, dass Geschäftsmodelle nicht unverrückbar bleiben, nur weil sie einmal formuliert wurden. Die gemeinsamen Entscheidungen umfassen auch den Grad der Einbindung einer Beteiligung in die Zusammenarbeit mit anderen Beteiligungen und in die Nutzung von gemeinsamen Querschnittsfunktionen. Bei gemeinsamen Entscheidungen helfen eine Reihe von Regeln:

- Sachverhalt klären – nicht gleich Stellung beziehen.
- Jeder soll mit der Entscheidung leben können. Jeder muss beteiligt werden. Jeder sollte die Entscheidung mittragen können.
- Der „Erfahrenere“ hilft dem „Unerfahreneren“ insbesondere auch bei der Formulierung der Interessen und dem Mut, diese auszusprechen.
- Erst mehrere mögliche Lösungen zusammenstellen – dann bewerten.
- Mehrheitsentscheidungen vermeiden – es soll möglichst Konsens erreicht werden.
- Lösungen auf Zeit (ausprobieren).
- Am Ende: Zusammenfassung – kann jeder die Entscheidung mittragen?
- Durchführung festlegen.

Möglicherweise ergänzen sich dabei die Haltungen der Akteure zwischen der Freude an neuen Ansätzen im Sinne eines Innovationslabors einerseits und dem Festhalten an Traditionen andererseits. Gerade diese Diversität[26] verstärkt das gegenseitige Verständnis und damit die gemeinsame Bindung.

6.1.7 Taktisches Verhalten als Kontrapunkt

Eine vertrauensvolle Zusammenarbeit ist aber keine Selbstverständlichkeit. Neben Missverständnissen zwischen den handelnden Akteuren besteht die große Gefahr von

[24] Vgl. Münte (2017), S. 6.

[25] Vgl. Ahrend (2016).

[26] Vgl. Ahrend und Hölle (2018).

strategischen Kommunikationslücken zwischen Mutterunternehmen und einer Beteiligung. Darüber hinaus versuchen die Akteure der Beteiligungen, aber auch die des Mutterunternehmens, durch politisches, taktisches oder beeinflussendes Verhalten ihre Autorität auszuweiten oder ihre Positionen durchzusetzen.[27] Taktisches Verhalten kann sich für die Realisierung von Vorteilen eines Akteurs der Beteiligungen zum Nachteil des Mutterunternehmens, zum Nachteil anderer Beteiligungen oder zum Nachteil anderer Akteure zeigen. Dies führt einerseits zu Kosten für die Durchführung des taktischen Verhaltens und ggf. zusätzlich zu Kosten für die Kontrolle zur Aufdeckung des taktischen Verhaltens.[28]

Werden Informationen aktiv zurückgehalten oder wichtige Themen nicht diskutiert, können daraus Risiken für das Mutterunternehmen und die Beteiligung resultieren.

- Vernachlässigung von Marktpotenzialen
- Übersehen von Potenzialen für neue kundenorientierte Angebote
- Negation von Risiken in der Wertschöpfung
- Disjunkte Ziele zwischen Mutterunternehmen und Beteiligung
- Unterschiedliche Bereitschaft für das Eingehen unternehmerischer Risiken
- Vernachlässigung wichtiger Stakeholder

Die Gründe für taktisches Verhalten sind vielfältig. Abb. 6.4 gibt einen Überblick über die Auslöser und typische Formen von taktischem Verhalten.

Es können eine Reihe von Ansätzen für taktisches Verhalten unterschieden werden. Nachfolgend findet sich eine kurze Erläuterung.

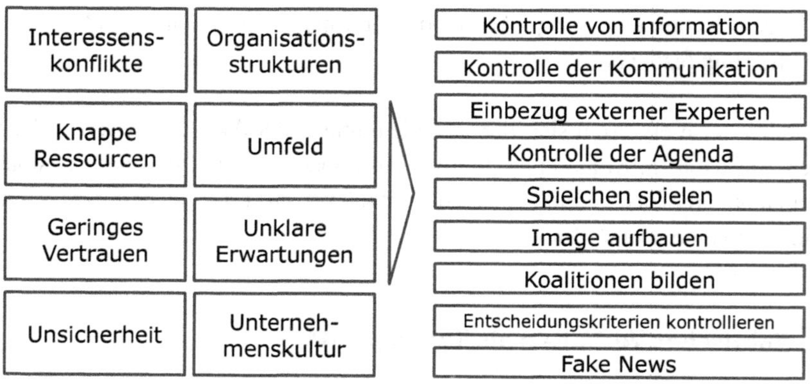

Abb. 6.4 Auslöser und typische Formen von taktischem Verhalten. (Quelle: in Anlehnung an Baddeley und James 1987, S. 3–14)

[27] Vgl. Ferris und Kacmar (1992), S. 93–98.

[28] Vgl. Meyer et al. (1992), S. 9–20; Milgrom und Roberts (1999), S. 5 ff.

- **Kontrolle von Informationen**. Je kritischer die Informationen sind und je weniger Personen darauf Zugriff haben, desto stärker ist der Einfluss der Person, die mit dem Gesamtbild vertraut ist.
- **Kontrolle der Kommunikation**. Durch die Kontrolle der Kommunikationswege und der Kommunikationsinhalte lassen sich Personen von Informationen abschneiden. Referenten üben beispielsweise diesen taktischen Einfluss aus, wenn sie den Zugang zu ihrem Vorgesetzten regulieren.
- **Einbezug externer Experten**. Wenn Manager ein bestimmtes Ziel erreichen möchten, können sie einen externen Berater einbeziehen, der ihre Meinung teilt. Da ein externer Berater meist als neutrale Partei wahrgenommen wird, werden die Empfehlungen eher akzeptiert.
- **Kontrolle der Agenda bzw. Tagesordnung**. Wenn ein Manager einen bestimmten Sachverhalt nicht besprechen möchte, kann er ihn als letzten Tagesordnungspunkt festlegen oder ganz ausschließen.
- **Spielchen spielen**. Spielen heißt, politisch innerhalb der Regeln einer Organisation zu handeln. Ein Manager kann beispielsweise gute oder schlechte Nachrichten zu einem Zeitpunkt verbreiten, zu dem dies wahrscheinlich die größten Auswirkungen haben wird.
- **Image aufbauen**. Einzelpersonen können ein äußeres Erscheinungsbild oder einen Stil entwickeln, um einflussreiche Personen innerhalb der Organisation zu beeindrucken. Es besteht jedoch die potenzielle Gefahr, dass Menschen, die sich zu sehr auf Imagebildung und ihr Erscheinungsbild konzentrieren, unehrlich werden, um ihre Mittel zu erreichen. Ein Beispiel ist, wenn eine Person die Ideen oder die Arbeitsergebnisse von anderen als seine ausgibt.
- **Koalitionen bilden**. Einzelpersonen können sich mit Menschen in anderen oder höheren organisatorischen Gruppen anfreunden. Die Person, die die Koalition aufbaut, vermittelt oft den Eindruck, gemeinsame mit den Koalitionspartnern Ziele zum Wohl des ganzen Unternehmens anzustreben.
- **Entscheidungskriterien kontrollieren**. In diesem Fall versuchen Manager, die Entscheidungsregeln zu bestimmen. Ein Manager könnte beispielsweise ein Stellengesuch so anpassen, dass es zu einem Profil passt, das zufällig dem des bevorzugten Kandidaten ähnelt.

In Zeiten von Fake News gewinnt die Bedeutung von Ehrlichkeit. Statt Fake Data oder Fake Earnings zu verwenden sollte die gemeinsame Kommunikation mit den Fakten wahrheitsgemäß umgehen. Persönliche Meinungen sollten nicht mit sicheren Tatsachen verwechselt werden. Ebenso ist der Gefahr zu begegnen, dass Teilinformationen bereits für eine vollständige Kenntnis des Problems gehalten werden. Allerdings ist angesichts des zunehmenden Populismus in Politik und Medien auch ein Drang für Führungskräfte und Beschäftigte zu spüren, nur noch „gute Nachrichten" hören oder verbreiten zu wollen. Die Neigung vieler Führungskräfte zu einer verklärten Wahrnehmung der Umwelt und/oder von sich selbst ist dabei leider nachvollziehbar. Die meisten Manager stehen unter kurzfristigem Erfolgsdruck und müssen neue Investitionen eingehen, die einen hohen Wertbeitrag erwarten lassen. Zwar sollen sie langfristig Erfolge erwirtschaften, gleichwohl werden sie in der Praxis meist auf Basis von kurzfristigen Erfolgen beurteilt.

Am gefährlichsten ist es, wenn die falschen Nachrichten von demjenigen, der sie verbreitet, auch noch selbst geglaubt werden.[29] Dies erhöht nämlich die Glaubwürdigkeit der Nachrichten bei den Empfängern und wirkt selbstverstärkend, solange die Fehler nicht als solche entlarvt werden. Insofern sollte die Kommunikation zwischen Mutterunternehmen und Beteiligung faktenorientiert bleiben und für Fälle von aktiv falsch kommunizierten (und gar selbst durch den Kommunizierenden geglaubten) Nachrichten diese als falsch zurecht gerückt werden. Werden sie nicht relativiert, droht sonst eine Sozialisierung der Verbreitung von falschen Nachrichten und bezogen auf Strategien und Geschäftsmodelle ein Trend zu einer falschen Umweltwahrnehmung und damit von übertriebener Risikoneigung und Hybris.

6.1.8 Empfehlungen für die kooperative Zusammenarbeit

Für die Zusammenarbeit zwischen dem Mutterunternehmen und den Beteiligungen lassen sich aus der praktischen Arbeit eine Reihe von Empfehlungen ableiten.

1. Jedes Mutterunternehmen bietet den Beteiligungen ein hohes Maß an **Schutz und Fürsorge**. Wird der Einbezug in eine Unternehmensgruppe mit Zuwendung, Gemeinsamkeiten und einer gewissen Geborgenheit verbunden, empfinden die Akteure der Beteiligungen nicht nur Loyalität gegenüber ihrem Unternehmen, sondern auch Loyalität gegenüber dem Mutterunternehmen und der Unternehmensgruppe. Dabei wird der Umfang zwischen den Beteiligungen austariert, je nach Dringlichkeit, Erfolgswahrscheinlichkeit und der Notwendigkeit der Abwendung von Krisen bei dem Mutterunternehmen selbst.
2. Die **Förderung** der Entwicklung der Beteiligungen umfasst Ansätze für die Personalentwicklung, die Entwicklung von neuen Geschäftsfeldern und die Nutzung von Ansatzpunkten für die horizontale und die vertikale Zusammenarbeit. Jedenfalls gehört dazu auch die Unterstützung der Stärken der Beteiligungen bezüglich der bestehenden und von neuen Geschäftsmodellen.
3. Die Beteiligungen brauchen ausreichend viel **Freiraum**, um sich unternehmerisch zu entfalten. Der Grad an Freiräumen und die Möglichkeit zur Selbstbestimmung hängen dabei eng mit dem gewählten Selbstverständnis des Mutterunternehmens zusammen (vgl. Kap. 3).
4. Dazu gehört es auch, **Vorbilder** zu stellen, gerade in Sachen Unternehmertum, Neugier, Optimismus und Mut, Besonnenheit und Selbstkontrolle, Kooperation mit wichtigen Partnern sowie positive Außenwirkung. Neben dem unternehmensbezogenen Verhalten formen auch die Taten für das Gemeinwohl im Sinne des ehrbaren Kaufmanns die Vorbildfunktion. (Vgl. Abschn. 6.5). In der Wirkung ist es unerheblich, ob die Vor-

[29] Vgl. Ariely (2012), S. 5 ff.

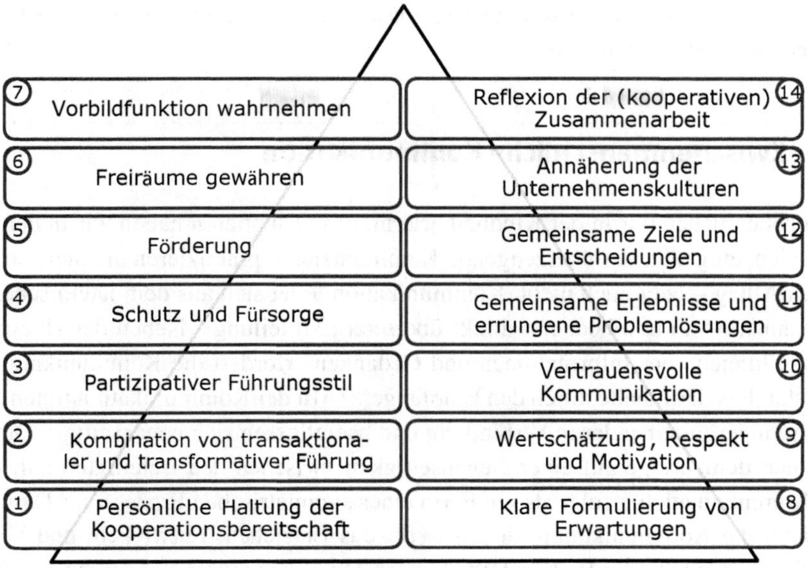

Abb. 6.5 Empfehlungen für die Entwicklung einer kooperativen Zusammenarbeit

bilder von der Geschäftsführung oder von Beschäftigten des Mutterunternehmens ausgehen.

5. Neben der unterstützenden Rolle der Akteure des Mutterunternehmens steht ihre führende Rolle. Auf Basis eines formulierten Selbstverständnisses und einer Beteiligungsstrategie sind die **Erwartungen an die Beteiligungen klar zu formulieren**.
6. Wie bei der Mitarbeiterführung sollte auch das Beteiligungsmanagement auf eine gesunde Mischung aus **extrinsischer Motivation** durch Anreize, Belohnung, Grenzen und Kritik sowie aus **intrinsischer Motivation** durch selbst entwickelte Ziele setzen.
7. Wenngleich allein die Rolle des Mutterunternehmens den führenden Akteuren eine hierarchische Vorrangstellung einräumt, sollten die Führungskräfte (und Beschäftigten) des Mutterunternehmens ihren Führungsanspruch durch **Fachkenntnisse** auf der einen Seite sowie **Sympathie** und **Empathie** auf der anderen Seite begründen. Dazu gehören auch der **Dank für gute Leistungen**, die **persönliche Wertschätzung und der Respekt** für die Akteure der Beteiligungen.

Die genannten Empfehlungen für die Entwicklung einer kooperativen Zusammenarbeit sowie die Eckpunkte der letzten Abschnitte sind in Abb. 6.5 zusammengefasst.

Die Akteure des Beteiligungsmanagements haben die Aufgabe, eine gute Balance zu finden zwischen Beruhigen, d. h. Komplexität zu reduzieren, und Beunruhigen, d. h. eingespielte Routinen wieder infrage zu stellen. Die persönliche Führung setzt eine funktionierende, vertrauensgestützte Kommunikationsbeziehung voraus und muss die Entwicklung einer solchen unterstützen.

6.2 Zwischenmenschliche Kommunikation

Das Sprechen haben wir in der Kindheit erlernt, das Diskutieren haben wir in der Schul- und Studienzeit geübt, das überzeugende Kommunizieren praktizieren die meisten im beruflichen Alltag – oder auch nicht. Kommunikation leitet sich aus dem lateinischen Wort „communicatio" ab und bedeutet direkt übersetzt „Mitteilung". Neben der Übertragung von Mitteilungen oder Informationen und Gedanken erfordert die Kommunikation auch das Verständnis der Inhalte durch den Empfänger.[30] Mit der Kommunikation treten Sender und Empfänger miteinander in Verbindung und beeinflussen sich gegenseitig.[31] Die Interaktion baut demzufolge auf einer Gegenseitigkeit zwischen den Beteiligten auf, erfolgreiche Kommunikation erfolgt also in Form eines symmetrischen Prozesses.[32] Darüber hinaus bietet die Kommunikation die Basis für das Entstehen, Entwickeln und Vertiefen menschlicher Kontakte.[33] Mit ihrer Hilfe können Menschen zusammengeführt werden.

Für eine gute Zusammenarbeit zwischen den Akteuren des Mutterunternehmens und denen der Beteiligung liegt meist kein Informationsdefizit vor, sondern ein Kommunikationsdefizit. Wenn von der einen oder von beiden Seiten der Wunsch nach mehr Informationen geäußert wird, liegt dahinter meist der Wunsch nach einem intensiveren Dialog. Durch Kommunikation lässt sich das Gefühl der Einbindung sowie eine echte Einbindung der Akteure beider Einheiten bei den Überlegungen und Entscheidungen der jeweils anderen Einheit erzielen. Inhalte der Kommunikation sollten nicht nur operative Fragen sein, sondern auch strategische wie die Erwartungen von Kunden, Trends im Markt, neue technische Entwicklungen. Darüber hinaus sollten die Akteure über die Erwartungen und Einschätzungen der Beschäftigten sprechen. Während häufig ein hohes Maß an guter gemeinsamer Kommunikation der Akteure von Mutterunternehmen und Beteiligungen vorliegt, gibt es doch häufig auch Kommunikationsprobleme. Eine Botschaft wird missverstanden, oder die Bedeutung einer Botschaft wird falsch wahrgenommen. Wie bei einer Sportart benötigt gute Kommunikation der regelmäßigen Übung. Die Akteure des Mutterunternehmens, aber auch die Akteure der Beteiligungen sollten versuchen, ihre Fähigkeiten der Kommunikation weiter zu verbessern. In dem jeweiligen Umfeld sollten sie dafür sorgen, dass sie die kommunikativen Fähigkeiten der Beschäftigten weiterentwickeln. Dabei können Kommunikationstrainings (u. a. zu den nachfolgend erläuterten Konzepten von Schulz von Thun und Watzlawick), Coaching und Mentoring helfen (siehe Kap. 7).

[30] Vgl. Robbins (2001), S. 338 ff.

[31] Vgl. Haack (2002), S. 128.

[32] Vgl. Scheufele (2007), S. 105 ff.

[33] Vgl. Thiemer (2004), S. 56.

6.2.1 Kommunikationsmodell von Schulz von Thun

Der Kommunikationsforscher Schulz von Thun beschreibt es so: „Kommunikation ist ein Sport, der auf vier Feldern mit vier Bällen gespielt wird. Man kann im selben Augenblick auf dem einen Feld (z. B. Sachfeld) ein Tor und auf dem anderen Feld (z. B. Beziehungsfeld) ein Eigentor schießen und leicht kann es passieren, dass der Ball von dem einen Feld, wo er hingehört auf ein anderes Feld fliegt, sodass plötzlich und fälschlicherweise dort mit zwei Bällen gekämpft wird.“[34] Das Kommunikationsmodell von Schulz von Thun veranschaulicht den Ablauf einer Kommunikation anhand von vier Kommunikationsebenen.[35] Es wird auch als Vier-Ohren-Modell bezeichnet. Jede Äußerung eines Menschen enthält bewusst oder unbewusst vier Botschaften:

- **Sachinformationen** (worüber ich informiere), d. h. Inhalte, Fakten, Sachverhalte und Daten mit Attributen wie klar, wahr, relevant oder hinlänglich umfassend. Eine strukturierte und verständliche Sachinformation ist die Grundlage für eine gelungene Kommunikation.
- **Selbstkundgabe** (was ich von mir zu erkennen gebe), d. h. Gefühle, Werte, Eigenarten Ansichten und Bedürfnisse mit Attributen wie explizit (deutlich) oder implizit. Für eine erfolgreiche Kommunikation bedarf es einer gemeinsamen Gesprächskultur, die auch Emotionen zulässt, und von einem gegenseitigen Respekt geprägt ist.
- **Beziehungshinweise** (was ich von dem Gegenüber halte und wie ich zu diesem stehe), d. h. Art und Weise der Kommunikation, Formulierung, Mimik, Gestik und Tonfall mit Attributen wie explizit oder implizit wertschätzend, respektvoll oder demütigend, missachtend oder ablehnend. Für eine erfolgreiche Kommunikation bedarf es einer gegenseitigen Offenheit. Nur so lassen sich frühzeitig Missverständnisse aufdecken und beheben.
- **Appell** (was ich bei dem Gegenüber erreichen möchte), d. h. Vorschläge, Wünsche, Ratschläge und Anweisungen mit Attributen wie offen oder verdeckt.

Die vier Dimensionen einer Äußerung treffen nun auf die vier Ohren des Empfängers. Dementsprechend kann der Empfänger die Botschaften auf der gleichen Dimension so verstehen, wie sie gemeint waren, oder er kann sie missverstehen, was zu Kommunikationsproblemen führt. Die Missverständnisse können in der jeweiligen Kommunikationsdimension entstehen oder durch das Verstehen einer Äußerung auf einer anderen Kommunikationsebene. Wird z. B. ein Appell geäußert, aber auf der Beziehungsebene verstanden, kann das zu einem Konflikt führen.

---

[34] Schulz von Thun, S. 19.

[35] Vgl. Schulz von Thun (1981, 2007) .

6.2.2 Gesetzmäßigkeiten der Kommunikation nach Watzlawick

Der Kommunikationsforscher Watzlawick unterscheidet fünf pragmatische Regeln, denen eine Kommunikation unterliegt.[36]

1. **Der Mensch kann nicht nicht kommunizieren.** Da Menschen auch ohne Worte, z. B. durch Gestik und Mimik kommunizieren, hat jedes Verhalten kommunikativen Charakter. Da sich ein Mensch nicht nicht verhalten kann, kann ein Mensch somit auch nicht nicht kommunizieren.
2. **Jede Kommunikation hat einen Inhalts- und einen Beziehungsaspekt, wobei der letztere den ersteren bestimmt.** Durch die Art und Emotionalität der Beziehung der Kommunikationspartner zueinander wird die inhaltliche Kommunikation geprägt. Freunde kommunizieren den gleichen Sachverhalt anders als fremde Personen. Der Beziehungsaspekt und die damit verbundene Gestik, Mimik, und der Tonfall steuern das gegenseitige Verständnis. Eine gelungene Kommunikation entsteht bei Einigkeit des Beziehungs- und des Inhaltsaspekts oder Uneinigkeit auf der Inhaltsebene nicht zu Beeinträchtigungen der Beziehungsebene führt. Entsprechend hilfreich ist eine vertrauensvolle Zusammenarbeit für die gelingende Kommunikation.
3. **Jeder Kommunikationsprozess ist von der Interpunktion der Kommunikationspartner abhängig.** Die Struktur eines Kommunikationsprozesses, auch Interpunktion genannt, prägt den Verlauf. Eine Kommunikation verläuft unterschiedlich, je nachdem, welcher der beiden Kommunikationspartner mit seiner Interpunktion prägt. Das Verhalten des Gesprächspartners ist dann eine Reaktion auf die Interpunktion. Durch die Vorgabe einer Kommunikationsstruktur kann ein Ursache-Wirkungs-Zusammenhang entstehen.
4. **Menschliche Kommunikation bedient sich digitaler und analoger Modalitäten.** Mit der digitalen Kommunikation wird meist vor allem der Inhaltsaspekt vermittelt, während analoge Kommunikation (z. B. durch eine Zeichnung, Lächeln), die meist nonverbal erfolgt, viel über Emotionen und die Kommunikationsbeziehung aussagt. Die digitale Kommunikation verfügt über eine komplexe und logische Syntax, entbehrt aber auf dem Gebiet der Beziehungen einer Semantik. Die analoge Kommunikation verfügt über ein solches semantisches Potenzial auf dem Gebiet der Beziehungen, entbehrt aber einer Syntax, die eine eindeutige Definition der Natur von Beziehungen leisten könnte. Es hilft, wenn sich die analoge und die digitale Kommunikation decken und wenn beide eindeutig sind.
5. **Kommunikationsprozesse sind entweder symmetrisch oder komplementär strukturiert.** Dies hängt davon ab, ob die Beziehung zwischen den Partnern auf Gleichgewicht oder Unterschiedlichkeit beruht. Bei einer symmetrischen Beziehung ist das Verhalten der Kommunikationspartner spiegelbildlich. Es handelt sich um ein Gespräch auf Augenhöhe. In komplementären Beziehungen ergänzen sich unterschiedliche

[36] Vgl. Watzlawick (1969).

Verhaltensweisen und bestimmen den Interaktionsprozess. Komplementäre Beziehungen basieren häufig aufgrund von gesellschaftlichen oder kulturellen Gegebenheiten, wie beispielsweise die Kommunikation zwischen Vater und Kind, Vorgesetztem und Angestellten sowie Arzt und Patient. Für eine erfolgreiche Kommunikation sollten beide Kommunikationsabläufe vorhanden sein. Symmetrische Eskalationen können durch komplementäres Verhalten, z. B. durch das Verlassen des Raumes beendet werden. Eine relativ starre Komplementarität lässt sich z. B. durch symmetrisches Kommunizieren über andere als die gewohnten Themen durchbrechen.

Für die Lösung von Kommunikationsproblemen werden folgende Phasen unterschieden: (1) Definition des Kommunikationsproblems, (2) Untersuchung der bisherigen Lösungsansätze (und warum diese nicht halfen), (3) Formulierung von Zielen, (4) Planung der Ansätze für die Umsetzung in konkreten Kommunikationssituationen.

6.2.3 Aktiv konstruktive und passive Kommunikation

Die zwischenmenschliche Kommunikation ist eine wichtige Basis für die Motivation der Akteure der Beteiligungen. Eine hilfreiche Methode für die konstruktive Kommunikation im unternehmerischen Alltag bietet das bekannte Harvard-Konzept (vgl. Abb. 6.6). Durch die Objektivierung der Diskussion, die Abwägung der Interessen beider Kommunikations- bzw. Verhandlungspartner, die Entwicklung von für beide Seiten vorstellbaren Lösungsoptionen und schließlich das Fällen einer gemeinsam tragfähigen Entscheidung können Kommunikationssituationen auch mit schwieriger Ausgangsposition gemeistert werden.

Die konstruktive Kommunikation verlangt bei der Argumentation nach konstruktiver Kritik (statt verletzender Kritik), der Kombination von negativen mit positiven Botschaften und einen überlegten Umgang mit positiven Nachrichten. Reaktionen auf positive

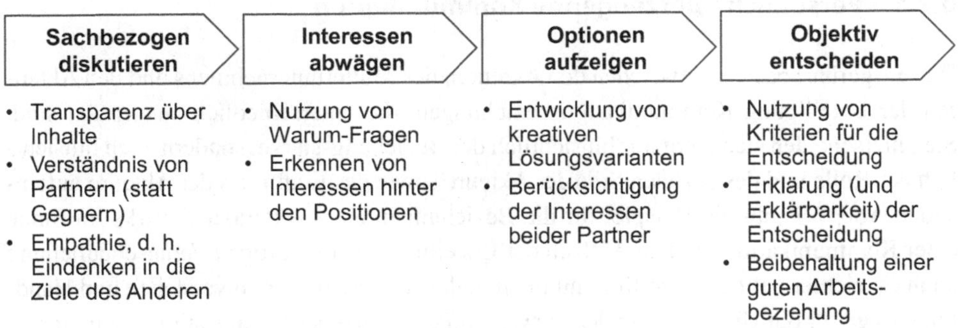

Abb. 6.6 Das Harvard-Konzept. (Quelle: In Anlehnung an Fisher et al. 2013)

Tab. 6.5 Beispiel für aktiv konstruktive Kommunikation

Kommunikations-wirkung	Aktive Reaktionsaktivität	Passive Reaktionsaktivität
Destruktiv	Die Nachricht vernichten, geringschätzen: „Das wird unser Unternehmen noch zusätzlich belasten, wer soll denn die Überstunden bezahlen?"	Die Nachricht ignorieren, als Normalität abtun: „Wann fährt der nächste Zug nach Frankfurt?"
Konstruktiv	Die Nachricht authentisch würdigen: „Ich freue mich, das sind gute Nachrichten, erzählen Sie!"	Die Nachricht eher zur Kenntnis nehmen: „Aha, das ist ja schön. Und nun weiter in der Tagesordnung."

Nachrichten sollten „aktiv konstruktiv" sein.[37] Damit wird nicht nur Interesse, sondern auch eine anerkennende Wertschätzung verbunden. Folgendes Beispiel soll verdeutlichen, wie eine aktiv konstruktive Antwort im Vergleich zu den Alternativen formuliert werden kann (Tab. 6.5). Die Antwort erfolgt auf die positive Nachricht: „Ich habe den Kunden für uns gewonnen".

Abgerundet wird die aktiv konstruktive Kommunikation mit einer persönlichen Zuwendung, die Blickkontakt, ein Applaus, ein Händeschütteln, ein High Five oder ein Schulterklopfen umfassen kann. Jedenfalls sollte die Kommunikation aufmerksam erfolgen, d. h. möglichst ohne Unterbrechungen, ohne Nebengespräche zu anderen Themen und ohne parallele Nutzung von Mobilfunkgeräten.

Eine weitere wichtige Voraussetzung für eine erfolgreiche Kommunikation ist neben der aktiv konstruktiven Kommunikation auch die passive Kommunikation: das Zuhören. Ein guter Zuhörer würdigt mit seiner persönlichen Aufmerksamkeit und der für das Zuhören investierten Zeit den Gesprächspartner als Person und die sachlichen, nonverbalen und emotionalen Inhalte der Botschaft. Zuhören ist eng mit persönlicher Kommunikation im Gegensatz zu elektronischer Kommunikation verbunden.

6.2.4 Persönlich überzeugende Kommunikation

Wie ausgeführt bestehen zwischen den Akteuren des Mutterunternehmens und den Akteuren der Beteiligung Kommunikationsbeziehungen, die unterschiedlich ausgeprägt sind. Sie unterscheiden sich nicht nur hinsichtlich der Beziehungsstärke, sondern auch hinsichtlich der Rolle und des sozialen Stils der Akteure sowie des Einflusses der Akteure aufeinander. Abb. 6.7 gibt ein Beispiel für die Beziehungen eines Akteursnetzwerks im Sinne einer Kommunikationslandkarte. Nach der Erstellung einer derartigen Veranschaulichung kann es leichter gelingen, die Kommunikation der Akteure besser zu verstehen und Handlungswege für die Überzeugung der relevanten Personen einer Organisation abzuleiten.[38]

[37] Vgl. Gable et al. (2004).

[38] Vgl. vertiefend Hill (1994).

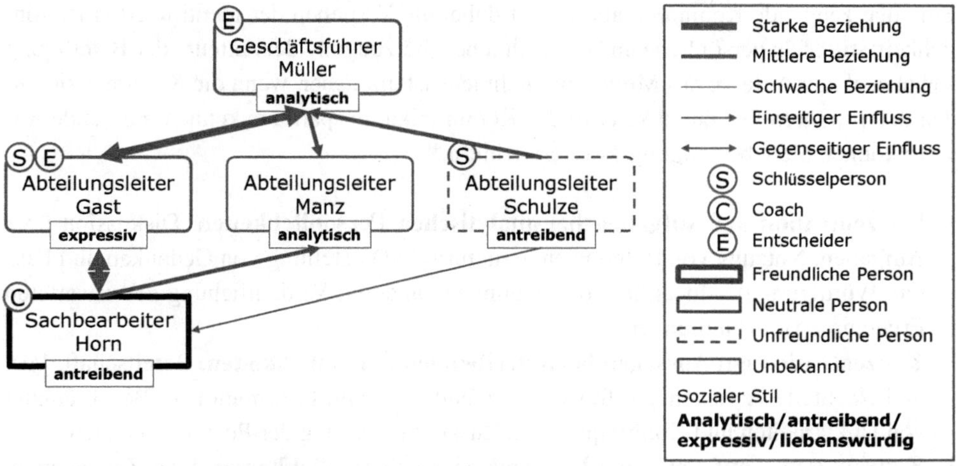

Abb. 6.7 Beispiel für eine Kommunikationslandkarte

Die Kommunikationslandkarte zeigt, dass es dabei nicht nur auf Personen ankommt, die aufgrund ihrer formalen Position zu berücksichtigen sind, sondern auch auf den Einbezug von Meinungsführern und zusätzlich auf Personen, die die Entscheidungsträger in ihrer Einschätzung des Themas vorbereiten bzw. beeinflussen. Zusätzlich zeigt die Kommunikationslandkarte, in welcher Stärke die Beziehung des Betrachters zu der betreffenden Person ist und ob diese positiv, negativ oder neutral einzuschätzen ist. Damit zeigt sie den Grad des Vertrauens zu den betreffenden Personen. Als weitere Information bietet sich die Aufnahme der individuellen Persönlichkeitsstile der betreffenden Personen an. Diese Information stellt eine wichtige Grundlage für die Vorbereitung von Informationen und für die Organisation der Kommunikation mit den betreffenden Personen dar. Ein Modell für die Unterscheidung der Persönlichkeitsstile, der sozialen Stile, ist das von Wilson. Er unterscheidet vier Typen, die analytische, die antreibende, die expressive und die liebenswürdige Persönlichkeit.[39] Wenngleich in der Realität immer Mischformen auftreten, lassen sich Menschen durchaus vereinfacht danach eingruppieren. Dabei hilft nachfolgende Charakterisierung.[40]

- **Analytische Persönlichkeit**. Interesse an Fakten und Logik, aktiv bei erwartbarem Nutzen, vorsichtig vor zu frühen Festlegungen.
- **Antreibende Persönlichkeit**. Fokus auf Ergebnisse, übernimmt gerne die Führung, entscheidet schnell, mag Herausforderungen.
- **Expressive Persönlichkeit**. Schafft Begeisterung und Partizipation, teilt Ideen, Träume, Enthusiasmus, motiviert, inspiriert und überzeugt.
- **Liebenswürdige Persönlichkeit**. Interesse an Ausgleich, kooperiert für ein gemeinsames Verständnis, unterstützt andere, sucht Gemeinschaft und positive Atmosphäre.

[39] Vgl. Wilson (2004).

[40] Vgl. Wilson (2004), S. 8.

Eine überzeugende Kommunikation nutzt dabei die Vorlieben der identifizierten Persönlichkeitsstile. Die persönliche und die sachliche Überzeugung der Akteure der Beteiligung sowie auch der Akteure des Mutterunternehmens ist einfacher, wenn die Kommunizierenden den primären Persönlichkeitsstil des Kommunikationspartners kennen. Folgende Ansätze können die Überzeugungskraft erleichtern.[41]

- **Konzentration auf Aufgaben bei analytischen Persönlichkeiten**. Diskussion über Aufgaben, Nutzung von Referenzen, strukturierte Darstellung von Gedanken und Fakten, Würdigung der Ideen und der Argumente anderer, Verdeutlichung der erwarteten Ergebnisse von Handlungen.
- **Konzentration auf Aussagen bei antreibenden Persönlichkeiten**. Bereitschaft, Vor- und Nachteile zu benennen, freiwillige Weitergabe von Informationen, Beschreibung von Unklarheiten und Konfliktpunkten, Zusammenfassung der Positionen anderer.
- **Konzentration auf Personen bei expressiven Persönlichkeiten**. Sich Zeit nehmen für Kollegen, Hervorhebung und Würdigung guter Ideen von Kollegen, Teilen von Wissen, Preisgabe von eigenen Gefühlen, Motivation anderer, zum Zwecke der Problemlösung mit Routinen zu brechen.
- **Konzentration auf Fragen bei liebenswürdigen Persönlichkeiten**. Offenheit für die Meinungen und Einschätzungen anderer, Würdigung der Zeit von anderen, Bereitschaft für die Aufnahme oder Übernahme der Positionen von Kollegen, Kooperative Haltung

Auch wenn dieser Weg bei einer ersten Betrachtung manipulativ erscheinen mag, ist er eindeutig besser als eine auf Macht und Abhängigkeit aufbauende Kommunikation.

6.2.5 Nutzung von Rhetorik

Vor jeder Kommunikation sollte sich der Kommunizierende überlegen, welche Botschaft er setzen will. Handelt es sich um eine Aussage, einen Überblick zu einem Thema, die Darstellung von Trends und Entwicklungen, um Vergleiche von Alternativen oder von Entwicklungen? Eine gute Vorbereitung hilft bei der Strukturierung der Argumentation und der Setzung von Schwerpunkten.

Bei der Ausgestaltung der Kommunikation kann der serielle Positionseffekt berücksichtigt werden.[42] Danach besteht die Tendenz eines Menschen, sich am besten die ersten Inhalte (Primacy-Effekt) und die letzten Inhalte (Resency-Effekt) zu merken. Entsprechend bedeutungsvoll sind bei jeder Besprechung die Begrüßung und die Schlusssätze.

Warum ist ein Vortrag im Vergleich zu einem anderen inhaltsgleichen Vortrag überzeugender? Menschen überzeugen durch ihre Persönlichkeit und durch eine authentische Ver-

[41] Vgl. Wilson (2004), S. 52.

[42] Vgl. Stangl (2017).

mittlung ihrer Argumente. Während eines Gesprächs sollte die Aufmerksamkeit dem Gegenüber geschenkt werden. Mit einem hohen Maß an Enthusiasmus für das besprochene Thema gelingt es leichter, eine andere Person zu überzeugen und mitzureißen. Daneben hilft ein gutes Maß an überzeugender Rhetorik, die Stilmittel wie Humor und das Storytelling einsetzt. Mit persönlichen Erlebnissen oder Geschichten lassen sich die Mitdiskutanten fesseln und begeistern. Häufig werden dabei überraschende Erlebnisse, Vergleiche oder starke Bilder verwoben. Die Geschichten können sich auf Kunden, Kapitalgeber und Lieferanten beziehen oder auch Akteure anderer Beteiligungen. Ein Nebeneffekt solcher Stories ist es, die einbezogenen Akteure bei anderen Gesprächspartnern bekannter zu machen. Ein fesselnder Vortrag ist glaubwürdiger, er kann bei den Mitdiskutanten Energie freisetzen, sich an der Sache zu beteiligen. Tab. 6.6 gibt einen Überblick über die Kategorien der Glaubwürdigkeit in der Kommunikation.

Neben dem eigenen Vortrag hat die Diskussion eine hohe Bedeutung. Fühlen sich Menschen eingebunden, verläuft die Diskussion meist besser als bei einem schleppend verlaufenden Austausch von Argumenten. Um eine Diskussion anzuregen, helfen offene W-Fragen (Wer? Wie? Wann? Womit? Wofür?), der Einbezug von Interessen des Gegenübers, die Verwendung der Sprache des Gegenübers oder der Aufbau von mehreren Diskussionssträngen, bei denen sich die Diskutanten einbringen können. Wie bei einem Workshop mit mehreren unterschiedlichen Themengebieten kann auch eine Diskussion in einer kleinen Gruppe von der produktiven Bearbeitung einzelner Themen für das oder die vermeintlich schwereren Themen profitieren.

Der „Rapport", eine positive Gesprächsbeziehung, entsteht nicht nur zu Beginn des Gesprächs, vielmehr entwickelt er sich über die Dauer des Gesprächs. Um positive Emotionen bei dem Gegenüber zu erzeugen, hilft eine wertschätzende Sprache, die die Mitdiskutanten aufwertet. Ebenso helfen eine Lösungsorientierung und konstruktive Fra-

Tab. 6.6 Kategorien für Glaubwürdigkeit in der Kommunikation. (Quelle: In Anlehnung an Reinmuth 2009, S. 127–138)

Verständlichkeit/ Rezeptions-freundlichkeit	Kompetenz	Objektivität/ Aufrichtigkeit	Sympathie/ Textattraktivität
– Länge (Länge und Vollständigkeit) – Satzbau (überlange Sätze, verschachtelte Sätze, umständliche Satzkonstruktionen) – Fachterminologie – Narrativität (roter Faden, Zusammenhang, Dramaturgie)	– Sprachliche Korrektheit (Rechtschreibung, Grammatik) – Detailgrad – Wortschatz (Fachterminologie, vermeidbare Wortwiederholungen)	– Detailgrad – Widerspruchs-freiheit – Opportunismus (Übergeneralisie-rungen, Übertreibungen, Umschreibungen) – Floskeln – Explizieren der eigenen Glaubwürdigkeit	– Personalisierung – Duktus (Wortschatz, Satzkonstruktion, Verwendung von Metaphern, Narrativität, sprachliche Korrektheit) – Humor (humorvolle Äußerungen, Personalisierung) – Höflichkeitsfloskeln

gen, die Interesse signalisieren. Für den Aufbau eines Rapports hilft neben einer wertschätzenden Haltung auch die Entwicklung und der Austausch über Sympathiefelder, die die Diskutanten persönlich verbinden.

6.2.6 Nutzung von Visualisierungen

Meist wird die Kommunikation zwischen Menschen durch das gesprochene Wort bestimmt. Dies erfordert eine hohe Konzentration und die für die Formulierung von Positionen, Ausschweifungen und Rhetorik notwendige Zeit. Die sequenzielle Abfolge der gesprochenen Kommunikation verlängert nicht nur die erforderliche Zeit, sondern reduziert die Komplexität des Inhalts zunächst auf die Sichtweise der sprechenden Person. Wenngleich eine Strukturierung der mündlichen Kommunikation diese Hindernisse abmildert, bietet sich jedenfalls zusätzlich die Nutzung von Visualisierungen an.[43] Visualisierungen können das gesprochen Wort durch die Verwendung von optischen Zeichen ersetzen oder ergänzen. Dabei lassen sich einzelne Sachverhalte prägnant darstellen, eine Übersicht über mehrere Sachverhalte geben oder ein Szenario für künftige Entwicklungen präsentieren. Die Verwendung der Methoden für die Visualisierung, ihrer Elemente, Zusammenführung und Komposition, ist dabei gleichzeitig Chance und Herausforderung. Abb. 6.8 vertieft die Funktionen und Methoden der Visualisierung.

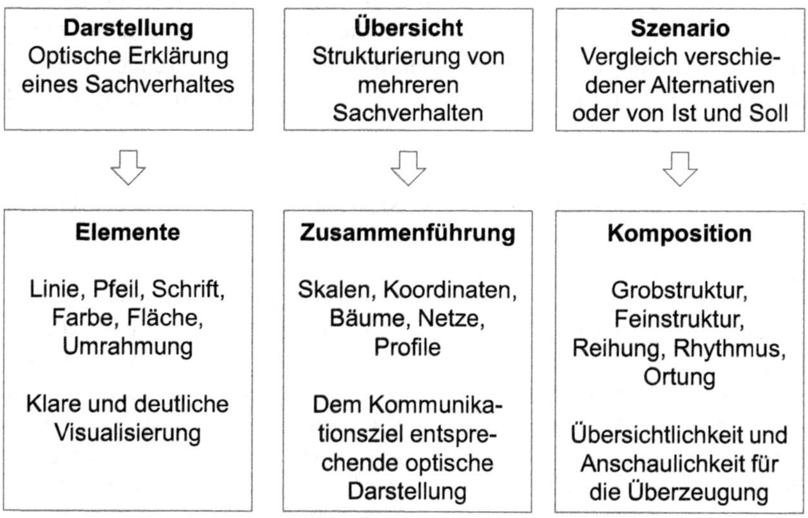

Abb. 6.8 Funktionen und Methoden der Visualisierung

[43] Vgl. Haunerdinger und Probst (2012), S. 111 ff.; Tufte (1990); Tufte (2001) und den Blog https://informationisbeautiful.net.

Die Vorteile von Visualisierungen in der Kommunikation zwischen Mutterunternehmen und Beteiligung sind zahlreich.

- **Ein Bild sagt mehr als tausend Worte**. Die Aufnahmekapazität der Akteure wird erhöht und die Aufnahmebereitschaft bleibt länger erhalten.
- **Fokus trotz Komplexität**. Die Kommunikation wird klarer, komplexe Sachverhalte lassen sich übersichtlich darstellen und diskutieren. Generalisierungen oder Vereinfachungen werden unwahrscheinlicher. Unterschiedliche Detailgrade lassen sich durch verschiedene Abbildungen veranschaulichen. Eine Abbildung kann sich auf wesentliche Elemente beschränken, oder zahlreiche Details umfassen.
- **Versachlichung**. Zwar können auch Visualisierungen emotionale Botschaften beinhalten, sie tragen aber häufig zu einer Versachlichung der Diskussion bei. Dies gilt nicht nur für die Präsentation von Informationen, sondern auch für die gemeinsame Entwicklung von Positionen am Flipchart. Durch Metaplan-Verfahren lassen sich zahlreiche Meinungen einbeziehen und damit trotz größerer Gruppe ein gemeinsames Ergebnis erarbeiten.
- **Mehr Kreativität**. Durch Visualisierungen lassen sich beide Gehirnhälften einbinden. Neben dem strukturiert sachlichen Denken wird auch das assoziative Denken angeregt. Damit können neue Ideen leichter entwickelt werden. Dies kann vor allem dann gelingen, wenn Darstellungen zum Weiterdenken anregen sollen.

6.2.7 Angebot von Kommunikationsforen

Für eine institutionalisierte Kommunikation zu relevanten Themen bietet sich die Nutzung von verschiedenen Kommunikationsforen an. Dies gilt für Themen auf der Führungsebene wie auch für funktionale und allgemeine Themen. Nur durch regelmäßige direkte Kommunikation lässt sich ein gemeinsames Verständnis und mittelbar eine gemeinsame Unternehmenskultur formen. Studien zeigen, dass ein regelmäßiger und häufiger Kontakt zwischen Kooperationspartnern zum finanziellen Erfolg beiträgt.[44] Die Bedeutung von regelmäßigen Foren für die Kommunikation unterstreichen auch die Vereinten Nationen. Eines der am 25.09.2015 beschlossenen 17 Sustainable Development Goals (SDGs) zum Schutz der Umwelt und zur Förderung der Gesellschaft hebt die Bedeutung von Dialog und Partnerschaft als Klammer für die Zusammenarbeit der Akteure hervor.[45] Für die Umsetzung wird die Initiierung von lösungsorientierten Dialogprozessen empfohlen. Dies umfasst alle relevanten Akteuren, wie Unternehmen, Verwaltungen, Wissenschaft, Politik und Zivilgesellschaft auf lokaler, regionaler, nationaler und internationaler Ebene.

Die Akteure der Beteiligung müssen die Möglichkeit haben, Fragen und Probleme zu diskutieren. Wenn gemeinsam kommuniziert wird und die Führungskräfte des Mutterunternehmens ein authentisches Interesse daran haben, Fragen und Probleme durch offene Kom-

[44] Vgl. die Studien von Waring et al. (2013) und Zhang et al. (2016).

[45] Vgl. das Ziel 17 unter https://sustainabledevelopment.un.org/sdg17.

munikation zu klären, liegt eine Problemlösungskultur vor. Diese Problemlösungskultur sollte beibehalten und gefördert werden. Sie beruht darauf, dass die Akteure der Beteiligungen ihrerseits bereit sind, auch schwierige Themen zu diskutieren und versuchen, diese gemeinsam auf Ebene der Beteiligung oder mit den Akteuren des Mutterunternehmens zu lösen. Dazu tragen gegenseitiges Vertrauen über die Gesprächsinhalte und ein wertschätzender Umgang bei. Ebenso trägt zu einer Offenheit im Austausch bei, wenn die Akteure des Mutterunternehmens eine Kultur der Anerkennung der jeweiligen Leistungen prägen. Entsprechend ist in den Kommunikationsforen auch ausreichend Zeit für die Kommunikation von Erfolgen und von Lob vorzusehen. Häufig kommt die Würdigung im Vergleich zu den anstehenden Aufgaben und Herausforderungen überraschenderweise zu kurz.

Gemeinsame Zeit: Eine wichtige Kennzahl für die Messung des Maßes an kooperativer Zusammenarbeit ist die gemeinsam von den Akteuren des Mutterunternehmens und denen der Beteiligung verbrachte Zeit. Die gemeinsam verbrachte Zeit stärkt das gegenseitige Verständnis und schafft Möglichkeiten für Problemlösungen.

Kommunikationsforen unterstützen die Möglichkeit für gemeinsam verbrachte Zeit. Dabei sind die Möglichkeiten vielfältig: z. B. gemeinsame Sitzungen von Aufsichtsgremien, gemeinsame Jour Fixe, gemeinsame Fach Jour Fixe, gemeinsame Projekte, gemeinsame Veranstaltungen oder gemeinsame Besprechungen. Weitere Beispiele sind der Einbezug von Vertretern des Mutterunternehmens in die Betriebsversammlungen der Beteiligung, die Einladung von ausgewählten Geschäftsführern der Beteiligungen zu Sitzungen des Aufsichtsgremiums des Mutterunternehmens oder die Durchführung von Team- bzw. Mitarbeiterevents. Darüber hinaus bieten sich Möglichkeiten der online-Kommunikation an, z. B. über Intranet, Groupware oder Social Media. Auch gehört dazu das Erleben von gemeinsamen Ritualen. Die Rituale können sich im Zuge der vorgenannten Gelegenheiten ergeben, bei dem gemeinsamen Besuch von Tagungen oder bei informellen Treffen. Einen Überblick über ausgewählte horizontale oder vertikale Kommunikationsforen gibt Abb. 6.9.

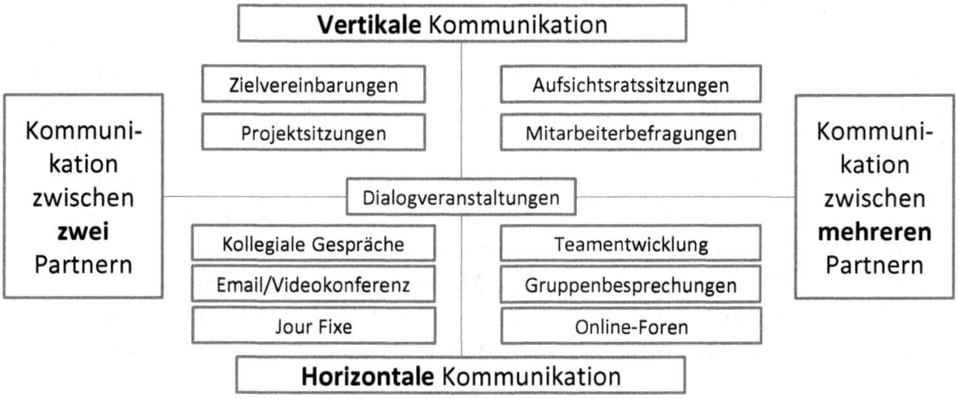

Abb. 6.9 Kommunikationsforen im Unternehmen. (Quelle: in Anlehnung an Böhm und Pawellek 2002, S. 28; Wunderer und Kuhn 1995, S. 81)

Durch eine lange andauernde und intensive Form der Kommunikation in Verbindung mit positiven Assoziationen entsteht eine persönliche Bindung.

6.2.7.1 Jour Fixe auf Ebene der Geschäftsführung

Eine wichtige Grundlage für die regelmäßige Kommunikation zwischen den Akteuren des Mutterunternehmens und den Akteuren der Beteiligungen sind fest vereinbarte Termine im Monat oder in der Woche, also Jour Fixe Termine. Diese meist mehrstündigen Termine zielen auf die gegenseitige Information über aktuelle Entwicklungen sowie geplante (neue) Maßnahmen bzw. Projekte. Meist münden die Updates über aktuelle Entwicklungen in einen intensiven Dialog über laufende Projekte, aktuelle Themen, Herausforderungen auf Ebene der Beteiligung oder des Mutterunternehmens und führen nicht selten zu Impulsen oder Ideen für die Anpassung der bestehenden Geschäftsmodelle. Auch wenn der Austausch über strategische Themen meist dem operativen Druck über aktuelle operative Sachverhalte weichen muss, bietet sich an, strategische Themen anzudiskutieren, die dann in einem separaten Strategie-Dialog vertieft werden können. Während die inhaltliche Interaktion auf der Geschäftsführungsebene eine unerlässliche Voraussetzung neben den formalen Gremiensitzungen (wie Aufsichtsrats- oder Gesellschafter-/Hauptversammlungen), zielen die Gespräche genauso auf die Verstärkung des gegenseitigen Verständnisses und dem Aufbau von belastbaren persönlichen Beziehungen. Entsprechend lassen sich derartige Jour Fixe auch mit einem Mittag- oder Abendessen einrahmen.

Die Bedeutung regelmäßiger Treffen entspricht auch einem kulturellen Ursprung der nordischen Friesen. Die Friesen pflegten über lange Zeit die Tradition des „Upstalsboom“.[46] Der mittelalterliche Versammlungsort war rund um einen Baum („Boom“), an dem die Pferde angebunden wurden („upstallt“), um dann in der Gemeinschaft von Gleichgesinnten neue Kraft zu sammeln. Die enge Gemeinschaft und das Ritual des Treffens sind bis heute ein Symbol der Friesischen Kultur. Ähnliches waren Treffen in früheren Zeiten rund um das Lagerfeuer oder heutige Treffen in der Kaffeeküche oder in der Kantine.

6.2.7.2 Gestaltung der Jour Fixe zwischen Mutterunternehmen und Beteiligung

Während sich die Sitzungen der Aufsichtsgremien und der Gesellschafterversammlung vor allem auf die Diskussion formaler Punkte konzentrieren, dient ein regelmäßiger Jour Fixe zu deren Ergänzung und insb. für die Schaffung von zeitlichen Freiräumen für vertiefte Diskussionen. Damit werden auch die Sitzungen der Aufsichtsgremien bzw. Gesellschaftersammlungen vorbereitet. Die folgenden Ausführungen lassen sich aber auch bei diesen Sitzungen nutzen.

Der Jour Fixe auf Ebene der Geschäftsführung hat vielfältige Funktionen (Abb. 6.10). Im Wesentlichen dient er als Plattform für den Austausch von Informationen, für die Erarbeitung von Lösungen für identifizierte Probleme, für den Austausch von Meinungen zu

[46] Vgl. vertiefend das Kulturportal Nordwest unter http://www.kulturportalnordwest.de/index.php/kulturelleserbeostfriesland/614-ostfrkulturlandschaft/2761-der-upstalsboom-sichtbares-zeichen-der-friesischen-freiheit-2.

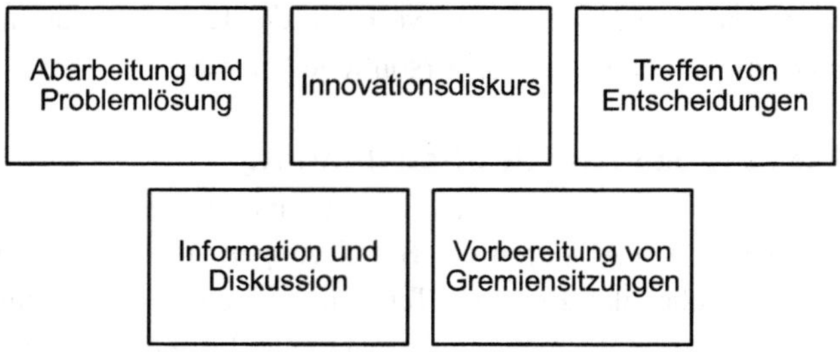

Abb. 6.10 Funktionen des Jour Fixe auf Ebene der Geschäftsführung

bestimmten Themen, für die Entwicklung von Ideen und Innovationen, für das Treffen von Entscheidungen zu bestimmten Sachverhalten (z. B. über die Form der Zusammenarbeit von Mutterunternehmen und Beteiligung) sowie für die Vorbereitung von Sitzungen (insb. von Aufsichtsgremium und Gesellschafterversammlung).

Der Jour Fixe auf Ebene der Geschäftsführung kann, muss aber keine Tagesordnung haben. Der Termin sollte für alle Teilnehmer wertvoll sein. Entsprechend sollten alle Teilnehmer darauf bedacht sein, dass sich durch die Auswahl und die Art und Weise der Diskussion der Themen für jeden Teilnehmer ein Nutzen ergibt. Neben diesem Leitprinzip lassen sich eine Reihe von weiteren Prinzipien Jour Fixe auf Ebene der Geschäftsführung formulieren.

1. Statt immer nur einer Person übernehmen in einem Jour Fixe Termin oder mindestens von Jour Fixe zu Jour Fixe verschiedene Teilnehmer die Gesprächsführung.
2. Alle Teilnehmer tragen dazu bei, dass die Besprechung von einer positiven Grundstimmung geprägt ist. Dazu gehört, dass die Themen nicht gehetzt, sondern mit der notwendigen Zeit behandelt werden. Ebenso gehört dazu eine angemessene Sprache, aktives Zuhören und gegenseitige Wertschätzung (z. B. Ausreden lassen, Blickkontakt, keine Sitzungsunterbrechungen, keine Störungen, keine Handy-Ablenkung).
3. Entweder durch eine vorher erstellte Tagesordnung oder durch Zuruf der Themen zu Beginn und während des Jour Fixe wird dem Jour Fixe eine Struktur gegeben. Die Teilnehmer sind zu den bekannten Tagesordnungspunkten vorbereitet. Das umfasst auch die Vorbereitung von Unterlagen (mit oder ohne Visualisierungen).
4. Die Jour Fixe Termine sind terminlich für mindestens ein halbes Jahr im Voraus vereinbart und haben eine vorher abgestimmte Dauer, die in der Regel weitgehend eingehalten wird.
5. Bei längerem Jour Fixe Sitzungen werden Pausen eingebaut. Kurze Pausen verzögern den Ablauf nicht, sondern beschleunigen ihn.
6. Immer wieder wird der Jour Fixe für die Besprechung strategischer und nicht nur für operative Themen genutzt.
7. Ab und zu wird im Jour Fixe die Art der Zusammenarbeit zwischen Mutterunternehmen und Beteiligung thematisiert. Was läuft gut? Was läuft weniger gut? Sind wir offen

genug miteinander? Wird in den Besprechungen auch mal gelacht? Befassen wir uns gemeinsam mit dem wirklich Wichtigen? Worauf müssen wir in Zukunft achten?
8. Der Jour Fixe endet, soweit in der Sitzung besprochen, mit einer Zusammenfassung der Entscheidungen, Maßnahmen (mit Benennung der Verantwortung) bzw. weiterer Ergebnisse.
9. Optional wird über die jeweiligen Jour Fixe ein Ergebnisprotokoll (während oder nach der Sitzung) angefertigt. Dies erleichtert in der nächsten Sitzung die Reflexion der Ergebnisse und des weiteren Verlaufs.

Mithilfe dieser Prinzipien kann die Qualität der Jour Fixe Termine profitieren. Noch wichtiger dafür ist der Aufbau von Vertrauen zwischen den Akteuren. Mit den Jour Fixe auf Ebene der Geschäftsführung wird das Gruppengefühl gestärkt – d. h. das Gefühl der Akteure, in einer Gruppe miteinander verbundenen zu sein. Dabei wirken zwei Prinzipien auf die Akteure, die förderlich oder auch hinderlich sein können: die Gruppenkohäsion und die Gruppenkonvergenz.

- Die **Gruppenkohäsion** ist der Prozess, durch den die Akteure sukzessive mehr und mehr ein Gruppengefühl entwickeln. Dieses Zusammengehörigkeits- oder „Wir"-Gefühl führt dazu, dass sich jeder Akteur stärker mit der Gruppe identifiziert und nach und nach auch die Umgebung ähnlich wahrgenommen wird. Es werden positive Stereotypen über die Arbeit der Gruppe und negative Stereotypen über die Umwelt entwickelt. Die Gruppenkohäsion ist eine wichtige Voraussetzung für eine kooperative Zusammenarbeit.
- Die **Gruppenkonvergenz** führt aufgrund von zunehmender Interaktion zu der Annäherung der Ansichten und Werte der Gruppenmitglieder hin zu einer Vereinheitlichung. Im Ergebnis führt dieses Gruppendenken („group think") zu einer gemeinsamen Unternehmenskultur. Die Vorteile und Gefahren einer starken Gruppenkonvergenz liegen dicht beieinander. Während eine starke Unternehmenskultur die Resilienz des Unternehmens gegenüber externen Veränderungen erhöht, neigt eine homogene Gruppe zu der Unterschätzung der Notwendigkeit von Veränderungen. Dies kann dazu führen, dass eine konvergente Gruppe eher Risiken eingeht, als die einzelnen Akteure. Oder dazu, dass die konvergente Gruppe eher die Tradition vor Innovationen stellt.

Besonders die Akteure des Mutterunternehmens haben die Aufgabe, die Gruppe unter Berücksichtigung von Gruppenkohäsion und Gruppenkonvergenz in eine sinnvolle Richtung zu lenken.

6.2.7.3 Strategie-Dialog auf Ebene der Geschäftsführung

Neben der Diskussion von Potenzialen für die Erschließung durch die bestehenden Geschäftsmodelle der Beteiligungen steht bei dem Strategie-Dialog auch die Diskussion von neuen Geschäftsmodellen im Fokus. Darüber hinaus bietet sich die Bewertung und Weiterentwicklung der strategischen Ziele, die Bewertung von laufenden Maßnahmen und die

Anpassung bzw. Entwicklung von Maßnahmen für die Umsetzung der strategischen Ziele an. Wenngleich dieses Kommunikationsforum am Sitz von Mutterunternehmen oder Beteiligung stattfinden kann, bietet sich hierfür auch die Wahl einer etwas abgelegeneren Lokation und der Einbezug eines Moderators an. Dies führt zu einer befreiteren Diskussion. In den Strategie-Dialog können eine Beteiligung oder mehrere Beteiligungen einbezogen werden.

6.2.7.4 Jährliche Zielvereinbarungsgespräche

Ein zielloses Beteiligungsmanagement überlässt Erfolg und Mißerfolg der Beteiligungen dem Zufall. Wenngleich die Theorie der Selbststeuerung (bzw. der laissez-faire Führungsstil) nach erfolgter Delegation durchaus ein organisationstheoretisch häufig diskutierter Ansatz[47] ist, bleibt in der Regel die Erwartung von jedem Mutterunternehmen, den Beteiligungen geeignete Ziele setzen zu wollen. Dabei sollte die Zielformulierung durch einen gemeinsamen partizipativen Diskurs anstatt durch eine einseitige Zielvorgabe erfolgen. Durch die Kombination von finanziellen Formalzielen mit leistungsbezogenen, risikobezogenen und weiteren Sachzielen lassen sich wenige oder zahlreiche Erwartungen an die unternehmerische Entwicklung einer Beteiligung formulieren.

Die Festlegung von Zielen resultiert aus dem Führungsprinzip Management by Objectives. Dabei handelt es sich nicht nur um die Führung durch Ziele oder die Führung durch Zielsetzungen, sondern eben um die Führung mit Zielvereinbarungen. Durch den Prozess der gemeinsamen Vereinbarung der Ziele statt einer einseitigen Festsetzung durch die Akteure des Mutterunternehmens gelingt es leichter, dass sich die Akteure der Beteiligung mit den Zielen identifizieren und motiviert an deren Umsetzung arbeiten.

Bei der Formulierung von Zielen wird meist erwartet, dass die Ziele vollständig erreicht werden. Diesem Streben nach Perfektion entgegen steht das japanische Konzept des Wabi-sabi. Nicht das Perfekte ist das Schönste, sondern das Funktionale mit Schönheitsfehlern, die herbe Schlichtheit, die Schönheit des Unauffälligen oder die verhüllte Schönheit.[48] Wenngleich diese Sichtweise bei der Erreichung bestimmter Kennzahlen keine Rolle spielen kann, reift ihre Bedeutung bei der Umsetzung von Maßnahmen oder der Erstellung von Konzepten. Derartige Ziele lassen sich mit Perfektion (z. B. durch Einbezug von Unternehmensberatern) erreichen, oder eben durch das gemeinsame Zusammenwirken in einem Team mit allen Facetten, eben auch kleinen Macken, so wie bei einem Haus in der Provence, Kleidung im Vintage-Look oder einem Krug mit Patina. Es lassen sich folgende Konzepte für die Beschreibung von Wabi-Sabi unterscheiden.[49]

- **Asymmetrie**. Die Natur prägt Asymmetrie und Unregelmäßigkeiten.
- **Schlichtheit**. Die Arbeit wird mit Demut durchgeführt und zeichnet sich durch Einfachheit statt Überladenheit aus. Lieber etwas weglassen, als zu viel beifügen. Neben-

[47] Vgl. Bauer (2015).

[48] Vgl. Koren (2008).

[49] Vgl. Hurni (2018).

sächliche Dinge werden weggelassen, so wie im möbellosen Teeraum für die japanische Tee-Zeremonie.
- **Entsagung**. Mit zunehmendem Alter erscheinen Gegenstände verwittert oder abgenutzt.
- **Natürlichkeit**. Die Dinge werden ehrlich und mit dem vorhandenen Maß an Erfahrung erarbeitet.
- **Zurückhaltung**. Das Werk hat verschiedene Bedeutungsebenen. Die Gesamtaussage erschließt sich nicht sofort, sondern erst nach einem bewussten Auseinandersetzen mit dem Werk.
- **Nicht-Unterwerfung**. Das Werk wird frei von einer mentalen Fessel oder einer festgelegten Denkweise erarbeitet.
- **Innere Ruhe**. Ein Künstler denkt bei seinem Wirken nicht an das zu Erarbeitende, sondern an den Moment des Schaffens.

Übertragen auf die Formulierung von Zielen und deren Umsetzung lassen sich folgende Eckpunkte ableiten.

- **Asymmetrie**. Bei den Zielen sind nicht alle Elemente gleich gewichtet, sondern ein oder wenige Element (e) prägen das Bild.
- **Schlichtheit**. Die Umsetzung der Ziele erfolgt mit Demut und konzentriert sich auf das Wesentliche.
- **Entsagung**. Die Umsetzung der Ziele kann die Fokussierung auf die Sache durch den Einbezug von Tradition und häufig verwendeten Routinen unterstreichen.
- **Natürlichkeit**. Ein Ziel ist natürlich, wenn es auf erfahrungsbasierten Fakten und nicht auf Annahmen oder Spekulationen aufgebaut ist.
- **Zurückhaltung**. Die Umsetzung von Zielen umfasst verschiedene Ebenen. Nur in der Gesamtschau wird deutlich, dass die verschiedenen Maßnahmen das Ziel umsetzen können.
- **Nicht-Unterwerfung**. Mit geistiger Freiheit werden unkonventionelle Lösungen möglich.
- **Innere Ruhe**. Für die Erarbeitung oder die Umsetzung von Zielen ist der ideale mentale Zustand der des Flow (vgl. Abschn. 7.3.6).

6.2.7.5 Fachbezogene Jour Fixe: Experten-Teams

Neben Jour Fixe Termine zwischen Führungskräften des Mutterunternehmens und der Beteiligung bieten sich Jour Fixe Termine zwischen Personen einzelner Fachfunktionen des Mutterunternehmens und den Pendants eines bzw. von mehreren Beteiligungen an.

Für die inhaltliche Zusammenarbeit der Fachfunktionen bedarf es der regelmäßigen persönlichen Interaktion der mit den jeweiligen Funktionen beauftragten Personen. In größeren Unternehmensgruppen bietet sich an, dass sich die Experten der einzelnen Funktionen zu einem regelmäßigen Jour Fixe verabreden. Solche Jour Fixe der Personalleiter, der Leiter Rechnungswesen, der kaufmännischen Leiter, der Leiter Controlling, der

IT-Leiter, der Beauftragten für Nachhaltigkeit, der Justiziare und weitere ermöglichen das regelmäßige gegenseitige Informieren über aktuelle Entwicklungen und den gemeinsamen Austausch über bestehende oder erwartbare Herausforderungen. Es bieten sich an, die ggf. vorhandenen Shared Service Center oder die ggf. gemeinsam beauftragte externe Dienstleister in die fachbezogenen Jour-Fixe einzubeziehen.

Der Aufbau und die Begleitung von Jour Fixe der Fachfunktionen obliegt in der Regel den Akteuren des Mutterunternehmens. Für die Motivation sorgt in der Regel der Inhalt des Gesprächsforums. Zusätzlich werden die Experten motiviert, an den Kommunikationsforen teilzunehmen, weil sie wissen, dass Teamfähigkeit als ein zentrales Merkmal gilt, um Karriere im Unternehmen zu machen. Gleichwohl stehen den Vorteilen für die Teilnahme an Kommunikationsforen auch eine Reihe von Risiken gegenüber, die den Erfolg ver- oder behindern können. In erster Linie kosten die Kommunikationsforen Zeit, die für die eigenen Aufgaben nicht mehr zur Verfügung steht. Darüber hinaus kann einer Teilnahme entgegenwirken, wenn sich die Teilnehmer nicht an den Zielen der Gemeinschaft orientieren, sondern nur ihre individuellen Beiträge maximieren. Ein weiteres Risiko besteht in der Unsicherheit durch die hohe Diversität der beteiligten Experten. Lassen sich überhaupt gemeinsame Lösungen entwickeln? Wird das Ergebnis überhaupt durch das Management der eigenen Beteiligung akzeptiert werden? Lohnt der persönliche Einsatz? Die Risiken gilt es durch die Gewährung von Freiräumen für die Teilnahme, die Erwartung einer aktiven Einbringung und die Schaffung von Anreizen durch das Management der Beteiligungen zu kompensieren.

Gelingt die Initiierung lässt sich erwarten, dass sich durch die Jour Fixe der Fachfunktionen eine kollektive Verantwortung im Sinne von Experten-Teams entwickelt. Die Teammitglieder identifizieren sich mit der Gesamtaufgabe. Dies führt dazu, dass sie als Gruppe ein Gemeinschaftsgefühl entwickeln. Nach der Initiierung lassen sich vier verschiedene Möglichkeiten unterscheiden, wie die Jour Fixe einer Fachfunktion bzw. das sich entwickelnde Experten-Team geführt wird (vgl. Abb. 6.11).

Dies kann sich auf die Führungsrolle während der Sitzungen der Kommunikationsforen beziehen oder auch auf eine weitergehende fachliche Führung neben der strukturellen Führung der Personen durch die jeweilige Beteiligung.

- Bei der **expliziten Leitung** führt ein Akteur des Mutterunternehmens den Jour Fixe bzw. das Expertenteam. Dies bezieht sich auf die fachliche Führung und auf die Leitung der Veranstaltungen.
- Als **externer Coach** steht der Akteur des Mutterunternehmens außerhalb der Fachleute bzw. des Expertenteams und steht für die Moderation zur Seite. Aufgrund von vorhandenen Erfahrungen aus Projekten und Moderationen leitet er die Veranstaltung trotz fehlender fachlicher Tiefe.
- Der **informelle Leiter** hat trotz seiner fachlichen Expertise vor allem die Rolle des Facilitators. Er initiiert Diskussionsprozesse, moderiert und unterstützt die Entwicklung der Kommunikation.

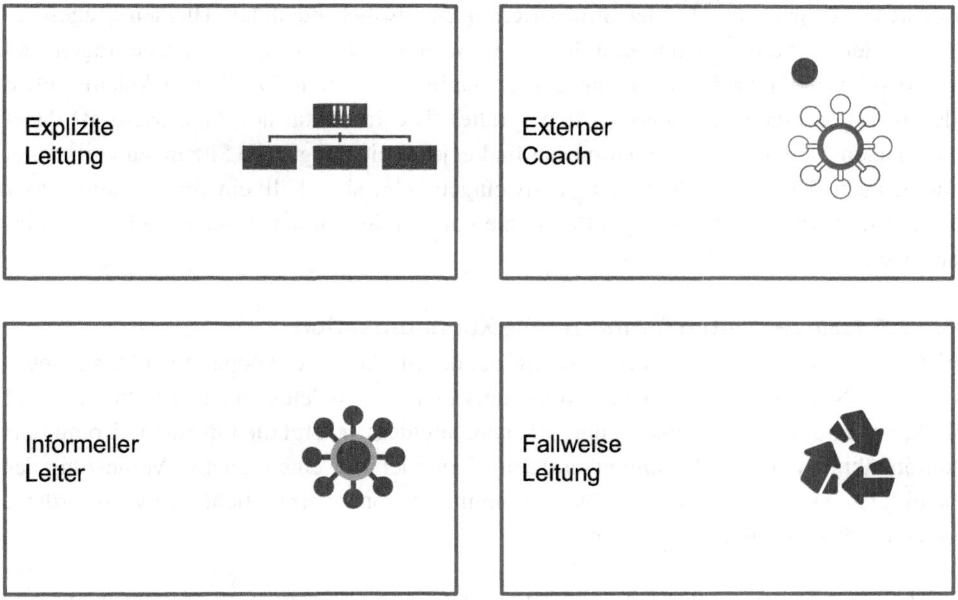

Abb. 6.11 Führungsrollen für die Kommunikationsforen. (Quelle: In Anlehnung an Schermerhorn 2002, S. 417)

- Bei einer **fallweisen Leitung** übernimmt jeweils ein Fachexperte die Leitung. Die Wahl des Leiters kann dabei themen-, treffpunkt- oder personenabhängig erfolgen. Dieses Vorgehen unterstützt direkt die Gruppenkohäsion.

Die Moderation dient dabei nicht nur der inhaltlich stringenten Gesprächsführung, sondern auch der Überwindung von typischen Herausforderungen in der Zusammenarbeit von Gruppen:

- Überwindung von Konflikten und Missverständnissen unter den Gruppenmitgliedern
- Einbezug der zurückhaltenden Beteiligung einzelner Gruppenmitglieder
- Auflösung von ineffektiven Kommunikationsstrukturen aufgrund von Dominanz einzelner Gruppenmitglieder oder dem Verharren der Gruppe in tradierten Denk- und Verhaltensweisen
- Strukturierung und Beschleunigung der Arbeits- und Kommunikationsprozesse der Gruppe

Entsprechend kann der Einbezug eines Moderators zu einer Verbesserung der Effizienz der Zusammenarbeit und der Produktivität von Arbeitsgruppen führen. Dabei greift der Moderator auf verschiedene Moderationsmethoden und Techniken zurück.[50] Jedenfalls

[50] Vgl. Funcke und Havenith (2017).

bedarf es für jede Sitzung der Strukturierung der zu behandelnden Themen (Tagesordnung), der Vorbereitung der Beiträge (Organisation von Vorträgen, Redebeiträgen und Protokollant) und der Einschätzung des groben inhaltlichen und zeitlichen Ablaufs sowie der zu erwartenden Ergebnisse (Choreografie). Die Intensität des Austauschs ist dabei umso intensiver, je mehr Interaktion stattfindet, je arbeitsteiliger die Sitzungen vorbereitet und je mehr Personen in die Sitzung aktiv eingebunden sind. Fällt ein Teilnehmer im Jour Fixe aus, so sollte es in einem gut funktionierenden Team immer Personen geben, die einspringen.

6.2.7.6 Gelegenheiten für informelle Kommunikation

Neben der formalen Kommunikation hilft bei der Stärkung der kooperativen Zusammenarbeit die Nutzung von informeller Kommunikation. Es handelt sich dabei nicht um Small Talk, um eine zeitliche Lücke zu überbrücken. Stattdessen sorgt die informelle Kommunikation, ähnlich wie die Kommunikation mit Freunden, für eine intensive Vernetzung der beteiligten Akteure. Um die informelle Kommunikation zu ermöglichen bzw. zu fördern, eignen sich z. B. folgende Ansätze:

- Besuche am Arbeitsplatz oder an anderen Orten im Unternehmen (z. B. Kaffeeküche, Kantine) oder außerhalb des Unternehmens (z. B. beim Sport)
- Informelle Gespräche vor, zu Beginn oder nach formalen Terminen
- Informelle Gespräche bei für die gegenseitige fachliche Abstimmung eingerichteten Kommunikationsplattformen
- Gemeinsame Anreise oder Abreise zu formalen Terminen
- Informell geprägte Telefonate, eMails, Social Media Nachrichten
- Gemeinsame Feierlichkeiten

6.2.8 Entwicklung einer Kommunikationskultur

Die Grundlage für eine engagierte Kommunikation sollte in den Werten der Unternehmenskultur verankert werden. Dies kann informell oder in Kommunikationsleitlinien erfolgen. Wichtige Werte bezüglich der Kommunikation sind folgende:

- Bereitschaft zum offenen Austausch im Rahmen von organisierten Gesprächsforen, den Angeboten der online-Kommunikation und im Rahmen der informellen Kommunikation
- Offenheit für Neuerungen, d. h. keine Killerphrasen wie „das haben wir schon immer so gemacht“, „das haben wir noch nie gemacht“ oder „das haben wir damals schon vergeblich probiert“
- Förderung von Informationsflüssen im Unternehmen
- Interesse an individuellem und gruppenbezogenem Lernen

- Berücksichtigung von interdisziplinären Perspektiven und Methoden bei Diskursen
- Entwicklung und Förderung von Wissenserwerb und Wissensteilung
- Bereitschaft für die interorganisationale Vernetzung von Abteilungen eines Unternehmens, von Abteilungen verschiedener Beteiligungen und dem Mutterunternehmen
- Bereitschaft für die intraorganisationale Vernetzung
- Bereitschaft für eine kontinuierliche Beschaffung von externen Informationen und Wissen
- Pflege und Ausbau der externen Quellen für neues Wissen
- Regelmäßige Reflexion der internen und externen Kommunikationskultur

6.3 Konstruktiver Umgang mit Konflikten

Wie in jeder Zusammenarbeit gibt es gute und schlechte Zeiten. Ein Konflikt zwischen den Akteuren des Mutterunternehmens und der Beteiligung oder ein Konflikt zwischen den Akteuren einer Beteiligung und denen einer anderen Beteiligung kann dabei zu der Verschwendung von Ressourcen und zu Demotivation führen. Neben der Arbeitszeit und weiteren mit dem Konflikt verbundenen Kosten können daraus wertmindernde Fehlentscheidungen hervorgehen. Andererseits ermöglichen Konflikte neue Lösungen und können damit einen positiven Beitrag für die Entwicklung von Unternehmen und ihren Akteuren leisten.

Konflikte können zu hohem Ressourcenaufwand und zu Demotivation führen. Gleichwohl bieten sie auch neue Lösungen und können damit einen positiven Beitrag für die Unternehmensentwicklung leisten. Das Beteiligungsmanagement sollte den konstruktiven Umgang mit Konflikten praktizieren und zur Nachahmung vorleben.

Statt die Konflikte auszusitzen, zu verdrängen oder zu eskalieren, bietet es sich an, sich ihrer konstruktiv anzunehmen. Um zu verhindern, dass die in dem Konflikt „stärkere“ Partei den eigenen Standpunkt durch Überreden oder eine hierarchische Entscheidung durchsetzt und andere Meinungen, Sichtweisen und Informationen unterdrückt, lassen sich unterschiedliche Wege einschlagen. So sieht das Gesellschaftsrecht und viele Satzungen vor, dass Entscheidungen z. B. von Aufsichtsgremien durch Mehrheitsbeschluss, durch ein zwei-Drittel-Quorum oder durch Einstimmigkeit getroffen werden müssen. Übertragen auf einen Konflikt von mehr als zwei Parteien würde insofern die „richtige“ Lösung durch einen Mehrheitsbeschluss gefunden werden können. Zwar führt diese Konfliktbewältigungsstrategie zu einer Lösung, zweifelhaft ist aber, ob es sich um die beste Lösung handelt. Eine andere Möglichkeit wäre eine Konfliktlösung nach dem Motto „wer am lautesten brüllt, setzt sich durch“. Diese neben physischen Kämpfen im Tierreich häufige Konfliktbewältigungsstrategie führt aber relativ sicher nicht immer zu der besten Lösung für einen vorliegenden Konflikt. Um die verschiedenen Meinungen, Erfahrungen und Fähigkeiten für die Konfliktlösung zu nutzen bietet sich hingegen ein professionelles Konfliktmanagement an. Dies umfasst das Herausarbeiten von unterschiedlichen Positionen, die Entwicklung von Handlungsalternativen und die kreative Entwicklung von Konfliktlösungen. Dabei lässt sich ein Konflikt anhand von drei Dimensionen beschreiben.[51]

- **Divergenz und Einheit**. Der Konflikt beinhaltet unterschiedliche Meinungen, Positionen oder Wahrnehmungen. Diese Unterschiede können zu Vorteilen in der Betrachtung von Sachverhalten aus unterschiedlichen Perspektiven führen. Entsprechend vorteilhaft ist die Interdisziplinarität von Arbeitsgruppen. Führt die Divergenz aber zu keiner einheitlichen Lösung, bedarf es der Verdichtung der verschiedenen Sichtweisen zu einer gemeinsamen einheitlichen Sichtweise. Häufig erfordert dies Methoden wie Moderation oder Nutzwertanalyse.
- **Individualität und Gemeinsamkeit**. Der Konflikt verdeutlicht die Unterschiede der individuellen Bedürfnisse und Erwartungen. Jeder Mensch wird durch (im Detail) unterschiedliche Faktoren motiviert. Durch Kenntnisse der verschiedenen Bedürfnisse lässt sich eine Lösung entwickeln, die als für beide Parteien beste gemeinsame Alternative, eben als gemeinsamer Kompromiss gelten kann.
- **Veränderung und Erhalt**. Auf externe Veränderungen lässt sich durch Veränderung oder durch Festhalten an den bestehenden Konzepten reagieren. Auch der Umgang mit Problemen kann anhand eines bekannten oder eines neuen Lösungsweges erfolgen. Durch Diskussion der Vor- und Nachteile der unterschiedlichen Ansätze lässt sich gemeinsam der beste Lösungsansatz entwickeln.

Ein Konflikt kann dabei zwischen zwei oder mehreren Personen entstehen. Schwelt der Konflikt lange vor sich hin oder verändert sich die Situation plötzlich deutlich, kann sich eine Krise entwickeln. Unabhängig davon, ob es sich um einen Konflikt oder eine Krise handelt, sind für die Bewältigung die unterschiedlichen Interessen zu einem Kompromiss zu bringen.

Der konstruktive Umgang mit Konflikten ermöglicht die Schärfung des Problembewusstseins, die Entscheidung über Alternativen, die Verdichtung auf eine gemeinsame Sichtweise und die Stärkung von Gemeinsamkeiten. Im Rahmen der Entwicklung von neuen, gemeinsam akzeptierbaren Konfliktlösungen werden kreative Ideen oder sogar Innovationen angeregt. Gleichwohl ist es meist alles andere als leicht, mit Konflikten analytisch umzugehen. Meist stehen Emotionen im Wege. Dagegen hilft eine strukturierte Konfliktdiagnose.[52]

1. Analyse der den Konflikt auslösenden Konfliktgegenstände
2. Analyse der Parteien des Konflikts, ihrer Sichtweisen, Positionen, Bedürfnisse, Gefühle und Beziehungen
3. Analyse der Konfliktform (Sachkonflikt, Beziehungskonflikt, Wertkonflikt oder Verteilungskonflikt) und der Einstellung zu einer Lösbarkeit des Konflikts

[51] Vgl. Berkel (2008).

[52] Vgl. Glasl (2011).

4. Analyse des bisherigen Konfliktverlaufs
5. Analyse des Ergebnisses des Konflikts nach dessen Beendigung

Zunächst sind die Ursachen zu strukturieren, die zu unterschiedlichen Sichtweisen sowie unterschiedlichen Bewertungen von Vorschlägen führen.[53]

- **Bedeutungsunterschiede**. Es liegt ein unterschiedliches Verständnis über Begriff, Strategien und Vorschlägen vor.
- **Unterschiedliche mentale Modelle**. Es liegen verschiedene Einschätzungen zu den Folgen von Lösungsvorschlägen für die Erreichung der Ziele einer Konfliktpartei oder der Einhaltung von Zusagen der anderen Konfliktpartei vor.
- **Widersprüchliche Informationen**. Es liegen asymmetrische Informationen zu der beabsichtigten und/oder der erwarteten Wirkung von Lösungsvorschlägen für die Erreichung der Ziele einer Konfliktpartei oder der Einhaltung von Zusagen der anderen Konfliktpartei vor.
- **Inkompatible individuelle Ziele**. Es liegen unterschiedliche Zielkategorien vor, die nicht miteinander kompatibel sind. Dabei führen nicht unterschiedliche individuelle Ziele zum Konflikt, sondern deren Ausschließlichkeit.
- **Geschmacksunterschiede**. Wenngleich die Ziele beider Konfliktparteien durch einen Lösungsvorschlag erreichbar erscheinen, liegt der Konflikt aufgrund von persönlichen Präferenzen vor.

Nach der Diagnose (Schritte 1 bis 4) ist zu entscheiden, wie mit dem Konflikt umgegangen wird. Vereinfacht lassen sich dabei fünf verschiedene Stile unterscheiden (Abb. 6.12).

Für die Variante des Konfliktstils der Suche nach einem Kompromiss oder der gemeinsamen Problemlösung lassen sich im nächsten Schritt Ansätze für die Lösung von Konflikten anhand der beschriebenen Konfliktursachen nutzen.[54]

- **Überwindung von Bedeutungsunterschieden**. Die Konfliktparteien oder der Moderator können die Bedeutung von konfliktrelevanten Begriffen, Strategien und Vorschlägen gemeinsam definieren.
- **Überwindung inkompatibler individueller Ziele**. Auch wenn die Ziele der Konfliktparteien unterschiedlichen Kategorien zugehörig sind und ihre Vorzeichen unterschiedlich sind, lässt sich anhand von Szenarien versuchen, Einigungswege aufzuzeigen. Neben der Erreichung einzelner sich nicht widersprechender Ziele von jeder Partei lässt sich auch ein übergeordnetes Ziel definieren, denen sich die anderen Ziele unterordnen lassen.
- **Überwindung unterschiedlicher mentaler Modelle**. Durch die Analyse der Annahmen, die hinter den Ursache-Wirkungs-Beziehungen für die Argumentation der Kon-

[53] Vgl. Briggs et al. (2005), S. 101 ff.

[54] Vgl. Briggs et al. (2005), S. 101 ff.

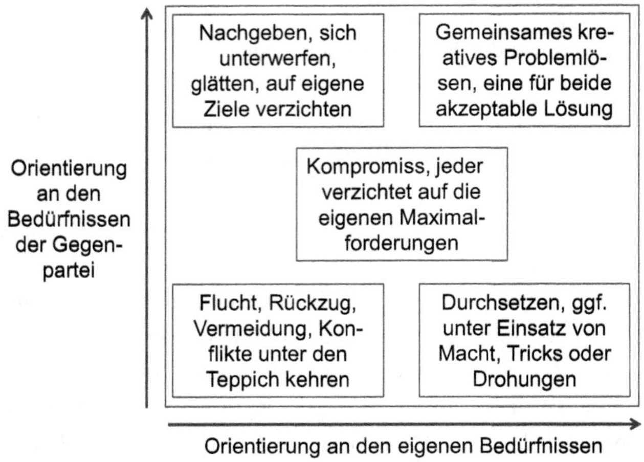

Abb. 6.12 Konfliktstile. (Quelle: in Anlehnung an Berkel 2008, S. 40–51)

fliktparteien stehen, lässt sich das mentale Modell besser nachvollziehen und ggf. mit dem der Konfliktpartei abgleichen. Auch können Parteien zum Wechsel zu einem gemeinsamen mentalen Modell überzeugt werden.

- **Überwindung widersprüchlicher Informationen**. Die Analyse der vorhandenen Informationen kann zu einer Objektivierung und damit zur Konsensfindung beitragen.
- **Überwindung von Geschmacksunterschieden**. Es lassen sich Alternativen formulieren, die zu den Vorlieben der Konfliktparteien passen. Gelingt dies nicht, ist ein Kompromiss zu suchen.

Durch die Nutzung der verschiedenen Vorgehensvorschläge lässt sich die Suche nach dem Konsens unterstützen. Gleichwohl sind viele Konflikte auf Dauer angelegt, entwickeln sich dynamisch und sind häufig nicht nur inhaltlich, sondern persönlich begründet. Daher ist eine immer wieder genutzte Strategie für die Bewältigung von Konflikten der Austausch von Personen bei Verhandlungen oder in anderen kontroversen Sitzungen.

Für die Erzielung eines Konsenses sind zwei Phasen zu unterscheiden: Das Entwickeln eines Vorschlags und der Aufbau einer Bereitschaft der Verhandlungspartner sich diesem Vorschlag zu verpflichten. Abb. 6.13 zeigt, wie dieser Prozess im Rahmen der Verhandlungen ablaufen kann.

Wird ein neuer Vorschlag eingebracht bewerten die Verhandlungspartner, ob sie bereit sind, sich diesem zu verpflichten. Ist dies der Fall, ist der Konsens erreicht. Stimmen ein oder mehrere Verhandlungspartner nicht zu, muss entschieden werden, ob die Konflikte anhand Konfliktlösungsstrategien gelöst (dann müssen z. B. die Ursachen diagnostiziert werden) oder ein neuer Vorschlag eingebracht werden soll. Auch das Lösen der Konflikte kann zur Äußerung neuer Vorschläge führen und so entsteht ein iterativer Ablauf, in dem fortwährend die Bereitschaft hinsichtlich eines Vorschlages bewertet wird, neue Vor-

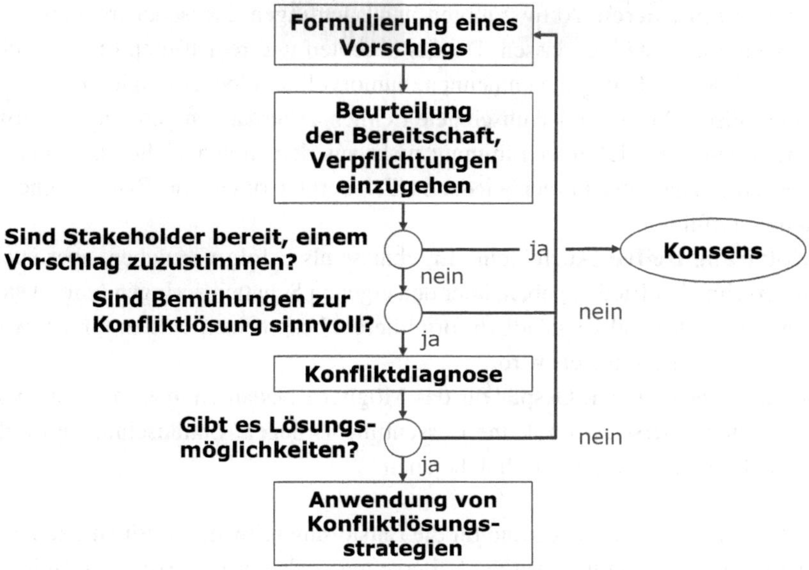

Abb. 6.13 Prozessmodell für die Konsensbildung. (Quelle: In Anlehnung an Briggs et al. 2005, S. 105 ff.)

schläge gemacht werden oder nach Lösungsansätzen gesucht wird. Für das Zustandekommen eines Konsenses bewerten die Verhandlungspartner die möglichen Resultate und Wirkungen des vorliegenden Vorschlages. Dabei sind verschiedene Faktoren abzuwägen, z. B. die Bewertung des voraussichtlichen Nutzens aus der Umsetzung eines Vorschlages, das Maß an Zeit, Aufwand und Ressourcen zur Verwirklichung des Vorschlages und inwieweit die anderen Teilnehmer planen und fähig sind, Zeit, Aufwand und Ressourcen aufzuwenden, zu denen der Vorschlag verpflichtet. Diese Bewertungen erfolgen teilweise mit rationalen Analysen, teilweise unbewusst bzw. emotional. Für die Konfliktparteien erfordert die Bewertung die Fähigkeit, sich in den Gesprächspartner hineinzuversetzen, sich eine Vorstellung von seinen Zielen, Interessen und Erwartungen zu machen. Mit dieser Perspektivenübernahme wird es leichter möglich, auf Basis der eigenen Erwartungen einen gemeinsamen Kommunikationskorridor zu finden. Es bietet sich an, eine Reihe von Verhaltensregeln zu beachten:

1. **Erregung kontrollieren**. Auf körperliche Warnsignale achten, Reizworte kennen, die einen leicht auf die Palme bringen, Vorwürfe überhören und übergehen, sich nicht zu Gegenattacken hinreißen lassen, zwischen Rolle und Person beim Anderen unterscheiden
2. **Vertrauen bilden**. Eigene Erwartungen und Präferenzen mitteilen, mit realistischen Vorschlägen entgegenkommen, Blößen der Gegenseite nicht ausnutzen, obwohl man es könnte, die eigenen Absichten täuschungsfrei kommunizieren

3. **Offen kommunizieren**. Aktiv zuhören und nachfragen, Zwischenergebnisse zusammenfassen und bestätigen lassen, Details beachten und registrieren (evtl. durch Notizen), Psychospiele beim Namen nennen, humorvoll und locker reagieren
4. **Problem lösen**. Muss- und Wunschziele trennen, Alternativen gemeinsam entwickeln und bewerten, das Ziel einer Einigung nicht aus den Augen verlieren, gemeinsamen Nutzen einer Einigung immer wieder in Erinnerung rufen, die Risiken einer Nicht-Einigung aufführen
5. **Vereinbarung treffen**. Auch kleine Ergebnisse als Erfolg verbuchen, aber auch: sich nicht vorschnell zufrieden geben, über den eigenen Schatten springen (zurückstecken), Vereinbarung klar und verständlich formulieren, besprechen, was zu tun ist, wenn das Ergebnis zu Hause kritisiert wird
6. **Persönlich verarbeiten**. Gespür für das Mögliche bewahren, das Mögliche von dem Gewünschten unterscheiden, keine Ressentiments hegen, Enttäuschungen rasch wegstecken, die Vereinbarung innerlich bejahen

Für die Moderation des Konflikts und für die Entstörung schwieriger Situationen bedarf es sehr gut ausgeprägter kommunikativer Fähigkeiten, insb. der Fähigkeit, Spannungen ausgleichen zu können, diplomatisches Geschick bei der Moderation, die Fähigkeit die Kommunikation zwischen den Parteien zu deeskalieren, Kenntnisse über Kreativitätstechniken für die Suche nach gemeinsam akzeptablen Lösungen sowie Kenntnisse über die Verhandlungsabläufe für die Suche nach einem Kompromiss. Dies erfordert von der Person aus den eigenen Reihen oder dem externen Begleiter eine hohe Toleranz für unterschiedliche Meinungen zu einem Sachverhalt, auf deren Basis die verschiedenen Meinungen konstruktiv bearbeitet werden.

Nachdem der Konflikt durch eine gemeinsame Einigung beendet wurde, ist ein Konsens entstanden. Der Konsens entspricht einer einstimmig beschlossenen Übereinkunft zu einem bestimmten Einigungsvorschlag und führt zu gegenseitig akzeptierten Verpflichtungen.[55] Mit den Verpflichtungen geht der Einsatz von Zeit, Aufwand und Ressourcen einher, um die Bedingungen des Konsenses zu erfüllen.

6.4 Mediation

Bei der Begleitung der Lösung von Konflikten kann die Hinzunahme von externen Beratern, Coaches, Moderatoren oder Mediatoren helfen. Während die externe Unterstützung durch Berater oder Coaches entweder für eine Partei oder für beide Partner erfolgen kann, dient die Hinzunahme von Moderatoren oder Mediatoren jedenfalls beiden Parteien. Der neutrale Mittler, der Mediator, versucht dabei bestimmte Schritte der Konfliktdiagnose und der Kon-

[55] Vgl. Briggs et al. (2005), S. 101 ff.

fliktbewältigung im Sinne beider Partner zu unterstützen.[56] Schließlich wird im Idealfall eine einvernehmlich gefundene Lösung von den Beteiligten aus eigener Kraft umgesetzt.

Da es sich bei Mediationen durchaus auch um juristisch relevante Themen handeln kann, wurde im Juli 2012 ein Mediationsgesetz beschlossen.[57] Darin wird die Mediation als ein vertrauliches und strukturiertes Verfahren definiert, bei dem Parteien mithilfe eines oder mehrerer Mediatoren freiwillig und eigenverantwortlich eine einvernehmliche Beilegung ihres Konflikts anstreben. Ein Mediator ist eine unabhängige und neutrale Person, die die Parteien durch die Mediation führt.[58] Das Gesetz regelt, dass der Mediator die Parteien über die Grundsätze (wie z. B. die Freiwilligkeit der Teilnahme, Neutralität des Mediators) und den Ablauf des Verfahrens informiert, dass der Mediator den Parteien über Punkte berichtet, die seine Unabhängigkeit und Neutralität gefährden, dass er Stillschweigen über die Inhalte der Mediation bewahrt und dass der Mediator eine entsprechende Ausbildung und Fortbildung nachweisen kann.

Vergleichbar mit dem Coaching (vgl. Abschn. 7.3) agiert der Mediator vor allem als prozessualer und methodischer Unterstützer bei der Selbsthilfe, er ist weniger der fachliche inhaltliche Berater. Den Kosten für einen Mediator steht die Chance einer möglichen Konfliktlösung gegenüber. Diese bewirkt häufig deutlich höhere Ergebniseffekte als die Mediationskosten. Dazu kommt, dass durch Mediationsverfahren häufig auch die emotionalen Lasten zwischen den Parteien zumindest reduziert werden. Dies führt dazu, dass die Kommunikation wieder gelingt und eine weitgehend normale Zusammenarbeit ermöglicht wird. Zwischen Mutterunternehmen und Beteiligung ist der Einbezug von Mediatoren als Alternative zu einer Weiterentwicklung von handelnden Akteuren durch Versetzung oder Entlassung zu verstehen. Entsprechend ist der Mediationsweg auch im Vergleich zu diesen Alternativen meist ein relativ kostengünstiger.

Zu Beginn der Mediation versucht der Mediator, das Vertrauen beider Parteien zu gewinnen und eine positive Ausgangslage aufzubauen. Eine wichtige Voraussetzung dafür ist, bestehende Machtungleichgewichte zu relativieren, um beiden Parteien vergleichbare Chancen einzuräumen. Ebenso muss der Mediator seine Neutralität, Gleichbehandlung und sein wertschätzendes Verhalten gegenüber beiden Parteien während dem gesamten Prozess beibehalten.

In der Regel wird der Rapport, also die gemeinsame Basis für die Konfliktbewältigung, durch getrennte Gespräche zwischen dem Mediator und jeweils einer Konfliktpartei, mit oder ohne Anwesenheit der anderen Partei aufgebaut. Im Anschluss moderiert der Mediator beide Parteien auf dem Weg von der Konfliktdiagnose hin zu der Konfliktbewältigung. Die Voraussetzung des Erfolgs von Mediationsverfahren liegt in der Bereitschaft beider Parteien, sich irgendwann während des Prozesses für eine für beide Seiten akzeptable

---

[56] Vgl. Ballreich und Glasl (2011).

[57] Gesetz zur Förderung der Mediation und anderer Verfahren der außergerichtlichen Konfliktbeilegung v. 21.07.2012 (MediationsG).

[58] Vgl. § 1, Abs. 2 MediationsG.

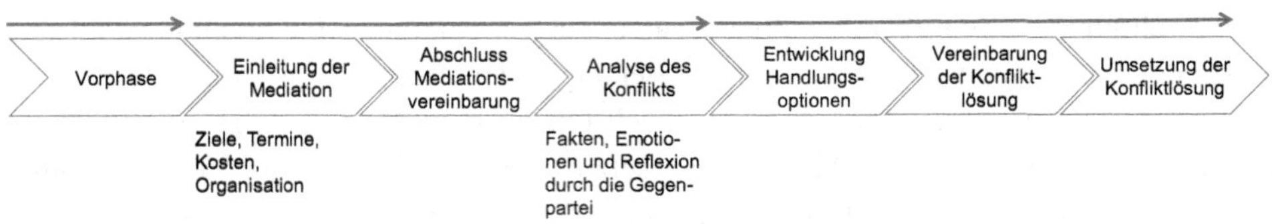

Abb. 6.14 Ablauf eines Mediationsverfahrens. (Quelle: In Anlehnung an Ballreich und Glasl 2007, S. 60)

Lösung zu öffnen. Dies erfordert neben der Reflexion der Positionen der anderen Partei auch der Selbstreflexion. Typische Fragestellungen dabei sind:

- Was wollen die Parteien?
- Was sind inhaltliche Erwartungen, was sind emotionale Forderungen?
- Woher rühren die Gefühle?
- Wie sehen Sie die Erwartungen der anderen Partei? Wie würden Sie aus der Sicht der anderen Partei handeln?
- Besteht die Bereitschaft für eine Einigung?
- Wovon hängt eine machbare Lösung ab?
- Welche Lösungsvarianten sind denkbar, welche sind machbar?
- Was muss getan werden, damit die Lösung umgesetzt wird?

Wie bei Veränderungsprojekten orientiert sich das Vorgehen an der vorliegenden Situation und kann von dem dargestellten Ablauf in Rücksprache mit den einbezogenen Parteien abweichen (Abb. 6.14).

6.5 Verantwortung im Management[59]

6.5.1 Von verantwortungsvollen Kaufleuten

„Mein Sohn, sey mit Lust bey den Geschäften am Tage, aber mache nur solche, dass wir bey Nacht ruhig schlafen können“[60]

Die Wahrnehmung von Verantwortung im Unternehmensalltag erschöpft sich auf den ersten Blick in der Einhaltung von Gesetzen. Der gesetzestreue Bürger, sei er eine Führungskraft oder nicht, muss sich an die geltenden Gesetze halten (z. B. das Handelsgesetzbuch). Dazu kommt die Verantwortung für die auf Basis des Rechtssystem vereinbarten Verträge.

Es ist bekannt, dass Deutschland nicht nur führend bei der Steuergesetzgebung ist, sondern auch eines der Länder mit den meisten juristischen Vorgaben. Dabei ist das deut-

[59] Das Kapitel orientiert sich an dem Beitrag von Ahrend (2018), S. 204–212.

[60] Mann (1930), S. 190.

sche Rechtssystem dem von Ländern wie Österreich, Schweiz oder auch Griechenland ähnlich. Andere Rechtssystem basieren wie in England und den Vereinigten Staaten auf dem Common Law, das islamische Recht basiert auf der Scharia. Es wird deutlich, dass sich international die Verantwortung durch das Erfüllen der Rechtsvorschriften unterscheidet. Die Unterschiede liegen einerseits im juristisch regulierten Umfang (in Breite und Tiefe) und andererseits in der Art und Weise der juristisch definierten Inhalte.

These 1: Das geltende Rechtssystem prägt das verantwortliche Handeln jedes Individuums. Sie unterscheiden sich international deutlich.

6.5.2 Rechtliche Dynamik

Gleichwohl wird das deutsche Rechtssystem insbesondere durch das anglo-amerikanische beeinflusst. So fand auch die Business Judgement Rule Eingang in die deutsche Rechtsprechung und ist ein wichtiger Eckpunkt für das verantwortungsvolle Handeln von Führungskräften (und Aufsichtsräten) auch in privaten und in öffentlichen Unternehmen geworden. Die Business Judgement Rule schließt gemäß §§ 93 Abs. 1 S. 2, 116 S. 1 AktG bei dem Vorliegen angemessener Informationen vor einer relevanten Entscheidung eine Pflichtverletzung und damit eine Haftung seitens von Führungskräften und Aufsichtsräten aus. Es wird an die Sorgfaltspflicht appelliert, unternehmerische Entscheidungen aus Sicht eines Vorstands- bzw. Aufsichtsratsmitglied nur dann zu fällen, wenn sie vorher vernünftigerweise als angemessen erachtete Informationen vorliegen hatten.

Neue Gesetze beinhalten üblicherweise eine Gesetzesfolgenabschätzung. Dadurch sollen die politischen Ziele möglichst effizient und mit möglichst geringen Belastungen für alle Betroffenen erreicht werden. Entsprechend umfasst die Überprüfung unter demokratischer Beteiligung von Bürgerinnen und Bürgern auch die Überprüfung von Aspekten der Nachhaltigkeit in der Gesetzeswirkung. Damit wird deutlich, dass die Verantwortung nicht nur die Gesetze an sich betreffen kann, sondern zum Beispiel auch Fragen einer gerechten Verteilung, dem Umgang mit negativen Wechselwirkungen des eigenen Handelns oder die Akzeptierbarkeit des eigenen Handelns innerhalb der Gesellschaft.

In den Impact Assessment Guidelines der Europäischen Kommission werden für neue Gesetze sowie für weitere grundsätzliche Beschlüsse der EU Prüfungen der Wirkung auf die Ökonomie, die Ökologie und Soziales einbezogen.[61]

Bezogen auf die *ökologischen Auswirkungen* sind folgende Bereiche einer Prüfung zu unterziehen: Klima, Verkehr und Energienutzung, Luftqualität, Artenvielfalt, Flora, Fauna und Landschaften, Wasserqualität und -Ressourcen, Bodenqualität und -Ressourcen, Landnutzung, erneuerbare und nicht erneuerbare Ressourcen, die ökologischen Folgen von Unternehmens- und Verbraucheraktivitäten, Produktion/Entstehung/Recycling von Abfäl-

[61] Vgl. EU (2009). Leitlinien zur Folgenabschätzung. http://ec.europa.eu/smart-regulation/impact/commission_guidelines/docs/iag_2009_de.pdf.

len, die Wahrscheinlichkeit oder das Ausmaß von Umweltrisiken, Tierschutz, weltweite ökologische Folgen.

Für die Abschätzung der *sozialen Wirkungen* von Beschlüssen werden folgende Bereiche analysiert: Beschäftigung und Arbeitsmärkte, Normen und Rechte hinsichtlich der Arbeitsplatzqualität, soziale Integration und Schutz bestimmter Gruppen, Geschlechtergleichstellung, Gleichbehandlung und Chancengleichheit, Nichtdiskriminierung von Einzelpersonen, Privat- und Familienleben, personenbezogene Daten, Governance, Teilhabe, ordnungsgemäße Verwaltung, Zugang zu Gerichten, Medienethik, Öffentliche Gesundheit und Sicherheit, Kriminalität, Terrorismus und Sicherheit, Zugang zu Sozialschutz-, Gesundheits- und Bildungssystemen und Auswirkungen auf diese, Kultur, Soziale Folgen für Drittländer.

These 2: Die Dynamik der rechtlichen Entwicklung ist ein Spiegelbild anderer Kategorien, die ein verantwortungsvolles Handeln umfasst.

6.5.3 Die Wirkung beachten ... und die Nebenwirkungen

Jeder Mensch möchte möglichst gut leben. Dazu gehört auch, den eigenen Interessen nachzugehen, die Dinge zu tun, die einem liegen und möglichst erfüllend sind. Aus der Verantwortungs-Perspektive hat diese individuelle Sinn-Suche unmittelbare Auswirkungen. Die Wirkung des Handelns von Führungskräften auf ihrer Sinn-Suche kann positiv oder negativ, stark oder schwach für viele andere Menschen sein. Entsprechend zielt verantwortungsvolles Handeln auf eine positive Sinn-Stiftung für möglichst viele Menschen. Dies kann z. B. in der Schaffung von Arbeitsplätzen, in der Entwicklung von Wohlstand oder in der Verbesserung der Gesundheitssituation der Menschheit liegen. Oder in der Erarbeitung von unternehmerischen Gewinnen. Ein enges Verständnis liefert Michael Friedman: „(T)here is one and only one social responsibility of business – to use its resources and engage in activities designed to increase its profits so long as it stays within the rules of the game, which is to say, engages in open and free competition without deception or fraud.“[62] Und ergänzend: „That responsibility is to conduct the business in accordance with their desires, which generally will be to make as much money as possible while conforming to the basic rules of the society, both those embodied in law and those embodied in ethical custom.“[63] Die sehr fokussierte Sicht auf die Maximierung der Unternehmensgewinne (oder des Unternehmenswerts) sollte auf die Erfüllung der Interessen der für das Unternehmen relevanten Anspruchsgruppen erweitert werden. Neben der Erfüllung der Erwartungen der Eigentümer (an Gewinne, Ausschüttungen und Wertsteigerung) sollten auch die legitimen Erwartungen der anderen relevanten Anspruchsgruppen zu einem verantwortungsvollen Handeln von wirtschaftlichen Akteuren zählen.

[62] Friedman (1970), S. 33.

[63] Friedman (1970), S. 126.

Das Handeln mit Bedacht auf die Wirkung lässt sich auch aus der Risikoperspektive betrachten: das Centre for the Study of Existential Risks in Cambridge befasst sich mit den Gefahren, die die Existenz der Menschheit bedrohen.[64] Als solche zählen unter anderem Krankheitskeime und neue Technologien (wie synthetische Biologie, Geoengineering oder künstliche Intelligenz). Verantwortungsvolle Führungskräfte suchen Wege, diese Gefahren zu reduzieren. Oder sie verzichten auf Maßnahmen, die die Eintrittswahrscheinlichkeit oder den Schaden der Gefahren mehren.

These 3: Ein verantwortungsvolles Handeln zielt auf Sinn-Stiftung der Ergebnisse bzw. Wirkungen für möglichst viele andere Menschen.

Aber, Verantwortung beschränkt sich nicht darauf, Gesetze einzuhalten und Wohlstand zu ermöglichen! John F. Kennedy sagte es vor über 50 Jahren so.[65]

„Even if we act to erase material poverty, there is another greater task, it is to confront the poverty of satisfaction … that afflicts us all. Too much and for too long, we seemed to have surrendered personal excellence and community values in the mere accumulation of material things. Our Gross National Product, now, is over $ 800 billion dollars a year, but that Gross National Product – if we judge the United States of America by that – that Gross National Product counts

- air pollution and cigarette advertising,
- and ambulances to clear our highways …,
- … special locks for our doors and the jails for the people who break them,
- … the destruction of the redwood and the loss of our natural wonder …,
- … napalm and … nuclear warheads and armored cars for the police to fight the riots,
- … the television programs which glorify violence in order to sell toys to our children.

Yet the gross national product does not allow for the health of our children, the quality of their education or the joy of their play. It does not include the beauty of our poetry or the strength of our marriages, the intelligence of our public debate or the integrity of our public officials. It measures neither our wit nor our courage, neither our wisdom nor our learning, neither our compassion nor our devotion to our country, it measures everything in short, except that which makes life worthwhile."

Und wie ist der Stand? Seit 1970 ist der Biodiversitätsindex weltweit um über 50 % gesunken, die jährlichen Treibhausgasemissionen haben sich fast verdoppelt, über 48 % der tropischen und subtropischen Wälder wurden abgeholzt – das alles bei einer verdoppelten Weltbevölkerung.[66] Wir leben in einer Welt mit offenkundig suizidalen Merkmalen.

Hoffnungsvolle Gegenbeispiele finden sich bei vielen deutschen Städten und zahlreichen Unternehmen. Weitere gute Beispiele finden sich z. B. in der Spiegel-Reihe „Früher war alles schlechter".[67] Also sollten wir nicht resignieren, sondern Verantwortung tragen!

[64] Vgl. https://www.cser.ac.uk.

[65] Kennedy (1968).

[66] Vgl. Howes (2017).

[67] Vgl. http://www.spiegel.de/thema/frueher_war_alles_schlechter/.

6.5.4 Tugendhaftes Handeln

Jeder empfindet eine Vielzahl von Verpflichtungen, seien sie gesetzlicher Natur oder seien sie der Moral oder einem tugendhaften Handeln geschuldet. Wer entscheidet, was die richtigen Tugenden sind? Sollen ehrbare Kaufleute die Tugend der Bürger fördern? Oder sollen ehrbare Kaufleute dafür belohnt werden, wenn sie die „richtigen" Tugenden erfüllen? Wie nah ist dann das chinesische „Sozialkredit"-System für die Belohnung des „besseren" Bürgers?

Der Begriff des ehrbaren Kaufmanns wurde im Mittelalter geprägt, damals vor allem für selbstständige Kaufleute. Immer noch aktuell ist der Begriff, u. a. weil jede Industrie- und Handelskammer durch den Gesetzgeber gemäß § 1 Abs. 1 IHKG aufgerufen ist, für Anstand und Sitte des „ehrbaren Kaufmanns" zu wirken. Dabei ist der Begriff im IHK-Gesetz nicht weiter definiert und entfaltet bislang auch keine Rügemöglichkeit. Gemäß der Versammlung eines Ehrbaren Kaufmanns zu Hamburg e. V.[68] handeln ehrbare Kaufleute nach folgendem Leitbild:

- Der Ehrbare Kaufmann ist weltoffen und freiheitlich orientiert.
- Der Ehrbare Kaufmann steht zu seinem Wort, sein Handschlag gilt.
- Der Ehrbare Kaufmann entwickelt kaufmännisches Urteilsvermögen.
- Der Ehrbare Kaufmann ist Vorbild in seinem Handeln.
- Der Ehrbare Kaufmann schafft in seinem Unternehmen die Voraussetzungen für ehrbares Handeln.
- Der Ehrbare Kaufmann legt sein unternehmerisches Wirken langfristig und nachhaltig an.
- Der Ehrbare Kaufmann hält sich an das Prinzip von Treu und Glauben.
- Der Ehrbare Kaufmann erkennt und übernimmt Verantwortung für die Wirtschafts- und Gesellschaftsordnung.
- Der Ehrbare Kaufmann tritt auch im internationalen Geschäft für seine Werte ein.

Neben dem Bekenntnis zur Einhaltung der Gesetze umfasst die Aufzählung verschiedene Tugenden wie Toleranz, Ehrlichkeit, Ernsthaftigkeit, Höflichkeit, Wertschätzung, Klugheit, Nichtdiskriminierung, Verbindlichkeit, Verlässlichkeit oder vorbildhaftes Verhalten. Sicherlich sollten diese Tugenden auch die Grundlage für die meisten verantwortungsvoll handelnden Kaufleute sein.

Gleichwohl verändert sich der Begriff des ehrbaren Kaufmanns. Weitere Prägungen erhält der Begriff durch Konzepte wie Corporate Governance, Compliance, Corporate Social Responsibility oder Fairness. Der Trend der Individualisierung prägt auch hier, dass jeder und jede Einzelne definiert, was die individuell wichtigen Tugenden, Werte und Vorlieben sind. Umso wichtiger für die Zukunft sind hier die Prägung der jungen Generation durch Familie, Schule und Gesellschaft. Gerade den Schulen kommt immer mehr die Auf-

[68] Vgl. www.veek-hamburg.de.

gabe zu, vorzuleben, wie man Verantwortung übernimmt – angefangen von Toleranz und gegenseitigem Respekt über das Lösen von Problemen, das Erlernen der Möglichkeiten für eine nachhaltige Entwicklung (Bildung für nachhaltige Entwicklung) bis hin zur Motivation, unternehmerisch tätig zu werden. Die individuell priorisierten Werte prägen deutlich, wie verantwortungsvoll jeder und jede Einzelne handelt.

These 4: Verantwortungsvolles Handeln ist eng mit ehrbarem oder tugendhaftem Handeln verbunden. Die individuellen Werte prägen die jeweilige Ausprägung, daher hat die künftige Werte-Bildung eine hohe Bedeutung.

These 5: Das eigene Handeln orientiert sich an den individuell für wichtig erachteten Werten. Je nach persönlicher Entwicklung und Priorisierung fällt es mehr oder weniger verantwortungsvoll aus.

6.5.5 Loyalität und Solidarität

Das christliche Gebot der Nächstenliebe, die Grundsätze der sozialen Marktwirtschaft, die Absicherung durch Sozialsysteme aufbauend auf der mittelalterlichen Allmende und die entsprechend erlebte Sozialisierung prägen das Grundinteresse am Wohlergehen der Anderen. Naturgemäß ist das Grundinteresse stärker ausgeprägt, je näher die Mitmenschen sind (Familie, Freunde, Bekannte, Mitmenschen in der Region). Neben der Verantwortung für Familie und Freunde umfasst das verantwortungsvolle Handeln von Kaufleuten auch die Loyalität und Solidarität gegenüber Personen und Dingen im beruflichen und erweiterten privaten Umfeld. Dazu gehören gegenseitiger Respekt, der regelmäßige Austausch und das direkte oder indirekte unterstützen.

These 6: Verantwortungsvolles Handeln umfasst auch ein Grundinteresse am Wohlergehen der Mitmenschen. Dabei ist die gefühlte Solidarität stärker, je näher einem die Menschen sind.

6.5.6 „Sozialer Klebstoff"

Dazu kommt die Erkenntnis jedes Einzelnen, sich als Mitglied einer Gesellschaft mit Traditionen, einer Geschichte und bestimmten moralischen Werten zu verstehen. Die Loyalität zu der Gemeinschaft wächst z. B. durch die Qualität der genossenen staatlich organisierten Ausbildung oder durch das persönliche genutzte Angebot an Infrastruktur und Leistungen der Daseinsvorsorge. Dazu kommt die moralische Verantwortung für die Gemeinschaft in einer Stadt, einem Bundesland, in Deutschland, in Europa und in der Welt. Jeder und jede Einzelne hat eine Verantwortung für die positive Entwicklung der Gemeinschaft und der gemeinsamen Werte. Jeder kann einen Beitrag für den „sozialen Klebstoff" der Gemeinschaft leisten.[69]

[69] Beispiele zu Projekten für die Gemeinschaft finden sich unter CSR Germany (2011).

Einen empirischen Beleg für die Bedeutung des „sozialen Klebstoffes", also dem Teilen von gemeinsamen Werten wie z. B. Vertrauen, der Einstellung zu Arbeit, Demokratie, Marktwirtschaft und der Rolle der Geschlechter liefert der Beitrag „Value Diversity and Regional Economic Development".[70] Dieser zeigt empirisch auf, dass gemeinsame Werte neben der positiven sozialen Wirkung auch die Wirtschaftsleistung (das Pro-Kopf-Bruttoinlandsprodukt) fördern.

These 7: Durch die soziale Prägung des Einzelnen durch die Gemeinschaft, hat jeder und jede Einzelne auch die Verantwortung für die positive Entwicklung der Gemeinschaft, insbesondere den Zusammenhalt.

Das geht deutlich weiter, als die rechtliche Pflicht, anderen kein Unrecht zu tun. Es handelt sich um das allgemeine Interesse, den „sozialen Klebstoff", d. h. den Zusammenhalt der Gesellschaft zu sichern. Jeder und jede Einzelne kann einen Beitrag für die kollektive Verantwortung leisten. Die Möglichkeiten liegen dabei neben dem eigenen Handeln vor allem auch darin, die gemeinsame Diskussion über die künftige Gestaltung des Zusammenhalts zu ermöglichen und mit Beiträgen zu unterstützen. Genau darin liegt eine der Stärken von Städten und ihren Beteiligungen: sie ermöglichen den gemeinsamen Diskurs in der Zivilgesellschaft darüber, wie wir künftig gemeinsam leben wollen. Dieser Beitrag lässt sich nicht genug wertschätzen, er ist ein oft für selbstverständlich gehaltenes Element unserer Freiheit.

Das Kümmern um den gegenseitigen Zusammenhalt, das gemeinsame Streben für den Gemeinschaftssinn, für Orte des Austauschs im öffentlichen Raum, gegen Spaltungstendenzen in der Gesellschaft, gegen die Entsolidarisierung und gegen eine übertriebene Individualisierung – das ist ein weiterer wichtiger Kern der Verantwortung von Führungskräften. Dieser Diskurs und dieses Handeln umfasst auch Stolz und kritische Reflexion auf die gemeinsame Geschichte und die gemeinsamen Werte oder eben das Ermöglichen der Teilnahme Vieler an Gemeinschaft-stiftenden Erlebnissen.

Für jedes Unternehmen, nicht nur für öffentliche Unternehmen bedeutet das die Orientierung des Handelns an Public Values. Das unternehmerische Handeln kann direkt oder über das eigentliche Handeln hinaus Beiträge für das Gemeinwohl leisten.[71] Beispiele für Public Values zeigt Abb. 6.15.

So leistet zum Beispiel die Darmstädter HEAG-Gruppe wichtige Beiträge für den Public Value, in dem sie die Infrastruktur bereitstellt, die gemeinsam genutzt wird, öffentliche Einrichtungen unterstützt, die zum gemeinsamen Austausch dienen und Leistungen der Daseinsvorsorge erbringt, die der Großteil der Bürgerinnen und Bürger nutzt. Ein neues Angebot, das seit 2017 erbracht wird, ist das HEAG Vereinscoaching. Dabei werden Vereine im bilateralen Gespräch mit der Vereinsführung oder durch gemeinsame Veranstaltungen zu Sachthemen unterstützt. Dies umfasst Themen der kaufmännischen Führung, Konzepte für Mitgliedergewinnung und -bindung, Ansätze für die Öffentlichkeits-

[70] Vgl. Beugelsdijk et al. (2019), S. 153 ff.

[71] Vgl. z. B. Ahrend (2014).

Abb. 6.15 Ausgewählte Public Values. (Quelle: in Anlehnung an Ahrend 2014, S. 27)

arbeit, allgemeine Führungsfragen oder auch Themen für die Ausgestaltung der künftigen Vereinsstrategie.

6.5.7 Verantwortung für die natürliche Umwelt

Die freiwilligen Verpflichtungen des Einzelnen gehen aber über die soziale, die menschliche Gemeinschaft hinaus. Sie umfassen auch die Verantwortung für die natürliche Umwelt, für die Flora und Fauna, anders formuliert für die Schöpfung. Auch mit Bezug zu der sozialen Gemeinschaft, aber vor allem mit Bezug auf die natürliche Umwelt haben die Vereinten Nationen die Agenda 2030 entwickelt (Abb. 6.16).[72] Sie umfasst siebzehn Ziele für die nachhaltige Entwicklung (die Sustainable Development Goals) und 169 Unterziele. In der Präambel heißt es unter anderem: „Die Agenda 2030 verpflichtet uns, den Planeten zu schützen, damit auch künftige Generationen ein gutes Leben in einer intakten Umwelt führen können. Dazu zählen die nachhaltige Nutzung von Meeren und Ozeanen, der Erhalt von Ökosystemen und Biodiversität, die Bekämpfung des Klimawandels sowie ein nachhaltiger Umgang mit natürlichen Ressourcen."

Wie notwendig ein verantwortungsvolleres Handeln von Führungskräften ist, zeigt der sogenannte Überschreitungstag, der Tag, an dem die Welt beginnt, Ressourcen zu konsumieren, die im Laufe des Jahres nicht mehr aufgefüllt werden können.[73] Leider entwickelt sich der Überschreitungstag im Kalender stetig nach vorne.

Für die natürliche Umwelt sind die Beiträge unterschiedlich leicht zu realisieren. Unternehmen, die direkt mit Umweltwirkungen zu tun haben, können direkter dafür

[72] Vgl. https://undocs.org/A/69/L.85.

[73] Vgl. https://www.overshootday.org/newsroom/past-earth-overshoot-days/.

Abb. 6.16 Sustainable Development Goals der UN Agenda 2030. (Quelle: United Nations o. J.)

Verantwortung übernehmen, als andere (z. B. mit dem Fokus auf Ökostrom, wie die HEAG-Tochter Entega). Gleichwohl kann indirekt oder in Randbereichen direkt jeder und jede Einzelne einen Beitrag leisten. Zum Beispiel durch die Anwendung des Deutschen Nachhaltigkeitskodexes oder durch die Mitwirkung an Netzwerken, die sich an der Nachhaltigkeit orientieren, z. B. im Unternehmensnetzwerk B.A.U.M. e. V.[74] Es empfiehlt sich die Entwicklung und Anwendung von nachhaltigen Geschäftsmodellen, seien sie effektiv, effizient oder suffizient. Einen Überblick gibt Abb. 8.5 in Abschn. 8.4.

These 8: Neben dem Bewusstsein der Wirkungen des eigenen Handelns für die natürliche Umwelt, gehört zu einem verantwortungsvollen Handeln auch das Streben nach einer Minimierung von negativen Wirkungen und Risiken für das Ökosystem.

6.5.8 Fazit

Das verantwortungsvolle Handeln von Führungskräften umfasst mindestens 5 Kategorien: (1) die Achtung vor der Freiheit jedes Einzelnen (durch Gesetze und Verträge), (2) die Erbringung von möglichst positiven Wirkungen für viele andere Menschen (wie Arbeitsplätze und Wohlstand), (3) das Handeln nach eigenen Werten und Tugenden, (4) das freiwillige positive Wirken für die Gemeinschaft und deren Zusammenhalt sowie (5) das

[74] Vgl. https://www.baumev.de/.

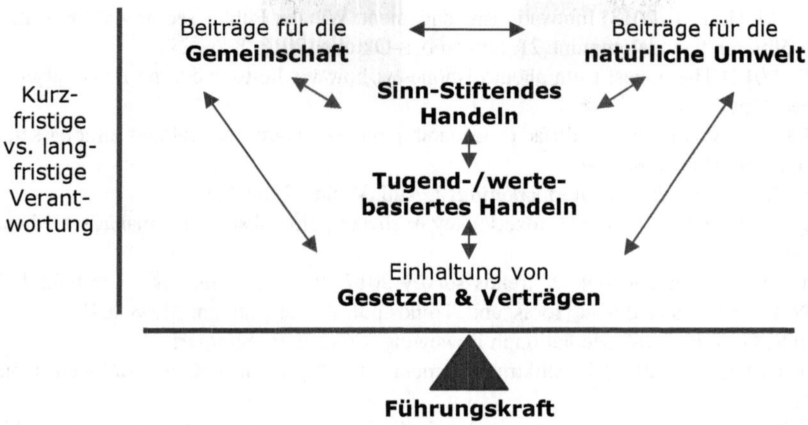

Abb. 6.17 5 Kategorien für verantwortliches Handeln von Führungskräften

Streben nach einer Minimierung negativer Wirkungen für die natürliche Umwelt (vgl. Abb. 6.17).

Dabei erfolgt das verantwortungsvolle Handeln kurzfristig und langfristig. Neben rationalen Unterschieden zwischen den beiden Denk- und Handlungsweisen spielen ebenso emotionale, psychologische und kulturelle Faktoren eine Rolle.[75] Trotz dem Wunsch des Menschen, die Komplexität der Dinge zu vereinfachen, verbleibt ein komplexes System des verantwortungsvollen Handelns von Führungskräften.

Da sich die Gesellschaften verändern, ändern sich auch die allgemein in einer Gesellschaft akzeptierten Tugenden. Gerade auch Führungskräfte sind Treiber dieser Dynamik. Sie entwickeln die Gesellschaften (neben Politikern, den Bürgern und anderen) weiter. Sie definieren das Verständnis für eine gute Lebensführung, sie definieren den Rahmen mit, was verantwortungsvolles Handeln bedeutet.

Literatur

Ahrend K-M (2014) Corporate Governance in der Energiewirtschaft – zwischen Unternehmenswert und Public Value. Energiewirtschaftliche Diskussionsbeiträge, No. 2-2014. https://www.econstor.eu/bitstream/10419/106508/1/Ahrend%20Corporate%20Governance%20in%20der%20Energiewirtschaft%2030.10.2014.pdf. Zugegriffen am 31.08.2019

Ahrend K-M (2016) Geschäftsmodell Nachhaltigkeit – Ökologische und soziale Innovationen als unternehmerische Chance. Springer, Wiesbaden

Ahrend K-M (2018) Dimensionen verantwortlichen Handelns – Von verantwortungsvollen Wissenschaftlern und verantwortungsvollen Kaufleuten. In: Gemeinhardt A (Hrsg) Die Praxis der Gesellschaftswissenschaften – 30 Jahre Schader-Stiftung. Festschrift zum 90. Geburtstag von Alois M. Schader. Schader-Stiftung, Darmstadt, S 204–212

[75] Vgl. Kahnemann (2011).

Ahrend K-M, Hölle T (2018) Innovationsmanagement: Wie der Public Sector von Innovationslaboren profitieren kann. Kommune 21. September–Oktober 2018. S 26–27
Ariely D (2012) The honest truth about dishonesty: how we lie to everyone especially ourselves. Harper, New York
Avolio BJ, Bass BM (2004) Multifactor leadership questionnaire, manual and sampler set, 3. Aufl. Mindgarden, Redwood City
Backhaus K (2003) Industriegütermarketing, 7. Aufl. Vahlen, München
Baddeley S, James K (1987) Owl, fox, donkey or sheep: political skills for managers. Manag Educ Dev 18(1):3–19
Bain (2018) Management tools & trends survey 2017. Bain & Company. www.bain.de/Images/BAIN_BRIEF-Management_Tools_and_Trends.pdf. Zugegriffen am 31.08.2019
Ballreich R, Glasl F (2007) Mediation in Bewegung. Concadora, Stuttgart
Ballreich R, Glasl F (2011) Konfliktmanagement und Mediation in Organisationen. Concadora, Stuttgart
Barbuto JE (2005) Motivation and transactional, charismatic, and transformational leadership: a test of antecedents. J Leadersh Org Stud 11(2005):26–40
Bass BM, Avolio BJ (1994) Improving organizational effectiveness through transformational leadership. Sage, Thousand Oaks
Bauer J (2008) Prinzip Menschlichkeit, warum wir von Natur aus kooperieren. Hoffmann & Campe, München
Bauer J (2015) Selbststeuerung – Die Wiederentdeckung des freien Willens. Blessing, München
Berkel K (2008) Konflikttraining. Verlag Recht und Wirtschaft, Frankfurt
Beugelsdijk S, Klasing MJ, Milionis P (2019) Value diversity and regional economic development. Scand J Econ 121(1):153–181
Bickenbach F, Soltwedel R (1996) Freiräume schaffen – Motivation stärken – Potentiale fördern: Bausteine partizipativer Führung und Unternehmensorganisation. Kieler Diskussionsbeiträge, No. 267, Institut für Weltwirtschaft, Kiel
Böhm I, Pawellek I (2002) Personalmanagement und Führung: Ein Leitfaden für kleine, junge, innovative Unternehmen. ESM, Berlin
Braun S, Peus C, Weisleiler S, Frey D (2013) Transformational leadership, job satisfaction, and team performance: a multilevel mediation model of trust. Leadersh Q 24(2013):270–283
Briggs RO, Kolfschoten G, de Vreede GJ (2005) Toward a theoretical model of consensus building. In: Proceedings of the eleventh Americas Conference on Information Systems (AMCIS), Omaha, 11–14 August 2005, S 101–110
Cleavenger DJ, Munyon TP (2012) It's how you frame in: transformational leadership and the meaning of work. Bus Horiz 56(2012):351–360
CSR Germany (2011) Herausragende Praxisbeispiele für die Soziale Verantwortung der Unternehmen – Corporate Social Responsibility. http://www.csrgermany.de/www/csr_cms_relaunch.nsf/res/Liste_sozial_engagierter_Unternehmen.pdf/$file/Liste_sozial_engagierter_Unternehmen.pdf. Zugegriffen am 31.08.2019
Den Ouden E (2012) Innovation design. Creating value for people, organizations and society. Springer, London
EU (2009) Leitlinien zur Folgenabschätzung. http://ec.europa.eu/smart-regulation/impact/commission_guidelines/docs/iag_2009_de.pdf. Zugegriffen am 31.10.2019
Ferris GR, Kacmar KM (1992) Perceptions of organizational politics. J Manag 18(1992):93–116
Fisher R, Ury W, Patton B (2013) Das Harvard-Konzept. Der Klassiker der Verhandlungstechnik, 24. Aufl. Campus, Frankfurt am Main
Friedman M (1970) The social responsibility of businesses is to increase its profits. New York Times Magazine, 13. September, S 32–33, 126–127

Funcke A, Havenith E (2017) Moderations-Tools: Anschauliche, aktivierende und klärende Methoden für die Moderations-Praxis, 5. Aufl. managerSeminare, Bonn

Gable SL, Reis HT, Impett EA, Asher ER (2004) What do you do when things go right? The intrapersonal and interpersonal benefits of sharing positive events. J Pers Soc Psychol 87(2):228–245

Glasl F (2011) Konfliktmanagement. Haupt, Bern/Stuttgart/Wien

Göbel M (2009) Interaktive Unternehmenssteuerung – Organisation, Wissen und Reziprozität auf Kapitalmärkten. Springer, Wiesbaden

Grabowiecki J (2006) Keiretsu groups: their role in the Japanese economy and a reference point (or a paradigm) for other countries. Working Paper V.R.F. Series Nr. 413, Institute of Developing Economies, Japan External Trade Organization, Institute of Developing Economies, Chiba

Haack J (2002) Interaktivität als Kennzeichen von Multimedia und Hypermedia. In: Issing LJ, Klimsa P (Hrsg) Information und Lernen mit Multimedia und Internet. Lehrbuch für Studium und Praxis, 3. Aufl. Beltz, Weinheim, S 127–138

Haunerdinger M, Probst H-J (2012) Projektmanagement. Projekte erfolgreich planen, steuern und abschließen. Redline, München

Hays (2019) HR-Report 2019. Schwerpunkt Beschäftigungseffekte der Digitalisierung. Hays, Mannheim

Hill L (1994) Exercising influence. Harvard Business School note 9-494-080. Harvard Business School Press, Boston

Homans GC (1961) Social behaviour: its elementary forms. Harcourt, Brace & World, New York

Howes M (2017) After 25 years of trying, why aren't we environmentally sustainable yet?, 2. April 2017, The Conversation. https://theconversation.com/after-25-years-of-trying-why-arent-we-environmentally-sustainable-yet-73911. Zugegriffen am 31.08.2019

Hurni A (2018) Schöner Fotografieren – Texte zur Fotografie: Wabi und Sabi. https://www.andreas-hurni.ch/aesthetik/wabisabi.html. Zugegriffen am 31.08.2019

Kahneman D, Tversky A (2000) Choices, values, and frames. Cambridge University Press, New York

Kahnemann D (2011) Schnelles Denken, langsames Denken, 13. Aufl. Siedler, München

Kaune A, Wagner A-S (2016) Change Communication – Die Rede als Instrument im Kontext von Theorie, Empirie und Praxis. Springer, Wiesbaden

Kennedy RF (1968) Remarks at the University of Kansas, 18.03.1968. https://en.m.wikisource.org/wiki/Remarks_at_the_University_of_Kansas. Zugegriffen am 31.08.2019

Kirsch W, Seidl D (2004) Steuerungstheorie. In: Schreyögg G, v. Werder A (Hrsg) Handwörterbuch Unternehmensführung und Organisation, 4. Aufl. Schäffer-Poeschel, Stuttgart, S 1365–1374

Kissi J, Dainty A, Tuuli M (2013) Examining the role of transformational leadership of portfolio managers in project performance. Int J Proj Manag 31(2013):485–497

Koren L (2008) Wabi-Sabi: for artists, designers, poets & philosophers. Imperfect Publishing, Point Reyes

Luhmann N (1979) Trust and power. Wiley, Chichester

Mann T (1930) Buddenbrooks. Verfall einer Familie. Deutsche Buchgemeinschaft, Berlin

Meyer M, Milgrom P, Roberts J (1992) Organizational prospects, influence costs, and ownership changes. J Econ Manag Strateg 1(1):9–35

Milgrom P, Roberts J (1999) Bargaining costs, influence costs, and the organization of economic activity. In: Alt J, Shepsle KA (Hrsg) Perspectives on political economy. Cambridge University Press, Cambridge, S 57–89

Münte T (2017) Neurobiologie wirtschaftlicher Entscheidungen. Vortrag im Rahmen des 1. Fachverbandskongresses am 28. und 29. September 2017 des Fachverbandes Personenberatung und Personenbetreuung in der Wirtschaftskammer Österreich. Wirtschaftskammer, Wien

Park SQ, Kahnt T, Dogan A, Strang S, Fehr E, Tobler PN (2017) A neural link between generosity and happiness. Nature Communications. 8/2017. Article Nummer 15964

Piepenburg U (1991) Ein Konzept von Kooperation und die technische Unterstützung kooperativer Prozesse in Bürobereichen. In: Friedrich J, Rödiger K-H (Hrsg) Computergestützte Gruppenarbeit (CSCW). BG Teubner, Stuttgart, S 79–94

Reinmuth M (2009) Vertrauen und Wirtschaftssprache: Glaubwürdigkeit als Schlüssel für erfolgreiche Unternehmenskommunikation. In: Moss C (Hrsg) Die Sprache der Wirtschaft. VS, Wiesbaden, S 127–145

Robbins SP (2001) Organisation der Unternehmung, 9. Aufl. Pearson, München

Rousseau DM (1989) Psychological and implied contracts in organizations. Empl Rights Responsib J 2/1989:121–139

Rousseau DM (1995) Psychological contract in organizations. SAGE, Thousand Oaks

Schermerhorn JR (2002) Management. Wiley, Weinheim

Scheufele B (2007) Kommunikation und Medien: Grundbegriffe, Theorien und Konzepte. In: Piwinger M, Zerfaß A (Hrsg) Handbuch Unternehmenskommunikation. Gabler, Wiesbaden, S 105–143

Schnell T (2016) Psychologie des Lebenssinns. Springer, Wiesbaden

Schulz von Thun F (1981) Miteinander reden 1. Störungen und Klärungen: Allgemeine Psychologie der Kommunikation. Rowohlt, Reinbek

Schulz von Thun F (2007) Miteinander reden: Fragen und Antworten. Rowohlt, Reinbek

Settoon RP, Bennett N, Liden RC (1996) Social exchange in organizations: perceived organizational support, leader-member exchange, and employee reciprocity. J Appl Psychol 81:219–227

Stangl W (2017) Stichwort Serieller Positionseffekt. Online-Lexikon für Psychologie und Pädagogik. https://lexikon.stangl.eu/4881/serieller-positionseffekt/. Zugegriffen am 31.08.2019

Thiemer J (2004) Erlebnisbetonte Kommunikationsplattformen als mögliches Instrument der Markenführung – dargestellt am Beispiel der Automobilindustrie. University Press, Kassel

Tufte E (1990) Envisioning information. Graphics Press, Cheshire

Tufte E (2001) The visual display of quantitative information, 2. Aufl. Graphics Press, Cheshire

Tyler TR (2011) Why people cooperate: the role of social motivations. Princeton University Press, Princeton/Oxford

United Nations (o. J.) SDG poster and individual goals for web and print. https://www.un.org/sustainabledevelopment/news/communications-material/. Zugegriffen am 31.08.2019

Waring J, Currie G, Bishop S (2013) A contingent approach to the organization and management of public-private partnerships: an empirical study of english health care. Public Adm Rev 73(2):313–326

Watzlawick P (1969) Menschliche Kommunikation. Huber, Bern

Weibel A, Schafheitle S, Osterloh M (2018) Trust rocks! Aktives Vertrauen als Grundstein für das Gelingen der Neuen Arbeit. In: Sulzberger M, Zaugg RJ (Hrsg) ManagementWissen – Was Leader erfolgreich macht. Springer, Wiesbaden, S 35–42

Wilson L (2004) The social styles handbook. Nova Vista Publishing, Herentals

Wunderer R (2007) „Der gestiefelte Kater" als Unternehmer: Lehren aus Management und Märchen (uniscope. Die SGO-Stiftung für praxisnahe Managementforschung). Gabler, Wiesbaden

Wunderer R, Kuhn T (Hrsg) (1995) Innovatives Personalmanagement, Theorie und Praxis unternehmerischer Personalarbeit. Luchterhand, Neuwied

Zhang S, Chan APC, Feng Y, Duan H, Ke Y (2016) Critical review on ppp research – a search from the Chinese and international journals. Int J Proj Manag 34(4):597–612

Personalentwicklung und Coaching 7

Zusammenfassung

Ein weiteres wichtiges Instrument des Beteiligungsmanagements ist die Unterstützung der Beteiligungen bei deren Aktivitäten im Feld der Personalentwicklung. Dies umfasst individuelle, teambezogene sowie unternehmensübergreifende Maßnahmen. So können durch gruppenweite Schulungs- und Ausbildungsangebote, interne Bewerbungsplattformen, Job-Rotation, Projekte, zentrale Personalgewinnung oder Maßnahmen für die Weiterentwicklung der Unternehmenskultur wichtige Beiträge für die Bindung sowie für die Gewinnung von Personal bei den Beteiligungen geleistet werden. Die Arbeitgebermarke profitiert. Durch Coaching seitens der Akteure des Mutterunternehmens oder durch externe Coaches gewinnen die Akteure der Beteiligungen an Professionalität und an Selbstbestimmung. Coaching umfasst u. a. die Bereitschaft, zuzuhören und sich in die Perspektiven des Gecoachten zu versetzen, um das bisherige und das künftige Handeln zu reflektieren.

Die Personalentwicklung und das Coaching sollten aber nicht bei den Akteuren der Beteiligungen enden. Genauso wichtig ist die Weiterentwicklung der Beschäftigten im Mutterunternehmen für die Wahrnehmung der Aufgaben des Beteiligungsmanagements.

K.-M. Ahrend, *Beteiligungsmanagement*,
https://doi.org/10.1007/978-3-662-60588-2_7

7.1 Entwicklung von Beschäftigten, Teams und der Unternehmenskultur

7.1.1 Personalentwicklung: Ziele und Inhalte

Die Personalentwicklung spielt eine wichtige Rolle für die Entwicklung jeder Beteiligung.[1] Sie analysiert die Bedarfe und Bedürfnisse der Beschäftigten, leitet auf Basis der bestehenden Potenziale geeignete Maßnahmen ab und führt Qualifizierungsmaßnahmen durch.[2] Durch Maßnahmen der Personalentwicklung werden Veränderungen auf der Sach- und auf der Beziehungsebene eingeleitet. Damit können konkrete Probleme gelöst und/oder Potenziale einzelner Beschäftigter, von Teams, von Teilen oder des ganzen Unternehmens gehoben werden. Sie leistet Beiträge für die Beantwortung folgender Fragen:

- Wie können die richtigen Beschäftigten für das Unternehmen gefunden werden? Die Personalentwicklung liefert Argumente für die Personalakquise und für die Stärkung der Arbeitgebermarke.
- Wie können Leistungsträger für ihre Aufgaben begeistert werden? Die Personalentwicklung, insb. die persönliche Karriereentwicklung bzw. Karriereplanung, stärkt die Motivation der Beschäftigten.
- Wie können die Beschäftigten an das Unternehmen gebunden bleiben? Die Personalentwicklung, insb. das Angebot von Fortbildungsmaßnahmen stärkt die Bindung an das Unternehmen.
- Wie können die Mitarbeiter so unterstützt werden, dass sie die entsprechenden Leistungen erbringen können? Die Personalentwicklung führt zu einer Stärkung der Qualifikation der Beschäftigten.

Das Mutterunternehmen kann eine wesentliche Rolle bei der Entwicklung der Fach- und Führungskräfte der Beteiligungen leisten. Dazu zählen die Entwicklung und Weiterentwicklung von Kompetenzprofilen, die Ausprägung besonderer Kompetenzfelder oder die Stärkung des Austauschs und der Vernetzung von Fach- und Führungskräften zwischen

[1] Wie Nationen ihr Humankapital entwickeln, ist die wahrscheinlich wichtigste Determinante für ihre langfristigen wirtschaftlichen Erfolg. Humankapital bezeichnet die Fähigkeit des Einzelnen, im globalen, wissensorientierten Wirtschaftssystem immer wieder aufs Neue eigene Werte zu schaffen. Diese Fähigkeit definiert sich dabei nicht nur durch formale Bildung, sondern auch durch deren Einsatz- und Nutzungsmöglichkeiten über den gesamten Lebenszeitraum des Einzelnen hinweg. Der Global Human Capital Index 2017 des World Economic Forum vergleicht 130 Länder weltweit. Angeführt wird die Rangliste von Norwegen, Finnland und der Schweiz, gefolgt von den USA, Dänemark und Deutschland auf Platz sechs. Vgl. World Economic Forum (2017), S. 8.

[2] Dabei ist die Personalentwicklung eine Aufgabe des Personalmanagements. Zu diesem gehören auch die folgenden Aufgaben: Personalgewinnung (insb. auch Vertragsgestaltung), Personalbetreuung (insb. Lohn- und Gehaltsabrechnung), Personalführung (als Aufgabe der Führungskräfte) sowie Personalaustritt.

den Beteiligungen – gerade auch für die konzernweit koordinierte Nachwuchsführungskräfteförderung und Nachfolgeplanung. Mittelbar kann das Mutterunternehmen die Bemühungen jeder einzelnen Beteiligung bei deren Stärkung der Arbeitgebermarke unterstützen. Häufig ist die Zugehörigkeit eines Unternehmens zu einer größeren Einheit ein Pluspunkt aus Sicht von Bewerbern, vor allem dann, wenn diese Einheit öffentlich ihre langfristige Ausrichtung ihrer Beteiligungsstrategie zum Ausdruck bringt. Auch helfen konzernweit nutzbare Innovationslabore oder Think Tanks, gerade bei der Ansprache von Mitgliedern der Generation Y und der Generation Z (vgl. Abschn. 7.1.7). Auch können vom Mutterunternehmen Initiativen für das Angebot von Zusatzleistungen für die Belegschaft ausgehen. Diese müssen nicht notwendigerweise mehr Personalaufwand auslösen, sondern können wahlweise als Ersatz für ein Zusatzentgelt erbracht werden (z. B. Essensgutscheine, Weiterbildung, Fitnessstudio im Rahmen der Gesundheitsvorsorge) oder kostenneutral ausgestaltet werden (z. B. Fahrradleasing, Beteiligung an Programmen wie Corporate Benefits). Schließlich koordinieren häufig die Akteure des Mutterunternehmens die Weiterentwicklung der Tarifverträge und damit der tariflichen Bezahlung sowie deren Zusammensetzung in einem Konzern. Damit wird ein Beitrag für Motivation, Betriebsfrieden und die betriebliche Zusammenarbeit in den Beteiligungen geleistet.

Eine wichtige Aufgabe im Zuge der Personalentwicklung liegt in der groben oder detaillierten Beschreibung von Rollen-, Aufgaben- und Kompetenzprofilen. Während früher jede Stelle mit einer Stellenbeschreibung ausgestattet war, liegt der Schwerpunkt heute in der Beschreibung der wesentlichen Aufgaben und der dafür notwendigen Kompetenzen. Ändern sich die notwendigen Kompetenzen sollte dies nicht nur in einer veränderten Kompetenzbeschreibung münden, sondern auch in der Ableitung von Personalentwicklungsmaßnahmen für die Weiterentwicklung der Kompetenzen des betreffenden Mitarbeiters.

Daneben umfasst eine strukturierte Personalentwicklung die Gestaltung von Karriere- und Entwicklungspfaden. Dies kann sich auf einen standardisierten Pfad für einen Großteil der Organisation (z. B. bei Dienstleistungsunternehmen) oder auch individuell für den betreffenden Mitarbeiter beziehen.

Die Personalentwicklung basiert einerseits auf den Erwartungen des Unternehmens an die betreffende Person bezogen auf ihre aktuelle oder bezogen auf eine künftige Rolle. Andererseits zielt die Personalentwicklung auf die Erfüllung der persönlichen Ziele der Beschäftigten. Für McClelland erklärt sich menschliches Verhalten durch das Zusammenwirken des Strebens nach Leistung, Macht, Zugehörigkeit und Vermeidung.[3]

- **Leistungsmotiv**. Die Personalentwicklung setzt bei der Identifikation von neuen Zielen an, aus deren Erreichung Motivation resultiert, bei der Schaffung eines begeisternden Arbeitsumfelds und bei der Entwicklung der persönlichen kurz- und mittelfristigen Karriereentwicklung.

[3] Vgl. McClelland (1951), S. 15 f.; McClelland (1975), S. 5; McClelland (1985), S. 3.

- **Machtstreben.** Die Personalentwicklung schafft (oder zeigt Möglichkeiten auf für die Erreichung von) Positionen mit Überlegenheit gegenüber anderen Personen.
- **Bedürfnis nach Zugehörigkeit.** die Personalentwicklung ermöglicht die Aufnahme in attraktiv wahrgenommene Gruppen (wie Abteilungen, Teams, Projekte). Die Gruppenzugehörigkeit wirkt dabei ausgleichend und vermittelt Sicherheit.
- **Vermeidungsstreben.** die Personalentwicklung kann auch auf die Reduktion der Eintrittswahrscheinlichkeiten für Misserfolg und Machtverlust zielen.

Naturgemäß unterscheiden sich die Ausprägungen der vier Motive Streben nach Leistung, Zugehörigkeit, Macht und Vermeidung von Mensch zu Mensch. Zusätzlich unterscheidet sich die Ausprägung bei jedem Menschen im Verlauf der Zeit. Entsprechend individuell sollte auch die Personalentwicklung ansetzen.

Eine erfolgreiche Personalentwicklung zeigt sich aus Sicht des Unternehmens in einem hohen Identifizierungsgrad mit einem Unternehmen und lässt sich z. B. über einen Mitarbeiter-Commitment-Index messen, der die Bekanntheit und die Identifikation der Beschäftigten mit den unternehmerischen Zielen bewertet. Andere Kenngrößen, die sich für die Wirkungsanalyse anbieten sind z. B. Fluktuation, Pünktlichkeit, Zahl der Krankheitstage, Zahl der Überstunden, Index der Mitarbeiterzufriedenheit oder auch zusammengesetzte Größen wie der Organisational Health Index.[4]

Weitere Bereiche sind die Anzahl und die Qualität der Bewerbungen auf freie Stellen, die Vermittlung von Bewerbern durch eigene Mitarbeiter und die Beteiligung der Mitarbeiter an Freizeitaktionen. Sie sind Ausdruck einer allgemeinen Identifikationsbereitschaft und stehen damit für das Betriebsklima. Um das Betriebsklima für die Arbeitgebermarke zu nutzen, sollten folgende Punkte miteinbezogen werden:

- Schaffung eines Wir-Gefühls
- Kooperationsbereitschaft der Beschäftigten mit den Unternehmenspartnern
- Vertrauen der Kunden zu den Produkten und Leistungen und den dahinter stehenden Beschäftigten
- Regelmäßige Kommunikation über Arbeitsbedingungen und Mitarbeiterzufriedenheit
- Nachvollziehbares Verhalten der Führungskräfte in der Öffentlichkeit
- Vermeiden von Widersprüchlichkeiten in Kommunikation und Verhalten des Unternehmens

Neben der Festlegung von Zielen sind auch die Mittel zu definieren, also die Aktionsräume, in denen die Personalentwicklung stattfinden soll. Für die Aktionsräume ist auch festzulegen, ob eine proaktive Haltung eingenommen wird, oder eine eher reaktive, die auf Bedarfe der Beschäftigten und des Marktes reagiert. Die verschiedenen Maßnahmen der Personalentwicklung unterscheiden sich unter anderem dadurch, wo und zu welchem Zweck sie durchgeführt werden. Orientiert man sich deshalb an der Grundfrage, ob die

[4] Vgl. https://www.mckinsey.com/solutions/orgsolutions/overview/organizational-health-index/.

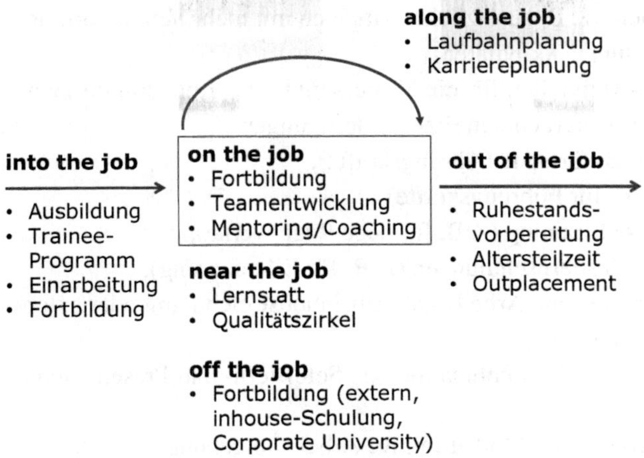

Abb. 7.1 Aktionsräume und Beispiele für die Personalentwicklung

Personalentwicklungsmaßnahme zum Job hinführt oder aus dem Job herausführt, so ergeben sich die in Abb. 7.1 skizzierten Varianten:

- Personalentwicklung „into the job" ist die Hinführung zu neuen Tätigkeiten und Aufgaben.
- Personalentwicklung „on the job" sind direkte Maßnahmen am Arbeitsplatz, durch die eine Personalentwicklung durchgeführt wird. Beispiele dafür sind der systematische Arbeitsplatzwechsel und die Projektarbeit.
- Personalarbeit „along the job" beinhaltet Karriereplanung und Laufbahnplanung.
- Personalentwicklung „near the job" ist das arbeitsplatznahe Training, wie es beispielsweise durch Qualitätszirkel erreicht wird.
- Personalentwicklung „off the job" sind Aktivitäten, die außerhalb der Arbeitszeit stattfinden, beispielsweise der Besuch externer Fortbildungsveranstaltungen.
- Personalentwicklung „out of the job" dient der Sicherstellung der Beschäftigungsfähigkeit oder der Vorbereitung auf ein Verlassen des Unternehmens, z. B. durch Outplacement.

Welche dieser Varianten alleine oder in Kombination gewählt wird, hängt von dem zuvor definierten Entwicklungspotenzial ab, aber auch von den zur Verfügung stehenden Mitteln. Für die Umsetzung stehen eine Vielzahl von Maßnahmen zur Auswahl. Nachfolgend eine Übersicht:

- Systemdiagnosen (durch Befragungen und Interviews) und Rückmeldung an die Organisation,
- Job Rotation (z. B. bei Traineeprogrammen),
- Job Enlargement (z. B. zusätzliche Aufgaben auf gleichem fachlichen Niveau),

- Job Enrichment (z. B. zusätzliche Aufgaben mit mehr Verantwortung),
- Teamentwicklungs-Aktivitäten,
- Intergruppen-Aktivitäten für die Verbesserung der Kooperation zwischen Teams, Abteilungen oder Unternehmen (bzw. Beteiligungen),
- Mentoring (z. B. für neue Führungskräfte),
- Coaching (z. B. für Führungskräfte),
- Computer-based-training (z. B. für neue Regelwerke),
- Schriftliche Selbstlernschulungen (z. B. für Bilanzierung),
- Präsenzschulungen am Arbeitsplatz, als inhouse-Schulung oder extern,
- Corporate Universities,
- Blended Learning als Kombination von Selbstlern- und Präsenzmodulen,
- Projektarbeit,
- Attraktiver Arbeitsplatz und attraktive Arbeitsumgebung
- Betriebliches Gesundheitsmanagement,
- Informationsveranstaltungen für mehr Transparenz,
- Veränderungsprojekte für die Entwicklung der Unternehmenskultur,
- Kommunikationsplattformen für Abteilungen, für das Unternehmen sowie ggf. für Kooperationspartner innerhalb oder außerhalb der Unternehmensgruppe

Während die meisten aufgezählten Maßnahmen sofort nachvollziehbar sind, lässt sich dies bei der Projektarbeit hinterfragen. Zwar lässt sich die zunehmende Komplexität moderner Organisationen mit Projekten leichter bewältigen, doch wo erfolgt dabei der Kompetenzerwerb? Vor allem zwei Gründe lassen sich nennen, dass das projektartige Zusammenarbeiten ein Teil der Personalentwicklung ist.

- Meist behandeln Projekte ein inhaltlich neues Thema. Entsprechend erfolgt die Fortbildung des Projektmitglieds durch das Projektthema selbst sowie durch die Fachkenntnisse der anderen Projektmitglieder. Durch die gewonnenen Erfahrungen werden die Kompetenzen des Einzelnen gestärkt. Projektarbeit ist häufig eine wichtige Voraussetzung, um Erfahrungen zu sammeln, die für die aktuelle und künftige Aufgaben von hoher Bedeutung sind.
- Aber auch wenn die Projekte keine neuen Themen betreffen, erfolgt eine Kompetenzentwicklung, weil der Einzelne die Tätigkeiten gemeinsam mit anderen ausübt. Durch die Interaktion mit den Kollegen im Team werden neue fachliche Fähigkeiten erlernt. Zudem birgt die Zusammenarbeit im Team auch Herausforderungen. Entsprechend ist die Projektarbeit auch eine Fortbildung in Bezug auf soziale Kompetenzen, insb. zu Teamarbeit, Konfliktbewältigung und Moderation unterschiedlicher Sichtweisen der beteiligten Mitglieder.

Für die Umsetzung der Maßnahmen der Personalentwicklung lassen sich vier Prinzipien nutzen.

- **Gleichbehandlung**. Die Maßnahmen der Personalentwicklung richten sich an alle Mitarbeiter, unabhängig vom Fähigkeitsprofil und vom Entwicklungspotenzial. Dieses Prinzip bietet sich z. B. für Pflichtschulungen oder für die Vermittlung der Unternehmensstrategie.
- **Gruppenförderung**. Die Maßnahmen der Personalentwicklung richten sich an eine bestimmte Gruppe im Unternehmen, z. B. Führungskräfte oder Beschäftigte einer Abteilung. Die Maßnahmen werden für jedes Gruppenmitglied angeboten, unabhängig von dem individuellen Fähigkeitsprofil.
- **Begabtenförderung**. Die Maßnahmen der Personalentwicklung werden für ausgewählte Personen angeboten, denen ein hohes Entwicklungspotenzial beigemessen wird. Ein Beispiel dafür sind Nachwuchsentwicklungsprogramme für Führungskräfte.
- **Engpassbeseitigung**. Die Maßnahmen der Personalentwicklung dienen zur Kompensation von identifizierten Kompetenzlücken, z. B. wenn mehrere Beschäftigte das Unternehmen verlassen haben.

7.1.2 Bedarfsgerechte Fortbildung

Die zunehmende Vielfalt an Handlungsoptionen führt zu einem wachsenden Maß an Unsicherheit. Es lassen sich vier verschiedene Typen der Unsicherheit unterscheiden:[5] Während die strukturelle Unsicherheit das inhaltliche Greifen aufgrund unvollständiger, inkonsistenter oder falscher Annahmen zu einem komplexen Problem beschreibt, betrifft die zeitliche Unsicherheit die Unvorhersehbarkeit eines Zustands in der Zukunft oder der Vergangenheit. Die translationale Unsicherheit betrifft Probleme bei der Kommunikation von Individuen und die metrische Unsicherheit erschwert die Messbarkeit und die Bemessung von Sachverhalten. Aus dem Gefühl der Unsicherheit und den Veränderungen in der Arbeitswelt ergeben sich veränderte Qualifikationsanforderungen an die Beschäftigten und diese wiederum zu neuen Anforderungen an die Qualifizierungsprozesse.

Durch eine Fortbildungsmaßnahme erfolgt die weitere Qualifizierung einer Person oder einer Gruppe, bei der auf den berufsfeldspezifischen Kenntnissen und Fähigkeiten aufgebaut wird.[6] Die Fortbildung kann am Arbeitsplatz, außerhalb des Unternehmens oder als Kombination von Teilen am Arbeitsplatz und Teilen außerhalb des Unternehmens stattfinden. Neben der Örtlichkeit lässt sich auch der Zweck der Fortbildung unterscheiden:

- **Erhaltungsfortbildung**. Die Zielsetzung liegt in der Kompensation von fehlenden Qualifikationen, die durch eine Unterbrechung der Berufsausübung entstanden sind.

[5] Vgl. Rowe (1994), S. 743 ff.

[6] Vgl. Pawlowsky und Bäumer (1996), S. 10; Gonon und Stolz (2004), S. 9. Fähigkeiten werden dabei auch als Routinen oder als anwendungsorientiertes Wissen bezeichnet. Vgl. Teece et al. (1997), S. 516.

- **Anpassungsfortbildung**. Die Zielsetzung liegt in der Aktualisierung von erworbenem Wissen und bestehendem Können, aufgrund von veränderten Aufgaben im Unternehmen. Ein Beispiel sind Umschulungen.
- **Aufstiegsfortbildung**. Die Zielsetzung liegt in der Erweiterung der bestehenden Qualifikationen, um eine Person auf einen neuen Tätigkeitsbereich vorzubereiten.
- **Ergänzungs- oder Erweiterungsfortbildung**. Die Zielsetzung liegt auch hier in der Erweiterung der bestehenden Qualifikationen, ohne dass dabei ein unmittelbarer Bezug zu konkreten Anforderungsprofilen vorliegt.

Der Mensch lernt, indem das Gehirn Verbindungen aufbaut und später auf diesen Verbindungen Signale auf elektrischen und chemischen Wegen weiterleitet. Dabei wird versucht, neue, zu lernende Inhalte anhand des bestehenden Vorwissens ein- und zuzuordnen. Verbindungen, die oft genutzt werden, werden vom Gehirn schneller durchlaufen. Entsprechend hilfreich sind Wiederholungen für das Lernen. Dabei kann Stress den Lernprozess teilweise fördern, allerdings bei dem Abrufen des Gelernten Probleme bereiten.[7] Die Möglichkeiten für die Umsetzung der Fortbildung sind zahlreich. Sie variieren von hoch standardisierten Angeboten wie Fachschulungen oder Fachlehrgängen bis hin zu gering standardisierten Angeboten wie dem Peer Teaching. Dabei werden neue Zusammenhänge von einem Lernenden einem anderen Lernenden erklärt bzw. mit einem Kollegen diskutiert. Der so gegenseitig vermittelte Stoff wird aufgrund des für die Verbalisierung notwendige Verständnis intensiver wahrgenommen als bei einem gelesenen Text oder einem gehörten bzw. gesehenen Vortrag. Dieses kooperative Lernen kann sich z. B. bei Projekten mit enger Zusammenarbeit im Team oder Diskussionen mit intensiver Beteiligung aller Mitdiskutanten einstellen. Ein Dozent ist dafür teilweise nicht mehr nötig oder er nimmt die Rolle eines Moderators ein.

Für die Ausgestaltung der Fortbildungsangebote für die Beschäftigten der Beteiligungen kann das Beteiligungsmanagement mit folgenden Ansätzen unterstützen:

- Die Fortbildungsangebote sollten strukturiert geplant, umgesetzt und regelmäßig weiterentwickelt werden. Zusätzlich sollten die Beteiligungen Rahmenbedingungen schaffen, damit jeder Mitarbeiter informell und selbstgesteuert lernen kann. Damit kann Lernen zu einem Wert des Unternehmens und seiner Unternehmenskultur werden.
- Der Fokus bei den zu vermittelnden Fertigkeiten liegt auf praktisch direkt nutzbaren Handlungsweisen im Sinne einer Verwendungsorientierung, wie zum Beispiel Selbstorganisation, Konfliktfähigkeit oder Agiles Projektmanagement. Das wird durch den Einbezug von konkreten Praxisbeispielen, Fallstudien sowie durch den Einbezug von Transferaufgaben und ggf. einer zusätzlichen Praxistransferbegleitung bzw. dem Angebot einer Umsetzungsberatung erleichtert.
- Die Auswahl der Themen sollte immer im Einklang mit den Erwartungen des Lernenden abgestimmt sein.

---

[7] Vgl. Ackermann et al. (2013).

- Mit den bestehenden Angeboten für die Fortbildung kann sich das Unternehmen im Wettbewerb um neue Beschäftigte positionieren.[8] Es hilft bei der Stärkung der Arbeitgebermarke.
- Die Initiative für die Durchführung von Maßnahmen der Fortbildung kann dabei vom Unternehmen oder von der betreffenden Person ausgehen. Dies dient einerseits der Stärkung der Wissens- und Kompetenzbasis und andererseits der individuellen Persönlichkeitsentwicklung.
- Durch die zunehmende Internationalisierung, die in vielen Branchen wachsende Wettbewerbsintensität und damit die Notwendigkeit für Innovationen wird der Lernstoff zunehmend internationaler und berücksichtigt zunehmend Themen wie Innovationsmanagement und Problemlösungsfähigkeiten.
- Meist reichen die bisherigen Fähigkeiten und Kompetenzen der Beschäftigten im Bereich von Informationstechnologie und Digitalisierung nicht mehr aus. Entsprechend gewinnen Lernfelder wie Datenanalyse und Datenmanagement, Digitale Transformation oder Digitale Geschäftsmodelle an Bedeutung.
- Um die Beschäftigten für die Suche nach Innovationen vorzubereiten, bedarf es weniger formaler Schulungen, als vielmehr der Einbindung der Beschäftigten in Innovationsprojekte: „Training with a direct impact on innovation does not have the characteristics of either formal or informal education, but is mainly based on participation in activity which produces innovation."[9] Dieses in den Job eingebettete Lernen kann mit klassischen Methoden der Fortbildung (wie einer Schulung) kombiniert werden. Dies umfasst kognitive Prozesse wie die Suche nach neuen Ideen, Bewertung von Alternativen, Prozessmanagement, Persönliche Entwicklung, Wissenstransfer in der Gruppe und Einbindung in eine neue Gruppe.
- Durch die Nutzung von dynamischen Wissensnetzwerken, Internal Social Networks, lässt sich der Wissens- und Erfahrungstransfer innerhalb der Belegschaft fördern. Dabei spielt neben Suchfunktionen nach Dokumenten und Experten vor allem der Austausch in Foren und die Kommunikation in Projektteams und Arbeitsgruppen eine Rolle. Beispiele dafür sind Systeme wie Yammer, Salesforce Chatter oder IBM Connections.
- Durch die hohe Verfügbarkeit von Smart Phones können Beschäftigte auch diese für das Bearbeiten von kleinen Lernsequenzen nutzen.
- Hilfreich für die Verbreitung von positiven Erfahrungen während oder nach einer Fortbildung ist die Nutzung von internen sozialen Netzwerken oder anderen internen Kommunikationsforen. Dort können positive Erlebnisse (aber auch Kritik) zu den Fortbildungsmaßnahmen geäußert werden. Wird über den Sinn, den Inhalt und die Methode der Fortbildung positiv berichtet, wird damit der Nutzen vermittelt. Überwiegen die Empfehlungen, regt das zu einer weitergehenden Nutzung der Fortbildungsangebote an. Andere wollen dem Vorbild des Lernenden folgen.

[8] Vgl. den Beleg in der Studie von Mohr et al. (2013), S. 37 ff.

[9] European Commission (2013), S. 55.

- Für eine strukturierte Ausgestaltung der Fortbildung bedarf es einer systematischen Bedarfsermittlung auf Basis der Unternehmensstrategie, den aktuellen sowie den künftigen Aufgaben. Daran schließt sich die persönliche Bewertung an, die häufig im Rahmen eines Jahresgesprächs zwischen Führungskraft und Mitarbeiter einbezogen wird. Zusätzlich bietet es sich an, dass die Personalabteilung über spezifische Fortbildungsangebote informiert bzw. bei der Suche unterstützt.
- Nach durchgeführten Fortbildungsmaßnahmen sollten die Führungskräfte die Lernleistungen würdigen und je nach Thema den Erfolg auch im Unternehmen kommunizieren.
- Wie jeder Prozess sollte auch der der Fortbildung einer regelmäßigen kritischen Reflexion unterzogen werden. Damit lassen sich gute Elemente beibehalten und andere Elemente verbessern.

Dabei ist das Angebot von Fortbildung nicht selbstverständlich. Rd. 58 % der nicht innovativen Unternehmen bieten Fortbildung für Ihre Beschäftigten an, immerhin 78 % sind es von den innovativen Unternehmen.[10] Der Zusammenhang zwischen Fortbildung und Innovation ist indessen nicht eindeutig. „Dabei bleibt offen, ob die Fortbildungsangebote durch die Innovationen erforderlich wurden und/oder die Fortbildung den Beschäftigten ermöglichte, die Innovationen zu realisieren."[11] Letztlich unterstützt die Fortbildung die Entwicklung der Beteiligung zu einer lernendem Organisation.

7.1.3 Priorisierung der Inhalte der Fortbildung

Für das heutige dienstleistungsorientierte Wirtschaftsleben haben aktuelle Kompetenzen eine hohe Bedeutung. Bei der individuellen Kompetenz handelt es sich um die Entwicklung von Wissen, Fertigkeiten und Fähigkeiten, um einen bestimmten Zweck zu erzielen.[12]

- **Wissen** umfasst die Gesamtheit an Informationen und Erfahrungen eines Individuums, eines Teams oder einer Organisation. Beispiel: Ein Thema wird verstanden.
- **Fertigkeiten** umfassen die erlernten Handlungsroutinen, um Aufgaben auszuführen. Beispiel: eine Aufgabe lösen.
- **Fähigkeiten** sind die Anwendung von Wissen und Fertigkeiten in einem spezifischen Kontext. Beispiel: eine Aufgabe wird im zugeordneten Arbeitsgebiet auf richtige Art und Weise gelöst.

Entsprechend müssen die Beteiligungen ihre Beschäftigten professionell und effizient weiterbilden, um unter den sich dynamisch ändernden Rahmenbedingungen zu bestehen.

[10] Vgl. Vollmar (2013), S. 885.

[11] Vollmar (2013), S. 885.

[12] Vgl. GPM (2016), S. 17.

Im Idealfall tragen die Kompetenzen jedes Beschäftigten zu der Wettbewerbsfähigkeit der Beteiligung bei. Dafür sind folgende Voraussetzungen zu erfüllen: Strategische Werthaltigkeit, Einzigartigkeit, imperfekte Substituierbarkeit und imperfekte Imitierbarkeit.[13] Entsprechend bietet sich an, die in einer Beteiligung bestehenden Kompetenzen zu erfassen, anhand der genannten Kriterien zu bewerten und nach entsprechender Priorisierung weiter zu entwickeln. Die Priorisierung sollte dabei auf einer Analyse der bei Wettbewerbern vorhandenen Kompetenzen, die erwartbare bzw. mögliche technologische oder inhaltliche Entwicklung der Kompetenzen im Sinne von Kompetenzportfolien sowie auf Umfragen bei Kunden bezüglich deren Erwartungen an die betreffenden Kompetenzen beruhen.[14] Durch die Kombination von Selbstbeobachtung, -hinterfragung und -bewertung der Akteure der Beteiligung mit der Fremdbeobachtung, -hinterfragung und -bewertung durch die Akteure des Mutterunternehmens entsteht ein Zielbild für die Ziele der künftigen Kompetenzentwicklung und damit für die Fortbildungsinhalte.

Die Ansatzpunkte liegen vor allem im Transfer von Wissen sowie von Fertigkeiten. Hingegen sind die kognitiven Fähigkeiten, die Motivation (zum Lernen) und die Persönlichkeit meist nicht oder nur geringfügig durch Maßnahmen der Personalentwicklung beeinflussbar. Wenngleich der Begriff Humankapital technokratisch und unpassend erscheint, wird er häufig in der Literatur verwendet. Tab. 7.1 fasst die Ansatzpunkte für die Entwicklung des „Humankapitals" zusammen.

Tab. 7.1 Entwicklungspotenziale für „Humankapital" (Quelle: in Anlehnung an Tamilina 2012, S. 11)

Element of human capital	Definition	Source	Potential to change	Potential to dissociate
Cognitive ability	Genetic/neural structures predefining effectiveness of learning	Innate	Fixed	Non transferable
Motivation	Psychological feature predefining willingness to learn	Innate	Quasi-fixed	Non transferable
Personality	Psychological feature predefining propensity to developing certain skills	Innate	Quasi-fixed	Non transferable
Knowledge	Theoretical principle-based schematic structures containing factual information or conceptual frameworks about processes, procedures and relationships	Acquired	Changeable/ learnable	Transferable
Skills	An ability and capacity acquired through deliberate and sustained effort to use acquired knowledge in practice for carrying out activities or job functions	Acquired	Changeable/ learnable	Transferable

[13] Vgl. Barney (1991), S. 112.

[14] Vgl. Wagner et al. (2006), S. 107.

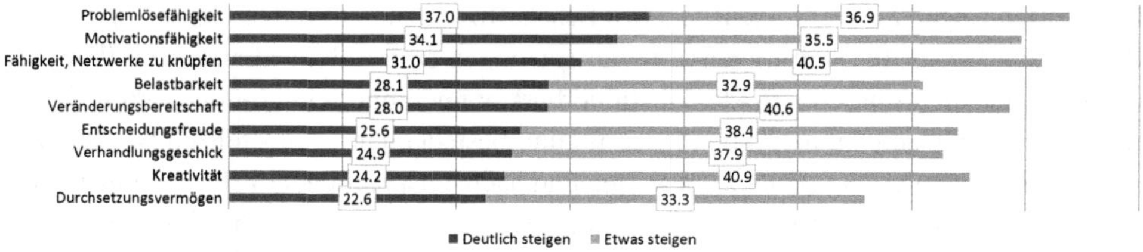

Abb. 7.2 Zukünftige Bedeutung von Führungskompetenzen. (Quelle: in Anlehnung an Hammermann und Stettes 2017, S. 96)

Durch die sich weiter reduzierende Aktualität des individuellen Wissens ergibt sich einerseits die Notwendigkeit für eine zunehmende Flexibilität der Beschäftigten im Umgang mit Wissen und andererseits mit der Herangehensweise an neue Problemstellungen: „In fact, wherever you look in Europe, the percentage of employees whose professional work involves them in resolving unexpected problems is greater than 63 percent.“[15] Während die Problemlösefähigkeiten bereits heute eine hohe Bedeutung bei der Unternehmensführung innehaben, werden sie zukünftig noch wichtiger (vgl. Abb. 7.2). So sind fast 40 % der Befragten einer Studie der Meinung, dass die Fähigkeit, Problemlösungen zu identifizieren, in Zukunft stark an Bedeutung gewinnen wird.

Seit Jahren gewinnen digitale Kompetenzen an Bedeutung für die Fortbildung. Neben klassischen Seminaren und Inhouse-Schulungen eignen sich dafür auch Fernstudienangebote (wie z. B. das Zertifikat Digital Leadership der Wilhelm Büchner Hochschule[16]) oder Angebote der lokalen Industrie- und Handelskammern. Für die Weiterbildung helfen auch die Online-Schulungen der Firma Google. Beispielhafte Themen sind z. B. Suchmaschinenoptimierung, Soziale Medien, Online mehr verkaufen und Einführung in Web-Analytics.[17] Die Teilnahme erfordert einen Google-Account und ermöglicht auch das Ablegen eines Google-Zertifikats.

Für praxisorientierte Berufseinsteiger bietet sich das duale Studium der Berufsakademien oder das daran angelehnte noch junge Angebot des Make School College an.[18] Die Studierenden erwerben einen Bachelor-Abschluss in angewandter Informatik und arbeiten zeitweise bei Unternehmen aus dem Silicon Valley, u. a. bei Google und Apple. Durch die technischen Möglichkeiten der Virtual Reality ergeben sich auch neue Möglichkeiten für die Weiterbildung selbst.[19] Komplexe Sachverhalte können durch das Durchspielen in einer täuschend echten virtuellen Welt erlernt werden.

---

[15] European Commission (2013), S. 54.

[16] Vgl. https://www.wb-fernstudium.de/kursseite/digital-leadership.html.

[17] Vgl. https://learndigital.withgoogle.com/zukunftswerkstatt.

[18] Vgl. https://www.makeschool.com.

[19] Vgl. Macho und Kuhn (2015).

7.1.4 Personalentwicklung durch Teamentwicklung

Die Personalentwicklung dient nicht nur der individuellen Weiterentwicklung einzelner Personen, sondern soll auch die Zusammenarbeit von Mitarbeitern fördern. Mittelbar soll ein Teamgeist entwickelt werden, also der Zusammenhalt der Gruppe gestärkt werden. Eine solche Teamentwicklung ist ein wichtiger Bestandteil aller Qualifizierungsmaßnahmen. Gerade in der heutigen Arbeitswelt wird es immer relevanter, dass Mitarbeiter gemeinschaftlich Aufgaben lösen.

Ein Team ist eine funktionsgegliederte Arbeitsgruppe mit gemeinsamen Zielen, Normen und Werten und wechselseitigen Beziehungen der Teammitglieder untereinander.[20] Dabei muss ein Team nicht an einem Ort zusammen arbeiten, sondern kann auch dezentral verteilt, als virtuelles Team agieren. „Virtuelle Teamarbeit bezeichnet den interdependenten und zweckgebundenen Arbeitsprozess einer Gruppe von Individuen, die ein gemeinsames Ziel verfolgen und dabei räumliche/oder zeitliche Hindernisse mit Hilfe von Kommunikationsmedien überwinden."[21] Die Kommunikation in Teams ist komplexer als zwischen zwei Personen und sie hat einen hohen Stellenwert für den Teamerfolg. Wirksame Kommunikation in Teams beruht auf drei Säulen:

- auf der gegenseitigen Unterstützung beim Erreichen eines gemeinsamen Zieles
- auf dem Zusammenfassen der individuellen Kräfte und Fähigkeiten zu gemeinsamen Erkenntnissen und Problemlösungen
- auf dem Verbinden getrennter Standpunkte und Interessen zu gemeinsamen Vereinbarungen und Entscheidungen

Bei einer Teamentwicklung geht es weniger um die Lösung eines akuten Problems, als vielmehr um die Verbesserung der grundsätzlichen Zusammenarbeit innerhalb des Teams. Dies beinhaltet Fragen wie

- Festsetzung von Gruppenzielen
- Verdeutlichen der Rollen der Teammitglieder
- Systematisierung der Arbeitsabläufe
- Entwicklung von Kommunikationsmustern und
- Umgang mit Konflikten.

Bruch und Ghoshal nennen es die Suche nach der organisationalen Energie. Organisationale Energie ist die Kraft, der Treibstoff, das Adrenalin oder die Endorphine, mit denen Teams, Abteilungen oder ganze Unternehmen arbeiten und zielgerichtet Dinge bewegen.[22]

[20] Vgl. Lipnack und Stamps (2000), S. 5 ff.

[21] Senst (2001), S. 17.

[22] Vgl. Bruch und Ghoshal (2003), S. 7.

Sie äußert sich in der Intensität, der Schnelligkeit und der Vitalität, wie in einem Team gearbeitet wird und wie mit Veränderungen umgegangen wird. Ganz menschlich unterscheidet sich der persönliche Energielevel und die Summe der jeweiligen Energielevel ergibt die kollektive organisationale Energie.

Es lassen sich vier unterschiedliche Zustände der organisationalen Energie definieren, die sich durch die Intensität (im Sinne der Agilität oder Wachheit) und die Qualität (als positive oder negative Wirkung) der Energie unterscheiden.[23]

- **Angenehme Trägheit**. Das Team ist mit dem Status quo zufrieden und hat eine eher gering ausgeprägte emotionale Handlungsintensität.
- **Resignative Trägheit**. Das Team weist einen niedrigen Energielevel auf, die Stimmung in der Organisation ist allerdings geprägt von Gleichgültigkeit, Enttäuschung, Frustration und Destruktivität.
- **Korrosive Energie**. Zwar besteht in solchen Teams ein hoher Energielevel mit hoher Wachheit und Enthusiasmus, allerdings wird dieser vor allem für interne Prozesse oder gar interne Konflikte genutzt. Das Team beschäftigt sich intensiv mit sich selbst und behindert eine kundenorientierte produktive Weiterentwicklung.
- **Produktive Energie**. Das Team weist einen hohen Energielevel auf und nutzt die Möglichkeiten für die produktive Weiterentwicklung des Teams und den agilen Umgang mit Veränderungen.

Abb. 7.3 gibt einen Überblick.

Abb. 7.3 Zustände der organisationalen Energie. (Quelle: in Anlehnung an Bruch und Vogel 2011, S. 51–57)

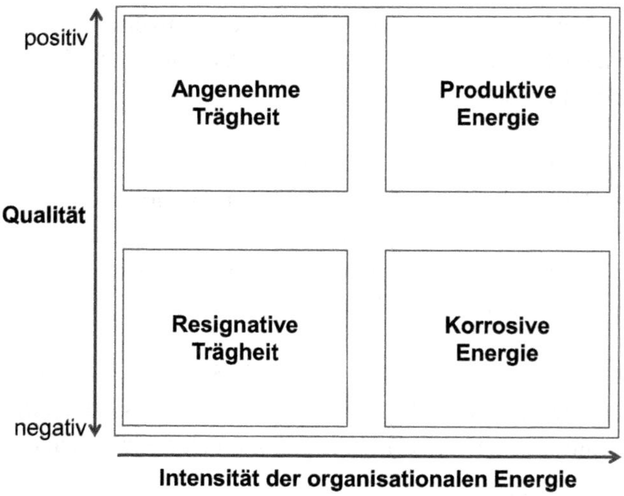

[23] Vgl. Bruch und Vogel (2011).

Nicht nur die Führungskräfte der Beteiligung, sondern auch die Akteure des Beteiligungsmanagement streben einen möglichst hohen und positiven Level an organisationaler Energie an. Für das Energiemanagement lassen sich zum Beispiel die folgenden Maßnahmen nutzen.[24]

- **Emotionale Ansteckung**. Motivation kann ansteckend wirken. Durch die Definition oder Umwandlung der Unternehmensziele und der Arbeitsaufgaben in inspirierende Ziele und Aufgaben lassen sich Emotionen und damit organisationale Energie entfachen. Mit Enthusiasmus und Freude lassen sich Hürden nehmen, mit einem starken Willen können Berge versetzt werden. Dies gilt vor allem dann, wenn es sich um Ziele handelt, die als sinnstiftend empfunden werden.
- **Verhaltensbezogene Wirkung**. Alle Angehörigen einer Organisation sollten sich ein Stück weit für die organisationale Energie verantwortlich fühlen. Mit der Sicherung der Deutungshoheit können die Sichtweisen des Teams verändert werden. Mit Zuversicht lassen sich Herausforderungen einfacher bewältigen. Wird ein starkes Gemeinschaftsgefühl geschaffen, können neue Aufgaben bewältigt werden.
- **Kognitive Basis**. Die Produktivität lässt sich durch den Einbezug von Methoden sowie von digitalen und nicht-digitalen Tools in den Fokus rücken. Die Personalentwicklung kann sich neben der Diskussion in Einzelgesprächen auch mit der Einführung von Hilfsmitteln für die Förderung der Produktivität befassen. Beispiele sind Projektmanagementsoftware, die Einstellung von Assistenzen für Teams oder die Verfügbarkeit von Home-Office-Angeboten.
- **Schaffung von Freiräumen**. Ohne die notwendigen Freiräume kann sich die organisationale Energie nicht entfalten. Also haben die Führungskräfte die Aufgabe, entsprechende zeitliche, räumliche und weisungsbezogene Freiräume zu ermöglichen.
- **Personalpolitische Maßnahmen**. Vorschläge für die Verbesserung der Ziele, Aufgaben, Zusammenarbeit und Tools sollten Thema jedes Jahresgesprächs sein. Bei Neueinstellungen wie auch bei Beförderungen und der Personalentwicklung sollten Personen bevorzugt werden, die Energie ausstrahlen und nicht solche, die Energie aufsaugen. Das gilt für Führungspositionen wie auch für wichtige Fachfunktionen.

Entsprechend lassen sich eine Reihe von Regeln für die gegenseitige Unterstützung in Teams und Arbeitsgruppen formulieren:

- Energie und Produktivität im Team verbessern helfen.
- Abgeben und annehmen können.
- Geduld haben mit sich und den anderen.
- Aus dem Überblick arbeiten.
- Mut haben, Probleme in die Gruppe zu geben.
- Keine Einzelkämpfer, sondern Gesamtverantwortung.

[24] Vgl. Kirsch et al. (2009), S. 17 ff.; Schudy und Bruch (2010).

- Die Situation des Anderen wahrnehmen.
- Den Anderen wertschätzen.
- Toleranz zeigen und die Situation des Anderen akzeptieren und darauf eingehen.
- Mut, eigene Schwächen und Defizite zuzugeben und andere um Hilfe zu bitten.

Die Teamentwicklung kann zum einen über die reine Vermittlung von Wissen über Team-Zusammenhänge realisiert werden, zum anderen aber auch an praktischen Beispielen „vorgelebt und erlebt" werden. Gerade Letzteres ist in vielen Unternehmen gegenwärtig: Einzelne Mitarbeiter werden hier zu gemeinschaftlichen Aufgaben zusammengeführt, werden angeleitet z. B. Legomodelle zu bauen, Papiertürme zu errichten oder Aufgaben in der Natur zu lösen.

7.1.5 Personalentwicklung auf Unternehmensebene

Neben der Personalentwicklung von einzelnen Personen und von Teams gilt es auch die Entwicklung für das gesamte Unternehmen im Blick zu behalten. Dazu zählen mindestens die folgenden Aufgaben.

7.1.5.1 Ist-Analyse

Dies umfasst die Erhebung der Fähigkeiten, Erfahrungen und Kompetenzen der Belegschaft auf der einen Seite sowie der Auslastung bzw. der erwarteten Bedarfe aus Sicht des Unternehmens. Es lassen sich eine Reihe von Fällen unterscheiden, die sich nach dem bestehenden und dem künftigen Personalbedarf, nach dem bestehenden und dem künftigen Kompetenzgrad sowie nach den bestehenden und den künftigen Anstellungsbedingungen richten. Die Anstellungsbedingungen umfassen Kriterien wie Vollzeit, Teilzeit, Freelancer, vor Ort, in bestimmten Ländern sowie die vertretbare Höhe der Lohnkosten. Durch die Ist-Analyse werden in der Regel Bedarfe und Überhänge deutlich. Die Analyse der Fähigkeiten, Erfahrungen und Kompetenzen geht dabei deutlich über die Dimensionen von personenbezogenen Kompetenzanalysen hinaus. Während bei Individuen Dimensionen wie Denkstil, Arbeitsstil, Beziehungsstil, persönliche Fähigkeiten und Übereinstimmung mit den spezifischen Arbeitsplatzanforderungen im Fokus stehen, geht es bei der Analyse der Fähigkeiten eines Unternehmens (oder eines Teilbereichs) im wesentlichen um die Bedeutung der Fähigkeiten für den Kunden. Nachfolgende Abb. 7.4 zeigt eine beispielhafte Analyse der organisationalen Fähigkeiten anhand eines Dienstleistungsunternehmens. Dabei werden die Stärken des Unternehmens in einem Prozess (der Erfolgskette) aufgezeigt, der sich nach Erfolgsmaßen aus Sicht der Kunden orientiert.[25] Die erfolgsprägenden Fähigkeiten werden im unteren Teil aufgelistet und können dann anhand der darunter stehenden Kriterien bewertet werden.

[25] Vgl. Berger und Kalthoff (1995), S. 163 ff.

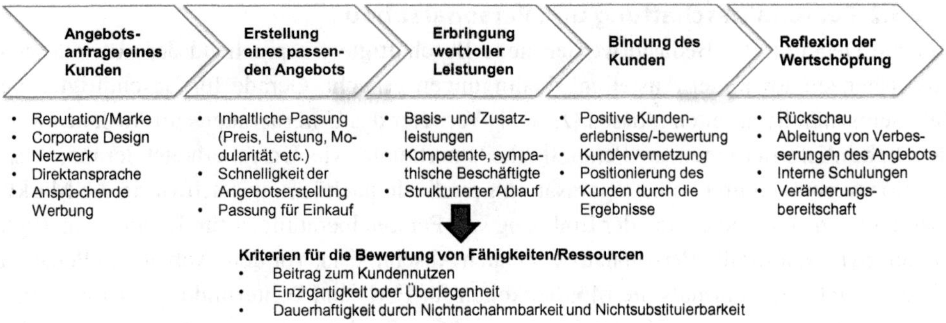

Abb. 7.4 Fähigkeiten als Elemente einer Erfolgskette

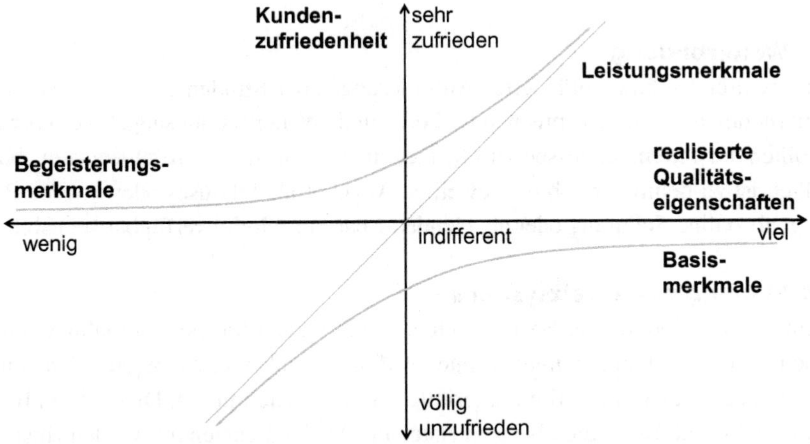

Abb. 7.5 Kano-Modell der Angebotsmerkmale. (Quelle: in Anlehnung an Bailom et al. 1996, S. 118)

Dabei spiegelt sich die Bewertung der Fähigkeiten mit den Erwartungen des Kunden. Für die Analyse der Kundenerwartungen lässt sich das Modell von Kano nutzen (Abb. 7.5).[26] Es lassen sich Basismerkmale, Leistungsmerkmale und Begeisterungsmerkmale für die durch den Kunden wahrgenommene Qualität unterscheiden.

Während die Basis-Merkmale vor einer Kaufentscheidung seitens der Kunden vorausgesetzt werden, differenzieren die Leistungs- und vor allem die Begeisterungsmerkmale das Angebot im Wettbewerb. Dabei setzt sich die Wahrnehmung des Kunden aus kognitiven Prozessen (i.S. der Meinungsbildung) und emotionalen Prozessen (i.S. von Gefühlen) zusammen. Der relative Einfluss von kognitiven und emotionalen Komponenten variiert dabei einerseits zwischen den Kundenindividuen und andererseits im Zeitablauf.

[26] Vgl. Kondo und Kano (1998), S. 41.19 ff.

7.1.5.2 Personalbeschaffung und Personalabbau

Für die Deckung der Bedarfe werden neue Beschäftigte entsprechend der notwendigen Kompetenzen sowie der Anstellungsbedingungen gesucht. Gerade für Beschäftigte, die sehr selbstständig arbeiten müssen (z. B. als Vertreter des Unternehmens im Ausland) werden hohe Anforderungen an Persönlichkeitsmerkmale wie Unsicherheitstoleranz, Abstraktionsvermögen und Selbstorganisation gestellt. Je nachdem, wie schwierig die Marktbedingungen sind, bietet sich der Einbezug von Personalberatungen für die Suche an (vgl. zu den Kriterien für die Personalauswahl auch Abschn. 5.1). Vor dem Abbau von Personal bietet es sich an, mehrmals die Möglichkeiten für Fort- und Weiterbildung oder den Einsatz an anderen Stellen im Unternehmen zu prüfen. Bleibt immer noch die Erkenntnis der Notwendigkeit für den Personalabbau, sind die Möglichkeiten von Altersteilzeit und Vorruhestand bis hin zu der Aussprache von Kündigungen zu nutzen (vgl. hierzu das Kap. 11).

7.1.5.3 Weiterbildung

Um den wachsenden bzw. veränderten Anforderungen der Kunden gerecht zu werden, sind auf Unternehmensebene entsprechende Fort- und Weiterbildungsangebote vorzusehen. Diese sollten die unternehmensspezifischen fachlichen und soziale Kompetenzen abdecken. Schließlich ist zu definieren, ob das jeweilige Angebot als Inhouse- oder externe Präsenzschulung, als online-Schulung oder als blended-Learning Modul verfügbar sein soll.

7.1.5.4 Planung des Anreizsystems

Nicht nur für die Bindung der Beschäftigten, sondern auch für die Übernahme von neuen Aufgaben sind neben fachlich interessanten Aufgaben und einer ansprechenden Unternehmenskultur auch materielle und immaterielle Anreize zu definieren. Dies gilt im Besonderen auch für Beschäftigte, die als Expatriates ins Ausland entsendet werden (insb. Regelungen für die Wiedereingliederung nach der Rückkehr). Das Anreizsystem sollte dabei sehr gute Leistungen honorieren und unterdurchschnittliche Leistung eben nicht. Zwar lässt sich nicht jede Leistung objektiv bewerten, allerdings führt eine subjektive Bewertung zu einer höheren Leistungsmotivation als eine gleichmäßige „Gießkannen"-Bonuszahlung. Für die Setzung von Anreizen können Beteiligungen die Rolle der Beschäftigten als Mitunternehmer definieren. Die Ausgestaltung der Mitunternehmer-Rolle kann als Mitarbeiterdarlehen (gegen feste oder variable Verzinsung), Genussrechte bzw. stille Beteiligung der Mitarbeiter (ohne Stimmrechte) bis hin zu einer Beteiligung der Mitunternehmer am stimmberechtigten Eigenkapital (GmbH-Anteil oder Belegschaftsaktie) erfolgen.[27] In jedem Fall führt die Beteiligung zu mehr Motivation und zu der Gewinnung talentierter Beschäftigten. Darüber hinaus ist die Mitarbeiterbeteiligung ein Instrument für die Unternehmensfinanzierung.

[27] Weitere Informationen bietet der Bundesverband Mitarbeiterbeteiligung (http://agpev.de), das Netzwerk worldblu.com sowie Hahn (2013), S. 213 ff.

7.1.5.5 Attraktive Arbeitsbedingungen

Jeder Beschäftigte sollte durch seine berufliche Beschäftigung möglichst viele positive Erlebnisse haben. Der erste Schritt liegt häufig darin, dass die Geschäftsführung erklärt, sich aufmerksam um das Wohlbefinden der Beschäftigten zu interessieren und auch kümmern zu wollen. Mit Respekt, Delegation von Verantwortung und einer individuellen Förderung (z. B. durch Mentorenprogramme) wird ein positives Arbeitsklima geschaffen. Im nächsten Schritt lassen sich daraus einzelne Maßnahmen ableiten. Ansatzpunkte für die Verbesserung der Arbeitsbedingungen können bei den Arbeitsinhalten, bei Vergütung und Arbeitszeit, bei der Ausstattung des Arbeitsplatzes, bei der Wirkung der Arbeit auf die Gesundheit der Beschäftigten sowie bei der Unterstützung bei Regeneration und Erholungsphasen ansetzen. Während die Arbeitsinhalte durch die jeweilige Stelle und die jährlichen Zielvereinbarungsgespräche festgelegt werden, sind Vergütung und Arbeitszeit Elemente, die grundsätzlich durch Tarifverträge oder durch unternehmensindividuelle Regelungen festgelegt werden. Gleichwohl lassen sich die Arbeitsprozesse durch digitale Tools und eine professionelle und inspirierende Ausstattung des Arbeitsplatzes unterstützen und abwechslungsreicher gestalten. Auch können Cafeteria-Modelle genutzt werden, um je nach der persönlichen Situation des Beschäftigten Teile des Gehalts in geldwerte Vorteile umzuwandeln (z. B. Dienstfahrzeuge, Altersversorgung, Mobiltelefon). Auch die Arbeitszeitmodelle lassen sich zunehmend flexibler gestalten. Ein weiteres Potenzial bietet das betriebliche Gesundheitsmanagement. Die Akteure des Mutterunternehmens können ihren Beitrag für gesunde Arbeitsbedingungen sowie Angebote für Prävention leisten (z. B. ausgewogene Ernährungsangebote, Sport- oder Trainingsangebote, sensible Handhabung von Überlastung und Überforderung). Vor dem Hintergrund der in den letzten Jahren häufiger werdenden psychosomatischen Erkrankungen (vgl. Abb. 7.6) sollte der Arbeitgeber (und indirekt das Mutterunternehmen) damit proaktiv umgehen.

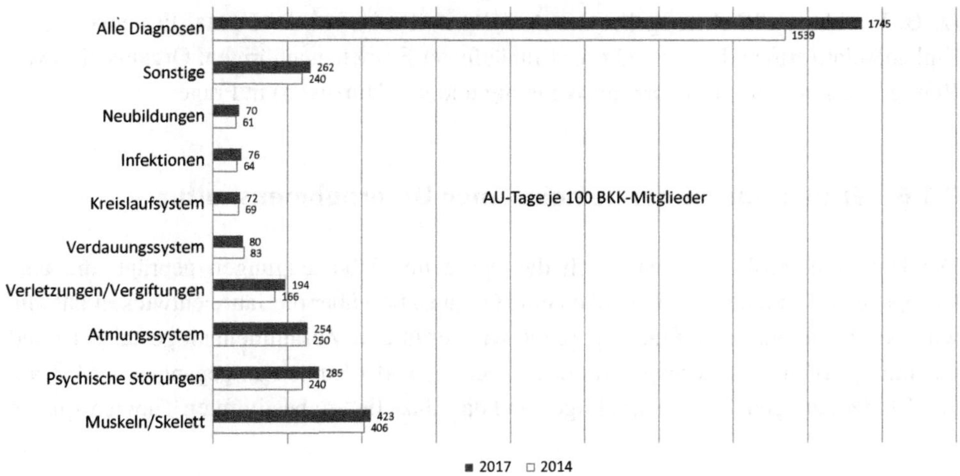

Abb. 7.6 Hauptkrankheitsarten für Arbeitsunfähigkeit. (Quelle: in Anlehnung an BKK Dachverband 2018, S. 44)

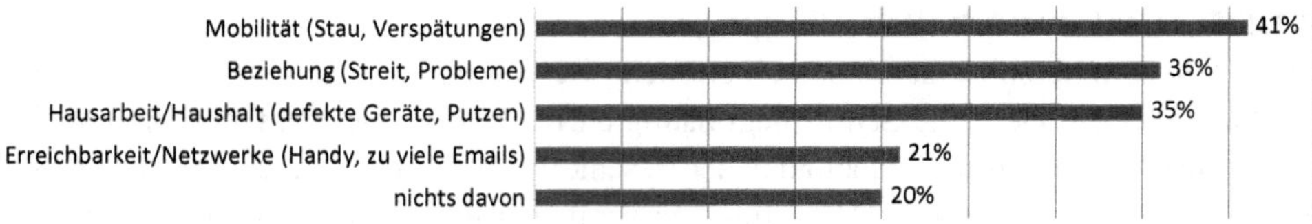

Abb. 7.7 Stressoren im Alltag. (Quelle: in Anlehnung an Statista 2018)

Eine Möglichkeit für einen proaktiven Umgang ist der Einbezug in die jährlichen Mitarbeitergespräche. Damit kann frühzeitig über die Belastungssituation und akute oder drohende Überbeanspruchungen gesprochen werden. In der Regel können im Rahmen des offenen Austauschs Ansätze für die Minderung der negativen Auswirkungen identifiziert werden. Häufig helfen Prozessanalysen und Prozessverbesserungen, eine stärkere Automatisierung von Abläufen durch Digitalisierung, das Angebot von Weiterbildungsmöglichkeiten, eine höhere Flexibilität in der Strukturierung der Aufgaben oder die Aufteilung der Aufgaben in einem Team. Abb. 7.7 unterstreicht, dass es häufig auf Themen ankommt, die nur indirekt mit der Arbeit zu tun haben, wie z. B. die Mobilität oder die Hausarbeit.

Für die Unterstützung der Beschäftigten bei Regeneration und Erholungsphasen kommen Angebote für das Arbeiten in Teilzeit, für das temporäre Arbeiten von Zuhause, für die Unterbringung der Kinder (z. B. Betreuungsangebote in der Firma, ad-hoc Betreuungsangebote, Ferienkurse, Unterstützung bei der Suche von Betreuungsmöglichkeiten am Wohnort und auf dem Weg zur Arbeit, dezentrale Betreuungsangebote für Firmenangehörige), für die Betreuung der Angehörigen (z. B. Ad-hoc-Seniorenbetreuung (in der Firma), firmeneigene Seniorenresidenz, Unterstützung bei der Suche von Betreuungsmöglichkeiten am Wohnort des pflegebedürftigen Verwandten, dezentrale Betreuungsangebote für Firmenangehörige), für die Erledigung von Einkäufen und anderen Aufgaben (z. B. Wäscherei-/Bücherangebot mit Annahme/Abgabe bei der Firma, firmenbezogene Einkaufsplattformen, Lieferpunkt für Einkäufe der Firmenangehörigen, Organisation von Reinigungsdiensten für die private Wohnung und von Umzügen) in Frage.

7.1.6 Entwicklung einer gemeinsamen Unternehmenskultur

Die Unternehmenskultur[28] ist durch die Werte und Überzeugungen geprägt, die eine Gruppe, eine Gemeinschaft oder eben eine Organisation über die Jahre entwickelt hat. Sie wird besonders durch die Fragen geprägt, wie der interne Zusammenhalt gestaltet ist und wie mit externen Veränderungen für das „Überleben" der Einheit umgegangen wird.[29] Neben Überzeugungen über das „richtige" und das „falsche" zu bestimmten Themen spielen

[28] Entsprechendes gilt auch für die Abteilungskultur oder die Projektkultur.

[29] Vgl. Doppler und Lauterburg (2008); Berkel und Herzog (1997).

dabei auch die allgemein akzeptierten Verhaltensnormen eine Rolle, die definieren, wie man sich in bestimmten Situationen verhält oder eben nicht verhält.

Die Unternehmenskultur ist die Basis für eine Identität, die dem Unternehmen hilft, offen für Innovationen zu sein und auch Krisen zu bewältigen. Im Wechselspiel mit dem Mutterunternehmen ist von entscheidender Bedeutung, dass die Beziehung zum Mutterunternehmen und die Rolle desselben in die Unternehmenskultur einbezogen wird. Mit der Unternehmenskultur der Beteiligung wird geprägt, ob das Mutterunternehmen als Partner oder als Gegenspieler verstanden wird. Entsprechend legt die Prägung der Unternehmenskultur die Basis für ein kooperatives Beteiligungsmanagement. Ein Beispiel für eine unternehmerische Unternehmenskultur liefert die von Google (vgl. Abb. 7.8). Wenngleich das Unternehmen zwischenzeitlich einen höheren Börsenwert hat als die meisten anderen (etablierten) Unternehmen gilt die „Googliness" für viele etablierte Unternehmen und für Start-ups als Vorbild. Eine Besonderheit dabei ist das kontinuierliche Streben nach neuen Ideen und Verbesserungen.

Google strukturiert die Unternehmenskultur anhand der Elemente Ethik, Fokus, Kooperation & Zusammenarbeit sowie Ziele . Von besonderer Bedeutung ist dabei die 70-20-10-Rule. Gemäß dieser Regel soll jeder Beschäftigte 70 % der Zeit mit dem

Abb. 7.8 Elemente der Unternehmenskultur von Google. (Quelle: in Anlehnung an Steiber 2014, S. 49)

Kerngeschäft, 20 % zum Experimentieren mit Themen, die mit dem Kerngeschäft verbunden sind, und 10 % mit anderen Aufgaben verbringen. Die 20 %-Rule unterstreicht die Innovationskultur. Jeder Beschäftigte (genauer jeder Ingenieur) soll die Möglichkeit haben, bis zu 20 % der Arbeitszeit für die Entwicklung von Ideen hin zu einem Konzept oder bis zu einem Prototyp zu verwenden. Dabei kann ein Vorgesetzter diese 20 %-Regel eines Beschäftigten nur begründet umgehen, z. B. wegen akut hoher Arbeitsbelastung des Teams. Die genannten Freiräume sind eine wichtige Grundlage für die Etablierung einer Innovationskultur durch die Geschäftsführung. Dazu gehören auch gemeinsame „Auszeiten", in denen über relevante Entwicklungen in der unternehmensrelevanten Umwelt, die bestehenden und mögliche künftige Geschäftsmodelle gesprochen werden kann.

Um die Unternehmens-, Führungs- und Innovationskultur zu verändern, bedarf es ein breit angelegtes Veränderungsprojekt. Mit Veränderungen entwickelt sich eine Organisation und ihre Mitglieder weiter. Wenngleich ein Veränderungsprojekt primär auf die Strategie und Strukturen (mit Aufbauorganisation, Prozessen, verwendeten Methoden und Technologien, organisatorische Regelungen und der Kompetenz- und Tätigkeitsprofile der Beschäftigten) liegt, wirkt ein Veränderungsprojekt auch auf die Unternehmenskultur.[30] Die Richtung der Veränderung ist dabei einerseits durch die Unternehmensführung geprägt, andererseits wird die Richtung durch die Unternehmensumwelt mit Markt und Kunden, den Kontext des Unternehmens und spezifische interne Veränderungsimpulse durch Individuen, Gruppen sowie durch Zufälle geprägt. Zwei wichtige Elemente der Unternehmenskultur jeder Beteiligung sollten die kooperative Zusammenarbeit mit dem Mutterunternehmen und den Beteiligungen sowie die Offenheit für neue Ideen sein. Ein Projekt für die Weiterentwicklung der Unternehmenskultur kann folgende Zielsetzungen verfolgen:

- Befragung und Untersuchung der Wahrnehmung der Unternehmenskultur und Ableitung von Entwicklungszielen
- Kooperative Zusammenarbeit mit dem Mutterunternehmen
- Kooperative Zusammenarbeit mit den Schwester-Beteiligungen
- Förderung von Vernetzung, Kooperation und interdisziplinärer Zusammenarbeit mit externen Partnern
- Streben nach Differenzierung bei Produkten und Dienstleistungen
- Angebote zum kreativen Arbeiten und Experimentieren
- Persönliche Anerkennung von guten Ideen im und außerhalb des Unternehmens
- Etablierung einer Kommunikationskultur
- Förderung einer offenen Feedbackkultur durch transparentes Teilen von Informationen, Wissen, Meinungen, Erfahrungen und Entscheidungen
- Erhöhung der Mitarbeiter-Beteiligung an Entscheidungen und Problemlösungen
- Etablierung einer Lernkultur
- Befähigung der Mitarbeiter und der Organisation für die (digitale) Zukunft

[30] Vgl. Bleicher (1991), S. 761 ff.

Abb. 7.9 Phasenmodell der Veränderung von Lewin. (Quelle: In Anlehnung an Lewin 1958, S. 210)

- Vermittlung von Zukunftskompetenzen, wie strategisches Denken, agiles Mindset, Projekt- und Prozessmanagement, Entrepreneurship, Change Management und neue Arbeitsmethoden
- Förderung und Belebung des erarbeiteten kulturellen Rahmens
- Stärkung der organisationalen Resilienz

Das Phasenmodell von Lewin vermittelt einen guten Eindruck über den Ablauf eines Veränderungsprojekts (Abb. 7.9). Es umfasst die Phasen des Auftauens (unfreeze), der Veränderung (change) und des Stabilisierens (freeze).

Um den Gleichgewichtszustand eines Systems zu lösen, erfolgt in der Unfreeze Phase die Mobilisierung der Organisation. Durch eine maßnahmengestützte Kommunikation soll die Bereitschaft für Verhaltensveränderungen ermöglicht werden. Darauf folgt die Phase der Veränderung, in der geplante Maßnahmen umgesetzt werden. Schließlich wird der Zustand des Systems wiederum durch intensive Kommunikation und sichtbare Verstetigung in einem neuen Gleichgewicht verankert.

Ein anderer Zugang zu dem idealtypischen Vorgehen ist der von Stolzenberg und Heberle.[31] Sie unterscheide vier Phasen: (1) Entwicklung und Umsetzung einer Vision, (2) Kommunikation mit den Betroffenen, (3) Beteiligung der Betroffenen und (4) Qualifizierung der Betroffenen. Dieser Ansatz unterstreicht mit drei der vier Phasen die Bedeutung der Mitnahme der Beschäftigten bei den Veränderungen.

Doppler und Lauterburg formulieren nachfolgende Ansatzpunkte für die Entwicklung der Unternehmenskultur.[32]

- **Kreative Unruhe**: Die Öffnung der Organisation für Veränderungen bedarf der Motivation durch die Führungskräfte im Sinne eines „Tone from the top". Durch das Vorleben von Pioniergeist, Kreativität und der Freude an neuen Ansätzen wird auch die Unternehmenskultur für Veränderungen bereitet. Im Gegenzug können das Vorleben und Honorieren von Strukturen und das Festhalten an Traditionen eine stärkere Bindung ermöglichen.
- **Konfliktfähigkeit**. Jede Veränderung ist mit Spannungen und Konflikten verbunden. Das Beibehalten von Regeln und Verhaltensweisen ist meist der leichtere Weg. Für eine Veränderung ist ein konstruktiver Umgang mit Konflikten unabdingbar. Das Benennen

[31] Vgl. Stolzenberg und Heberle (2006), S. 5.

[32] Vgl. Doppler und Lauterburg (2008), S. 68 ff.

von Spannungsfeldern und die offene Diskussion der Varianten kann zu einer Akzeptanz der neuen Regeln und damit zu einer veränderten Kultur beitragen.

- **Zusammengehörigkeitsgefühl**. Für eine Stärkung des Gefühls der Zusammengehörigkeit sind Werte wie Offenheit, Akzeptanz und Toleranz vorzuleben. Die Führungskräfte zielen darauf ab, das gegenseitige Vertrauen von Mitgliedern der Organisation zu stärken.
- **Sinnvermittlung**. Für die Motivation der Mitglieder einer Organisation bieten sich ein gemeinsames Selbstverständnis der organisatorischen Ziele und des Beitrags der Angebote des Unternehmens für Kunden und Gesellschaft an. Dieser gemeinsam verstandene Sinn des Unternehmens ist naturgemäß ausgeprägter, wenn die Leistungsangebote des Unternehmens neben ihrem Kundennutzen auch einen positiven Beitrag für die Gesellschaft und die Umwelt haben (im Sinne von nachhaltigen Geschäftsmodellen.[33] Neben dem kollektiv erlebbaren Sinn hilft das individuelle Verständnis des eigenen Beitrags für das Unternehmen der kollektiven Unternehmenskultur.
- **Kommunikation**. Für die Veränderung der Unternehmenskultur bedarf es wie auch für die Veränderungen von Strategien und Strukturen einer intensiven und regelmäßigen Kommunikation. Die Kommunikation sollte der Unsicherheit und den möglichen Abwehrreaktionen, insbesondere den emotionalen und politischen, offen und in verschiedenen Stufen begegnen. Dabei bietet sich an, eine überzeugende „burning platform" darzustellen, der am besten mit der anstehenden Veränderung begegnet werden kann. Neben Informationen über angestrebte Veränderungen, deren Notwendigkeit und deren Vorteile sollten sich alle Mitglieder der Organisation eingeladen fühlen, ihre Fragen, Vorschläge und Kritik an den Veränderungen zu teilen. Darüber hinaus sollten diese Beiträge in die angestrebten Veränderungen sowie wiederum in die kollektive Information der Organisation einfließen. Zu den Maßnahmen zählen Kommunikationsforen wie Führungs- und Mitarbeitertage, Zukunftswerkstätten oder BarCamps. Neben dem Angebot von Kommunikationsforen wird die Kommunikation durch die Nutzung von Medien unterstützt. Es wird ein breiter Medienmix eingesetzt und eine hohe Interaktivität angestrebt. Dabei sind Online- und Offline-Aktivitäten gut zu kombinieren, so dass alle Zielgruppen im Unternehmen erreicht werden.

Für die Projektleitung und das Kernteam sollten Personen gewählt werden, die sich als Begeisterer, Mutmacher, Unterstützer und Katalysatoren für Veränderungen verstehen. Der Wandel ist dabei nicht einseitig durch Führungskräfte planbar, sondern enthält auch ungeplante, emergente Elemente, die durch die Beschäftigten geprägt sind. Im Idealfall unterstützt das Beteiligungsmanagement die Beteiligungen bei dem Aufbau eines starken Zugehörigkeitsgefühls aller Beschäftigten einer Beteiligung und in der Unternehmensgruppe. Es schärft den gemeinsamen Blick auf die weitere Entwicklung des Unternehmens und des Konzerns. Für die Veränderungen bedarf es an Energie und Freiräumen von Mitgliedern der Organisation, sich mit der Veränderung der Kultur zu befassen. Zweifels-

[33] Vgl. Ahrend (2016).

ohne gelingen die Veränderungen leichter, wenn die in einer Organisation mit hierarchischer Macht oder großer kollektiver Akzeptanz (Meinungsführer) ausgestatteten Personen die Veränderung unterstützen.

Für die Veränderung spricht aus individueller Sicht, wenn der Wechsel eines Pfades zu keinen erkennbaren Nachteilen, aber zu erwartbaren Vorteilen führt. Die Motivation zu einem Wechsel eines strategischen oder organisatorischen Pfads liegt entsprechend in der Setzung passender Anreize.[34] Individuelle Vor- und Nachteile für eine Veränderung können z. B. durch betriebliche Richtlinien oder Betriebsvereinbarungen gestaltet werden. Für die Überzeugung des Managements für eine Veränderung können die Anreize in Veränderungen der Führungsstruktur oder in der Stärkung der dem Wandel gegenüber aufgeschlossenen Akteuren liegen. Ansatzpunkte für die Überzeugung von beharrenden Akteuren sind:[35]

- **Reflexion und Intervention von außen**. Interne oder externe Analysen des status quo und von sich ergebenden Alternativen ermöglichen Transparenz über die Notwendigkeit und die Vorteile der Veränderung.
- **Änderung des Verhaltens von Schlüsselpersonen**. Das Verhalten von Vorbildern schafft gezielt Aufmerksamkeit und lädt zur Nachahmung ein. Dabei werden kognitive und emotionale Hürden durchbrochen. Diese Änderungen können auf individueller, auf Gruppen- und auf organisationsübergreifender Ebene ansetzen.
- **Veränderte Ressourcenallokation**. Durch die Anpassung von Strategien, Strukturen und Prozessen werden Fakten als Anreiz für die Motivation zu Veränderungen geschaffen. Dies umfasst auch eine systematische Strukturierung der Weiterbildung und eine rechtzeitige Qualifikation für kommende Veränderungen.
- **Systemische Intervention**. Mithilfe von Vergleichen zu anderen Organisationen oder Wettbewerbern und deren Umgang mit ähnlichen Sachverhalten lassen sich emotionale Barrieren überwinden. Dazu gehört auch die Würdigung und Anerkennung von Veränderungserfolgen.

Es ist darauf zu achten, dass die Aktivitäten für die Entwicklung der Unternehmenskultur eng mit der individuellen und der teambezogenen Personalentwicklung verzahnt werden.

7.1.7 Erwartungen der Generation Y und der Generation Z

Wir leben in einer Multioptionsgesellschaft. Diese prägt eine zunehmende Komplexität der Handlungsoptionen für jeden Einzelnen. Die Zeit stetiger Lebensläufe und einem hohen Maß der Kontinuität im Lebensalltag gehören der Vergangenheit an. Veränderungen

[34] Vgl. Ackermann (2003), S. 249 ff.; Cummings und Worley (2008), S. 157 ff.

[35] Vgl. Schreyögg et al. (2003), S. 278–279.

ergeben sich aus der Mitarbeit bzw. Führung unterschiedlicher Projekte, bei der Zusammenarbeit mit Kollegen im In- und Ausland, durch die Interaktion mit verschiedenen Stakeholdern oder aus der Neuorientierung durch einen Job-Wechsel. Bei jüngeren Menschen (der Generation Y und insb. der Generation Z) kommt die stark ausgeprägte Neigung dazu, die eigenen Vorstellungen verwirklichen zu wollen.

Bei aller Besonderheit des Individuums wird seit langem versucht, die Besonderheiten der Angehörigen einer Generation zu beschreiben. Im Folgenden werden die Generationen Y und Z beschrieben. Aus der Beschreibung ergeben sich Empfehlungen für die Personalentwicklung.

Die Mitglieder der Generation Y sind zwischen 1980 und 1995 geboren. Die Generation ist nicht nur der Nachfolger der Generation X, sondern trägt mit Y das im Englischen ausgesprochene „why“ im Titel. Damit wird der suchende, hinterfragende Charakter dieser Generation angedeutet.[36] Es ist die erste Generation, die nicht ohne digitale Technologien aufgewachsen ist. Die Mitglieder dieser Generation sind es nicht gewohnt, kritisiert zu werden und sie haben hohe Erwartungen an Anerkennung und Mitbestimmung. Die Mitglieder dieser Generation arbeiten lieber in Teams und suchen eine kollegiale Arbeitsatmosphäre (vgl. Abb. 7.10).

Die Realität zeigt ein etwas anderes Bild. Werden Unternehmensvertreter nach der Bedeutung und dem Grad der Umsetzung von Maßnahmen für die Mitarbeiterbindung befragt, zeigt sich, dass zwar häufig ein gutes Betriebsklima herrscht, aber die Vereinbarkeit von Beruf und Privatleben wie auch das Angebot von Karriereperspektiven noch Potenzial aufweisen (Abb. 7.11).

Für die Positionierung bei der jungen Generation lassen sich folgende Empfehlungen nutzen[37]:

- Öffentliche Transparenz über die Unternehmenskultur
- Gestaltungsflexibilität bei der eigenen Arbeitszeit
- Positive Erlebnisse während der Arbeitszeit

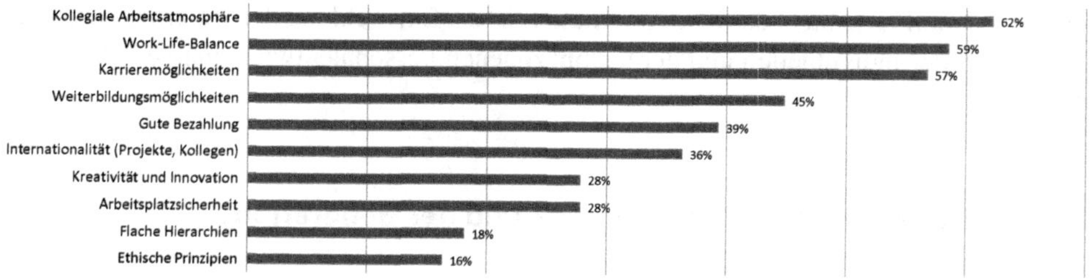

Abb. 7.10 Auswahlkriterien der Generation Y für ihren Arbeitgeber. (Quelle: In Anlehnung an Kienbaum Institut 2017, S. 13. N = 260)

[36] Vgl. Buck (2014).

[37] Vgl. grow.up. (2017).

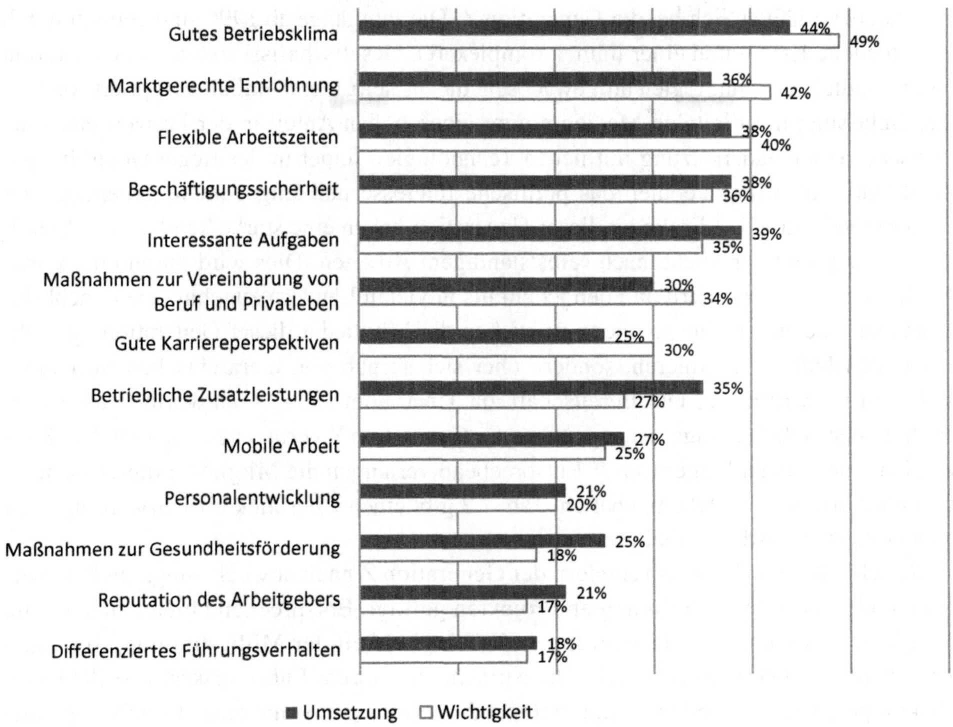

Abb. 7.11 Wichtigkeit und Umsetzung von Maßnahmen zur Mitarbeiterbindung. (Quelle: in Anlehnung an Hays 2019, S. 20. N = 868)

- Angebot von Karrierechancen
- Positionierung des Unternehmens in den sozialen Medien
- Präsenz auf Bewertungsplattformen zu Unternehmen und ihren Jobs[38]
- Nutzung von Auszeichnungen und Gütesiegeln
- Aktualität des Internetauftritts, insb. des Karriereportals

Durch die zahlreichen Optionen für die Gestaltung von Studium und Beruf tritt teilweise auch das Gefühl der Orientierungslosigkeit auf. Die Mitglieder der Generation Y stellen nicht vorrangig auf eine materialistische Bedürfnisbefriedigung ab. Auch sind die Mitglieder für eine gesunde Lebensführung sensibilisiert und fragen verstärkt ökologische Produkte nach. Darüber hinaus ist diese Generation an den unmittelbaren Vorteilen (und Nachteilen) für ihre Person und ihr Wohlbefinden orientiert.[39] Auch streben die Mitglieder der Generation Y Führungspositionen an.

[38] Vgl. z. B. https://www.kununu.com.

[39] Vgl. Hurrelmann und Albrecht (2014), S. 5 ff.

Anders verhält es sich bei der Generation Z. Die Jahrgänge ab 1996 sind geprägt durch verschiedene Krisen und einer immer komplexeren Gesellschaftsstruktur. Die Generation ist mit digitalen Technologien aufgewachsen, die als selbstverständlich akzeptiert werden. Die Befassung mit digitalen Medien nimmt einen hohen Anteil in der Freizeit ein. Eine kritische Auseinandersetzung mit neuen Technologien findet in der Regel wenig bis gar nicht statt. Allerdings nehmen das politische Interesse und Engagement gegenüber der Generation Y zu. Die Mitglieder dieser Generation haben eine starke Tendenz zur Individualisierung und der Suche nach selbstständigem Arbeiten. Dies wird durch eine starke Förderung durch die Eltern und den jedenfalls in vielen Ländern zunehmenden Fachkräftemangel unterstützt. Entsprechend versuchen die Mitglieder dieser Generation nicht ihren Lebenslauf zu optimieren, sondern eher sich fernab von hierarchischen Strukturen selbst zu verwirklichen. Die Bereitschaft zur Übernahme von Verantwortung als Angestellter oder Selbstständiger ist gegenüber der Generation Y geringer ausgeprägt. Die Freizeit hat einen hohen Stellenwert.[40] Entsprechend verlangen die Mitglieder dieser Generation nach erfüllenden Arbeitsinhalten. Tab. 7.2 gibt einen Überblick über Erwartungen an bedeutungsvolle Arbeitsinhalte.

Regelmäßig wird von Mitgliedern der Generation Z nach abwechslungsreichen Aufgaben oder nach der Beteiligung an Projekten gefragt. Entsprechend bietet sich an, die Mitglieder individuell zu führen, ihnen die Möglichkeit der Mitbestimmung im Team zu geben und regelmäßige Feedbackgespräche zu führen. Führungskräfte sollten sich als kompetente, beratende und unterstützende Partner (im Sinne eines Coaches) positionieren. Für Arbeitgeber führt dies zu einem erhöhten Stellenwert der Personalentwicklung.

Tab. 7.2 Elemente für bedeutungsvolle Arbeitsinhalte (Quelle: in Anlehnung an Morin 2004, S. 7)

Job characteristics	Definition
Social significance	Performing a job where social usefulness and the contribution it gives to society is evident
Moral correctness	Doing something that is morally justifiable in terms of processes and results
Pleasure due to the results	Feeling pleasure for one's own work, since it develops the worker's potential and helps achieve own goals
Autonomy	Be capable of using one's own capabilities and judgement in solving problems and in taking decisions regarding one's own work
Recognition	Do work that corresponds to one's own capabilities, the results of which are recognised and the salary is suitable
Positive relationships	Do work that allows having interesting contacts and positive relationships

[40] Vgl. die Shell-Jugendstudie unter https://www.shell.de/ueber-uns/die-shell-jugendstudie/werte-der-jugend.html.

7.2 Mentoring der Akteure der Beteiligungen

Für die Verbesserung der Zusammenarbeit und die Stärkung der Führungs- und Fachkompetenzen bietet es sich an, die Führungskräfte der Beteiligungen bei deren Entwicklung zu unterstützen. Neben Maßnahmen der persönlichen, teambezogenen und unternehmensbezogenen Personalentwicklung (wie Weiterbildungen, Ermöglichung von Aufsichtsratsmandaten etc.) dienen dazu auch Mentoring- und Coaching-Angebote.

Bei einem Mentoring geht es um eine persönliche mittelfristige Betreuung eines Beschäftigten, insb. zu Beginn einer neuen Tätigkeit oder für die Vorbereitung auf Führungsaufgaben. Der Mentor ist häufig eine Person aus dem Beteiligungsunternehmen (oder aus dem Mutterunternehmen) in verantwortlicher Stellung. Dabei werden die Mentoring-Angebote von Personen wahrgenommen, die nicht identisch mit der direkt zugeordneten Führungskraft sind. Damit wird die Offenheit der Beratungsbeziehung erhöht und Interessenskonflikte minimiert. Der Mentor berät und hilft dem Mentee.

Durch regelmäßige Kommunikation werden dem Mentee unternehmensspezifische, fachliche und führungsbezogene Fähigkeiten nahegebracht. Dazu zählt auch die Identifikation von weiteren Personen (Promotoren), die den Mentee bei der Überwindung von Widerständen unterstützen können. Das Promotorenmodell unterscheidet vier verschiedene Formen:[41]

- **Machtpromotor**. Die Person unterstützt die Kommunikation, um Investoren, Kunden, Lieferanten und andere Akteure zu überzeugen.
- **Fachpromotor**. Die Person unterstützt durch Fachwissen.
- **Beziehungspromotor**. Die Person unterstützt durch das persönliche Netzwerk.
- **Prozesspromotor**. Die Person gibt Ratschläge auf Basis der besonderen Kenntnisse der Organisationsstruktur eines Unternehmens und vernetzt den Mentee.

7.3 Coaching der Akteure der Beteiligungen

7.3.1 Ziele von Coaching

Die persönliche fördernde Begleitung von einzelnen Akteuren der Beteiligungen oder von Gruppen wird auch als Coaching bezeichnet. Ähnlich wie ein Trainer (Coach) eine Mannschaft oder einzelne Sportler persönlich unterstützt, soll das Coaching den Coachee bzw. die Coachees bei Fragen des beruflichen Alltags (insb. Führung, Kommunikation und Zusammenarbeit) unterstützen. Als ein Instrument der Personalentwicklung dient das Coaching der Unterstützung von Führungskräften und Beschäftigten bei der Bewältigung der Ihnen gestellten Aufgaben sowie zu der Entwicklung bzw. Verbesserung von Führungskompetenzen.

[41] Vgl. Hauschildt und Gemünden (1999).

Für das Entwickeln einer Coaching-Beziehung ist unerlässlich, dass sich beide Personen grundsätzlich schätzen und ein gegenseitiges Vertrauen vorhanden ist. Ebenso sollte der Coach den Coachee auch persönlich kennenlernen. Das umfasst den bisherigen Lebensweg, die familiäre Situation und Hobbies. In der Regel wird das Coaching von externen Personen, die mit der Unternehmensgruppe und insbesondere den Führungskräften des Mutterunternehmens vertraut sind, durchgeführt. Alternativ werden die Führungskräfte der Beteiligungen motiviert, selbst einen externen Coach auszuwählen. Mittlerweile finden sich auch online-Angebote für Coaching-Leistungen.[42] Die engste Variante bei der Zusammenarbeit ist das Coaching durch die Führungskräfte des Mutterunternehmens. Diese sehr persönliche Konstellation erfordert viel Fingerspitzengefühl des Coaching-Tandems, da ein Coaching neben dem fachlichen Austausch (im Sinne von Mentoring) eben auch Themen der persönlichen Entwicklung des Gecoachten und spezielle Probleme, ggf. auch mit dem Führungsteam des Mutterunternehmens umfasst. Jedenfalls ist das Führungsteam des Mutterunternehmens auch Sparringspartner der Führungskräfte der Beteiligungen.

Im Vordergrund des Coaching stehen meist weniger fachliche Fragen oder die lineare Erklärung von Verhalten, sondern die systemische Betrachtung von Beziehungen und Wechselwirkungen zwischen im Fokus stehenden Personen.[43] Aufgrund der hohen Komplexität von solchen Systemen ist eine Betrachtung der Situation aus verschiedenen Blickwinkeln und bei Annahme unterschiedlicher Szenarien üblich. Auch wenn sich die Wirkungen des Handelns des Coachees nicht vorhersagen lässt, bietet die gemeinsame Betrachtung einer Situation eine Grundlage für überlegteres Handeln in der Zukunft. Entsprechend lassen sich folgende Ziele des Coachings von Führungskräften nennen:[44]

- **Entwicklung von Managementkompetenzen**. Mithilfe des Coachings lassen sich Fach-, Methoden- und Sozialkompetenzen weiterentwickeln. Häufig geht es um Kommunikations-, Problemlösungskompetenzen, den Umgang mit Konflikten oder die individuelle Lern- und Veränderungsfähigkeit.
- **Bewältigung von schwierigen Situationen**. Bei akut bestehenden Konflikten, entscheidenden Verhandlungssituationen oder anderen wichtigen und komplexen Themen bietet das Coaching die Möglichkeit der Strukturierung, des Durchdenkens und Durchgehens der Handlungsmöglichkeiten.
- **Reflexion der persönlichen Entwicklung**. Coachinggespräche können auch Spannungsfelder zwischen Berufs- und Privatleben, eine berufliche Neuorientierung oder das Führungsverhalten in den Fokus nehmen. Neben der Reflexion der Rolle werden Varianten des eigenen Verhaltens diskutiert.

[42] Vgl. z. B. http://www.coach-now.de.

[43] Vgl. Simon (2015), S. 13.

[44] Vgl. dazu auch die Übersicht von Roth und Ryba (2016), S. 26.

Dabei geht die persönliche Coaching-Interkation weit über Schulungen hinaus und beleuchtet neben beruflichen Aspekten vor allem auch die Persönlichkeit des Coachees. Das Vorgehen eines Coachings variiert von Fall zu Fall. Es reicht von der Bearbeitung im Sinne eines typischen Management-Regelkreises (Plan-Do-Check-Act) bis hin zu einem ad-hoc Coaching mit offenem Feedback für aktuelle Problemstellungen.[45] Die Wirkung des Coachings kann bestehende Defizite des Coachees mindern (wie emotionale Anspannung, Stress), präventiv auf bestimmte Situationen des Coachees professionell vorbereiten und neue Potenziale für das Spektrum des Handlungs- und Verhaltensspektrums aufzeigen.[46] Letztlich soll Coaching durch Selbstreflexion eine Veränderung des Verhaltens des Coachees für die persönliche Weiterentwicklung bewirken.[47] Im Vordergrund dabei steht die Unterstützung bei der Entwicklung von Lösungen im Gegensatz zu der Präsentation von Lösungsvorschlägen (in Abgrenzung zum Consulting).[48] Zwar basiert das Coaching auch auf Erfahrungen aus der Vergangenheit, es zielt aber auf die Unterstützung der Fach- und Führungskräfte für Themen in der Zukunft. Damit lässt es sich auch zu der Psychotherapie abgrenzen (vgl. Abb. 7.12).

Vor dem Hintergrund des Beteiligungsmanagements führt Coaching zu einer verbesserten Leistungsmotivation, zu einem besseren Umgang der Akteure der Beteiligungen mit schwierigen (externen) Gesprächspartnern, zu überlegterem und damit möglicherweise erfolgreicherem Verhalten.

7.3.2 Gemeinsame Reflexion

Der Coach begleitet den Coachee bei der persönlichen Weiterentwicklung in einem vertraulichen Gespräch. Dabei hilft nachfolgende Herangehensweise für die gemeinsame Reflexion.

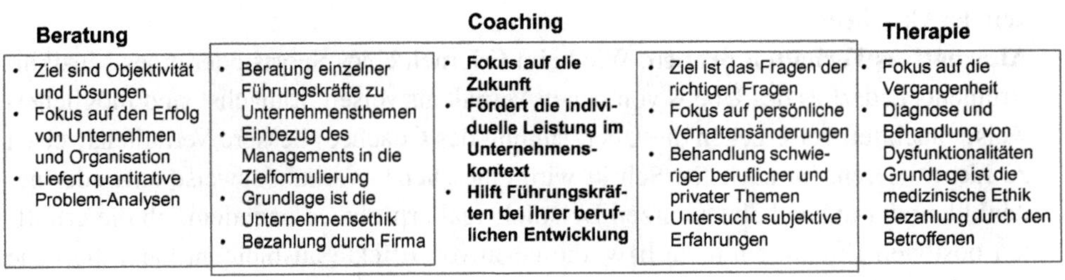

Abb. 7.12 Abgrenzung des Coachings von Beratung und Therapie. (Quelle: in Anlehnung an Coutu und Kauffman 2008, S. 93)

[45] Vgl. Doppler und Lautenburg (2008), S. 265.

[46] Vgl. Backhausen und Thommen (2006), S. 206.

[47] Vgl. Künzli (2005).

[48] Vgl. Coutu und Kauffman (2008), S. 91 ff.

- **Hinterfragen des Verhaltens**. Jeder Mensch reduziert die Komplexität vor Entscheidungen durch Bewertungen. Gleichwohl unterbleibt häufig die Bewertung des eigenen Verhaltens und die Bewertung von Verhaltensalternativen. Durch einen sokratischen Dialog werden durch Fragen und Gegenfragen unterbewusste Entscheidungen, die bestehenden Freiheiten und die Gestaltungsmöglichkeiten bewusst. Der Coach hilft dabei, belastende Situationen zu wiederholen oder neue zusammen durchzuspielen. Durch viele Fragen werden auch die Motive für das (bisherige) Verhalten, die zugrunde liegenden (unbewussten) Ziele, Werte und Überzeugungen deutlich. Gerade durch das Hinterfragen von vermeintlichen Selbstverständlichkeiten wird ein Lernprozess angeregt.[49] Mithilfe der Reflexion eigener Überzeugungen kann künftiges Verhalten verändert werden.
- **Handlungsspielräume aufzeigen**. Der Coach würdigt das Verhalten des Coachees als eine valide Option, entwickelt aber mit dem Coachee mindestens eine Alternative. Diese Sichtweise eröffnet neue Optionen für die Problembewältigung unter Würdigung des Verhaltens des Coachees. Praktisch werden die Vorteile der betrachteten Alternativen beleuchtet, aber auch deren Nachteile. Dies ermöglicht die Reflexion der zugrunde liegenden Ziele und Bewertungsschemata. Neben der Öffnung für Alternativen kann dies auch zu einer stärkeren Problemlösungskompetenz und einem veränderten Zielverständnis führen. Mit der Diskussion der nächsten Schritte wird eine Öffnung für neue Verhaltensmuster geschaffen.
- **Persönliche Beispiele**. Durch die Weitergabe von Erfahrungen und Wissen im Umgang mit bestimmten Situationen und durch das Vorleben bestimmter Verhaltensweisen, Überzeugungen und Werte wird der Coachee in seinem Verhalten beeinflusst. Dabei sollte der Coach bewusst die Verhaltensaspekte in den Vordergrund rücken, die die Stärken des Coachees stärken und solche Potenziale wecken, die ein Coachee auch entwickeln will. Ergänzend zu den persönlichen Erfahrungen helfen auch (eigene oder zitierte) Erzählungen, Metaphern, Filme und Videos. Es geht nicht um das Erlernen einer Rolle wie im Theater, sondern um das Erweitern des Spektrums der Persönlichkeit des Coachees.
- **Alternatives Verhalten proben**. Wie beim Erlernen eines Sports oder eines Musikinstruments bedarf es des Übens von neuen Verhaltensweisen. Zunächst sind möglicherweise (auch teilweise gegen die Überzeugung des Coachee) bessere Verhaltensweisen zu identifizieren. Im nächsten Schritt wird eine „neue" Verhaltensweise entweder gedanklich oder anhand eines kurzen Beispiels real erprobt. Je nachdem, ob die erhofften positiven Effekte eintreten bzw. die negativen Effekte ausbleiben, kann die neue Verhaltensweise künftig angewendet werden. Häufig ist das Üben von alternativen Verhaltensweisen mit der Überwindung einer Grenze bzw. dem Aushalten von Unbehagen verbunden. Ähnlich wie bei dem Erlernen eines neuen Musikstücks bzw. -Instruments wird dies aber später mehr als belohnt. Damit werden neue Stärken entdeckt, Ressourcen aktiviert, Fähigkeiten ausgebaut.

[49] Vgl. das Beispiel bei https://nlp-spectrum.de/fileadmin/media/info_und_download/d_ressourcen/sokratischer_dialog/Beispiel_Sokratischer_Dialog.pdf.

7.3.3 Analyse und Entwicklung des Informationsverarbeitungsstils

Die menschliche Informationsverarbeitung erfolgt mit Hilfe der Aufnahme eines Umweltsignals durch die menschlichen Sinne, der Wahrnehmung und Verarbeitung im Gehirn (auf Basis der kognitiven Strukturen), der Auswahl einer Handlungsmöglichkeit und schließlich der Entwicklung und Ausführung einer Handlung in sprachlicher oder in einer anderen Form.[50] Die Handlungen oder das menschliche Verhalten in Summe basieren auf psychologischen Eigenschaften wie Werten und kognitiven Modellen und weiteren Elementen der Persönlichkeit sowie den bereits gesammelten Erfahrungen und methodischem Wissen (insb. zu Problemlösungen): „First are psychological properties, such as values, cognitive models, and other elements of personality. The second set of characteristics that contribute to an executive's orientation are those observable dimensions of the person's experiences (functional background, company tenure, formal education) […].“[51]

Es können verschiedene Informationsverarbeitungsstile unterschieden werden.[52] Die vier Typen nach Hodgkinson und Clarke hängen von dem kognitiven Stil der Führungskraft und dem beobachteten Verhalten ab (Abb. 7.13).

Wenngleich diese Typologie für „strategy worker“ entwickelt wurde, lässt sie sich auch auf die Akteure von Mutterunternehmen und Beteiligungen beziehen. Nachfolgend werden die vier Typen kurz beschrieben.

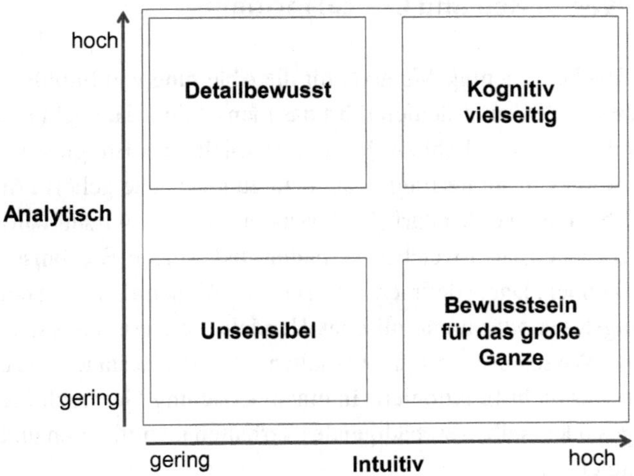

Abb. 7.13 Informationsverarbeitungsstile nach Hodgkinson und Clarke. (Quelle: in Anlehnung an Hodgkinson und Clarke 2007, S. 246)

[50] Vgl. Wickens et al. (2013), S. 5.

[51] Finkelstein et al. (2009), S. 49. Vgl. auch Wrona (2008), S. 50.

[52] Vgl. Hodgkinson und Clarke (2007), S. 243.

- **Detailbewusste Individuen.** Diese Menschen versuchen durch die Analyse und Auswertung von verfügbaren Daten Probleme zu lösen. Durch die gering ausgeprägte Intuition besteht die Gefahr, dass komplexe Probleme verdrängt oder deren Bedeutung unterschätzt wird.
- **Individuen mit einem Bewusstsein für das große Ganze.** Diese Menschen tendieren zu einer starken Generalisierung mit einer hohen intuitiven Informationsverarbeitung für Zusammenhänge. Details werden weniger berücksichtigt, mit der Gefahr, dabei wesentliche Fakten zu übersehen.
- **Kognitiv vielseitige Individuen.** Diese Menschen können durch ihre gleichermaßen auspeprägten analytischen und intuitiven Fähigkeiten die Informationen umfassend verarbeiten und zwischen den Stilen wechseln.
- **Unsensible Individuen.** Diese Menschen verfügen über gering ausgeprägte analytische sowie intuitive Informationsverarbeitungsmöglichkeiten. Durch die geringe Wahrnehmungssensibilität gelingt es ihnen weniger, komplexe wie auch detaillierte Probleme zu erfassen und anzugehen.

Mithilfe der vier Stile lässt sich in einem Coaching-Gespräch verdeutlichen, welcher Informationsverarbeitungsstil vorliegt und wie eine Weiterentwicklung hin zu einer kognitiv vielseitigen Informationsverarbeitung erfolgen kann.

7.3.4 Negatives Wissen und Critical Incidents

Eine weitere hilfreiche Coaching-Methode für die Ableitung von Impulsen ist die Theorie des negativen Wissens.[53] Grundsätzlich führt das menschliche Handeln natürlich nicht nur zu Erfolgen, sondern auch zu Fehlern. Für ein beispielhaftes Ereignis der Vergangenheit (oder der Gegenwart) wird hinterfragt, was nicht zu der Sache gehört (Abgrenzungswissen) oder was nicht getan werden darf (Fehlerwissen). Dieses Wissen wird mit dem ‚positiven‘ Wissen verglichen, also welches Verhalten und welche Ergebnisse als richtig bezeichnet werden können. Dabei definiert ein negatives Wissen also nicht notwendigerweise ein verantwortungsloses oder unmoralisches Handeln, sondern das situativ falsche Handeln. Das negative Wissen erläutert das Verhalten oder den Zustand, wie etwas nicht sein sollte oder wie etwas nicht funktioniert. In einem Coaching-Gespräch lassen sich daraus falsches, unnötiges oder (selbst-) schädigendes Verhalten identifizieren und daraus Verbesserungsansätze ableiten.

Vergleichbar einem Flugsimulator kann sogar im Zusammenhang mit kritischen Ereignissen (critical incidents) das Verhalten trainiert werden. Eine solche „Verhaltenssimulation“ ermöglicht Erkenntnisse über die Konsequenzen und Gefühle von falschem Verhalten, Fehlentscheidungen oder Fehleinschätzungen.[54] Auf Basis des negativen

[53] Vgl. Wittgenstein (1963), S. 11.

[54] Vgl. Hemmecke (2007), S. 2 f.

Erfahrungswissens lässt sich ein „positives" Erfahrungswissen einüben. Ein Ereignis ist dabei eine Handlung oder Tätigkeit, die soweit vollständig ist, dass aus dieser eine Schlussfolgerung abgeleitet werden kann. Als kritisch gilt das Ereignis, wenn das Ergebnis entweder deutlich positiver oder negativer als das unter normalen Bedingungen erreichte Ergebnis. Grundlegend für die Bewertung ist es, das verfolgte Ziel im Rahmen des Coachings zu benennen. Der Coach fragt nach diesen kritischen Ereignissen aus der Vergangenheit (oder der Gegenwart), um diese Erfahrungen für die Analyse von Handlungsmöglichkeiten zu nutzen. Durch die Interpretation der Antworten lassen sich durch Nutzung weiterer Methoden Einschätzungen für mögliche Veränderungen des Verhaltens entwickeln. Diese können bei dem wiederholten Eintritt eines vergleichbaren kritischen Ereignisses berücksichtigt werden. Gleichwohl führt eine Veränderung bzw. Umkehrung des Verhaltens nicht automatisch zu einem veränderten bzw. umgekehrten Ergebnis.

7.3.5 Erkunden von Grenzbereichen und der Balance

Neben der Befassung mit kritischen Situationen bietet sich in einem Coaching-Gespräch auch die Thematisierung mit dem Management von Grenzen an. Emotional können dabei Auffälligkeiten wie Schuldgefühle, Angst, Scham oder Depressivität zu diskutieren sein. Ein Beispiel ist der Umgang mit Übertreibungen und Provokationen.[55] Der Coachee wird nach Erlebnissen mit übertriebenen konformen oder konträren Verhaltensweisen und Formulierungen gefragt. Durch die Diskussion oder das gemeinsame Nacherleben schärft der Coachee seine Bewertungskompetenz und wird in seinen Reaktionen beweglicher. Ein weiteres Beispiel für eine häufig vorhandene Grenze ist die Beobachtung, dass Führungskräfte häufig dazu neigen, sich vor allem mit den internen Führungsaufgaben zu befassen und dabei die Verbindungen zu anderen Unternehmen zu vernachlässigen. Während dies meist mit zeitlichen Restriktionen begründet wird, liegt es häufig auch an der geringen Bereitschaft, sich auf eine unsichere Bühne zu begeben. Dabei geht es z. B. um das Ausweichen vor Konflikten, die Vermeidung von klarem negativem Feedback bei Leistungsbeurteilungen oder um das Zulassen von Kreativität, Veränderungen und Verbesserungen. Der Coach kann die Grenzen mit dem Gecoachten in Worte fassen und helfen, die persönlichen Grenzen zu überwinden.

Neben den Grenzen lässt sich auch das Maß der Ausgeglichenheit des Coachees vertiefen. Viele Coaching-Gespräche mit „gestressten" Managern befassen sich mit einem besonderen Verhaltenszug: dem (übertriebenen) Perfektionismus. Ein stetes Bemühen, Fehler zu vermeiden, gekoppelt mit einer übertriebenen Kontrollneigung sowie einer hohen Qualitätserwartung an sich selbst, können zum Gefühl der Überlastung führen.[56] Der Drang zu Perfektionismus weist auf ein gestörtes Verhältnis des Wechselspiels von Anstrengung und Entspannung hin. Eine lange oder dauerhaft hohe Anpassung kann zu

[55] Vgl. Schmidt-Tanger (2009).

[56] Vgl. DiBartolo et al. (2008).

Überlastung oder zu einem Burn-out führen. Einer überkritischen Haltung zu beruflichem (oder auch privatem) Tun kann durch eine Hinterfragung der persönlichen Qualitätsstandards und der Realisierbarkeit der gesteckten Ziele begegnet werden. Mit einer Relativierung des Perfektionismus durch die Reflexion der eigenen Leistungserwartung hin zu einer gesunden Leistungsmotivation lassen sich Ansätze für das künftige Handeln ableiten. Genügt die Leistung den eigenen subjektiven Gütemaßstäben, wird sie als befriedigend und erfüllend empfunden. Für das Beteiligungsmanagement bedeutet das, seitens des Mutterunternehmens Ziele zu setzen, die einerseits umsetzbar und andererseits nach den Gütemaßstäben der Akteure der Beteiligungen auch mit der Erreichung als erfüllend gesehen werden. Im Rahmen von Coaching-Gesprächen können verschiedene Bereiche für eine fehlende Balance sowie Wege für den Ausgleich vertieft werden:[57]

- **Balance zwischen Aktivierung/Anspannung und Entspannung/Regeneration**. Die Mischung aus herausfordernden, aber nicht überfordernden Aufgaben (im Idealfall mit Flow-Erlebnissen) und Auszeiten bzw. Ablenkungen während des Tages und während des Jahres sichern das persönliche „Energielevel".
- **Körperliche Balance**. Nicht nur in der Fastenzeit gilt es Maß zu halten, maßvoller Genuss, ausgewogene Ernährung, ausreichend Sport und Schlaf.
- **Emotionale Balance**. Der richtige Ausgleich zu einem herausfordernden Beruf liegt in der Regel im Rückzug in einem ausgeglichenen Privatleben. Durch fördernde soziale Beziehungen und positive Erlebnisse lassen sich Stress und Ärger ausgleichen.
- **Geistige Balance**. Eine Mischung von Zuständen hoher Konzentration mit Zuständen der Entspannung ermöglicht einerseits herausragende Leistungen und andererseits Regeneration.
- **Balance der verschiedenen Lebensbereiche**. Mit einem Ausgleich zwischen den Lebensbereichen wird mal das Berufsleben, mal das Privatleben priorisiert.

Wird ein Fehler oder eine persönliche Grenze als belastend oder stark belastend empfunden, sollte das Coaching-Gespräch auf den Wert der daraus gewonnenen Information und die Wege für das künftige Vermeiden im Sinne eines Schutzwissens eingehen. Ist die Belastung hoch, sollte das Coaching-Gespräch an der Stärkung des Selbstwertgefühls ansetzen. Für die Entwicklung eines positiven Selbstwertes bedarf es einerseits ausreichender Erfolgserlebnisse und andererseits gut verkraftbarer Erlebnisse von Misserfolgen. Neben dem Bedürfnis nach Selbstwertschutz sind die Wege für die Stärkung des Selbstwertgefühls ein zentrales Element in vielen Coaching-Gesprächen.

7.3.6 Coaching und positive Psychologie

Die Coaching-Methoden profitieren von den Erkenntnissen der positiven Psychologie. Diese befasst sich mit (Charakter-) Stärken, Strategien zu ihrer Kultivierung und ihrem

[57] Vgl. Graf (2012), S. 41–42.

Ausbau.[58] Bereits Aristoteles kam zu dem Schluss, dass Menschen vor allem anstreben, glücklich zu sein. „Glück wird um seiner selbst willen angestrebt, während jedes andere Ziel – Gesundheit, Schönheit, Geld oder Macht – nur geschätzt wird, weil man erwartet, dass es glücklich macht."[59] Csikszentmihalyi benannte den Zustand, in dem Glück gespürt wird, „Flow". Er fand heraus, dass eine hohe intrinsische Motivation besonders dann entsteht, wenn die Herausforderungen einer Aufgabe hoch, aber nicht überfordernd und die Fähigkeiten der für die Ausübung der Aufgabe bei der Person in ausreichender Weise vorhanden sind (Abb. 7.14).

Der Flow-Zustand stellt sich ein, wenn man

- sich konzentriert einer Aktivität hingibt, die man
- selbst bestimmen kann, die einen
- weder unterfordert (Boreout) noch überfordert (Burnout),
- die ein klares Ziel hat und auf die es
- unmittelbares Feedback gibt.

Im Zustand des Glücks verlieren sich Zeitgefühl und auch die Wahrnehmung des Selbst und der Umgebung. Im Flow-Zustand fokussiert sich die Aufmerksamkeit auf eine Aufgabe. Die Tätigkeit erfüllt und stiftet Energie. Die Aktivitäten, die einen Flow auslösen sind vielfältig: z. B. Malen, Radfahren, das Schreiben von Büchern und hoffentlich Teile des eigenen Arbeitslebens. Solche Flow Erlebnisse finden sich zum Beispiel bei Malern oder Autoren während ihrer Schaffensphase, bei Chirurgen während Operationen, bei Musikern während einem Solo oder bei Kletterern während der Besteigung von schwierigen

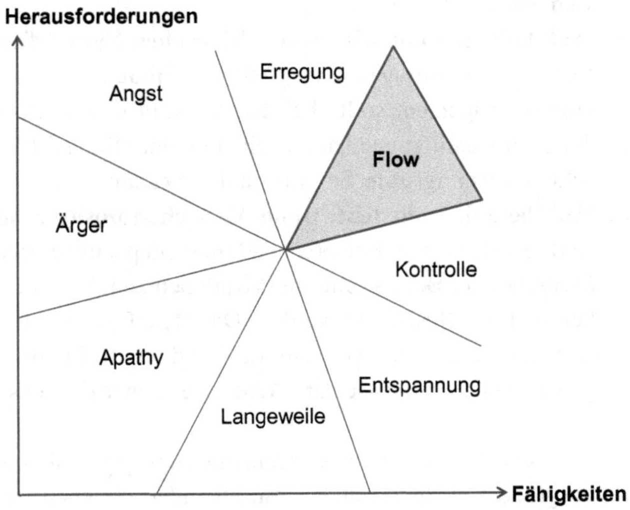

Abb. 7.14 Flow-Konzept nach Csikszentmihalyi. (Quelle: in Anlehnung an Csikszentmihalyi 1975, S. 35–54)

[58] Vgl. Tomoff (2017), S. 3–6.

[59] Csikszentmihalyi (1975), S. 5.

Stellen. Für eine Übertragung auf das Beteiligungsmanagement sollten sich die Akteure von Mutterunternehmen und der Beteiligungen herausfordernde, aber erfüllbare Tätigkeiten suchen.

In Anlehnung an dem Verständnis der positiven Psychologie[60] können folgende Elemente auch zum Wohlbefinden der Akteure des Mutterunternehmens und der Beteiligungen beitragen. Dabei trägt jedes der Elemente zum Wohlbefinden der beteiligten Akteure bei, kein Element definiert für sich alleine das Wohlbefinden.

- **Wohlbefinden entsteht, wenn Menschen ein positives Gefühl empfinden.** Positive Gefühle sind subjektiv und kurzfristig. Dazu zählen kreative Momente, vertrauensvolle Zusammenarbeit, das Gefühl der Zusammengehörigkeit und der Stolz auf die Mitgliedschaft in einer Gruppe, einem Unternehmen und einem Konzern. Das Beteiligungsmanagement sollte auf eine kooperative Grundhaltung achten und eine gemeinsame Unternehmenskultur unterstützen.
- **Wohlbefinden entsteht, wenn Menschen Ziele erreichen bzw. Erfolg haben.** Erfolgserlebnisse belohnen Menschen für das dafür Geleistete. Werden Ziele gemeinsam gesetzt und werden diese umgesetzt, entsteht das Gefühl, etwas geschafft zu haben. Entsprechend sollte das Beteiligungsmanagement realistische Ziele mit den Akteuren der Beteiligungen vereinbaren und die Erfolge motivierend würdigen.
- **Wohlbefinden entsteht, wenn Menschen Flow-Erlebnisse haben.** Mit einem Flow-Erlebnis geht das Zeitgefühl verloren, man versinkt im Tun. Meist handelt es sich um Tätigkeiten, die einerseits herausfordernd und andererseits bezogen auf die eigenen Fähigkeiten nicht überfordernd sind. Das Beteiligungsmanagement sollte im Rahmen der Möglichkeiten darauf achten, Personen so einzusetzen, dass sie Flow-Zustände während der Arbeit erleben.
- **Wohlbefinden entsteht, wenn Menschen Sinn erfahren.** Menschen wollen in der Regel etwas beitragen, eine positive Wirkung erzielen und Vorbild sein. Das Beteiligungsmanagement sollte bei der Auswahl und Weiterentwicklung der Geschäftsmodelle der Beteiligungen auf solche mit einer Sinnstiftung für Gesellschaft und Umwelt achten. Das trägt zum Empfinden der Akteure nach Sinn bei.
- **Wohlbefinden entsteht, wenn Menschen positive Beziehungen haben.** Menschen sind soziale Wesen. Entsprechend trägt ein positiv empfundener Austausch mit anderen Menschen im Berufs- und im Privatleben zum Wohlbefinden bei, wie auch das Schenken und das Beschenkt werden. Das Beteiligungsmanagement schafft ein kollegiales und vertrauensvolles Arbeitsumfeld und schafft Plattformen für die Vernetzung und für gemeinsame Erlebnisse der Akteure des Unternehmens und des Konzerns.

Einerseits lassen sich diese Elemente für das Wohlbefinden in der Unternehmensrealität aufgrund von Sparzwängen, Auseinandersetzungen innerhalb des Unternehmens und unnachgiebigen Forderungen der Kunden nicht immer berücksichtigen. Andererseits

---

[60] Vgl. Seligman (2011), S. 27 ff.

sollte bei aller Demut vor den ökonomischen Zwängen immer bedacht werden, dass das Wohlbefinden der Akteure von Mutterunternehmen und Beteiligungen ein empirisch signifikantes Element für Geschäftserfolg, Produktivität und Kundenzufriedenheit ist.[61] Auch führt ein fehlendes Wohlbefinden durch Stressoren zu einer Beeinträchtigung der Leistung.[62] Schließlich unterstreichen Studien den positiven Einfluss von Optimismus auf das biologische System.[63]

Für das Beteiligungsmanagement folgt aus den Ausführungen über positive Psychologie, dass die Schaffung eines für alle Akteure des Mutterunternehmens und der Beteiligung sinnstiftenden Leitbilds, die Formulierung von erreichbaren Zielen (und deren Erreichung) sowie die Schaffung von positiven Gemeinschaftserlebnissen vorangetrieben werden sollte.

Literatur

Ackermann R (2003) Die Pfadabhängigkeitstheorie als Erklärungsansatz unternehmerischer Entwicklungsprozesse. In: Schreyögg G, Sydow J (Hrsg) Managementforschung. Band 13 – Strategische Prozesse und Pfade. Springer, Wiesbaden, S 225–255

Ackermann S, Hartmann F, Papassotiropoulos A, de Quervain DJ, Rasch B (2013) Associations between basal cortisol levels and memory retrieval in healthy young individuals. J Cogn Neurosci 25(2013):1896–1907

Ahrend K-M (2016) Geschäftsmodell Nachhaltigkeit – Ökologische und soziale Innovationen als unternehmerische Chance. Springer, Wiesbaden

Backhausen W, Thommen J-P (2006) Coaching. Durch systemisches Denken zu innovativer Personalentwicklung, 3. Aufl. Springer Gabler, Wiesbaden

Bailom F, Hinterhuber HH, Matzler K, Sauerwein E (1996) Das Kano-Modell der Kundenzufriedenheit. Marketing. Zeitschrift für Forschung und Praxis 18(2):117–126

Barney J (1991) Firm resources and sustained competitive advantage. J Manag 17(1):99–120

Berger R, Kalthoff O (1995) Kernkompetenzen – Schlüssel zum Unternehmenserfolg. In: Siegwart H, Malik F, Mahari J (Hrsg) Meilensteine im Management, Unternehmenspolitik und Unternehmensstrategie, Bd 5. Schäffer-Poeschel, Stuttgart/Zürich/Wien, S 160–174

Berkel K, Herzog R (1997) Unternehmenskultur und Ethik. Sauer-Verlag, Heidelberg

Binnewies C, Sonnentag S (2006) Arbeitsbedingungen, Gesundheit und Arbeitsleistung. In: Leidig S, Limbacher K, Zielke M (Hrsg) Stress im Erwerbsleben. Perspektiven eines integrativen Gesundheitsmanagements. Pabst Science Publishers, Lengerich, S 47–69

BKK Dachverband (2018) Arbeit und Gesundheit Generation 50+. Medizinisch Wissenschaftliche Verlagsgesellschaft, Berlin

Bleicher K (1991) Organisation: Strategien – Strukturen – Kulturen, 2. Aufl. Gabler, Wiesbaden

Bruch H, Ghoshal S (2003) Unleashing organizational energy. Sloan Manag Rev 45(1):45–51

Bruch H, Vogel B (2011) Strategies for creating and sustaining organizational energy. Employ Relat Today 38(2):51–61

[61] Vgl. z. B. Towers Watson (2012).

[62] Vgl. Clegg (2000); Binnewies und Sonnentag (2006), S. 61.

[63] Vgl. z. B. die Studie von Kim et al. (2017).

Buck J (2014) Generation Y – Glück schlägt Geld, Rheinische Post, 12. April 2014. https://rp-online.de/politik/generation-y-glueck-schlaegt-geld_aid-20439609. Zugegriffen am 31.08.2019
Clegg B (2000) Instant stress management. Kogan Page, London
Coutu D, Kauffman C (2008) What can coaches do for you? Harv Bus Rev 87(1):91–97
Csikszentmihalyi M (1975) Beyond boredom and anxiety: Experiencing flow in work and play. Jossey-Bass, San Francisco
Cummings TG, Worley C (2008) Organization development & change, 9. Aufl. Cengage, New York
DiBartolo PM, Li CY, Frost RO (2008) How do the dimensions of perfectionism relate to mental health? Cogn Ther Res 32(2008):401–417
Doppler K, Lauterburg C (2008) Change management. Campus, Frankfurt/New York
European Commission (2013) EUR 25943: Adult and continuing education in Europe: using public policy to secure a growth in skills Luxembourg. Publications Office of the European Union
Finkelstein S, Hambrick DC, Cannella AAJ (2009) Theory and research on executives, top management teams, and boards. Oxford University Press, New York
Gonon P, Stolz S (2004) Betriebliche Weiterbildung: Empirische Befunde, theoretische Perspektiven und aktuelle Herausforderungen – eine Einleitung. In: Gonon P, Stolz S (Hrsg) Betriebliche Weiterbildung. Empirische Befunde, theoretische Perspektiven und aktuelle Herausforderungen. H.e.p. Verlag, Bern, S 9–34
GPM (2016) GPM: individual competence baseline. GPM, Nürnberg
Graf A (2012) Selbstmanagement-Kompetenz in Unternehmen nachhaltig sichern: Leistung, Wohlbefinden und Balance als Herausforderung. Springer-Verlag, Wiesbaden
grow.up. (2017) 8 Tipps zum Recruiting der Generation Y. http://blog.grow-up.de/8-tipps-zum-recruiting-der-generation-y/. Zugegriffen am 31.08.2019
Hahn C (2013) Finanzierung und Besteuerung von Start-up Unternehmen. Praxishandbuch für erfolgreiche Gründer. Springer Gabler, Wiesbaden
Hammermann A, Stettes O (2017) Stellt die Digitalisierung neue Anforderungen an Führung und Leistungsmanagement? IDW-Vierteljahresschrift zur empirischen Wirtschaftsforschung 44(4):91–111
Hays (2019) HR-report 2019. Schwerpunkt Beschäftigungseffekte der Digitalisierung. Hays, Mannheim
Hemmecke J (2007) Eine Einführung in die Critical Incident-Technik. http://www.hemmecke.com/material/Hemmecke-Jeannette_Einfuehrung-Critical-Incident-Technik_2007.pdf. Zugegriffen am 31.08.2019
Hodgkinson GP, Clarke I (2007) Exploring the cognitive significance of organizational strategizing: a dual-process framework and research agenda. Hum Relat 60(1):243–255
Hurrelmann K, Albrecht E (2014) Die heimlichen Revolutionäre – Wie die Generation Y unsere Welt verändert. Weinheim, Beltz
Kienbaum Institut (2017) Arbeitest Du noch, oder lebst Du schon?. Noch einmal unter die Lupe genommen: Die Karriereorientierung der Generation Y. Kienbaum Institut, Dortmund
Kim ES, Hagan KA, Grodstein F, DeMeo DL, De Vivo I, Kubzansky LD (2017) Optimism and cause-specific mortality: a prospective cohort study. Am J Epidemiol 185(1):21–29
Kirsch W, Seidl D, van Aaken D (2009) Unternehmensführung. Eine evolutionäre Perspektive. Schäffer-Poeschel, Stuttgart
Kondo Y, Kano N (1998) Quality in Japan. In: Juran JM, Godfrey AB (Hrsg) Juran's quality handbook, 5. Aufl. McGraw-Hill, New York. Kapitel 41.1
Künzli H (2005) Wirksamkeitsforschung im Führungskräfte-Coaching. OSC Organ Superv Coach 3:231–244

Lewin K (1958) Group decision and social change. In: Maccoby EE, Newcomb TM, Hartley EL (Hrsg) Readings in social psychology, 3. Aufl. Holt, Rinehart, and Winston, New York, S 197–211

Lipnack J, Stamps J (Hrsg) (2000) Virtual Teams: people working across boundaries with technology. Wiley, Chichester

Macho A, Kuhn T (2015) Mit echten Billen in künstlichen Welten. Wirtschaftswoche, 02.12.2015. http://www.wiwo.de/technologie/gadgets/virtual-reality-mitechten-brillen-in-kuenstlichen-welten/10038298-all.html. Zugegriffen am 31.08.2019

McClelland DC (1951) Personality. Holt, Rinehart and Winston, New York

McClelland DC (1975) Power: the inner experience. Irvington, New York

McClelland DC (1985) Human motivation. Scott, Foresman & Co., Glenview

Mohr S, Troltsch K, Gerhards C (2013) Der Kampf um Köpfe. Verbessern Betriebe durch Weiterbildung ihre Attraktivität als Arbeitgeber? REPORT Zeitschrift für Weiterbildungsforschung. 36(3):37–47

Morin E (2004) The meaning of work in modern times. 10th World Congress on Human Resources Management, Rio de Janeiro, Brazil, 20.08.2004

Pawlowsky P, Bäumer J (1996) Betriebliche Weiterbildung. Management von Qualifikation und Wissen. Beck, München

Roth G, Ryba A (2016) Coaching, Beratung und Gehirn. Neurobiologische Grundlagen wirksamer Veränderungskonzepte. Klett-Cotta, Stuttgart

Rowe WD (1994) Understanding uncertainty. Risk Anal 14(5):743–750

Schmidt-Tanger M (2009) Gekonnt Coachen. Präzision und Provocation im Coaching. Junfermann, Paderborn

Schreyögg G, Sydow J, Koch J (2003) Organisationale Pfade – Von der Pfadabhängigkeit zur Pfadkreation? In: Schreyögg G, Sydow J (Hrsg) Managementforschung. Band 13 – Strategische Prozesse und Pfade. Springer, Wiesbaden, S 257–294

Schudy C, Bruch H (2010) Productive organizational energy as a mediator in the contextual ambidexterity-performances relation. Academy of Management Meeting, Best Paper Proceedings, Montreal 40(3):249–259

Seligman M (2011) Flourish. Wie Menschen aufblühen. Die Positive Psychologie des gelingenden Lebens. Kösel, München

Senst E (2001) Virtuelle Teamarbeit: Ein Lernprogramm im Medienverbund zur Einrichtung und Betreuung virtueller Teams. Sensed-Media, Kiel

Simon FB (2015) Einführung in Systemtheorie und Konstruktivismus, 7. Aufl. Carl-Auer, Heidelberg

Statista (2018) Stressoren im Alltag in 2017. https://de.statista.com/statistik/daten/studie/694180/umfrage/stressoren-im-alltag-nach-geschlecht/. Zugegriffen am 31.08.2019

Steiber A (2014) The Google model: managing continuous innovation in a rapidly changing world. Springer, Cham

Stolzenberg K, Heberle K (2006) Change Management: Veränderungsprozesse erfolgreich gestalten, Mitarbeiter mobilisieren. Springer, Heidelberg

Tamilina L (2012) LLLight Project's approaches to human capital measurement, LLLIGHT Project Position Paper, No. 2012-2. https://mpra.ub.uni-muenchen.de/49820/1/MPRA_paper_49820.pdf. Zugegriffen am 31.08.2019

Teece DJ, Pisano G, Shuen A (1997) Dynamic capabilites and strategic management. Strateg Manag J 18(7):509–533

Tomoff M (2017) Positive Psychologie – Erfolgsgarant oder Schönmalerei? Springer, Heidelberg

Towers Watson (2012) Global Workforce Study 2012 – Ergebnisse für die Schweiz 2012/2013. https://www.towerswatson.com/de-CH/Insights/IC-Types/Survey-Research-Results/2012/11/Global-workforce-study-2012-ergebnisse-fur-die-schweiz-2012-2013. Zugegriffen am 31.08.2019

Vollmar M (2013) Gestaltung der beruflichen Weiterbildung in Unternehmen 2010. In: Statistisches Bundesamt (Hrsg) Wirtschaft und Statistik. Dezember 2013. Statistisches Bundesamt, Wiesbaden, S 883–892

Wagner D, Debo S, Bültel N (2006) Individuelle und organisationale Kompetenzen: Schritte zu einem integrierten Modell. In: Arbeitsgemeinschaft Betriebliche Weiterbildungsforschung e. V. (Hrsg) Individuelle und organisationale Kompetenzen im Rahmen des strategischen Managements. QUEM-report Schriften zur beruflichen Weiterbildung, Heft 94, S 50–148

Wickens C, Hollands J, Banburry S, Parasuraman R (2013) Engineering psychology and human performance. Pearson Education, New York

Wittgenstein L (1963) Logisch-philosophische Abhandlung. Suhrkamp, Frankfurt

World Economic Forum (2017) The Global Human Capital Report 2017. World Economic Forum, Genf

Wrona T (2008) Kognitive Strategieforschung – State of the Art und aktuelle Entwicklungen. In: Wrona T (Hrsg) Strategische Managementforschung: Aktuelle Entwicklungen und internationale Perspektiven. Gabler, Wiesbaden, S 41–83

Entwicklung von Strategie und Geschäftsmodellen

8

Zusammenfassung

Jedes Mutterunternehmen hat die Aufgabe, die bestehenden Strategien und Geschäftsmodelle der Beteiligungen zu überprüfen und deren Entwicklung mehr oder weniger aktiv zu begleiten. Entweder werden die Ziele vorgegeben oder die Beteiligungen werden bei der Strategieentwicklung begleitet. Der Hauptfokus der Begleitung durch die Akteure des Mutterunternehmens liegt auf der Entwicklung von Ideen und in der anschließenden Integration der neuen Ansatzpunkte in neue oder bestehende Geschäftsmodelle der Beteiligungen. Mit diesem Instrument leistet das Beteiligungsmanagement einen wichtigen Beitrag zur wirtschaftlichen Zukunft der Beteiligungen.

In diesem Kapitel werden zunächst Ansatzpunkte für die Weiterentwicklung der Unternehmensstrategie behandelt. Im Anschluss wird anwendungsorientiert aufgezeigt, wie die Geschäftsmodelle der Beteiligungen weiterentwickelt werden können.

8.1 Zukunftspotenziale: Weiterentwicklung der Unternehmensstrategie

Für eine erfolgreiche Positionierung der Beteiligungen im Wettbewerb sind die Unternehmensstrategie und die Geschäftsmodelle der Beteiligungen regelmäßig zu überprüfen und weiter zu entwickeln. Jedes Mutterunternehmen hat die Aufgabe, die Beteiligungen bei der Überarbeitung der bestehenden Strategien mehr oder weniger aktiv zu begleiten. Das Mutterunternehmen kann die Strategien der Beteiligungen durch Vorgabe strategischer Ziele oder durch die Begleitung von deren Überarbeitung unterstützen.[1] Die Beteiligungen können durch die strategischen Kenntnisse der Akteure des Mutterunternehmens bei der

[1] Vgl. Goold et al. (1993), S. 49–53.

K.-M. Ahrend, *Beteiligungsmanagement*,
https://doi.org/10.1007/978-3-662-60588-2_8

Entwicklung und im Zuge der Umsetzung von Strategien profitieren. Dies kann sich auf Kenntnisse zu Methoden des strategischen Managements (z. B. Szenariotechnik), Märkten und Wettbewerbern, zur Produktentwicklung, zu Wachstums- oder Markteintrittsstrategien oder zu weiteren strategischen Themen beziehen. Eine Strategie oder ein neues Geschäftsmodell ergeben sich nicht aus der Verlängerung der Planung um weitere Jahre. Ein langfristiges Konzept entsteht durch vielfältige Analysen, durch das Betrachten von Fallbeispielen und durch das gemeinsame Nachdenken und Diskutieren über Kundenwünsche und Innovationen.

Die Notwendigkeit für die regelmäßige Anpassung zeigt auch die Beschleunigung der Veränderungen bei großen Unternehmen. Während im Jahr 1958 das durchschnittliche Alter der im Standard & Poor's gelisteten Unternehmen noch 61 Jahre betrug, lag das Alter 1980 bereits bei 25 Jahren und im Jahre 2012 bei 18 Jahre.[2] Es lässt sich davon ausgehen, dass diese Entwicklung angesichts der zunehmenden Innovationskraft von (digitalen) Geschäftsmodellen weiter zunehmen wird. Während Schumpeter die kreative Kraft der Zerstörung als Antrieb für die wirtschaftliche Entwicklung begrüßt, führen derartige Veränderungen auch zu Arbeitsplatzabbau und Strukturveränderungen in Städten und Regionen.

Die Basis für die Strategie eines Unternehmens ist die Vision, d. h. der zugrunde liegende Zweck, die langfristige Aufgabe des Unternehmenst. Aus dieser Vision lässt sich die Strategie des Unternehmens ableiten. Eine Strategie umfasst langfristige Ziele und Maßnahmen für deren Erreichung. Ziele sind zukünftig anzustrebende Zustände und dienen als Orientierungs- bzw. Richtgrößen für das kurz-, mittel- und langfristige unternehmerische Handeln. Doch was ist strategisch und was ist operativ? Folgende Attribute können dem Strategischen zugeordnet werden:[3]

- **Langfristigkeit**. Mindestens fünf Jahre
- **Konzeptionelle Gesamtsicht**. Sicherung des Überblicks über die Unternehmensaktivitäten, Verfolgung gemeinsamer, sich nicht widersprechender Ziele
- **Wettbewerbsorientierung**. Abgrenzung gegenüber dem Angebot von Wettbewerbern, Positionierung des eigenen Unternehmens in Bezug auf Wettbewerber
- **Ressourcenorientierung**. Nutzung besonderer Stärken und Potenziale des Unternehmens, nicht nur bezogen auf Rohstoffe und den Beschaffungsbereich
- **Kräftekonzentration**. Beschränkung der unternehmerischen Tätigkeit auf Kernbereiche, Verzicht auf Engagements in Bereichen, in denen keine Kompetenz vorhanden ist
- **Synergieorientierung**. Nutzung von Kooperationsmöglichkeiten und Abstimmung der Instrumente, um einerseits Rationalisierungspotenziale zu nutzen, andererseits die Leistung zu steigern
- **Risikoausgleich**. Ausgleich des Leistung sprogramms in Bezug auf Nachfrage-, Markt-, Rechts- und andere Risiken

---

[2] Vgl. Gilbert et al. (2013), S. 44.

[3] Vgl. Hofer und Schendel (1978), S. 23–34.

Die Strategie hat eine hohe Bedeutung für den Unternehmenserfolg.[4] Die Unternehmensstrategie enthält übergeordnete Ziele und Orientierungen darüber, wie ein Unternehmen seine vorhandenen oder potenziellen Stärken im Sinne von Wettbewerbsvorteilen einsetzen bzw. seine Schwächen abbauen will. Ein Wettbewerbsvorteil entspricht nach Gälweiler einem strategischen Erfolgspotenzial.[5] Eine Unternehmensstrategie definiert „...the direction and scope of an organization over long term, which achieves advantages in a changing environment through its configuration of resources and competences with the aim of fulfilling stakeholder expectations".[6] Die Strategie legt fest, welche Produkt- und Leistungsbereiche angeboten werden sollen und wie sich das Unternehmen im Vergleich zum Wettbewerb verhalten soll (Eingehen von Kooperationen, Durchführung von Investitionsprojekten usw.). Dabei umfasst sie regelmäßig neben den eigentlichen strategischen Zielen (im Sinne der langfristigen Ausrichtung) auch die Maßnahmen, die vorgesehen sind, um diese zu erreichen. Das strategische Management zielt auf die Sicherung des langfristigen Überlebens des Unternehmens durch die geeignete „... Planung und Umsetzung von Strategien in Unternehmungen".[7] Dabei sollte das strategische Management nicht losgelöst von der Entwicklung und Umsetzung der Geschäftsmodelle erfolgen (siehe Abschn. 8.3).

Eine Strategie wird auf der Ebene des Konzerns, auf der Ebene der jeweiligen Unternehmen sowie für Geschäftsfelder sowie für Funktionsbereiche formuliert bzw. implizit gelebt.[8] Strategien sind dabei nicht nur als planvoll erstellte Schriftstücke zu verstehen, sondern auch als emergente Handlungsmuster, die angestrebt oder implizit befolgt und im Nachgang festgestellt werden können.[9] Wenngleich die meisten großen Unternehmen über eine formulierte Strategie verfügen, dominieren gerade bei kleinen und mittelgroßen Unternehmen informelle, nicht formulierte strategische Ziele, die im Bewusstsein der Führungskräfte vorhanden sind. Gleichwohl hilft die Formulierung der Strategie, denn damit lassen sich Alternativen leichter identifizieren und damit die eigene strategische Ausrichtung ex ante schärfen.

Wichtig ist, dass Strategien nicht unverrückbar bleiben, nur weil sie einmal formuliert und beschlossen wurden. Eine regelmäßige Überarbeitung der Strategien ist nötig, nur mit einer strategischen Kontrolle sind Unternehmen agil und können im Wettbewerb langfristige Erfolge erwarten.[10] Die strategische Kontrolle umfasst Themen wie die Überprüfung der Umsetzung der strategischen Ziele, die Überprüfung der Validität der den Zielen

[4] Vgl. Zott und Amit (2008), S. 19.

[5] Vgl. Gälweiler (1990), S. 84.

[6] Johnson et al. (2006), S. 9.

[7] Welge und Al-Laham (2008), S. 19.

[8] Die Konzernstrategie ist besonders durch das Selbstverständnis des Mutterunternehmens (inkl. den für den Konzern relevanten Märkten) sowie durch die Beteiligungsstrategie geprägt. Vgl. Kap. 3 und Kap. 4.

[9] Vgl. Mintzberg (1987), S. 11–24.

[10] Vgl. Ahrend (2001); Proff (2007).

zugrunde liegenden Prämissen sowie die strategische Frühaufklärung, d. h. das frühzeitige Erkennen von absehbaren Veränderungen, die Einfluss auf die Zielformulierung der Beteiligungen haben können. Die strategische Agilität hilft, mit unsicheren und komplexen Marktentwicklungen souverän umzugehen.

Das Formulieren einer Strategie erfolgt im Idealfall im Rahmen eines gesteuerten Denk- und Entscheidungsprozesses, der die Analyse von Unternehmen, Markt und Wettbewerb sowie bestehender strategischer Positionierung, die Entwicklung von Alternativen und die Wahl der strategischen Ziele umfasst. Im nächsten Schritt werden die Ziele in Maßnahmen konkretisiert und schließlich umgesetzt. In der Realität handelt es sich bei der Strategieentwicklung jedoch nicht um einen linearen Prozess, sondern um einen rekursiven, nicht-linearen Verlauf:[11]

- Einerseits werden top-down die sich zeigenden Lücken aus der Analyse des Marktes, der Wettbewerber, der Technologieentwicklung und der bestehenden Ressourcenausstattung zu neuen strategischen Zielen und Maßnahmen verdichtet. Diese werden dann weiter detailliert.
- Andererseits werden in entgegengesetzter Richtung bottom-up auf Ebene der operativ handelnden Akteure über die Führungskräfte der Beteiligung die sich zeigenden Handlungsmöglichkeiten identifiziert, um daraus mögliche Maßnahmen und Ziele abzuleiten.
- In die Formulierung und Umsetzung sind nicht nur zahlreiche Beschäftigte eingebunden, sondern auch externe Partner, wie Berater, Lieferanten oder Kunden.[12]

In der Kombination von top-down und bottom-up Vorgehen wird die Strategie zu einem Ergebnis eines kollektiven Prozesses mit vielen Beteiligten.[13] Damit wird es leichter, eine für alle Beteiligten akzeptable Strategie zu entwickeln. Das rekursive Verfahren wird auch als Gegenstromverfahren bezeichnet.

Mithilfe der strategischen Portfolioanalyse lässt sich die Strategieentwicklung unterstützen. Für die Einordnung der primär verfolgten Unternehmensstrategie lassen sich verschiedene Matrix-Darstellungen nutzen. Dabei werden die vorhandenen strategischen Geschäftsfelder (Produkt-Markt-Kombinationen) oder die vorhandenen Geschäftsmodelle (bzw. aus Konzernsicht die Beteiligungen) strukturiert miteinander verglichen. Neben dem Ist-Portfolio wird auf Basis einer zielorientierten künftigen Verteilung der Elemente (strategische Geschäftsfelder, Geschäftsmodelle oder Beteiligungen) ein Soll-Portfolio erstellt. Es existiert eine Vielzahl an möglichen Darstellungsvarianten.

- Ein Beispiel ist die **Wettbewerbsmatrix von Porter** bestehend aus den Dimensionen strategischer Vorteil (Singularität des Angebots bzw. Kostenvorteil) und Marktfokus

[11] Vgl. Rumelt (1996), S. 103–108; Sull (2007), S. 30–38; Kaplan und Norton (2008), S. 62–70.

[12] Vgl. Jarzabkowski und Spee (2009), S. 78–82.

[13] Vgl. Vaara und Whittington (2012), S. 1–2.

(Branche bzw. Segment in einer Branche). Sie führt zu den Normstrategien Kostenführerschaft, Differenzierung und Nischenstrategie (Fokussierung).[14]

- **Kostenführerschaft**. Mit einer kostenorientierten Ausrichtung soll das Unternehmen einen Kostenvorsprung gegenüber den Konkurrenten in der Branche aufbauen bzw. verteidigen. Mit niedrigen Kosten können selbst dann noch Gewinne realisiert werden, wenn die Wettbewerber bereits in die Verlustzone geraten. Auch stellen niedrige Kosten eine Markteintrittsbarriere für neue Konkurrenten dar.
- **Differenzierungsstrategie**. Mit der Differenzierung erfolgt die Ausrichtung auf die Schaffung eines „einzigartigen Verkaufsversprechens" (unique selling proposition). Die Abhebung von der Konkurrenz kann dabei durch einen besonderen Service oder eine besondere Qualität des Produktes bei durchaus höherem Preis herbeigeführt werden. Mit der Differenzierung lassen sich die Kunden an die Marke binden und durch deren Loyalität eine Eintrittsbarriere gegenüber neuen Wettbewerbern aufbauen. Schließlich lassen Innovationen auch höhere Unternehmensgewinne und eine Schutzwirkung gegenüber Substituten erwarten.
- **Konzentration auf Schwerpunkte**. Mit der Fokussierung der Ausrichtung auf Marktnischen lassen sich die Potenziale kleinerer Märkte nutzen. Die Nische kann sich aus der Konzentration auf bestimmte Abnehmergruppen, bestimmte Angebote oder auch auf geografische Märkte ergeben.

• Ein weiteres Hilfsmittel für die Strategieformulierung ist die **Marktattraktivitäts-/Wettbewerbsstärken-Matrix von McKinsey**. Dabei wird ein zweidimensionaler Betrachtungsraum genutzt, wobei eine der beiden Achsen die Umwelt- und die andere Achse die Unternehmensdimension darstellt. Nach dieser ergeben sich drei Normstrategien, nämlich die Investitions- und Wachstumsstrategie, die selektive Strategie (die zwischen offensivem und defensivem Vorgehen unterscheidet) und die Strategie der Kapitalfreisetzung.[15]

• Für wachstumsorientierte Unternehmen stellt die **Produkt-Markt-Matrix von Ansoff** eine weitere Grundlage dar. Als Normstrategien werden die Marktdurchdringung (bestehende Märkte mit bestehenden Produkte), die Marktentwicklung (neue Märkte mit bestehenden Produkten), die Produktentwicklung (neue Produkte für bestehende Märkte) sowie die Diversifikation (neue Produkte für neue Märkte) unterschieden.[16]

• Die **Marktanteils-/Marktwachstums-Matrix der Boston Consulting Group** führt zu vier Normstrategien: Offensive Marktdurchdringung für die Nachwuchsprodukte (Question Marks), Kontinuität der Realisierung hoher Gewinne (Abschöpfungsstrategie) für die Star-Produkte, Festpreis- oder Preiswettbewerbsstrategie für die gut positionierten Produkte in einem relativ statischen Markt (Cashcows) sowie Desinvestitionsstrategie für die Auslaufprodukte (poor dogs).[17]

---

[14] Vgl. Porter (1979), S. 137–140.

[15] Vgl. Simon und von der Gathen (2002), S. 35–54.

[16] Vgl. Ansoff (1965), S. 98–99.

[17] Vgl. Hahn und Taylor (1997), S. 372–398.

- Als letztes Beispiel sei die **Technologie-Portfolio-Analyse von Pfeiffer** genannt.[18] Die beiden Dimensionen sind die Technologieattraktivität im Sinne des Potenzials (gemessen durch das Weiterentwicklungspotenzial der Technologie, die Anwendungsbreite und die Kompatibilität) sowie die Ressourcenstärke (gemessen durch den technisch-qualitativen Beherrschungsgrad, Potenziale für weitere Ressourcen sowie die (Re-)Aktionsgeschwindigkeit). Daraus ergeben sich vier Normstrategien: Investition, Desinvestition, technologieattraktive Selektion (mit Ausstieg bzw. Nichteinstieg oder Ausbau bzw. Einstieg mit massiven Investitionen) sowie ressourcenstarke Selektion (mit entsprechenden Wegen wie bei der technologieattraktiven Selektion).

Die strategischen Überlegungen eint der Blick einerseits auf den Markt und andererseits auf die Ressourcen. Diese Unterscheidung zwischen externen und internen Analysen entspricht dem market-based view und dem resource-based view.

- Der **market-based view** geht zurück auf das Structure-Conduct-Performance-Paradigma.[19] Danach determinieren die Kontextfaktoren, d. h. insbesondere die Wettbewerbsintensität, die Eintritts- und Austrittshürden sowie die Profitabilität einer Branche das Verhalten und damit auch den Erfolg der unternehmerischen Akteure. Als wesentlich für die Branchenanalyse zeigen sich die von Porter entwickelten 5 Forces (Abb. 8.1).[20] Diese umfassen: (1) Rivalität zwischen den bestehenden und den erwartbaren Wettbewerbern, (2) Verhandlungsstärke der potenziellen Lieferanten, (3) Verhandlungsmacht der potenziellen Kunden, (4) Bedrohung durch neue Konkurrenten sowie (5) Bedrohung durch Substitutionsprodukte. Demnach beeinflussen die Branche und der Wettbewerb in der Branche selbst und in den angrenzenden Märkten die Möglichkeiten für Erfolg. Entsprechend wichtig sind die Wahl der Branche, die Positionierung im Wettbewerb und die Maßnahmen für die Verbesserung der Attraktivität der Branche (z. B. durch neue Eintrittsbarrieren).

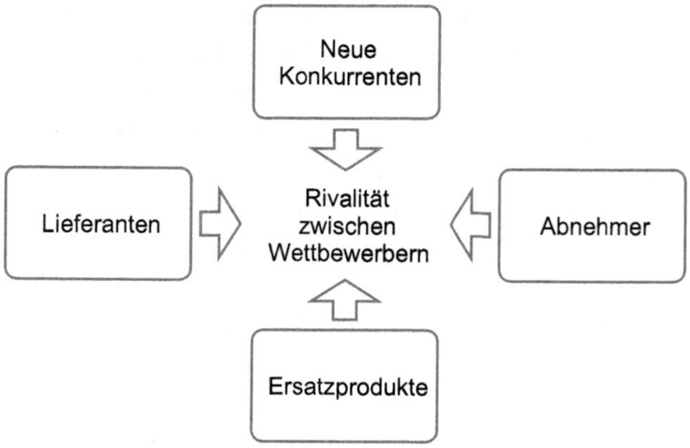

Abb. 8.1 Porter's 5 Forces Modell der Wettbewerbsanalyse. (Quelle: in Anlehnung an Porter 1992, S. 26)

[18] Vgl. Pfeiffer und Dögl (1997), S. 407–420.

[19] Vgl. Bain (1956).

[20] Vgl. Porter (1992), S. 26.

- Im Rahmen des **resource-based-view** werden solche Ansätze subsumiert, bei denen der Unternehmenserfolg vor allem durch die Existenz von strategisch relevanten Ressourcen begründet wird. Wichtige Beiträge lieferten die Managementforscher Barney, Fiol, Hamel, Kay, Penrose, Snow und Hrebiniak, Teece und Wernerfelt. Der unternehmerische Fokus liegt auf der bewussten Schaffung und Handhabung unternehmerischer Ressourcen und deren Transformation in Marktchancen. Dementsprechend zeigen Teece et al. in ihrer Studie, dass in einem dynamischen Umfeld die Strategieumsetzung wichtiger ist als die Positionierung auf dem Markt.[21]

Im strategischen Management kommen beide Theorien weiterhin vor. Für die Unternehmenspraxis weisen sie einen komplementären Charakter auf – im Sinne der Innen- und der Außenorientierung. Bei einer Beteiligung sind neben dem Marktpotenzial (Opportunity) und den verfügbaren Ressourcen auch das Team von hoher Bedeutung (vgl. Abb. 8.2).

Für die Analyse der strategischen Positionierung einer Beteiligung lassen sich die benannten (insb. Markt-, Ressourcen- und Technologieanalysen) und weitere Analysen für die Ableitung bzw. Weiterentwicklung der verfolgten strategischen Stoßrichtung für die Produkt-, Markt- und Wettbewerbsausrichtung nutzen. Dabei wird deutlich, dass den Wettbewerbschancen auch bedeutende Risiken durch den bestehenden bzw. erwartbaren Wettbewerb gegenüberstehen. Daher sollte die eigene Positionierung vor allem auch getroffene bzw. geplante Gegenmaßnahmen im Umgang mit diesen Risiken beinhalten. Von besonderer Bedeutung ist die Frage nach der Reaktion von bestehenden Wettbewerbern auf den Neueintritt des Unternehmers. Dies hängt unter anderem davon ab, wie die Marktanteile bisher verteilt sind, wie sich diese entwickelt haben und welchen Spielraum die Wettbewerber haben, Preise zur Verhinderung des Markteintritts von neuen Konkurrenten (temporär) zu senken. Geht die Differenzierung so weit, dass kein merklicher Wettbewerb mit bestehenden Anbietern besteht, werden sogenannte Blue Oceans geschaffen. Mit der

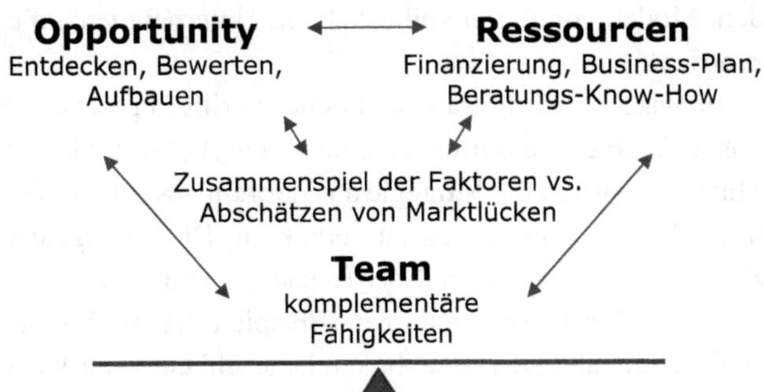

Abb. 8.2 Erfolgsfaktoren-Modell von Timmons. (Quelle: in Anlehnung an Timmons und Spinelli 2004, S. 57)

[21] Vgl. Teece et al. (1997).

Blue Ocean Strategie im Sinne von revolutionär-innovativen Angeboten werden neue Märkte geschaffen.[22]

Für die Sicherung von Wettbewerbsvorteilen oder der Marktführerschaft haben Treacy und Wiersema vier Empfehlungen entwickelt:[23]

- **Testsieger bei mindestens einer Dimension**. Das Unternehmen sollte das beste Angebot im Markt aus Kundensicht zur Verfügung stellen. Dies lässt sich durch das Übertreffen einer spezifischen Dimension des Wertangebots (aus Preis, Qualität, Leistung, wahrgenommener Kompetenz, Bequemlichkeit und weiteren Dimensionen) erreichen. Zunächst wird ein Wert-Angebot entwickelt, das zwingend einzigartig ist. Im Fokus stehen Bereiche mit hohem Kundenwert und relativ hoher interner Stärke.
- **Mindeststandards für weitere Dimensionen**. Das Unternehmen behält Standards in anderen Dimensionen des Wert-Angebots bei. Um das Gesamtangebot attraktiv zu halten, werden sämtliche Dimensionen des Wert-Angebots auf einem hohen Niveau gehalten.
- **Kontinuierliche Verbesserung**. Das Unternehmen strebt danach, das Wert-Angebot von Jahr zu Jahr weiter zu verbessern. Legt das Unternehmen seine gesamte Energie in die Verbesserung des Wert-Angebots kann den Vorstößen von bestehenden und neuen Wettbewerbern begegnet werden und ein dauerhafter Wettbewerbsvorteil entstehen.
- **Robustes Geschäftsmodell**. Das Unternehmen sollte ein gut abgestimmtes Geschäftsmodell entwickeln, das auf das Liefern von unvergleichbarem Wert ausgerichtet ist. Dieses besteht u. a. aus der Struktur des Unternehmens, den operativen Prozessen, den Managementsystemen und der Unternehmenskultur (vgl. Abschn. 8.3).

Auch wenn das Wertdisziplinen-Modell der Wettbewerbsmatrix von Porter (mit Kostenführerschaft, Differenzierung und Fokus) ähnelt, unterscheidet es sich deutlich. Der Hauptunterschied liegt darin, dass nach dem Wertdisziplinen-Modell keine der drei Felder vernachlässigt werden darf: sie sind alle parallel auf einem hohen Niveau zu halten. Gemäß dem Modell von Porter sollte sich das Unternehmen auf eine der drei Strategietypen konzentrieren.

Inzwischen wird Strategie durchaus kritisch gesehen. Aufgrund des Aufwands und der hohen Abstraktion wird versucht, sie möglichst konkret zu formulieren. Das strategische Management löst die Strategie aus der rein abstrakten Sichtweise heraus und versucht, sie in konkreten Maßnahmen zu verankern. Die strategische Planung konzentriert sich auf Ziele und Maßnahmen auf der Ebene der strategischen Geschäftsfelder, also bestimmten Produkt-/Markt-Kombinationen. Beispiele für die Formulierung von griffigen Strategien sind: Regionaler Nischenanbieter, Deutschlandweite Marktdurchdringung, Vorwärtsintegration durch Akquisition von Vertriebspartnern, Rückwärtsintegration durch Akquisition von Lieferanten oder Erweiterung der Angebotspalette durch Innovationen. Eine Weiter-

[22] Vgl. Kim und Mauborgne (2004).

[23] Vgl. Treacy und Wiersema (1995), S. 88–90; Treacy und Wiersema (1997), S. 55–73.

entwicklung dieser Fokussierung ist die Gliederung des Unternehmens nach Geschäftsmodellen (vgl. Abschn. 8.3). Es sind diese, mit denen das Unternehmen am Markt und im Wettbewerb agiert.

8.2 Anwendung der Szenariotechnik

Für die Entwicklung bzw. Weiterentwicklung von Strategien bietet sich auch die Nutzung der Szenariotechnik an. Die Szenariotechnik betrachtet die relevanten externen Faktoren eines Unternehmens oder eines Themenfelds.[24] Sie zielt als Methode auf die Analyse der Zukunft und analysiert die Entwicklung der externen Faktoren und deren Wirkung auf das betrachtete Themenfeld. Auch wenn die Zukunft nicht exakt vorausgesagt werden kann, lassen sich mithilfe der Szenariotechnik plausible Annahmen über die Entwicklung der externen Faktoren in der Zukunft treffen. Da für diese Einflussfaktoren teilweise alternative Projektionen vorstellbar sind, ergeben sich auch unterschiedliche Zukunftsbilder, d. h. unterschiedliche Szenarien. Meist werden zwei oder maximal drei alternative Szenarien betrachtet, die deutlich unterschiedliche Entwicklungen aufzeigen. Zu einem Szenario gehört aber nicht nur die Beschreibung einer möglichen zukünftigen Situation, sondern auch das Aufzeigen des Entwicklungsverlaufs, der zu dieser Situation hinführt. Dies wird über die Erstellung von Zwischenszenarien erreicht. Ein wichtiger Nebeneffekt der Analyse der Zukunft liegt in der Ableitung von Innovationsstoßrichtungen oder Innovationsfeldern für das betreffende Unternehmen oder Themenfeld. Damit ist die Szenariotechnik eine wichtige Basis für die Entwicklung von strategischen Zielen. Dabei weist sie folgende Charakteristika auf.

- Offenheit für Alternativen
- Nutzung von qualitativen und quantitativen Informationen
- Berücksichtigung der gegenseitigen Beeinflussung der externen Faktoren
- Berücksichtigung von Extrementwicklungen

Die Anwendung der Szenariotechnik erfolgt anhand von folgenden Schritten.

- **Strukturierung und Definition des Themas**. Zunächst wird das Thema abgegrenzt. Was gehört genau dazu und was nicht? Wird die Entwicklung der gesamten Beteiligung analysiert, oder nur die Entwicklung eines bestimmten Bereichs? Diese Fragen sind die Grundlage für die Güte der Szenario-Ergebnisse und entscheidend für die Identifikation und Abgrenzung der externen Einflussfaktoren. Der gegenwärtige Zustand des Themenfelds wird beschrieben und aktuelle Probleme und Fragestellungen werden ermittelt. Das zu betrachtende Zieljahr ist festzulegen. In der Regel betrachtet man ein Zieljahr, das 10 bis 20 Jahre in der Zukunft liegt. Dabei hängt der gewählte Zeithorizont

[24] Vgl. Geschka et al. (2010).

vom Themenfeld ab. Bevorzugt werden sollten runde Jahreszahlen, weil dazu häufig Prognosen vorliegen.

- **Identifikation und Strukturierung der wichtigsten Einflussfaktoren und Einflussbereiche auf das Thema**. Alle externen Einflussfaktoren für das Thema werden gesammelt, sortiert und zu Einflussbereichen zusammengefasst. Meist ist der größte Teil der Einflussfaktoren qualitativer Art.
- **Formulierung von Deskriptoren und Aufstellen von Projektionen**. Die ermittelten Einflussfaktoren werden als quantitative oder beschreibende Kenngrößen (sogenannte Deskriptoren) formuliert. Die Deskriptoren sollten überschneidungsfrei sein und in ihrer Gesamtheit alle wichtigen Einflüsse abdecken. Bei komplexen Themen kann die Zahl der Deskriptoren deutlich über 30 liegen. Für alle Deskriptoren ist der Istzustand zu beschreiben. Darauf aufbauend werden Projektionen für das Szenario-Zieljahr aufgestellt. Dabei sollte auf bekannte Prognosen und auf Expertenwissen zurückgegriffen werden. Für einige Deskriptoren zeichnen sich klare, eindeutige Trends ab. Für andere Deskriptoren fehlt eine sichere Einschätzung und es bleiben unterschiedliche Entwicklungen, die eintreten könnten. In diesem Falle sollten die möglichen Entwicklungsverläufe als alternative Projektionen beschrieben werden. Sowohl für die eindeutigen als auch für die alternativen Projektionen sind fundierte, plausible Begründungen zu notieren.
- **Wirkungsanalyse und Szenariobündelung**. Es werden zwei verschiedene Analysen durchgeführt: Die Wirkungsanalyse, die die Wirkungsbeziehungen der Deskriptoren untereinander untersucht, und die Konsistenzanalyse, die zu in sich stimmigen Szenarien führt. Die erarbeiteten Deskriptoren sind i. d. R. nicht voneinander unabhängig, sondern beeinflussen sich in einem komplexen Wirkungssystem gegenseitig. Diese Wirkungen werden in einer Wirkungsmatrix erfasst. Deren Auswertung macht es möglich, den Wirkungscharakter jedes Deskriptors zu erkennen. Für die spätere Gestaltung der Szenarien sind diejenigen Faktoren von besonderem Interesse, die die Entwicklung des Systems im Wesentlichen treiben. Bei der Konsistenzanalyse werden aus den alternativen Projektionen diejenigen zusammengeführt, die ein in sich stimmiges (konsistentes) Szenario bilden. Zunächst wird abgeschätzt, welche Ausprägungen sich gegenseitig verstärken, welche neutral und welche widersprüchlich zueinander sind. Aus der Vielzahl der möglichen Szenarien werden mehrere möglichst konsistente und gleichzeitig unterschiedliche Szenarien gebildet. In der Regel werden aus den identifizierten Szenarien zwei bis drei Szenarien nach den Kriterien „hohe Konsistenz" und „hohe Unterschiedlichkeit" ausgewählt. Um die Szenarien zu vervollständigen, werden dann noch die Projektionen der eindeutigen Deskriptoren hinzugefügt.
- **Entwicklung und Interpretation der ausgewählten Umfeldszenarien**. Nachdem zunächst in den Projektionen der weite Schritt in die Zukunft gemacht wurde, muss die Entwicklung aus der Gegenwart heraus in Richtung auf das ausgewählte Zukunftsbild beschrieben werden. Die Stufung erfolgt häufig in Zwischenschritten von fünf Jahren.

Zu jedem Zwischenzeitpunkt wird der Entwicklungsverlauf beschrieben und im nächsten Zeitabschnitt werden Reaktionen auf Entwicklungen in der vorangehenden Periode notiert. So entsteht ein vernetzter Entwicklungsablauf, der sich von der Gegenwart bis zum Szenario-Zieljahr erstreckt.

- **Einführung und Analyse der Auswirkungen signifikanter Trendbruchereignisse**. Dieser Schritt ist optional. Ein Trendbruchereignis tritt plötzlich ein. Es ist vorher als Trend nicht erkennbar und lenkt mögliche Entwicklungsverläufe in eine andere Richtung. Bei den betrachteten Ereignissen kann es sich um Katastrophen wie Erdbeben, Reaktorunfälle, große Explosionen, Tankerunfälle oder terroristische Anschläge handeln. Es kommen aber auch wirtschaftliche Entwicklungen oder technologische Durchbrüche infrage. Mögliche Trendbruchereignisse werden bereits bei den Diskussionen im Prozess identifiziert. Zusätzlich können sie mithilfe von Kreativitätstechniken benannt werden.
- **Ausarbeitung der themenbezogenen Szenarien**. Die Szenarien für das Thema werden nun aus den Umfeldszenarien abgeleitet. Welche Auswirkungen haben die Umfeldszenarien auf das ausgewählte Thema? Hierbei kann entweder gesamtheitlich oder deskriptorenweise vorgegangen werden.
- **Ableitung von Innovationsstoßrichtungen/-leitlinien**. Schließlich werden die Innovationsstoßrichtungen (als Basis für strategische Ziele) oder -leitlinien aus den Szenarien abgeleitet. Dieser Schritt führt zu der Ableitung von strategischen Konsequenzen und bildet damit den Schluss der Erarbeitung von Szenarien. Dabei lässt sich ein ganzheitliches oder ein strukturiertes Vorgehen wählen. Ein mögliches Vorgehen liegt in der individuellen Erarbeitung von Problemen, Chancen und Anforderungen für das Unternehmen aus den themenbezogenen Szenarien. Im Anschluss werden mögliche Stoßrichtungen für Innovationen erarbeitet. In einem letzten Schritt werden diese Überlegungen gesammelt und strukturiert. Daraus werden dann Innovationsstoßrichtungen und, falls bereits vorgesehen, ein abgestimmtes Bündel an Innovationsleitlinien gebildet.

Nach dem Abschluss eines Szenarioprojekts lassen sich weitere Einflussfaktoren für die Erarbeitung bzw. Überarbeitung von strategischen Zielen ergänzen. Dazu gehören Ergebnisse von Design Thinking Projekten, die u. a. gemeinsam mit Kunden und Wissenschaftlern durchgeführt werden. Eine weitere Quelle für Einflüsse sind die Erwartungen des Mutterunternehmens an die Entwicklung von Unternehmenswert, Rentabilität und weiteren Kenngrößen.

8.3 Definition eines Geschäftsmodells

Die Strategieentwicklung wird in den Unternehmen neu entdeckt. Mit dem Fokus auf die Geschäftsmodelle erfolgt einerseits eine intensive Ausrichtung auf die Kunden und deren Nutzen und andererseits eine Orientierung an den eigenen Ressourcen und denen der Partner. Diese Form der Strategieentwicklung schafft jene unternehmerische Handlungsfähigkeit, die angesichts einer turbulent bleibenden Umwelt für das rechtzeitige Aufgreifen von Chancen erforderlich ist.

Dabei lässt sich ein Geschäftsmodell als konkretisierendes Abbild der Unternehmensstrategie begreifen.[25] Es handelt sich um das „… design or architecture of the value creation, delivery, and capture mechanisms“[26] eines Unternehmens und beschreibt, welcher Nutzen auf welche Weise für Kunden geschaffen wird und wie die Austauschbeziehungen mit Kunden und Partnern aussehen. Mit dem Modell werden die Analyse, Planung und die Kommunikation der Geschäftstätigkeit unterstützt. Abb. 8.3 zeigt den Prozess der Überarbeitung von Strategie und Geschäftsmodellen.

Als Abbild der wesentlichen Bestandteile der Geschäftstätigkeit umfasst ein Geschäftsmodell verschiedene Elemente. Im Folgenden wird die Geschäftsmodellstruktur des Business Model Canvas („Geschäftsmodell-Leinwand“) von Osterwalder und Pigneur erläutert.[27] Dabei werden 9 Elemente unterschieden, die aber nicht als voneinander losgelöste Einheiten betrachtet werden. Stattdessen sind sie wie bei einem Lebewesen oder einem technischen System miteinander verbunden und hängen voneinander ab. Ahrend hat die Geschäftsmodell-Struktur weiterentwickelt und um zwei weitere Elemente ergänzt (Abb. 8.4).

1. **Kundensegmente (Customer Segments)**

Die Kunden sind der Ausgangspunkt für jedes Geschäftsmodell. Um Kundenbedürfnisse bestmöglich zu erfüllen, können die Kunden in verschiedene Segmente unterteilt werden. Wird der Massenmarkt adressiert, wird die größte Kundengruppe angesprochen. Dagegen stellt der Nischenmarkt auf spezielle Kundensegmente ab. Bei Multi-sided markets weisen zwei oder mehrere Kundensegmente einer Organisation eine gegenseitige Abhängigkeit auf. In der Regel haben die Kunden verschiedener Kundensegmente ähnliche, aber trotzdem unterschiedliche Bedürfnisse und Anforderungen. Ein Unternehmen muss entscheiden, welche Segmente bedient werden und welche nicht.

2. **Nutzen bzw. Wertangebote (Value Propositions)**

Die Wertangebote erfüllen die Kundenbedürfnisse für ein bestimmtes Kundensegment im Sinne eines Alleinstellungsmerkmals. Das Paket der angebotenen Produkte und/oder

[25] Vgl. Osterwalder (2004), S. 17; Ahrend (2016), S. 10.

[26] Teece (2010), S. 172.

[27] Weitere Strukturen finden sich z. B. bei Ahrend (2016), S. 9–23.

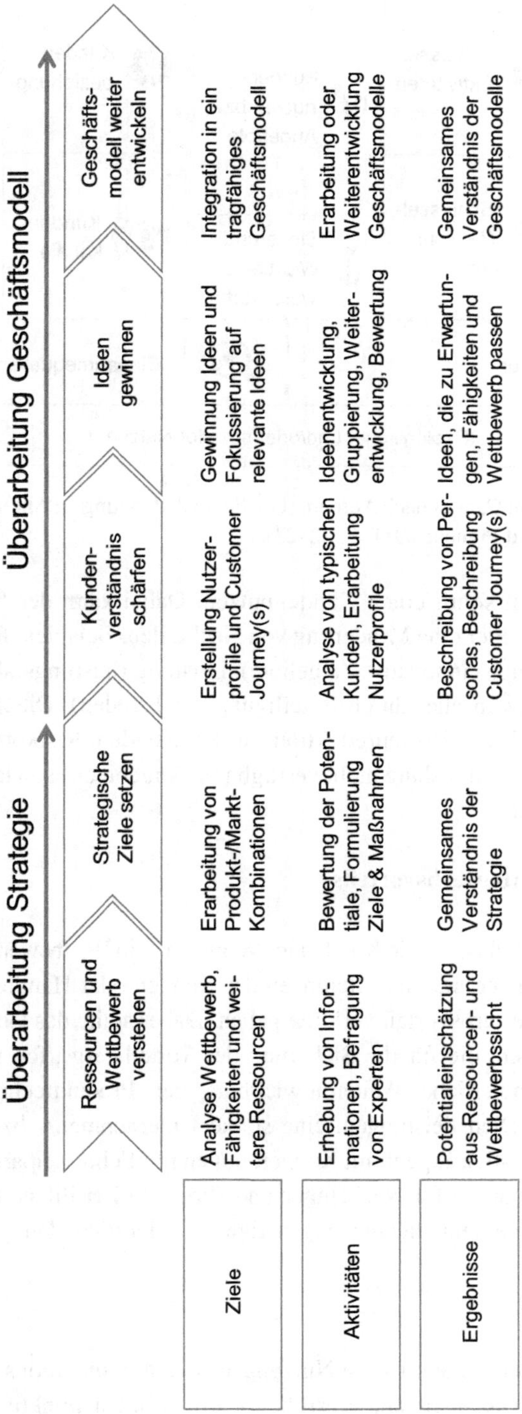

Abb. 8.3 Typischer Ablauf der gemeinsamen Überarbeitung von Strategie und Geschäftsmodellen

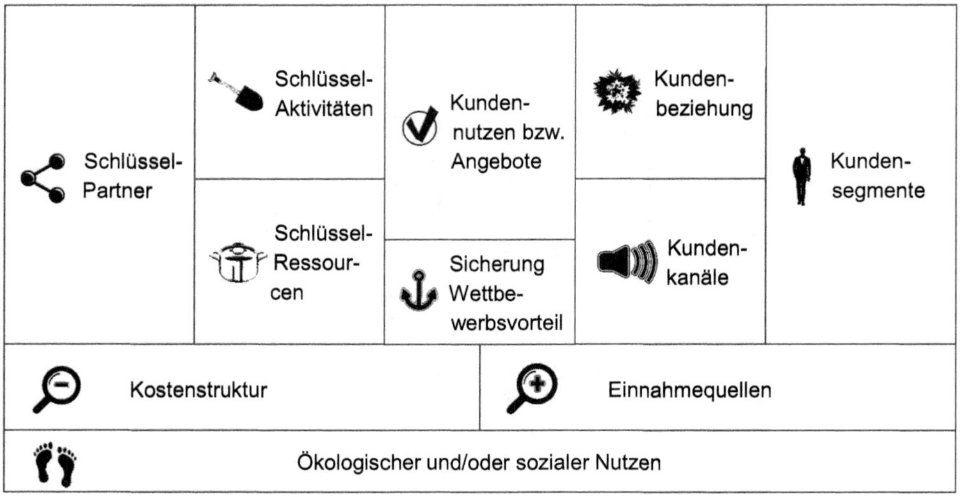

Abb. 8.4 Business Model Canvas nach Ahrend. (Quelle: in Anlehnung an Ahrend 2016, S. 234, auf Basis von Osterwalder und Pigneur 2011, S. 22–23)

Dienstleistungen schafft somit einen Kundennutzen. Dabei kann der Kundennutzen ein spürbarer Gewinn sein, oder eine Minderung von Nachteilen. Beispiele für wertschaffende Angebote sind: Neuheiten (innovative Angebote), Leistung (leistungsfähigere Angebote), Anpassung an Kundenwünsche (durch Beteiligung der Kunden), Die Arbeit erleichtern, Design, Marke/Status, Preis, Kostenreduktion für den Kunden, Risikominderung für den Kunden, Verfügbarkeit (von bislang nicht verfügbaren Angeboten) sowie Bequemlichkeit/Anwenderfreundlichkeit.

3. **Sicherung des Wettbewerbsvorteils**

Der Wettbewerbsvorteil ist für die Kunden im Vergleich zum Wettbewerb nicht per selangfristig gesichert. Durch veränderte Präferenzen der Kunden oder Handlungen der Wettbewerber kann der Wettbewerbsvorteil verloren gehen. Daher sollte das Geschäftsmodell die Maßnahmen beschreiben, die für die Sicherung des Vorteils ergriffen werden. Beispiele dafür sind die kontinuierliche Weiterentwicklung der Produkttechnologie bzw. der Wissensstrukturen für Dienstleistungen, eine starke Unternehmens- bzw. Produktmarke, Schutzrechte für das geistige Eigentum, Kooperationen mit Schlüsselpartnern für den Aufbau von Markteintrittshürden für Nachahmer und verdiente Zertifikate bzw. Qualitätssiegel. Damit kann das Unternehmen eine langfristige wirtschaftliche Perspektive aufzeigen.

4. **Kanäle (Channels)**

Um die Kunden zu erreichen, ist die Nutzung von Kommunikations- und Vertriebskanälen erforderlich. Die Kundenkanäle erfüllen die folgenden Funktionen (Osterwalder und Pigneur 2011, S. 30 ff.):

- Lenkung der Aufmerksamkeit des Kunden auf Produkte oder Dienstleistungen
- Hilfe für den Kunden bei der Bewertung eines Wertangebotes eines Unternehmens
- Ermöglichung für den Kunden, ein Produkt oder eine Dienstleitung zu erwerben oder in Anspruch zu nehmen
- Unterbreitung eines Wertangebots
- Betreuung des Kunden auch nach dem Kauf oder der Inanspruchnahme

Jedes Unternehmen muss sich für bestimmte Kanäle entscheiden – unabhängig davon, ob es sich um eigene Vertriebskanäle (z. B. Verkaufsabteilung, Internetverkauf, eigene Filialen) oder um Partnerkanäle (z. B. Großhändler, Partner-Web-Site, Partnerfilialen) handelt. Daneben sind Entscheidungen über die Nutzung von Transportwegen und über die Lagerhaltung zu treffen.

5. **Kundenbeziehungen (Customer Relationships)**

Dieses Element beschreibt, in welchem Verhältnis das Unternehmen zu den Kunden eines Kundensegments stehen will. Es lassen sich z. B. folgende Arten der Kundenbeziehungen unterscheiden: (1) *Kundenindividuelle* persönliche Unterstützung, (2) *Anlassbezogene* persönliche Unterstützung, (3) Selbstbedienung, (4) Automatisierte Dienstleistungen, (5) Nutzercommunities, (6) Kundenpartizipation. Dabei können auch Kombinationen für die jeweilige Bindung von Kundensegmenten angestrebt werden.

6. **Einnahmequellen (Revenue Streams)**

Jedes Kundensegment kann zu einer oder mehreren Umsatzquellen führen. Es lassen sich einmalige Kundenzahlungen und fortlaufende Zahlungen unterscheiden. Diese können aus dem Verkauf von Produkten bzw. Dienstleistungen resultieren, oder aus Nutzungsgebühren, Mitgliedsgebühren, Erlösen aus Verleih, Vermietung, Leasing, Lizenzen oder Werbung.

7. **Schlüssel-Ressourcen (Key Resources)**

Die Grundlage für jedes selbstständige Handeln sind die notwendigen Ressourcen für die Schaffung von Wertangeboten. Es werden grundsätzlich physische, finanzielle und immaterielle Ressourcen (inkl. Firmenwissen, Patente, Urheberrechte und Marken) sowie personalbezogene Ressourcen unterschieden. Um einen dauerhaften Wettbewerbsvorteil zu ermöglichen, soll eine Ressource folgende vier Voraussetzungen erfüllen: Strategische Werthaltigkeit, Einzigartigkeit, Imperfekte Substituierbarkeit und Imperfekte Imitierbarkeit.[28]

[28] Vgl. Barney (1991), S. 112.

8. **Schlüssel-Aktivitäten (Key Activities)**

Die Schlüsselaktivitäten beschreiben die wesentlichen Handlungen, um das Wertangebot für die ausgewählten Kundensegmente bereitstellen zu können. Wie wird die Wertschöpfung erzielt? Wesentliche Alternativen sind die Herstellung eines Produkts bzw. die Erstellung einer Dienstleistung, die Schaffung (individueller) Problemlösungen oder die Gestaltung der Plattform bei netzwerkorientierten Geschäftsmodellen.

9. **Schlüssel-Partner (Key Partnerships)**

In den meisten Geschäftsmodellen spielen Partnerschaften zu anderen Unternehmen eine wichtige Rolle. Dazu gehören Strategische Allianzen zwischen Nicht-Wettbewerbern, Strategische Partnerschaften zwischen Wettbewerbern (Co-opetition), Joint Ventures zur Entwicklung neuer Geschäfte sowie Partnerschaften zwischen Anbieter und Kunden.

10. **Kostenstruktur (Cost Structure)**

Wenngleich jedes Unternehmen nach möglichst niedrigen Kosten bezogen auf den damit erzielbaren Umsatz zielt, unterscheiden sich die Kostenstrukturen der Geschäftsmodelle zum Teil deutlich. Abhängig von der Anlagenintensität und der Personalintensität ergeben sich unterschiedliche Schwerpunkte. Grundsätzlich sind Geschäftsmodelle, die auf Kostenminimierung zielen von solchen zu unterscheiden, die auf Wertorientierung zielen. Bei ersteren wird häufig auf Erfahrungskurven- und Verbundvorteile geachtet, während wertorientierte Geschäftsmodelle die fixen und variablen Kosten der Ermöglichung eines exzellenten Wertangebots untergeordnet werden.

11. **Beitrag zum Gemeinwohl**

Wenngleich der Kundennutzen bereits durch nachhaltige Aspekte im Angebot geprägt sein kann, beinhaltet dieses Element den mit den Angeboten verbundenen ergänzenden Kundennutzen durch ökologische Vorteile und / oder soziale Beiträge für die Gemeinschaft. Darüber hinaus können weitere Beiträge zum Gemeinwohl aufgezeigt werden, die nicht bereits im Produkt- bzw. Dienstleistungskern enthalten sind. Dazu gehören z. B. Spenden und Sponsoring, eine enge Verbindung mit Unternehmen und anderen Partnern aus der Region (regionale Wertschöpfung), der Einbezug der Öffentlichkeit in die Belange der Entwicklung des Unternehmens.[29] Mit der Beschreibung dieses Elements zeigt die Beteiligung, dass ihr Geschäftsmodell auch gesellschaftlich Sinn macht.

[29] Vgl. vertiefend Ahrend (2014).

8.4 Typologien von Geschäftsmodellen

Ähnlich wie sich Normstrategien unterscheiden lassen, finden sich verschiedene Geschäftsmodell-Typologien. Die empirisch hergeleiteten 55 verschiedenen Typen des St. Galler Business Model Navigator können bei der Weiterentwicklung des Geschäftsmodells berücksichtigt werden (Tab. 8.1).[30]

Nachfolgend ist für jeden Typus ein Beispiel ergänzt (Tab. 8.2).

Bezogen auf nachhaltige Geschäftsmodelle, also solche, die nicht nur wirtschaftlich, sondern auch ökologisch und/oder sozial relevant sind, hat Ahrend nachfolgende Typolo-

Tab. 8.1 Geschäftsmodelltypologie aus dem St. Galler Business Modell Navigator

Add-on	Mieten statt kaufen
Affiliation	Negativer Geldumschlag
Aikido	No Frills
Auktion	Open Business Model
Barter	Open Source
Cross Selling	Orchestrator
Crowdfunding	Pay per Use
Crowdsourcing	Pay what you want
Digitalisierung	Peer-to-Peer
Direct Selling	Performance-based Contracting
E-Commerce	Razor and Blade
Experience Selling	Revenue Sharing
Flatrate	Reverse Engineering
Fractional Ownership	Reverse Innovation
Franchising	Robin Hood
Freemium	Self-Service
From Push-to-Pull	Shop-in-Shop
Garantierte Verfügbarkeit	Solution Provider
Ingredient Branding	Subskription
Integrator	Supermarkt
Kundendaten-Multiplizierer	Target the Poor
Kundenloyalität	Trash-to-Cash
Layer Player	Two-Sided Market
Lizenzierung	Ultimativer Luxus
Lock-In	User Designed
Long Tail	Werbefinanzierung
Make more of it	White Label
Mass Customization	

[30] Vgl. Gassmann et al. (2013).

Tab. 8.2 Definition der Geschäftsmodelle des St. Galler Business Modell Navigator. (Quelle: in Anlehnung an Ahrend 2016, S. 20–22)

Nr.	Typus	Beschreibung	Beispiel
1.	Add-on	Margenträchtige Zusatzleistungen	Ryanair
2.	Affiliation	Nutzung von Vertriebspartnern	Amazon
3.	Aikido	Kraftsparender Wettbewerb durch radikale Angebotsdifferenzierung	Swatch
4.	Auktion	Partizipative Preisermittlung	ebay
5.	Barter	Leistungen des Unternehmens mit entgeltloser Kompensation	Kundenkarten
6.	Cross Selling	Ergänzung des Angebots durch komplementäre Angebote	Aldi, Tchibo
7.	Crowdfunding	Auslagerung der Finanzierung an viele Geldgeber	Brainpool
8.	Crowdsourcing	Auslagerung von Teilen der Wertschöpfung an Partner	IBM, MyFab
9.	Digitalisierung	Ergänzung oder Ersatz von analogen Angeboten durch digitale	Napster
10.	Direct Selling	Direkter Endkundenzugang statt Nutzung von Zwischenhändlern	Dell
11.	E-Commerce	Transaktionen unter Einsatz elektronischer Kommunikationstechnik	Amazon
12.	Experience Selling	Erlebnisorientierte Ausrichtung des Angebots	Starbucks
13.	Flatrate	Bezahlung eines Pauschalpreises mit unbegrenzter Nutzung	All Inclusive Urlaub
14.	Fractional Ownership	Erwerb nur eines Teils des Objekts in einer Nutzergemeinschaft	Carsharing
15.	Franchising	Überlassung Nutzungsrecht an einem Geschäftsmodell gegen Gebühr	Fressnapf
16.	Freemium	Kombination einer freien und einer kostenpflichtigen Premium Version	Dropbox
17.	From Push-to-Pull	Ausrichtung der Aktivitäten an den Kundenbedürfnissen	Dell
18.	Garantierte Verfügbarkeit	Pauschalpreis für einen sehr hohen Service Level (Versicherung)	Hilti
19.	Ingredient Branding	Markenbildung eines Zulieferprodukts in einem Endprodukt	Bosch
20.	Integrator	Hohes Maß an Eigenerzeugung statt Fremdbezug	Ford
21.	Kundendaten-Multiplizierer	Kommerzielle Nutzung von gesammelten Kundendaten	Google
22.	Kundenloyalität	Konstantere Einnahmen durch loyalere Kunden (z. B. mit Bonussystem)	Payback
23.	Layer Player	Fokussierung auf eine oder wenige Wertschöpfungsstufen	DSM

(Fortsetzung)

Tab. 8.2 (Fortsetzung)

Nr.	Typus	Beschreibung	Beispiel
24.	Lizenzierung	Verkauf der Nutzungsrechte an geistigem Eigentum und Rechten	DIC2
25.	Lock-In	Kunden sind durch Wechselhürden in das Angebot „eingeschlossen"	Microsoft
26.	Long Tail	Hoher Umsatzanteil aus vielen verschiedenen Nischenprodukten	AppStores
27.	Make more of it	Externe Vermarktung von internem Know-How und Ressourcen	Porsche Consulting
28.	Mass Customization	Modulare Individualisierung durch flexible Produktarchitektur	mymuesli
29.	Mieten statt kaufen	Angebot der Vorfinanzierung von Käufen durch Miete / Leasing	Kfz-Leasing
30.	Negativer Geldumschlag	Kürzeres Zahlungsziel von Kunden als das bei Lieferanten	Aldi
31.	No Frills	Reduzierte Angebotsvariante für viele Kunden	Aldi
32.	Open Business Model	Kooperativer Einbezug externer Akteure in die Angebotserbringung	Valve Corp.
33.	Open Source	Entwicklung von Produkten durch öffentliche Community	Wikipedia
34.	Orchestrator	Weitgehende Auslagerung von Wertschöpfungsstufen an Dritte	Nike
35.	Pay per Use	Abrechnung nach effektiver Nutzung, basiert auf Vertrauen	Car2Go
36.	Pay what you want	Bezahlung auf Basis des wahrgenommenen Kundennutzens	NoiseTrade
37.	Peer-to-Peer	Mittler für Transaktionen zwischen Privatpersonen	Airbnb
38.	Performance-based Contracting	Bezahlung auf Basis erwarteter Leistung, nicht auf Kostenbasis	Einspar-Contracting
39.	Razor and Blade	Angebot günstiger Basisprodukte und teurer Komplementärprodukte	Gillette
40.	Revenue Sharing	Umsatzbeteiligung von Geschäftspartnern für Teilleistungen	Groupon
41.	Reverse Engineering	Nachahmung bestehender Produkte oder Leistungen	BYD Auto
42.	Reverse Innovation	Konzeption für Märkte in Entwicklungs-/Schwellenländern, dann in Industrieländern	Logitech
43.	Robin Hood	Preisdifferenzierung zugunsten sozial Benachteiligter	Warby Parker
44.	Self-Service	Übertragung von Teilen der Wertschöpfung auf den Kunden	IKEA
45.	Shop-in-Shop	Nutzung eines Raums im bestehenden Laden eines Geschäftspartners	Bosch

(Fortsetzung)

Tab. 8.2 (Fortsetzung)

Nr.	Typus	Beschreibung	Beispiel
46.	Solution Provider	Angebot umfassender Gesamtlösungen	CWS-boko
47.	Subskription	Bezug von Leistungen in regelmäßigen Abständen gegen Preisabschlag	Bertelsmann
48.	Supermarkt	Angebot breiter Produktpalette zu relativ tiefen Preisen	Toys„R“Us
49.	Target the Poor	Fokussierung des Angebots auf einkommensschwache Kunden	Tata Nano
50.	Trash-to-Cash	Verkauf von Recycling Produkten aus gebrauchten Gütern und Abfällen	Greenwire
51.	Two-Sided Market	Verknüpfung von zwei Nutzergruppen über ein Netzwerk	MyHammer
52.	Ultimativer Luxus	Fokussierung des Angebots auf einkommensstarke Kunden	Jumeirah Group
53.	User Designed	Angebot zur Unterstützung von kunden-kreierter Produkte/Leistungen	Lego
54.	Werbefinanzierung	Kommerzialisierung einer Werbefläche für Produkte/Leistungen	Google
55.	White Label	Produktdifferenzierung durch Zulassung anderer Marken	Ja! (REWE)

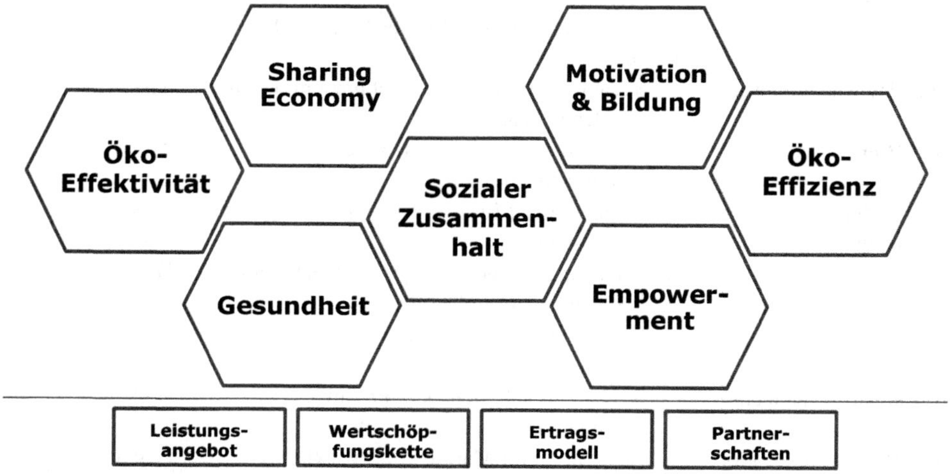

Abb. 8.5 Typologie nachhaltiger Geschäftsmodelle nach Ahrend (2016). (Quelle: Aus Ahrend 2016, S. 85; mit freundlicher Genehmigung von © Springer Gabler, Berlin, Heidelberg 2016. All Rights Reserved)

gie entwickelt (Abb. 8.5). Gerade Beteiligungen, die in ihrer Unternehmensstrategie einen Beitrag für die Nachhaltigkeit leisten wollen, können von der Struktur nachhaltiger Geschäftsmodelle profitieren.

Die Typen lassen sich in verschiedene Segmente unterteilen (Tab. 8.3).

Tab. 8.3 Detaillierung der Typologie nachhaltiger Geschäftsmodelle. (Quelle: Aus Ahrend 2016, S. 85; mit freundlicher Genehmigung von © Springer Gabler, Berlin, Heidelberg 2016. All Rights Reserved)

Geschäftsmodelltypen	Beschreibung
Gesundheit	Personenbezogene Gesundheitsdienstleistungen Nicht-Personenbezogene Gesundheitsdienstleistungen Telemedizin Medizinprodukte Arzneimittel Gesunde Lebensmittel
Empowerment	Zugang zu Ernährung, Wasser und Mindesteinkommen Zugang zu einer funktionierenden Infrastruktur Zugang zu Produkten und Dienstleistungen
Sozialer Zusammenhalt	Zusammenhalt durch Wohlfahrt Zusammenhalt durch gute Arbeitsbedingungen Zusammenhalt durch Integration
Ökoeffektivität	Minderung von Ressourcenbedarf und Umweltbelastung für neue Produkte und Dienstleistungen Ökoeffektive Infrastruktur Technologien für die Folgenminderung von Umweltrisiken
Ökoeffizienz	Verbesserung der Materialeffizienz Verbesserung der Energie- und Wassereffizienz Umwelt- und Naturschutz
Sharing Economy	Sharing Ansätze für Privatkunden Sharing Ansätze für Geschäftskunden Genossenschaften Crowdinnovation und Shared Information
Motivation & Bildung	Nachhaltiges Asset Management Nachhaltige Versicherungen Finanzierung nachhaltiger Unternehmer Nachhaltige Beratungsleistungen für Unternehmer Transparenz und nachhaltige Handelsplätze Bildung für nachhaltige Entwicklung

8.5 Entwicklung neuer oder Weiterentwicklung bestehender Geschäftsmodelle

Schon Johann Wolfgang von Goethe hat es formuliert: man solle sich immerfort verändern, um nicht zu verstocken. Die Befassung mit neuen Geschäftsmodellen, mit neuen Optionen für die Weiterentwicklung der bestehenden Geschäftsmodelle, schafft neue unternehmerische Potenziale. Die Kreativitätsbefähigung ist auch eine Aufgabe des Beteiligungsmanagements. Dabei geht es nicht nur um das Erlernen von Neuem, sondern auch um das Verlernen oder das bewusste Loslassen von bestehenden Regeln und Mustern. Als Geschäftsmodellinnovationen lassen sich „designed, novel, nontrivial changes to the key elements of a firm's business model and/or the architecture linking these elements"[31] verstehen. Bei der Weiterentwicklung des Geschäftsmodells lassen sich radikale und inkrementelle Innovationen unterscheiden. Inkrementelle Innovationen verdeutlichen, dass eine Innovation auch dann vorliegt, wenn nur geringfügige Veränderungen von bestehenden Geschäftsmodellen vorgenommen werden. Trotz der fehlenden Radikalität handelt es sich dennoch um Innovationen, wenn der Kunde die Andersartigkeit honoriert. In der maximalen Ausprägung werden ganze Märkte durch disruptive Geschäftsmodelle verändert.[32]

Im Gesamtkontext geht es aber nicht um die Verleugnung von bisherigen Geschäftsmodellen. Für einen nachhaltigen Unternehmenserfolg gilt es, eine gesunde Mischung zwischen Tradition und Erneuerung, zwischen Effizienz und Agilität, zwischen stabilen und neuen Geschäftsmodellen zu finden. Dabei stehen in einer Organisation Zuverlässigkeit mit klaren Strukturen und Abläufen sowie Flexibilität mit innovativen Projekten und kundenorientierten Pilotlösungen nebeneinander.[33] Das Neue kann innerhalb einer Organisationseinheit entwickelt werden, oder es bildet sich eine „Innovationseinheit" als zusätzliche Beteiligung in der Unternehmensgruppe heraus. Die Führung ermöglicht, dass die Einheiten eines Unternehmens oder einer Unternehmensgruppe trotz ihrer Vielfalt zwischen Effizienz und Agilität eine Einheit bilden. Veränderungen werden deutlich erleichtert, wenn es selbstverständlich ist, dass parallel zu dem Bestehenden auch etwas Neues entsteht. Damit laufen die Beharrungskräfte nicht gegen die Veränderung, sondern akzeptieren eine Erweiterung des Denk- und Handlungsraums.

Neue Geschäftsmodelle lassen sich organisch mit der bestehenden Beteiligung oder mit einer neuen Organisationseinheit realisieren. Als Wege außerhalb der vorliegenden Organisation bieten sich der Zukauf einer unternehmerischen Gelegenheit oder die Ausbzw. Neugründung in einer separaten Gesellschaft an (Abb. 8.6).

Vermeintlich am leichtesten gelingt der Zukauf von Geschäftsmodellen durch den Erwerb eines Unternehmens oder eines Start-ups. Wenngleich die Erweiterung damit relativ schnell gelingt, verheißt die Integration mit bestehenden Aktivitäten und Kunden eine Herausforderung (vgl. Abschn. 9.8). Bei der Unterstützung von Start-ups helfen auch zahlreiche Förderprogramme.[34] Ein Beispiel ist der German Accelarator, der die Internationalisierung deutscher Start-ups unterstützt.[35]

Die organische Entwicklung eines nachhaltigen Geschäftsmodells ist grundsätzlich ein Prozess der Erkennung, Bewertung und Nutzung von unternehmerischen Gelegenheiten[36] Häufig werden Geschäftsideen durch eine neue Kombination von Ausprägungen bestehen-

---

[31] Foss und Saebi (2017), S. 216.

[32] Vgl. Bower und Christensen (1995).

[33] Diese Kombination ist als organisationale Ambidextrie bekannt. Vgl. Raisch und Birkinshaw (2008).

[34] Vgl. die Übersicht bei Ahrend (2016), S. 323–329.

[35] Vgl. https://www.germanaccelerator.com.

[36] Vgl. Schallmo (2013), S. 87–92.

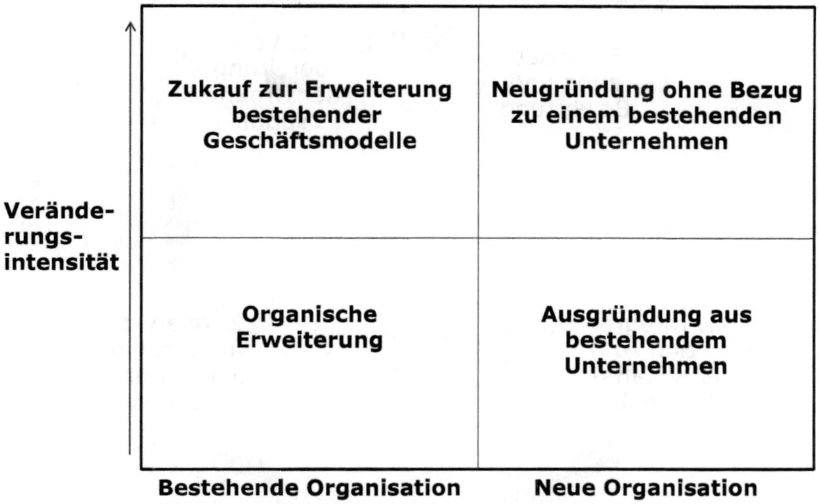

Abb. 8.6 Strukturelle Alternativen der Entwicklung von Geschäftsmodellen

der Geschäftsmodelle gebildet. Diese inkrementelle Weiterentwicklung hat trotz der geringen Innovation den Vorteil, dass die Anpassung eines erfolgreichen Geschäftsmodells wiederum eine erfolgreiche Entwicklung erwarten lässt. Gegen die inkrementelle Entwicklung von Geschäftsmodellen kann eine geringere Eintrittshürde für potenzielle Konkurrenten sprechen. Die Belastbarkeit des Geschäftsmodells nimmt zu, je deutlicher sich die Ausprägungen seiner Elemente von denen von Geschäftsmodellen der Konkurrenz unterscheiden. In der Folge kann sich eine Kombination aus evolutionären und aus revolutionären Bestandteilen ergeben.

Der Ablauf ist geprägt von der Mobilisierung der Organisation im Sinne des Veränderungsmanagements, der Analyse von Ausgangslage und Realisierungsmöglichkeiten, einer Ideensammlung und der Erarbeitung eines neuen oder veränderten Geschäftsmodells.[37] Neben der Entwicklung eigener Ansätze ist der Prozess auch durch die (sich ändernden) externen Kontextfaktoren geprägt.[38] Abb. 8.7 gibt einen Überblick.

Für die Erarbeitung eines neuen Geschäftsmodells bietet sich grundsätzlich die Verwendung einer der Typen der Geschäftsmodell-Typologien aus Abschn. 8.4 an. Darüber hinaus eignet sich jedes Element (oder eine Kombination verschiedener Elemente) der Geschäftsmodell-Struktur aus Abschn. 8.3 für eine Neuorientierung.

Ein Beispiel stellt die Anpassung der Schlüssel-Ressourcen dar. Bei den Schlüssel-Ressourcen gewinnen Themen wie die Kompetenz für das Produktdesign und die Gestaltung eines ästhetischen Marktauftritts an Bedeutung. Damit lässt sich das zunehmende Bedürfnis nach Individualisierung und die Sehnsucht der Kunden, gesehen zu werden,

[37] Vgl. vertiefend Wirtz und Daiser (2018), S. 51 und für die Entwicklung nachhaltiger Angebote die DIN SPEC 35201.

[38] Vgl. Kieser (2006), S. 215.

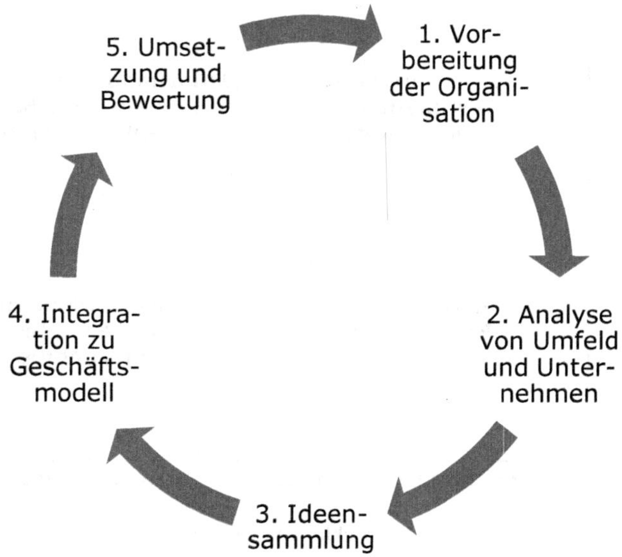

Abb. 8.7 Phasenmodell für die Erarbeitung neuer Geschäftsmodelle. (Quelle: in Anlehnung an Ahrend 2016, S. 237)

besser erfüllen. Eine weitere wichtige Kompetenz liegt in der Bündelung von Leistungspaketen, die für den Kunden eine zunehmende Bequemlichkeit ermöglichen. Die Menschen sehnen sich nach Convenience, der Automatisierung bislang manueller Tätigkeiten, der Einsparung von Zeit durch neue Lösungen oder nach bequemen Möglichkeiten, Dinge von zu Hause oder unterwegs zu erledigen.[39] Bei der Stärkung der Marke und des Images als Schlüssel-Ressource helfen positiv beeindruckende Kundenreferenzen, der Gewinn von Wettbewerben oder die Zertifizierung von Produkten bzw. des Unternehmens.[40] Neben Qualitätssiegeln bieten sich auch Informationen zu der Umwelt- und Sozialverträglichkeit des Leistungsangebots an.[41]

Ein anderes Beispiel sind die Kundenkanäle bzw. die Kundenbeziehungen. Klar ist, dass die Kundeninteraktion immer stärker durch online-Zugänge geprägt wird. Das Internet und Social Media erweitern den Kommunikationsraum, in dem ein Unternehmen mit seinen Kunden interagiert. Neben veränderten Inhalten wird auch die Entstehung von Netzwerken ermöglicht. Abb. 8.8 zeigt die weltweite Verbreitung von Social Media Plattformen bei Unternehmen. Mithilfe der künstlichen Intelligenz werden zukünftig neben der Social Media Kommunikation auch die Fragen, Beschwerden oder Hinweise der Kunden über die anderen Kommunikationskanäle des Unternehmens ausgewertet. Damit soll das

[39] Vgl. dazu Albert (2015).

[40] Einen Überblick über Zertifikate bzw. Siegel geben die Plattformen https://label-online.de, https://www.siegelklarheit.de oder https://www.test.de.

[41] Vgl. den Überblick bei Hagemann (2017).

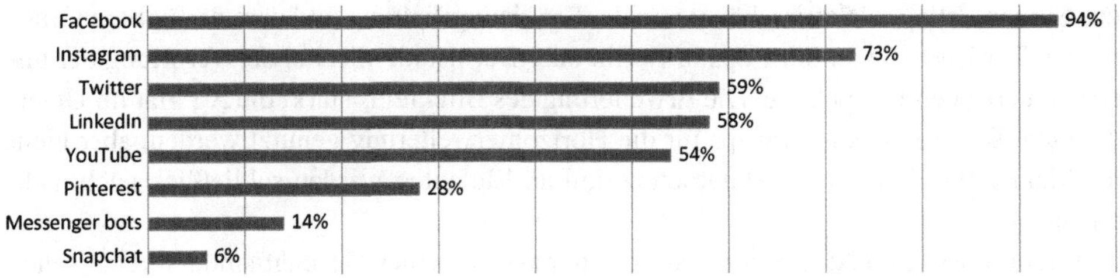

Abb. 8.8 Weltweite Verbreitung von Social-Media Plattformen. (Quelle: in Anlehnung an Statista 2019)

Verhalten einzelner Kunden analysiert und im nächsten Schritt durch Vorschläge gelenkt werden. Damit wird die Kundeninteraktion zielgruppenbezogener, sie nähert sich einem personalisierten Marketing mit der Erwartung höherer Absatzmöglichkeiten.

Die Erarbeitung eines neuen Geschäftsmodells sollte möglichst in einem Team erfolgen. Das interne Team besteht aus Kollegen mit fachlichen Hintergründen und unterschiedlichen Herangehensweisen an das Thema. Einbezogen werden neben Akteuren der Beteiligung auch Kollegen aus dem Mutterunternehmen und ggf. Schwestergesellschaften. Je konkreter das nachhaltige Geschäftsmodell wird, umso wichtiger ist die Einbindung von externen Stakeholdern für die Erarbeitung. Neben den potenziellen Kunden gehören dazu Lieferanten und weitere potenzielle Partner. Kreativität entsteht meist nicht am Arbeitsplatz, inmitten von Routine und operativer Hektik. Für die dauerhafte Beschäftigung mit neuen Ideen bietet sich die Einrichtung von Laboren und Entwicklungsumgebungen an. Viele Unternehmen verfügen bereits über ein eigenes Innovationslabor.[42] Für die Gründung eines eigenen Innovationslabors lassen sich ggf. auch Fördermittel beantragen. So hat die Bundesregierung im Jahre 2019 die Agentur zur Förderung von Sprunginnovationen begründet.[43] Ziel ist es, Innovationsakteure bei der Entwicklung von disruptiven Innovationen für eine bestimmte Zeit mit finanziellen Mitteln und Freiräumen zu unterstützen.

In Innovationslaboren können auch Projektteams nacheinander oder parallel ihre neuen Ideen zu Prototypen entwickeln. Ein Labor eignet sich auch für die Durchführung von Ideen-Workshops. Ist keines vorhanden eignen sich neben typischen Lokationen wie Tagungshotels auch gemeinsame Erlebnisse an inspirierenden Orten, die zum Querdenken anregen. Beispiele sind etwa ein Museumsbesuch, eine geführte Wanderung, der Besuch eines anderen Unternehmens oder der Einblick bei Start-ups oder Gründerzentren. Ob es

[42] Vgl. z. B. das Deloitte Greenhouse unter https://www2.deloitte.com/de/de/pages/about-deloitte/articles/deloitte-greenhouse.html, die Plattform des Verbands Kommunaler Unternehmen unter https://www.vku-innovation.de oder das E.ON Ideenlabor unter https://ideenlabor.eon.de.

[43] Vgl. https://www.bmbf.de/de/bundeskabinett-beschliesst-agentur-zur-foerderung-von-sprunginnovationen-6817.html. Sie folgt dem Vorbild der US-Innovationslabore DARPA (https://www.darpa.mil) und ARPA-E (https://arpa-e.energy.gov). Vgl. auch Österreichische Forschungsförderungsgesellschaft (2016).

das Silicon Valley sein muss, hängt von der Erwartungshaltung und dem verfügbaren Budget ab. Der Besuch von Start-ups in Berlin oder Darmstadt hilft bei der Verortung der unternehmerischen Perspektive. Die Erweiterung des Blickfelds stärkt die Agilität im Unternehmen. Dabei können Start-ups für die Horizonterweiterung genutzt werden, aber nicht als Mantra für eine bessere Unternehmerkultur. Elefanten werden schließlich auch nicht zu Gazellen.

Dabei muss allen Akteuren bewusst sein, dass ein neues Geschäftsmodell auch selbst einem Lebenszyklus unterliegt. Dies verdeutlicht die Notwendigkeit zu strategischer Agilität und damit zu einem immer wiederkehrenden Durchlaufen des Phasenmodells für die Entwicklung neuer Geschäftsmodelle.

8.6 Entwicklung einer Customer Journey

Die viel beschworene Kundenorientierung von Unternehmen ist der Haupttreiber für die Weiterentwicklung von Geschäftsmodellen. Wird die Kundenorientierung unterschätzt, besteht die Gefahr, dass einzelne oder gar viele Kunden zu einem Wettbewerber und damit zu einer besseren Lösung für das Kundenproblem wechseln. Das Beharren auf Produkten oder Dienstleistungen, die bislang gut beim Kunden ankamen, kann zum Übersehen von besseren Alternativen führen. Eine unzureichende Kundenorientierung ist das größte unternehmensbezogene Risiko. Für eine möglichst hohe Entsprechung der Kundenerwartungen bietet es sich an, sämtliche Interaktionspunkte mit dem Unternehmen zusammenzustellen. Diese Customer Journey (Kundenreise) bezieht sich zunächst auf den status quo, kann aber auf die vorgesehene Zukunft erweitert werden. Für die Erarbeitung bietet sich die Einbindung verschiedener Abteilungen im Rahmen eines Workshops an.

Da sich die Angebote bzw. deren Nutzung von Kunde zu Kunde deutlich unterscheiden, werden vor der Beschreibung der Customer Journey eine Reihe von Personas definiert. Diese vereinfachten prototypischen Kundenbeschreibungen orientieren sich dabei nicht nur an sachlichen Kriterien der Kundensegmentierung, sondern vielmehr an einer persönlichen und emotionalen Beschreibung eines typischen Kunden.[44] Sie umfassen Themen wie Alter, Geschlecht, Familienstand, Anzahl Kinder, Ausbildung, Studium, Beruf, Einkommen, Wohnort, Wohnungsgröße, Hobbies und die Haltung der Kunden zu dem betreffenden Angebot des Unternehmens. Für eine einfachere Unterscheidung und eine persönliche Basis zu der Persona wird ihr ein Vorname gegeben und es werden eine Reihe von Fragen diskutiert und bestmöglich beantwortet:

- **Sehen**. Was sieht der Kunde und wie gestaltet sich sein Umfeld? Welche Angebote bekommt er?
- **Hören**. Was hört der Kunde von seinem Umfeld?

[44] Vgl. Plattner et al. (2009), S. 167, Curedale (2013a, b), S. 224; Gray et al. (2010), S. 65–66.

- **Denken/Fühlen**. Was geht im Kopf des Kunden vor? Was sind seine Gefühle? Was beschäftigt ihn?
- **Sagen**. Worüber spricht der Kunde und wie verhält er sich in der Öffentlichkeit? Was erzählt er anderen?
- **Frust/Sorgen**. Was bereitet dem Kunden Frust und Sorgen? Was sind seine größten Hindernisse/Ängste/Probleme? Was sind die größten Hürden auf dem Weg zur Erreichung seiner Ziele?
- **Lust/Freude**. Was bereitet dem Kunden Lust und Freude? Was möchte der Kunde erreichen? Welche Ziele/Wünsche hat er? Was motiviert ihn?
- **Job to be done/notwendige Lösung**. Welche Probleme hat der Kunde? Welche Bedürfnisse entstehen daraus? Welche Aufgabe muss er erledigen? Welche Lösung ist für ihn notwendig (z. B. funktional, ökonomisch, prozessbezogen, sozial, emotional)?

Mit den „Jobs to be done" wird ein gemeinsames Problembewusstsein geschaffen, mit dem ein weiteres Arbeiten an möglichen neuen Lösungen gelingen kann (Abb. 8.9).

Für die Entwicklung der Kundenreise mit Bezug zu den Leistungen de Beteiligung lässt sich eine Customer Journey darstellen.[45] Der Fokus sind dabei die Kontaktpunkte des Kunden mit dem Unternehmen, seiner Marke und seinen Leistungen. Neben direkten Kontaktpunkten (wie Telefonat, Gespräch, Webseite, Werbung) haben auch die indirekten Kontaktpunkte eine Bedeutung. Dazu zählen z. B. Bewertungsportale, Kundenforen, Blogs und Empfehlungen in Social Media Kanälen). Neben den Kundenkontaktpunkten lässt sich mit der Kundenreise klären, welche Bedürfnisse bzw. Erwartungen der Kunde bei den Kontakten mit dem Unternehmen hat, welche positiven bzw. negativen Erfahrungen er macht und welche Emotionen sich für den Kunden daraus ergeben.

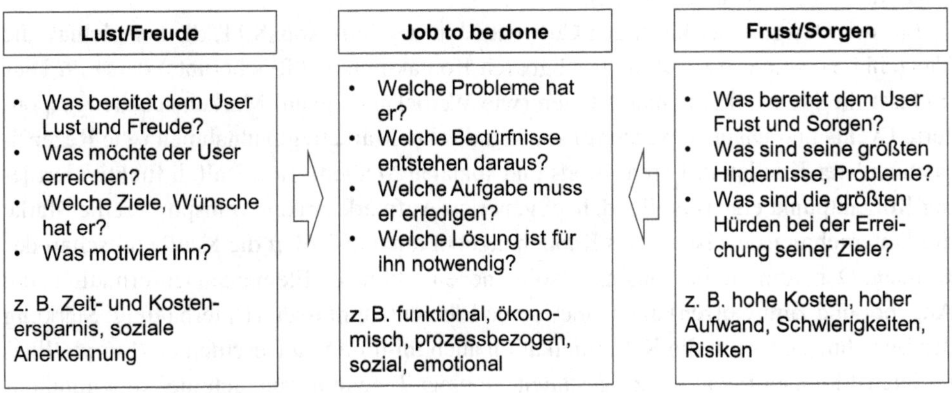

Abb. 8.9 Von den Kundenerwartungen zu den notwendigen Lösungen. (Quelle: In Anlehnung an Schallmo 2017, S. 85)

[45] Vgl. Curedale (2013a, b), S. 213; Stickdorn und Schneider (2014), S. 158–159.

Mit der Kenntnis der aktuellen Kundenreise und der des Kunden bei direkten Wettbewerbern lassen sich Potenziale für die Verbesserung der Kundenkontaktpunkte ableiten. Damit können sich wichtige Ergänzungen des Geschäftsmodells bezüglich der Kundenkanäle und der Kundenbeziehungen formulieren. Abb. 8.10 zeigt ein Beispiel einer typischen Customer Journey.

In der Regel umfasst die Customer Journey die Phasen bevor, während und nachdem sich der Kunde für den Kauf eines Produktes entscheidet. Es werden die Phasen Erkennen der Kundenbedürfnisse (Wahrnehmung), Sammeln von Leistungsinformationen (Prüfung), die Kaufabwicklung (Kauf), die Verwendung der Leistung (Nutzung), die Unterstützung während und nach der Nutzung (Unterstützung) sowie die Schaffung von zusätzlichen positiven Kundenerlebnissen sowie deren Bewertung (Evangelismus) unterschieden. Je nach Kundenspezifika, Branche und Leistungsangebot variieren die Phasen der Customer Journey. Bei der Definition der Aktionen helfen folgende Schritte:[46]

- Ich will mir das ansehen (get to know)
- Ich muss das jetzt finden (want to go)
- Ich will das jetzt machen (want to do)
- Ich will das jetzt haben (want to buy)

Auf dieser Basis wird pro Persona eine spezifische Customer Journey erarbeitet. Dafür werden zunächst die Ziele definiert, mit denen die Persona die Customer Journey beginnt. Im nächsten Schritt werden neben den Kontaktpunkten auch die Emotionen und Gedanken der Kunden skizziert, auch wenn sie zunächst nur einen prototypischen Charakter haben. In einer späteren Kundenbefragung lassen sich diese auf ihre Richtigkeit hin bewerten und ergänzen. Schließlich folgen Ansatzpunkte für die Verbesserung der Kundenkontaktpunkte (und damit des Geschäftsmodells).

Für das Design einer künftigen Customer Journey hilft Abb. 8.11, die beispielhaft die Vielzahl der online bzw. offline verfügbaren Kontaktpunkte (Touchpoints) darstellt. Dies umfasst direkte Marketingmaßnahmen (wie Werbekampagnen, Markenwebsite, gesponserte Events und Display-Werbung) sowie indirekte Marketingmaßnahmen (wie Rezensionen anderer Kunden in Foren, Blogs und sozialen Medien). Im Idealfall funktioniert jeder Kontaktpunkt eigenständig, d. h. er generiert Aufmerksamkeit, transportiert die Marke des Unternehmens, weist auf das Kundenangebot hin und fördert die Kaufbereitschaft des Kunden. Der Kommunikationsinhalt sollte neben rationalen Elementen (Information zum Angebot und zum Nutzen) auch emotionale Elemente umfassen (Unterhaltung, Stärkung der Beziehung). Es gilt die Kommunikation auch mithilfe von Geschichten (Storytelling) möglichst kundenfreundlich zu gestalten. In einer Tabelle lassen sich die Kommunikationsinhalte sowie die Reaktion des Kunden hinsichtlich Gedanken, Gefühlen, Aktionen und Erreichung der gesetzten Ziele zusammenfassen. Ebenso kann die Bedeutung der einzelnen Kontaktpunkte für die Phase der Customer Journey bewertet werden. Aus der

[46] Vgl. Google (2015), S. 1.

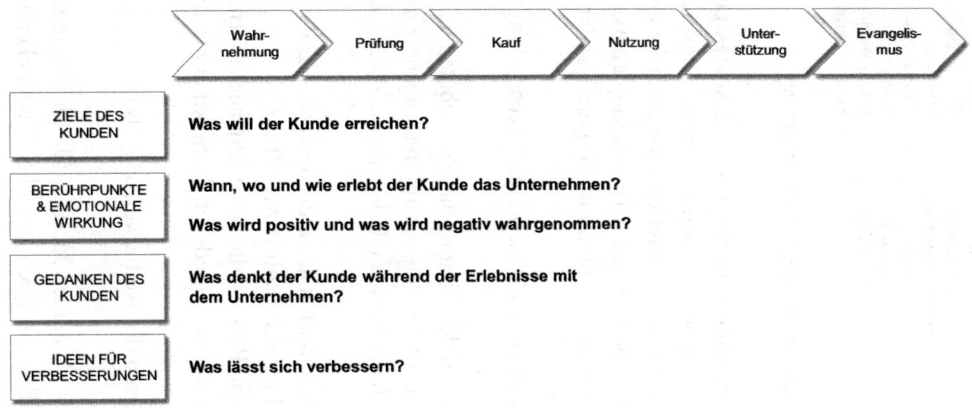

Abb. 8.10 Beispiel für die Struktur einer Customer Journey. (Quelle: in Anlehnung an Ward-Dutton 2016, S. 5)

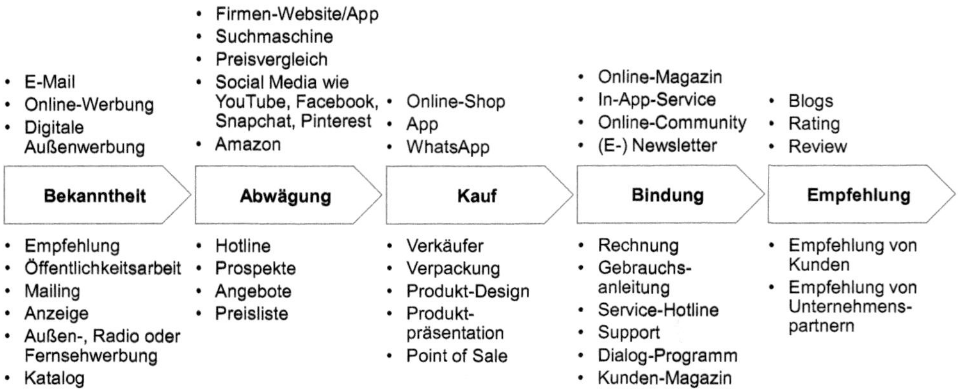

Abb. 8.11 Überblick über Touchpoints bei der Customer Journey

Analyse ergeben sich Handlungsmöglichkeiten insb. für Kontaktpunkte mit hoher Bedeutung und negativen Wahrnehmungen seitens der Kunden. Beispiele für mögliche Handlungsfelder sind z. B. die Nutzung von WhatsApp, die einfache online-Vereinbarung von Kundenberatungsterminen im Geschäft, die Ausgestaltung eines exzellenten Kundenservice, die Verfügbarkeit eines Loyalty-Programms für gute Kunden oder die Schaffung einer Kunden-Community vor Ort.

Um die Customer Journey zu entwickeln, helfen folgende Fragen:[47]

- Wie entsteht ein Bedürfnis bei der Persona nach Angeboten des Unternehmens?
- Mit welchen Erwartungen trifft die Persona auf die Angebote des Unternehmens?
- Wie und wo informiert sich die Persona, bevor sie die unternehmenseigenen Kontaktpunkte besucht?
- Welche Bedeutung kommt dem Freundeskreis und den sozialen Medien zu?
- Welche Medien nutzt die Persona – online wie offline?
- Für wie glaubwürdig hält die Persona die verschiedenen Informationsangebote?
- Welche Bedeutung haben die verschiedenen Kontaktpunkte innerhalb der Customer Journey?
- Welche Kontaktpunkte nutzen die Wettbewerbsangebote?

Neben der Bedeutung der Customer Journey für die Weiterentwicklung neuer Geschäftsmodelle schult sie die Beschäftigten in Sachen Kundenkenntnis und Empathie. Die Customer Journey lässt sich nicht nur für Privatkunden anwenden, sondern auch für Geschäftskunden. Die dort relevanten Personas sind typische Beschäftigte eines typischen Kunden-Unternehmens, z. B. der Einkäufer oder der Geschäftsführer. Nicht das Unternehmen kauft die Leistungen, sondern Menschen des Unternehmens. Die relevanten Kontakt-

[47] Vgl. Kreutzer (2018), S. 95 ff.

punkte ähneln denen von Privatkunden, allerdings dominieren meist noch offline-Kontaktpunkte.

Damit ist die Customer Journey nicht nur ein wichtiges Element für die Weiterentwicklung eines Geschäftsmodells, sondern auch ein wichtiges Element der Corporate Identity.

8.7 Entwicklung neuer Ideen

Für die Entwicklung von Ideen für neue Geschäftsmodelle hilft es, sich frühzeitig mit Trends für sich abzeichnende Chancen und Risiken zu befassen. Dies gelingt nur, in dem die bestehenden Echokammern für Informationen verlassen, Routinen für die Aufnahme von neuem Wissen durchbrochen und neue Informationsquellen erschlossen werden. Bei der Suche nach Inspirationen hilft z. B. der regelmäßig erscheinende Überblick über neue Studien von internationalen Think Tanks der Konrad Adenauer Stiftung.[48] Eine andere gute Quelle sind die internationalen Sicherheitsanalysen des Clingendael Instituts für internationale Beziehungen.[49] Auch lohnt sich ein Blick in die Innovationslabore von Wettbewerbern oder öffentlichen Institutionen.

Die Akteure des Mutterunternehmens haben eine wichtige Bedeutung bei der Stärkung der Innovationskultur einer Unternehmensgruppe. Neben der Schaffung eines positiven Klimas für die Entwicklung und die Realisierung von Ideen und Innovationen, der Akzeptanz von Fehlern im Sinne einer fehlertoleranten Unternehmenskultur geht es dabei auch um die konsequente Kommunikation der Kundenorientierung durch die Akteure des Mutterunternehmens. Das geht einher mit der Unterstützung der Akteure der Beteiligungen bei der Berücksichtigung von Innovation in der Unternehmensstrategie, bei der Entwicklung von neuen Geschäftsmodellen sowie bei der Durchführung von gemeinsamen Projekten für die Entwicklung von Ideen und Innovationen. Gleichwohl ist die Bereitschaft für die Ablehnung von Innovationen in vielen Organisationen stark ausgeprägt. Eine empirische Studie zeigt 10 Regeln für die Blockade von Innovationen.[50]

- Betrachte jede neue, aus dem Unternehmen kommende Idee mit Misstrauen – weil sie neu ist und weil sie von unten kommt.
- Bestehe darauf, dass Personen, die Deine Zustimmung für eine Aktion benötigen, auch die Zustimmung mehrerer höherer Ebenen einholen müssen.
- Fordere Abteilungen oder Individuen auf, ihre Vorschläge gegenseitig zu kritisieren. (Das erspart Dir die Mühe des Entscheidens; Du musst nur die Überlebenden belohnen.)
- Äußere Kritik hemmungslos und unterdrücke Lob. (Das hält die Leute unter Druck!)

[48] Vgl. https://www.kas.de/think-tank-report.

[49] Vgl. https://www.clingendael.org/publication/global-security-pulse-general-security-scan.

[50] Vgl. Kanter (1983), S. 101.

- Behandle die Aufdeckung von Problemen als Fehlleistung, damit die Leute nicht auf die Idee kommen, Dich wissen zu lassen, wenn etwas nicht klappt.
- Kontrolliere sorgfältig. Sorge dafür, dass alles, was gezählt werden kann, oft und genau gezählt wird.
- Fälle Entscheidungen zur Reorganisation heimlich und überfalle die Mitarbeiter damit unerwartet. (Auch das hält die Leute unter Druck.)
- Stelle sicher, dass die Nachfrage nach Information stets gut begründet wird, und achte darauf, dass Information nicht umsonst zur Verfügung gestellt wird. (Informationen sollen nicht in die falschen Hände fallen!)
- Übertrage im Rahmen der Delegation auf nachgeordnete Manager vor allem die Verantwortung, Einsparungsprogramme oder andere bedrohliche Entscheidungen zu realisieren. Und bringe sie dazu, es schnell zu tun.
- Und vor allem: vergiss nie, dass Du als Angehöriger der höheren Ebene schon alles Wichtige über dieses Geschäft weißt.

An der Entwicklung von neuen Ideen sind konvergentes und divergentes Denken beteiligt. Diese Parallelität hat der Nobelpreisträger Daniel Kahnemann in seinem Buch Schnelles Denken, langsames Denken anschaulich beschrieben.[51] Das logische Denken ähnelt häufig dem wissenschaftlichen Arbeiten, währen das intuitive Denken häufig dem Tüfteln des Erfinders nahekommt, der auf Basis von zahlreichen Experimenten zu neuen Ideen vordringt. Dies entspricht auch der unterschiedlichen Arbeitsweise der beiden Gehirnhälften: die linke Gehirnhälfte konzentriert sich auf das konvergente Denken und auf routinierte sequenzielle Problemlösungen. Die rechte Gehirnhälfte konzentriert sich auf das divergente Denken, auf abstrakte Gedanken und Vergleiche, auf Bilder und auf die Synthese von verschiedenen Ideen. In der Kombination fließen logisches und intuitives Denken, strukturierte und spontane Handlungsgrundlagen zusammen. Während die linke Gehirnhälfte durch Faktenwissen und Heuristiken „geschult" werden kann, ist die rechte Gehirnhälfte auch stark von individuellen Prägungen abhängig.[52]

Konvergent zu denken gleicht dem Ablauf eines Computerprogramms. Anhand von Fakten und erlernten Wenn-Dann-Beziehungen werden Ideen rational und analytisch entwickelt und bewertet. Entsprechend nahe an bestehendem eigenen Wissen sind die konvergent erdachten neuen Ideen. Dabei lässt sich ein induktives oder ein deduktives Vorgehen oder eine Kombination daraus nutzen. Ein induktives Folgern zieht aus detaillierten Informationen (z. B. aus Fallstudien oder Experteninterviews) einen übergeordneten Schluss. Ein deduktives Folgern zieht aus übergeordneten Zusammenhängen (z. B. aus Branchenstudien) einen Schluss für den Einzelfall.

Divergent zu denken gleicht der Improvisation eines Musikers. Neue Ideen entstehen hier durch Assoziationen und durch ein Weiterdenken gegenüber bekanntem Wissen. Gerade Unbekanntes oder das scheinbar Unmögliche werden bei dem divergenten Denken

[51] Vgl. Kahnemann (2012).

[52] Vgl. Den Ouden (2012).

entdeckt. Werden divergente Ideen nicht durch das konvergente Denken unterdrückt, können aus dem divergenten Denken unkonventionelle Ideen entstehen: Neue Ideen entstehen, indem man querdenkt.

Ein Beispiel für die Verbindung von divergentem und konvergentem Denken als notwendige Kombination für Innovationen ist die Zusammenarbeit von Sherlock Holmes und Dr. Watson. Die Neugier, Kreativität und der Erfindergeist von Sherlock Holmes werden nur durch den co-genialen Dr. Watson konkret nutzbar. Erst durch die kritische Reflexion in Gesprächen der beiden Akteure entfalten die guten Ideen schließlich eine Umsetzung in der Realität. Getreu nach dem Motto: Es gibt auf dieser Welt mehr Lösungen als Probleme.

Für die Ideengenerierung für Geschäftsmodelle mit dem Fokus auf das divergente Denken lassen sich verschiedene Kreativitätstechniken nutzen.[53] Während das Brainstorming und das Mind Mapping eine große Verbreitung erfahren haben, zeigt Tab. 8.4 einige weitere Techniken.

Durch die Kreativitätstechniken werden die Flüssigkeit der Gedanken, die Verwendung unterschiedlicher Begriffe, das Betrachten eines Themas aus verschiedenen Sichtweisen und die Assoziationsfähigkeit gefördert. Je nach Anwendung entstehen abstrakte Ideen oder sogar Lösungssysteme.

Während das Design Thinking als eine Kreativitätstechnik genannt wurde, geht es bei dieser Methode nicht nur um die Ideenfindung, sondern darüber hinaus um die Entwicklung von Prototypen im Sinne der Produkt- bzw. Leistungsentwicklung. Daher wird diese Methode auch als eine agile Methode für Problemlösung bzw. Projektmanagement bezeichnet.[54] Das Ziel von Agilität ist es, flexibel und schnell im Wettbewerb handeln zu können. Die Design Thinking Methode hat in der Unternehmenspraxis eine weite Verbreitung erfahren. Um die Systematik von strukturierten Kreativitätsprozessen zu verdeutlichen,

Tab. 8.4 Ausgewählte Kreativitätstechniken

Ungeführte Ideensuche	Geführte Ideensuche	Moderierte Ideensuche
• Brainwriting • Brainstorming • 6-3-5 Methode • Mind Mapping • Ideen Marathon • Reizwortanalyse • Synektik	• SCAMPPERR • Osborn-Checkliste • Morphologischer Kasten • 6 Denkhüte • Ursache-Wirkungs-Diagramm • TRIZ / SIT	• Design Thinking • Creative Problem Solving • Bar Camp • Zukunftswerkstatt • Open Space • World Café

[53] Vgl. z. B. Geschka (2007) oder http://www.ideenfindung.de und für Software http://ideenmanagement-software.info.

[54] Vgl. Brown 2008. Dazu zählen u. a. auch Scrum, Kanban, Lean Management, Facilitating, Teamreflexion, Selbstorganisation, Holokratie und Time-Boxing.

sind nachfolgend einige Regeln aufgeführt, die für Design Thinking wie auch für Brainstorming Workshops gelten.[55]

- **Visualisieren.** Probleme, Ideen und Lösungsansätze sollten mittels Skizzen visualisiert werden.
- **Nur einer spricht.** Es spricht jeweils nur ein Teammitglied, da alle Ideen angehört werden sollen.
- **Ideen fördern.** Ungewöhnliche Ideen sollen gefördert werden, auch wenn diese zunächst unrealistisch erscheinen. Diversität in der Zusammenarbeit (intern und extern) wird unterstützt.[56]
- **Kritik zurückstellen.** Es gibt keine schlechten Ideen und es besteht genügend Zeit, Ideen weiter auszuführen.
- **Experimentieren.** Während des gesamten Prozesses soll experimentiert werden, um weitere Ideen zu entwickeln und Schwachstellen zu identifizieren.
- **Aktivität verfolgen.** Aktivität in Form von Handlungen ist relevant.
- **Quantität ist wichtig.** Um eine gute Idee zu finden, müssen viele Ideen gewonnen werden.
- **Fokussieren.** Alle Teammitglieder sollen beim Thema bleiben und das Hauptziel nicht aus den Augen verlieren.
- **Auf Ideen aufbauen.** Abgeleitete Ideen sollen weiterentwickelt werden; besser „und“ als „aber“.
- **Elektronische Geräte abstellen.** Alle Teammitglieder nehmen teil und konzentrieren sich auf den Prozess.

Der Design Thinking Prozess lässt sich anhand der Arbeitsschritte aus Tab. 8.5 durchlaufen. Im Ergebnis werden möglichst kundentaugliche, minimalistische Prototypen entwickelt, deren Nutzen sich nach kurzer Zeit beweisen oder eben nicht beweisen lässt. Die Prototypen, die gut ankommen, werden in der Folge weiter verbessert. Die Veränderungen können dabei z. B. aus Kundeneinschätzungen zu einem Prototyp oder aus Vorschlägen eines Teammitglieds resultieren. Die Methode führt relativ schnell und bei relativ überschaubarem Aufwand zu neuen marktnahen Produkten bzw. Dienstleistungen.

Ein Entwicklungs- und Bewertungsmodell für innovative Ideen zu Produkten, Formaten und Geschäftsmodellen mit digitalem Bezug ist das Binary Innovation Development Accelerator Concept (BIDAC).[57] Es besteht aus 15 Kriterien, anhand derer eine Innovation bewertet wird. Anhand dem Beispiel Amazon werden die Kriterien nachfolgend dargestellt (Tab. 8.6).

Für die Entwicklung von neuen Lösungen bietet es sich an, neben der Erbringung von nutzbringenden Leistungen, der Maximierung des Kundennutzens über die Lebenszeit des

[55] Vgl. Ideo (2012), S. 51; d.school (2010), S. 32.

[56] Vgl. dazu die Charta der Vielfalt unter https://www.charta-der-vielfalt.de.

[57] Vgl. Moring und Deurloo (2018), S. 159–175.

Tab. 8.5 Konkretisierung der Design Thinking Aufgaben. (Quelle: In Anlehnung an Schallmo 2017, S. 157)

Design Challenge definieren	Design Challenge verstehen	Sichtweisen definieren	Ideen gewinnen	Prototyp entwickeln	Prototypen testen	Prototyp integrieren
• Analyse von Themenfeldern (Breiter Themenfeldpool) Bewertung der Themen anhand z. B. Wachstumspotenzial, Risiko, Investitionsbedarf • Formulierung einer Design Challenge (basierend auf Wünschen und Beschwerden von Kunden) • Erstellung des Projektplans (mit Terminen, Kosten und Ergebnissen)	• Beobachtung von Kunden • Befragung von Kunden • Test von bestehenden Lösungen • Befragung von Experten • Erheben weiterer Informationen	• Beschreibung des Kunden (im Sinne von Personas) • Analyse der Customer Journey (Phasen, Erwartungen, Erfahrungen und Kontaktpunkte aus Kundensicht) • Ableitung von Kundenbedürfnissen (Funktionen, Anforderungen, gewünschte Erfahrungen)	• Präsentation von (Technologie-) Trend-Steckbriefen • Brainstorming/ Brainwriting von Ideen • Diskussion der Ideen • Weiterentwicklung der Ideen • Beschreibung von Ideen in Ideensteckbriefen (mit Kundenbedürfnis, Lösung und bestehenden Wettbewerbern)	• Entwicklung von Prototypen (Prototypen in unterschiedlichen Ausführungen (z. B. Skizze, Story, Film, Modell)	• Test der Prototypen bei Kunden • Feedback von Kunden einholen • Bewertung von Prototypen • Weiterentwicklung der verbleibenden Prototypen	• Entwicklung bzw. Weiterentwicklung von Geschäftsmodellen

Tab. 8.6 Indikative BIDAC-Bewertung des Geschäftsmodells von Amazon

1. Client or Company: Kundenorientierter Online-Shop, schnell und bequem mit großer Auswahl	6. Gap or Grave: Vorhandenes Kundenbedürfnis nach Convenience; kein adäquates Wettbewerbsangebot	11. Plastic or Plumbum: Verschiedene Pakete für die Kundenbindung, z. B. Prime
2. Competence or Crap: Kompetenzen für Betrieb und Entwicklung des Online-Shops und für angenehme Nutzung	7. Grow or Go: Deutlich skalierbares Geschäftsmodell	12. Platform or Product: Eine der bekanntesten Plattformen
3. Converge or Cupel: Umfassend durch Integration von Recherche, Kauf, Bezahl- und Lieferprozess sowie Kaufberatung	8. Multi or Mono: Nutzung verschiedener Kommunikations- und Kundenbindungskanäle	13. Rebundle or Replicate: Eigene Wertschöpfung, deutlich differenziert von analoger Einzelhandelslogik
4. Data or Darkness: Datengetriebenes Geschäftsmodell mit Datensammlung und Nutzung	9. Open or Obstructed: Offen für Verkaufspartner	14. Serving or Searching: Empfehlungen leiten den Kunden zu Vorteilen, zusätzliche Rabatte
5. Dialogue or Diction: Angebot verschiedener Optionen für den Kunden	10. Package or Particular: Kundenindividuelle Anpassung der Angebote	15. Value or Vanish: Steigerung des Kundennutzens bei Vielnutzung der Plattform

Produkts auch auf emotionale Themen zu achten. Diese liegen zum Beispiel in keinen negativen Überraschungen oder in der Schaffung von über den Produktnutzen hinausgehenden positiven Erlebnissen.

8.8 Integration zu einem neuen Geschäftsmodell

Bei der Integration wird die Geschäftsidee um weitere Elemente für deren Umsetzung ergänzt. Erst durch die Zusammenführung aller Elemente entsteht ein praxistaugliches Geschäftsmodell. Dabei sollte ein Geschäftsmodell so einfach wie möglich formuliert werden. Trennt man sich von allem Überflüssigen, gewinnt das Geschäftsmodell an Transparenz und damit an Überzeugungskraft. Abb. 8.12 zeigt ein Beispiel für die Mitwirkungsmöglichkeiten des Mutterunternehmens bei der Geschäftsmodellentwicklung.

Für die Auswahl eines Geschäftsmodell aus einer Mehrzahl von verschiedenen Geschäftsmodellen sind Kriterien und Prioritäten für die Bewertung zu formulieren. Eine grafische Veranschaulichung zeigt der Spider-Web-Vergleich in Abb. 8.13. Ein Geschäftsmodell lässt sich positiv bewerten, wenn ein skalierbares, jedenfalls nicht schrumpfendes Erfolgspotenzial in Markt und Wettbewerb und ausreichend verfügbare Ressourcen für

Abb. 8.12 Geschäftsmodellentwicklung: Beispiele für die Mitwirkung des Mutterunternehmens

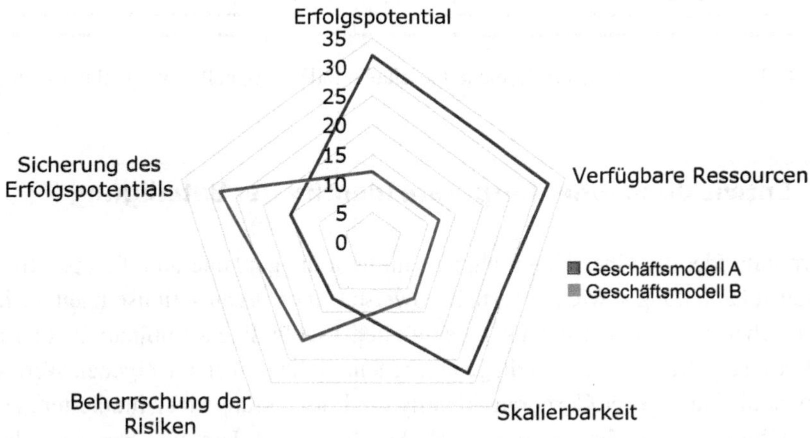

Abb. 8.13 Vergleich von Geschäftsmodellen in einem Spider-Web

den Eintritt sowie die Bearbeitung des Marktes vorliegen sowie die Dauerhaftigkeit des Erfolgspotenzials erwartet wird. Ebenso sollten bestehende Risiken beherrschbar sein. Zusätzlich bedarf es noch einer Portion Glück.

Neben den genannten Kriterien lassen sich aus verschiedenen Studien weitere Erfolgsfaktoren für ein erfolgreiches Geschäftsmodell nennen (Abb. 8.14).

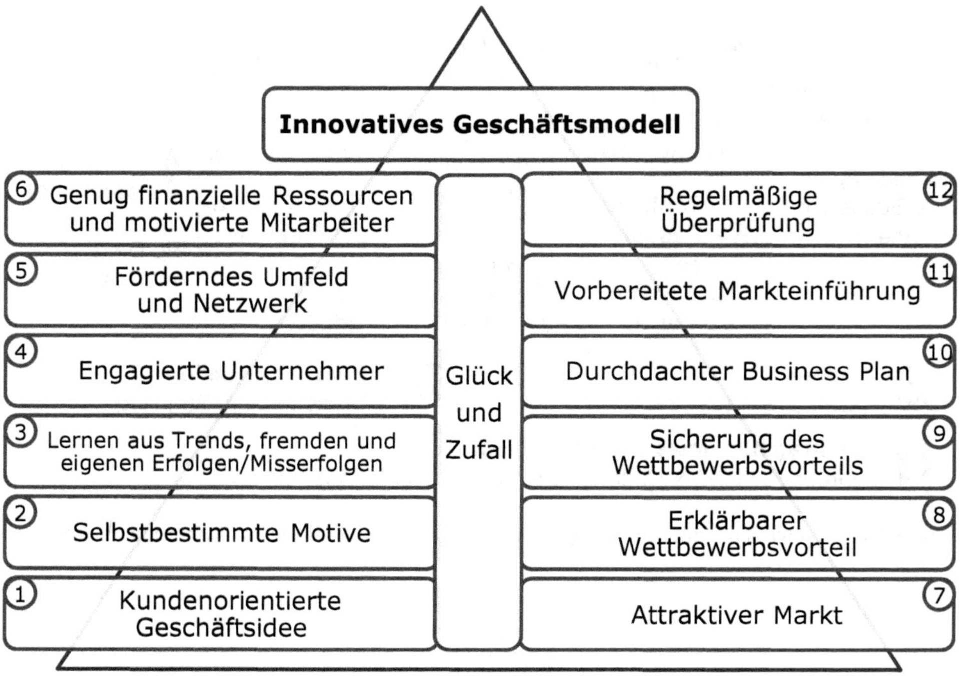

Abb. 8.14 Erfolgsfaktoren für erfolgreiche Geschäftsmodelle. (Quelle: in Anlehnung an Ahrend 2016, S. 277)

8.9 Entwicklung einer Corporate Identity der Beteiligung

Die Corporate Identity eines Unternehmens umfasst die geplante und die operativ umgesetzte Selbstdarstellung sowie die Verhaltensweisen einer Organisationseinheit nach innen und nach außen.[58] Es handelt sich um eine möglichst schlüssige Kombination von Erscheinung, Worten und Taten. Die Grundlage jeder Identität liegt in einem eigenen Wertekanon. Deshalb ist die Basis jeder Corporate Identity die Entwicklung einer fundierten, kommunikationsfähigen Unternehmenskultur (vgl. Abschn. 7.1.6). Um eine ganzheitliche „Unternehmenspersönlichkeit" aufzubauen, benötigt das Unternehmen drei Komponenten:

- **Unternehmenserscheinungsbild**. Das Corporate Design legt das visuelle Erscheinungsbild jedes Unternehmens fest. Es umfasst folgende Elemente: Markendesign, Printmedien, digitale Medien und ggf. Architektur-Design/Shop-Design, Verpackungsdesign, Soundbranding sowie Car-Design.
- **Unternehmenskommunikation**. Bei der Unternehmenskommunikation handelt es sich um mediengebundene Botschaften des Unternehmens. Dazu zählen insb. kommu-

[58] Vgl. Birkigt und Stadler (2002), S. 18.

nikative Äußerungen in Interviews und Pressetexten sowie um Werbebotschaften zu den Produkten und Marken des Unternehmens.
- **Unternehmensverhalten**. Das Unternehmensverhalten ergibt sich aus dem Geschäftsmodell mit dem Kundennutzen, den Kundenkanälen für Vertrieb und Kundenbindung und dem Verhalten gegenüber der Gesellschaft. In diesem Verhalten spiegeln sich wiederum die strategischen Ziele wider, die das Unternehmen verfolgt.

Die Akteure der Beteiligung und des Mutterunternehmens haben die Aufgabe, eine möglichst schlüssige Corporate Identity, d. h. eine möglichst hohe Passung von Erscheinungsbild, Kommunikation und Verhalten der Beteiligung zu definieren und umzusetzen. Neben der Wirkung nach außen wirkt die Corporate Identity auch nach innen: sie vermittelt den Beschäftigten ein in sich stimmiges Bild des Unternehmens, ermöglicht ein Wir-Bewusstsein und stärkt damit die Unternehmenskultur.

Literatur

Ahrend K-M (2001) Eine Typologie der Strategischen Kontrolle im Deutschen Konzern am Beispiel eines Energieversorgers. BoD, Ismaning

Ahrend K-M (2014) Corporate Governance in der Energiewirtschaft – zwischen Unternehmenswert und Public Value. Energiewirtschaftliche Diskussionsbeiträge der h_da. 2/2014

Ahrend K-M (2016) Geschäftsmodell Nachhaltigkeit – Ökologische und soziale Innovationen als unternehmerische Chance. Springer, Wiesbaden

Albert A (2015) Top 10 globale Konsumententrends 2015. https://blog.mila.com/de/2015/01/29/top-10-globale-konsumententrends-2015. Zugegriffen am 29.01.2015

Ansoff HI (1965) Checklist for competitive and competence profiles. In: Ansoff HI (Hrsg) Corporate strategies. McGraw-Hill, New York, S 89–99

Bain JS (1956) Barriers to new competition. Their character and consequences in manufacturing industries. Harvard University Press, Cambridge

Barney J (1991) Firm resources and sustained competitive advantage. J Manag 17(1):99–120

Birkigt K, Stadler MM (2002) Corporate Identity – Grundlagen. In: Birkigt K, Stadler MM, Funck HJ (Hrsg) Corporate Identity: Grundlagen, Funktionen, Fallbeispiele, 11. Aufl. Verlag Moderne Industrie, München, S 13–64

Bower JL, Christensen CM (1995) Disruptive technologies. Catching the wave. Harv Bus Rev 73(1):43–53

Brown T (2008) Design thinking. Harv Bus Rev 86(6):84–92

Curedale R (2013a) Design methods 2: 200 more ways to apply design thinking, Bd 2. Design Community College, Topanga

Curedale R (2013b) Design thinking. Design Community College, Topanga

d.school (2010) Bootcamp bootleg. Hasso Plattner Institute of Design, Stanford

Den Ouden E (2012) Innovation design. Creating value for people, organizations and society. Springer, London

Foss NJ, Saebi T (2017) Fifteen years of research on business model innovation: how far have we come, and where should we go? J Manag 43(1):200–227

Gälweiler A (1990) Strategische Unternehmensführung, 2. Aufl. Campus, München

Gassmann O, Frankenberger K, Csik M (2013) Geschäftsmodelle entwickeln: 55 innovative Konzepte mit dem St. Galler business model navigator. Hanser, München
Geschka H (2007) Kreativitätstechniken. In: Köhler R, Küpper H-U, Pfingsten A (Hrsg) Handwörterbuch der Betriebswirtschaft, 6. Aufl. Schäffer-Poeschel, Stuttgart, S 992–1005
Geschka H, Hahnenwald H, Schwarz-Geschka M (2010) Szenarien als Grundlage für Unternehmens- und Innovationsstrategien. In: Schönberger R, Elbert R (Hrsg) Dimensionen der Logistik – Funktionen, Institutionen, Handlungsebenen. Gabler, Wiesbaden, S 625–647
Gilbert C, Eyring M, Foster RN (2013) Duale transformation. Harv Bus Manag 2/2013:34–44
Google (2015) Micro-moments: your guide to winning the shift to mobile. https://think.storage.googleapis.com/images/micromoments-guide-to-winning-shift-to-mobile-download.pdf. Zugegriffen am 31.08.2019
Goold M, Campbell A, Luchs K (1993) Strategies and styles revisited: strategic planning and financial control. Long Range Plan 26(5):49–60
Gray D, Brown S, Macanufo J (2010) Gamestorming: a playbook for innovators, rulebreakers, and changemakers. O'Reilly, Sebastopol
Hagemann H (2017) Nachhaltigkeitsranking Onlineshops 2017. Wie gut Verbraucherinnen und Verbraucher über Produkte informiert werden. Diskussionspapier des IÖW, 68/17. IÖW, Berlin
Hahn D, Taylor B (1997) Zweck und Entwicklung der Portfolio-Konzepte in der strategischen Unternehmensplanung. In: Hahn D, Taylor B (Hrsg) Strategische Unternehmungsplanung – Strategische Unternehmungsführung. Stand und Entwicklungstendenzen, 7. Aufl. Physica, Heidelberg, S 372–406
Hofer CW, Schendel D (1978) Strategy formulation: analytical concepts. South-Western, St. Paul
Ideo (2012) Design thinking for educators. Ideo, New York
Jarzabkowski P, Spee AP (2009) Strategy-as-practice: a review and future directions for the field. Int J Manag Rev 11(1):69–95
Johnson G, Scholes K, Whittington R (2006) Exploring corporate strategy, 7. Aufl. Pearson, Harlow
Kahnemann D (2012) Schnelles Denken, langsames Denken, 23. Aufl. Siedler, München
Kanter RM (1983) The change masters. Simon & Schuster, New York
Kaplan RS, Norton DP (2008) Mastering the management system. Harv Bus Rev 86(1):62–77
Kieser A (2006) Der situative Ansatz. In: Kieser A, Ebers M (Hrsg) Organisationstheorien, 6. Aufl. Kohlhammer, Stuttgart, S 215–264
Kim WC, Mauborgne R (2004) Blue ocean strategy. Harv Bus Rev 10(2004):173–181
Kreutzer RT (2018) Customer Experience im Zeitalter des Kunden. Springer, Wiesbaden
Mintzberg H (1987) The strategy concept I: five Ps for strategy. Calif Manag Rev 30(1):11–24
Moring A, Deurloo S (2018) Binäre Innovation – Kreativität und Geschäft für digitale Märkte. Springer Gabler, Wiesbaden
Österreichische Forschungsförderungsgesellschaft (2016) Leitfaden zur Förderung von Innovationslaboren. FFG, Wien
Osterwalder A (2004) The business model ontology – A proposition in a design science approach. Masters Thesis von Durig-Kalashian, Universität Lausanne
Osterwalder A, Pigneur Y (2011) Business Model Generation – Ein Handbuch für Visionäre, Spielveränderer und Herausforderer. Campus, Frankfurt/New York
Pfeiffer W, Dögl R (1997) Das Technologie-Portfolio-Konzept zur Beherrschung der Schnittstelle Technik und Unternehmensstrategie. In: Hahn D, Taylor B (Hrsg) Strategische Unternehmungsplanung–Strategische Unternehmungsführung. Stand und Entwicklungstendenzen, 7. Aufl. Physica, Heidelberg, S 407–435
Plattner H, Meinel C, Weinberg U (2009) Design thinking. Innovation lernen, Ideenwelten öffnen. Mi-Wirtschaftsbuch, München
Porter ME (1979) How competitive forces shape strategy. Harv Bus Rev 57(2):137–145

Porter ME (1992) Wettbewerbsstrategien. Campus, Frankfurt
Proff H (2007) Dynamische Strategien: Vorsprung im internationalen Wettbewerbsprozess. Springer Gabler, Wiesbaden
Raisch S, Birkinshaw J (2008) Organizational ambidexterity: antecedents, outcomes, and moderators. J Manag 34(3):375–409
Rumelt RP (1996) The many faces of Honda. Calif Manag Rev 38(4):103–111
Schallmo DRA (2013) Geschäftsmodelle erfolgreich entwickeln und implementieren. Springer Gabler, Wiesbaden
Schallmo DRA (2017) Design Thinking erfolgreich anwenden: So entwickeln Sie in 7 Phasen kundenorientierte Produkte und Dienstleistungen. Springer, Wiesbaden
Simon H, von der Gathen A (2002) Das große Handbuch der Strategie-Instrumente. Campus, Frankfurt am Main
Statista (2019) Anteil der Unternehmen, die folgende Social-Media-Plattformen nutzen weltweit im Januar 2019. N=4859. https://de.statista.com/statistik/daten/studie/71251/umfrage/einsatz-von-social-media-durch-unternehmen/. Zugegriffen am 31.08.2019
Stickdorn M, Schneider J (2014) This is service design thinking: basics – tools – cases. Wiley, Hoboken
Sull DN (2007) Closing the gap between strategy and execution. Sloan Manag Rev 48(4):30–38
Teece DJ (2010) Business models, business strategy and innovation. Long Range Plan 43(2–3):172–194
Teece DJ, Pisano G, Shuen A (1997) Dynamic capabilities and strategic management. Strateg Manag J 18(7):509–533
Timmons JA, Spinelli S (2004) New venture creation: entrepreneurship for the 21st century. McGraw-Hill/Irwin, New York
Treacy M, Wiersema F (1995) How market leaders keep their edge. Fortune 131(2):88–94
Treacy M, Wiersema F (1997) The discipline of market leaders. Basic Books, New York
Vaara E, Whittington R (2012) Strategy-as-practice: taking social practices seriously. Acad Manag Ann 6(1):1–52
Ward-Dutton N (2016) Giving customer journeys the respect they deserve. MWD Advisors, Horsham
Welge MK, Al-Laham A (2008) Strategisches Management – Grundlagen, Prozess, Implementierung, 5. Aufl. Springer, Wiesbaden
Wirtz BW, Daiser P (2018) Business model innovation processes: a systematic literature review. J Bus Model 6(1):40–58
Zott C, Amit R (2008) The fit between product market strategy and business model. Implications for firm performance. Strateg Manag J 29(1):1–26

Mergers & Acquisitions und Post Merger Integration

9

Zusammenfassung

Die Durchführung von Mergers & Acquisitions ist ein zentrales Instrument des Beteiligungsmanagements. Die Akteure des Mutterunternehmens können die Beteiligungen bei ihrem Wachstum durch Mergers & Acquisitions (M&A) Transaktionen und bei ihrer Fokussierung bzw. bei Verkäufen von Enkel-Beteiligungen unterstützen. Darüber hinaus liegt eine wesentliche Aufgabe des Beteiligungsmanagements in der Prüfung und ggf. Umsetzung der Potenziale für die Weiterentwicklung des Beteiligungsportfolios des Mutterunternehmens über Akquisitionen (Acquisition), Fusionen (Merger) und Verkäufe.

Das Kapitel beschreibt Methoden für die Auswahl möglicher Partner, die Due Diligence, die Verhandlungen sowie für die Integration nach der Transaktion.

9.1 Ziele von M&A-Transaktionen

Im engen Verständnis umfassen M&A-Transaktionen solche, die einen Transfer von Eigentumsrechten umfassen. Im erweiterten Verständnis zählen auch Kooperationen dazu, die ohne eine gesellschaftsrechtliche Beteiligung vereinbart werden.[1] Im Gegensatz zu einer organischen Entwicklung führt eine externe Entwicklung über M&A-Transaktionen zu einer zügigen Weiterentwicklung des Portfolios an Geschäftsmodellen. Die Transaktionen lassen sich nach ihrem leistungswirtschaftlichen Zusammenhang in solche mit horizontaler (auf gleicher Wertschöpfungsstufe), vertikaler (Einstieg in eine vor- oder nachgelagerte Wertschöpfungsstufe) und konglomerater (Diversifikation)

[1] Vgl. Eschenbach und Stadler (1997), S. 31.

K.-M. Ahrend, *Beteiligungsmanagement*,
https://doi.org/10.1007/978-3-662-60588-2_9

Ausrichtung unterscheiden. Mit M&A-Transaktionen sind eine Reihe von Erwartungen verbunden. Dazu zählen u. a.:

- Erfüllung der erwarteten Synergien mit anderen Beteiligungen der Gruppe, z. B. Kostenersparnisse, bessere Beschaffungskonditionen
- Zugang zu besonderen Ressourcen, insb. auch zu neuem Wissen
- Erhöhte Mitarbeiterzufriedenheit
- Zusätzlich eingerichtete Stellen
- Verbesserte Verhandlungsposition gegenüber Kunden
- Erhöhte Kundenzufriedenheit
- Zusätzlich gewonnene Kunden
- Positive Berichterstattung in den Medien
- Stärkung des Markenwerts des Unternehmens
- Erhöhung des Gesamtunternehmenswerts

Den erwarteten Vorteilen von M&A-Transaktionen für Wachstum, Synergien und Kompetenzzuwachs steht eine hohe Misserfolgsquote der Transaktionen gegenüber.[2] Dies liegt in der Regel an überschätzten Synergien,[3] einem emotional begründeten Wachstum („empire building"),[4] einer kostenintensiven und schwierigen Integration und im Verlust von wichtigen Kunden bei dem Kaufobjekt oder dem Erwerber aufgrund der Transaktion.[5] Weitere Gründe für den wirtschaftlichen Misserfolg von M&A-Transaktionen liegen im Zeitdruck für die Durchführung einer Transaktion (und einem in der Folge zu hohen Kaufpreis), im verfrühten Bekanntwerden der geplanten Transaktion (und damit der Umsetzung mit einem möglicherweise ungeeigneten Target) oder am Weggang wichtiger Personen und damit Wissensträgern.

Das Gelingen von M&A-Transaktionen ist von vielen Faktoren abhängig. Grundsätzlich sollte die Organisation eines Mutterunternehmens über ein gutes Maß an eigenen Kompetenzen für die Teilnahme am Markt für Unternehmen[6] verfügen. Der Erfolg einer konkreten Transaktion wird durch ein strukturiertes Vorgehen, eine genaue Due Diligence, eine chancen- und risikobewusste Unternehmensbewertung und Kaufpreisverhandlung sowie eine konsequente Post Merger Integration geprägt. Außerdem bedarf es einer realistischen Einschätzung und zeitlichen Verfügbarkeit der notwendigen (internen und externen) Akteure für die (parallele) Durchführung von Transaktionen und deren Integration. Auch spielt Übung eine Rolle. Entsprechend verbessert sich die Qualität der Wahrnehmung

[2] Vgl. Jansen und Pohlmann (2000), S. 31. Danach scheitern rd. 80 % der M&A-Transaktionen. Vgl. auch Oleownik und Bußmann (2002), S. 244 ff.

[3] Vgl. Goold und Campbell (1998), S. 131 ff.

[4] Vgl. Shin und Stulz (1998).

[5] Vgl. von Rosenstiel und Comelli (2003), S. 261.

[6] Es handelt sich um die „arena in which managerial teams compete for the rights to manage corporate resources". Jensen und Ruback (1983), S. 5.

der Aufgabe der Prüfung und Realisierung von Unternehmenstransaktionen durch eine zunehmende Zahl von jährlich geprüften möglichen Transaktionen bzw. der tatsächlich umgesetzten Zahl an Transaktionen (hoher Deal-Flow).

Bei dem Erwerb von kleinen und mittleren deutschen Unternehmen lässt sich ein klarer Branchenfokus erkennen. Unabhängig davon, ob es sich um einen Finanzinvestor oder ein strategisches Investment handelt, stehen Zielunternehmen aus dem verarbeitenden Gewerbe im Fokus (36 % bzw. 34 %). Bei den Finanzinvestoren folgen als zweite Gruppe Finanz- und Versicherungsunternehmen (14 %), während die strategischen Investoren als zweite Gruppe Unternehmen aus der Informations- und Kommunikationstechnologie (19 %) bevorzugen.[7] Eine weitere Detaillierung auf Basis der Mittelwerte der Jahre 2005 bis 2017 findet sich in Abb. 9.1.

Deutlicher werden die Unterschiede in der Beteiligungsstrategie zwischen Finanzinvestoren und langfristigen strategischen Investoren bei der Beteiligungsquote. Während die meisten Finanzinvestoren KMU-Minderheitsbeteiligungen erwarben (52 %), konzentrierten sich die strategischen Investoren vor allem auf den vollständigen Erwerb (57 %). Auch werden eher Mehrheits- als Minderheitsbeteiligungen eingegangen (14 % im Vergleich zu 12 %). Die Abb. 9.2 verdeutlicht die Verteilung.

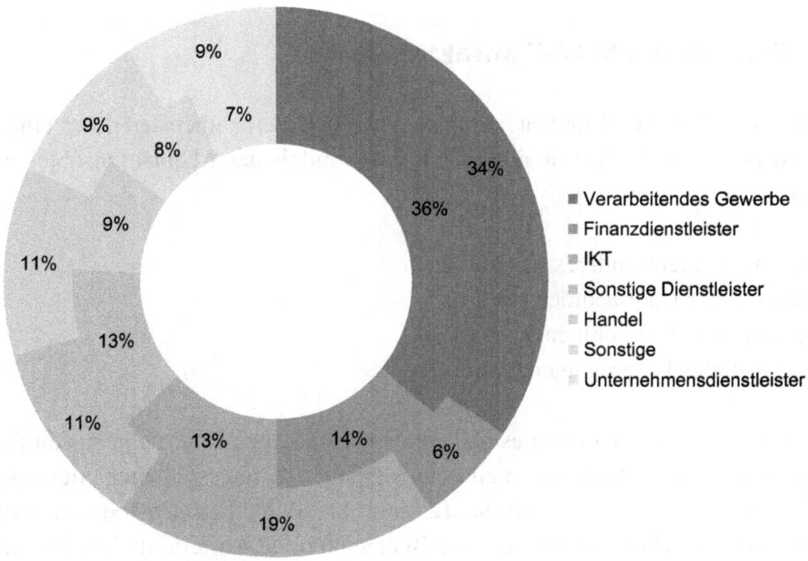

Abb. 9.1 Zielbranchen von Beteiligungen in KMU. (Quelle: in Anlehnung an Kfw Research 2018, S. 1)

[7] Vgl. KfW Research (2018), S. 1.

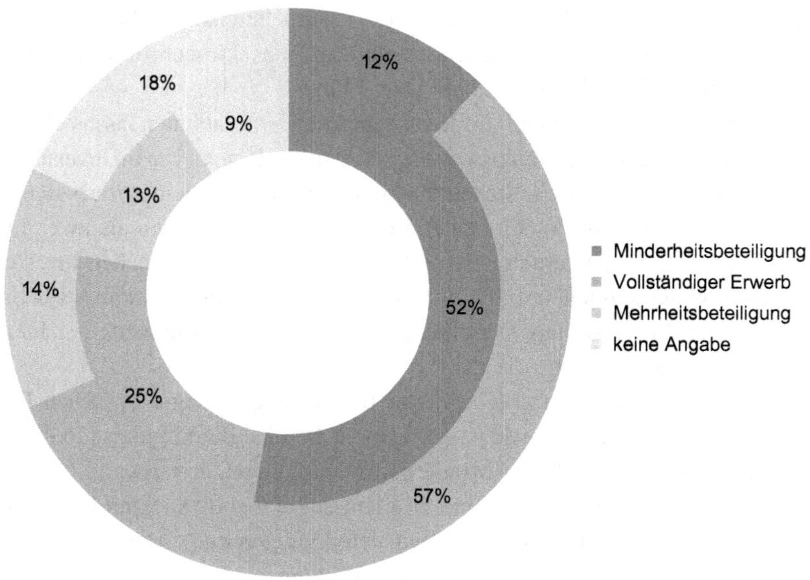

Abb. 9.2 Beteiligungsquoten von Beteiligungen in KMU. (Quelle: in Anlehnung an Kfw Research 2018, S. 1)

9.2 Formen von M&A-Transaktionen

Bei einer Akquisition wird ein Unternehmen oder ein Unternehmensteil durch eine andere Institution erworben. Es lassen sich vier Formen möglicher Akquisitionsobjekte unterscheiden.[8]

- Bestehendes eigenständiges Unternehmen
- Aufgespaltenes Unternehmen (split-up)
- Abgespaltenes Unternehmen (split-off)
- Ausgegliedertes Unternehmen (spin-off)

Während die **Akquisition** eines bestehenden eigenständigen Unternehmens direkt erfolgen kann, erfordert die Akquisition eines aufgespaltenen, abgespaltenen oder ausgegliederten Unternehmens die vorherige Teilung im Sinne des Umwandlungsgesetzes (§ 123 ff. UmwG). Dafür ist eine genaue Benennung und Aufteilung der übergehenden Aktiva und Passiva erforderlich. Die Form der Teilung hängt von den Umständen des

[8]Vgl. Haux (2001), S. 180 ff. Die Aufzählung umfasst nur Fälle für die Akquisition von Anteilen (share deal) mit einer Gesamtrechtsnachfolge. Grundsätzlich können auch rechtlich nicht selbstständige Einheiten im Sinne eines Asset Deals erworben werden (Einzelrechtsnachfolge). Dazu zählen Vermögensgegenstände wie Maschinen, aber auch Betriebsstätten, Produktionsstandorte, Abteilungen oder Unternehmenssparten. Bei Asset Deals handelt es sich aber nicht um Beteiligungen. Entsprechend werden sie nicht weiter vertieft.

Einzelfalls ab, z. B. den rechtlichen Voraussetzungen, der zeitlichen Planung und der angestrebten Transaktionsstruktur.

Eine **Aufspaltung** führt zu einer Trennung eines Unternehmens in mindestens zwei neue Folgeunternehmen. Das bisherige Unternehmen geht dabei unter. Die Akquisition zielt entsprechend auf eines der neuen Folgeunternehmen. Bei einer **Abspaltung** werden Teile des Vermögens eines Unternehmens auf mindestens ein Nachfolgeunternehmen übertragen. Das bisherige Unternehmen bleibt um den abgespaltenen Teil reduziert bestehen. Die Akquisition zielt entweder auf das Folgeunternehmen oder auf das reduzierte bisherige Unternehmen. Bei einer **Ausgliederung** werden wie bei der Abspaltung Teile des bisherigen Unternehmens auf mindestens ein Nachfolgeunternehmen übertragen. Allerdings werden im Gegensatz zu einer Abspaltung die Anteilsrechte an dem neuen Unternehmen nicht an die bisherigen Anteilsinhaber übertragen, sondern das ausgliedernde Unternehmen wird der Anteilsinhaber. Entsprechend zielt eine Akquisition auf die Übernahme des ausgegliederten Unternehmens.[9]

Von einer Akquisition von Anteilen an einem Unternehmen abzugrenzen ist eine **Fusion**. In der Außendarstellung wird bei einer Fusion meist der Zusammenschluss von zwei oder mehreren selbstständigen Unternehmen verstanden. Juristisch liegt eine Fusion oder Verschmelzung gemäß § 2 ff. UmwG dann vor, wenn sämtliche Vermögensgegenstände und Verbindlichkeiten von einem oder mehreren übertragenden Unternehmen auf ein anderes Unternehmen übertragen werden. Dabei kann die Verschmelzung durch Aufnahme in ein bestehendes Unternehmen oder durch Neugründung in ein neu gegründetes Unternehmen erfolgen. Die bisherigen Gesellschafter erhalten in der Regel Anteile an dem neuen Unternehmen. Alternativ wird der bisherige Gesellschafter durch Zahlung eines Kaufpreises von der künftigen Beteiligung ausgeschlossen. Als Sonderformen kommen ein forward triangular merger und ein reverse triangular merger in Frage.[10] Bei einem forward triangular merger wird das zu übernehmende Unternehmen auf eine Tochtergesellschaft des Käuferunternehmens verschmolzen, wohingegen beim reverse triangular merger die Tochtergesellschaft des Käuferunternehmens auf das zu übernehmende Unternehmen verschmolzen wird.

Bei einer **Kooperation** legen zwei oder mehrere Unternehmen Teile ihrer Aktivitäten zusammen, um neue Wachstumschancen oder andere Synergien zu realisieren. Kooperationen umfassen vertragliche Vereinbarungen (über die gemeinsame Nutzung von Ressourcen oder die gemeinsame Durchführung von Projekten) oder die Gründung von Joint Ventures.

Mit M&A-Transaktionen oder Kooperationen gewinnt das betreibende Unternehmen den Zugang zu einem neuen Netzwerk. Ein Netzwerk kann als „system of relationships

[9] Eine Spezialform der Ausgliederung (spin-off) ist ein carve-out. Im Gegensatz zum spin-off wird das ausgegliederte Unternehmen nicht verkauft, sondern als rechtlich selbstständige Tochtergesellschaft weitergeführt. Wird im Anschluss ein Teil der ausgegliederten Gesellschaft an die Börse gebracht, handelt es sich um einen Equity carve-out.

[10] Vgl. vertiefend Reiner und Geuter (2006), S. 543 ff.

between firms (actors) that are dependent on each other and whose coordination of activities is of great importance."[11] verstanden werden. Entsprechend können in einem Netzwerk entweder im Wettbewerb stehende oder unabhängig von den jeweiligen Märkten agierende Unternehmen eine auf Gegenseitigkeit ausgelegte Beziehung eingehen. Damit können der Austausch von Leistungen oder die einseitige oder beidseitige Nutzung von Ressourcen verbunden sein. Meist zielen M&A-Transaktionen darauf, dass der Erwerber besondere Ressourcen des neuen Partners in die bereits bestehenden Geschäftsmodelle integriert oder die Ressourcen beider Unternehmen kombiniert werden.

Dazu kommen bestimmte Rechte, die von der erworbenen Anteilshöhe und vertraglichen Vereinbarungen abhängen. Dazu zählen z. B. die Rechte, das Management zu bestimmen oder die Vergütung des Managements festzulegen.

9.3 Anlässe für M&A-Transaktionen

Doch warum verkaufen Mutterunternehmen ihre Beteiligungen? Es lassen sich interne und externe Faktoren unterscheiden.[12] Während der Käufer das bestehende Portfolio mit einer passenden zusätzlichen Beteiligung stärken will, besteht für den Verkäufer die Motivation häufig in der Realisierung von Gewinnen oder in der Konzentration auf das Kerngeschäft. Bei Familienunternehmen sind es häufig die mangelnde Aussicht auf einen geeigneten Nachfolger oder der Verkauf nach einem Erbfall. Für die Verursachung nicht zu unterschätzen sind Avancen von Dritten, die einen Anteilsverkauf trotz bisheriger Zurückhaltung als valide Option erscheinen lassen. In der Realität handelt es sich letztlich um eine Mischung aus internen und externen Faktoren. Tab. 9.1 gibt einen Überblick der

Tab. 9.1 Motive für Desinvestitionen. (Quelle: In Anlehnung an Weber 2006, S. 180)

Motive auf Konzernebene	Motive auf Ebene der Beteiligung	Externe Motive
- Realisierung von Gewinnen durch Hebung stiller Reserven oder des „conglomerate discount" - Mangelnder „strategischer Fit" der Beteiligung aus Konzernsicht - Liquiditätsbedarf bzw. Finanzierungsprobleme - Restrukturierungsbedarf - Fehlender Nachfolger - …	- Mangelnde Performance in der Vergangenheit - Erwartete mangelnde Performance - Zukünftiger Investitions- und Umstrukturierungsbedarf - …	- Finanziell attraktives Übernahmeangebot - Sicherung des „Erbes" - Wettbewerbs- bzw. Marktveränderungen - Auflagen des Wettbewerbs- oder Umweltrechts - Enteignung/ Konfiszierung - …

[11] Vgl. Gammelgaard (1999), S. 11.

[12] Vgl. Weber (2006), S. 180.

Motive aus Sicht des Verkäufers auf Konzernebene und auf Ebene der Beteiligung sowie der externen Motive.

Für börsennotierte Unternehmen (wie z. B. Siemens[13] oder Thyssen Krupp[14]) wird immer wieder an Konglomeraten kritisiert, dass eine hohe Diversifizierung aufgrund der geringen Synergien der Geschäftsfelder untereinander zu einer ineffizienten Konzernstruktur führt. Der Verkauf der wenig verbundenen Einheiten an „passendere" Mutterunternehmen soll daher zu einer Wertsteigerung führen. Der Abbau des „Conglomerate Discount", also der geringeren Bewertung von Konglomeraten an der Börse, erfolgt durch die Fokussierung der Unternehmensgruppe auf das Kerngeschäft.[15] Gleichwohl zeigen manche Studien auch den gegenläufigen Effekt, nämlich die positive Wirkung der Diversifikation.[16]

Inwiefern es sich bei der vorliegenden Diversifikation um eine mit hoher oder eine mit geringer Verwandtschaft handelt, liegt an der Ähnlichkeit der für die Gruppe relevanten Geschäftsmodelle. Besonders die Faktoren relevante Ressourcen, selbst erbrachte Wertschöpfung, relevanter Markt und in der Folge die Ähnlichkeit des vorliegenden Wettbewerbsvorteils prägen die Verwandtschaft der Geschäftsmodelle (vgl. Abb. 9.3).

Kann die Muttergesellschaft einen hohen Mehrwert für die Beteiligung leisten, liegt ein „Parenting Advantage" vor.[17] Kann ein anderes Mutterunternehmen einen höheren Wertbeitrag für die Beteiligung leisten, bietet sich die Realisierung dieses Mehrwerts durch einen Verkauf an. Den Beleg für diese Logik unterstreichen die Erfolge von Private Equity Unternehmen und anderen Beteiligungsgesellschaften (vgl. Abschn. 3.8). Gleichwohl lässt sich auch daraus schlussfolgern, dass die Hebung von unerschlossenem Wert nicht

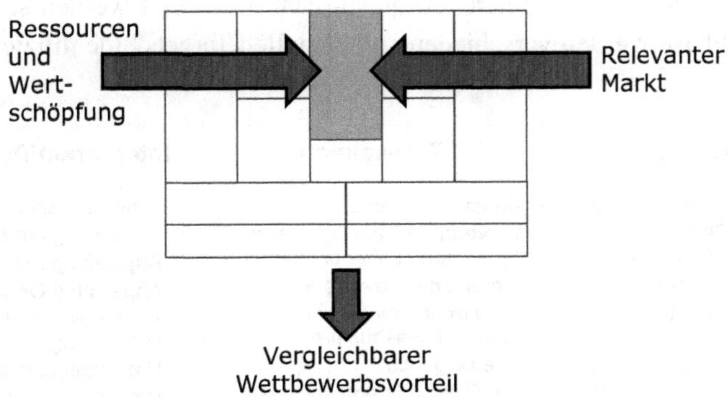

Abb. 9.3 Prägende Faktoren für die Verwandtschaft von Geschäftsmodellen

---

[13] Vgl. Siemens AG (2018).

[14] Vgl. Bomsdorf (2017), S. 2.

[15] Vgl. Heuskel et al. (2006), S. 7.

[16] Vgl. Villalonga (2004); Mathur et al. (2004).

[17] Vgl. Collis et al. (2007), S. 388; Campbell et al. (1995), S. 120–128.

notwendigerweise durch einen Verkauf realisiert werden muss, sondern auch durch das bestehende Mutterunternehmen erfolgen kann – unter der Voraussetzung von Veränderungen im Beteiligungsmanagement. Dazu zählen z. B. ein konsequentes Ergebnismanagement oder die Entwicklung neuer Geschäftsmodelle (vgl. Kap. 8 und 11).

9.4 Prozess einer M&A-Transaktion

Der Kauf einer Beteiligung (bzw. auch der Verkauf) lässt sich in einem strukturierten Prozess durchlaufen. Dieser umfasst die Schritte Vorbereitung, Transaktion und Integration bzw. Desintegration. Abb. 9.4 stellt die Phasen und die wesentlichen Aufgaben dar.

Eine wichtige Aufgabe im Vorfeld zu der Durchführung einer M&A-Transaktion liegt in der Definition des Suchfeldes. Dieses sollte analytisch gewählt und nicht opportunistisch oder zufallsgetrieben entstehen. Das hängt wiederum von der zuvor definierten Beteiligungsstrategie ab (siehe Kap. 4). Die Beteiligungsstrategie gibt Vorgaben für das Suchfeld für potenzielle Zielmärkte und -unternehmen. Dazu gehört auch die Festlegung von Beteiligungen, die sich für eine mögliche Fusion oder auch für einen Verkauf eignen. Beispiele für Screening-Kriterien für M&A-Transaktionen sind: Leistungsfähigkeit des Zielunternehmens, Passende Strategien und Geschäftsmodelle, Horizontale bzw. vertikale Passung, Vorhandene Wachstumschancen, Innovative Lösungen des Zielunternehmens, Erwartetes Wettbewerbsumfeld nach Integration, Erwartete Synergien nach Integration, oder Wirkung auf Organisation und Kultur. Eine weitere Vorgabe der Beteiligungsstrategie ist die Festlegung, ob die Akquisitionsziele über eine große Einzel-Akquisition oder über eine Vielzahl verschiedener kleinerer Akquisitionen umgesetzt werden sollen. Während der Screening-Phase werden verschiedene potenzielle „Targets" identifiziert, ausgewählt

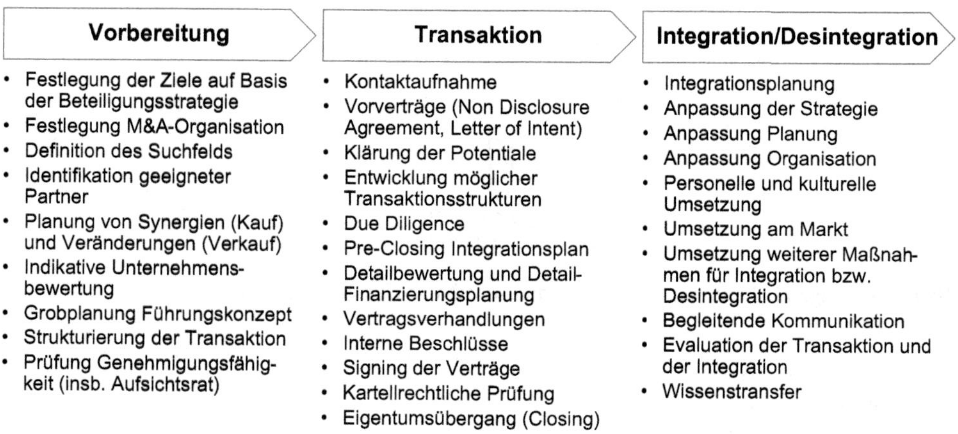

Abb. 9.4 Typischer Ablauf und Aufgaben eines M&A-Projekts. (Quelle: Eigene Abbildung unter Berücksichtigung von Lucks und Meckl 2015, S. 77–80)

und bewertet. In dem Zuge wird häufig ein Bieterverfahren durchgeführt.[18] Dabei werden potenzielle Käufer angesprochen, denen nach Vereinbarung einer Vertraulichkeitserklärung ein Informationsmemorandum zur Verfügung gestellt wird. Für die weiter interessierten Käufer werden dann weitere Fakten zur Verfügung gestellt, bis hin zu der Öffnung eines Datenraums (mit vertraulichen Dokumenten wie Kundenliste, Vermögensübersicht, Steuerbescheide, Details zu Rechtsstreitigkeiten, wesentliche Verträge) des (zu verkaufenden) Unternehmens und Verhandlungsgesprächen mit dem aktuellen Management. Auf die Long List an möglichen Partnern folgt die Short List, mit deren Kandidaten dann Gespräche aufgenommen werden. Die Auswahl erfolgt vor allem hinsichtlich des strategischen, finanziellen und kulturellen Fits (der Passung) mit den bestehenden Beteiligungen und der Strategie des Mutterunternehmens.

Im nächsten Schritt erfolgt eine genaue Bewertung der Unternehmen, die weiterhin in Frage kommen. Dazu zählen eine grobe Unternehmensbewertung sowie eine grobe Planung der Transaktions- und Finanzierungsstruktur sowie über die mögliche Form der Zusammenarbeit bzw. Integration nach der Akquisition.

Eine weitere Aufgabe ist die Rückkopplung mit den relevanten Gremien (in der Regel mit dem Aufsichtsrat) über die potenzielle Genehmigungsfähigkeit für eine Akquisition mit einem der verbliebenen Partner. Damit wird vermieden, dass erst in einer späteren Phase ein früh vermeidbarer Abbruch der Transaktion aufgrund von Vorbehalten der Gremien erfolgt. Den Abschluss der Vorfeldphase bilden die Vorbereitung und der Abschluss von Vorverträgen mit den noch verbliebenen möglichen Partnern.

Die Transaktionsphase ist zunächst durch die Durchführung einer Due Diligence mit einigen wenigen potenziellen Partnern (siehe vertieft Abschn. 9.5) geprägt. Mit der Due Diligence sollen auf Basis von internen Informationen des potenziellen Partners die für eine detaillierte Unternehmensbewertung relevanten Fragen beantwortet werden. Dies dient der Durchführung einer stand-alone-Bewertung (ohne Synergien) sowie für die Er-

---

[18] Bei dem Erwerb einer börsennotierten Gesellschaft ist der Ablauf vergleichbar, allerdings gelten dort die Regelungen des Wertpapiererwerbs- und Übernahmegesetzes (WpÜG). § 29 Abs. 1 WpÜG definiert „Kontrolle ist das Halten von mindestens 30 Prozent der Stimmrechte an der Zielgesellschaft". Ab dieser Quote muss der Käufer den übrigen Aktionären ein Pflichtangebot unterbreiten. Der Angebotspreis muss dabei gemäß § 31 WpÜG i.V.m. § 3 WpÜG-Angebotsverordnung eine angemessene Gegenleistung (gemäß § 31 Abs. 2 WpÜG in Form von Geld oder anderen liquiden Aktien) beinhalten. Als Mindestpreis gilt der umsatzgewichtete Durchschnittskurs der letzten drei Monate. Für den Erwerber bleibt die Unsicherheit, wie viele Aktionäre sich für das Angebot entschließen. Alternativ gilt gemäß § 31 Abs. 3 und Abs. 5 ein höherer Mindestwert, wenn der Bieter in den sechs Monaten vor der Veröffentlichung mindestens 5 Prozent Aktien zu einem höheren Preis oder Aktien des Unternehmens außerhalb der Börse zu einem höheren Preis erworben hat oder erwerben wollte. Ab einem Anteil von 95 Prozent der Aktien kann ein Squeeze-out gemäß § 39a WpÜG erfolgen. Der Käufer muss gemäß § 33 Abs. 1 Wertpapierhandelsgesetz bei Überschreitung (oder Unterschreitung) eines Anteils der Stimmrechte von börsennotierten Unternehmen bei 3 Prozent, 5 Prozent, 10 Prozent, 15 Prozent, 20 Prozent, 25 Prozent, 30 Prozent, 50 Prozent oder 75 Prozent an die Bundesanstalt für Finanzdienstleistungsaufsicht melden.

mittlung von Synergien und den mit deren Realisierung verbundenen Kosten. Auf Basis der Informationen aus der Due Diligence wird als nächstes ein grober Integrationsplan erarbeitet. Dieser umfasst die Teilprojekte, die relevanten Personen und eine Zeit- und Meilensteinplanung (siehe im Detail Abschn. 9.8). Dem folgen eine detaillierte Unternehmensbewertung und Finanzierungsplanung. Dies mündet im Erfolgsfall in Vertragsverhandlungen und Gremienbeschlüsse und schließlich in den Abschluss der transaktionsrelevanten Verträge (Signing). Meist ist für den Abschluss der Transaktion (Closing) noch eine kartellrechtliche Freigabe der Transaktion erforderlich.

Für die Integration werden zunächst die bereits vorliegenden groben Integrationspläne konkretisiert. Im nächsten Schritt erfolgt die organisatorische Umsetzung der Integration (siehe vertieft Abschn. 9.8). Das umfasst strukturelle Bündelungen, Schließungen und die Anpassung von Prozessen. Ebenso werden personelle Maßnahmen umgesetzt, um Synergien zu realisieren und den Verlust von Schlüsselpersonen zu vermeiden. Schließlich geht es darum, die veränderte Organisation und die angepassten Geschäftsmodelle bei den Kunden zu bewerben. Die Maßnahmen der Integrationsphase sind wie jedes Projekt nach Zeit, Kosten bzw. Ergebnisse und Qualität zu steuern.

Eine Reihe von Hinweisen sollte bei jedem M&A-Projekt beachtet werden.

- **Breite Marktanalyse**. Für die Auswahl der passenden Beteiligung bedarf es einer umfangreichen Analyse potenzieller Beteiligungen. Dazu zählt neben der Analyse von strategischer Positionierung, Geschäftsmodellen und Kennzahlen auch eine erste grobe Einschätzung der Passung. Der „Fit" der potenziellen Beteiligung zum Mutterunternehmen und zu den anderen Beteiligungen lässt sich bei einer Marktanalyse nur über frei verfügbare Dokumente wie Presseerklärungen, Geschäftsberichte und Aussagen von Geschäftspartnern über das Unternehmen erfassen.
- **Kluger Umgang mit M&A-Beratern**. Für die Analyse potenzieller Beteiligungen oder aus Sicht des Verkäufers potenzieller Käufer bietet sich regelmäßig der Einbezug von M&A-Beratern an. Diese verfügen in der Regel über eine breitere Markt- und Transaktionskenntnis, die Möglichkeit neutral auf potenzielle Partner zugehen zu können und vor allem über die notwendigen zeitlichen Freiräume für die Vorbereitung und die Begleitung der Transaktion. Für diese Vorteile verlangen M&A-Berater häufig neben einem sogenannten Retainer, d. h. einer pauschalen meist monatlichen Zahlung im Sinne einer Grundvergütung, auch eine Erfolgsprämie. Während die Erfolgsprämie nur für den Fall des erfolgreichen Abschlusses der Transaktion zu entrichten ist, ist der Retainer in jedem Fall zu vergüten. Regelmäßig wird die Vergütung über eine Erfolgsprämie als marktüblich bezeichnet. Gleichwohl lassen sich gerade kleinere Transaktionen häufig deutlich günstiger über eine klassische tagessatzbasierte Vergütung der M&A-Berater durchführen. Diese Form der Vergütung nimmt immer mehr an Bedeutung zu, da sie der Vergütung von Unternehmensberatern entspricht. Diese werden meist auch nicht erfolgsbasiert vergütet. Ein weiterer Grund sind die teilweise sehr hohen Erfolgsprämien mit einem damit verbundenen hohen Abschlussdruck seitens des M&A-Beraters.

- **Späte Exklusivität**. Zwar wollen Käufer und Verkäufer ab einem bestimmten Zeitpunkt nur noch exklusiv miteinander verhandeln, allerdings sollte dieser Zeitpunkt möglichst spät festgelegt werden. Eine zu frühe Festlegung auf einen potenziellen Partner birgt die Gefahr in sich, dass die Verhandlungsposition ohne Not verschlechtert wird.
- **Eingehende Prüfung**. Vor dem Abschluss der Verhandlungen sollte eine umfassende Due Diligence durchgeführt werden (siehe Abschn. 9.5).
- **Frühe Berücksichtigung der Integration**. Bei der Strukturierung der Übernahme sind neben rechtlichen, steuerlichen und finanzierungsbezogenen Aspekten frühzeitig auch die Voraussetzungen für und die Erwartungen an die Integration des Zielobjekts zu berücksichtigen.
- **Keine falschen Erwartungen**. Die Verhandlungen sollten nicht mit zu optimistischen Erwartungen verbunden werden. Es benötigt einer realistischen Einschätzung der möglichen Synergien nach Abschluss der Transaktion sowie der Kosten für deren Realisierung.
- **Risikobewusster Kaufvertrag**. Neben der Vereinbarung eines für beide Seiten vertretbaren Preises sind kluge Regelungen über die rechtliche und die steuerliche Struktur zu treffen. Ebenso sollten Vereinbarungen zu Garantien über Sachverhalte des Kaufgegenstands sowie über erwartete Risiken[19] getroffen werden. Auch wenn die Transaktion damit komplizierter wird, sollte regelmäßig statt einer festen Kaufpreiszahlung (sog. Locked Box Vereinbarung) erwogen werden, nachträgliche Kaufpreiszahlungen oder andere Komponenten für eine spätere Kompensation festzulegen. Solche Besserungsoptionen werden auch als Earn-out-Struktur bezeichnet.[20] Dabei handelt es sich nicht um eine Kaufpreisstundung, sondern um eine eventuelle spätere Zahlung, die von im Vereinbarungszeitpunkt unsicheren zukünftigen Bedingungen abhängt. Durch die zusätzliche Flexibilität können Käufer und Verkäufer profitieren. Abb. 9.5 gibt einen Überblick über verwendete Basisgrößen.

Die wichtigste Grundlage für unterschiedliche Preisvorstellungen zwischen Käufer und Verkäufer liegt in der Realisierung von Synergiepotenzialen. Als Synergiepotenziale lassen sich einerseits Größenvorteile und andererseits Verbundvorteile unterscheiden. Folgende Beispiele sollen die Bandbreite verdeutlichen.

- Erreichen von Größenvorteilen zur Reduktion des Aufwands für die Beschaffung von Material, Fremdleistungen und sonstigem betrieblichen Aufwand
- Abplanung von Projekten mit geringer Erfolgsaussicht im Bereich von Forschung und Entwicklung
- Eigenerstellung von bislang von einem der beiden Unternehmen fremdvergebenen Leistungen

---

[19] Neben der Identifikation der Risiken bietet es sich an, gemeinsam vor Abschluss des Kaufvertrags Maßnahmen zu definieren, um die Risiken zu eliminieren, zu reduzieren, oder auch zu akzeptieren; aber dann ggf. zwischen Käufer und Verkäufer zu verteilen. Dabei lassen sich insb. finanzielle, marktbezogene, operationale, technologische, rechtliche sowie personelle Risiken unterscheiden.

[20] Vgl. Tallau (2009), S. 8. Andere Bezeichnungen sind Sweetener, Equalizer oder Adjustment.

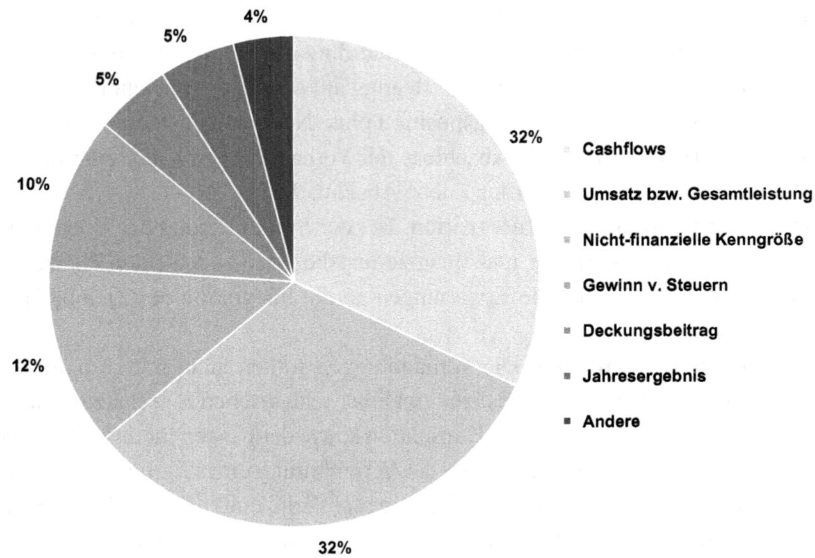

Abb. 9.5 Verwendete Basisgrößen bei Earn-out-Strukturen. (Quelle: In Anlehnung an Cain et al. 2006, S. 39)

- Abplanung von Investitionen deren Wirkung im übernehmenden oder im übernommenen Unternehmen realisiert werden können
- Zusammenlegung von Organisationseinheiten in allen überlappenden Bereichen
- Optimierung von Prozessen bei Produktion bzw. Leistungserbringung (insb. Neuausrichtung der Prozesse, Streichung von Prozessschritten, Festlegung Prozessverantwortliche, Minderung Bearbeitungsdauer, Reduktion Ressourceneinsatz durch veränderte Methoden, Einsatz von Technologien und Minderung von Varianten bzw. Komplexität)
- Minderung von Personal im Bereich der Verwaltung, der Leistungserstellung oder in anderen Wertschöpfungsstufen (entweder über keine Neubesetzung von Stellen oder über Freisetzungen)
- Cross-Selling von Produkten des jeweils anderen Unternehmens an die eigenen Kunden
- Stärkung der Marken der beiden Unternehmen
- Abplanung von Marketingmaßnahmen mit unklarer oder diffuser Wirkung für die Akquise bzw. Bindung von Kunden aus dem fokussierten Kundensegment

Den Synergien gegenzurechnen sind die für die Transaktion bzw. Integration zu erwartenden bzw. nach Durchführung die realisierten Transaktionskosten. - bzw. Kosten aus transaktionsbedingten Investitionen. Zu diesen zählen regelmäßig folgende Elemente:[21]

[21] Vgl. Richter und Furubotn (1996), S. 46–52, 297.

- **Kosten der Vertragsanbahnung**. Such-/Informationskosten in der Vorphase eines Eigentümerwechsels (Analysekosten, Beratungskosten etc.)
- **Kosten des Vertragsabschlusses**. Verhandlungs-/Entscheidungskosten (Zeitaufwand von Entscheidungsträgern, Informationsaufbereitungs-/Beratungskosten durch Anwälte, Wirtschaftsprüfer/Steuerberater/M&A-Berater) und ggf. entstehende Opportunitätskosten durch situationsbedingte Preiszugeständnisse
- **Überwachungs-/Durchsetzungskosten**. Kosten zur Überwachung der Vertragserfüllung und ggf. Vertragsanpassung (Controlling-, Gerichts-, Anwaltskosten etc.)
- **Transaktionsfolgekosten**. Kosten, die der Transaktion zurechenbar sind, aber erst nach deren Abschluss entstehen (z. B. Kosten für die Anpassung von IT-Systemen, Abfindungen, Suchkosten nach Kündigungen von Mitarbeitern, Verschlechterung von Konditionen bei Banken, Lieferanten und Kunden etc.)

Neben den erwarteten Synergien wird die Ziel-Unternehmensplanung auch durch die ökonomischen Wirkungen von Optimierungsmaßnahmen für die Repositionierung, (Restrukturierung) und operative Weiterentwicklung geprägt. Diese umfassen gleichermaßen Wachstumsmöglichkeiten, Kostensenkungsmöglichkeiten und neue bzw. reduzierte Investitionen bzw. Desinvestitionen.

Aufgrund der Erfahrung der Akteure einer Beteiligung mit „ihrem“ Unternehmen und den Erwartungen des Mutterunternehmens über die Wertsteigerungspotenziale als Rechtfertigung eines Teils des Kaufpreises können bezogen auf die Realisierbarkeit von Synergien und der vorgesehenen Optimierungsmaßnahmen sowie bezogen auf die Höhe des Wertes von Synergien und Optimierungsmaßnahmen deutliche Diskrepanzen bestehen. Entsprechend belastet können sich die Diskussionen zwischen den Akteuren entwickeln. Der Erfolgsdruck des Mutterunternehmens für die Umsetzung von Wertsteigerungen erfordert die Mitwirkung der Akteure der Beteiligung. Insofern ist eine häufige Maßnahme für die Realisierung der Veränderungen bei gekauften Unternehmen der Austausch des Managements. Dagegen spricht der Verlust an Kompetenzen und Erfahrungen.

Folgende Ansatzpunkte helfen bei der Überwindung dieses klassischen Interessenskonflikts:

1. Frühzeitige Abstimmung über die Realisierbarkeit von Wertsteigerungspotenzialen, und zwar vor Abschluss der Transaktion
2. Frühzeitige Abstimmung über die Preisfindung der Transaktion mit den zu erwartenden Synergie- und Wertsteigerungspotentialen
3. Klare und frühzeitige interne Information der im Ziel vorgesehenen Führungsstruktur und der verantwortlichen Führungskräfte, für eine minimale Zeit der Unsicherheit über die vorgesehene Zuordnung der Verantwortung
4. Klare Abstimmung über die notwendigen Personalmaßnahmen, dem dafür vorgesehenen Kommunikationsplan an die Belegschaft und die vorgesehene Einbindung des Betriebsrats (und ggf. der Gewerkschaften)

5. Vereinbarung von Anreizen mit den im Ziel vorgesehenen Führungskräften und den Beschäftigten für die Erreichung der gemeinsam formulierten Unternehmensplanung und darüber hinaus für die Umsetzung von Maßnahmen der Integration des Unternehmens
6. Klarheit bereits vor dem Start des Integrationsprojekts, dass über den Fortgang der Realisierung der Synergien regelmäßig breit intern berichtet werden wird
7. Frühzeitige Kommunikation des Angebots der Unterstützung aller einbezogenen Führungskräfte und Beschäftigten durch Maßnahmen der Personalentwicklung

Für die Due Diligence wird dem Kaufinteressierten die Möglichkeit gegeben, Fragen zu Fakten und Sachverhalten zu stellen. In der Regel werden seitens des Verkäufers (oder des einbezogenen Beraters) umfassende Antworten auf diese Fragen bereitgestellt. Ausnahmen greifen lediglich dann, wenn eine Frage zu früh gestellt wird und aufgrund der Vertraulichkeit der Antwort im Sinne von Unternehmensgeheimnissen die Antwort erst im Zuge der abschließenden Verhandlungen gegeben wird. Im Gegenzug werden die potenziellen Käufer zur Abgabe von indikativen und schließlich von verbindlichen Angeboten aufgefordert. Während bis dahin die Verhandlungen in der Regel mit mehreren potenziellen Käufern geführt werden, bleibt die abschließende Vertragsverhandlung meist nur einem verbliebenen Interessenten vorbehalten. Neben dem Preis werden in den Verhandlungen auch Übergangszeitpunkt, Bedingungen zum Übergang der definierten Kaufgegenstände, Gewährleistungs-, Zusicherungs- sowie Garantieregelungen abgestimmt.

9.5 Elemente der Due Diligence

Die Due Diligence dient der möglichst genauen Bewertung von Chancen und Risiken eines Bewertungsobjekts bezüglich Strategie, Struktur, wirtschaftlicher Entwicklung und Unternehmenswert. Außerdem ist die Due Diligence die Grundlage für die Ableitung von Implikationen für die Planungsrechnung, die Transaktionsstruktur, die Finanzierung und die Integrationsplanung.[22] Die Aufgaben erfordern eine enge Zusammenarbeit verschiedener Disziplinen im Sinne einer Mannschaftsleistung.[23]

Aufgrund der Vielzahl der Aufgaben wird die Durchführung der Due Diligence regelmäßig durch externe Dienstleister wie Unternehmensberatungen oder Banken unterstützt. Tab. 9.2 fasst die Analysebereiche der Due Diligence zusammen.

[22] Vgl. Stratz und Klug (2003), S. 84–100; Berg (2005), S. 111.

[23] Vgl. Pörschmann (2019), S. 6–7.

Mithilfe der Erkenntnisse aus der Due Diligence lassen sich die Investitionsnotwendigkeiten nach der Transaktion sowie die möglichen wertsteigernden Maßnahmen wie Bündelung, Separierung oder die Anknüpfungen zu den Geschäftsmodellen der bestehenden Beteiligungen ableiten. Abb. 9.6 erläutert die möglichen Implikationen aus der Due Diligence.

Wichtige Quelle für die Informationen während einer Due Diligence sind Unterlagen des Unternehmens sowie durchgeführte Interviews. Eine Reihe von Fragen helfen bei der Einordnung: Wo kann auf die Stärken der bestehenden Beteiligungen für die neue Beteiligung aufgesetzt werden? Welche Stärken bringt die neue Beteiligung in die

Tab. 9.2 Kurzbeschreibung der wesentlichen Teilbereiche der Due Diligence (In Anlehnung an Stratz und Klug 2003, S. 84–90)

Analysebereich	Beschreibung
Strategische Due Diligence	Bewertung der bestehenden Unternehmens- und Bereichsstrategien sowie de verfolgten Geschäftsmodelle mit Erfolgsfaktoren, Stärken und Schwächen
Markt und Produkt Due Diligence	Analyse von Produkt-, Leistungsportfolio und Entwicklung von Umsatz-, Margen- und Marktanteilsentwicklung sowie der Konzepte für Kundengewinnung und Kundenbindung bezogen auf die relevanten Kunden segmente
Finanzielle und steuerliche Due Diligence	Bewertung der Vermögens-, Finanz- und Ertragslage, der Jahresabschlüsse und Planungen sowie der steuerlichen Situation
Rechtliche Due Diligence	Überprüfung der rechtlichen Lage (mit Satzung, Geschäftsordnungen), von wesentlichen weiteren Verträgen, Rechtsstreitigkeiten, zugehörigen Rückstellungen und Haftungsrisiken, Compliance-Regelungen und Compliance-Verstößen, Risikomanagement und möglicher kartellrechtlicher Implikationen
Personal und Organisation Due Diligence	Bewertung von Steuerungs- und Führungsstrukturen, Aufbau- und Ablaufstrukturen, Richtlinien, organisatorischen Regelungen, Tarif- und Betriebsvereinbarungen, außertariflichen Regelungen, betrieblicher Übung, arbeitsrechtlicher Besonderheiten, Schlüsselpersonen, Kompetenzen und Entwicklungspotenzialen, Auslastung der Beschäftigten, weiteren Personalkennzahlen und der Unternehmenskultur
Optional: Technische Due Diligence	Analyse der bestehenden Produktionsanlagen, Innovations- und Entwicklungsaktivitäten, Schlüssel-Ressourcen sowie der Wertschöpfungsprozesse
Optional: ESG Due Diligence	Bewertung der Fakten und Planungen aus den Bereichen Environment (Umweltschutz, Altlasten, Einhaltung von Immissions-/Emissionsvorschriften), Social (Verantwortung für die Gesellschaft) und Governance (Unternehmenssteuerung, Risikomanagement, Compliance, interne Revision)

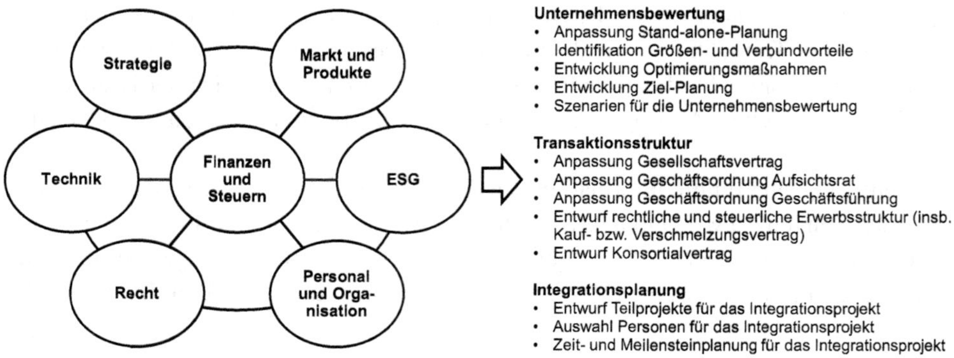

Abb. 9.6 Teilbereiche und Implikationen der Due Diligence

Unternehmensgruppe? Welche Überlappungen bestehen im Leistungsangebot? Welche Lücken bestehen bei der Marktbearbeitung? Wo besteht Cross Selling Potenzial? In welchen Bereichen bietet sich die Zusammenarbeit der neuen Beteiligung mit den bestehenden Beteiligungen an? Wie profitiert das neue Unternehmen von der bestehenden Dachmarke bzw. den bestehenden Einzelmarken? Wie können die Satzung und die Geschäftsordnungen weiterentwickelt werden? Was sollte in einem Konsortialvertrag zwischen verschiedenen Aktionären und der Gesellschaft vereinbart werden? Können steuerliche Verlustvorträge aus der Vergangenheit in der steuerlichen Transaktionsstruktur berücksichtigt werden? Welche Faktoren der Unternehmensstruktur und Kultur sollten bei der Integration berücksichtigt werden? Welche Teilprojekte und welche Schlüsselpersonen sollten in dem Integrationsprojekt berücksichtigt werden?

Auf Basis der Due Diligence wird entweder durch den Kaufinteressenten oder gemeinsam vom Kaufinteressenten und Zielunternehmen eine Ziel-Planung aufgestellt. Dabei werden Aspekte der erwarteten Struktur für die Umsetzung der Transaktion (z. B. durch Einbezug eines Ergebnisabführungsvertrags) berücksichtigt. Auch berücksichtigt die Ziel-Planung ggf. nicht adäquat eingeplante Risiken, sehr optimistische Ertragserwartungen, bilanzpolitische Maßnahmen und Planungsfehler auf der einen Seite und bezieht die erwarteten Synergien (und den dafür anfallenden Umsetzungsaufwand) aus der künftigen Zusammenarbeit auf der anderen Seite ein. Zusätzlich enthält die Ziel-Planung auch den Aufwand für die Trennung der Beteiligung von Verpflichtungen gegenüber dem bisherigen Eigentümer bzw. den mit diesem zusammenhängenden verbundenen Unternehmen. Aufgrund der Komplexität der einbezogenen Faktoren bietet sich die Verdichtung in verschiedenen Plan-Szenarien an.

Für die Unternehmensbewertung ergeben sich so mindestens drei Szenarien: (1) die Stand-alone Bewertung des Unternehmens auf Basis der vorliegenden Planungsrechnung, (2) die um bestimmte Inkonsistenzen und nicht adäquat berücksichtigte Erträge/Aufwände bereinigte Planung (im Sinne eines worst case) sowie die (3) Zielplanung der Beteiligung unter Berücksichtigung der erwarteten Synergien (und dem dafür anfallenden Umsetzungsaufwand).

9.6 Methoden der Unternehmensbewertung

Für die Bewertung von Unternehmen oder Anteilen von Unternehmen existieren verschiedene Verfahren, die sich durch die genutzte Methodik sowie die jeweilig notwendigen Annahmen unterscheiden. Vor der Bewertung ist die Bewertungseinheit klar abzugrenzen. Ist der Durchgriff auf die Cash Flows sichergestellt, oder können Geschäftsaktivitäten in andere Einheiten transferiert werden? Inwieweit ist sichergestellt, dass solche Vereinbarungen nicht nach einem Erwerb getroffen werden? Die Preisfindung für den Anteil an einem Unternehmen hängt von zahlreichen Faktoren ab. Neben der Zielplanung des Unternehmens, den objektivierten und subjektiven Positionen bei der Verhandlung des Preises zwischen Käufer und Verkäufer spielen auch externe Faktoren eine Rolle. Dazu gehören die Finanzierungskonditionen des Käufers, die Zinsen am Kapitalmarkt, die Bewertung anderer Anlageinstrumente (wie Anleihen, Edelmetalle, Immobilien, etc.) sowie die Entwicklung von Währungskursen bei Investitionen in Beteiligungen mit einem Schwerpunkt in Fremdwährungen. Diese Faktoren wirken direkt auf die Preisverhandlungen bzw. indirekt auf die Erwerbsalternativen des potenziellen Käufers.

Gemäß § 252 HGB gilt für die Unternehensbewertung der Grundsatz der Fortführung der Unternehmenstätigkeit (Going-concern-Prinzip). Entsprechend ist bei der bilanziellen Bewertung von Anteilen an verbundenen Unternehmen (Mehrheitsanteile) bzw. von Beteiligungen (Minderheitsanteile) von der Fortführung des Unternehmens auszugehen. Entsprechend sind die Vermögensgegenstände nicht mit ihrem Liquidationswert zu bilanzieren, sondern zu dem Wert, der sich aus der erwarteten Unternehmensfortführung ergibt. Dieser Bewertungsgrundsatz führt dazu, dass die bilanziellen Werte deutlich höher sind als dies bei Liquidationswerten der Fall wäre. Aufgrund des Vorsichtsprinzips und des Niedrigstwertprinzips sind dabei aber nicht zwangsläufig Marktwerte anzusetzen, sondern eben der erwartete Wert, der sich aus der Unternehmensfortführung ergibt. Dabei spielen neben den Anschaffungskosten ggf. notwendige Teilwertabschreibungen sowie Wertaufholungen eine Rolle.

Für die Erklärbarkeit des Kaufpreises für Beschlüsse von Geschäftsführung, Aufsichtsgremium und Gesellschafter-/Hauptversammlung sowie als Grundlage für Argumente im Rahmen der Verhandlungen lassen sich eine Reihe von Methoden für die Unternehmensbewertung nutzen. Diese sind in Abb. 9.7 zusammengefasst und werden nachfolgend kurz skizziert.[24]

Es lassen sich fundamentale Bewertungsverfahren wie Substanzbewertung, Ertragswertverfahren und Realoptionen sowie marktorientierte Bewertungsverfahren wie die Bewertung mit Hilfe von Vergleichsunternehmen und die Bewertung vergleichbarer Börsengänge (Initial Public Offerings (IPOs)) unterscheiden. Eine Mischung aus fundamentalen und marktorientierten Bewertungsverfahren stellen die Venture-Capital- sowie die First-Chicago-Methoden dar. Es sollten möglichst mehrere Verfahren für die Bewertung eines Akquisitions- bzw. Fusionsobjekts genutzt werden.

[24] Vgl. Achleitner und Nathusius (2003), S. 7–14; Ahrend und Meyer-Renschhausen (2014), S. 5–14.

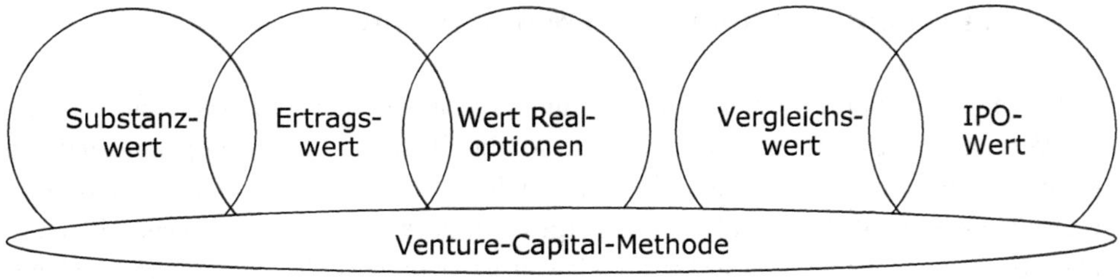

Abb. 9.7 Überblick über Verfahren für die Unternehmensbewertung

9.6.1 Substanzbewertung

Der Substanzwert eines Unternehmens entspricht im Minimum dem Buchwert, d. h. dem bilanzierten Anlagevermögenswert, d. h. den Anschaffungs- und Herstellungskosten abzüglich der kumulierten Abschreibungen bzw. Wertberichtigungen und der bestehenden Verbindlichkeiten. Ein anderer Ausweis des Substanzwerts ist der Sachzeitwert auf Basis von Tagesneuwerten. Dieser entspricht dem heutigen Wiederbeschaffungswert eines gebrauchten Wirtschaftsgutes. Der Sachzeitwert ergibt sich, in dem die Anschaffungs- und Herstellungskosten durch Indexreihen auf einen Tagesneuwert inflationiert werden, bei Annahme von betriebsgewöhnlichen Nutzungsdauern.

Neben der Bewertung von Sachanlagevermögen und Finanzanlagevermögen stellt sich auch die Frage nach der Bewertung von immateriellen Vermögenswerten (wie Patente, Marken). Grundsätzlich kann diese nach dem Kostenansatz, dem Marktansatz oder dem Einkommensansatz erfolgen.

- **Kostenansatz**. Bewertung zum Sachzeitwert auf Basis von Tagesneuwerten, d. h. zu Wiederbeschaffungskosten
- **Marktansatz**. Bewertung anhand von vergleichbaren Werten anderer Unternehmen
- **Einkommensansatz**. Bewertung anhand des Ertragswerts der durch den immateriellen Vermögenswert erwartbaren Erträge oder Cashflows

Gerade bei anlageintensiven Bewertungsobjekten ist das Substanzwertverfahren eine wichtige zusätzliche Quelle für die Ermittlung des Unternehmenswerts.

9.6.2 Ertragswertverfahren

Das Ertragswertverfahren ist als dominantes Bewertungsmodell unter anderem durch den Wirtschaftsprüfungsstandard IDW S 1 sehr verbreitet. Der Ertragswert ergibt sich aus der Summe der Barwerte der mit dem Eigentum an dem Unternehmen verbundenen Ertragsüberschüsse. Werden statt den zukünftigen Erträgen die erwarteten Free Cash Flows verwendet, ergibt sich der Ertragswert erst, wenn von dem ermittelten Gesamtwert der Wert des Fremdkapitals abgezogen wird. Der Ertragswert berücksichtigt regelmäßig einen Diskontierungszinssatz auf Basis der gewichteten Kapitalkosten.

Der Wert des Unternehmens ergibt sich aus der Summe der diskontierten Überschüsse der planbaren Jahre zuzüglich eines diskontierten Restwerts. Der Ertragswert kann dabei die Erwartungen berücksichtigen, die der künftige Eigentümer an Synergien und Optimierungsmaßnahmen hat.

Für die Ermittlung der Barwerte wird ein Diskontierungssatz verwendet. In der Regel entspricht dieser der unternehmensinternen Mindest-Rendite im Sinne der bestehenden gewichteten Kapitalkosten (Weighted Average Cost of Capital, kurz WACC). Der WACC entspricht also der Mindest-Gesamtkapitalrendite für Investitionsprojekte, die sich aus den gewichteten Kosten von Eigen- und Fremdkapital ergibt. Er ist zugleich der Kapitalisierungssatz für die Diskontierung der erwarteten Zuflüsse und des Restwerts auf den Bewertungsstichtag.

Typischerweise hängt ein Großteil des Unternehmenswerts von der Einschätzung des Restwertes und damit von dem dafür erwarteten Cash Flow (und dessen Wachstumsrate) ab. Dabei wird in der Regel der Cash Flow des letzten Planjahres, gegebenenfalls mit einer Wachstumsrate, für die Ermittlung der ewigen Rente zugrunde gelegt. Bei der ewigen Rente oder dem Terminal Value wird der besagte Cash Flow unendlich für die Zukunft fortgeschrieben. Trotz der Dämpfung durch die Diskontierung hat der Restwert einen hohen Anteil am Gesamtwert. Abb. 9.8 zeigt dies exemplarisch für den Ertragswert eines Energienetzes. Selbst bei diesem relativ risikoarmen Geschäftsmodell liegt der Anteil des Restwerts zwischen 77 % und 85 %.[25]

Neben der Ermittlung eines Ertragswerts lassen sich verschiedene Zukunftsszenarien bewerten (Abb. 9.9). Die Wahrscheinlichkeit des Eintritts bestimmter Einflussgrößen prägt dabei den Ertragswert. Grundlegend dafür ist die Einschätzung der mit dem Geschäftsmodell verbundenen Erfolgsvoraussetzungen. Welche Ertragspotenziale können

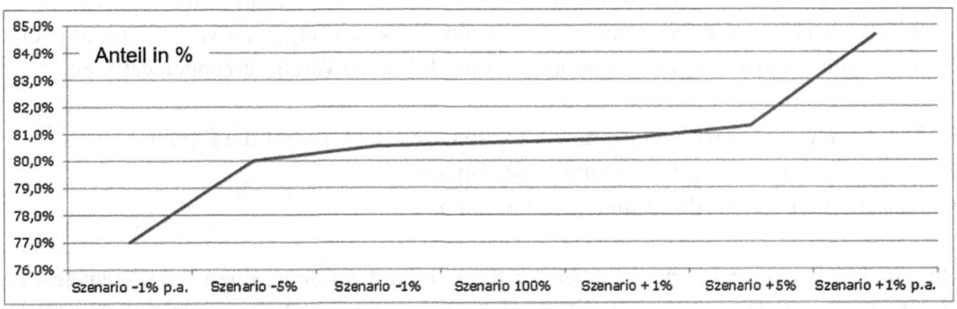

Abb. 9.8 Anteil des Restwerts am Ertragswert bei verschiedenen Szenarien. (Quelle: in Anlehnung an Ahrend und Meyer-Renschhausen 2014, S. 10)

[25] Vgl. Ahrend und Meyer-Renschhausen (2014), S. 10.

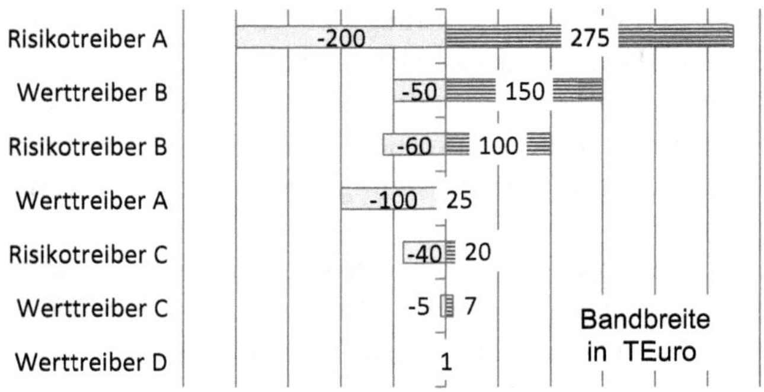

Abb. 9.9 Sensibilitätsanalyse des Unternehmenswerts. (Quelle: in Anlehnung an Ahrend 2016, S. 375)

sich ergeben? Welche Risiken werden angenommen? Wodurch wird eine Wertminderung der Anteile geprägt?

Trotz der notwendigen Annahmen und Abschätzungen wird das Ertragswertverfahren häufig angewendet.

9.6.3 Realoptionen

Die Bewertung von Realoptionen bietet die Möglichkeit, bestehende Entscheidungsfreiräume adäquat zu bewerten.[26] Da diese Optionen in der Regel nicht bereits im Rahmen einer Ertragswertermittlung enthalten sind, wirkt der Optionswert positiv oder negativ auf den Ertragswert. Alternativ lässt sich der Unternehmenswert bei Asset Deals ausschließlich über die bestehenden Realoptionen ermitteln.

Realoptionen sind zukünftige Handlungsspielräume und Investitionsmöglichkeiten eines Unternehmens, die nach Kenntnis eines zunächst nicht genau vorhersagbaren Umweltzustands (Unsicherheit) genutzt werden, um Entscheidungen an veränderte Umweltbedingungen anzupassen. Eine Realoption muss folgende Voraussetzungen erfüllen:

- Flexibilität der Inanspruchnahme der Option (das Recht, nicht die Pflicht)
- Irreversibilität im Fall der Ausübung der Option
- Unsicherheit der wertbestimmenden Faktoren.

Bei einer Call-Option hat der Inhaber der Realoption das Recht, einen Vermögensgegenstand, d. h. den Basiswert (oder Underlying) zu einem definierten Preis, dem Ausübungspreis während eines Zeitraums (amerikanische Option), der Laufzeit der Option, oder zu einem bestimmten Zeitpunkt (europäische Option), zu erwerben. Bei einer Put-Option hat der Optionshalter das Recht, einen Vermögensgegenstand entsprechend

[26] Vgl. Ahrend und Meyer-Renschhausen (2014), S. 10–26.

der vorgenannten Parameter zu veräußern. Die Bewertung erfolgt unter Nutzung von Optionspreismodellen, die für die Bewertung von Finanzoptionen entwickelt wurden (insb. die Black-Scholes-Formel). Dem liegt die Annahme einer Wahrscheinlichkeitsverteilung zugrunde.

Typische Beispiele für Realoptionen sind die Errichtung oder der Betrieb von Produktionsanlagen oder die Exploration von Gas- oder Ölfeldern. Aufgrund der bei Realoptionen gegebenen Notwendigkeit, die Wahrscheinlichkeit der Entwicklung verschiedener Ertragsverläufe abzuschätzen, werden Realoptionen relativ selten für die Bewertung von jungen Geschäftsmodellen verwendet. Gleichwohl hilft die Beschäftigung mit Realoptionen insb. bei der Bewertung von anlageintensiven Targets.

9.6.4 Marktorientierte Bewertungsverfahren

Wird ein Bewertungsobjekt anhand von Vergleichswerten anderer Unternehmen bewertet, lassen sich vergleichbare börsennotierte Unternehmen, vergleichbare Börsengänge oder vergleichbare M&A Transaktionen nutzen. Dabei werden die Relationen (Multiplikatoren bzw. Multiples[27]) des Wertes des Vergleichsunternehmens zu wirtschaftlichen Eckdaten wie dem Umsatz, EBIT, EBITDA, Free Cash Flow, Gewinn, Anlagevermögen, Bilanzsumme, Kundenzahlen etc. verwendet. Neben der Entwicklung des Wertes einzelner Unternehmen wirken sich auch die Gesamtentwicklung des Marktes oder von Teilmärkten auf die Bewertung aus. Steigen die Bewertungen von an der Börse notierten Unternehmen, wirkt sich dies auch positiv auf die Bewertung der Vergleichsunternehmen aus. Im umgekehrten Fall tendieren die Werte allerdings auch nach unten. Unternehmen, deren Tätigkeit im (möglichst langfristigen) Trend liegt, profitieren besonders von marktorientierten Bewertungsverfahren.

Die Ergebnisse werden auch durch die Auswahl der Vergleichsunternehmen geprägt. Die Charakteristika der Vergleichsunternehmen sollten möglichst nah an denen des Bewertungsobjekts sein. Für die Vergleichbarkeit sind neben der unternehmerischen Tätigkeit auch die Größe und die Ressourcenstruktur einzubeziehen. Naturgemäß bleibt die Bewertung dennoch unscharf, da die verschiedenen Multiplikatoren zu unterschiedlichen Unternehmenswerten führen.

9.6.5 Venture Capital Methode

Die Venture Capital Methode erfolgt aus der Perspektive eines Venture Capital Finanzierers. Der Unternehmenswert ergibt sich in einem mehrstufigen Verfahren. Zunächst wird der Ziel-Unternehmenswert durch eine marktorientierte Bewertung zum Zeitpunkt des

[27] Für die Bewertung anhand von Multiples lassen sich auch die Übersichten z. B. von Duff & Phelps nutzen. Vgl. Duff & Phelps (2019); https://www.duffandphelps.com/multiples.

geplanten Verkaufs nach einer Halteperiode durch den Venture Capital Partner ermittelt. Dafür ist eine Halteperiode anzunehmen (z. B. 5 Jahre), nach der das Mutterunternehmen den „Exit" beabsichtigt. Zusätzlich sind der zu diesem Zeitpunkt gültige Multiplikator sowie der dann erwartete Planwert (als Basis für den Multiplikator), z. B. der Umsatz des zu bewertenden Unternehmens zu ermitteln. Es wird unterstellt, dass während der Halteperiode keine Ausschüttungen des Unternehmens und auch keine Nachschüsse durch die Beteiligungsgesellschaft erfolgen.

Im zweiten Schritt wird der Ziel-Unternehmenswert auf den heutigen Zeitpunkt abgezinst. Der Diskontierungssatz ist durch die erwartete jährliche Rendite der Beteiligungsgesellschaft geprägt. Der Barwert entspricht dem heutigen Unternehmenswert inklusive der Investition des Venture Capital Finanzierers. Erwartungsgemäß variieren die durch Venture Capital und Private Equity erwirtschafteten Renditen (Internal Rate of Return, IRR) bzw. das Verhältnis der realisierten und unrealisierten Rückflüsse zum investierten Kapital (Total Value to Paid-in, TVPI). So variierte der IRR zwischen 1989 und 2013 zwischen rd. 2 % und rd. 41 %, der TVPI im gleichen Zeitraum zwischen rd. 1.0 und rd. 3.0.[28]

Im dritten und letzten Schritt ergibt sich aus dem ermittelten aktuellen Unternehmenswert und dem beabsichtigten Investitionsvolumen der erwartete Anteil am Eigenkapital des Unternehmens.

Eine Weiterentwicklung der Venture Capital Methode ist die First Chicago Methode. Bei dieser werden unterschiedliche Szenarien für die Marktbewertung anhand des Multiplikators unterstellt. Daraus ergibt sich ein durchschnittlich erwarteter Planwert als Grundlage für die Unternehmensbewertung.[29]

Beide Methoden finden in der Praxis häufig Anwendung, jedenfalls für die schnelle Abschätzung des Unternehmenswerts von jungen Unternehmen.

9.7 Verhandlung

Bei einer Verhandlung treffen zwei Parteien aufeinander, die jeweils ihre Ziele erreichen wollen. Bei Börsentransaktionen lassen sich Gebote entweder mit oder ohne ein preisliches Limit abgeben. Die Transaktion wird meist relativ schnell abgeschlossen, wenn kein Preislimit geboten wird. Wird ein Preislimit geboten, hängt der Erfolg von der Höhe und den auf der Gegenseite vorliegenden Geboten ab. Der Unterschied einer Börsentransaktion zu einer Verhandlungssituation liegt vor allem in der bei der Börse typischen und bei Verhandlungen meist fehlenden Standardisierung der Produkte. Bei einer Verhandlung sind häufig weder der Preis, noch weitere Konditionen wie die Menge oder Qualitäten der Leistungen festgelegt. Auch erfolgen Börsentransaktionen meist stark IT-unterstützt, während Verhandlungen meist persönlich geführt werden. Entsprechend ist die Verhandlungssituation deutlich komplexer als Börsentransaktionen. Andererseits gibt es auch Parallelen.

[28] Vgl. EVCA (2014), S. 14.

[29] Vgl. Scherlis und Sahlman (1989), S. 48–60.

Es liegt in beiden Fällen eine Bereitschaft zum Verhandeln für den Abschluss von Transaktion bzw. Verhandlung vor. Auch zielen die Verhandlungspartner wie auch die Börsenteilnehmer auf eine möglichst hohe Übereinstimmung des Ergebnisses mit den sich vorher vorgenommenen Zielen. Liegt nur das Ziel eines schnellen Abschlusses vor, können bei Verhandlungen (wie bei unlimitierten Börsen-Geboten) die Bedingungen der Gegenpartei angenommen werden. Andererseits kann sich die Verhandlung auch über viele Termine erstrecken, um das möglichst beste Ergebnis zu erzielen. Fühlt sich der Verhandlungspartner durch eine harte Verhandlung bedrängt oder ausgenutzt, droht die Verhandlung zu scheitern – Entsprechend dem Motto, die Verhandlung nicht um jeden Preis zum Abschluss zu bringen. Dies droht auch aus dem Beharren der Parteien auf ihren Positionen. Die Verteidigung der Positionen führt entweder zum Überzeugen der Gegenpartei oder sie gefährdet eine einvernehmliche Einigung. Zu empfehlen ist stattdessen ein interessenbezogenes Verhandeln, bei dem die persönlichen sachlichen Interessen vertreten, aber dabei die Beziehung zum Gegenüber nicht gefährdet wird.[30] Das Ziel einer erfolgreichen Verhandlung liegt in der Erreichung einer für alle Seiten akzeptablen Übereinkunft. Dafür bedarf es der Erarbeitung von Entscheidungsalternativen und einer Kompromissbereitschaft.[31]

Es lassen sich bei M&A Projekten zwei Arten von Verhandlungen unterscheiden: distributive und integrative Verhandlungen.[32]

- **Distributive Verhandlungen**. Bei solchen Verhandlungen wird in der Regel nur über den Wert des Transaktionsobjekts verhandelt. Da der Kaufgegenstand relativ klar definiert ist, geht es vor allem um die Bewertung der Qualität, Vergleiche mit ähnlichen Transaktionen oder um das Verhandlungsgeschick für einen für die jeweilige Partei günstigen Preis. Der Vorteil der einen Partei ist entsprechend zugleich ein Nachteil für die andere Partei bzw. die anderen Parteien. Die Verhandlungen verlaufen meist mit wenig Rücksicht für die Belange der anderen Verhandlungspartei. Die distributive Verhandlung ist die Regel bei Akquisitionsverhandlungen.
- **Integrative Verhandlungen**. Bei diesen Verhandlungen streben die Parteien einen Vorteil für beide Parteien an. Entsprechend sind die Parteien auf die Erzielung akzeptabler Lösungsalternativen bedacht. Die integrative Verhandlung ist die Regel bei Fusionsverhandlungen.

Letztlich ergibt sich der Preis für ein Unternehmen aus dem Ergebnis der Verhandlungen zwischen dem subjektiven maximalen Grenzpreis aus Käufersicht und dem subjektiven minimalen Grenzpreis aus Verkäufersicht (Abb. 9.10). Nur wenn der Preis in diesem Bereich liegt, kann eine Einigung zustande kommen. Beide Preisvorstellungen sind dabei von einem wie auch immer ermittelten stand-alone Wert des Unternehmens geprägt und

[30] Vgl. Fisher et al. (2002), S. 76–125.

[31] Vgl. Fisher et al. (2002).

[32] Vgl. Lewicki (2000), S. 83–87.

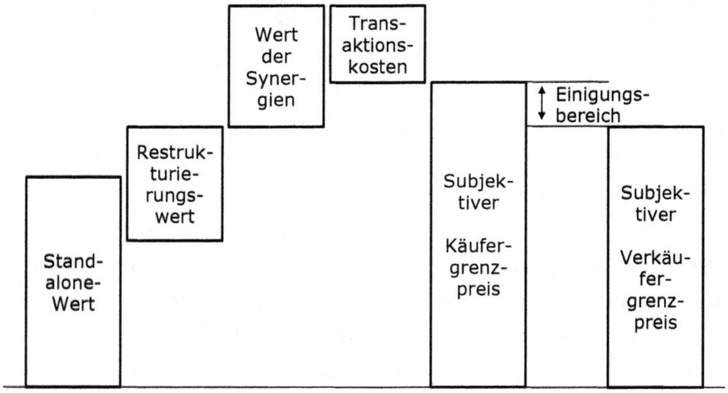

Abb. 9.10 Preisbildung bei M&A-Transaktionen. (Quelle: Eigene Darstellung in Anlehnung an Lucks und Meckl 2015, S. 191)

berücksichtigen darüber hinaus unterschiedliche Annahmen über die Höhe der möglichen Synergien (und Wertsteigerungsmöglichkeiten) nach der Akquisition sowie den für die Transaktion und die Realisierung der Synergien notwendigen Kosten. Der Grenzpreis des Käufers wird in der Regel unter der Summe des stand-alone Wertes zuzüglich der erwarteten Synergien abzüglich der Umsetzungskosten liegen.

Der vom Käufer tolerierbare Preis ist dabei auch von der finanziellen Kapazität der neuen Beteiligung geprägt, den Kaufpreis zurückzuzahlen. Eine Variante dafür ist die Dividenden-Refinanzierung des Beteiligungserwerbs. Dabei werden die Finanzierungskosten auf der Ebene des Mutterunternehmens durch die ausgeschütteten Gewinne der neuen Beteiligung getragen. Alternativ kann die Modellierung der Planungsrechnung der neuen Beteiligung auch Teile der Kaufpreisfinanzierung umfassen. Dieser Weg, der auch als Debt-Push-Down bezeichnet wird, ist aus Transaktionen von Private Equity Unternehmen bekannt. Der fremdfinanzierte Teil des Kaufpreises wird dem Zielunternehmen nach der Akquisition als Fremdkapital übertragen. Entsprechend muss die neue Beteiligung, um einen Gewinn zu erwirtschaften, auch die zusätzlichen Fremdkapitalzinsen durch das operative Geschäft tragen. Das zusätzliche Fremdkapital wirkt dabei disziplinierend. Ein hoher Verschuldungsgrad motiviert die Führungskräfte, nur sehr rentable Investitionen durchzuführen und dadurch zur Maximierung des Unternehmenswertes beizutragen.

Neben dem Preis sind die Verhandlungen auch durch weitere unterschiedliche Positionen zwischen Käufer und Verkäufer geprägt. Nachfolgend sind typische Herausforderungen von Verhandlungen aufgeführt.

- Fehlendes persönliches Vertrauen
- Emotionalität während der Verhandlungen
- Unterschiedliche Erwartungen an den Verhandlungsprozess
- Zurückhaltung von Informationen über das Kaufobjekt
- Unterschiedliche Erwartungen über die Transaktionsstruktur

- Unterschiedliche Vorstellungen über Preis, Zahlungsfristen, Garantien und andere Konditionen
- Divergenzen bezüglich der künftigen Führung der Beteiligung
- Unterschiedliche Erwartungen an die Integration bzw. Desintegration des Transaktionsobjekts
- Differenzen bei den Formulierungen des Anteilskaufvertrags

Für einen strukturierten Verhandlungsverlauf bedarf es zunächst der Definition der Ziele jeder Verhandlungspartei. Auch wenn diese zunächst nur der jeweiligen Partei bekannt sind, erleichtert die Zieldefinition die Verhandlungsführung und ermöglicht in der Folge der Verhandlung eine Bewertung der Einigungsvorschläge. Eine wichtige nächste Frage ist die Wahl der Verhandlungsstrategie. Diese legt den Rahmen für die durch die Verhandlungspartner gewählte Prozessgestaltung.

- **Competition**. Hier steht das Interesse im Vordergrund, die eigenen Ziele zu erreichen. Währenddessen stehen die Ziele der anderen Partei sowie die Aufrechterhaltung einer die Verhandlung überdauernden Beziehung zu der anderen Partei im Hintergrund. Entsprechend wird hart verhandelt, die Argumente werden selbstbewußt vorgetragen, es wird versucht einen möglichst hohen Gewinn zu Lasten der anderen Partei zu erzielen (Win-Lose-Situation).
- **Collaboration**. Neben den eigenen Zielen steht auch das Aufrechterhalten der Beziehung zu der anderen Partei im Fokus. Entsprechend soll das Verhandlungsergebnis für beide Parteien vertretbar sein und einen möglichst hohen Nutzen stiften (Win-Win-Situation).
- **Accommodation**. Hier steht das Aufrechterhalten der Beziehung zu der anderen Partei auch über die Verhandlung hinaus im Vordergrund. Entsprechend wird vorsichtig verhandelt, ohne dass damit die Beziehung gefährdet wird. Im Ergebnis kann dies zu einer Bevorzugung der Ziele der Gegenpartei führen (Lose-Win- Situation).
- **Avoidance**. In diesem Fall begegnen sich die Verhandlungspartner beidseitig mit Zurückhaltung. Weder die eigenen Ziele, noch die Aufrechterhaltung der Beziehung über die Verhandlung hinaus, sind im Fokus. Entsprechend kommt keine Verhandlung zustande und eine Einigung wird vermieden. Im Ergebnis ist ein geringer Nutzen zu erwarten (Lose-Lose-Situation).

Während einer Verhandlung wird meist die Verhandlungsstrategie variiert oder verschiedene Personen im Verhandlungsteam derselben Partei verfolgen (abgestimmt oder nicht) unterschiedliche Verhandlungsstrategien. Häufig wird dabei die Good guy/Bad guy Strategie verfolgt. Dabei verfolgt eine Person eine Collaboration oder Accomodation Strategie, während die andere eine Competition Strategie verfolgt. Ein anderer Gruppenauftritt liegt in der Fast guy/Slow guy Strategie. Dabei verfolgt eine Person die Strategie der Competition bzw. Collaboration und die andere die Avoidance Strategie. Mit der Kopplung verschiedener Strategien wird eine bessere Passung des Verhandlungsteams zu dem anderen Verhandlungsteam oder eine abgestimmte Erreichung der Verhandungsziele angestrebt. Das Ergebnis der Verhandlungen hängt neben der Verhandlungsstrategie vor allem von den verwendeten Argumenten sowie den Stärken und Schwächen der Parteien bei der Interaktion ab.

Es wird deutlich, dass eine Verhandlung im besten Fall beidseitig mit einer kollaborativen Verhandlungsstrategie geführt wird. Um diesen Ansatz zu vertiefen, lässt sich das Harvard Negotiation Concept nutzen. Als Zielsetzung wird für jede Verhandlung angestrebt, dass die Interessen beider Parteien zu einem Gutteil erfüllt werden sollen und die Beziehung der Verhandlungspartner auch nach der Verhandlung noch in einer guten Art und Weise bestehen bleibt. Die Harvard Negotiation Methode basiert auf vier Grundregeln für eine erfolgreiche Verhandlung:[33]

- **Menschen und Probleme getrennt voneinander behandeln**. Eine Verhandlungssituation ist durch das Zusammentreffen von verschiedenen Menschen geprägt. Diese haben verschiedene Wertvorstellungen, Beziehungen zu anderen Personen (mit/ohne Bezug zu der Verhandlung) und Emotionen. Menschen mit positiven Verhaltensweisen wie Respekt, Freundlichkeit und Verbundenheit helfen bei der Lösungsfindung, während Menschen mit negativen Verhaltensweisen wie Dominanz, Distanziertheit, Frustration und Wut die Verhandlungen eher erschweren. Durch die Dauer und Dynamik von Verhandlungen können die Verhaltensweisen sowie die sich daraus ergebenden positiven und negativen Reaktionen die gesamte Verhandlung dominieren – positiv oder negativ. Deshalb sollten persönliche Beziehungen in einer Verhandlung so gut wie möglich von den inhaltlichen Verhandlungsthemen getrennt werden. Das heißt nicht, dass versucht werden sollte, die persönlichen Themen auszublenden. Stattdessen ist es wichtig, die eigenen wie auch die Emotionen der anderen zu erkennen, zu verstehen, zu würdigen und im Falle von negativen Auswirkungen auch als Grund für das Verhaken in der Verhandlung zu benennen. Lassen sich die Gründe für Ärger oder Angst benennen, wird es deutlich einfacher, damit umzugehen und dies vor allem auch zum Verhandlungspartner zu transportieren. Nehmen die Emotionen überhand, sollte die andere Partei klugerweise darauf nicht reagieren und die Situation deeskalieren.
- Um eine vertretbare inhaltliche Übereinkunft zu erzielen, sollte sich ein Verhandlungspartner auch in die Interessen des anderen Partners hineinversetzen. Mit dem besseren Verstehen der anderen Meinung kann ein vertretbarer Interessensausgleich leichter gelingen. Das Eindenken und das Diskutieren über die Interessen hilft auch ein Risiko zu vermeiden, nämlich das Vermuten, dass die Interessen des Verhandlungspartners immer den eigenen Befürchtungen entsprechen. Oft sind die Interessen gar nicht so weit auseinander, wie zu befürchten wäre. Das Offenlegen und Akzeptieren der eigenen und der Vorstellungen der anderen Parteien sind für ein vertretbares Verhandlungsergebnis unumgänglich. Da die Kommunikation der Interessen meist nicht direkt und nachvollziebar erfolgt, sondern die Verhandlungspartner oft aneinander vorbeireden, versuchen,

[33] Vgl. Fisher und Ury (1981).

sich in Szene zu setzen oder zu beeindrucken, bedarf es einer wichtigen Kompetenz: dem aktiven Zuhören. Nur durch das aufmerksame Zuhören, Hinterfragen und Wiederholen lässt sich auf die Interessen eingehen und darauf aufbauend können die eigenen Bedenken und Vorschläge eingebracht werden.

- **Auf Interessen konzentrieren, nicht auf Positionen**. Die Interessen sind der Antrieb, die Motivation für die Positionen, die die Parteien einnehmen. Während eine interessengeleitete Verhandlung leichter zu einer Lösung führen kann, sind positionsbasierte Verhandlungen häufig schwierig und wenig erfolgreich. Das Beharren auf Positionen verstärkt die emotionalen Elemente einer Verhandlung. Der jeweilige Verhandlungspartner identifiziert sich mit seiner Position und versteht entsprechend einen „Angriff" auf die Position als einen Angriff auf seine Person. Dies kann zu Schuldvorwürfen und zu einem Teufelskreis führen. Für eine effiziente Übereinkunft sollten stets die Interessen der Verhandlungspartner im Vordergrund stehen. Entsprechend ergibt sich, dass das Herausfinden der gegenseitigen Interessen einen wichtigen Stellenwert einnimmt. Bei den von den Parteien dargebrachten Positionen sollten die Verhandlungspartner also nach dem „Warum" fragen und damit evtl. Wünsche, Interessen oder Ängste des Verhandlungspartners ergründen. Interessen können auch mit der Frage: „Warum nicht?" identifiziert werden. Durch diese Frage ergeben sich alternative Lösungswege und welche Interessen des Verhandlungspartners dabei betroffen sind. Für eine Verhandlungssituation liegen immer verschiedene Interessen der einzelnen Parteien (und bei mehreren Personen im Verhandlungsteam auch der Personen eines Verhandlungsteams) vor. Gleichwohl stehen oft hinter den detaillierten Interessen eine Reihe von Grundbedürfnissen, die in jedem Fall bei der Verhandlung berücksichtigt werden sollten. Dazu zählen Sicherheit, wirtschaftliches Auskommen, Zugehörigkeitsgefühl, Anerkennung und Selbstbestimmung. Jedenfalls sollten die Interessen der Verhandlungspartner deutlich gemacht und als Teil der Lösung berücksichtigt werden. Dabei kann die Verhandlungsstrategie für die Durchsetzung der eigenen Interessen variieren (siehe oben). Das Verfolgen einer Collaboration Strategie kann dabei gleichwohl mit einem harten Verhandlungsweg verbunden sein, solange dabei nicht die Beziehung zu dem Verhandlungspartner beschädigt wird. Stattdessen sollte eine Verhaltensregel angewendet werden, die auf dem psychologischen Konzept der kognitiven Dissonanz beruht: Die Härte, mit der eine Sache verhandelt wird, und die persönliche Hilfe, d. h. Zuvorkommen, Zuhören und Wertschätzung gegenüber dem Verhandlungspartner, sollten ausgewogen sein. So kann eine Widersprüchlichkeit entstehen, die ein Mensch aufgrund der kognitiven Dissonanz auszugleichen versucht. Auf dieser Basis wird eine Lösung des Problems aktiv angestrebt und damit die Bereitschaft für die Berücksichtigung der Interessen des Partners gestärkt. So ergänzen sich die Verbesserung der Beziehungen zur Gegenseite und die harte Verhandlung in den Interessengebieten im Sinne eines einvernehmlichen Verhandlungsergebnisses.
- **Entwickeln von Entscheidungsoptionen zum beiderseitigen Vorteil**. Der Lösungsraum bei einer Verhandlung wird häufig eng zwischen den Interessen der Parteien als Ergebnis etwa in der Mitte auf einer Skala gesucht. Demgegenüber wäre mit mehr

Kreativität häufig ein für beide Seiten deutlich besseres Ergebnis erzielbar. Die Gründe für die eingeschränkte Suche nach weiteren Entscheidungsoptionen sind folgende:

- **Gehemmte Kreatitivität.** Oft wird die Kreativität durch Zeitdruck, Ergebnisfokussierung und Stress gemindert. Schließlich gehen mit neuen Ideen auch Risiken einher, die möglicherweise die Berücksichtigung der eigenen Interessen in der Verhandlung verschlechtern.
- **Vorfestlegungen.** Zudem starten viele Verhandelnde bereits mit einer relativ genauen Vorstellung über den möglichen Einigungsraum in die Verhandlung. Entsprechend sinkt die Bereitschaft für die Befassung mit alternativen Lösungen und beschränkt sich auf die Verhandlung in dem möglichen Einigungsraum.
- **Beschränkte Objektivität.** Meist gehen die Verhandelnden auch von einem sehr engen in Summe zur Verfügung stehenden Lösungsraum aus. Neben den eigenen Interessen und denen des Verhandlungspartners werden weitere mögliche Interessen und damit Vorteile für beide Verhandlungsparteien ausgeblendet. Entsprechend wird auch keine Energie in eine erweiterte Lösungssuche investiert.
- **Kirchturmdenken.** Ein weiterer Grund ist die häufig fehlende Befassung mit anderen Interessen neben den eigenen. Durch die Konzentration auf die eigene Situation und deren mögliche Verbesserung werden nicht die Interessen des Verhandlungspartners oder darüber hinaus liegende Möglichkeiten wahrgenommen. Durch das Ausblenden anderer Interessen reduziert sich die Wahrscheinlichkeit für einen Verhandlungserfolg.

• Für die Schaffung eines breiteren Lösungsraums bietet sich die **Nutzung von Kreativitätstechniken**, wie z. B. dem Brainstorming, vor der Verhandlung an. Dabei hilft auch der Einbezug von weiteren (internen und/oder externen) Personen, die ggf. gar nicht in die Verhandlung selbst einbezogen sein werden. Damit kann der Lösungsraum auch für die Verbesserung der eigenen Interessen verbessert werden. Zudem lassen sich auf diesem Wege auch neue Interessen identifizieren, die bislang im Verborgenen waren. Das Durchdenken ohne den Verhandlungspartner bietet die Möglichkeit einer freien Diskussion. Nach einer offenen Sammlung von neuen Lösungsvarianten erfolgt als nächster Schritt die Beurteilung derselben. Als Alternative (oder zusätzlich) kann auch eine kreative Suche nach Lösungsvarianten während der Verhandlungsphase sinnvoll sein. Eine weitere Variante ist die Möglichkeit die im Entwurf erarbeitete Lösung in Teillösungen aufzuteilen. Wird eine Lösung nur partiell oder nur für eine bestimmte Dauer erreicht, bietet dies die Chance nochmals über die vorliegenden Interessen zu diskutieren und weitere Lösungsvarianten zu überlegen.

• **Auf der Anwendung neutraler Beurteilungskriterien bestehen.** Um die Beurteilung von Vorschlägen für eine Einigung in der Verhandlung zu bewerten, hilft die Nutzung von möglichst objektiven Kriterien. Die Kriterien sollten dabei üblich und fair statt subjektiv und durch die Interessen geleitet sein. Ebenso sollte jeder Verhandelnde nicht nur eine Lösungsvariante verfolgen, sondern eine oder mehrere bestmögliche

Alternativen (Best Alternative to a Negotiated Agreement, kurz: BATNA) erarbeiten, die die eigenen Interessen noch ausreichend erfüllen. Eine frühzeitige Benennung einer bestmöglichen Alternative ermöglicht für die Entwicklung der Verhandlung je nach Situation ein schnelles Reagieren und einen Verhandlungsvorteil durch die Schaffung von Handlungsmöglichkeiten. Bei der Suche nach einer oder mehrerer BATNA helfen Fragen wie z. B.:

- Was passiert, wenn keine Übereinstimmung in der Verhandlung zustande kommt?
- Welche meiner Ideen kann ich in eine möglichst gute Alternative umwandeln?
- Welche ist aus diesen entwickelten Optionen die beste?

Beharrt der Verhandlungspartner trotz aller Versuche auf seinen Positionen und droht die Verhandlung zu scheitern, kann mithilfe des Verhandlungsjudos der Prozess wieder versachlicht werden.[34] Wie beim Judo wird versucht, nicht zu kämpfen, sondern die Energie des Gegners ins Leere laufen zu lassen. Statt einer Gegenoffensive sollte eine defensive Haltung eingenommen werden. Bei einer Offensive des Verhandlungspartners lassen sich folgende Gegenmaßnahmen nutzen:

- **Der Blick hinter die Position der Gegenseite**. Die Position des Verhandlungspartners wird als eine mögliche Lösung gesehen, um die zugrunde liegenden Interessen zu anlysieren und mit den eigenen abzugleichen.
- **Kritik und Ratschlag zu den eigenen Wünschen**. Statt die eigenen Interessen gegenüber dem Verhandlungspartner zu wiederholen und damit ein kritisches Verhalten des Verhandlungspartners auszulösen, sollte der Partner eingeladen werden, bei der Suche nach Verbesserungen zu den eigenen Lösungsvorschlägen zu helfen. Die konstruktive Kritik kann zu neuen Varianten für eine gemeinsame Übereinkunft beitragen.
- **Umwandlung persönlicher Angriffe in sachliche Auseinandersetzungen**. Auch wenn es schwer fällt, sollte auf persönliche Angriffe nicht symmetrisch reagiert werden. Stattdessen sollten solche Angriffe möglichst ignoriert und das dahinter liegende (möglicherweise positive) Interesse des Verhandlungspartners angesprochen werden, um so wieder auf eine normale Diskussionsebene zurückzufinden.
- **Fragen stellen und die Nutzung der Kraft des Schweigens**. In einer zugespitzten Verhandlungssituation kann der Versuch für einen sachlichen Austausch misslingen. Dann hilft das Stellen von Fragen. Dadurch kann der Verhandlungspartner seine Energie in die Beantwortung lenken und möglicherweise neue Sichtweisen in seine Überlegungen einbeziehen. Eine weitere Möglichkeit liegt im Einnehmen einer passiven Rolle, dem Schweigen. Diese Passivität zeigt das drohende Scheitern der Verhandlungen, verunsichert den Gegner und kann zu einem neuen Anlauf für eine sachliche Verhandlung führen.

[34] Vgl. Fisher et al. (2002), S. 160–189.

9.8 Post Merger Integration

Ein Integrationsprojekt erfordert eine besondere Vorgehensweise, da die Beschäftigten neben dem Projekt den laufenden Geschäftsbetrieb aufrecht erhalten müssen. Meist sind in derart wichtige Projekte auch Personen eingebunden, die als Leistungsträger neben dem Tagesgeschäft auch andere wichtige Aufgaben anvertraut bekommen. Gemäß DIN 69901-5:2009-01 versteht man unter einem Projekt ein „... Vorhaben, das im Wesentlichen durch Einmaligkeit der Bedingungen in ihrer Gesamtheit gekennzeichnet ist, z. B. Zielvorgabe, zeitliche, finanzielle, personelle oder andere Bedingungen, Abgrenzungen gegenüber anderen Vorhaben und projektspezifischen Organisationen".[35] Die spezifische Ausgestaltung des Integrationsprojekts bleibt dabei den Beteiligten durch Definition der Projektziele und der Teilprojekte überlassen. Jedenfalls sollten die Integrationsziele erreicht werden, unter Beachtung eines (grob) definierten Kostenbudgets und einer (grob) definierten Zeitplanung für die Projektbearbeitung.

Für die Integration lässt sich grundsätzlich ein eher zentraler oder ein eher dezentraler Ansatz wählen. Um die Nachteile einer einseitigen Dominanz zu vermeiden, wird in der Praxis meist ein kombinierter Ansatz genutzt.[36] Der Integrationsplan sollte eine Reihe von Anforderungen erfüllen:

- Unterteilung des Integrationsprojekts in verschiedene Teilprojekte
- Auswahl von vertrauenswürdigen und erfahrenen Projektleitern
- Benennung von Teammitgliedern (der neuen Beteiligung, des Mutterunternehmens sowie von bestehenden Beteiligungen)
- Klare Benennung der wesentlichen Ziele der Integration (und der Teilprojekte), insb. auch der Erwartungen an die zu realisierenden Synergien
- Planung der Umsetzungskosten
- Entwicklung eines realistischen Projektzeitplans (mit Meilensteinen)
- Aufzeigen von kurzfristigen Erfolgen zu Beginn der Integrationsphase
- Klare Kommunikation der Notwendigkeit der Integrationsmaßnahmen an die Belegschaft, den Betriebsrat und die Gewerkschaften (unter enger Einbindung des ggf. vorhandenen Arbeitsdirektors[37])

[35] DIN 69901-5:2009-01 (2009), S. 11.

[36] Vergleichbar wird bei der Unternehmensplanung das Gegenstromverfahren statt einer ausschließlichen top-down oder bottom-up Planung empfohlen. Dabei wird mit groben top-down-Vorgaben gestartet, die dann durch die Beteiligungen validiert, angepasst und konkretisiert werden. Durch Gespräche soll ein abgestimmter Plan erzielt werden. Gelingt dies nicht, wird das Gegenstromverfahren wiederholt.

[37] Bei paritätisch mitbestimmten Unternehmen wird nach § 33 Mitbestimmungsgesetz ein Mitglied des Vorstands bzw. der Geschäftsführung als Arbeitsdirektor bestellt. Dieser kümmert sich (neben anderen ihm zugeordneten Ressorts) um Personal- und Sozialangelegenheiten und wird häufig auf Vorschlag der Arbeitnehmervertreter des Aufsichtsrats gewählt.

- Proaktive Abstimmung mit der betrieblichen Mitbestimmung
- Ggf. Prüfung der Notwendigkeit und der Möglichkeit eines Sanierungstarifvertrags, eines Haustarifvertrags bzw. eines Sozialplans
- Ggf. Beachtung der rechtlichen Vorgaben für (betriebsbedingte) Kündigungen und den Regelungen zum Betriebsübergang gemäß § 613a BGB – unter Einbindung von arbeitsrechtlich versierten internen oder externen Juristen

Ein Integrationsprojekt umfasst gemäß DIN 69901 grundsätzlich fünf Phasen: Initiierung, Definition, Planung, Umsetzung und Steuerung der Umsetzung sowie Abschluss. Für das Projekt werden zu Beginn verschiedene Rollen definiert und besetzt (vgl. Abb. 9.11).

- Die **Initialisierungsphase** bildet den Ausgangspunkt für ein Projekt. In dieser Phase wird die entwickelte Projektidee konkretisiert. Dabei steht eine eingehende Analyse und die Bewertung der Erkenntnisse vor der Entwicklung einer ersten Zielvision. Zudem werden die organisatorischen Zuständigkeiten geklärt. Sind Inhalte und Struktur umrissen, wird die Freigabe des Projekts bei den entscheidungsbefugten Stellen beantragt.
- Die **Definitionsphase** dient zur detaillierten Ausgestaltung des Projektinhalts. Dabei werden unter anderem das Projekt-(Kern-)Team benannt, wesentliche Richtlinien und Maßnahmen zum Umgang mit Risiken und Verträgen definiert sowie das Projektumfeld, die verschiedenen Stakeholder, analysiert. Darüber hinaus werden die Projektziele erarbeitet und in messbare Größen detailliert. Die Hauptaufgabe liegt in der Beschreibung der im Projekt zu bearbeitenden Arbeitspakete sowie von zugehörigen (zeitlichen) Meilensteinen. Schließlich wird ein grobes Budget für das Projekt geplant. Die Phase endet mit der Genehmigung der Projektfortführung durch den Lenkungskreis.
- Die **Planungsphase** umfasst die detaillierte Festlegung der Arbeitspakete, die Zuordnung von Terminen und einer relativ genauen Ressourcenplanung. Damit können das Projektbudget und die Projektrisiken geplant werden sowie eine Qualitätssicherung

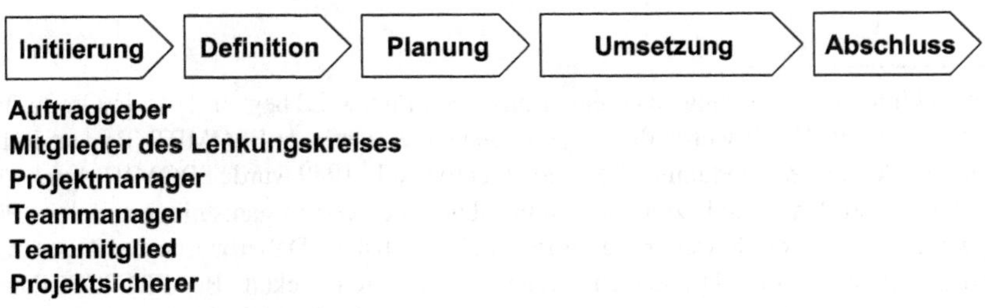

Abb. 9.11 Phasen und Rollen bei einem Integrationsprojekt

festgelegt werden. Schließlich wird der Projektplan dem Lenkungskreis zur Genehmigung vorgelegt.
- Die **Steuerungs- und Umsetzungsphase** beinhaltet die Durchführung der Projektarbeiten sowie der begleitenden Koordinations- und Steuerungsmaßnahmen. Ausgehend vom Projekt Kick-Off beginnt die Arbeit im Projektteam. Damit einher gehen auch die Teamentwicklung und die Weiterentwicklung und Ausprägung der nachfolgend genannten Kompetenzen. Parallel dazu laufen die Steuerung von Terminen, Arbeitspaketen, Änderungsanträgen sowie der Risiken. Dies umfasst einen regelmäßigen Soll-Ist-Abgleich der Planungsdaten mit den aktuell erzielten Werten. Sollte es aufgrund interner oder auch externer Einflüsse Änderungsbedarf am Projekt bzw. den Projektzielen geben, findet ein Rücksprung auf die bereits durchgeführten Definitions- und Planungsphasen statt. Aufgrund des interdisziplinären Querschnittcharakters des Projekts kann es zu organisatorischen Veränderungen und auch zu Neufestlegungen von Aufgabenbereichen im Unternehmen führen. Zum Abschluss wird das Projektergebnis aufbereitet und zur Abnahme an den Lenkungskreis weitergeleitet.
- Schließlich folgt die **Abschlussphase**, mit der das erlangte Wissen gesichert wird. Damit sollen wesentliche Erkenntnisse für mögliche Folgeprojekte berücksichtigt werden. Abschließend erfolgt die Auflösung der Projektorganisation.

Für die Bearbeitung der verschiedenen Phasen bietet es sich an, eine Reihe von Good Practices zu beachten. Eine Quelle dafür ist der auf der Rückschau zahlreicher Projekte basierende Projektmanagementansatz PRINCE2.[38] Dieser kommt zu folgenden Empfehlungen.[39]

- **Fortlaufende geschäftliche Rechtfertigung**. Ein Projekt muss eng mit den zugrunde liegenden geschäftlichen Zielen und dem angestrebten Nutzen verbunden bleiben. Dies umfasst die Einhaltung der zugrunde liegenden Zielplanung und des Abwendens der erkannten wesentlichen Risiken.
- **Lernen aus Erfahrungen**. Die Erfahrungswerte aus durchgeführten Projekten (oder gerade abgeschlossenen Projektschritten) werden in nachfolgenden Projekten und Projektschritten berücksichtigt, sofern sie eine bessere Durchführung ermöglichen.

---

[38] Die Entwicklung des Projektmanagementansatzes von PRINCE2 begann 1975 in Großbritannien. Als Vorgänger von PRINCE wurde die Projektmanagementmethode PROMPT (Project Reporting, Organization & Management Planning Technique) entwickelt. 1989 wurde PROMPT durch PRINCE wesentlich erweitert. Unter Einbeziehung von Feedback mehrerer Organisationen, welche PRINCE nutzten, wurde ab 1996 die Erweiterung zu PRINCE2 realisiert. Dabei wurde der Ansatz zu einer allgemein anwendbaren Projektmanagementmethode weiterentwickelt. Bei PRINCE2 handelt es sich um die derzeit weltweit am weitesten verbreitete Methode. Vgl. AXELOS (2018); Walter (2017).

[39] Vgl. AXELOS (2018), S. 11 ff.

- **Definierte Rollen und Verantwortlichkeiten**. Durch klar vereinbarte Rollen und Verantwortlichkeiten wird ein gemeinsames Verständnis ermöglicht.
- **Steuern über Managementphasen**. Durch klar abgegrenzte Phasen wird eine gute Projektsteuerung ermöglicht.
- **Steuern nach dem Ausnahmeprinzip**. Innerhalb gewisser Bandbreiten soll das Projektteam eigenständig das Projekt (bezüglich Zeit, Kosten, Qualität und Risiko) voranbringen. Bei Abweichungen über den Tolerenzen entscheidet ein Lenkungskreis.
- **Ergebnisorientierung**. Im Zentrum aller Handlungen in einem Projekt stehen die zu erwartenden Ergebnisse. Berücksichtigt werden die Erwartungen aller relevanten Stakeholder.
- **Anpassen an die Projektumgebung**. Das Projekt soll sich an die organisatorische und kulturelle Projektumgebung anpassen.

Alternativ zu der Betrachtung des Integrationsprojekts als Projekt mit Teilprojekten lässt es sich auch als Programm im Sinne eines Multi-Projekt-Managements verstehen, dass neben den jeweiligen Projektteams und der jeweiligen Projektleitung zusätzlich ein Program Magement Office umfasst. Dieses soll die Zusammenarbeit der einzelnen Projekte, die Balance zwischen den Meilensteinen der Projekte und den Erfolg des gesamten Programms sichern. Das Programm-Verständnis bietet sich bei großen Integrationsaufgaben an.

Um die Motivation der Beteiligten für die Erreichung der Projektziele zu sichern, wird regelmäßig der erfolgreiche Projektabschluss (oder Teilprojektabschluss) als ein Element der Zielvereinbarungen mit den einbezogenen Teammitgliedern definiert. Die Zielvereinbarung mit dem Projektleiter umfassen zudem in der Regel Zeitrahmen, Ressourcen, Verantwortung, Kompetenzen und weitere Rahmenbedingungen. Mit Erreichung des Projektabschlusses (und ggf. konkreter weiterer Ziele) erhält das Teammitglied eine (anteilige) variable Vergütung. Für die Motivation und die Zielerreichung ist neben einem Anreizsystem vor allem aber die notwendige Kompetenz aller Mitstreiter in dem Projekt notwendig. Für das Projektmanagement besteht das Selbstverständnis, dass ein Projektmanager nur solche Projekte leitet, wenn die Komplexität und Folgen im Wesentlichen überschaut werden können. Entsprechend sollen Projektmitglieder oder Projektmanager nur Aufgaben übernehmen, die mit der bestehenden oder im Rahmen des Projekts erlernbaren Kompetenz erfolgreich bearbeitet werden können (vgl. dazu die Kompetenzübersicht im nachfolgenden Abschn. 9.9).

Zahlreiche Akquisitionen scheitern durch die fehlende Annäherung der Unternehmenskulturen von der neuen Beteiligung und der Kultur des Mutterunternehmens und den bereits bestehenden Beteiligungen. Dabei wird als Unternehmenskultur die Gesamtheit von Normen, Wertvorstellungen, Denkhaltungen, Ritualen, Symbolen und

Umgangsformen verstanden.[40] Sie zeigt sich einerseits in materiellen Themen wie den Prozessen, Regelungen, Richtlinien und Methoden, in den verwendeten Symbolen, dem Corporate Design, der Raumgestaltung oder im Erscheinungsbild der Beschäftigten sowie in der Art der internen und externen Unternehmenskommunikation. Andererseits zeigt sich die Unternehmenskultur auch in immateriellen Themen wie in den Werten und dem Verhalten von einzelnen Beschäftigten, Teams und Abteilungen. Ein Integrationsprojekt verläuft umso erfolgreicher, wenn es die Unternehmenskultur der neuen Beteiligung berücksichtigt und nicht die Unternehmenskultur des Mutterunternehmens „überstülpt". Zu Maßnahmen für die Weiterentwicklung bzw. Annäherung der Unternehmenskulturen vgl. Abschn. 7.1.6.

9.9 Kompetenzprofile für das Integrationsprojekt

Für die Entwicklung der für ein Integrationsprojekt notwendigen Kompetenzen bietet sich ein Blick in die Projektmanagementmethode der Deutschen Gesellschaft für Projektmanagement e. V. an. Diese Methode orientiert sich an der DIN Norm 69901 für Projektmanagement sowie den Empfehlungen der International Project Management Association. Das für das Projektmanagement hinterlegte Phasenmodell wird um dedizierte Tätigkeits- und Kompetenzbeschreibungen ergänzt. Die Kompetenzbereiche gliedern sich wie folgt:[41]

- **Kontext-Kompetenzen**. Die Kontextkompetenzen beziehen sich auf die Verbindung des Projekts mit der gesamten Organisation des Unternehmens bzw. des Konzerns (und darüber hinaus). Im Fokus stehen Methoden, Werkzeuge und Techniken für die Kommunikation und Zusammenarbeit der Projektmitglieder mit ihrem Umfeld. Wesentliche Schnittstellen bestehen zu den Wertschöpfungs-, Unterstützungs- und Führungsprozessen.[42]
- **Persönliche und soziale Kompetenzen**. Dazu gehören die Attribute, die ein Einzelner benötigt, um in einem Projektteam erfolgreich mitzuarbeiten oder ein Projekt zu leiten. Auf Basis von Selbstreflexion wird die Kompetenz weiterentwickelt, um im Idealfall die Aufgaben zur Zufriedenheit aller Stakeholder auszuführen. Ebenso werden die Beziehungen und persönlichen Interaktionen zwischen den Projektbeteiligten erfasst und in den Gesamtprozess eingeordnet.
- **Technische Kompetenzen**. Diese Kompetenzelemente beschreiben Methoden, Werkzeuge und Techniken für den Einsatz im Projektmanagement und in der Projektarbeit.

[40] Vgl. Schein (1985), S. 24 ff.

[41] Vgl. Wagner et al. (2016), S. 40 ff.; GPM (2017), S. 28.

[42] Vgl. Wagner et al. (2016), S. 30 und das Prozesshaus gemäß DIN 69901-2:2009-01.

Jedes Projekt wird durch formelle und explizite sowie durch informelle Motive und Interessen geprägt. Die Strategie (Kompetenz 1) gibt Ziele für das Projekt vor, während das Projekt einen Beitrag zu diesen Zielsetzungen leistet. Organisationale und externe Governance, Strukturen und Prozesse (Kompetenz 2) schaffen einen formellen Rahmen für ein Projekt. Diese Vorgaben können die Komplexität eines Projekts erhöhen. Abstimmungen mit zahlreichen verschiedenen Entscheidungsträgern in der Kernorganisation können ein Integrationsprojekt sogar „lähmen". Von Compliance, Standards und Regularien (Kompetenz 3) werden ebenfalls relevante Perspektiven und Vorgaben erwartet. Dazu gehören Gesetze, Bestimmungen oder „Good Practices", von denen das Vorgehen und die Wahrnehmung des Projekts abhängen. Der Umgang mit informeller Macht und Interessen (Kompetenz 4) der handelnden Akteure innerhalb einer Organisation kann ein Projekt wesentlich beflügeln oder das Gegenteil bewirken. Die informellen Machtstrukturen sind gerade bei einer neu zu integrierenden Beteiligung häufig unklar und die dahinter liegenden (informellen) Ziele ebenso. Dazu kommt der Umgang mit Kultur und Werten (Kompetenz 5), die auch informell geprägt sind.

Wichtige Grundlagen für eine erfolgreiche Projektarbeit sind persönliche Merkmale wie Selbstreflexion und Selbstmanagement (Kompetenz 6), Persönliche Integrität und Verlässlichkeit (Kompetenz 7) sowie Kommunikation mit anderen durch Persönliche Kommunikation (Kompetenz 8) und den Aufbau von Beziehungen im Bereich Beziehungen und Engagement (Kompetenz 9). Das Projekt- und das Teammanagement erfordern Führungskompetenzen (Kompetenz 10). Zu der Führungsfähigkeit gehören weitere Kompetenzen: Teamarbeit (Kompetenz 11), der Umgang mit Konflikten und Krisen (Kompetenz 12) und die Nutzung von Vielseitigkeit im Denken und für die Zusammensetzung des Projektteams (Kompetenz 13). Alle Projektmitglieder müssen in Verhandlungen Lösungen entwickeln, die für die meisten Akteure akzeptabel sind (Kompetenz 14). Ebenso wichtig ist die Ergebnisorientierung (Kompetenz 15) für die Priorisierung der Projektarbeit.

Technische Kompetenzen sind für jeden Projektmitwirkenden unerlässlich. Dies beginnt mit dem Projekt-, Programm- oder Portfoliodesign (Kompetenz 16), wodurch eine „grobe Skizze" des Projekts erarbeitet wird. In den weiteren technischen Kompetenzen wird diese Skizze detailliert und deren Umsetzung gesteuert. Dies umfasst die Kompetenzen Anforderungen, Nutzen und Ziele (Kompetenz 17), Leistungsumfang und Lieferobjekte (Kompetenz 18), Ablauf und Termine (Kompetenz 19), Organisation, Information und Dokumentation (Kompetenz 20), Qualität (Kompetenz 21), Kosten und Finanzierung (Kompetenz 22), (Personelle und andere) Ressourcen (Kompetenz 23), Beschaffung und Partnerschaft (Kompetenz 24), Planung und Steuerung (Kompetenz 25), Chancen und Risiken (Kompetenz 26), Stakeholder (Kompetenz 27) und schließlich Change und Transformation (Kompetenz 28).

Tab. 9.3 gibt eine Übersicht über die verschiedenen Kompetenzelemente und den zugehörigen Indikatoren.

Tab. 9.3 Tabelle: Kompetenzelemente und Indikatoren. (Quelle: In Anlehnung an GPM 2017, S. 30–163)

Kontext-Kompetenzen	
Strategie	• Das Projekt mit der Mission und der Vision der Organisation in Einklang bringen • Chancen identifizieren und ausschöpfen, die die Strategie der Organisation beeinflussen • Rechtfertigung für das Projekt entwickeln und sicherstellen, dass die betriebswirtschaftlichen und/oder organisationalen Gründe, die zum Projekt geführt haben, weiterhin bestehen • Kritische Erfolgsfaktoren bestimmen, beurteilen und überprüfen • Key Performance Indikatoren bestimmen, beurteilen und überprüfen
Governance, Strukturen und Prozesse	• Die Grundlagen des Projektmanagements und deren Einführung kennen • Die Grundlagen des Programmmanagements und deren Einführung kennen • Die Grundlagen des Portfoliomanagements und deren Einführung kennen • Das Projekt mit den Supportfunktionen in Einklang bringen • Das Projekt mit den Entscheidungs- und Berichterstattungsstrukturen sowie den Qualitätsanforderungen der Organisation in Einklang bringen • Das Projekt mit den Prozessen und Funktionen des Personalwesens in Einklang bringen • Das Projekt mit den Finanz- und Controlling-Prozessen in Einklang bringen
Compliance, Standards und Regularien	• Die für das Projekt gültigen Rechtsvorschriften identifizieren und einhalten • Alle für das Projekt relevanten Vorschriften für Sicherheit, Gesundheit und Umweltschutz identifizieren und einhalten • Alle für das Projekt relevanten Verhaltensregeln und Berufsvorschriften identifizieren und einhalten • Für das Projekt relevante Prinzipien und Ziele der Nachhaltigkeit identifizieren und einhalten • Für das Projekt relevante fachliche Standards und Tools beurteilen, nutzen und weiterentwickeln • Die Projektmanagementkompetenz der Organisation beurteilen, vergleichen und verbessern
Macht und Interessen	• Persönliche Ambitionen und Interessen Dritter und deren potenzielle Auswirkungen auf das Projekt beurteilen sowie diese Kenntnisse zum Nutzen des Projekts einsetzen • Informellen Einfluss von Einzelpersonen und Personengruppen und deren potenzielle Auswirkungen auf das Projekt beurteilen sowie diese Kenntnisse zum Nutzen des Projekts verwenden • Persönlichkeiten und Arbeitsstile Dritter beurteilen und zum Nutzen des Projekts einsetzen

(Fortsetzung)

Tab. 9.3 (Fortsetzung)

Kultur und Werte	• Kultur und Werte der Gesellschaft und deren Auswirkungen auf das Projekt beurteilen • Das Projekt mit der formellen Kultur und den Werten der Organisation in Einklang bringen • Die informelle Kultur und Werte der Organisation und deren Auswirkungen auf das Projekt beurteilen
Persönliche und soziale Kompetenzen	
Selbstreflexion und Selbstmanagement	• Einfluss der eigenen Werte und persönlichen Erfahrungen auf die Arbeit identifizieren und reflektieren • Selbstvertrauen auf der Basis von persönlichen Stärken und Schwächen aufbauen • Persönliche Motivationen identifizieren und reflektieren, um persönliche Ziele zu setzen und darauf zu fokussieren • Eigene Arbeit abhängig von der Situation und den eigenen Ressourcen organisieren • Verantwortung für das persönliche Lernen und die persönliche Weiterentwicklung übernehmen
Persönliche Integrität und Verlässlichkeit	• Ethische Werte bei allen Entscheidungen und Handlungen anerkennen und anwenden • Nachhaltigkeit von Leistungen und Ergebnissen fördern • Verantwortung für die eigenen Entscheidungen und Handlungen übernehmen • Widerspruchsfrei handeln, Entscheidungen treffen und kommunizieren • Aufgaben sorgfältig erfüllen, um Vertrauen bei anderen zu schaffen
Persönliche Kommunikation	• Eindeutige und strukturierte Informationen an andere weitergeben und deren gleiches Verständnis sicherstellen • Offene Kommunikation ermöglichen und fördern • Kommunikationsarten und -kanäle auswählen, um die Bedürfnisse der Zielgruppe, der Situation und der Führungsebene zu erfüllen • Mit virtuellen Teams effektiv kommunizieren • Humor und Perspektivenwechsel angemessen verwenden
Beziehungen und Engagement	• Persönliche und berufliche Beziehungen aufbauen und pflegen • Soziale Netzwerke aufbauen, moderieren und an ihnen teilnehmen • Durch Zuhören, Verständnis und Unterstützung Empathie zeigen • Vertrauen und Respekt zeigen, indem andere ermutigt werden, ihre Meinungen und Bedenken zu äußern • Eigene Visionen und Ziele kommunizieren, um Engagement und Commitment Dritter zu erreichen
Führung	• Initiative ergreifen und proaktiv mit Rat und Tat zur Seite stehen • Ownership übernehmen und Commitment zeigen • Durch Vorgeben der Richtung, durch Coaching und Mentoring die Arbeit von Einzelpersonen und Teams leiten und verbessern • Macht und Einfluss angemessen auf Dritte ausüben, um die Ziele zu erreichen • Entscheidungen treffen, durchsetzen und überprüfen

(Fortsetzung)

Tab. 9.3 (Fortsetzung)

Teamarbeit	• Das Team zusammenstellen und entwickeln • Zusammenarbeit und Netzwerke zwischen Teammitgliedern fördern • Die Entwicklung des Teams und der Teammitglieder ermöglichen, unterstützen und überprüfen • Teams durch das Delegieren von Aufgaben und Verantwortlichkeiten stärken • Fehler erkennen, um das Lernen aus Fehlern zu ermöglichen
Konflikte und Krisen	• Konflikte und Krisen antizipieren und, wenn möglich, verhindern • Ursachen und Auswirkungen von Konflikten und Krisen analysieren und angemessene Reaktionen auswählen • Konflikte und Krisen und/oder deren Auswirkungen lösen bzw. vermitteln • Lernergebnisse aus Konflikten und Krisen identifizieren und weitergeben, um die zukünftige Arbeit zu verbessern
Vielseitigkeit	• Ein offenes und kreatives Umfeld schaffen und unterstützen • Konzeptionelles Denken anwenden, um Situationen zu analysieren und Lösungsstrategien zu definieren • Analytische Techniken anwenden, um Situationen, Informationen und Trends zu analysieren • Kreative Techniken fördern und anwenden, um Alternativen und Lösungen zu finden • Ganzheitliche Sicht auf das Projekt und seinen Kontext fördern, um den Entscheidungsprozess zu verbessern
Verhandlungen	• Interessen aller Parteien, die an den Verhandlungen beteiligt sind, identifizieren und analysieren • Optionen und Alternativen entwickeln und evaluieren, die das Potenzial haben, die Bedürfnisse aller Beteiligten zu erfüllen • Verhandlungsstrategie definieren, die mit den eigenen Zielen übereinstimmt und für alle beteiligten Parteien akzeptabel ist • Einigungen mit anderen Parteien erzielen, die mit den eigenen Zielen übereinstimmen • Zusätzliche Verkaufs- und Akquisitionsmöglichkeiten entdecken und ausschöpfen
Ergebnisorientierung	• Alle Entscheidungen und Handlungen hinsichtlich ihrer Auswirkung auf den Projekterfolg und die Ziele der Organisation evaluieren • Bedürfnisse und Mittel auf einander abstimmen, um Ergebnisse und Erfolge zu optimieren • Gesunde, sichere und produktive Arbeitsumgebung schaffen und diese aufrecht erhalten • Das Projekt, seine Prozesse und Ergebnisse promoten und diese ‚verkaufen' • Ergebnisse liefern und Akzeptanz erhalten

(Fortsetzung)

Tab. 9.3 (Fortsetzung)

Technische Kompetenzen	
Projekt-, Programm- oder Portfoliodesign	• Erfolgskriterien anerkennen, priorisieren und überprüfen • Lessons Learned aus und mit anderen Projekten überprüfen, anwenden und austauschen • Projektkomplexität und ihre Konsequenzen für den Projektmanagementansatz bestimmen • Generellen Projektmanagementansatz auswählen und anpassen • Konzept für die Projektdurchführung entwerfen, überwachen und anpassen
Anforderungen, Nutzen und Ziele	• Hierarchie der Projektziele definieren und entwickeln • Bedürfnisse und Anforderungen der Projekt-Stakeholder identifizieren und analysieren • Anforderungen und Abnahmekriterien priorisieren und darüber entscheiden
Leistungsumfang und Lieferobjekt	• Lieferobjekte definieren • Leistungsumfang strukturieren • Arbeitspakete definieren • Konfiguration des Leistungsumfangs erstellen und aufrechterhalten
Ablauf und Termine	• Aktivitäten definieren, die nötig sind, um das Projekt (ab)liefern zu können • Arbeitsaufwand und Dauer von Aktivitäten festlegen • Vorgehensweise für Termine und Phasen festlegen • Abfolge der Projektaktivitäten bestimmen und einen Ablauf- und Terminplan erstellen • Fortschritt anhand des Terminplans überwachen und notwendige Anpassungen vornehmen
Organisation, Information und Dokumentation	• Bedürfnisse der Stakeholder bezüglich Information und Dokumentation beurteilen und bestimmen • Struktur, Rollen und Verantwortlichkeiten im Projekt definieren • Infrastruktur, Prozesse und Informationssysteme aufbauen • Organisation des Projekts implementieren, überwachen und anpassen
Qualität	• Qualitätsmanagementplan für das Projekt entwickeln, die Implementierung überwachen und gegebenenfalls überarbeiten • Projekt mit seinen Lieferobjekten überprüfen, um sicherzustellen, dass sie die Anforderungen des Qualitätsmanagementplans weiterhin erfüllen • Erreichung der Qualitätsziele des Projekts verifizieren und erforderliche korrektive und/oder präventive Maßnahmen empfehlen • Validierung von Projektergebnissen planen und organisieren • Qualität im Verlauf des Projekts sicherstellen

(Fortsetzung)

Tab. 9.3 (Fortsetzung)

Kosten und Finanzierung	• Projektkosten abschätzen • Projektbudget erstellen • Projektfinanzierung sichern • Finanzmanagement- und Berichtssystem für das Projekt entwickeln, einrichten und aufrechterhalten • Finanzen überwachen, um Abweichungen vom Projektplan zu identifizieren und zu korrigieren
Ressourcen	• Strategische Ressourcenplanung entwickeln, um die Projektergebnisse liefern zu können • Qualität und Menge der benötigten Ressourcen definieren • Potenzielle Ressourcenquellen identifizieren und ihre Beschaffung verhandeln • Ressourcen gemäß dem festgelegten Bedarf zuweisen und verteilen • Ressourcenverbrauch evaluieren und erforderliche Korrekturmaßnahmen ergreifen
Beschaffung und Partnerschaft	• Beschaffungsbedarf, Optionen und Prozesse vereinbaren • Zur Evaluation und Auswahl von Lieferanten und Partnern beitragen • Zu Verhandlungen und Vereinbarungen von Vertragsbestimmungen beitragen, um diese in Einklang mit den Projektzielen zu bringen • Vertragsausführung überwachen, Probleme ansprechen und, falls notwendig, Entschädigungen verlangen
Planung und Steuerung	• Projekt starten, Projektmanagement-Plan entwickeln und Zustimmung einholen • Übergang in eine neue Projektphase einleiten und managen • Projektleistung mit dem Projektplan abgleichen und Korrekturmaßnahmen treffen • Bericht über den Projektfortschritt erstatten • Projektänderungen beurteilen, Zustimmung für diese einholen und sie implementieren • Eine Phase oder das Projekt abschließen und evaluieren
Chancen und Risiken	• Chancen- und Risikomanagementstruktur entwickeln und implementieren • Chancen und Risiken identifizieren • Wahrscheinlichkeit und Auswirkungen von Chancen und Risiken analysieren • Strategien auswählen und Maßnahmen implementieren, um Chancen und Risiken zu adressieren • Chancen, Risiken und implementierte Maßnahmen evaluieren und überwachen

(Fortsetzung)

Tab. 9.3 (Fortsetzung)

Stakeholder	• Stakeholder identifizieren und ihre Interessen sowie ihren Einfluss analysieren • Stakeholderstrategie und einen Kommunikationsplan entwickeln und aufrechterhalten • Geschäftsführung, Auftraggeber und höheres Management einbinden, um Commitment zu erreichen und um Interessen und Erwartungen zu managen • Benutzer, Partner und Lieferanten und andere Stakeholder einbinden, um deren Kooperation und Commitment zu erreichen • Netzwerke und Allianzen aufbauen, aufrechterhalten und beenden
Change und Transformation	• Adaptionsfähigkeit der Organisation(en) zu Veränderung beurteilen • Veränderungsanforderungen und Transformationschancen identifizieren • Veränderungs- oder Transformationsstrategie für das Projekt entwickeln • Veränderungs- oder Transformationsmanagement implementieren

Literatur

Achleitner A-K, Nathusius E (2003) Bewertung von Unternehmen bei Venture-Capital-Finanzierungen. Working paper 2-03, TU München, München

Ahrend K-M (2016) Geschäftsmodell Nachhaltigkeit – Ökologische und soziale Innovationen als unternehmerische Chance. Springer, Wiesbaden

Ahrend K-M, Meyer-Renschhausen M (2014) Bewertung von Strom- und Gasnetzen mit Ertragswert und Realoptionen. Energiewirtschaftliche Diskussionsbeiträge der h_da. 1/2014

AXELOS (2018) Erfolgreiche Projekte managen mit PRINCE2. TSO, Norwich

Berg A (2005) What is strategy for buyout associations, academic readings on private equity. VWF, Berlin

Bomsdorf C (2017) Die Schlachter aus Stockholm, Die Zeit, Nr. 52/2017, 14.12.2017, S 1–2

Cain MD, Denis DJ, Denis DK (2006) Earnouts: a study of financial contracting in acquisition agreements. Working paper 1196, Purdue University

Campbell A, Goold M, Alexander M (1995) Corporate strategy – the quest for parenting advantage. Harv Bus Rev 73(2):120–132

Collis D, Young D, Goold M (2007) The size, structure, and performance of corporate headquarters. Strateg Manag J 28(4):383–405

Duff & Phelps (2019) Valuation insights second quarter 2019. Duff & Phelps, o. O.

Eschenbach R, Stadler S (1997) Post-Merger-Integration in Osteuropa – der Leitfaden zur Integration west- und osteuropäischer Unternehmen. Praxisfälle der betriebswirtschaftlichen Unternehmensführung, Bd 18. Manz, Wien

EVCA (2014) 2013 Pan-European Private Equity Performance Benchmarks Study. EVCA European Private Equity and Venture Capital Association, Brüssel

Fisher R, Ury W (1981) Getting to yes – negotiating an agreement without giving in. Houghton Mifflin, Boston

Fisher R, Ury W, Patton BM (2002) Das Harvard-Konzept. Sachgerecht verhandeln – erfolgreich verhandeln. Campus, Frankfurt

Gammelgaard J (1999) Competence: a dynamic extension of the existing typology of acquisition motives. Working paper, Copenhagen Business School, Nr. 12-1999

Goold M, Campbell A (1998) Desperately seeking synergies. Harv Bus Rev 76(2):131–145

GPM (2017) Individual Competence Baseline für Projektmanagement. GPM Deutsche Gesellschaft für Projektmanagement e. V., Nürnberg

Haux JF (2001) Handbuch Beteiligungsmanagement. Vahlen, München

Heuskel D, Fechtel A, Beckmann P (2006) Managing for value – how the world's top diversified companies produce superior shareholder returns. The Boston Consulting Group. https://www.bcg.com/documents/file14912.pdf. Zugegriffen am 31.08.2019

Jansen SA, Pohlmann N (2000) Herausforderungen und Zumutungen: Das Human Resource Management bei Firmenzusammenschlüssen. Personalführung 33(2):30–39

Jensen MC, Ruback RS (1983) The market for corporate control. J Financ Econ 11(1–4):5–50

KfW Research (2018) Finanzinvestoren im mittelständischen M&A-Markt: Aktivitäten nehmen leicht zu, Nr. 167, 22.11.2018

Lewicki RJ, Saunders DM, Minton JW (2000) Negotiation. McGraw-Hill, Singapore

Lucks K, Meckl R (2015) Internationale Mergers & Acquisitions: Der prozessorientierte Ansatz, 2. Aufl. Springer, Wiesbaden

Mathur I, Singh M, Gleason KC (2004) Multinational diversification and corporate performance: evidence from European firms. Eur Financ Manag 10(3):439–464

Oleownik S, Bußmann M (2002) Akquisitionsstrategien börsennotierter Aktiengesellschaften in Deutschland. Ergebnisse einer empirischen Untersuchung. M A Rev 5/2002:244–248

Pörschmann J (2019) M&A – nur als Mannschaftsleistung erfolgreich. Börsen-Zeitung. 04.06.2019, S 6–7

Reiner G, Geuter T (2006) Anteilstausch als Mittel oder Folge von Unternehmensübernahmen: Gestaltungsmodelle im Überblick. Juristische Arbeitsblätter (JA) 7/2006:543–549

Richter R, Furubotn E (1996) Neue Institutionenökonomik. Mohr Siebeck, Tübingen

Schein EH (1985) Organizational culture and leadership. Jossey-Bass, San Francisco

Scherlis DR, Sahlman WA (1989) A method for valuing high-risk long-term investments: the venture capital method. Harvard Business School Note 9-288-006. Harvard Business School Press, Boston

Shin HH, Stulz RM (1998) Are internal capital markets efficient? Q J Econ 113/1998:531–552

Siemens AG (2018) Pressemitteilung v. 01.08.2018: Siemens stellt mit der Vision 2020+ Weichen für die Zukunft. Siemens AG, München

Stratz R-C, Klug K (2003) Due Diligence. In: Hettler S, Stratz R, Hörtnagel R (Hrsg) Unternehmenskauf. Beck, München, S 83–120

Tallau C (2009) Bewertung von Earn-Out-Klauseln im Rahmen von Unternehmenstransaktionen. Finanzbetrieb 11(1):8–14

Villalonga B (2004) Diversification discount or premium? New evidence from the business information tracking series. J Financ 59(2):479–506

Von Rosenstiel L, Comelli G (2003) Führung zwischen Stabilität und Wandel. Vahlen, München

Wagner R, Roeschlein R, Waschek G (2016) Projekte, Projektmanagement und PM-Prozesse. In: Gessler M (Hrsg) Kompetenzbasiertes Projektmanagement (PM3), Handbuch für die Projektarbeit, Qualifizierung und Zertifizierung, Bd 1, 8. Aufl. GPM, Nürnberg, S 27–52

Walter U (2017) Drei Standards, ein Ziel: Projekte erfolgreich managen. https://www.haufe-akademie.de/blog/themen/projekt-prozess-und-changemanagement/drei-standards-ein-ziel-projekte-erfolgreich-managen/. Zugegriffen am 31.08.2019

Weber N (2006) Private-Equity-Investments in Buy Outs von Konzerneinheiten. Dissertation, Universität Bochum, Bankakademie-Verlag, Frankfurt

Beteiligungsfinanzierung 10

Zusammenfassung

Das laufende Geschäft sowie das Wachstum der Beteiligungen verursachen einen Finanzierungsbedarf. Darüber hinaus müssen die Akteure des Mutterunternehmen die Finanzierung des operativen Geschäfts des Beteiligungsmanagements sowie von künftigen Akquisitionen sicherstellen.

Das Kapitel beschreibt die verschiedenen Quellen der Finanzierung sowie die möglichen Handlungsfelder des Beteiligungsmanagements. Dies umfasst die direkte Finanzierung der Beteiligungen, Cash Management Lösungen sowie die Beratung und Begleitung der Beteiligungen bei externen Finanzierungen. Mit dem Instrument der Beteiligungsfinanzierung können Mehrwerte geschaffen werden.

10.1 Finanzierungsarten und Finanzierungswege

Für die Ausgestaltung der Finanzierung stehen zahlreiche Alternativen zur Verfügung. Bei der Außenfinanzierung werden Fremdmittel aufgenommen, während bei der Innenfinanzierung Eigenmittel verwendet werden.[1] Die Eigenkapitalstärke des deutschen Mittelstands zeigt sich in der Dominanz der Innenfinanzierung der Unternehmen außerhalb des Finanzsektors. So lag die Innenfinanzierung, d. h. die Finanzierung über die Thesaurierung von Gewinnen bzw. die Auflösung von stillen Reserven in den Jahren 2012 bis 2017 bei 75 % bis 85 % der Gesamtfinanzierung.[2] Nur 15 % bis 25 % der Finanzierung wurde über Wege der Außenfinanzierung umgesetzt. Abb. 10.1 zeigt die Verteilung der

[1] Vgl. Deutsche Bundesbank (2018), S. 5.

[2] Vgl. Deutsche Bundesbank (2018), S. 16.

K.-M. Ahrend, *Beteiligungsmanagement*,
https://doi.org/10.1007/978-3-662-60588-2_10

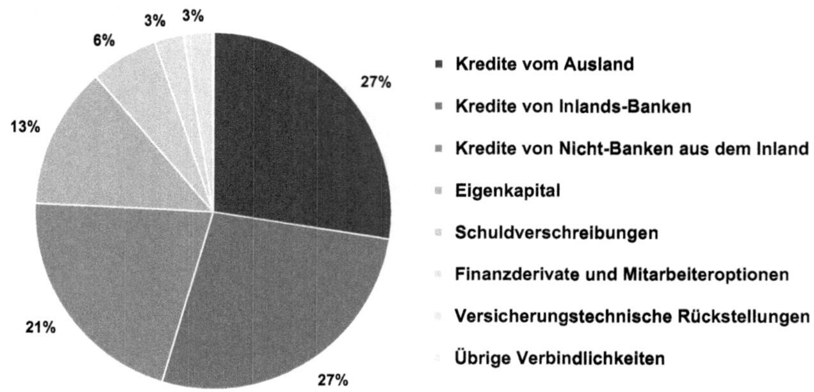

Abb. 10.1 Verteilung der Instrumente der Außenfinanzierung

Außenfinanzierung gemäß der Finanzierungsrechnung der Deutschen Bundesbank für das Jahr 2017.

Dabei fällt auf, dass der überwiegende Teil der Finanzierung mit rd. 55 % durch Kredite aus dem Ausland (insb. an deutsche Niederlassungen oder Beteiligungen von internationalen Konzernen) sowie von Inlands-Banken erfolgt ist. Als nächstes folgt mit rd. 21 % die Aufnahme von Fremdkapital von Nicht-Banken wie z. B. Versicherungen und Altersvorsorgeeinrichtungen. Mit rd. 13 % oder rd. 18 Mrd. Euro wurde Eigenkapital aufgenommen.

Für die Wahl des Finanzierungsinstruments ist zunächst zwischen der Finanzierungsart, d. h. Eigenkapital, Fremdkapital oder Mezzaninekapital auf der einen Seite und dem Finanzierungsweg auf der anderen Seite zu unterscheiden. Die Einordnung der Finanzierungsart erfolgt dabei im Wesentlichen nach dem Umfang der Risikotragung und der Regelmäßigkeit von Rückflüssen an die Finanzierungspartner. Soll Fremdkapital aufgenommen werden, werden die Finanzierungspartner zu Gläubigern mit einem Anspruch auf regelmäßige (Zins-) Zahlungen und auf Rückzahlung des Kapitals. Entsprechend verfügt das Unternehmen nur für einen begrenzten Zeitraum über das so aufgenommene Kapital. Wird stattdessen Eigenkapital aufgenommen, werden die Finanzierungspartner zu Miteigentümern des Unternehmens und erwarten anteilige Gewinnausschüttungen und den Erhalt bzw. die Steigerung des Marktwerts des Unternehmens. Grundsätzlich steht das Eigenkapital dem Unternehmen unbefristet zur Verfügung. Zusätzlich erhalten die Miteigentümer (je nach ihrer Beteiligungsquote) Informations-, Mitwirkungs-, Entscheidungs- und Kontrollrechte. Daher wird für die Eigenkapitalfinanzierung in der Regel ergänzend zu den Konsortial- und Gesellschaftsverträgen ein Beteiligungsvertrag vereinbart. Dabei werden neben den Anteilsrechten auch die ggf. angestrebte Mitwirkung bei der Geschäftsführung geregelt. Dies umfasst regelmäßig folgende Eckpunkte:

- Beteiligungsquote (am Eigenkapital)
- Investitionsbetrag bzw. -beträge (mit Zahlungsterminen)

- Veränderungen der Beteiligungsquote nach oben oder unten bei Erreichen bestimmter Parameter
- Stimmrechtsquote (und z. B. Vetorechte bei Gesellschafterversammlungen)
- Regelungen bezüglich wesentlicher Geschäftsvorfälle (Mitwirkungsrechte)
- Zusicherungen der anderen Gesellschafter
- Regelungen für die nächste Finanzierungsrunde (u. a. Schutz gegen Verwässerung (d. h. Verringerung) der Beteiligungsquote bzw. des Anteilswertes durch Kapitalerhöhungen)
- Umgang mit Veränderungen im Gesellschafterkreis (u. a. Stimmbindungsregelungen, Vorkaufsrechte)
- Regelungen für das gewünschte Ausscheiden des Gesellschafters aus dem Gesellschafterkreis (Exit-Regelungen)
- Festlegungen zu Informationspflichten und -rechte
- Formalia (u. a. zu Vertraulichkeit, Kosten, Schiedsregelungen, salvatorische Klausel)

Zwischen der Fremdkapital- und der Eigenkapitalfinanzierung können auch hybride Finanzierungen realisiert werden, die Eigenschaften von Fremd- und Eigenkapital aufweisen.[3] Diese Mezzanine-Finanzierungen werden durch die vertragliche Ausgestaltung eher dem Eigenkapital (z. B. stille Beteiligungen, Genussrechte) oder eher dem Fremdkapital (z. B. Nachrangdarlehen) zugerechnet.

Der Finanzierungsweg unterscheidet sich danach, ob es sich um einen Finanzierungspartner handelt, mehrere in einem Club-Deal finanzieren, oder ob eine beliebige Vielzahl von Finanzierungspartnern im Zuge einer Emission auf dem Kapitalmarkt gewählt werden.[4] Mit einer Emission am Kapitalmarkt geht zudem die Handelbarkeit an einem Sekundärmarkt einher. Einen Überblick über die grundsätzlichen Finanzierungsalternativen gibt Abb. 10.2.

Für die jeweiligen Finanzierungsarten lassen sich einige Finanzierungsinstrumente zuordnen, die in Abb. 10.3 dargestellt sind und im Folgenden kurz erläutert werden.[5]

---

[3] Vgl. Häger und Elkemann-Reusch (2007), S. 5–40.

[4] Vgl. zu den Regelungen eines Börsengangs den Leitfaden der Deutschen Börse AG unter http://deutsche-boerse.com/ipo-line. Vgl. zu der Emission von Anleihen den Leitfaden der Deutschen Börse AG unter http://www.dvfa.de/fileadmin/downloads/Publikationen/Standards/Best_Practice_Guide_Unternehmensanleihen.pdf.

[5] Weitere Finanzierungsformen sind z. B. die Finanzierung durch die Bildung von Rückstellungen oder Abschreibungen. Dabei wird Geld an das Unternehmen gebunden, das auch zu Finanzierungszwecken verwendet werden kann. Gleichwohl sind diese Mittel aufgrund ihrer Zweckbindung für den Rückstellungs- bzw. Abschreibungsgrund für die Erfüllung von Verpflichtungen gebunden und können daher nur kurz- bis mittelfristig als interne Fremdfinanzierung des operativen Geschäfts genutzt werden. Entsprechend wird von einer Aufnahme bei den Finanzierungsinstrumenten abgesehen.

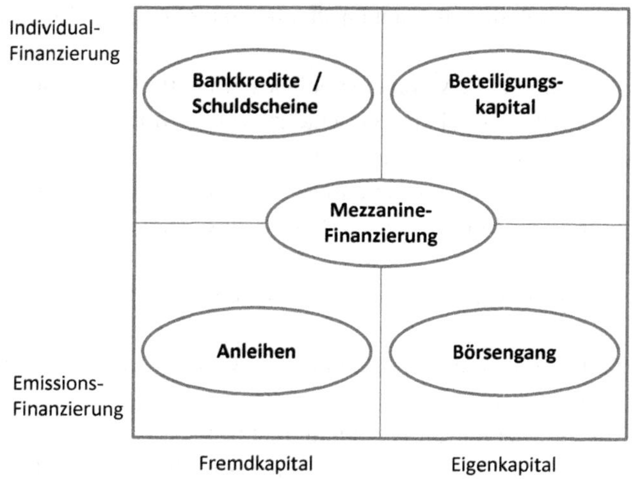

Abb. 10.2 Grundsätzliche Finanzierungsalternativen

Reife ↓ Eigenkapital	Mezzanine	Fremdkapital
Beteiligung Business Angels	Crowdinvesting	Öffentliche Fördermittel
Beteiligung Private Equity Gesellschaften	Nachrangdarlehen	Leasing, Factoring, Forfaitierung
Kapitalerhöhung	Genussrechte	Cash Pooling Kredite
Gewinnthesaurierung	Stille Beteiligung	Gesellschafterdarlehen
Beteiligung anderer Konzernunternehmen	Partiarische Darlehen	Crowdlending
Beteiligung (strategischer) Investoren	Hybridanleihen	Bankkredite
(Anteiliger) Börsengang	Wandelanleihen	Schuldscheindarlehen und Anleihen

Abb. 10.3 Überblick Finanzierungsinstrumente

- Die Beteiligung von Business Angels ermöglicht die Einbringung von Eigenkapital bei jungen Unternehmen durch private Finanzierungspartner, die neben dem Kapital auch spezielles technisches oder unternehmerisches Know-how einbringen.[6]
- Die Beteiligung von Private Equity Unternehmen umfasst einerseits die Einbringung von Eigenkapital bei reiferen Unternehmen im Sinne einer Buy-out Finanzierung und andererseits für junge Unternehmen die Einbringung von Eigenkapital durch Venture Capital

[6]Vgl. EU & CSES (2012) sowie http://www.ba-frm.de und http://www.business-angels.de.

Finanzierungen mit den Phasen Seed, Start-up und Later-Stage (vgl. Abschn. 3.8.4). Neben Venture Capital von privaten Beteiligungsgesellschaften bieten auch Konzerne für die Finanzierung von jungen Unternehmen Corporate Venture Capital an.

- Mit zunehmender Reife des Unternehmens erfolgen Beiträge zum Eigenkapital durch die bestehenden Gesellschafter im Zuge von Kapitalerhöhungen und die klassische Innenfinanzierung durch Gewinnthesaurierung.[7] Neben einer direkten Kapitalerhöhung kann das Eigenkapital auch durch eine Kopplung von Kapitalherabsetzung mit anschließender Kapitalerhöhung erfolgen. Bei der Kapitalherabsetzung wird entweder der Nennwert von Aktien bzw. Gesellschaftsanteilen reduziert, oder die Aktien bzw. Gesellschaftsanteile werden eingezogen. Mit der Kapitalherabsetzung kann eine nominale, aber auch eine faktische Verwässerung, also eine Verschlechterung der Position der bisherigen Eigenkapitaleigentümer gegenüber neuen Eigenkapitaleigentümern bewirkt werden. Die bisherigen Eigenkapitalgeber entscheiden sich dabei nur dann für den Vermögensverzicht, um eine Sanierung zu unterstützen, eine Insolvenz zu vermeiden oder zusätzliches Wachstum zu ermöglichen.
- Im Sinne der Beteiligung und im Sinne der Unternehmensgruppe kann zusätzliches Eigenkapital auch durch andere Beteiligungen der Gruppe eingebracht werden. Neben einseitigen Beteiligungen können auch (zeitversetzt) gegenseitige Eigenkapitalbeteiligungen vorgesehen werden. Das verstärkt die Zusammenarbeit. Andererseits wird dadurch die Transparenz der Beteiligungsstruktur verschlechtert. Eine Alternative zu einer direkten Beteiligung sind die Bildung von gemeinsamen Joint Venture Unternehmen, die z. B. für die Expansion begründet werden und nicht nur quotal, sondern auch abweichend von den Stimmrechten mit Eigenkapital von anderen Beteiligungen ausgestattet werden können. Eine weitere Alternative liegt in der Bildung von Zwischenholdinggesellschaften, unter deren Dach neue Eigenkapitalmittel aufgenommen werden sollen.
- Eine weitere Quelle für die Aufnahme von Eigenkapital sind Minderheitsbeteiligungen von strategischen Investoren oder von Finanzinvestoren. Als strategische Investoren gelten solche, die direkt oder indirekt mit der Wertschöpfung der Beteiligung zu tun haben und diese im Zuge der Beteiligung positiv beeinflussen. Die Einbringung von Eigenkapital durch einen Finanzinvestor erfolgt (vergleichbar wie bei der Finanzierung über Private Equity Gesellschaften) insbesondere für die Finanzierung von Wachstum des Unternehmens. In Frage kommen dafür neben Banken, Versicherungen, Altersvorsorgeeinrichtungen auch sonstige Investoren wie z. B. Förderbanken oder Stiftungen. Eine weitere Gruppe potenzieller strategischer Investoren sind die Beschäftigten. Mit Mitarbeiteraktienoptionen werden Arbeitnehmer berechtigt, eine bestimmte Anzahl von Aktien des Arbeitgebers zu einem zuvor festgelegten Preis zu kaufen.
- Zusätzlich kann Eigenkapital durch einen Börsengang der Beteiligung im Zuge einer Kapitalerhöhung (mit oder Bezugsrechten der Altaktionäre) oder durch Verkauf seitens

[7] Bei den thesaurierten Gewinnen kann es sich um solche aus dem operativen Geschäft handeln oder auch um außerordentliche Effekte, z. B. aus der Auflösung von stillen Reserven.

des Mutterunternehmens (und ggf. anschließender Kapitalerhöhung) erfolgen. Durch die Möglichkeit des Handels der im Streubesitz liegenden Anteile auf dem Sekundärmarkt kommen insbesondere Fondsgesellschaften als Kapitalgeber in Frage. Neben der Emission von Stamm- oder Vorzugsaktien (einer Aktiengesellschaft oder einer Kommanditgesellschaft auf Aktien) lassen sich auch Finanzderivate wie z. B. Optionen oder Optionsscheine nutzen. Ein Börsengang kann für einen Teil des Eigenkapitals oder vollständig erfolgen. Im Vergleich zu der Stärkung der Eigenkapitalbasis durch die Beteiligung von strategischen oder von Finanzinvestoren ergeben sich eine Reihe von Vor- und Nachteilen (siehe Tab. 10.1).[8] Die Nachteile haben im Einzelfall dazu beigetragen, dass sich verschiedene Unternehmen wieder von der Börse zurück gezogen haben (Delisting).

- Bei Crowdinvesting Finanzierungen werden Nachrangdarlehen oder alternativ stille Beteiligungen, Genussrechte bzw. partiarische Darlehen mit Gewinn- und Verlustbeteiligung genutzt. Es liegt kein unbedingter Rückzahlungsanspruch vor. Entsprechend

Tab. 10.1 Vorteile und Nachteile von Börsengängen

Vorteile eines Börsengangs	Nachteile eines Börsengangs
- Signalisieren der langfristigen Kapitalmarktfähigkeit (gegenüber Fremdkapitalgebern) - Breite und internationale Möglichkeit der Beteiligung von Stakeholdern am Unternehmen - Stärkung der öffentlichen Präsenz und des Markenwerts - Partizipation von Analystenbewertungen und damit Stärkung der Präsenz im Wettbewerb um Kunden und Lieferanten - Stärkung der Arbeitgebermarke (u. a. durch Bekanntheit, marktgängige Vergütungssysteme, Möglichkeit der Beteiligung von Führungskräften und Beschäftigten am Unternehmen) - Wertorientierung der Unternehmensstrategie - Professionalisierung der Unternehmensstrukturen - Zusätzliche externe Kontrolle des Managements durch Investoren und Analysten	- Nachteilige Wirkung von kurzfristigen Berichten und Prognosen auf die langfristige Entwicklung des Unternehmens - Übertriebene Erwartungen der Analysten an die Unternehmensperformance, insb. hohe Erwartung nach Wachstum über M&A-Transaktionen - Erhöhte Sichtbarkeit und Übertreibung der Wahrnehmung von Verlusten und schlechten Entwicklungen bei Fremdkapitalgebern, Beschäftigten und weiteren Stakeholdern - Gefahr von feindlichen Übernahmen - Erhöhte Kosten durch die Publizität - Geminderte Bedeutung der Erwartungen von Ankerinvestoren bei Hauptversammlungen - Überhöhte Vergütungserwartungen der Führungskräfte

[8] Vgl. Koblin (2002), S. 267.

handelt es sich um kein Einlagengeschäft im Sinne von § 1 Abs. 1 Satz 2 Nr. 1 KWG. Dabei erfolgt die Finanzierung über einen Schwarm mit Hilfe zahlreicher Kapitalgeber. Das Crowdinvestment wird für das Unternehmen über Internetplattformen vermittelt. Da die Crowdfunding Gesellschaft nicht Eigentümerin der Projekte bzw. Beteiligungen ist, sondern ausschließlich die Investitionen der Kunden in Vermögensanlagen der Anbieter vermittelt, handelt es sich bei Crowdfunding-Gesellschaften nicht um Mutterunternehmen. Zu den Anbietern zählen Bergfürst, Companisto, Conda, Deutsche Mikroinvest, FunderNation und Seedmatch.[9] Durch Pooling-Vereinbarungen wird sichergestellt, dass unternehmensrelevante Entscheidungen auch dann getroffen werden können, wenn nicht alle Investoren an der Abstimmung teilnehmen.

- Für die Mezzanine-Finanzierung kommen besonders Nachrangdarlehen in Frage. Dabei handelt es sich um ein Darlehen mit einer (Mindest-) Laufzeit, dessen Rückzahlung mit der Bedingung verbunden ist, dass das Unternehmen vorher die Verpflichtungen gegenüber den vorrangigen Gläubigern erfüllt. Die Ausgestaltung der Bedingung erfolgt als Rangrücktritt, Subordination oder Nachrangabrede. Aufgrund der fehlenden Mitunternehmerstellung kann das Nachrangdarlehen fremdkapitalerhöhend wirken.
- Mit Genussrechten wird entweder Fremdkapital oder Eigenkapital aufgenommen, abhängig davon, ob eine Rückzahlungsverpflichtung oder nur ein Kündigungsrecht des Emittenten vereinbart wird. Die Inhaber der Genussrechte sind dauerhaft am Eigenkapital beteiligt und erhalten eine fixe oder variable Gewinnausschüttung.
- Eine stille Beteiligung ist aufgrund der Rechtsstellung des stillen Gesellschafters als Gläubiger im Falle der Insolvenz als Fremdkapital einzuordnen. Eine Beteiligung an Gewinn und Verlust des Unternehmens ist gemäß § 231 Abs. 2 HGB vorgesehen, eine Beteiligung am Verlust kann ausgeschlossen werden. Gleichwohl erhält der stille Gesellschafter eine Gewinnbeteiligung. Entgegen dieser typischen stillen Beteiligung handelt es sich bei einer atypisch stillen Beteiligung um Eigenkapital. Der stille Gesellschafter wird als Mitunternehmer an Gewinnen, Verlusten und am Vermögen des Unternehmens beteiligt.
- Mit einem partiarischen Darlehen erhält das Unternehmen Fremdkapital, das statt mit einer fixen Zinszahlung mit einer Beteiligung am Umsatz oder Gewinn vergütet wird. Wird zusätzlich eine Haftungsverpflichtung eingeräumt, wirkt das partiarische Darlehen als eigenkapitalerhöhend.
- Bei einer Hybridanleihe handelt es sich um eine Unternehmensanleihe, die durch den Emittenten nach einer Mindesthaltedauer gekündigt werden kann. Je nach der vertraglichen Ausgestaltung hängt die Höhe der Zinszahlungen von der Entwicklung von Unternehmenskennzahlen ab. Im Fall der Unterschreitung der Auszahlungsbedingungen können Zinszahlungen auch (temporär) unterbleiben. Daher kann die Hybridanleihe dem Eigenkapital zugeordnet werden.

---

[9] Vgl. die Übersicht bei https://www.crowdfunding.de/crowdinvesting-plattformen.

- Eine Wandelanleihe ermöglicht dem Gläubiger, die zunächst als (geringer als im Marktvergleich) verzinste Anleihe (oder im Fall einer Wandelschuldverschreibung die Schuldverschreibung) nach Ablauf einer Frist von mehreren Jahren zu einem vorher bekannten Umtauschverhältnis in Eigenkapital umzuwandeln. Wird das Wahlrecht nicht ausgeübt, läuft die Anleihe weiter bis zum Laufzeitende und wird dann zurückgezahlt. Bei einer umgekehrten Wandelanleihe liegt das Recht der Wandlung bei dem Emittenten. Der Zufluss von Eigenkapital erfordert vor der Emission der Wandelanleihe einen Beschluss über eine bedingte Kapitalerhöhung.
- Für jedes Unternehmen stehen eine Reihe von öffentlichen Fördermitteln für die Entwicklung und die Ausprägung der Geschäftsmodelle zur Verfügung. Neben Projektzuschüssen, vergünstigten Darlehen und Bürgschaften werden auch direkte Zuschüsse gewährt. Als Fördermittelgeber stehen neben den Bundes- und Landesministerien, die KfW-Bankengruppe, Bürgschaftsbanken der Bundesländer, die Europäische Union und verschiedene Stiftungen zur Auswahl.[10]
- Die Kreditsubstitute Leasing, Factoring und Forfaitierung führen mittelbar zu einer Wirkung wie eine Kreditaufnahme, ohne jedoch einem klassischen Kredit zu entsprechen. Das Leasing von Anlagevermögensgegenständen wirkt sich wie ein Kredit über die Laufzeit des Leasingvertrags aus. Die Beteiligung kann den Vermögensgegenstand sofort nutzen, der Leasinggeber beschafft und finanziert das Leasingobjekt gegen Zahlung eines vereinbarten Leasingentgelts. Beim Factoring kauft der Factoring-Dienstleister Forderungen eines Unternehmens und zahlt dafür einen Kaufpreis. Es handelt sich um einen Kredit, da die Forderungen meist erst in der Zukunft (oder gar nicht) eingetrieben werden können. Die Höhe der Zahlung hängt neben der erwarteten Zahlungslaufzeit auch von der Güte der Forderungen bzw. der Wahrscheinlichkeit von Zahlungsausfällen ab, da das Ausfallrisiko auf den Factoring-Dienstleister übergeht. Während bei einem Factoring-Geschäft der Kauf auch erst später entstehende, zum Zeitpunkt des Vertragsabschlusses noch ungewissen Forderungen umfasst, beinhaltet der Forderungskauf bei einem Forfaitierungs-Geschäft nur vertraglich konkret bestimmte Forderungen.[11] Eine Weiterentwicklung von Factoring und Forfaitierung ist der Verkauf von Forderungen an eine Zweckgesellschaft (statt an einen Factoring- bzw. Forfaitierungs-Dienstleister), die die Forderungen verbrieft und als forderungsbesichertes Wertpapier (asset-backed security) bzw. Geldmarktpapier (asset-backed commercial paper) am Kapitalmarkt verkauft.
- Kurzfristige Kredite können im Rahmen eines bestehenden Cash Poolings genutzt werden. Der konzerninterne Liquiditätsausgleich wird in der Regel durch das Mutterunternehmen organisiert und gleicht zwischen den Konten der einbezogenen Beteiligungen Liquiditätsunterdeckungen durch Liquiditätsüberschüsse aus. Dabei kann der Ausgleich durch faktische Buchungen oder durch das Pooling der Konten bei einer Bank

[10] Eine Übersicht über Fördermittel bieten z. B. folgende Quellen: http://www.foerderdatenbank.de; http://www.foerderinfo.bund.de; http://www.vdb-info.de.

[11] Vgl. Barnier (2005), S. 9.

auch nur virtuell erfolgen. Das Cash Pooling ist Bestandteil eines konzernweiten Cash Managements.[12] Neben Liquiditätsüberschüssen des Mutterunternehmens bzw. von Beteiligungen nimmt der Cash Pool bedarfsweise auch die Kreditlinien der einbezogenen Unternehmen in Anspruch. Unter Berücksichtigung von Marktvergleichen profitieren sämtliche Beteiligungen gegenüber einer eigenständigen kurzfristigen Geldanlage bzw. Kreditfinanzierung. Neben den Konditionsvorteilen werden externe Kreditlinien geschont.

- Die Finanzierung durch Gesellschafterdarlehen des Mutterunternehmens führt zu einer mittel- bis langfristigen Stärkung der Fremdkapitalbasis der Beteiligung, ohne die Kreditlinien der Beteiligung zu belasten. Gerade durch Gesellschafterdarlehen können Investitionen oder neu zu erwerbende Beteiligungen günstiger als über Eigenkapital finanziert werden. Durch zusätzliches Fremdkapital wird das Volumen für die durch Eigenkapital möglichen Investitionen deutlich erhöht. Dies erfordert eine solide Finanzplanung, um neben den regelmäßigen Zinszahlungen auch die notwendigen Tilgungen ratierlich oder endfällig zu realisieren. Erfolgt die Ausgestaltung der Gesellschafterdarlehen wie bei einem Darlehensvertrag gemäß § 488 ff. BGB (u. a. erfolgsunabhängiger Vergütungsanspruch, Befristung bzw. Kündbarkeit und außerordentliche Kündbarkeit bei wesentlicher Verschlechterung der wirtschaftlichen Verhältnisse der Beteiligung) handelt es sich um Fremdkapital.[13] Werden eigenkapitalähnliche Elemente in den Darlehensvertrag ergänzt, wird das Gesellschafterdarlehen entweder zu Mezzanine-Finanzierung oder zu Eigenkapital.
- Vergleichbar mit dem Crowdinvesting existieren auch für das Crowdlending zahlreiche Plattformen. Diese vermitteln Kredite von privaten Kreditgebern an Unternehmen oder Projekte (peer-to-peer). Zuvor hat die Vermittlungsplattform die Kreditwürdigkeit grundsätzlich geprüft. Die Plattform übernimmt auch die Kreditbetreuung über die Laufzeit. Bekannte Crowdlending Plattformen sind auxmoney, crosslend und kapilendo.[14]
- Die klassische Form der Finanzierung erfolgt über Bankkredite. Neben der Absicherung über das Vermögen, die Cash Flows des Projekts und/oder die Cash Flows der Beteiligung lassen sich auch Sicherheiten, Bürgschaften und die Unterstützung des Mutterunternehmens nutzen. Die Kreditfinanzierung kann dabei unternehmensbezogen oder für bestimmte Investitionen, Projekte oder Immobilientransaktionen erfolgen. Für größere Projekte empfiehlt sich die Separierung des Projekts und dessen Finanzierung in einer neu zu gründenden Beteiligung. Zusätzlich zu der mittel- und langfristigen Finanzierung werden mit den Banken Fazilitäten oder Kreditlinien vereinbart, die für die kurzfristige Finanzierung von Liquiditätsengpässen (statt oder im

[12] Dabei ist gemäß § 30 Abs. 1 Satz 2 GmbHG ein vollwertiger Gegenleistungs- oder Rückgewähranspruch sowie Transparenz über die Liquiditätsentwicklung und unternehmensbezogene Risiken vorzusehen.

[13] Vgl. Herwig (2015), S. 39.

[14] Vgl. die Übersicht bei https://www.crowdfunding.de/crowdlending-plattformen.

Rahmen des Cash Pooling) genutzt werden. Als besondere Form der Kreditfinanzierung können Lieferanten- und Kundenkredite genutzt werden.
- Bei Schuldscheindarlehen wird ein Darlehen durch einzelne oder mehrere Finanzierungspartner ohne Nutzung des Kapitalmarktes zur Verfügung gestellt. Der Schuldschein ersetzt den Kreditvertrag mit einer Bank und lässt sich bei Bedarf abtreten.[15] Hingegen werden Anleihen als festverzinsliches Wertpapier auf dem Kapitalmarkt verbrieft. Die auch als Schuldverschreibung oder Obligation bezeichneten Anleihen umfassen eine verbriefte Zinszahlung und das Recht auf Rückzahlung. Eine Besonderheit nehmen Nullkuponanleihen oder Floater ein, bei denen eine Null-Verzinsung zugunsten des Rückzahlungswerts bzw. eine variable Verzinsung vorgesehen sind.

Während die Konzentration auf Fremdkapital die maximale Eigenständigkeit sichert oder die Partnerschaft mit einem einzelnen Eigenkapitalinvestor die Abstimmungen vereinfacht, hilft den Beteiligungen ein Portfolio aus mehreren Finanzierungsquellen in folgenden Bereichen:

- Nutzung günstigerer Finanzierungsquellen (wie Fördermittel)
- Flexibilität aus der Risikotragung von Eigenkapital
- Einbezug unterschiedlicher Kompetenzen verschiedener Finanzierungspartner
- Gegenseitige positive Verstärkung bei der Einschätzung der Attraktivität
- Minderung des Abwertungsrisikos der Anteile der Gesellschafter bei schlechten Konditionen im M&A-Markt
- Geringere Abhängigkeit und damit bessere Konditionen bei notwendigen Nachfinanzierungen (durch unterschiedliche Finanzierungslaufzeiten)

10.2 Mehrwerte durch das Mutterunternehmen

Wie kann das Mutterunternehmen einen Wertbeitrag durch die Beteiligungsfinanzierung leisten? Die Vorteile liegen in der Weitergabe von Erfahrungen und in der Realisierung von Konditionsvorteilen (vgl. Abb. 10.4). Dabei wird das Mutterunternehmen die Unterstützung im Sinne eines internen Kapitalmarkts priorisieren. Mögliche Kriterien sind neben dem Bedarf und der Verfügbarkeit von Kapital die mit dem Kapital erzielbare Rendite sowie das damit verbundene Risiko.[16]

Das Mutterunternehmen kann durch die Schaffung von Zugängen insbesondere für kleinere Unternehmen zu den verschiedenen Finanzierungsinstrumenten wertvolle Beiträge für die Beteiligungen leisten. Das Mutterunternehmen hat durch die Durchführung bzw. Begleitung verschiedener Finanzierungen einen Erfahrungsvorsprung, den es teilen kann. Dazu kommen die Erfahrungen der anderen Beteiligungen im Umgang mit be-

[15] Vgl. Koller (2014), S. 1177–1178.

[16] Vgl. Gertner et al. (1994); Stein (1997).

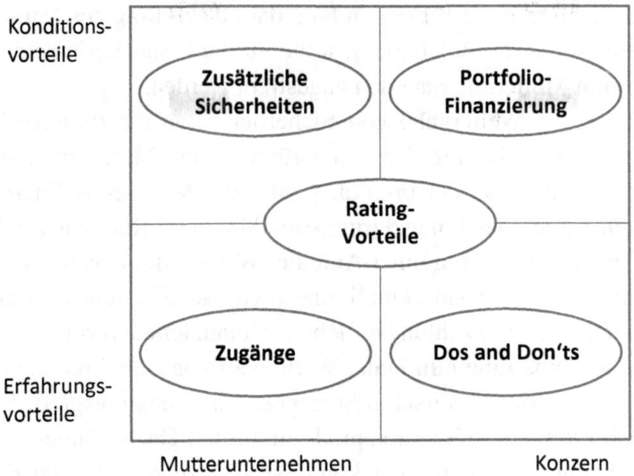

Abb. 10.4 Finanzierungsvorteile durch Beteiligungsmanagement

stimmten Finanzierungspartnern oder der Nutzung bestimmter Finanzierungsinstrumente. Dazu kommen Vorteile aus einer guten Corporate Governance des Mutterunternehmens bzw. des Konzerns. Eine über Jahre ausgeprägte nachhaltige und transparente Unternehmensführung und Aufsicht sowie die Markenbotschaft eines guten Schuldners führen zu leichteren Zugängen zu neuen Finanzierungen. Diese Erfahrungen können auch bei der Optimierung des Working Capital im Sinne der schnelleren Realisierung von Forderungen (z. B. durch Forfaitierung) und späteren Zahlungszielen bei Vorlieferanten genutzt werden.

Neben der Erfahrungsvorteile kann das Beteiligungsmanagement ebenfalls Konditionsvorteile ermöglichen.[17] Während Banken derzeit sehr günstig Liquidität erhalten können, steigen die Anforderungen an Banken, die Bonität ihrer Kreditkunden durch interne Ratings bzw. solche von Ratingagenturen zu bewerten und mit angemessenen Sicherheiten zu hinterlegen. Entsprechend kann das Mutterunternehmen den Beteiligungen für den Abschluss von Finanzierungsverträgen mit externen Partnern Sicherheiten gewähren. Diese Sicherheiten können z. B. Grundschulden, Zugriff auf bestimmte Cash Flows, Verpfändung von Anteilen an bestimmten Beteiligungen oder auch die Abgabe von Bürgschaften oder Patronatserklärungen sein. Darüber hinaus können die Beteiligungen durch ein vorhandenes (besseres) Rating des Mutterunternehmens oder des Konzerns profitieren. Dementsprechend können für das Rating der Beteiligung und für die Finanzierungskommunikation die Einbindung in den Konzern und die enge Zusammenarbeit mit dem Mutterunternehmen dargestellt werden. Bei der für die zukünftigen Finanzierungskonditionen wichtigen regelmäßigen Finanzmarktkommunikation spielt neben dem Rating auch die Verlässlichkeit, besonders bezogen auf die Einhaltung der vorgestellten Planungen und

[17] Vgl. Lewellen (1971), S. 521 ff.

Prognosen, eine wichtige Rolle.[18] Für den Fall, dass das Rating des Mutterunternehmens schlechter ausfällt als das der Beteiligung, sollte für die Finanzierung eine größtmögliche Unabhängigkeit zum Mutterunternehmen angestrebt werden.

Vergleichbar mit der Weitergabe von Sicherheiten an die (potenziellen) Finanzierungspartner ist die Zusicherung der Unterstützung des Mutterunternehmens bei der Einhaltung der Covenants bei der Fremdkapital- oder Mezzanine-Finanzierung. Covenants sind Zusicherungen des Finanzierungsschuldners im Rahmen von Finanzierungsverträgen, z. B. bei der Emission einer Anleihe. Werden die Covenants nicht eingehalten, drohen entweder ein Sonderkündigungsrecht seitens der Gläubiger oder eine sofortige bzw. befristete Rückzahlungspflicht der finanziellen Verpflichtungen. Typische Covenants sind die Einhaltung minimaler Werte oder von Bandbreiten von Finanzkennzahlen wie Eigenkapitalquote, Verschuldungsgrad, Zinsdeckungsgrad, Kapitaldienstdeckungsgrad, Cash Flow oder Gesamtkapitalrentabilität. Dazu können auch Verhaltenspflichten und sonstige Zusicherungen kommen. Typische nichtfinanzielle Covenants sind bestimmte Informationspflichten, die dauerhafte Gleichrangigkeit der Gläubiger des betreffenden Kredits mit anderen Gläubigern, die Beibehaltung bestimmter Vermögenspositionen, die Beibehaltung der Konzernzugehörigkeit, die Beschränkung von außerordentlichen Gewinnausschüttungen oder die Nachbesicherungspflicht bei einer Verschlechterung der wirtschaftlichen Verhältnisse. Da mittlerweile Covenants in den meisten Finanzierungsvereinbarungen enthalten sind, kann das Mutterunternehmen bei deren Einhalten einen wichtigen Beitrag leisten. Diese Unterstützung ist ein Element der Corporate Governance der Beteiligung und erweitert die „... ways in which suppliers of Finance to Corporations assure themselves of getting a return on their Investment."[19]. Dafür ist die Bereitschaft erforderlich, die Erwartung der jährlichen Gewinnausschüttungen mit der Entwicklung der Covenants zu harmonisieren. Neben thesaurierten Gewinnen kann das Mutterunternehmen gerade durch Gesellschafterfremdfinanzierungen oder Kapitalerhöhungen die Einhaltung der finanziellen Covenants unterstützen. Gleichwohl hemmen gerade die nichtfinanziellen Covenants die Flexibilität bei der Aufnahme von Mitgesellschaftern oder die strategische Entwicklung der Beteiligung. Entsprechend sind sie wesentliche Elemente für Abstimmungen im Rahmen eines wertorientierten Beteiligungsmanagements.

Schließlich kann die Beteiligung (und das Mutterunternehmen) von Konditionsvorteilen durch eine gemeinsame Finanzierung im Portfolio mehrerer Beteiligungen profitieren. Gemäß der Portfoliotheorie können die Finanzierungskonditionen bei einer Kombination der Risiko-Rendite-Profile der einzelnen Beteiligungen günstiger ausfallen als für den Fall einer separaten Finanzierung.[20] Der Effekt hängt von der Stärke der Korrelation der Profile ab. Je weniger die Risiko-Rendite-Profile korrelieren, desto höher kann der Portfolioeffekt ausfallen. Der Portfolioeffekt führt zu einer Risikoreduktion durch

[18] Vgl. die Studien von Dhaliwal et al. (2011); Knauer et al. (2012); Sieber et al. (2014).

[19] Shleifer und Vishny (1997), S. 737.

[20] Vgl. Markowitz (1952), S. 77–78; Achleitner (2002), S. 697–704.

Hinzunahme von weiteren Kreditnehmern, bei tendenziell gleichen Renditeerwartungen. Das führt übertragen auf die Finanzierung zu sinkenden Renditeanforderungen der Finanzierungspartner.

Literatur

Achleitner A-K (2002) Handbuch Investment Banking. Gabler, Wiesbaden

Barnier C (2005) Die schuldrechtlichen und wechselrechtlichen Haftungsprobleme bei der Forfaitierung von Exportforderungen. Dissertation Universität Potsdam, Tenea, Berlin

Deutsche Bundesbank (2018) Ergebnisse der gesamtwirtschaftlichen Finanzierungsrechnung für Deutschland – 2012 bis 2017. Deutsche Bundesbank, Frankfurt am Main

Dhaliwal DS, Li OZ, Tsang A, Yang GY (2011) Voluntary nonfinancial disclosure and the cost of equity capital: the initiation of corporate social responsibility reporting. Account Rev 86(1):59–100

EU & CSES (2012) Evaluation of EU member states' business angel markets and policies. Centre for Strategy & Evaluation Services, Brüssel/Kent

Gertner RH, Scharfstein DS, Stein JC (1994) Internal versus external capital markets. Q J Econ 109(1994):1211–1230

Häger M, Elkemann-Reusch M (2007) Mezzanine Finanzierungsinstrumente, 2. Aufl. Erich Schmidt Verlag, Berlin

Herwig C (2015) Das Gesellschafterdarlehensrecht im Unternehmensverbund. Dissertation Universität Mannheim, Nomos, Baden-Baden

Knauer T, Ledwig C, Wömpener A (2012) Zur Wertrelevanz freiwilliger Managementprognosen in Deutschland. Schmalenbachs Zeitschrift für betriebswirtschaftliche Forschung 64(3):166–204

Koblin C (2002) Wertsteigernde Konzernstrukturen – Die Gestaltung der Beteiligungsstruktur des Konzerns zur Steigerung des Shareholder Value unter besonderer Berücksichtigung des deutschen und schweizerischen Rechts sowie der Neuen Institutionenökonomik. Dissertation Universität Freiburg

Koller R (2014) Schuldscheindarlehen – Einführung und Überblick. In: Ekkenga J, Schröer H (Hrsg) Handbuch der AG-Finanzierung. Carl Heymanns Verlag, Köln, S 1166–1193

Lewellen W (1971) A pure financial rationale for the conglomerate merger. J Financ 26(1971):521–537

Markowitz HM (1952) Portfolio selection. J Financ 7(1):77–91

Shleifer A, Vishny R (1997) A survey of corporate governance. J Financ 52(2):737–783

Sieber T, Weißenberger BE, Oberdörster T, Baetge J (2014) Let's talk strategy. The impact of voluntary strategy disclosure on the cost of equity capital. Bus Res 7(2):263–312

Stein JC (1997) Internal capital markets and the competition for corporate resources. J Financ 52(1):111–133

Ergebnismanagement und Restrukturierung 11

Zusammenfassung
Ein wichtiges Instrument des Beteiligungsmanagements liegt im aktiven oder begleitenden Ergebnismanagement einer Beteiligung. Für den Krisenfall handelt es sich um die aktive oder begleitende Sanierung. Das Kapitel beschreibt wesentliche Maßnahmen des Ergebnismanagements und präsentiert einen Rahmen für die Durchführung von Restrukturierungs- und Sanierungsmaßnahmen. Ausgehend von der Zielsetzung der Wertsteigerung der Beteiligung werden Maßnahmen für die Verbesserung von Cash Flow (organisatorische Maßnahmen, Synergien, Kostensenkung, Wachstum), für die Minderung des eingesetzten Kapitals sowie für die Minderung der Kapitalkosten vorgestellt.

11.1 Ergebnismanagement

11.1.1 Zielgröße Wertsteigerung

Für das Ergebnismanagement bietet sich die Nutzung einer am Unternehmenswert der Beteiligung orientierten Zielsetzung an. Das Hauptziel liegt in der Steigerung des Unternehmenswertes der Beteiligung. Im Gegensatz zu den meisten statischen klassischen Finanzkennzahlen (wie z. B. ROI), Liquiditätskennzahlen und nichtfinanziellen Kennzahlen berücksichtigt die Wertorientierte Unternehmensführung dynamisch die über mehrere Jahre erwarteten Erfolge, oder das Entwicklungspotenzial eines Unternehmens.[1] Bei

[1] Vgl. Rappaport (1986); von Düsterlho (2003), S. 5 f.; Skrzipek (2005), S. 9 ff.

K.-M. Ahrend, *Beteiligungsmanagement*,
https://doi.org/10.1007/978-3-662-60588-2_11

börsennotierten Unternehmen mit ausreichender Marktkapitalisierung lässt sich der Unternehmenswert direkt messen.[2] Dies trifft aber auf die meisten Beteiligungen nicht zu.

Grundsätzlich lassen sich drei verschiedene Konzepte für die wertorientierte Steuerung nutzen, der Economic Value Added (EVA™) mit dem zugehörigen Market Value Added (MVA), der Cash Flow Return on Investment (CFROI) mit dem zugehörigen Cash Value Added (CVA) sowie die Ertragswert- bzw. Discounted Cash Flow Methoden.[3]

- Der bei börsennotierten Unternehmen weit verbreitete EVA-Ansatz misst den betrieblichen Übergewinn, d. h. das adjustierte Betriebsergebnis abzüglich der Kapitalkosten.[4] Die Kapitalkosten ergeben sich dabei aus dem Produkt des eingesetzten Kapitals und dem WACC (durchschnittlich, gewichtetet Kapitalkosten). Der MVA ergibt sich aus der Summe der für die Zukunft erwarteten EVAs.
- Der Cash Flow Return on Investment entspricht einer Rendite auf das eingesetzte Kapital, gemessen durch den Cash Flow nach Abzug einer adjustierten Abschreibung.[5] Der CVA entspricht der Unternehmenswertveränderung in einer Periode aus der Differenz zwischen CFROI und WACC multipliziert mit dem eingesetzten Kapital.
- Die Ertragswert- bzw. Discounted Cash Flow Methoden sind für die Unternehmensbewertung unter anderem durch den Wirtschaftsprüfer-Standard IDW S 1[6] bekannt. In Berichten von Bankanalysten werden Unternehmenswerte meist auf Basis von Annahmen über die Discounted Cash Flow Methode analytisch ermittelt und in die Werte der jeweiligen Geschäftsfelder unterteilt („sum of the parts“). Der Gesamtwert ergibt sich aus der Summe der mit dem auf Basis der gewichteten Kapitalkosten (WACC) diskontierten erwarteten Ertrags- bzw. Cash Flow-Überschüsse.[7] Zusätzlich ist der Restwert in der Regel auf Basis einer ewigen Rente zu addieren. Wird von dem Gesamtunternehmenswert der Marktwert des Fremdkapitals abgezogen, verbleibt der Eigenkapitalwert. Ein häufig genutzter Ansatz ist der WACC-Ansatz aus Sicht aller Kapitalgeber (Entity-Sicht).

$$UW = \sum_{\mathrm{n}=1}^{np} \frac{FCF_{\mathrm{n}}}{(1+\mathrm{k})^{\mathrm{n}}} + \text{Restwert}$$

UW : Gesamtunternehmenswert in Euro

[2] Bei börsennotierten Unternehmen lassen sich aufgrund der tagesgenauen Bewertung der Aktien weitere Kennzahlen nutzen, die auch von Analysten verwendet werden. Dazu zählen KGV, KCV, PEG, EPS, Dividendenrendite, Total Return u. a.

[3] Vgl. Günther (2000); Britzelmaier et al. (2010); Pilzecker (2011).

[4] Vgl. Stewart (1999).

[5] Vgl. Lewis (1995); Lachnit und Müller (2002).

[6] Vgl. IDW S 1 vom 02.04.2008.

[7] Vgl. Rappaport (1986); Volkart (2008); Ahrend und Meyer-Renschhausen (2014).

$$FCF: \text{Free Cash Flow in Euro}$$

$$\text{n}: \text{Betriebsjahr}$$

$$np: \text{Planungshorizont in Jahren}$$

$$\text{k}: \text{Kapitalkosten } als \text{ WACC} = \frac{EK}{GK} * EK \cdot \text{Rendite} + \frac{FK}{GK} * FK \cdot \text{Kosten} * (1 - \text{Steuersatz})$$

Bei jedem der drei Konzepte wird der Unternehmenswert bzw. der Wertbeitrag der Periode von bestimmten Werttreibern geprägt. Vereinfacht sind dies Ergebnis bzw. Cash Flow, eingesetztes Kapital und Kapitalkosten bzw. Teilmengen dieser Größen. Das Pentagon-Konzept von Copeland et al. beschreibt fünf Werthebel für die Realisierung von Wertsteigerungspotenzialen (vgl. Abb. 11.1).[8] Für deren Beeinflussung lassen sich kurzfristige, mittelfristige und langfristige Maßnahmen unterscheiden. Das Pentagon-Konzept betrachtet ausgehend vom derzeitigen Marktwert (an der Börse oder als indikativen Marktwert aus Sicht des Mutterunternehmens) zunächst Möglichkeiten, die externe Wahrnehmung der bestehenden Wertpotenziale zu verbessern. Ein Beispiel liegt im Vorliegen von intransparenten Beteiligungsstrukturen.[9] Daraus ergibt sich der Wert des Unternehmens zum gegenwärtigen Zustand. Werden nun die strategischen und operativen Maßnahmen umgesetzt, ergibt sich der potenzielle interne Wert. Mit dem Einbezug der optimalen Eigentümerstruktur bzw. der Verbindung mit strategischen Partnern ergibt sich der potenzielle Wert nach in- und externen Verbesserungen. Der schließlich optimale Wert ergibt

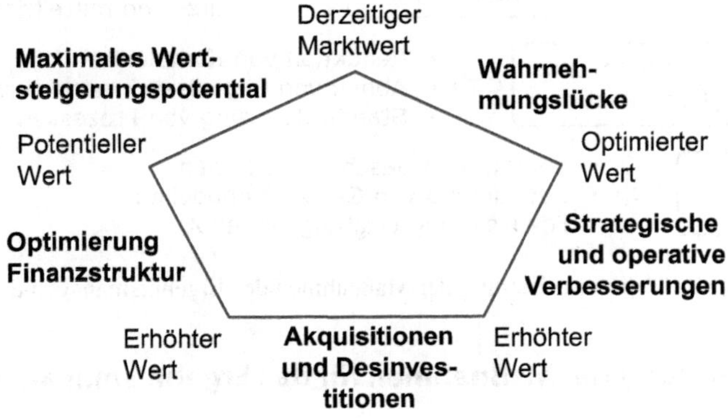

Abb. 11.1 Pentagon Konzept für Wertsteigerungen. (Quelle: in Anlehnung an Copeland et al. 1994, S. 328, 1998, S. 332)

[8] Vgl. Copeland et al. (1994), S. 328 und Copeland et al. (1998), S. 332. Vgl. ähnlich Hachmeister (1995), S. 53.

[9] Vgl. Weber (1990), S. 577.

sich durch den Abverkauf von nicht betriebsnotwendigen Vermögensgegenständen sowie nach der Aufteilung oder Zerschlagung des Unternehmens in separate Teile. Der sich durch die Relativierung des „conglomerate discount" ergebende Wert ist gemäß dem Pentagon-Konzept der „optimale" Wert.

Die zentrale Aufgabe der Unternehmens- bzw. Beteiligungsführung liegt in der Steuerung der Ergebnisse und der Cash Flows durch strategische und operative Verbesserungen. Im Fokus stehen dabei die Erträge und Aufwände bzw. Leistungen und Kosten sämtlicher Wertschöpfungsbereiche. In der Regel werden die Ansätze in einem unternehmensweiten Ergebnisverbesserungsprojekt gebündelt. Darüber hinaus werden geschäftsfeldspezifische Maßnahmen für die Ergebnisverbesserung umgesetzt. Ein Beispiel ist die Priorisierung des Abbaus von Verlustbringern, der Verschlankung der Organisation und der Minderung von Einzelkosten (Abb. 11.2). Für das Beteiligungsmanagement werden ausgewählte Maßnahmen des Ergebnismanagements in den nachfolgenden Abschnitten vertieft.

Eine langfristig ausgerichtete wertorientierte Steuerung ist nicht notwendigerweise nur auf die Maximierung des Unternehmenswertes aus Sicht des Anteilseigners (shareholder value) ausgerichtet, sondern berücksichtigt auch die Erwartungen der anderen Anspruchsgruppen im Sinne von Kundenwert, Mitarbeiterwert, Lieferantenwert und Public Value.[10] Die Schaffung von Stakeholder Value kann Shareholder Value schaffen.[11] Eine Abbildung der Werte für die verschiedenen Anspruchsgruppen kann auch in die externe Berichterstattung des Unternehmens einfließen. Hierzu lässt sich z. B. das Integrated Reporting Konzept nutzen.[12]

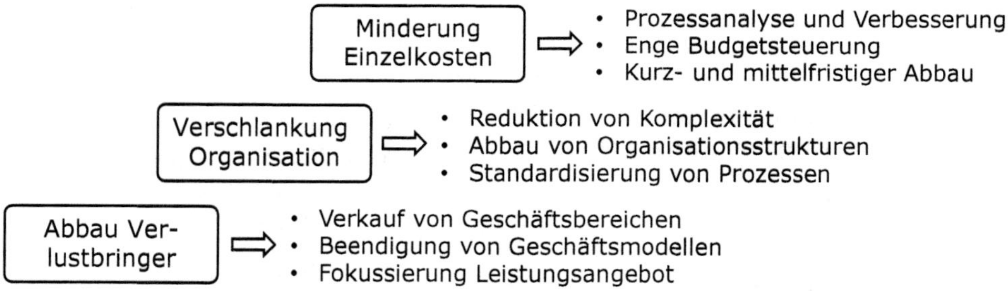

Abb. 11.2 Beispiel für die Priorisierung der Maßnahmen des Ergebnismanagements

11.1.2 Entwicklung der Maßnahmen für das Ergebnismanagement

Für die Entwicklung von Ideen für Maßnahmen der Ergebnisverbesserung lassen sich verschiedene Ausgangssituationen unterscheiden:

[10] Vgl. Figge und Schaltegger (2000) und zum Public Value Ahrend (2014).

[11] Vgl. Freeman et al. (2004).

[12] Vgl. IIRC (2013).

- **Verteilte Wissensbasis.** Verfügen die Akteure von Beteiligung und Mutterunternehmen über deutlich unterscheidbare diverse Erfahrungen und Wissenshintergründe, kann dies bei der Entwicklung von neuen Wegen für die Ergebnisverbesserung ein hohes Maß an Kreativität freisetzen. Gleichwohl können auch Kommunikationsprobleme entstehen.
- **Kompatible Wissensbasis.** Liegt eine disjunkte, aber kompatible Wissensbasis von den Akteuren der Beteiligung und des Mutterunternehmens vor, so kann die Kommunikation über neue Maßnahmen für die Ergebnisverbesserung gut gelingen. Die verschiedenen Wissenshintergründe können sich im Idealfall für neue Ansätze ergänzen.
- **Überlappende Wissensbasis.** Gerade Menschen mit ähnlichen Bildungshintergründen verfügen über eine teilweise identische aber aufgrund ihrer beruflichen und unternehmensbezogenen Erfahrung überlappende Wissensbasis für die Entwicklung von Ansätzen für die Ergebnisverbesserung.
- **Identische Wissensbasis.** Liegt eine weitgehende Identität des Wissens und der Erfahrungen für die Entwicklung von Ansätzen für die Ergebnisverbesserung vor, kann die Entwicklung der Ansätze zügig erfolgen. Gleichwohl hilft bei der Identifikation von weiteren Ansätzen der Einbezug von Personen mit anderen Erfahrungshintergründen.

Unabhängig davon, ob es sich um eine verteilte, kompatible, überlappende oder identische Wissensbasis handelt, bedarf es eines von den führenden Akteuren geteilten Willens für die Entwicklung von Ansätzen für die Ergebnisverbesserung. Darüber hinaus erfordert ein Ergebnisverbesserungsprojekt ein intensives Kümmern der einbezogenen Akteure. Das bedeutet eine hohe zeitliche Verfügbarkeit der Projektmitglieder, ausreichende finanzielle Ressourcen für die Schaffung der Voraussetzungen der Ergebnisverbesserung sowie eine klare Formulierung sowie Konstanz bei den Erwartungen an die Projektergebnisse. Fehlen der gemeinsame Wille oder das intensive Kümmern um das Ergebnisverbesserungsprojekt kann das Projekt bei den Akteuren der Beteiligung auf deutliche Ablehnung stoßen. Der Widerstand gegen das Projekt für die Ergebnisverbesserung kann von der Geschäftsführung der Beteiligung, von Mitgliedern des mittleren Managements der Beteiligung, von Arbeitnehmervertretern und Gewerkschaften, aber auch von Mitgesellschaftern ausgehen. Die Ablehnung kann unabhängig von dem Nutzen der Vorschläge bestehen. Die Gründe für diese Ablehnung können vielfältig sein, teilweise werden auch Gründe vorgeschoben, um den dahinter liegenden Kern der Ablehnung, nämlich in der Vergangenheit getroffene Fehlentscheidungen, bisherige Untätigkeit oder den Verlust von Autorität und Entscheidungsfreiheit zu kaschieren. Häufig anzutreffende Gründe gegen Vorschläge für Ergebnisverbesserungen sind:

- Notwendigkeit der Gleichberechtigung der Gesellschafter (bereits zur Abwehr von Analysen im Fall von mehreren Gesellschaftern)
- Schutzbedürfnis von internen Informationen
- Übermäßiger zeitlicher Aufwand oder keine Verfügbarkeit von geeigneten Personen
- Zu lange Umsetzungsdauer im Vergleich zu anderen (selbst vorgeschlagenen) Ergebnisverbesserungen

- Keine verfügbaren monetären Mittel, um die für die Ergebnisverbesserung notwendigen Kosten bzw. Investitionen zu tragen
- Fehlende Kenntnis bzw. eingeschränktes Verständnis von Branche, Prozessen und Organisation der Beteiligung
- Fehlende oder eingeschränkte Belastbarkeit des zu erwartenden Ergebniseffekts
- Kein Ergebniseffekt bzw. negatives Kosten-Nutzen-Verhältnis
- Fehlende rechtliche Umsetzbarkeit des Vorschlags
- Fehlende organisatorische Umsetzbarkeit des Vorschlags (z. B. aufgrund einer zu erwartenden Demotivation von Leistungsträgern)

Dabei nutzen die Projektgegner Elemente der Corporate Governance (z. B. Prüfungsrechte nach dem Aktienrecht, Sondersitzungen des Aufsichtsgremiums oder eine weite Auslegung der Mitbestimmungsrechte), Nebelkerzen zur Ablenkung der Aufmerksamkeit oder Einfluss und Macht für eine Abwehrstrategie. Die Machtstrukturen können dabei nicht nur formal, sondern auch informell genutzt werden. Solche informelle Machtstrukturen können sich aus guten Kontakten der Veränderungskritiker zu Personen bei Banken, Behörden oder anderen für die Veränderung wichtigen Partnern ergeben.

Um den Widerständen gegen das Projekt für die Ergebnisverbesserung zu begegnen, bedarf es einer fortlaufenden Kommunikation der Vorteile der Veränderung und der Relativierung möglicher Nachteile. Entsprechend sollten die Akteure des Mutterunternehmens die relevanten Personen durch eine Kommunikationslandkarte identifizieren und einen Weg des Umgangs festlegen (vgl. Abschn. 6.2 zu Kommunikation und Abschn. 6.3 zu Konfliktmanagement). Das gemeinsame Ziel muss die Suche nach Lösungen und nicht die Suche nach Gründen für eine Vermeidung von Veränderungen sein. Bei guter Vorbereitung der Entscheidungen durch die Akteure des Mutterunternehmens führen die erwartbaren Abwehrreaktionen nur zu einer Verzögerung und nicht zu der Verhinderung der Veränderungen. Um die Abwehrreaktionen möglichst früh als konstruktive Kritik zu nutzen, hilft eine enge kommunikative Abstimmung mit den relevanten Akteuren und soweit möglich der Einbezug von Interessen der jeweiligen Anspruchsgruppen in die Entscheidungen. Lassen sich auch nach einer Überzeugungsphase die Veränderungen oder gemeinsam entwickelte Varianten nicht angehen, bieten sich eine Reihe von möglichen Eskalationsstufen an. Dazu zählt die Beauftragung eines Unternehmensberaters, die Nutzung von externen Moderatoren oder Coaches bis hin zu klaren personalpolitischen Signalen.

11.1.3 Organisatorische Maßnahmen

11.1.3.1 Schaffung von Anreizen

Zwar wirkt sich eine Anpassung der Aufbau- oder Ablaufstruktur nicht sofort auf das Unternehmensergebnis aus, die mittel- bis langfristige Wirkung ist aber häufig größer als die von kurzfristigen Kostensenkungen. Entsprechen hoch priorisieren Beteiligungsgesellschaften organisatorische Maßnahmen nach der Übernahme einer neuen Beteiligung. Sie umfassen:

- **Ergänzung bzw. Austausch des Managements.** Anpassungen in der Unternehmensführung für die Stärkung der Veränderungsbereitschaft der Organisation und für zusätzliches Fachwissen, ggf. Einbezug von Interim-Managern.
- **Definition von finanziellen Anreizschemata.** Vereinbarung von (jährlichen) Zielen und Kopplung an variable Vergütungsbestandteile sowie Beteiligung des Managements am Eigenkapital des Unternehmens.
- **Verschlankung der Strukturen.** Erhöhung der Führungsspanne für das Management, Reduktion der Anzahl an Führungskräften und von Zwischengesellschaften.
- **Prozessoptimierung.** Ausweitung der Produktivität durch Redesign der wertschöpfungsbezogenen und der unterstützenden Prozesse.
- **Netzwerkbereitstellung.** Bereitstellung von Zugängen zu förderlichen Persönlichkeiten, Unternehmen und Institutionen.
- **Personalentwicklung, Coaching und Mentoring.** Aktive Unterstützung und Beratung der Führungskräfte der Beteiligung bei finanziellen und bei fachlichen Themen rund um das Geschäftsmodell und darüber hinaus, zusätzliche Schulungsangebote.

Einen anderen Zugang zu möglichen organisatorischen Maßnahmen bietet der Modell von Greiner (Abb. 11.3). Dabei wird unterstellt, dass wachsende Unternehmen immer wieder in Krisen laufen, deren Lösung nur mit organisatorischen Maßnahmen möglich ist.[13]

Ein junges, kleines Unternehmen wächst meist durch Kreativität, d. h. durch neue Produkt- oder Prozessinnovationen. In der ersten Wachstumsphase wird dieses Unternehmen häufig teamorientiert organisiert sein. Mitarbeiter, häufig Familienangehörige, haben große Mitsprachemöglichkeiten und Kompetenzen beim Mitaufbau des Unternehmens, oder der Gründer ist Techniker und kümmert sich wenig um Managementprobleme, bis sich die Frage stellt, wer eigentlich die letztliche Entscheidungsgewalt bei strittigen Entscheidungen hat (Führungskrise). Die Suche nach dem Manager kann im Streit zur

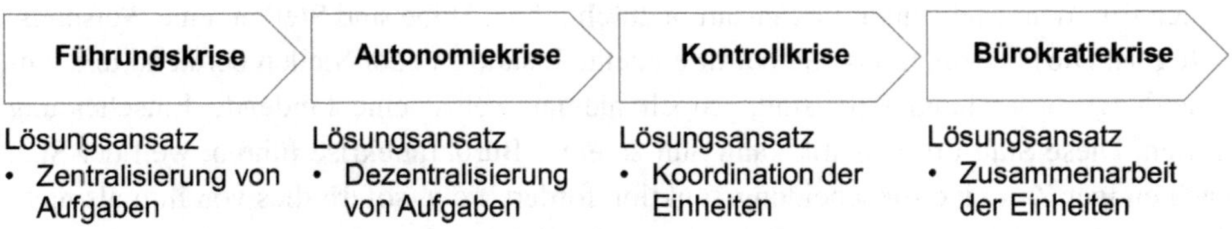

Abb. 11.3 Krisenphasen und Lösungsansätze nach Greiner. (Quelle: In Anlehnung an Greiner 1972, S. 46)

[13] Vgl. Greiner (1972), S. 37 ff.

Aufgabe des Unternehmens, dem weiteren muddling through oder zu einer Festlegung auf einen oder wenige Entscheidungsträger bzw. Gremien führen (Organisation durch Zentralisierung von Aufgaben). Nach Greiner wächst ein Unternehmen nur durch Zentralisierung von Führungsaufgaben und Entscheidungen bei gleichzeitiger Mitwirkung der zugeordneten Einheiten. Die Zentralisierung muss, personalpolitisch betrachtet, akzeptiert und darf nicht untergraben werden. Organisatorisch bedeutet dies einen Ausbau der Hierarchie und den Aufbau einer strukturellen Spitze.

Wächst das Unternehmen weiter, z. B. durch höhere Umsätze, Kundenzahlen, Marktanteile oder Personalbestand, so führt die bisherige Zentralisierung von Führungsaufgaben zur Überlastung der Spitze, die auch als Kamineffekt bezeichnet wird: Alle Entscheidungen müssen „über einen Schreibtisch" und beanspruchen dementsprechend viel Zeit. Das Unternehmen wird unflexibel und die Mitarbeiter fordern mehr Autonomie für Teilentscheidungen (Autonomiekrise). Sofern die Zentraleinheit in der Lage ist, Kompetenzen abzugeben, also zu delegieren, kann auch diese Krise überwunden werden: Organisatorisch wird die Spitze durch Stäbe oder kompetente Untereinheiten entlastet, die Abläufe zunehmend eigenständig steuern können. Eine nicht bewältigte Autonomiekrise dagegen, beispielsweise durch einen Vorstand, der nicht bereit ist, Aufgaben zu delegieren, kann zu einer verstärkten Fluktuation oder zur Demotivation der Mitarbeiter führen.

Bei einem weiteren Wachsen des Unternehmens kann die zunehmende Delegation von Verantwortung und Kompetenzen dann allerdings dazu führen, dass die Autonomie der Mitarbeiter zu groß wird und diese sich eigene Aufgabenstellungen suchen, übergeordnete Zielsetzungen vernachlässigen und von Vorgesetzten nicht mehr „kontrollierbar" sind (Kontrollkrise). Die Gefahr der Verselbstständigung von Aufgaben und isoliertem Spartendenken der Akteure wächst. Dies zu verhindern, ist organisatorisch durch die Koordination der einzelnen Organisationseinheiten möglich. Koordination kann dabei personenbezogen (z. B. persönliche Anweisungen, Dienstvorschriften oder Unternehmensleitbild), strukturell (z. B. Einführung eines Koordinationsstabes, von Informationsgremien oder Ausschüssen) oder administrativ (z. B. mit Kennziffern, Budgets, Regelmechanismen) erfolgen.

Bei der organisatorischen Umsetzung der Koordinationsfunktion erfolgt in der Praxis häufig die Einführung einer Stab-Linien-Organisation, d. h. die Ergänzung einer traditionellen Ein- oder Mehrlinien-Organisation durch Stäbe. Stäbe sind Stellen ohne Weisungsbefugnis. Dies bedeutet, dass Stäbe für einzelne Instanzen oder Stellen beratend und entscheidungsvorbereitend tätig sind, jedoch niemals selbst eine bindende Entscheidung treffen. Diese Stab-Problematik kann nun zu einer Bürokratiekrise führen, weil der Stab nach einiger Zeit eine Entscheidungsfunktion fordert, oder, sofern dies von ihm als nicht durchsetzbar erkannt wird, innerlich oder tatsächlich kündigt. Diese Stabskrisen brechen in aller Regel nach einigen Jahren Stabstätigkeit auf und können organisatorisch durch eine verstärkte Zusammenarbeit der bisherigen Stäbe und Instanzen gelöst werden. So kann der Stab entweder „in die Linie" nach oben oder zurück berufen und durch die Koordination wieder in eine neue Zusammenarbeit integriert werden – oder es wird dem Stab ein zusätzliches Mitentscheidungsrecht eingeräumt. Diese Organisationsphase kann auch als Selbstorganisation bezeichnet werden, da zunehmend teil- oder vollautonome Gruppen- und Teamarbeit die traditionelle Organisation ablöst.

Es wird deutlich, dass Beteiligungen durch strukturelle Maßnahmen profitieren können. Ein aktives Beteiligungsmanagement kann dabei wertvolle Anstöße liefern und die Umsetzung begleiten. Der Ansatz von Greiner präsentiert dabei direkt anwendbare Methoden des strukturellen Ergebnismanagements.

11.1.3.2 Zwischen Zentralisierung und Dezentralisierung

Mithilfe der Organisationsentwicklung wird einerseits die Leistungsfähigkeit der Organisation und andererseits die Leistungsfähigkeit der Beschäftigten verbessert. Während die Restrukturierung häufig auf die Verbesserung der finanziellen Leistungsfähigkeit einer bestehenden Organisation zielt, liegt der Fokus der Erneuerung einer Organisation (Repositionierung) auf der Weiterentwicklung oder Umgestaltung der Organisation für mehr Wachstum und eine veränderte Unternehmenskultur. Dabei verändert sich die Unternehmensstruktur im Laufe ihrer Entwicklung im Spannungsfeld zwischen Zentralisierung und Dezentralisierung.[14] Zwischen einer größtmöglichen zentralen und einer größtmöglichen dezentralen Ausgestaltung liegen eine Vielzahl von Zwischenausprägungen. Dies umfasst einerseits die Entscheidungskompetenz und andererseits die Aufgabenkompetenz.

Bislang und auch künftig wird sich die Organisation eines Unternehmens wie ein Pendel zwischen Zentralisierung und Dezentralisierung hin- und herbewegen. Wenn eine weitgehende Zentralisierung erfolgt ist, wird die Dezentralisierung die Organisation deutlich verändern und umgekehrt. Der Hauptgrund für dieses Pendeln ist das Wissen der Führungskräfte über die durch Veränderungen frei werdende Energie. Tab. 11.1 skizziert die Vorteile von Zentralisierung und Dezentralisierung.

Das Beteiligungsmanagement hat die Aufgabe dieses Spannungsverhältnis gemeinsam mit den Akteuren der Beteiligungen zu reflektieren und zu einem sinnvollen Ergebnis zu entwickeln.

11.1.3.3 Verbesserung der Wertschöpfungsprozesse

Durch die Weiterentwicklung der Prozesse sollen die Effizienz, die Geschwindigkeit und die Kosten der Abläufe verbessert werden, bei mindestens gleicher Qualität. Das Spektrum reicht dabei von einer kontinuierlichen Prozessverbesserung bis hin zu einer radikalen Prozessumgestaltung. Die Weiterentwicklung der Prozesse kann top-down aufgrund von Vorgaben der Unternehmensführung oder bottom-up durch Vorschläge der mit dem Prozess befassten Akteure angestoßen werden. Daran schließt sich die Identifikation von konkreten Verbesserungspotenzialen und die Klärung von Rollen und Verantwortlichkeiten in dem künftigen Prozessablauf an.

[14] Vgl. Gomez und Zimmermann (1992), S. 167.

Tab. 11.1 Vorteile von Zentralisierung und Dezentralisierung. (Quelle: in Anlehnung an Evaristo et al. 2005)

Vorteile der Zentralisierung	Vorteile der Dezentralisierung
- Realisierung von Skalen-, Lern- und Verbundvorteilen - Erhöhung der Flexibilität und gegebenenfalls der Produktivität durch höhere Varietät - Verbesserte Bearbeitung von Problemen und Sonderthemen - Ausschöpfung von unternehmensweiten Ressourcen- und Marktpotenzialen - Beitrag für die Entwicklung einer gemeinsamen Unternehmenskultur mit gemeinsamen Werten - Erzielung konsistenter Entscheidungsergebnisse - Verbesserte Koordination im Kundeninteresse - Berücksichtigung übergeordneter Belange	- Erhöhung der Flexibilität und gegebenenfalls Produktivität durch den Einbezug von lokalem Wissen in die Prozesse - Motivation der autonom entscheidenden organisatorischen Teileinheiten - Dezentrale Verteilung der Entscheidungskompetenzen zur Vermeidung von Überlastung der zentral entscheidenden Akteure - Beschleunigung der Entscheidungsprozesse - Weniger Abstimmungsprobleme mit den internen Kunden bzw. deren Kunden - Reduktion von Kommunikations- und Abstimmungskosten - Vermeidung der Kosten für die Zentralisierung von Aufgaben

- Zu Beginn erfolgt eine detaillierte Erfassung des Prozesses. Die Prozessaufnahme umfasst die Elemente Ziele, Aufgaben, Abfolge (mit Alternativen und Entscheidungspunkten, Bedingungen), Akteure (Process-Owner) und Ergebnis (der jeweiligen Aufgabe).[15] Die Aufnahme wird in der Regel als grafisches Prozessmodell, alternativ tabellarisch oder als Text beschrieben. Dafür eigenen sich Notationen wie z. B. BPMN 2.0, EPK, WKD, DMN oder CMMN.[16]
- Im nächsten Schritt werden die Potenziale für die Prozessverbesserung identifiziert. Typische Ansatzpunkte dafür sind das Weglassen von Prozessschritten und Schnittstellen, die Zusammenfassung von Aufgaben, die Parallelisierung von Teilschritten oder die Automatisierung. Bei der Suche nach Ansatzpunkten hilft der Vergleich des betreffenden Prozesses mit denen von vergleichbaren Unternehmen im Sinne eines Benchmarkings. Hilfreiche Ansatzpunkte für die Prozessoptimierung sind:[17]
  – Streichung nichtwertschöpfender bzw. redundanter Prozesse bzw. Prozessschritte. Einzelne Prozessschritte mit geringer oder keinem Mehrwert werden aus dem Prozessablauf gestrichen.
  – Ablaufgestaltung optimieren (Input, Ereignis, Verzweigung, Output). Wenn Prozessschritte beim ersten Mal zum erwünschten Ergebnis führen, können Schleifen

[15]Vgl. Funk et al. (2010), S. 9.
[16]Vgl. https://www.omg.org/spec/BPMN/2.0/.
[17]Vgl. z. B. Bräkling und Oidtmann (2006), S. 65 ff.

für Wiederholung, Korrektur oder Anpassung vermieden bzw. durch den Tausch der Prozessschritte verbessert werden.
- Ergänzung von Prozessschritten. Für die Verbesserung des gesamten Prozessablaufs kann es sich auch anbieten, einzelne Prozessschritte zu ergänzen. Ein Beispiel ist das Scannen von Dokumenten, um auf dieser Basis den gesamten Ablauf des Prozesses zu beschleunigen.
- Parallelisierung von Prozessschritten. Durch die parallele Bearbeitung von Prozessschritten, lässt sich der Gesamtprozess beschleunigen.
- Überlappende Bearbeitung von Prozessschritten. Mit dem Start eines Schrittes noch während der vorhergehende läuft lässt sich der Gesamtprozess beschleunigen.
- Streichung oder Automatisierung von Schnittstellen Mit der Verbindung von Prozessschritten lässt sich die Zahl der Schnittstellen im Prozess reduzieren.
- Standardisierung für die Reduktion der Prozessvarianten
- Reduktion von Entscheidungspunkten
- Optimierung des Informationsflusses im Prozessablauf
- Automatisierung von Prozessschritten

- Unter Berücksichtigung der Realisierbarkeit der Verbesserungspotenziale werden die künftigen Soll-Prozesse beschrieben. Im Ergebnis können die Transparenz des Prozessablaufs für den Prozesskunden verbessert, die Durchlaufzeiten reduziert, die Schnittstellen reduziert, die Prozesskosten verbessert, die Prozessqualität erhöht oder die Produktivität anderer Prozesse (insb. solcher mit einer hohen Bedeutung für den Kunden) verbessert werden.
- Schließlich wird der neue Prozess gemeinsam mit den Beteiligten umgesetzt. Dies umfasst auch die Anpassung der für jeden Akteur veränderten Rollen-, Aufgaben- und Kompetenzbeschreibungen.
- Liegen umfangreichere Änderungen vor oder wird ein Prozess neu eingeführt, sollten die Veränderungen mit Schulungen vor der Anpassungsentscheidung sowie einer begleitenden Kommunikation nach der Entscheidung unterstützt werden.

Eine zweite Handlungsmöglichkeit für die Prozessoptimierung liegt in der Standardisierung der Prozesse. Mit der Standardisierung einhergehend ist die Reduktion der Komplexität des Prozessablaufs. Für die Standardisierung der Fälle, die in einem Prozess stattfinden können, lassen sich eine Reihe von Voraussetzungen beschreiben. Dazu zählt, dass der Prozess beschrieben ist, die Abläufe und die stattfindenden Fälle planbar sind und der Eintritt bzw. der Nichteintritt der Fälle steuerbar ist. Auf dieser Basis lassen sich eine Reihe von Schritten für die Standardisierung durchlaufen:[18]

- Zunächst sind die Ziele des Prozesses zu definieren.
- Im nächsten Schritt werden die Fälle detailliert aufgenommen. Dies umfasst Häufigkeit, wahrgenommener Kundennutzen, Interaktion mit dem Prozesskunden, erwartete

[18] Vgl. Mörschel (2002), S. 43 ff.

Kosteneinsparung durch die Standardisierung und erwartete Kosten für die Umsetzung. Ebenso ist die Bedeutung des Prozesses und die Folgen seiner Anpassung für andere Fälle zu bewerten.

- Danach ist zu entscheiden, welche Fälle künftig nicht mehr durch den Prozess bearbeitet werden. Neben einer Streichung von Fällen kann auch eine Überführung in einen der weiter zu bearbeitenden Fälle oder an einen Kooperationspartner erwogen werden.
- Schließlich erfolgt die Umsetzung der Standardisierung im Rahmen der Prozessbeschreibung, der IT-Systeme und durch eine mehr oder weniger aktive Kommunikation mit den Prozessakteuren und den Prozesskunden.

Die Standardisierung von Prozessen gelingt umso leichter, je häufiger die beizubehaltenden Fälle vorkommen, je geringer eine negative Auswirkung bei dem Prozesskunden ausfällt, je geringer die Umsetzungskosten und je geringer die Auswirkung der Standardisierung auf andere Prozesse ausfällt.

Eine dritte Herangehensweise liegt in der umfassenden Neugestaltung des Prozesses. Im Sinne einer disruptiven Vorgehensweise wird ein Prozess von Grund auf neu konzipiert, ohne den bisherigen Ablauf zu berücksichtigen. Der Ausgangspunkt sind die insb. aus Kundensicht formulierten Ziele des Prozesses. In der Folge ergibt sich ein idealtypischer Prozessablauf mit den dafür notwendigen IT-Systemen und weiteren Hilfsmitteln. Auch wenn dieser Ansatz in der Realität meist nur für neue Prozesse angewendet wird, hilft die Neukonzeption von Prozessen auch bei der Identifikation von Schwachstellen oder bei der Weiterentwicklung bestehender Prozesse.

Während die Abschaffung von nicht kundenrelevanten Prozessen oder die Verbesserung von Prozessen zur Minimierung von Doppelarbeiten, Leerzeiten und vermeidbaren Prozessschritten vor allem auf die Reduktion der notwendigen Durchlaufzeit zielen, sind bei der Optimierung von Prozessen auch die Qualität und weitere (nicht von der Durchlaufzeit abhängige) Kosten zu berücksichtigen. Dabei liegen teilweise Interdependenzen von Zeit, Kosten und Qualität vor. Tab. 11.2 gibt einen Überblick über relevante Steuerungsgrößen für die Bewertung von Prozessen als Grundlage für deren Optimierung.

Tab. 11.2 Auswahl relevanter Prozesskennzahlen. (Quelle: in Anlehnung an Jung 2006, S. 72–89)

Zeit	Kosten	Qualität
- Durchlaufzeiten - Bearbeitungszeiten - Verhältnis Bearbeitungs- und Durchlaufzeiten - Anteil vermeidbarer Zeitanteile (Liege-, Transport-, Wartungs-, Reparatur-, Nachbearbeitungs-, Rüstzeiten) an der Durchlaufzeit - Reaktionszeiten - Termineinhaltungsquote	- Fehlerkosten - Prüfkosten - Kosten infolge von Fehlleistungen - Mitarbeiterproduktivität	- Prozessvolumen - Prozessfähigkeitsindex - Ausbeute (Verschwendung, Materialabfall) - Fehlerquote (intern/extern) - Reklamationsquoten

Bei der Analyse der Potenziale im Hinblick auf Zeit, Kosten und Qualität ist die Kundenperspektive entscheidend. Welche Prozesse bzw. Prozessschritte sind künftig aus Sicht des Kunden (auch im Vergleich zum Wettbewerb) notwendig, welche sollten verbessert werden und welche sind nicht bzw. wenig relevant. Dafür bietet sich die Erstellung von Prozesslandkarten an.[19] Eine genaue Analyse von Potenzialen lässt Veränderungen leichter erklären als dies durch eine pauschale Budgetkürzung möglich wäre.

11.1.3.4 Verbesserung der Produktivität

Gerade bei produzierenden Unternehmen bietet sich neben der Prozessoptimierung auch die Optimierung der in den Prozessen verwendeten Ressourcen an. Der Begriff der Ressource umfasst einerseits materielle und immaterielle Vermögensgegenstände.[20] Darüber hinaus gehören dazu Kompetenzen und Fähigkeiten. Eine relativ breite Definition liefert Wernerfelt. Danach ist eine Ressource „… anything, which could be thought of as a strength or a weakness of a given firm. More formally, a firm's resources at a given time could be defined as those (tangible and intangible) assets which are tied semi-permanently to the firm."[21] Abb. 11.4 gibt einen Überblick über wesentliche Ressourcen einer Beteiligung.

Abb. 11.4 Überblick über wesentliche Ressourcen einer Beteiligung. (Quelle: in Anlehnung an Müller-Stewens und Lechner 2005, S. 214)

---

[19] Vgl. zu Tools für das Prozessmanagement z. B. Fraunhofer-Institut für Arbeitswirtschaft und Organisation IAO (2014); Der Prozessmanager GmbH (2018); Gartner (2019).

[20] Vgl. Geidner (2009), S. 87; Wang und Ahmed (2007), S. 31–51.

[21] Wernerfelt (1984), S. 172.

Tab. 11.3 Ansatzpunkte für die Reduktion des Ressourcenverbrauchs. (Quelle: in Anlehnung an Müller 2001, S. 32)

Produktentstehung	Nutzung	Entsorgung & Nachnutzung
- Vermeiden/Vermindern von Materialien, Gewicht und Volumen - Einsatz nachwachsender Rohstoffe, zurückgewonnener Produkte, Komponenten und Materialien sowie von recyclingfähigen Materialien	- Funktionsoptimierung - Funktionsintegration - Vermeiden/Vermindern von Abnutzungen - Erhöhung der Funktionsdauer - Rückgewinnung von Produkten und Komponenten zur erneuten Verwendung	- Erhöhen der Sortenreinheit der Materialien - Vermeiden/Vermindern von Entsorgungsmengen - Rückgewinnung von Materialien für die Produktion und Nutzung
Produktionsprozess	**Nutzungsprozess**	**Entsorgungsprozess**
- Erhöhen der Wirkungsgrade (insb. Energie, Ressourcen) - Vermeiden/Vermindern von Betriebs- und Hilfsstoffen, Produktionsabfällen, Emissionen und Transporten	- Erhöhen des Wirkungsgrades - Vermeiden/Vermindern von Beanspruchungen und Belastungen, Betriebs- und Hilfsstoffen, Emissionen und Transporten	- Erhöhen des Wirkungsgrades - Vermeiden/Vermindern von Betriebs- und Hilfsstoffen, Emissionen und Transporten

Die Verbesserung der Ressourcenproduktivität kann entweder durch eine gemeinsame Nutzung im Sinne eines Verbundeffekts (vgl. Abschn. 11.1.4) oder durch eine Minderung im Ressourcenbedarf bei einer einzelnen Beteiligung angestrebt werden.

Können Minderungen im Bedarf insb. von materiellen Ressourcen erzielt werden, führen diese neben der Kostenreduktion in der Regel auch zu einem Beitrag für den Umweltschutz und stärken die nachhaltige Positionierung der Beteiligung. Tab. 11.3 zeigt Beispiele für die Reduktion des Ressourcenverbrauchs in einer lebenszyklusorientierten Sicht mit Produktion, Nutzung und Entsorgung bzw. Nachnutzung.

11.1.4 Realisierung von Synergien

Die Identifikation und Begleitung der Realisierung von Synergien ist in der Regel eine Maßnahme, die eng mit den Akteuren des Mutterunternehmens verbunden ist. Dabei motivieren die Akteure des Mutterunternehmens ihre Beteiligungen zu einer verstärkten Zusammenarbeit in Kernbereichen der Wertschöpfung[22] oder bei Querschnittsfunktionen. Dabei kann es sich um horizontale Synergien zwischen den Beteiligungen oder um vertikale Synergien zwischen dem Mutterunternehmen und einer oder mehreren Beteiligungen handeln.

Synergien können nicht nur zu einer Minderung der spezifischen Kosten oder der absoluten Kosten führen, sondern auch zu einer Minderung der Risiken, zu der Schaffung von Marktzugängen, zu der Beschleunigung von Abläufen, gerade auch bei der Einführung

[22] Vgl. z. B. Martin und Eisenhardt (2001).

von Leistungen am Markt, zu der Stärkung von Reputation und Markenwert und zu einer gemeinsamen Verbesserung der Positionierung gegenüber Wettbewerbern. Mittelbar kann eine stärkere Zusammenarbeit in einer Unternehmensgruppe auch dazu führen, sich intensiv miteinander zu befassen, um darauf aufbauend eine Akquisition oder eine Fusion durchzuführen. Durch die gemeinsame Bearbeitung von Wertschöpfungsprozessen (vgl. die typische Wertschöpfungskette in Abb. 11.5) oder von unterstützenden Prozessen lassen sich Synergieeffekte nutzen.[23]

Das Institut der deutschen Wirtschaftsprüfer (IDW) unterscheidet bei Unternehmensbewertungen zwischen echten und unechten Synergien.[24] Bei echten Synergieeffekten handelt es sich um solche, die nur durch die Kombination von zwei oder mehreren spezifischen Unternehmen realisiert werden können. Sie sind nicht durch das Unternehmen alleine oder mit beliebigen Kooperationspartnern umsetzbar. Beispiele sind Erweiterungsinvestitionen, Effekte aus der Ergänzung des Angebotsportfolios oder die Erschließung neuer Absatzmärkte durch Kombination bestehender Vertriebsorganisationen. Bei unechten Synergieeffekten handelt es sich um solche, die sich durch verschiedene potenziell nutzbare Alternativen realisieren lassen.[25] Entsprechend lassen sich unechte Synergien durch die Kooperation mit einer nahezu beliebigen Vielzahl von Partnern realisieren. Beispiele für unechte Synergien sind Größen- bzw. Mengeneffekte, ein gemeinsames Cash-Management oder die Bündelung von Querschnittsfunktionen. Die Unterscheidung

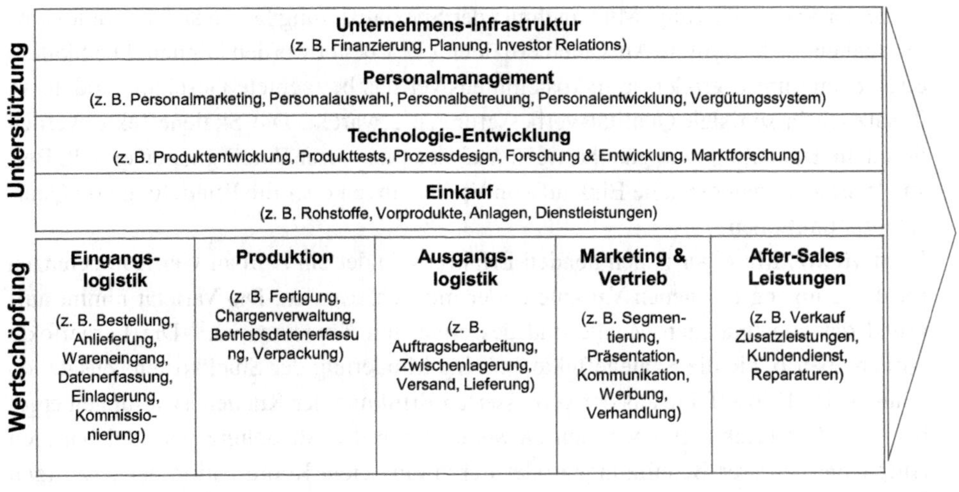

Abb. 11.5 Typische Wertschöpfungskette. (Quelle: in Anlehnung an Porter und Kramer 2006, S. 86)

[23] Vgl. zum Synergiebegriff Prechtl (2013) und die empirische Untersuchung zu Synergieeffekten bei Rothenbücher et al. (2012).

[24] Vgl. IDW S1 i. d. F. 2008, Rn 33 f., Rn 50 f.

[25] Vgl. Prechtl (2013), S. 743 ff.

in echte und unechte Synergien ist bei Unternehmensbewertungen von Bedeutung, da in der Regel echte Synergieeffekte nicht in die Bewertung des objektivierten stand-alone-Unternehmenswerts einfließen, während unechte Synergien zu berücksichtigen sind, soweit sie bereits eingeleitet oder im bestehenden Unternehmenskonzept dokumentiert sind.[26] Für das Beteiligungsmanagement spielt diese Unterscheidung allerdings außer bei Bewertungsanlässen eine untergeordnete Rolle. Angestrebt werden echte und unechte Synergien innerhalb der Unternehmensgruppe oder mit bestehenden oder mit potenziellen neuen Partnern.

Eine weitere Unterscheidung der Synergien ist die nach ihrer Entstehung. Danach lassen sich Erfahrungskurveneffekte, Verbundeffekte, Zeitvorteils- und Machteffekte unterscheiden.[27] Die Erfahrungskurveneffekte lassen sich in Skaleneffekte (mit Kapazitätsauslastungseffekten und Betriebsgrößeneffekten) sowie in Lerneffekte unterscheiden.

Das Beteiligungsmanagement setzt sich für die Realisierung von Synergien zwischen den Beteiligungen ein. Diese beziehen sich auf Erfahrungskurven-, Verbund-, Zeitvorteils- und Machteffekte.

- **Skaleneffekte**. Mit zunehmender Häufigkeit von Prozessdurchläufen lassen sich die mit einem Prozess verbundenen Fixkosten besser aufteilen. Neben dem Kapazitätsauslastungseffekt wirkt auch der Betriebsgrößeneffekt, bei dem aufgrund der zunehmenden Losgröße die erwarteten gesamten Herstellungskosten sinken.[28] Dies ist eine Folge der Spezialisierung. Mit zunehmender Spezialisierung lassen sich die Stückkosten senken, da bestimmte Aufgaben effizienter bearbeitet werden können. Die Skaleneffekte sind umso größer, je fixkostenintensiver das betrachtete Geschäftsmodell ist. Zusätzlich lassen sich Qualitätsverbesserungen erwarten. Die Skaleneffekte werden durch die Bündelung von gleichartigen Aufgaben mehrerer Beteiligungen erzielt. Beispiele sind der gemeinsame Einkauf von Vorleistungen oder die Bündelung von Querschnittsfunktionen.
- **Lerneffekte**. Mit einer zunehmenden Erfahrung findet ein Aufbau von Kompetenzen für den Umgang mit neuen Varianten oder mit Fehlern statt. Die Varietät nimmt aufgrund der zunehmenden Menge und des ergänzten Kontextes zu.[29] Die Lerneffekte wirken ebenso wie die Skaleneffekte auf eine Minderung der Stückkosten. Zusätzlich können sich Erlöseffekte aus der verbesserten Erfüllung der Kundenerwartungen ergeben. Die Lerneffekte ergeben sich entweder durch die Bündelung von gleichartigen Aufgaben mehrerer Beteiligungen oder durch eine enge Koordination der jeweiligen Prozesse. Beispiele sind die gemeinsame Durchführung von Produktionsprozessen oder die gemeinsame Qualitätssicherung.

---

[26] Vgl. IDW S1 i. d. F. 2008, Rn 34.

[27] Vgl. Eckhoff (2006), S. 30 ff. Vgl. zu weiteren Kategorisierungen von Synergieeffekten Porter (1987), S. 43 ff. und Ansoff (1965), S. 80.

[28] Vgl. Bohr (1996), Sp. 375; Brush (1996), S. 1 ff.

[29] Vgl. Chatterjee (1986), S. 119 ff.

Skaleneffekte ergeben sich durch die Fixkostendegression und durch Größeneffekte aufgrund der gemeinsamen Bearbeitung von gleichartigen Aufgaben seitens mehrerer Beteiligungen. Lerneffekte resultieren aus der Bündelung oder Koordination von Aufgaben und führen zum Aufbau von zusätzlichen Kompetenzen. Beide Effekte senken die Stückkosten und können auch Erlösverbesserungen bewirken.

Die Bündelung von Aufgaben lässt sich auch als Zentralisierung bezeichnen. Die gebündelte bzw. zentrale Wahrnehmung von ähnlichen Aufgaben an einer Stelle führt nicht nur zu Veränderungen in den Strukturen, Prozessen und Systemen, sondern auch zu veränderten Entscheidungsstrukturen. Damit können Prozesse beschleunigt und aufgrund der Zunahme an Kundenerwartungen auch die Professionalität und Klarheit in der Kundenkommunikation verbessert werden.

Die möglichen Vorteile aus den Skalen- und Lerneffekten sind in Abb. 11.6 zusammengefasst.

Neben Erfahrungskurveneffekten führt die Bündelung von Aufgaben auch zu Verbundeffekten (Economies of Scope).[30] Durch die Verbundeffekte lassen sich die durchschnittlichen Gesamtkosten senken, indem Erfahrungen bzw. Kompetenzen auf ein anderes Leistungsangebot übertragen oder vorhandene Ressourcen gemeinsam genutzt werden.[31] Gerade kleinere Beteiligungen können dadurch bestehende Ressourcen- und Kompetenzlücken schließen. Einen Überblick über Ressourcen gibt Abschn. 11.1.3.4. Durch die Verteilung der Kosten auf verschiedene Produkte können die durchschnittlichen Gesamtkosten sinken. Beispiele sind geringere Beschaffungs- und Transportkosten durch die Bündelung der Lieferlogistik, geringere Instandhaltungskosten durch die gemeinsame

	Kostenfokus	Erlösfokus
Lerneffekte	• Minderung des Produktionsausfalls durch Vertretungsregelungen • Standardisierung der Wertschöpfungsprozesse • Standardisierung der unterstützenden Prozesse	• Chancen für Kundengewinnung und Kundenbindung • Erhöhte Kundenorientierung durch Abbildung zusätzlicher Prozessvarianten • Professionalisierung und Klarheit in der Kundenkommunikation
Größeneffekte	• Reduzierte Prozesskosten • Reduzierte Einkaufspreise (Mengenrabatte) • Reduzierte Personalkosten pro Outputeinheit • Erhöhte Auslastung von Maschinen und Produktionsanlagen	• Kontrolle der Leistungsqualität durch (interne) Dienstleistungsverträge • Qualitätsverbesserung durch erhöhte Fehlertoleranz

Abb. 11.6 Beispiele für Vorteile von Skalen- und Lerneffekten

30 Vgl. Nayyar (1993).

31 Vgl. Vera und Crossan (2004), S. 222 ff.; Tanriverdi und Venkatraman (2005), S. 97 ff.

Durchführung der Instandhaltung, geringere Entsorgungskosten durch die gemeinsame Abfallaufbereitung und geringere Gemeinkosten durch die gemeinsame Nutzung einer Druckstraße für Werbemedien. Werden nutzbringende Erfahrungen von einer Beteiligung mit einer anderen geteilt, können zusätzliche Mehrwerte entstehen. Demgegenüber sind mögliche Nachteile wie die geringere Flexibilität bei notwendigen Veränderungen in der Ressourcennutzung, die Abhängigkeit von dem Ressourceneigentümer, Koordinationsbedarf bei Streitfällen und eine geringere Transparenz als im Fall der Nutzung eigener Ressourcen in die Überlegungen einzubeziehen. Für die Umsetzung sind Regelungen zu folgenden Fragestellungen zu treffen:

- **Anpassung der Prozesse im Umgang mit der Ressource**. Die Prozesse im Umgang mit der Ressource (z. B. Steuerung, Wartung, Instandhaltung bei technischen Anlagen, Inventarisierung bei Lagerflächen, Pflege bei Marken, Abrechnung bei IT-Systemen) sind bezüglich der Anforderungen des neuen Nutzers anzupassen.
- **Informationsaustausch**. Der Eigentümer der Ressource sowie der zusätzliche Nutzer sollten sich regelmäßig gegenseitig persönlich austauschen.
- **Datenbereitstellung**. Der zusätzliche Nutzer sollte dem Eigentümer regelmäßig Daten über die Ressourcennutzung bereitstellen.
- **Priorisierung**. Bei einer Konkurrenz der Nutzung von Ressourcen (z. B. Maschinen) ist eine Priorisierung für die Nutzung festzulegen.

Für die pragmatische oder systematische Realisierung von Verbundeffekten und die Sensibilisierung der Beteiligungen untereinander über die jeweils bestehenden übertragbaren Ressourcen helfen die Einrichtung von Kommunikationsforen (vgl. Abschn. 6.2.7) sowie auf die Analyse und Realisierung von Synergien ausgerichtete beteiligungsübergreifende Projekte.

Neben der Nutzung von bestehenden Ressourcen liegt ein großes Potenzial in der gemeinsamen Weiterentwicklung der Ressourcen. Können dabei Elemente von mehreren Beteiligungen genutzt werden, profitieren diese gemeinsam von der neuen Ressource. Dies kann eine gemeinsame Investition in Produktionsanlagen, die gemeinsame Durchführung von Forschungs- und Entwicklungsprojekten oder die gemeinsame Eröffnung einer Niederlassung im Ausland sein. Darüber hinaus kann es sich auch um den Aufbau von neuen Kompetenzen bzw. Fähigkeiten handeln. Aufgrund der hohen Bedeutung von neuen kundenrelevanten Lösungen kann das Mutterunternehmen die gemeinsame Ressourcenentwicklung mit Erfahrung und finanziellen Mitteln unterstützen.[32] Eine neue Ressource ist dabei umso wertvoller, je höher ihr Beitrag für den Kundennutzen, je einzigartiger oder überlegener sie im Wettbewerbsvergleich ist und je dauerhafter ihre besondere Stellung aufgrund von Nichtnachahmbarkeit oder Nichtsubstituierbarkeit aufrechterhalten werden kann.[33] Dadurch können Wettbewerbsvorteile entstehen.

[32] Vgl. Teece et al. (1997).

[33] Vgl. Prahalad und Hamel (1990).

Verbundeffekte ergeben sich aus der gemeinsamen Nutzung und der gemeinsamen Entwicklung von Ressourcen, durch die Kombination von Produktangeboten verschiedener Beteiligungen sowie durch gruppenweite Kooperationen mit Unternehmenspartnern.

Ein weiterer Verbundeffekt liegt in der Ausweitung der Erlöse durch die Kombination von Produktangeboten verschiedener Beteiligungen im Sinne von Cross-Selling. Solche Synergien können entweder durch Dienstleistungsvereinbarungen (Leistung gegen Entgelt), durch Provisionsvereinbarungen (erfolgsabhängige Vergütung für zusätzlichen Umsatz) oder durch die Gründung eines Joint Ventures realisiert werden. Dabei wird die Erlössteigerung aus dem Zusatzumsatz durch den Verkauf von Produkten anderer Beteiligungen an bestehende Kunden, durch verbesserte Chancen für die Neukundengewinnung und eine erhöhte Kundenbindung angestrebt.[34]

Neben der Realisierung von Verbundeffekten auf horizontaler Ebene zwischen den Beteiligungen bietet sich durch die Zusammenarbeit zwischen Mutterunternehmen und Beteiligungen auch die Realisierung von vertikalen Synergien an.[35] Es lassen sich zwei Arten von vertikalen Synergien unterscheiden: (1) das Mutterunternehmen bietet erfolgskritische oder unterstützende Ressourcen für die Beteiligung oder (2) eine Beteiligung bietet erfolgskritische oder unterstützende Ressourcen für das Mutterunternehmen. Bei den vertikalen unterstützenden Ressourcen handelt es sich in der Regel um die Bündelung von Querschnittsfunktionen (vgl. Kap. 12). Bei den vertikalen erfolgskritischen Ressourcen profitieren Beteiligungen und Mutterunternehmen durch das Teilen von Branchen- und Fachwissen sowie den Netzwerken der Akteure. Darüber hinaus profitieren die Beteiligungen durch vertikale erfolgskritische Ressourcen des Mutterunternehmens. Beispiele sind die Unternehmensentwicklung, die interne Unternehmensberatung und die Personalentwicklung, die Nutzung der Dachmarke, von Finanzkapital oder Sicherheiten des Mutterunternehmens, von Patenten, Lizenzen und Rahmenverträgen, das Angebot von Leistungen der Öffentlichkeitsarbeit oder Ressourcen aus dem Bereich Forschung und Entwicklung.[36] Zusätzlich können die Beteiligungen profitieren, wenn das Mutterunternehmen gruppenweite Kooperationen mit Unternehmenspartnern abschließt, um die Positionierung der Beteiligung auf den relevanten Märkten zu fördern. Derartige Kooperationen können ergänzende Produkte oder Leistungen für das Cross-Selling, ergänzende Komponenten für die Geschäftsmodelle der Beteiligungen (z. B. Leasing als Erlöskomponente, Online-Plattformen für die Kundenkanäle) oder auch Vereinbarungen mit Wettbewerbern über eine koordinierte Marktbearbeitung (unter Beachtung der Grenzen des Kartellrechts) sein.

Neben Erfahrungskurven- und Verbundeffekten liegen zusätzliche Synergiepotenziale in der Realisierung von zeitlichen Vorteilen bei der Weiterentwicklung der unternehmerischen

[34] Vgl. Goold und Luchs (1993), S. 7 ff.; Mahajan und Wind (1988).

[35] Pettifer und Campbell (2005), S. 19 ff.

[36] Frost und Morner benennen die Vorteile aus der beteiligungsübergreifenden Nutzung von Ressourcen in einer Unternehmensgruppe als Transfereffekte. Vgl. Frost und Morner (2010), S. 66.

	Kapazitätsauslastungseffekte	Betriebsgrößeneffekte	Lerneffekte	Verbundeffekte	Zeitvorteilseffekte	Machteffekte
Forschung & Entwicklung			Transfer von Wissen/Patenten	Gemeinsame F&E	Verkürzte Produktentwicklung	
Einkauf/ Beschaffung		Bündelung Einkauf				Verhandlungsmacht
Produktion	Gemeinsame Maschinen	Bündelung Prozesse	Transfer von Verfahrenswissen		Verkürzte Prozessanpassung	
Marketing/ Vertrieb			Transfer von Marktwissen	Cross-Selling	Verkürzung Time to market	Macht als Zulieferer
Kundendient	Gemeinsame CRM-Systeme			Verbesserter Service		
Shared Services	Gemeinsame IT	Gemeinsame Prozesse	Transfer von Management-Know-how			

Abb. 11.7 Synergiematrix mit Beispielen. (Quelle: in Anlehnung an Eckhoff 2006, S. 113)

Prozesse, bei der Entwicklung von neuen Produkten oder bei der Erschließung von neuen Märkten. Die zeitlichen Vorteile lassen sich nicht nur auf Lerneffekte oder auf Verbundeffekte zurückführen. Daher bilden sie eine weitere Kategorie der Synergien.[37]

Abschließend lässt sich die Kategorie der Machteffekte nennen. Machteffekte ergeben sich nicht nur aus Größeneffekten am Beschaffungs- und am Absatzmarkt, sondern auch aus der Positionierung des Unternehmens am Markt.[38] Das diese auch unabhängig von der Größe des Marktteilnehmers sein kann, zeigen zahlreiche Marktteilnehmer, die trotz ihrer Positionierung in einer Nische (z. B. bezüglich Design, Marke oder Funktionalität) eine hohe Bedeutung als Kunde bei ihren Zulieferern und/oder bei ihren Geschäfts- bzw. Privatkunden genießen. Synergien, die zu einer Stärkung der Position in einem Massenmarkt oder in einer Nische beitragen, stärken daher die Effekte der Marktmacht.

Für eine Analyse möglicher Synergieeffekte bietet sich die Verwendung einer Matrix aus der Kombination der Wertschöpfungskette einer Beteiligung und den einzelnen Synergiearten an.[39] Anhand der Matrix lassen sich verschiedene Handlungsalternativen und auch die Zusammenarbeit mit potenziellen strategischen Partnern durchdenken. Abb. 11.7 zeigt ein Beispiel.

11.1.5 Senkung der Kosten

Auf Basis von Analysen der Strukturen und Prozesse (z. B. über Benchmarking-Vergleiche) und dem Abgleich der identifizierten Kostensenkungsmaßnahmen mit den bestehenden strategischen Zielen und den Geschäftsmodellen können wichtige Bei-

[37] Vgl. Eckhoff (2006), S. 38 ff.

[38] Vgl. Eckhoff (2006), S. 40 ff.

[39] Vgl. Eckhoff (2006), S. 113.

träge für das Ergebnis der Beteiligungen erzielt werden. Auch mithilfe der Erfahrungen der Akteure des Mutterunternehmens mit operativen Kosten lassen sich Ansätze für die Reduktion der Kosten der Beteiligung identifizieren.[40] Dies kann sich auf direkte Kosten oder auf Gemeinkosten beziehen. Letztlich zielt die Kostenreduktion auf die Verbesserung der Marge, um so einen Beitrag zu Ergebnis und Cash Flow und damit zur Steigerung des Unternehmenswerts zu ermöglichen. Dabei hilft es, wenn das Mutterunternehmen über Kenntnisse für die Beteiligung relevanten Märkte verfügt. Die Meta-Studie von Frontier Economics auf Basis von über 60 empirischen Studien bestätigt, dass sich die Aktivitäten von Beteiligungsgesellschaften positiv auf die Produktivität, die Wettbewerbsfähigkeit und die Innovationstätigkeit von Beteiligungen auswirken können.[41] Neben zusätzlichen Investitionen liegt dies vor allem an der Einbringung von „... managerial expertise and specialised industry knowhow to the companies they invest in."[42]

Die Verbesserung der Kostenstruktur und der Höhe der jeweiligen Kostenblöcke kann bei jeder Kostenstelle und dort bei jeder relevanten Kostenart ansetzen. Typische Beispiele sind (vgl. auch die Aufzählung in Kapitel Abschn. 11.2.3):

- Optimierung des Einkaufs durch Verbesserung der Einkaufskonditionen, Minderung der beschafften Leistungen und Reduktion der Varietät der beschafften Leistungen
- Automatisierung der Produktion mit Verminderung von Fehlerquote und Ausschuss
- Minderung der gelagerten Güter sowie Erhöhung der Lagerumschlagsgeschwindigkeit
- Minderung der Gemeinkosten durch Reduktion der vergebenen Aufträge, z. B. für Reisen, Werbung und Inserate
- Insourcing von regelmäßig extern beauftragten Aufgaben
- Minderung des Steueraufwands
- Reduktion von Personalkosten im Zuge der Prozessoptimierung

Häufig verfügen Beteiligungen über Möglichkeiten, ihre Steuerbelastung kurzfristig oder auch mittel- und langfristig zu senken. Typische Ansatzpunkte sind die Einsparung von Grunderwerbssteuern bei dem Erwerb von Immobilien durch Nutzung einer nur zu 95 % gehaltenen Personengesellschaft,[43] die Nutzung von Verlusten zur Verminderung von Ertragssteuern von Geschäften der gleichen ertragssteuerlichen Sparte gemäß § 4 Abs. 6 Satz 1 des Einkommenssteuergesetzes oder die Verlagerung von Gewinnen in Länder mit geringerer Besteuerung durch die Gestaltung von Finanzierungen und

[40] Es bietet sich an, für das Ergebnismanagement gezielt auch Experten aus anderen Beteiligungen für die Beantwortung der sich stellenden Fragen einzubeziehen.

[41] Vgl. Frontier Economics (2013), S. 6 f.

[42] Frontier Economics (2013), S. 16.

[43] Vgl. das BFH-Urteil vom 18.09.2013, II R 21/12, BFH/NV 2014, 450.

Verrechnungspreisen.[44] Auch kann die Steuerquote eines Jahres durch Anpassung der Besteuerungsgrundlagen in das Folgejahr verlagert werden. Weitere Möglichkeiten ergeben sich durch ungeregelte Sachverhalte oder die Nutzung von internationalen digitalen Geschäftsmodellen.[45]

Gleichwohl sind diesen Gestaltungen enge Grenzen gesetzt und sie sollten vor dem Hintergrund einer verantwortungsvollen Unternehmensführung beurteilt werden. Durch die zunehmende Selbstverpflichtung sowie die externe Verpflichtung[46] der Unternehmen für mehr Transparenz und Public Value verlieren Steueroptimierungsstrategien an Bedeutung. Damit wird auch das Vertrauen von Kunden und Bürgern in die Unternehmen gestärkt.

Wenngleich sich Kosten für Material und Fremdleistungen, Steuern, Reisekosten oder Werbungs- und Insertionskosten durchaus auch für die Kostenoptimierung eignen, liegt der wesentliche Treiber häufig in den Personalkosten.[47] Der häufig zu beobachtende Personalabbau führt allerdings zu einer deutlichen Verschlechterung des Betriebsklimas. Um die Leistungsträger bei der Beteiligung zu halten, sind eine klare Formulierung des Projektplans sowie ein Ausblick auf die persönliche Sicherheit und eine langfristige Perspektive bei dem Unternehmen zu entwickeln. Ebenso hilft es, den Umsetzungshorizont der Maßnahmen auf mehrere Jahre auszudehnen. Die Wahl einer bewusst langfristigeren Umsetzung der Ergebnisverbesserung (im Vergleich zu einem kurzfristigen Szenario) stärkt bei den verbleibenden Beschäftigten und Führungskräften den (Wieder-) Aufbau von Vertrauen. Um der erhöhten Arbeitsbelastung zu begegnen, kann eine als möglichst gerecht erklärbare Aufteilung der Kostensenkungsziele helfen. Dies wird durch den Verkauf von nicht betriebsnotwendigen bzw. nicht rentablen Anlagevermögensgegenständen sowie die Reduktion von Kostenarten, die keine Personalkosten sind, unterstützt.

---

[44] Vgl. Dreßler (2007) und begrenzend § 90 Abs. 3 der Abgabenordnung im Sinne des „dealing at arm's lengths"-Prinzips. Bei einer Verlagerung von Erträgen in ein Land mit geringer Steuerbelastung sind die ggf. geltenden Doppelbesteuerungsabkommen und die Regelungen zum Informationsaustausch zu beachten. Vgl. z. B. die Regelungen des OECD-Musterabkommens zur Vermeidung der Doppelbesteuerung auf dem Gebiet der Steuern vom Einkommen und vom Vermögen unter OECD (2014) oder das G20-Aktionsprogramm Base Erosion and Profit Shifting unter OECD (2013).

[45] Vgl. Clement und Schreiber (2016), S. 215.

[46] Vgl. z. B. die Pflicht einer Corporate Social Responsibility Berichterstattung mit ökologischen, sozialen und weiteren Themen unter KOM (2011) 681 v. 25.10.2011, 2014/95/EU v. 22.10.2014 sowie das CSR-Richtlinie-Umsetzungsgesetz vom 11.04.2017 für Großunternehmen. Es handelt sich um „eine nichtfinanzielle Erklärung [...], die diejenigen Angaben enthält, die für das Verständnis des Geschäftsverlaufs, des Geschäftsergebnisses, der Lage des Unternehmens sowie der Auswirkungen seiner Tätigkeit erforderlich sind und sich mindestens auf Umwelt-, Sozial-, und Arbeitnehmerbelange, auf die Achtung der Menschenrechte und auf die Bekämpfung von Korruption und Bestechung beziehen" (Art. 1 der Richtlinie 2014/95/EU v. 22.10.2014).

[47] Vgl. Achleitner und Fingerle (2003), S. 14.

11.1.6 Minderung des eingesetzten Kapitals und der Kapitalkosten

Die Steuerung des Kapitalbedarfs setzt vor allem die Steuerung der Investitionen (neben der Steuerung des Aufwands) voraus. Diese bezieht sich auf Reinvestitionen und auf Neuinvestitionen.[48] Neben der Steuerung der Investitions- bzw. Reinvestitionsquote z. B. durch die Anpassung der Instandhaltungs- und der Wiederbeschaffungspolitik bietet sich auch die Möglichkeit, Investitionen aus dem Unternehmen an Dritte zu verlagern. Damit sinkt der Kapitalbedarf zulasten der variablen Kosten. Wenngleich durch Outsourcing oder Sale-and-lease-back Maßnahmen kurzfristig der Kapitalbedarf sinkt, zeigt ein Vergleich der Kapitalwerte aus den Investitionsrechnungen, dass die unternehmensinternen Investitionen in der Regel langfristig lohnenswerter sind. Gleichwohl ist die „Variabilisierung" ein probates Mittel, für ein kurz- bis mittelfristiges Ergebnismanagement. Eine andere Möglichkeit für die Reduktion des eingesetzten Kapitals liegt in dem Verkauf von nicht strategisch bedeutsamen Enkel-Beteiligungen oder nicht betriebsnotwendigen Vermögensgegenständen. Durch die Realisierung von stillen Reserven können bestehende Darlehensverpflichtungen bedient werden und/oder der künftige Kapitalbedarf reduziert werden.

Kurzfristig lässt sich der Kapitalbedarf durch die Optimierung des Working Capitals, also der kurzfristigen Forderungen und Verbindlichkeiten verbessern. Dabei helfen Maßnahmen für die Reduktion der Zeit bis zur Stellung von Rechnungen und bis zum Zahlungseingang wie auch Maßnahmen für möglichst späte Zahlungsziele von Verbindlichkeiten sowie die Minderung von Nachforderungen bzw. Mahnkosten. Regelmäßig zu prüfen ist der Verkauf von Forderungen und ein verbessertes zeitliches und betragsmäßiges Matching von produkt- bzw. kundenbezogenen Zahlungsausgängen und Zahlungseingängen. Ein weiteres wichtiges Thema für den kurzfristigen (und mittelfristigen) Kapitalbedarf ist der Umgang mit Gewinnausschüttungen. Für die Bemessung der Gewinnausschüttung einer Beteiligung sind eine Reihe von Aspekten zu berücksichtigen. Sie wirken sich allerdings auch auf den Unternehmenswert der Beteiligung aus.

- **Eigenkapitalquote und Finanzierungskosten**. Mit einer hohen oder maximalen Gewinnausschüttung kann die Eigenkapitalquote sinken. Damit verbunden sein können, jedenfalls mittelfristig, höhere Finanzierungskosten für künftige Investitionen. Ebenso fließen die Eigenkapitalquote und weitere Faktoren rund um die Relation der Ausschüttung zu anderen Belastungen in das Rating des Unternehmens ein. Das Rating wiederum prägt die Höhe der künftigen Finanzierungskosten des Unternehmens. Während bei Verlusten die Finanzierungsfähigkeit der Beteiligung in Frage steht, führen maximale Ausschüttungen an das Mutterunternehmen (oder das Vorliegen eines Ergebnisabführungsvertrags) zu einem Wechsel der Betrachtungsweise der Finanzierungspartner. Die Beteiligung wird dann als unselbstständige Einheit gesehen und verliert die

[48] Vgl. Preißner (2008), S. 335 ff.

Fähigkeit, die Finanzierungen ohne Betrachtung der Vermögenslage und der Sicherheiten des Mutterunternehmens verhandeln zu können.

- **Kurzfristige Erwartungen des Mutterunternehmens.** Eine geringe, ausbleibende oder unter den Erwartungen der Gesellschafter liegende Ausschüttung führt bei diesen zu möglichen Belastungen. Dies kann aus Sicht eines Gesellschafters zu einer Unterdeckung der Beteiligungserträge gegenüber den Finanzierungskosten, ggf. vorhandenen Abschreibungen auf einen beim Erwerb der Beteiligung gezahlten Aufpreis (Goodwill) gegenüber dem Buchwert sowie weiteren Kosten für die Betreuung der Beteiligung führen. Entsprechend erleidet der Gesellschafter kurzfristig einen Verlust. Doch auch wenn die Beteiligungserträge die mit der Beteiligung verbundenen Aufwendungen decken, kann die Höhe der Ausschüttung unter den Erwartungen liegen. Dies liegt an den mit der Beteiligung verbundenen erwarteten Gewinne, die wiederum die Ausschüttungen des Mutterunternehmens (und ggf. weiterer Gesellschafter) an deren Mutterunternehmen bzw. bei börsennotierten Unternehmen an die Anteilseigner speisen.
- **Mittelfristige Erwartungen des Mutterunternehmens.** Liegen die Ausschüttungen dauerhaft unter den Erwartungen, die im Rahmen des bilanzierten Wertes der Beteiligung bei den Gesellschaftern unterstellt wurden, müssen diese eine Neubewertung und damit absehbar eine Abschreibung auf den Buchwert vornehmen. Zwangsläufig führt dies zu einer Minderung des Gewinns des Mutterunternehmens. In der Folge können sich Diskussionen und Notwendigkeiten für Restrukturierungen oder den Verkauf der Beteiligung ergeben. Eine andere Betrachtung liegt vor, wenn die langfristigen Erwartungen des Mutterunternehmens von geringeren Ausschüttungen ausgingen. Gerade bei Beteiligungen, die im Rahmen einer Krisensituation übernommen werden, oder bei start-up-Beteiligungen ist die Erwartung nicht durch die laufenden Ausschüttungen geprägt, sondern durch die Realisierung einer Wertsteigerung bei einem späteren Anteilsverkauf.

Für die Steuerung der Kapitalkosten sollte die Beteiligung regelmäßig sämtliche Möglichkeiten der Finanzierung analysieren und bewerten. Dies umfasst neben Eigenkapital- und Fremdkapitalmaßnahmen auch die Überprüfung von Hybrid- bzw. Mezzanine-Finanzierungen. Die Akteure des Mutterunternehmens können direkte oder indirekte Beiträge zur Senkung der Kapitalkosten leisten (vgl. Kap. 10). Dazu zählt auch die Umschuldung (zu günstigeren Konditionen), die Reduktion von Schulden durch Sondertilgungen oder die Stärkung der vorhandenen Sicherheiten. Durch die Optimierung der Finanzierungsstruktur können die Belastungen durch Gewinnausschüttungen oder Zinszahlungen gemindert werden.

11.1.7 Stärkung des Wachstums

11.1.7.1 Wachstumsstrategie

Durch das gemeinsame Durchdenken der bestehenden Geschäftsmodelle lassen sich neue Wachstumsmöglichkeiten im Rahmen der bestehenden Geschäftsmodelle oder durch den

Aufbau neuer Geschäftsmodelle nutzen (vgl. Kap. 8). Die Adaption eines bestehenden Geschäftsmodells für zusätzliches Wachstum liegt häufig in der Einbindung von neuen Kundenbindungs- und Kommunikationstechniken. Neue Geschäftsmodelle können direkt mit der Beteiligung verbunden sein (organisches Wachstum), im Rahmen des Beteiligungsportfolios auch durch die Nutzung von Synergien mit anderen Beteiligungen (Schwestern) oder mithilfe von neuen zusätzlich zum Zwecke des Wachstums erworbenen Beteiligungen realisiert werden.

Beispiele für ein stärkeres Wachstum können in der Erweiterung des Marktauftritts durch Internationalisierung, in der Erweiterung des Leistungsangebots, in der Durchführung von Akquisitionen, in der Suche von strategischen Partnern oder auch in neuen Möglichkeiten für die Gestaltung der Konditionen für die bestehenden Leistungen liegen. Neben einmaligen oder laufenden Zahlungen für Produkte bzw. Dienstleistungen lassen sich auch Nutzungsgebühren, Mitgliedsgebühren, Flatrate-Zahlungen, Erlöse aus Verleih, Vermietung, Leasing oder Lizenzen nutzen.

11.1.7.2 Vernetzung der Akteure der Beteiligung

Das Mutterunternehmen ermöglicht den Akteuren der Beteiligungen den Zugang zu dem Netzwerk des Mutterunternehmens. Das umfasst neben der Anbahnung von Geschäftskontakten, die Schaffung von Zugängen zu Dienstleistern, die im Unternehmensverbund bekannt sind sowie den Ausbau des persönlichen Netzwerks. Die Vernetzung ermöglicht nicht nur die persönliche Weiterentwicklung der Akteure, sondern durch Impulse von Außen auch den Einbezug von Ideen für die bestehenden Geschäftsmodelle, den Zugang zu neuen Kunden und Märkten, oder auch die Stärkung der Mitarbeiterbindung.

11.1.7.3 Markenentwicklung

Die Marke einer Beteiligung ist ein wichtiges Element für die Wertentwicklung des Unternehmens. Neben ihrer Rolle als Element der Corporate Identity ist sie eine wichtige Grundlage für das unternehmerische Wachstum.[49] Mit der oder den Marken positioniert sich ein Unternehmen bei seinen Kunden. Eine Stärkung der Marke wirkt mittelbar auf die Kundenbindung und je nach der Intenstität auch auf die Wahrnehmung des Unternehmens im Markt. Die Marke ist das visuelle Erscheinungsbild des Unternehmens und sollte dabei ganz im Zuge einer stärkeren Wachstumsorientierung von innen nach außen aufgebaut werden. Es bieten sich die Berücksichtigung folgender Kriteren bei der Markenentwicklung an[50]:

- Aufmerksamkeitswert, Signalwirkung
- Informationswert, Erinnerungswert
- Langlebigkeit (zeitlos)
- Eigenständigkeit
- Integrationsfähigkeit, Variationsfähigkeit

[49] Vgl. Stankowski (2002), S. 191 ff.

[50] Vgl. Stankowski (2002), S. 196.

- Verkleinerungsmöglichkeit
- Eignung für die Produktkennzeichnung
- (bei enthaltenen Worten): leicht lesbare und funktionelle Typografie
- Ästhetischer Anteil
- und Sympathiewert.

Die Markensymbolik greift oft auf schon intern oder extern bestehende Zeichen und Symbole zurück, spielt mit deren Bedeutung und kreiert dadurch zahlreiche eigenständige visuelle Erscheinungsbilder. Neben der visuellen Marke bietet sich gerade für Unternehmen mit häufiger Präsenz in den audio-visuellen Massenmedien auch die Entwicklung einer Audio-Marke an. Der Einsatz von akustischen Elementen mündet in einen Brand Sound bzw. Corporate Sound. Eine weitere Unterstützung erfährt die Marke durch das Produktdesign. Die Botschaft, die das Produkt dem Kunden vermittelt, überträgt sich auch auf das Unternehmensimage. Dazu zählen Ästethik, Farben, Materialien, Haptik, Verpackung und letztlich auch die technische Qualität. Je nach Selbstverständnis des Mutterunternehmens kann der Einbezug des Beteiligungsmanagements in die Überarbeitung von Marken oder dem Produktdesign der Beteiligung sinnvoll sein. Dies gilt besonders dann, wenn das Mutterunternehmen über eine eigene Marketing- oder Designabteilung verfügt.

Neben der spezifischen Gestaltung der Marke und des Designs für eine Beteiligung stellt sich die Frage nach der Nutzung einer Dachmarkenstrategie. Dabei werden Elemente einer Dachmarke in die Marken der Beteiligungen einbezogen und erhöhen so den Wiedererkennungswert für den Konzern bzw. die Unternehmensgruppe. Die einzelnen Angebote sowie die Beteiligungen selbst stärken (oder schwächen) den Wert der Dachmarke. Allerdings erfordert eine Dachmarkenstrategie ein hohes Maß an Zuversicht, dass die einbezogenen Beteiligungen bzw. deren Produkte langfristig im Verbund verbleiben. Ebenfalls sollte die Voraussetzung geprüft werden, ob eine Dachmarke eine positive Rückkopplung bei den Kunden im Vergleich zu einer separaten Markenpolitik erfahren wird.

11.2 Restrukturierung und Sanierung

11.2.1 Die Unternehmenskrise als Ausgangspunkt

Jedes der jährlich rund 20.000 beantragten Insolvenzverfahren und die damit verbundenen wirtschaftlichen Verluste und Entlassungen stehen für verpasste Chancen durch eine Sanierung oder Restrukturierung. „Unternehmungskrisen sind ungeplante und ungewollte Prozesse von begrenzter Dauer und Beeinflussbarkeit sowie mit ambivalentem Ausgang. Sie sind in der Lage, den Fortbestand der gesamten Unternehmung substanziell und nachhaltig zu gefährden oder sogar unmöglich zu machen.“[51] Eine Restrukturierung ist im

[51] Krystek (1987), S. 6 f.; Harz et al. (1999), S. 28.

Sinne der schöpferischen Zerstörung von Joseph Schumpeter besser als eine Insolvenz.[52] Eine erfolgreiche Sanierung führt durch eine Rekombination von bestehenden und neuen Produktionsfaktoren zu veränderten Strukturen. Damit führt sie zu neuen unternehmerischen Chancen und zu Wachstumsimpulsen. Und eine Sanierung ist für viele Mutterunternehmen zu einer regelmäßig wiederkehrenden Aufgabe geworden, sei es bei Beteiligungen im Bestandsportfolio oder bei der Akquisition von Krisenunternehmen.

Bei Vorliegen einer Unternehmenskrise muss die Geschäftsführung eine Schwachstellenanalyse durchführen und Sanierungsmaßnahmen einleiten. Diese Verpflichtung basiert – wie bei Unternehmen ohne Krise – auf der 1998 durch das Gesetz zur Kontrolle und Transparenz im Unternehmensbereich (KonTraG) veranlassten Regelung des § 91 Abs. 2 AktG (auch bei GmbHs und Personenhandelsgesellschaften), wonach die Geschäftsführung geeignete Maßnahmen zu definieren hat, um Risiken, die den Fortbestand des Unternehmens gefährden können, frühzeitig zu erkennen (Früherkennungssystem). Werden solche Risiken erkannt, sind Maßnahmen für die Gegensteuerung einzuleiten. Verschärft sich die Krise, so muss die Geschäftsführung nach § 64 GmbH, § 92 AktG bzw. § 130a HGB kurzfristig die Eröffnung des Insolvenzverfahrens beantragen. Dies kann bei Vorliegen von Zahlungsunfähigkeit (§ 17 InsO), einer drohenden Zahlungsunfähigkeit (§ 18 InsO) oder einer Überschuldung des Unternehmens (§ 19 Inso) erforderlich werden. Die Beurteilung ergibt sich insb. nach IDW S 11 vom 29.01.2015.

- Der Schuldner ist zahlungsunfähig, wenn er nicht in der Lage ist, die fälligen Zahlungsverpflichtungen zu erfüllen. Der Schuldner hat die Pflicht zur Auslösung der Insolvenz, der Gläubiger hat eine Auslöseoption. Die Zahlungsunfähigkeit ist der häufigste Insolvenzgrund in Deutschland.
- Der Schuldner droht zahlungsunfähig zu werden, wenn er voraussichtlich[53] nicht in der Lage sein wird, die bestehenden Zahlungsverpflichtungen im Zeitpunkt der Fälligkeit zu erfüllen. Der Schuldner hat dann eine Auslöseoption, der Gläubiger nicht.
- Die Überschuldung liegt nach § 130a HGB, § 92 Abs. 1 Satz 2 AktG, § 64 Abs. 1 Satz 1 GmbHG vor, wenn das Vermögen des Schuldners die bestehenden Verbindlichkeiten nicht mehr deckt. Bei der Bewertung des Vermögens ist die Fortführung des Unternehmens zugrunde zu legen, d. h. es sind nicht nur die aktuellen, sondern auch die Planwerte unter Berücksichtigung z. B. von Verkäufen von Vermögensgegenständen anzusetzen.[54] Der Schuldner hat die Pflicht zur Auslösung, der Gläubiger hat eine Auslöseoption.

[52] Vgl. Schumpeter (2005), S. 110–114.

[53] Der Prognosezeitraum ist dabei unbestimmt und orientiert sich an dem letzten Fälligkeitstermin aller im Zeitpunkt der Prognoseerstellung bereits begründeten Zahlungspflichten. Die Prognose sollte mit hinreichender Sicherheit erstellt werden und ggf. belegt werden können. Meist handelt es sich um einen Zeitraum von maximal ein bis zwei Jahren. Vgl. Blersch et al. (2018), Rn 11 zu § 18 Abs. 2.

[54] Die modifizierte zweistufige Methode unterscheidet zwischen einer rechnerischen und einer recht-

Liegen einer oder mehrere Insolvenzgründe vor, ist zu entscheiden, ob eine Liquidation nötig oder stattdessen eine Sanierung möglich ist. Die Sanierung oder die Restrukturierung verhelfen im Krisenfall vor oder nach Eintritt eines Insolvenzgrundes zu einer Anpassung von Strategie oder Geschäftsmodellen, zu einer Anpassung der Strukturen und/ oder zur Umsetzung von Sofortmaßnahmen. Während die Begriffe Restrukturierung und Sanierung häufig synonym verwendet werden, lässt sich von einer Restrukturierung bei umfassenden mittelfristig geplanten Veränderungen sprechen, während eine Sanierung eher bei akuten, unternehmensgefährdenden Krisen stattfindet. Nachfolgend wird das Vorgehen am Beispiel einer Sanierung vertieft, wenngleich dieses in weiten Teilen auch bei Restrukturierungsfällen anwendbar ist.

Dabei stellt jede Restrukturierung oder Sanierung das Beteiligungsmanagement vor eine besondere Aufgabe. Schließlich geht es um die Existenz der Beteiligung bei einem gehörigen Zeitdruck. Entsprechend bindet die Notwendigkeit für eine erhöhte Aufmerksamkeit für ein Krisenunternehmen die Führungskräfte des Krisenunternehmens und des Mutterunternehmens sehr. Um die Kräfte zu bündeln und für die Erklärung des Vorgehens insb. für die finanzierenden Banken und weitere Gläubiger wird in der Regel ein Sanierungskonzept oder ein Sanierungsgutachten erstellt.

11.2.2 Erstellung eines Sanierungskonzepts

Das Sanierungskonzept sollte sich am IDW-Standard S6 orientierten, der die Anforderungen an Sanierungskonzepte beschreibt.[55] Grundsätzlich kann ein vollständiges Konzept vorgelegt werden, oder Teilkonzepte, die nach und nach und aufeinander aufbauend vorgelegt werden können. Bei Teilkonzepten muss eine Einordnung in das vorliegende Krisenstadium erfolgen. Die Gliederung eines Sanierungskonzepts gibt Tab. 11.4 wieder.

Die Zusammenarbeit zwischen Mutterunternehmen und der Beteiligung in der Krise erfolgt meist besonders eng. Die regelmäßige Diskussion von aktuellen Sachverhalten erfordert eine hohe Betreuungszeit und auch den Einbezug von externen Experten.[56] Das Mutterunternehmen beteiligt sich an der Erstellung des Sanierungskonzepts und unterstützt bei der Identifikation und Umsetzung der Sanierungsmaßnahmen. Durch die häufig gegebene inhaltliche Nähe zu den anstehenden Maßnahmen aber der gleichwohl bestehenden Ferne zu den Gründen für die Entstehung der Schwachstellen und zu ehemals

lichen Überprüfung. Auch wenn eine rechnerische Überschuldung vorliegt, ist diese nur relevant, wenn die rechtliche Prüfung (Fortführungsprognose) zu keinem positiven Ergebnis kommt. Vgl. Wackerbarth (2009), S. 145 ff.

[55] Vgl. IDW S6 v. 18.07.2018.

[56] Vgl. zu den Themen die Regelungen zu Aufsichtsgesprächen (S. 8) in der Richtlinie zur Durchführung und Qualitätssicherung der laufenden Überwachung der Kredit- und Finanzdienstleistungsinstitute durch die Deutsche Bundesbank (Aufsichtsrichtlinie) in der Fassung vom 19. Dezember 2016.

Tab. 11.4 Gliederung eines Sanierungskonzepts nach IDW S6

1. Festlegung des Auftragsgegenstands und Auftragsumfangs	4. Analyse der Krisenursachen
2. Darstellung und Analyse des Unternehmens	5. Leitbild des sanierten Unternehmens
2.1. Basisinformationen über das Unternehmen	6. Beschreibung der Unternehmensstrukturen
2.2. Analyse der Unternehmenslage (z. B. anhand einer SWOT-Analyse)	7. Beschreibung der Strategie und der angestrebten Wettbewerbsvorteile
2.3. Analyse des Umfelds (z. B. anhand einer PESTLE-Analyse (Political, Economical, Social, Technological, Legal, Environmental))	8. Vorgesehene Sanierungsmaßnahmen
2.4. Analyse der Branchenentwicklung	9. Integrierte Sanierungsplanung (mit Prämissen, Ergebnis-, Finanz- und Vermögenslage, Kennzahlen, Szenarien sowie Erläuterungen der Maßnahmenwirkungen auf die Problembereiche)
2.5. Analyse der internen Unternehmensverhältnisse (z. B. anhand von Deckungsbeiträgen, wesentlichen Verträgen, Kompetenzen und Vermögensgegenständen)	10. Aussagen zur Fortführungsfähigkeit bzw. zur Sanierungsfähigkeit als Gesamturteil
3. Feststellungen des Krisenstadiums	11. Zusammenfassung

handelnden Personen kann das Mutterunternehmen hier ein weitgehend objektiver Partner sein. Ebenso begleitet das Mutterunternehmen die interne und externe Kommunikation. Die Zusammenarbeit unterscheidet sich fallweise. Sie reicht von der Übernahme des Projektmanagements durch das Mutterunternehmen über die Rolle des Projektpartners bis hin zu der Rolle als Berater oder Coach für die Akteure der Beteiligung. Für die Durchführung der Sanierung sollten die Projektleitung und idealerweise auch verschiede Mitglieder des Projektteams über relevante Kompetenzen verfügen. Abb. 11.8 fasst diese zusammen und orientiert sich an der Kompetenzstruktur aus Abschn. 5.1.

Die Grundlage des Sanierungskonzepts besteht in der Analyse der Ausgangssituation. Dazu gehören neben Basisinformationen, die Unternehmenslage, eine Umfeldanalyse, die Analyse der Branchenentwicklung sowie eine Analyse der internen Unternehmensverhältnisse. Dabei werden wesentliche bestehende Verträge (insb. mit Lieferanten und Kunden), Schwachstellen in der Wertschöpfungskette, in der Erfüllung der Kundenerwartungen oder in den bestehenden Kostenstrukturen aufgezeigt. Auf dieser Basis lässt sich das bestehende Krisenstadium sowie die wesentlichen Krisenursachen herausarbeiten.

Die Feststellung des Krisenstadiums erfolgt vor dem Hintergrund, dass ein Unternehmen in der Krise verschiedene Stadien durchläuft. Es werden die Stakeholderkrise, die Strategiekrise, die Produkt- und Absatzkrise, die Erfolgskrise und die Liquiditätskrise unterschieden. Zwar wird ein sequenzieller Verlauf unterstellt, gleichwohl kann der Verlauf auch anders sein. Abb. 11.9 fasst die verschiedenen Krisenstadien und die damit verbundenen Anzeichen zusammen.

Persönliche Kompetenz	Fachliche Kompetenz	Methodische Kompetenz	Soziale Kompetenz	Handlungs-kompetenz
• hohe Leistungs-bereitschaft • Fähigkeit, Wider-sprüche auszuhal-ten (Ambiguitäts-toleranz) • handelt integer und übernimmt Verant-wortung für seine Handlungen • steht dem Unter-nehmen und den mit dem Wandel verbundenen Ziel-vorstellungen loyal gegenüber • kann starke Belas-tungen aushalten und produktiv überwinden • ist offen für Kritik • ist bereit, Risiken (auch persönliche) einzugehen	• Wissen um die spezifischen Bedingungen der Produkte / Dienstleistungen des Unternehmens • Wissen um wirtschaftliche Zusammenhänge • kennt erfolgreiche Strategien für die wirtschaftliche Restrukturierung	• kann komplexe Sachverhalte vor Zuhörern unter-schiedlicher Kenntnisstufe einfach und verständlich darstellen • kann frei sprechen und ad hoc State-ments von min-destens mittlerer Komplexität abgeben • kann präsentieren • gut ausgeprägte analytische Fähigkeiten	• kann andere führen und für Neues gewinnen • ist sich der Signalwirkung eigenen Handelns bewusst und geht als Vorbild voran • erkennt mögliche Konflikte, kann sie ansprechen und lösen • wirkt ausgleichend • kann Ziele auch gegen Widerstände durchsetzen • kann die Stärken der Mitarbeiter aktivieren	• hohes Lernpoten-zial (Lernmotivation und Lernfähigkeit), versucht über den eingeschlagenen Weg hinaus zu denken • lernt aus Fehlern, ohne in eine Ver-teidigungshaltung zu gelangen • produktives Hinter-fragen der eigenen Entscheidungen / des eigenen Weges

Abb. 11.8 Erwartete Kompetenzen für die Sanierung. (Quelle: In Anlehnung an Lang-von-Wins et al. 2006, S. 266)

Stakeholderkrise	Strategiekrise	Produktions- & Absatzkrise	Erfolgskrise	Liquiditätskrise
• Konflikte zwischen Gesellschaftern • Konflikte zwischen Stakeholdern • Mangelnde interne Abstimmung zwi-schen Abteilungen • Häufige Manage-mentwechsel	• Fehlende oder unpassende Vision • Fehlende oder unpassende Strategie • Falsche Marktein-schätzung • Fehlallokationen von Ressourcen	• Starker Nachfrage-rückgang • Schrumpfende Märkte • Fehlende Kundennähe • Negatives öffentli-ches Image	• Zu hohe Fixkosten • Negative Deckungsbeiträge • Negative Jahres-/ Bilanzergebnisse • Rückläufige bzw. negative Rendite-Kennzahlen	• Nutzung von Kreditlinien • Minderung bzw. Verlust der Finan-zierungsfähigkeit • Zahlungs-schwierigkeiten • Aussetzung des Kapitaldienstes

Abb. 11.9 Krisenstadien und ihre Symptome

- Eine **Stakeholderkrise** kann durch Streit zwischen oder innerhalb von Stakeholdern (wie z. B. Gesellschaftern, Kunden, Arbeitnehmern, finanzierende Banken) hervorgerufen werden. Aufgrund dieser Konflikte können Entscheidungen verzögert oder Entscheidungen zuungunsten des Unternehmens getroffen werden. Dies kann zum Stillstand, Lethargie, Blockaden und Demotivation führen. Ansatzpunkte für die Überwindung der Krise sind die Schaffung von geeigneten Kommunikationsräumen, die Moderation von Gesprächen oder die Nutzung von (externen) Coachingangeboten hin zu Kompromissen. Um die Krise dauerhaft zu überwinden, bietet sich die Vereinbarung von gemeinsamen Positionen für eine vertrauensvolle Zusammenarbeit und die Verhinderung von Konflikten durch Veränderungen bei den handelnden Akteuren an.

- Eine **Strategiekrise** entsteht (als Folge einer Stakeholderkrise) durch eine fehlende oder nicht klare strategische Positionierung. Dazu kommen aggressive neue Angebote oder veränderte Strategien der Wettbewerber. In der Folge strauchelt das Unternehmen, es reagiert erratisch, ohne klare Linie und verliert Marktanteile, Umsatz und Deckungsbeitrag. Um die Strategiekrise zu überwinden, bietet sich eine klare Formulierung von Produkt-Markt- und Ressourcen-Strategien an, primär orientiert an den Kundenerwartungen. Davor sollten die Strategien der Wettbewerber und das eigene Potenzial analysiert werden.
- Die **Produktions- und Absatzkrise** ergibt sich (als Folge einer Strategiekrise) durch die dauerhafte Reduktion der Nachfrage. Gründe liegen häufig in einer nicht kundenorientierten Ausgestaltung der Geschäftsmodelle, und damit z. B. in der Wertschöpfung oder der Preispolitik des Unternehmens. Die Produktions- und Absatzkrise lässt sich nach einer Analyse der Geschäftsmodelle der Wettbewerber durch die kundenorientierte Weiterentwicklung der Geschäftsmodelle des Krisenunternehmens überwinden. Andere Maßnahmen können in deutlichen Kosteneinsparungen bei andauerndem Nachfragerückgang liegen.
- Eine **Erfolgskrise** entsteht (im Anschluss an die Produktions- und Absatzkrise) durch starke Gewinnrückgänge und führt nach und nach zu Zahlungsschwierigkeiten oder auch zum Verlust der Kreditwürdigkeit bis hin zu einer Überschuldung. Für die Überwindung der Erfolgskrise sind parallel Wachstums- und Kostensenkungsmaßnahmen zu ergreifen. Durch Optimierung von Produktangebot, Prozessen und Kostenarten kann das Unternehmen wieder ertragsfähig und profitabel werden. Neben operativen Maßnahmen sind dafür auch strategische Sanierungsmaßnahmen notwendig. Dazu zählen die Aufgabe von Geschäftsfeldern, die Kooperation mit strategischen Partnern oder ein umfangreiches Out- oder Insourcing.
- Die **Liquiditätskrise** ergibt sich (im Anschluss an die Erfolgskrise) durch fortschreitende Gewinnrückgänge und einer damit verbundenen Reduktion der Liquidität des Unternehmens. In der Folge kann das zu einer akuten oder drohenden Zahlungsunfähigkeit führen. Beschleunigt wird eine Liquiditätskrise durch unflexible Finanzierungsvereinbarungen, zunehmende Finanzierungskosten aufgrund der geringen Kreditwürdigkeit oder durch großzügige Debitoren-Zahlungsziele. Die Liquiditätskrise lässt sich durch ein konsequentes Liquiditäts- und Working-Capital-Management, durch die Flexibilisierung und den Neuabschluss von günstigen Finanzierungsvereinbarungen, durch Verkauf von Vermögensgegenständen oder durch die Nutzung von Liquiditätspotenzialen (z. B. durch Factoring, Outsourcing oder Sale-and-Lease-Back) überwinden.

Als nächstes wird ein Leitbild im Sinne eines Soll-Zustands des zu sanierenden Unternehmens erarbeitet. Wie jedes Ziel sollte auch das Leitbild anspruchsvoll, attraktiv für die Organisation, aber auch realistisch sein. Zu dem Leitbild können auch die Eckpunkte der angepassten Geschäftsmodelle des Unternehmens gehören.

11.2.3 Definition der Sanierungsmaßnahmen

Auf Basis der Analyse der Ausgangssituation und des Leitbilds werden die Sanierungsmaßnahmen entwickelt. Das Hauptziel der Sanierung liegt in der Erhaltung der unternehmerischen Existenz. Für die Sicherung der Finanzierung des Unternehmens lassen sich neben strategischen und operativen Verbesserungen, der Zuführung von neuem Kapital (siehe Finanzierung) auch der Verkauf von Vermögensgegenständen nutzen (vgl. Abb. 11.10). Durch einen solchen Asset Deal erhält das Krisenunternehmen einen Kaufpreis für die verkauften Gegenstände. Sollte es sich um betriebsnotwendiges Vermögen handeln, so kann ein Verkauf nur erfolgen, wenn das wirtschaftliche Eigentum an den Gegenständen im Unternehmen verbleibt. Entsprechend lassen sich die verkauften oder vergleichbare Gegenstände mieten oder leasen (d. h. Sale-and-lease-back). Zwar ist damit ein indirekter Finanzierungsaufwand verbunden, doch hilft der Verkauf mit einer kurzfristigen Liquiditätszufuhr. Im Zuge der Sanierung kann auch der Einbezug eines weiteren strategischen oder finanziellen Partners helfen, z. B. einer auf Sanierungen spezialisierten Beteiligungsgesellschaft.[57] Eine Sonderform für das Sanierungsmanagement ist die übertragende Sanierung, bei der nur die Vermögensgegenstände und nicht die Verbindlichkeiten auf das aufnehmende Unternehmen übertragen werden.

Wichtig für den Erfolg des Sanierungsprojekts sind einerseits kurzfristig wirksame Maßnahmen und andererseits mittel- und langfristig angestrebte Veränderungen. Jede Maßnahme bedarf einer klaren Zuordnung von Verantwortlichen, der einbezogenen internen (und unterstützenden externen) Projektmitglieder sowie von zu erreichenden Zielen.

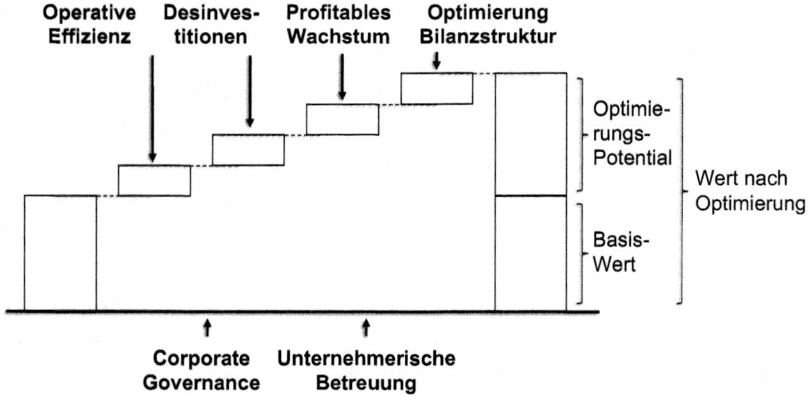

Abb. 11.10 Wesentliche Ansatzpunkte für Sanierungsmaßnahmen. (Quelle: In Anlehnung an Grethe 2010, S. 125)

[57] Vgl. Hotchkiss und Mooradian (1997), S. 401 ff.

Es lassen sich im wesentlichen folgende Ansatzpunkte für Sanierungsmaßnahmen unterscheiden[58]:

- Verbesserung der operativen Effizienz (insb. Optimierung Verwaltung, Beschaffung und Produktion sowie Preispolitik und Vertriebs-Incentivierung),
- Desinvestitionen (insb. Verkäufe für die Realisierung von stillen Reserven aus der Differenz von Verkaufspreis und Buchwert (abzüglich Transaktionskosten) oder strategisch motivierte Verkäufe),
- Profitables Wachstum (insb. Penetration bestehender Märkte, Eintritt in neue Märkte, Entwicklung neuer Produkte und Mergers & Acquisitions),
- Verbesserung der Kapital- und Vermögensstruktur (insb. Optimierung Working Capital und Stärkung des Eigenkapitals, Umschuldung, Veräußerung von nicht betriebsnotwendigem Vermögen),
- Corporate Governance (insb. Implementierung von Anreizsystemen, Monitoring von Unternehmens-/Managementleistung, Neubesetzung von Schlüsselpersonen, (Ver-)Stärkung der untnehmerischen Kultur) und
- Unternehmerische Betreuung mit den sechs Elementen[59]: Strategische Beratung, Finanzielle Beratung, Zugang zu weiteren Finanzierungsquellen, Operative Beratung, Erweiterung des persönlichen Netzwerks und Synergieeffekte mit anderen Portfolio-Unternehmen

Die Entwicklung von konkreten Maßnahmen orientiert sich dabei zunächst an den primären Erfolgsmaßen Liquidität, Ergebnis und strategische Positionierung. Für die Entwicklung der konkreten Maßnahmen bietet sich auf Basis der durchgeführten Unternehmensanalyse, auch im Sinne eines internen Benchmarkings zwischen vergleichbaren Segmenten, Abteilungen etc. auch ein Vergleich mit anderen Unternehmen im Sinne eines externen Benchmarkings an. Die kurz- und mittelfristigen Maßnahmen lassen sich nach Aufwands- bzw. Ertragspositionen unterscheiden und umfassen unter anderem folgende Themen.

Personalaufwand

- Neueinstellungsstopp
- Optimierung von Prozessen durch Streichung von nicht wertschöpfenden Schritten, Ausbau der Automatisierung und Minderung von Schleifen
- Beendigung von befristeten Arbeitsverhältnissen
- Abbau von Zusatzleistungen (übertarifliche freiwillige Sonderleistungen)

---

[58] Vgl. Grethe (2010), S. 173 ff.

[59] Vgl. Grethe (2010), S. 178.

- Kündigung von Betriebsvereinbarungen mit Zusatzleistungen gemäß § 77 Abs. 5 BetrVG unter Beachtung einer möglichen Nachwirkung gemäß § 77 Abs. 6 BetrVG
- Vereinbarung des (temporären) Verzichts auf Gehaltsbestandteile (wie Weihnachtsgeld, Teile der variablen Vergütung etc.)
- Einführung von Kurzarbeit (mit Unterbrechung der Lohnzahlungen)
- Neueinstellungen in einer Beteiligung ohne Tarifbindung oder mit günstigeren Tarifregelungen
- Vereinbarung eines Haustarifvertrags mit günstigeren Regelungen
- Vereinbarung einer Ausgliederung eines Teilbetriebs (Betriebsübergang gemäß § 613a BGB mit Fortgeltung der betrieblichen Regelungen) mit späterer Anpassung der betrieblichen Regelungen
- Abschluss neuer, geringer vergüteter Arbeitsverträge mit Bestandsbeschäftigten
- Durchführung von Änderungskündigungen mit Angebot neuer geringer vergüteter Arbeitsverträge
- Beendigungskündigungen mit Interessenausgleich gemäß § 112 Abs. 1 Satz 1 BetrVG oder Sozialplan gemäß § 112 Abs. 1 Satz 2 BetrVG
- Schließung eines Standorts bzw. Geschäftsbereichs mit entsprechendem Sozialplan

Materialaufwand bzw. Aufwand für bezogene Leistungen

- Nachverhandlung der Konditionen von wesentlichen Lieferanten
- Optimierung der Beschaffung (z. B. Bündelung bei wenigen Lieferanten, Reduktion der Spezifikationen)
- Reduktion des künftigen Lagerbestands
- Reduktion der Logistikkosten durch Veränderung der Lieferkette
- Vereinbarung von Forderungsverzichten mit leistungswirtschaftlichen Gläubigern

Zinsaufwand

- Beschleunigung der Abwicklung und des Zahlungseingangs von Forderungen
- Verlängerung der Zahlungsziele und der Bezahlung von Rechnungen
- Vereinbarung der Stundung von Zins- und Tilgungszahlungen
- Vereinbarung eines anteiligen Zins- und Tilgungsverzichts
- Vereinbarung von Rangrücktritten von Finanzierungspartnern
- Vereinbarung von Debt-to-Equity-Swaps
- Gewinnung von Bürgschaften durch öffentliche Institutionen
- Gewinnung von zusätzlichen Sicherheiten durch Gesellschafter

Aufwand für Rückstellungen

- Vereinbarung der Minderung von Rückstellungen z. B. für Pensionen und Altlasten
- Ausgliederung bzw. Verkauf von Risiken

Sonstiger betrieblicher Aufwand bzw. außerordentlicher Aufwand

- Minderung von angemieteten Flächen durch Kündigung von Mietverträgen oder Umzug in eigene bzw. günstigere Liegenschaften
- Verschiebung von nicht dringend notwendigen Ausgaben und Aufwendungen (Kauf neuer Software-Lizenzen, Instandhaltung von Anlagen und Liegenschaften etc.)
- Kündigung von nice-to-have Verträgen zur Senkung der Gemeinkosten (Mitgliedschaften, Werbung, etc.)
- Reduktion der Aktivitäten im Bereich Forschung und Entwicklung
- Vereinbarung der Minderung der gewährten Sicherheiten bzw. Eventualverpflichtungen

Umsatz

- Vereinfachung der Angebotspalette und Entfernung von defizitären Produkten aus dem Sortiment
- Kündigung von nicht gewinnbringenden Kunden
- Vorbereitung von neuen Wachstumsfeldern in den nächsten 12–24 Monaten
- Entwicklung neuer Ansätze für die Entwicklung von Geschäftsmodellen

Sonstige betriebliche Erträge bzw. außerordentlicher Ertrag

- Verkauf von nicht betriebsnotwendigen Vermögensgegenständen
- Konzentration auf das künftige Kerngeschäft durch Verkauf von einzelnen Geschäftsfeldern
- Realisierung von Umsätzen durch Aktionen

Die Maßnahmen führen dabei unweigerlich auch zu Aufwendungen bzw. Ausgaben, die durch das Kerngeschäft gedeckt sein müssen. Dazu zählen Aufwendungen für Sanierungsberater, Rechtsanwälte, Sozialpläne und Rationalisierungsinvestitionen. Reichen Liquidität bzw. Ertragskraft des Unternehmens nicht aus, bietet sich die Aufnahme von zusätzlichem Eigen- und/oder Fremdkapital an (siehe Kap. 10).

Die Umsetzung der kurzfristigen Maßnahmen erfordert in der Regel nicht nur der Zustimmung des Aufsichtsgremiums und der Gesellschafter, sondern auch das Entgegenkommen der betroffenen Stakeholder.

Dazu zählen insbesondere Banken, andere Finanzierungspartner, Betriebsrat, Gewerkschaften, Kunden, Lieferanten oder auch öffentliche Institutionen wie Bürgschaftsbanken oder das Finanzamt. Um die Verhandlung zu vereinfachen, bietet es sich an, Gegenleistungen im Falle der angedachten Verbesserung der wirtschaftlichen Lage des Unternehmens anzubieten. Damit kann eine mehr oder weniger deutliche Verschlechterung der Position des Stakeholders motiviert werden. Beispielsweise kann vertraglich vereinbart werden, dass nach Überwindung der aktuellen Durststrecke auch der kompromissbereite Stakeholder von einer absehbaren Gegenleistung profitiert. Dabei ist darauf zu achten, dass mit einer derartigen Zusage keine Verbindlichkeit oder Verpflichtung für die Bildung von Rückstellungen ausgelöst wird, die möglicherweise die Wirkung der angedachten Sanierungsmaßnahme konterkariert.

Eine Maßnahme im Sanierungsmanagement ist die Stärkung der Eigenkapitalquote durch einen Debt-to-Equity-Swap. Bei diesem wird Fremdkapital in Eigenkapital umgewandelt. Dazu wird gemäß § 183 AktG bzw. § 56 GmbHG eine Kapitalerhöhung gegen Sacheinlagen durchgeführt. Der Gläubiger verzichtet auf seine Forderung und erhält im Gegenzug neue Gesellschaftsanteile.

Alternativ bietet sich vor Übernahme der Beteiligung eine Aufspaltung an (split-up) (vgl. zu Alternativen einer Teilung eines Unternehmens vor einer Beteiligung Abschn. 9.2). Dabei werden Teile des bisherigen Unternehmens in zwei oder mehrere Unternehmen aufgeteilt. Das bisherige Unternehmen wird liquidiert. Nach dem split-up erwirbt der Käufer eines oder beide Krisenunternehmen. Durch den split-up werden insolvenzprägende Geschäftsbestandteile mit ihren Verbindlichkeiten eliminiert. Ebenso wird versucht, Teile des Personals, belastete Verträge mit Lieferanten und Kunden sowie bestimmte „Altlasten" in dem zu liquidierenden Unternehmen zu belassen.

11.2.4 Sanierungsplanung und Feststellung der Sanierungsfähigkeit

Das Sanierungskonzept umfasst eine Sanierungsplanung. Dazu gehört neben einer integrierten Finanzplanung mit Ergebnis-, Finanz- und Vermögensentwicklung die Planung von finanziellen und Leistungskennzahlen. Für das folgende Planjahr und die nächsten drei bis fünf Jahre sind zusätzlich Szenarien für die Entwicklung des Unternehmens aufzunehmen. Die jeweils enthaltenen bewerteten Sanierungsmaßnahmen verdeutlichen, unter welchen Annahmen das Unternehmen zu einer gesicherten Liquiditäts- und Ergebnisentwicklung kommen kann.

Schließlich folgt im Sanierungskonzept eine Feststellung zur Fortführungs- und Sanierungsfähigkeit des Unternehmens. Die Fortführungsfähigkeit ist gemäß § 52 Abs. 1 Nr. 2 HGB gegeben, wenn eine positive Fortführungsprognose vorliegt. Das heißt, dass absehbar die Bedienung der erwarteten Forderungen erfolgen kann. Zusätzlich ist die

Sanierungsfähigkeit festzustellen. Diese ergibt sich, wenn in den nächsten Jahren die Wettbewerbsfähigkeit als auch die Renditefähigkeit des Unternehmens im Sinne einer nachhaltigen Fortführungsfähigkeit wiedererlangt werden können. Als Mindestmaß gelten eine Renditefähigkeit und eine Eigenkapitalausstattung (bilanzielles Eigenkapital zuzüglich nachrangig langfristig verfügbares Fremdkapital) im letzten Planjahr, die sich am unteren Ende der branchenüblichen Bandbreite bewegen. Außerdem wird für die Sanierungsfähigkeit ein Vergleich zwischen dem Fortführungswert und dem Liquidations- bzw. Zerschlagungswert der Beteiligung angestellt. Liegt der Fortführungswert (d. h. die Summe der diskontierten geplanten Ergebnisse bzw. freien Cash Flows unter Berücksichtigung sämtlicher Sanierungsmaßnahmen[60]) über dem Liquidations- bzw. Zerschlagungswert (d. h. den Marktwerten der Vermögenspositionen abzüglich den Liquidationskosten[61]) so kann die Sanierung empfohlen werden. Die Fortführungs- und die Sanierungsfähigkeit verlangen nach einer im Vergleich zu der Vergangenheit belastbaren strategischen Ausrichtung des Unternehmens. Neben einer klar benannten Positionierung der wesentlichen Leistungsangebote des Unternehmens im Vergleich zum Wettbewerb bedarf dies klar formulierter Geschäftsmodelle (vgl. Kap. 8).

11.2.5 Kommunikation der Sanierung

Die Sanierungsmaßnahmen, besonders die Verbesserung der Kostenstrukturen eines Unternehmens, sind maßgebliche Veränderungen eines Unternehmens und wirken sich mehr oder weniger auf alle Beschäftigten aus. Da Menschen einer Veränderung häufig skeptisch, zurückhaltend oder ablehnend gegenüberstehen,[62] haben sich unter dem Begriff Veränderungsmanagement eine Reihe von Methoden entwickelt. Mit einer Veränderung ist für die betreffende Person in der Regel zweierlei verbunden: ein Verlustrisiko und eine Gewinnchance. Entsprechend sollte jedes Sanierungsprojekt neben den Vorteilen für das Unternehmen auch die Vorteile, die Gewinnchance, für die betroffenen Beschäftigten adressieren. Jedenfalls sollte über die möglichen Vor- und Nachteile der Veränderung aktiv informiert werden.

Für die Gestaltung einer Veränderung im Unternehmen, seien es der Abbau von Arbeitsplätzen, der Umbau von Teilen des Unternehmens oder der Aufbau von neuen Potenzialen, bietet sich ein strukturierter Ablauf an. Nach Kotter sollten acht Phasen durchlaufen werden[63]:

- Dringlichkeit herstellen
- Teambildung und Koalitionen aufbauen

[60] Vgl. zu Ansätzen für die Wertermittlung Abschn. 9.6.

[61] Zu den Liquidationskosten zählen insb. auch die Kosten für einen Sozialplan.

[62] Vgl. zu der Verlustaversion, die stärker gewichtet wird Kahnemann (2011), S. 348 ff.

[63] Vgl. Kotter und Rathgeber (2006), S. 135 ff.

- Zielvorgabe und Strategie entwickeln
- Um Verständnis und Akzeptanz werben
- Handlungsfreiräume sichern
- Kurzfristige Erfolge sichern
- Weitere Veränderungen vorantreiben
- Neue Kultur und Nachhaltigkeit sichern.

Im Vordergrund des Ablaufs steht die Vermittlung von Verständnis. Verständnis für die Dringlichkeit, Verständnis für die Notwendigkeit der Zusammenarbeit bei dem Thema, Verständnis für die Ziele und die Strategie und vor allem Verständnis für die Notwendigkeit der Veränderung. Eine weitere wichtige Säule sind Freiräume für die Akteure während einer Veränderung. Besteht Verständnis für die Veränderung und lässt sich diese innerhalb von Freiräumen gestalten, stellen sich neben kurzfristigen auch langfristige Veränderungen ein.

Für die Entwicklung der Maßnahmen eines Sanierungsplans stellt sich die Frage, wer in die Erarbeitung einbezogen wird. Einerseits verbietet es sich, die Frösche zu fragen, ob ihr Teich ausgetrocknet werden soll. Andererseits hilft es, die Frösche zu fragen, an welcher Stelle der Teich verkleinert werden sollte und welche Seerosen abgegeben werden können. Im Sine einer kooperativen Zusammenarbeit zwischen Mutterunternehmen und Beteiligung sollten jedenfalls einige Akteure der Beteiligung in die Erarbeitung der Maßnahmen einbezogen werden. Dazu zählen die Führungskräfte und ausgewählte Fachkräfte. Mit der Einbindung der Akteure steigt auch die Akzeptanz für die Notwendigkeit und die Umsetzbarkeit der Maßnahmen. Gerade bei der Durchführung von Sanierungsmaßnahmen kann sich auch die Ausweitung der Dezentralisierung der Führung anbieten. Mit dezentralen Entscheidungsbefugnissen, der Stärkung von Team- und Projektarbeit, der Beibehaltung bzw. der selektiven Einführung von Personalentwicklungsangeboten und der Einführung von Mitarbeiterbeteiligungsprogrammen lassen sich die notwendigen Veränderungen gemeinsam tragen. Diese unterstützenden Maßnahmen sollten von einer strukturierten internen Kommunikation flankiert werden. Werden wieder neue Beschäftigte eingestellt, atmet die Organisation durch.

Aber auch der externen Kommunikation kommt für den Sanierungserfolg eine hohe Bedeutung zu. Im Vorfeld und während einer Sanierung werden die Partner des Unternehmens zögerlich, verlieren ihr Vertrauen und suchen teilweise nach Gründen für die Beendigung der Geschäftsbeziehung. Daher gilt es einerseits über die Veränderungen des Unternehmens zu informieren und andererseits ein vertrauenvermittelndes Bild für die Zukunft darzustellen. Nur so können Kunden, Banken und Lieferanten gehalten und das Vertrauen der Öffentlichkeit und damit das Image des Unternehmens gesichert werden. Neben der Darstellung der wesentlichen Maßnahmen bedarf es Begründungen für die Notwendigkeit und die Wirksamkeit der Maßnahmen, um daraus einen positiven Ausblick für die Unternehmensentwicklung abzuleiten.

Zu der externen Kommunikation gehört auch die Nutzung von geeigneten Berichten. Insbesondere Banken, andere Finanzierungspartner, aber auch wichtige Lieferanten und

Kunden sollten mindestens mit Quartalsberichten über die Erfolge bei der Sanierung informiert werden. Neben der Unterstützung des Erfolgs und damit des Zielbilds der Sanierung machen die Berichte aber auch negative Abweichungen von den wesentlichen Steuerungsgrößen transparent und unterstreichen den Willen der Führung der Beteiligung, transparent über den Gang der Geschäfte zu berichten.

Ein enges Zusammenwirken mit den Akteuren des Mutterunternehmens verstärkt die Glaubwürdigkeit der externen Kommunikation.

Literatur

Achleitner A-K, Fingerle CH (2003) Unternehmenswertsteigerung durch Management Buyout. DtA chair in Entrepreneurial Finance, Munich University of Technology, Working paper series, München

Ahrend K-M (2014) Corporate Governance in der Energiewirtschaft – zwischen Unternehmenswert und Public Value. Energiewirtschaftliche Diskussionsbeiträge, No. 2-2014. https://www.econstor.eu/bitstream/10419/106508/1/Ahrend%20Corporate%20Governance%20in%20der%20Energiewirtschaft%2030.10.2014.pdf. Zugegriffen am 31.08.2019

Ahrend K-M, Meyer-Renschhausen M (2014) Bewertung von Strom- und Gasnetzen mit Ertragswert und Realoptionen. Energiewirtschaftliche Diskussionsbeiträge der h_da. 1/2014

Ansoff IH (1965) Corporate strategy. McGraw-Hill, Harmondsworth

Blersch J, Goetsch H-W, Haas U (2018) Berliner Kommentar Insolvenzrecht. Loseblattsammlung. Luchterhand, München

Bohr K (1996) Economies of Scale und Economies of Scope. In: Kern W, Schröder H-H (Hrsg) Handwörterbuch der Produktionswirtschaft, 2. Aufl. Schäffer-Poeschel, Stuttgart, S 375–386

Bräkling E, Oidtmann K (2006) Kundenorientiertes Prozessmanagement. Expert, Renningen

Britzelmaier B, Mayer B, Cam C, Grille D, Huber P, Monauni M, Puhl K, Ravelli M, Reske R, Scheel H, Seeger D, Wischemann D, Ziemiecki T (2010) Wertorientierte Unternehmensführung europäischer Kapitalgesellschaften - Eine Untersuchung der Geschäftsberichte der Dow Jones Stoxx 50-Unternehmen. http://www.hs-pforzheim.de/Dede/Hochschule/Einrichtungen/IAF/Veroeffentlichungen/forschungsberichte/Documents/PF_FB_10_STOXX50_V1.pdf. Zugegriffen am 10.12.2019

Brush TH (1996) Predicted change in operational synergy and postacquisition performance of acquired businesses. Strateg Manag J 17(1):1–24

Chatterjee S (1986) Types of synergy and economic value: the impact of acquisitions on merging and rival firms. Strateg Manag J 7(1986):119–139

Clement R, Schreiber D (2016) Internet-Ökonomie: Grundlagen und Fallbeispiele der vernetzten Wirtschaft. Springer, Wiesbaden

Copeland T, Koller T, Murrin J (1994) Valuation – measuring and managing the value of companies, 2. Aufl. Wiley, New York

Copeland T, Koller T, Murrin J (1998) Unternehmenswert: Methoden und Strategien für eine wertorientierte Unternehmensführung. Campus, Frankfurt

Der Prozessmanager GmbH (2018) Prozessmanagement Software Übersicht Deutschland. https://der-prozessmanager.de/aktuell/news/der-prozessmanager-software-radar-2018. Zugegriffen am 31.08.2019

Dreßler G (2007) Gewinn- und Vermögensverlagerungen in Niedrigsteuerländer und ihre steuerliche Überprüfung, 4. Aufl. Luchterhand, München

von Düsterlho JE (2003) Das Shareholder-Value-Konzept: Methodik und Anwendung im strategischen Management. Gabler, Wiesbaden
Eckhoff J (2006) Synergiecontrolling im Rahmen von Mergers & Acquisitions. Herbert Utz Verlag, München
Evaristo JR, Desouza KC, Hollister K (2005) Centralization momentum: the pendulum swings back again. Commun Assoc Comput Mach 48(2):67–71
Figge F, Schaltegger S (2000) Was ist „Stakeholder Value“? Vom Schlagwort zur Messung. http://www2.leuphana.de/umanagement/csm/content/nama/downloads/download_publikationen/02-3downloadversion.pdf. Zugegriffen am 10.12.2019
Fraunhofer-Institut für Arbeitswirtschaft und Organisation IAO (2014) Business process management tools 2014. Fraunhofer, Stuttgart
Freeman RE, Wicks AC, Parmar B (2004) Stakeholder theory and the corporate objective revisited. Organ Sci 15(3):364–369
Frontier Economics (2013) Exploring the impact of private equity on economic growth in Europe – a report prepared for the EVCA. Frontier Economics Ltd, London
Frost J, Morner M (2010) Konzernmanagement: Strategien für Mehrwert. Springer Gabler, Wiesbaden
Funk B, Gómez JM, Niemeyer P, Teuteberg F (2010) Geschäftsprozessintegration mit SAP. Fallstudien zur Steuerung von Wertschöpfungsprozessen entlang der Supply Chain. Springer, Berlin/Heidelberg
Gartner (2019) Reviews for business process management platforms. https://www.gartner.com/reviews/market/business-process-management-platforms. Zugegriffen am 31.08.2019
Geidner A (2009) Der Wandel der Unternehmensführung in Buyouts – Eine Untersuchung Private-Equity-finanzierter Desinvestitionen. Springer Gabler, Wiesbaden
Gomez P, Zimmermann T (1992) Unternehmensorganisation – Profile. Dynamik, Methodik, Campus, Frankfurt
Goold M, Luchs K (1993) Why diversify? Four decades of management thinking. Acad Manag Exec 7(3):7–25
Greiner LE (1972) Evolution and revolution as organizations grow. Harv Bus Rev 50(4):37–46
Grethe C (2010) Restrukturierung von Krisenunternehmen durch Private-Equity-Gesellschaften: Theoretische Grundlagen und empirische Analyse. Springer, Wiesbaden
Günther T (2000) Unternehmenswertorientiertes Controlling. Vahlen, München
Hachmeister D (1995) Der Discounted Cash Flow als Maß der Unternehmenswertsteigerung. Lang, Frankfurt am Main u. a.
Harz M, Hub H-G, Schlarb E (1999) Sanierungs-Management – Unternehmen aus der Krise führen, 2. Aufl. Verlag Wirtschaft und Finanzen, Düsseldorf
Hotchkiss ES, Mooradian RM (1997) Vulture investors and the market for control of distressed firms. J Financ Econ 43(3):401–432
IIRC (2013) The international integrated reporting <IR> framework. London. https://integratedreporting.org/wp-content/uploads/2013/12/13-12-08-THE-INTERNATIONAL-IR-FRAMEWORK-2-1.pdf. Zugegriffen am 15.12.2019
Jung B (2006) Prozessmanagement in der Praxis. Vorgehensweisen, Methoden, Erfahrungen, 2. Aufl. TÜV Media GmbH, Köln
Kahnemann D (2011) Schnelles Denken, langsames Denken, 13. Aufl. Siedler, München
Kotter J, Rathgeber H (2006) Das Pinguin-Prinzip. Droemer, München
Krystek U (1987) Unternehmungskrisen: Beschreibung, Vermeidung und Bewältigung überlebenskritischer Prozesse in Unternehmungen. Gabler, Wiesbaden
Lachnit L, Müller S (2002) Probleme bei der wertorientierten Performancedarstellung von Unternehmen. DB 55(49):2553–2559

Lang-von-Wins T, Kaschube J, von Rosenstiel L (2006) Führungskompetenzen bei der Unternehmensrestrukturierung – Einbindung und Beurteilung des Managements. In: Hommel U, Knecht TC, Wohlenberg H (Hrsg) Handbuch Unternehmensrestrukturierung – Grundlagen, Konzepte, Maßnahmen. Gabler, Wiesbaden, S 253–276

Lewis T (1995) Steigerung des Unternehmenswertes: Total-value-Management. Verlag Moderne Industrie, Landsberg/Lech

Mahajan V, Wind Y (1988) Business synergy does not always pay off. Long Range Plan 21(1):59–65

Martin JA, Eisenhardt KM (2001) Exploring cross business synergies. Acad Manag 1/2001:H1–H6

Mörschel IC (2002) Ein Referenzmodell zur Entwicklung von Dienstleistungs-Standards. In: Deutsches Institut für Normung e.V. -DIN (Hrsg) Standardisierung in der deutschen Dienstleistungswirtschaft: Potenziale und Handlungsbedarf. DIN-Fachbericht 116. Beuth, Berlin, S 37–50

Müller K (2001) Wege zur Steigerung der Nutzenproduktivität von Ressourcen. Dissertation Technische Universität Berlin, IWF TUB, Berlin

Müller-Stewens G, Lechner C (2005) Strategisches Management. Wie strategische Initiativen zum Wandel führen, 3. Aufl. Schäffer-Poeschel, Stuttgart

Nayyar PR (1993) Stock market reactions to related diversification moves by service firms seeking benefits from information asymmetry and economies of scope. Strateg Manag J 14(8):569–591

OECD (2013) Action plan on base erosion and profit shifting. OECD Publishing, Paris

OECD (2014) OECD-Musterabkommen zur Vermeidung der Doppelbesteuerung auf dem Gebiet der Steuern vom Einkommen und vom Vermögen. Juli 2014. http://www.oecd.org/tax/treaties/model-tax-convention-on-income-and-on-capital-2015-full-version-9789264239081-en.htm. Zugegriffen am 31.08.2019

Pettifer D, Campbell A (2005) How to measure the ‚corporate centre'. F M Spec Rep 9(2005):19–22

Pilzecker S (2011) Konzepte der wertorientierten Unternehmensführung: die Dax 30 Unternehmen: Eine vergleichende Auswertung. Diplomica, Hamburg

Porter ME (1987) From competitive advantage to corporate strategy. Harv Bus Rev 65(3):43–59

Porter ME, Kramer MR (2006) Strategy & society: the link between competitive advantage and corporate social responsibility. Harv Bus Rev 84(12):78–92

Prahalad CK, Hamel G (1990) The core competence of the corporation. Harv Bus Rev 68(3):79–91

Prechtl S (2013) Berücksichtigung von Synergien bei der Unternehmensbewertung. In: Petersen K, Zwirner C, Brösel G (Hrsg) Handbuch Unternehmensbewertung – Funktionen, Moderne Verfahren, Branchen, Rechnungslegung. Bundesanzeiger Verlag, Köln, S 741–746

Preißner A (2008) Praxiswissen Controlling: Grundlagen – Werkzeuge – Anwendungen, 5. Aufl. Carl Hanser Verlag, München

Rappaport A (1986) Creating shareholder value: the new standard for business performance. The Free Press, New York

Rothenbücher J, Niewiem S, Bovermann J (2012) Maßgefertigt – M&A Synergien mit Augenmaß. M&A Review 1/2012:6–12

Schumpeter JA (2005) Kapitalismus, Sozialismus und Demokratie. UTB, Stuttgart

Skrzipek M (2005) Shareholder Value versus Stakeholder Value: Ein Vergleich des US-amerikanischen Raums mit Österreich. DUV, Wiesbaden

Stankowski A (2002) Das visuelle Erscheinungsbild der Corporate Identity. In: Birkigt K, Stadler MM, Funck HJ (Hrsg) Corporate Identity: Grundlagen, Funktionen, Fallbeispiele, 11. Aufl. Verlag Moderne Industrie, München, S 191–206

Stewart GB (1999) The quest for value. HarperCollins, New York

Tanriverdi H, Venkatraman N (2005) Knowledge relatedness and the performance of multi-business firms. Strateg Manag J 26(2005):97–119

Teece DJ, Pisano G, Shuen A (1997) Dynamic capabilites and strategic management. Strateg Manag J 18(7):509–533

Vera D, Crossan M (2004) Strategic leadership and organizational learning. Acad Manag Rev 29(2):222–240

Volkart R (2008) Corporate Finance – Grundlagen von Finanzierung und Investition, 4. Aufl. Versus, Zürich

Wackerbarth U (2009) Überschuldung und Fortführungsprognose. Neue Zeitschrift für Insolvenz und Sanierung 3/2009:145–149

Wang C, Ahmed P (2007) Dynamic capabilities – a review and research agenda. Int J Manag Rev 9(1):31–51

Weber B (1990) Wertsteigerung durch Restrukturierung. Der Schweizer Treuhänder 64(11):575–580

Wernerfelt B (1984) A resource-based view of the firm. Strateg Manag J 5(2):171–180

12 Bündelung Querschnittsfunktionen

Zusammenfassung

Das Beteiligungsmanagement kann durch die Koordination der Kooperation bis hin zu einer teilweisen oder vollständigen Bündelung einzelner unterstützender Funktionen, also den Querschnittsfunktionen, einen Mehrwert leisten. Durch die Zusammenarbeit und die Bündelung der Querschnittsfunktionen wird eine Reduktion der spezifischen Kosten und in Summe auch der absoluten Kosten für die Beteiligungen angestrebt.

Das Kapitel beschreibt mögliche Wege für die strukturierte Bündelung von Querschnittsfunktionen in einer Unternehmensgruppe.

12.1 Ablauf eines Bündelungsprojekts

12.1.1 Varianten für die Bündelung der Querschnittsfunktionen

Die Akteure des Mutterunternehmens können die Beteiligungen bei der Identifikation von potenziell für eine Bündelung geeigneten Querschnittsfunktionen und bei der Bewertung der Vor- und Nachteile unterstützen. Das Ziel einer Bündelung ist die Verbesserung der Kostensituation durch die Nutzung von Synergien (vgl. auch Abschn. 11.1.4).[1] Zusätzlich lassen sich durch die Bündelung auch Qualitätsvorteile und Vorteile durch eine intensivere Zusammenarbeit erwarten.

Während die Schlüssel-Aktivitäten der Geschäftsmodelle einer Beteiligung sinnvollerweise durch die Beteiligung selbst erbracht werden sollten, können bestimmte unterstützende Leistungen der Wertschöpfung auch durch eine Zentraleinheit des Mutterunternehmens, durch eine andere Beteiligung oder durch einen externen Dienstleister erbracht

[1] Vgl. Yavitz und Newman (1982), S. 14 ff.

K.-M. Ahrend, *Beteiligungsmanagement*,
https://doi.org/10.1007/978-3-662-60588-2_12

werden.[2] Die Entscheidung für die Bündelung und die Wahl der passenden Organisationsform für die Erbringung der Querschnittsfunktionen hängen von verschiedenen Kriterien ab. Dazu zählen die bereits in der jeweiligen Organisationseinheit vorhandenen Erfahrungen, die Kosten, das Selbstverständnis des Mutterunternehmens als steuernde oder auch als unterstützende Einheit, die Einschätzung von Haftungsrisiken durch die delegierte Leistungserbringung und die Wirkung auf die Attraktivität als Arbeitgeber für neue Beschäftigte.

Während die Verlagerung an externe Dienstleister über Jahre ein Trend darstellte, verliert diese Option immer mehr an Attraktivität. Zwar führt dieses Outsourcing insb. zu einer höheren Flexibilität bei der Skalierung der abgerufenen Dienstleistung und ggf. zu wirtschaftlichen Vorteilen, allerdings verliert die gesamte Unternehmensgruppe das dahinter liegende Know-How und verschiedene Beispiele zeigen, dass mit einer Fremdverlagerung von Aufgaben auch ein Abhängigkeitsverhältnis entstehen kann. Jedenfalls bedürfen die mit der externen Leistungserstellung verbundenen Kosten und die Qualität einer dauerhaften Überwachung. Die organisatorischen Varianten für die Bündelung von Querschnittsfunktionen fasst Abb. 12.1 zusammen.

Bei einer kompletten Bündelung der Querschnittsfunktionen werden die betreffenden Aufgaben den Beteiligungen komplett entzogen und in einer Organisationseinheit gebündelt. Diese nimmt künftig zentral die betreffenden Aufgaben wahr und muss über die dafür notwendigen Entscheidungskompetenzen verfügen. Es lassen sich eine Reihe von Modellen für die Realisierung unterscheiden:[3]

- **Zentralbereichsmodell**. Erfolgt die Wahrnehmung der Querschnittsfunktion durch einen Zentralbereich des Mutterunternehmens, werden die Entscheidungen über die

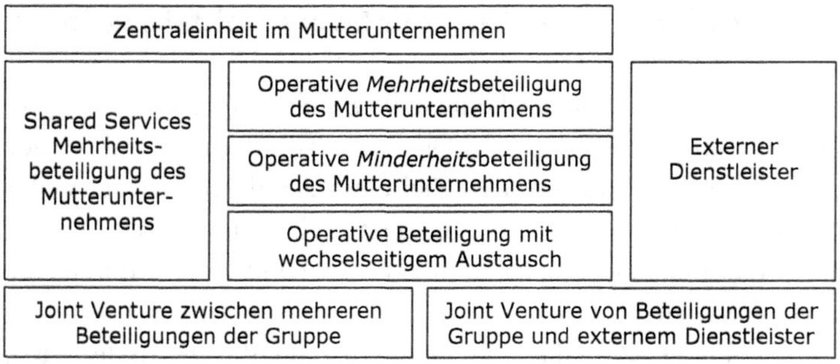

Abb. 12.1 Organisatorische Varianten für die Bündelung von Querschnittsfunktionen

[2] Meist werden dafür neue Beteiligungen gegründet, z. B. die Bayer Business Services GmbH, die Beiersdorf Shared Services GmbH, die Deutsche Telekom Shared Services Europe GmbH oder die Telekom-Tochter DeTeFleetServices GmbH.

[3] Vgl. Käfer (2007), S. 118 ff.

Qualität der Leistungen sowie über die Ausführung weitgehend zentral durch den Zentralbereich getroffen.

- **Richtlinienmodell**. Die Beteiligungen, die die Querschnittsfunktion ausführen, können notwendige Entscheidungen über die Durchführung der Aufgaben dezentral fällen, allerdings nur unter Beachtung der konzernweit geltenden Richtlinien. Die Richtlinien werden entweder zentral durch das Mutterunternehmen oder kooperativ im Austausch der betroffenen Beteiligungen festgelegt.
- **Matrixmodell**. Die einbezogenen Beteiligungen haben weitgehende dezentrale und gleichrangige fachliche Befugnisse über die prozessuale Wahrnehmung der betreffenden Querschnittsfunktion. Gleichwohl verbleiben die funktionalen Entscheidungsbefugnisse bei der führenden Einheit, also entweder bei dem Mutterunternehmen oder bei der mit der Durchführung der Aufgabe betrauten Beteiligung. Letztlich werden Entscheidungen nur gemeinsam von Prozess- und Funktionsverantwortlichen gefällt.
- **Servicemodell**. Die Erbringung der betreffenden Querschnittsfunktion wird bei einer Konzerneinheit (der Service-Einheit) gebündelt. Die übrigen Beteiligungen beauftragen die Service-Einheit und entscheiden über den Auftragsinhalt, während die Service-Einheit allein oder in Rückkopplung mit den Auftraggebern über die Ausführung bestimmt.
- **Autarkiemodell**. Die Beteiligungen und das Mutterunternehmen verfügen jeweils über eigenständige Querschnittsfunktionen. Dies kann daran liegen, dass sich die Geschäftsmodelle der Beteiligungen deutlich voneinander unterscheiden.

Abb. 12.2 fasst die verschiedenen Möglichkeiten der Ausgestaltung der organisatorischen Gestaltung der Querschnittsfunktionen zusammen.

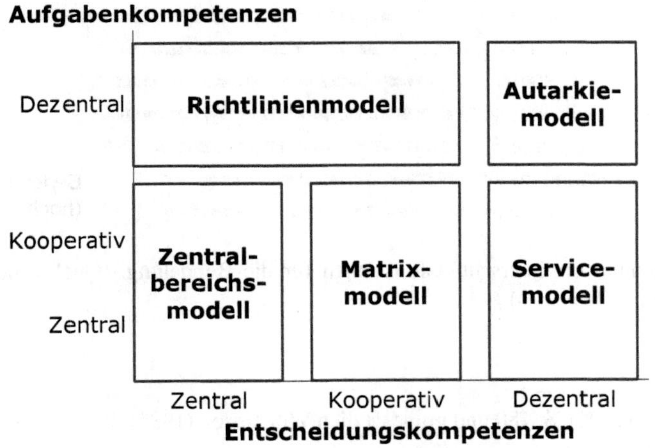

Abb. 12.2 Organisationsoptionen für Querschnittsfunktionen. (Quelle: in Anlehnung an Käfer 2007, S. 137)

12.1.2 Geeignete Querschnittsfunktionen

Weil die Unterstützungsleistungen meist nicht nur für eine Beteiligung, sondern für das Mutterunternehmen und mehrere Beteiligungen erbracht werden (können), werden sie auch als „Shared Services“ bezeichnet. Bei der Auswahl von Querschnittsfunktionen, die sich für die Bündelung eignen, können folgende Merkmale zugrunde gelegt werden:[4]

- Geringe strategische Bedeutung
- Hohe Standardisierbarkeit
- Großes Volumen (häufige Wiederholung)
- Geringe Erfordernis unternehmensspezifischer Fähigkeiten
- Verfügbarkeit der notwendigen Informationen

Eine Studie von KPMG zeigt, dass 74 % der befragten Großunternehmen ein oder mehrere Shared Service Center etabliert haben.[5] Darüber hinaus zeigt die Befragung, dass neben den bislang im Vordergrund stehenden transaktionsorientierten Prozessen künftig vermehrt auch wissensintensive Prozesse (z. B. das Controlling) in einem „Center of Expertise“ gebündelt werden (Abb. 12.3).

Neben den genannten Aufgaben finden sich in der Unternehmenspraxis auch gebündelte Shared Services für die Themen Finanzbuchhaltung, Forderungsmanagement, Treasury, Versicherungen, Personalverwaltung, Personalentwicklung, Aus- und Weiterbildung, interne Revision, Patente und Lizenzen, Öffentlichkeits- und Pressearbeit, Veranstaltungsorganisation, Beauftragtenwesen (u. a. für Arbeitssicherheit, Umwelt, Datenschutz und

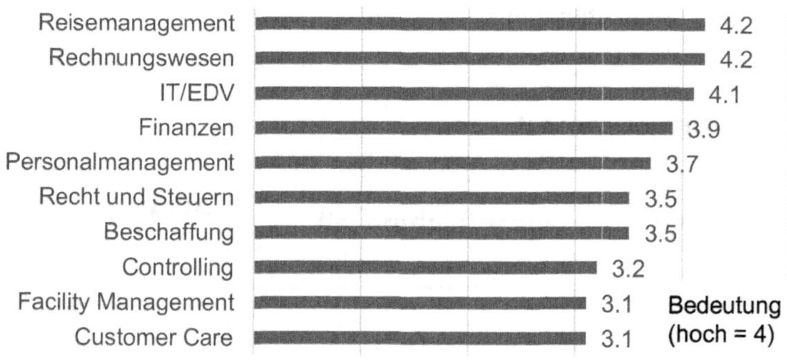

Abb. 12.3 Eignung von Querschnittsfunktionen für die Bündelung. (Quelle: in Anlehnung an KPMG 2013, S. 14. (N = 101))

[4]Vgl. Klingenbiel (2005), S. 780 und grundsätzlich Williamson (1985), S. 79.

[5]Vgl. KPMG (2013), S. 4.

Qualität), Logistik sowie Forschung und Entwicklung. Eine weitere Aufgabe kann in der gebündelten Wahrnehmung von Corporate Social Responsibility Aufgaben liegen (vgl. dazu die Hinweise zur Verantwortung im Management in Abschn. 6.5). Gerade die Bündelung von Corporate Social Responsibility Aufgaben trägt auch zur Schaffung von Mehrwerten durch das Mutterunternehmen bei.[6]

12.1.3 Bewertung der Vor- und Nachteile

Für eine möglichst reibungslose Umsetzung der Bündelung von Querschnittsfunktionen sollte eine frühe Einbindung der bislang die Leistung erbringenden Abteilungen erfolgen. Um mit dem in der Regel zu erwartenden Widerstand der betroffenen Personen umzugehen, bietet es sich an, diese in ein Projekt für die Bewertung der Bündelung einzubinden. Zuvor sollte seitens der Führungskräfte des Mutterunternehmens und der Beteiligung darüber Einigkeit bestehen, wie mit dem Personal während und vor allem nach der Bündelung umgegangen werden würde. Sind Verlagerungen von Mitarbeitern in andere Funktionen geplant bzw. sinnvoll, wie soll mit möglichen Entlassungen umgegangen werden? Welche Möglichkeiten werden für die Weiterqualifikation angeboten? Wie auch bei anderen mitbestimmungspflichtigen Themen sollte im Fall von anstehenden arbeitsrechtlichen Themen eine frühzeitige Abstimmung mit den einzelnen Beschäftigten als auch mit den Betriebsräten und ggf. den Gewerkschaften gesucht werden.

Durch einen frühen Einbezug der Beschäftigten der betroffenen Abteilung wird aber auch versucht, dass die dortigen Leistungsträger für die neuen Aufgaben motiviert und von Entscheidungen für eine berufliche Veränderung abgehalten werden.

Eine Bündelung von Querschnittsfunktionen zielt dabei auf Kostenvorteile durch Standardisierung, Automatisierung, Nutzung von Größenvorteilen, Prozessoptimierung und Lohnkostenvorteile (insb. bei Verlagerung in das (europäische) Ausland). Damit können die Komplexität der Bearbeitung des Prozesses und die mit der Komplexität verbundenen Kosten verringert werden. Mit der Bündelung der Leistungserbringung können sich neben Skaleneffekten auch Vorteile durch eine verbesserte Qualität gegenüber der Einzelerstellung ergeben. Beispiele sind die Definition von höheren Qualitätsstandards, die Etablierung einer Dienstleistungskultur gegenüber den Kunden und die Standardisierung von Prozessen. Die verbesserte Qualität kann sich in schnelleren Prozesslaufzeiten, Erhöhung der Prozesstransparenz, Steigerung der Datenqualität, Aufbau von zusätzlicher Expertise für die internen Kunden und in zusätzlichen Leistungsangeboten für die Kunden zeigen.

Den Vorteilen aus der Bündelung stehen aber auch mögliche Nachteile entgegen, die offen von den Akteuren des Mutterunternehmens und der Beteiligung behandelt werden sollten. Diese können im Verlust der Hoheit über die übermittelten Daten, in der mögli-

[6] Vgl. den Beleg in der Studie von Cramer et al. (2004).

chen Missachtung der Regelungen von Vertraulichkeit und Datenschutz durch die leistungserbringende Einheit, im Verlust der Kompetenz für die Erbringung der betreffenden Leistung, in erhöhtem Abstimmungs- und Koordinationsaufwand[7] (jedenfalls zu Beginn der Bündelung und bei Veränderungen von Prozessen oder Systemen) und in der möglicherweise notwendigen Unterordnung der bislang selbst definieren Leistungsqualität und der Leistungsprozesse unter die des neuen Leistungserbringers liegen. Sind mit der Bündelung der Querschnittsfunktionen Verluste an fachlich notwendigen Funktionen verbunden, wird sich keine große Akzeptanz einstellen und das Projekt sinnvollerweise auf den Prüfstand zu stellen sein. Es kann sein, dass die möglichen Vorteile einer Bündelung durch die genannten Nachteile überkompensiert werden. Der Vergleich sollte alle relevanten Alternativen umfassen. Welcher Service- Standard wird erwartet? Welche Investitionen sind für die Erzielung des Ziel-Standards notwendig? Wie flexibel sollen die jeweiligen Leistungskomponenten gestaltet sein, bezüglich auf Wachstum, bezüglich auf Reduktion, bezüglich eines Gesellschafterwechsels?

Die durch das Mutterunternehmen und die Beteiligung gemeinsam zu treffende Entscheidung über die Bündelung von Querschnittsfunktionen intern oder bei einem externen Dienstleister hängt dabei nicht nur von den zu erwartenden Kosteneinsparungen ab, sondern auch von der gemeinsamen Bewertung insb. folgender Faktoren:

- **Kosten der Verlagerung**. Welche Investitionen bzw. welcher Aufwand ist für die Übertragung der Leistungen an die bündelnde Einheit erforderlich? Werden die Personen, die bisher die Leistungen erbracht haben, übernommen? Welche Aufgaben werden Personen, die bisher die Leistungen erbracht haben, künftig übernehmen?
- **Risiko der Schlechtleistung**. Was passiert im Falle von Fehlern durch die künftig leistungserbringende Einheit? Welche Maßnahmen werden ergriffen, um mögliche Fehler zu vermeiden?
- **Qualitätssicherung**. Wie wird bei der bündelnden Einheit sichergestellt, dass ausreichend Personal verfügbar ist? Wie wird das Personal der leistungserbringenden Einheit geschult und weitergebildet? Welche Maßnahmen werden für die Qualitätssicherung der Prozesse ergriffen?
- **Datenschutz**. Lässt sich die Leistungserbringung ohne Zugriff auf Firmengeheimnisse durchführen? Könnten Wettbewerber von dem übertragenen Wissen profitieren? Welche Möglichkeiten werden ergriffen, um das Wissenskapital des Unternehmens zu schützen?
- **IT-Sicherheit**. Wer hat Zugriff auf die Daten? Zu welchem Zweck? Welche Mechanismen sind vorhanden, um Zugriffe auf Daten zu vermeiden?

[7] Vgl. Van Oijen und Douma (2000), S. 565 ff.

Eine eher strategische Fragestellung ergibt sich bei Beteiligungen, deren Mutterunternehmen eine Beteiligungsstrategie verfolgt, die eine mögliche Desinvestition umfasst. Daraus ergibt sich die Frage, wie die zentralen Leistungserstellungsprozesse im Falle eines Verkaufs der Beteiligung entweder wieder zurück in die Beteiligung verlagert werden können, oder welche Maßnahmen vorgesehen sind, damit die Zentraleinheit des künftigen Mutterunternehmens die Prozesse übernehmen kann.

Bei einem hohen Deal Flow des Mutterunternehmens sollte auf eine geringe Abhängigkeit der Beteiligungen von der leistungserbringenden Zentraleinheit geachtet werden, oder gleich die Einbindung eines externen Dienstleisters erfolgen. Während die Bündelung von Querschnittsfunktionen eine Reihe von Vorteilen aufweist, bietet die Vorbereitung einer solchen Maßnahme zahlreiche Fallstricke für ein kooperatives Beteiligungsmanagement. Wird nicht von Anfang an auf eine gemeinsame ergebnisoffene Prüfung Wert gelegt, kann der Vorstoß auch als grobes Einschreiten in (aufgrund der mit den Funktionen verbundenen Daten) sensible Bereiche der Beteiligung empfunden werden. Die möglichen Abwehrreaktionen können die erwartbaren finanziellen Vorteile möglicherweise konterkarieren. Entsprechend ist ein sensibles Vorgehen anzuraten, bei dem im Sinne des kooperativen Beteiligungsmanagements klare Linien vereinbart werden.

Keinesfalls darf die Bündelung von Querschnittsfunktionen als Möglichkeit der direkten Wertschöpfung durch ein Mutterunternehmen überhöht werden. Es bleibt als Fazit, dass die Bündelung eine Möglichkeit darstellt, die sich gerade für Beteiligungen anbietet, deren betreffende Querschnittsfunktionen vergleichbar mit denen anderer Beteiligungen sind und wenn diese Funktionen kein wesentliches Element für das Geschäftsmodell der betreffenden Beteiligung darstellen. Werden der erwartete Leistungsumfang und die erwartete Leistungsqualität zu günstigeren Konditionen erbracht, profitieren alle, das Mutterunternehmen, die einbezogene Beteiligung und der neue Leistungserbringer.

Wird sich gegen eine Bündelung einer Querschnittsfunktion entschieden, sollte das Mutterunternehmen die Bildung von regelmäßig tagenden Jour Fixe zu bestimmten fachlichen Themen (z. B. Jour Fixe Personal, Jour Fixe IT, Jour Fixe Einkauf) initiieren und begleiten. Diese Jour Fixe oder Runden Tische führen für viele oder die meisten Beteiligungen zu einem gemeinsamen Verständnis zu Fachthemen und damit zu einer Verbesserung der Prozesse (vgl. zu Kommunikationsforen Abschn. 6.2.7).

12.2 Beispiel Bündelung der IT-Prozesse

Die Bündelung der IT-Prozesse erfordert zunächst eine relativ gute **Konsolidierbarkeit** der Hardwarekomponenten. Lassen sich die Server, Speicher, Drucker und Telekommunikationsanlagen gemeinsam nutzen, oder bedarf es weiterhin separater Systemkomponenten? Kann eine gemeinsame Nutzung erfolgen, verbessert sich die Auslastung der

Anlagen, die Ressourceneffizienz. Je weniger einheitlich die betreffenden Leistungen sind, z. B. aufgrund spezieller IT-Systemanforderungen bei der möglichen Bündelung von IT-Leistungen, umso höher werden die Abstimmungs- und Koordinationskosten- und damit schwinden die Vorteile der Bündelung.

Eine ebenfalls wichtige Anforderung für die Bündelung von Querschnittsfunktionen liegt in der Sicherstellung der **Kompatibilität** der für die Prozesse notwendigen Softwarelösungen. In der Regel konzentriert sich die Prüfung auf fachliche Hintergrundsysteme, wie Datenbanken und geschäftsmodellspezifische Anwendungen. Trotz der Bemühungen großer Anbieter wie SAP und Software AG existieren aufgrund der Branchenbesonderheiten eine Vielzahl an nur über Schnittstellen verbundene oder verbindbare Lösungen. Für die Systemmigration bietet sich neben der Komplettmigration zu einer anderen (gemeinsam nutzbaren) Systemlösung die Anbindung der verbundenen Systeme und Prozesse über (neue) Schnittstellen und die Nutzung von gemeinsamen Front-End-Lösungen. Die letztere Variante ermöglicht eine gemeinsame Einstiegslösung im Sinne eins gemeinsamen User Interfaces (Schnittstelle zu den internen Kunden) und die stufenweise Migration von Funktionen, die mit dieser Lösung verbunden werden. Mit dem Aufbau eines gemeinsamen User Interfaces wird neben der Realisierung von Erfahrungskurveneffekten auch die Möglichkeit des Austauschs von Personal zwischen verschiedenen Einheiten erleichtert.

Teilweise verfügen die Beteiligungen, die erwägen, gemeinsam IT- Querschnittsfunktionen zu nutzen, über **gemeinsame Datenstrukturen** und über gemeinsame Daten (z. B. im Bereich Einkauf bei gemeinsamen Lieferanten). Neben der möglichen Verbesserung der Effizienz bei der Bedienbarkeit der Datenbanken und weiterer Systeme durch verschiedene Personen bieten sich eine Annäherung oder eine Vereinheitlichung von Datenstrukturen auch dahingehend an, dass damit die mögliche (gemeinsame) Nutzung der Daten für die Stärkung der bestehenden oder den Aufbau von neuen Geschäftsmodellen erleichtert wird. Die Verbesserung der Effizienz durch einheitliche Datenstrukturen ermöglicht damit zusätzliche Wertschöpfung. Vor der gemeinsamen Nutzung von Daten und der Annäherung von Datenstrukturen sollte eine genaue Prüfung der rechtlichen Voraussetzungen erfolgen. Abb. 12.4 fasst die Kategorien für die Eignungsprüfung der Bündelung von IT-Prozessen zusammen.

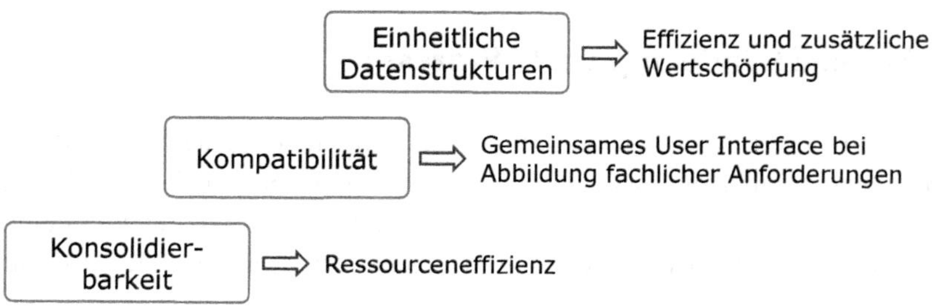

Abb. 12.4 Kategorien für die Eignungsprüfung bei IT-Querschnittsfunktionen

Tab. 12.1 Mögliche Synergien aus der Zusammenarbeit der IT-Abteilungen

Themenfeld	Wirkung auf Kostenbasis	Wirkung auf Wachstumsoptionen
Geteilte Gemeinkosten	- Eleminierung von doppelten Einheiten und Rollen - Reduktion der Gemeinkosten durch Skalierung und durch Lerneffekte, insb. Standardisierung	- Integration ermöglicht Erlernen weiterer Skalierung für Akquisitionen und organisches Wachstum
Skaleneffekte	- Nutzung gemeinsamer Infrastruktur, Plattformen und Systeme - Gebündelte Beschaffung	- Integration ermöglicht Erlernen weiterer Skalierung für Akquisitionen und organisches Wachstum
Gegenseitige Unterstützung	- Groupware - Intranet - Work Flow Systeme	- Gemeinsame Nutzung von Kundendaten - Gemeinsames Data Mining - Neue kooperative datenbasierte Geschäftsmodelle
Operative Integration	- Bündelung einzelner Applikationen und Hardwarekomponenten - Gemeinsame Nutzung der Systemarchitektur für (bestimmte) Wertschöpfungsprozesse - Gemeinsame Nutzung der Systemarchitektur für (bestimmte) unterstützende Prozesse	- Gemeinsamer Zugriff auf Datenbanken und andere Systeme - Gemeinsame Big Data Analysen - Gemeinsame Internetpräsenz - Neue kooperative IT-basierte Geschäftsmodelle
Zusätzliche Fähigkeiten	- Computer Aided Design - Transfer von IT Technologie - Transfer von IT Know-how	- Neue kooperative IT-basierte Geschäftsmodelle

Die Bündelung von IT-Abteilungen kann zu einer Reihe von Vorteilen führen. Tab. 12.1 gibt einen Überblick über mögliche Synergien.

Es wird deutlich, dass die Bündelung der Querschnittsfunktionen nicht nur eine Quelle für Kostensenkungen bei den Beteiligungen darstellt, sondern auch ein Wachstumstreiber sein kann.

12.3 Eckpunkte für den Aufbau der Shared Services Einheit

Für den Aufbau bzw. die Weiterentwicklung einer Shared Service Einheit sind eine Reihe von Erfolgsfaktoren zu berücksichtigen.

- Aufbau professioneller und qualitätsorientierter Prozesse
- Festlegung von Qualitätskennzahlen und von Berichtsstrukturen
- Professionelle Leistungserbringung
- Kundenorientierte, dienstleistungsorientierte Kommunikation
- Durchführung von Wettbewerbsvergleichen
- Lernen aus Fehlern, Beschwerden und Verbesserungsvorschlägen

12.4 Eckpunkte eines Dienstleistungsvertrags

Im Zuge der Bündelung der Querschnittsfunktionen beliefert die leistungserstellende Einheit verschiedene Beteiligungen mit den ausgewählten Leistungen. In ihrem Selbstverständnis agieren sie prozess- und kundenorientiert und orientieren sich an den Qualitäts- und Kostenstandards externer Wettbewerber. Dafür verhandelt und vereinbart sie für die zu erbringenden Leistungen die Dienstleistungsverträge mit ihren Kunden. Wie jede Dienstleistung sind auch die erbrachten Querschnittsfunktionen zu bepreisen. Um eine für den Leistungsersteller und den Kunden faire Regelung zu erzielen, lassen sich eine pauschalierte Bepreisung, eine transaktionsorientierte Bepreisung und eine Bepreisung nach Aufwand unterscheiden. Bei seltenen Leistungsabrufen mit eingrenzbarem Aufwand in einer bestimmten Bandbreite bietet sich die pauschalierte Bepreisung an. Für die Verarbeitung von zahlreichen Geschäftsvorfällen mit ähnlichem spezifischem Aufwand bietet sich eine transaktionsorientierte Bepreisung an. Schließlich bietet sich für besondere, im Extremfall einmalige Leistungen eine Bepreisung nach Aufwand (mit vorgelagertem Angebot) an. Neben der Bepreisung sind zwischen Leistungsersteller (Zentraleinheit des Mutterunternehmens, andere Beteiligung oder externer Dienstleister) und Kunden weitere Eckpunkte in einen Dienstleistungsvertrag aufzunehmen. Dieser umfasst Regelungen zu:

- Verantwortliche Einheiten und Ansprechpartner
- Beschreibung des Leistungsumfangs
- Leistungsqualität (Service Level). Die erwartete Qualität der Leistung sowie des Prozesses der Leistungserbringung werden beschrieben. Für den Fall einer Nichterfüllung der Qualität werden Eskalations-, Malus-, Haftungs- bzw. Versicherungs-Regelungen definiert.
- Regelmäßige Überprüfung. Für Leistungsumfang, Leistungsqualität und Bepreisung wird definiert, wie häufig eine Überprüfung stattfinden soll.
- Umgang mit für die Leistungserbringung erforderlichen Vermögensgegenständen (z. B. IT-Systeme, Programme, Zugang zu Liegenschaften etc.)
- Vertraulichkeit, Datenschutz und IT-Sicherheit
- Laufzeit, Kündigungsmöglichkeiten

Literatur

Cramer J, Kim R, Erik vD (2004) Corporate social responsibility in Dutch industry. Corp Soc Responsib Environ Manag 11(4):188–195

Käfer TM (2007) Dezentralisierung im Konzern: Eine Mehr-Ebenen-Analyse strategischer Restrukturierung. Deutscher Universitäts-Verlag, Wiesbaden

Klingenbiel N (2005) Shared service center. WISU – Das Wirtschaftsstudium 34(6):777–782

KPMG AG Wirtschaftsprüfungsgesellschaft (2013) Shared Services für Controlling-Prozesse. Ergebnis einer empirischen Erhebung zu Status quo und Perspektiven. KPMG, Düsseldorf

Van Oijen A, Douma S (2000) Diversification strategy and the roles of the center. Long Range Plan 33(4):560–578

Williamson OE (1985) The economic institutions of capitalism: Firm, markets, and relational contracting. Macmillan, New York

Yavitz B, Newman WH (1982) What the corporation should provide its business units. J Bus Strateg 2(1):14–19

Digitalisierung

13

Zusammenfassung

Das Beteiligungsmanagement unterstützt die Akteure der Beteiligungen bei der Analyse, Bewertung und Priorisierung der Potenziale für die Ergänzung der bestehenden Geschäftsmodelle um digitale Lösungen wie auch bezogen auf neue digital-basierte Geschäftsmodelle. Dies kann sich auf konzeptionelle Themen beschränken oder auch gemeinsame Digitalisierungsprojekte umfassen.

Aufgrund der hohen Bedeutung digitaler Technologien und den zugrunde liegenden Daten gewinnt dieses Instrument künftig weiter an Bedeutung für das Beteiligungsmanagement. Der Beteiligungsmanager übernimmt eine neue Rolle, nämlich die des Chief Digital Officers für die Beteiligungen. Dadurch profitieren die Beteiligungen von aktuellen Erfahrungen.

Das Kapitel beschreibt Ansätze für die Bewertung des digitalen Reifegrads einer Beteiligung, für die Entwicklung einer Digitalisierungsstrategie sowie von digitalen Geschäftsmodellen.

13.1 Digitalisierung: eine Annäherung

Derzeit ist Deutschland im EU-Vergleich bei der Digitalisierung auf Platz 11 (von 28).[1] Der Digital Economy and Society Index misst den Stand der Digitalisierung anhand der Kriterien Konnektivität, Humankapital, Internetnutzung, Integration der Digitaltechnik und Digitale öffentliche Dienste. Während Deutschland in Summe zu den Ländern mit mittlerer Positionierung zählt, liegt es in Punkto der Digitalisierung öffentlicher Dienste

[1] Vgl. EU-Kommission (2018).

K.-M. Ahrend, *Beteiligungsmanagement*,
https://doi.org/10.1007/978-3-662-60588-2_13

auf einem der hinteren Plätze. Im Vergleich zu 2016 verlor Deutschland 2 Plätze in der europäischen Rangliste.

Während seit Jahren die Nutzung von Software und Hardware aus der Informations- und Telekommunikationsindustrie in den Unternehmen zunimmt, ist mit dem Begriff der Digitalisierung auch die zunehmende Verfügbarkeit von Daten verbunden. Auf Basis von bestehenden und neuen digitalen Technologien entstehen neue Anwendungsfelder. Aufgrund der Anwendbarkeit von digitalen Technologien in jeder Wertschöpfungsstufe ist die Wirkung der Digitalisierung stärker als die von vorangegangenen technologischen Schüben. So führte das Fließband oder die Robotik zu Veränderungen in der Produktion (nämlich die Skalierung und die zunehmende Maschinisierung), die breite Anwendung von Kunststoff zu Veränderungen in der Produktentwicklung und der Produktion, die Nutzung von Kraftfahrzeugen, Eisenbahnen, Schiffen und Flugzeugen zu einer zunehmenden Internationalisierung, Just-in-time-Logistiksysteme wirkten sich auf Produktion und Versandlogistik aus, die Verfügbarkeit von Massenmedien wie Radio, Fernsehen und Zeitungen führten zu einer besseren Vermarktbarkeit von Massenprodukten und die Telefon- und Telegrafensysteme führten zu einer kostengünstigen internationalen Kommunikation.

Die Nutzung von Informations- und Telekommunikationstechnologien sowie von Daten im Geschäftsmodell wird zu einem zentralen Wettbewerbsvorteil. Die Stärken der Digitalisierung zeigen sich nicht nur im Vertrieb. Durch Online-Handelsplätze werden Käufe (und Verkäufe) schnell, bequem, unabhängig von Öffnungszeiten und nach einem Vergleich aus einer großen Produktvielfalt ermöglicht. Die industrielle Produktion gewinnt mit der Industrie 4.0 neue Möglichkeiten, die bis zu einer Losgröße von 1 führen können. Branchen, wie z. B. Post, Musikindustrie, Buchhandel, Zeitungsverlage oder Bildungsanbieter haben bzw. werden durch die Digitalisierung deutliche, teilweise disruptive Veränderungen erfahren.

Ein zunehmender Einsatz von Informations- und Kommunikationstechnologien kann sich auf die digitale Infrastruktur (u. a. mit Breitband-Internet-Anbindung, Mobilfunk und Cloud-Umgebungen), die Basis-IT (u. a. mit PCs, Laptops, Bildschirmen und Druckern) und auf spezielle Hard- und Softwarekomponenten beziehen.

- **Online-Plattformen**. Eine Kombination der Komponenten liegt im Angebot von Online-Plattformen. Die Plattformökonomie hat mit Firmen wie Amazon, ebay oder Airbnb bereits eine hohe Bedeutung gewonnen. Eine Plattform ist ein digitaler Marktplatz oder eine mehrseitige Plattform.[2] Mithilfe von digitalen Plattformen lassen sich die angebots- und nachfrageseitig vorhandenen Bedarfe abbilden und den Käufern und Verkäufern ein relativ einfacher Zugang zu dem betreffenden Markt bieten. Ziel einer jeden Plattform ist es, dass die Teilnehmer die Plattform durch die Interaktionen und Transaktionen zwischen Anbietern und Käufern als nutzbringend erleben.[3] Durch die

[2] Vgl. Hagiu und Wright (2015).

[3] Vgl. Boudreau und Hagiu (2008); Manner et al. (2013).

nahezu unendliche Skalierbarkeit werden nutzbringende Plattformen zu weltweiten Marken.

- **Internet of Things**. Eine weitere Kombination von Komponenten ist das Internet of Things. Neben dem Internet und dem mobilen Internet gewinnt das Internet of Things an Bedeutung. Während im Jahre 2017 rd. 6,6 Mrd. Geräte vernetzt waren, werden im Jahre 2021 bereits rd. 22,5 Mrd. Geräte erwartet.[4] Das Internet der Dinge beschreibt die Vernetzung von physischen Geräten auf Basis von Internettechnologien. Dazu zählen nicht nur Maschinen und Anlagen, sondern auch Uhren, Kühlschränke, Gefriertruhen, Fernseher, Thermostate, Sicherheitskameras, Beleuchtungsanlagen, Rauchmelder, Navigationssysteme, Auto-HiFi-Anlagen, Armbänder, Schuhe, Brillen, Kleidung, Gebäude, Ampeln, Straßenlaternen, Zähler, Parkuhren, Wetterstationen oder Füllstandssensoren. Auf dieser Basis können Dinge miteinander und mit dem Internet kommunizieren und auf Basis von Sensoren umfangreich Daten liefern. Auch wenn die Anbindung der Sensoren und Aktoren heute noch relativ kostenintensiv ist, werden die Kosten nach und nach geringer. Für die Vernetzung ist einerseits geeignete Software, die IoT-Plattformen,[5] und andererseits in der Regel funkbasierte Kommunikationstechnik notwendig. Zu der IoT Kommunikationstechnik zählt neben GSM, UMTS, LTE, 5G, Bluetooth, WLAN, RFID auch LoRaWAN (Long Range Wide Area Network).[6]
- **Robotic Process Automation**. Ein drittes Beispiel ist die Nutzung von Software für die Automatisierung von Prozessen. Durch den Einsatz von Robotern (Bots) lassen sich regelbasierte Aufgaben weitgehend automatisieren, ohne dass eine neue Schnittstelle programmiert oder eine neue Software eingeführt werden muss.[7] Die Bots bilden die menschliche Interaktion mit verschiedenen Systemen nach. Bei den Anwendungsfällen sollte es sich um einfache, wiederkehrende Aufgaben handeln. So können z. B. die Anlage von neuen Mitarbeitern in verschiedenen Systemen, die Änderung von Stammdaten von Kunden in verschiedenen Systemen oder die Prüfung von Rechnungen nach bestimmten Kriterien auch Roboter erledigen.[8] Dabei handelt es sich nicht um physische Roboter, sondern um virtuelle Roboter, die nach einer Einlernphase die Eingaben eines Menschen nachahmen. Die Bots springen zwischen verschiedenen Programmen hin und her, kopieren Daten und fügen Ergebnisse in bestehende Masken ein. Die Hauptvorteile liegen in der eingesparten Arbeitszeit von Mitarbeitern, in dem geringen Aufwand für die Einrichtung der Bots und in der Möglichkeit die bestehenden Systeme

[4] Vgl. Newman (2017), dotSource (2017), S. 7.

[5] Vgl. die Marktübersicht zu IoT Plattformen unter Krause et al. (2017).

[6] Die LoRaWAN Technik ist eine von verschiedenen Low Power Wide Area Networks. Sie eint der geringe Energieverbrauch, um so über mehrere Jahre ohne externe Stromversorgung arbeiten zu können. Dazu zählen auch Techniken wie LTE Narrow Band IoT und Sigfox. Vgl. https://lora-alliance.org, https://iot.telekom.com, https://www.sigfox.com.

[7] Vgl. Bremmer (2018).

[8] Weitere Anwendungsbeispiele finden sich z. B. unter https://www.anothermonday.com oder für einfache Routinen https://flow.microsoft.com/de.

unangepasst zu lassen. Damit sind sie Makros ähnlich, die jedoch auf einzelne Programme oder Programmfamilien (wie z. B. das Office-Paket von Microsoft) beschränkt sind. Allerdings ist der Nutzen von Robotic Process Automation von der Konsistenz der einbezogenen Systeme abhängig. Ändern sich diese wird ein neues Einlernen des Roboters erforderlich. Ebenso sollte nach jeder Anlernphase die Funktionsfähigkeit der Roboter durch Tests bestätigt werden.

Es geht bei der Digitalisierung jedoch nicht nur um den Einsatz von neuen Technologien. Der Wert der Technologie hängt davon ab, wie geschickt und zielgerichtet sie eingesetzt wird. Ungeschickt eingesetzte Technologien setzen deshalb nicht unbedingt die erwünschten Effekte für die Einsparung von Kosten oder die Schaffung von Wachstumspotenzialen frei. Oft erfordert die Nutzung neuer Technologien neben ihrer parallelen Umsetzung in den Prozessen und ihrer Verbindung mit den bestehenden Technologien auch der Durchführung von Schulungsveranstaltungen.

Nicht nur bekannte Technologien treiben die Digitalisierung voran. Auch neue und noch fast unbekannte Technologien wirken unterstützend. Die Gartner Group unterscheidet in ihrem Hype Cycle fünf Phasen bezüglich der Aufnahme von Technologien im Markt:[9]

- **Innovation Trigger** („Technologische Impulse"). Erste Erfolgsmeldungen über die neue Technologie werden publiziert. Der Entwicklungsstand der Technologien ist noch so früh, dass ungewiss ist, ob sie sich für eine breite Akzeptanz im Markt eignen. Ein aktuelles Beispiel hierfür sind Quantencomputer.
- **Peak of Inflated Expectations** („Spitze der hohen Erwartungen"). Über die Technologien in dieser Phase werden Erfolgsmeldungen berichtet, die die Erwartungen weiter befeuern. Parallel sind aber auch erste Rückschläge feststellbar. Ein Beispiel hierfür ist das selbstfahrende Automobil.
- **Trough of Disillusionment** („Tal der Tränen"). Während der Talsohle im technologischen Lebenszyklus trennt sich die Spreu vom Weizen. Die Anbieter der betreffenden Technologie, die die Kundenerwartungen am besten erfüllen, überleben, die anderen verabschieden sich vom Markt. Als Beispiel gilt die Augmented Reality.
- **Slope of Enlightenment** („Rückkehr der Erleuchtung"). Es wird zunehmend sichtbar, wie eine Technologie zum Kundenmehrwert führt. Die Technologien haben sich deutlich von der Innovationsphase weiterentwickelt und werden zunehmend vom Markt aufgenommen. Ein Beispiel hierfür ist die Virtual Reality.
- **Plateau of Productivity** („Produktive Marktaufnahme"). Die Technologie wird breit eingesetzt, der Kundennutzen ist deutlich erkennbar. Der Einsatz für den Mainstream-Markt ist absehbar. In dieser Phase befinden sich zum Beispiel die 3-D-Drucker.

[9] Vgl. https://www.gartner.com/en/research/methodologies/gartner-hype-cycle.

Die digitale Zukunft liegt aber nicht nur in einer weiteren graduellen Verbesserung der Produktivität durch die Weiterentwicklung der bestehenden Funktionen. Zusätzlich ermöglicht eine erweiterte Nutzung der Digitalisierung die:

- Automatisierung kompletter (repetitiver) Prozesse
- Unterstützung bzw. (Teil-) Automatisierung von Entscheidungen, die bislang von Menschen getroffen wurden durch entsprechende Algorithmen und künstliche Intelligenz
- Nutzung neuer Formen der Kundeninteraktion (z. B. über mobile Endgeräte und durch Zugriff auf Unternehmensdaten)
- Schaffung neuer Möglichkeiten der Vernetzung mit Partnern des Unternehmens
- Entwicklung neuer Geschäftsmodelle mit zusätzlichem Kundennutzen

Aufgrund der Vielfalt der technischen Instrumente der Digitalisierung prägt sie nicht nur die Kernbereiche der Wertschöpfung, sondern auch die Querschnittsfunktionen. Sie beschleunigt nicht nur die Prozesse, sondern führt zu neuen Kombinationsmöglichkeiten und neuen kundenorientierten Lösungen. Entsprechend hat nahezu jedes Unternehmen ein Projekt für die digitale Transformation durchgeführt oder ist gerade dabei. Beispiele für die Kernbereiche der Wertschöpfung sind die Plattformen Amazon und Ebay im Handel, Spotify für die Musikindustrie und Google für die Werbewirtschaft. Beispiele für die Querschnittsfunktionen sind die Nutzung der OCR-Erkennung im Rahmen der Buchhaltung oder die Einführung von E-Learning Tools im Bereich der Personalentwicklung.

Letztlich ist es die Kombination aus Produktivitäts- und Innovationsansätzen, die mit der künftigen Digtialisierung einhergehen. Abb. 13.1 gibt einen Überblick.

Wird der Fokus auf die Nutzung externer Datenquellen aus Markt und Wettbewerb gelegt, kann dies zu einem agileren Vertrieb führen. Wird nach der Analyse der externen Daten die Entscheidung getroffen, das bestehende Geschäftsmodell weiter zu entwickeln, kann dies zu einem höheren Kundennutzen führen. Maßnahmen dafür können die Ergänzung von weiteren Leistungen, neue Bezahlmodelle und/oder neue Partner des

Abb. 13.1 Anwendungsmatrix für die Digitalisierung

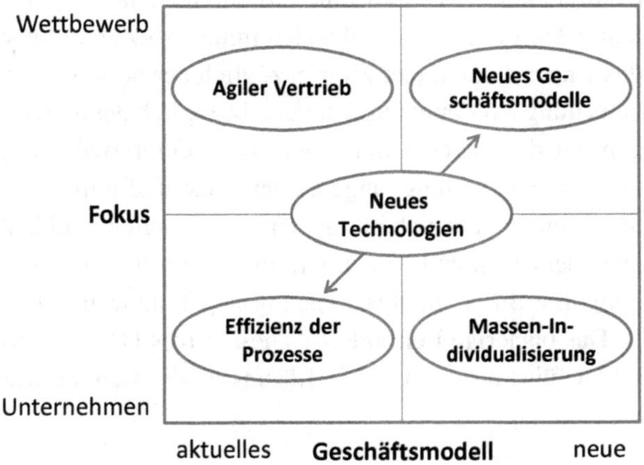

Unternehmens sein. Die Nutzung von internen bzw. externen Daten kann alternativ zu einer zunehmenden Individualisierung der Geschäftsmodelle führen. Wird die verstärkte Datennutzung mit der Einführung neuer IT-Technologien kombiniert, kann dies neben einer gesteigerten Effizienz der bestehenden Abläufe auch die Entwicklung neuer Geschäftsmodelle ermöglichen.

Die wichtigste Voraussetzung für künftige neue Kundendienstleistungen liegt in der Verfügbarkeit und der zulässigen Nutzung von möglichst granularen Daten. Jedes Unternehmen sollte definieren, welche Daten es derzeit sammelt und diese künftig als wichtigen Vermögensbestandteil verstehen und nicht leichtfertig mit Dritten teilen. Die Nutzung der im Unternehmen bestehenden Daten, das gegenseitige Teilen von Daten im Sinne von „Membership“ Modellen mit anderen Unternehmen oder Organisationen oder gemeinsame Datenplattformen ermöglichen die Entwicklung neuer, kundenorientierter Dienstleistungen.

Dabei wird in Deutschland häufig gezweifelt, gezaudert und verzögert. Eine kritische Reflexion ist immer gut, schließlich kommen notorische Ja-Sager oder Lemminge nicht weit. Aber zu viel der kritischen Reflexion lässt Chancen verpassen. Also bietet sich die Kombination von kritischer Reflexion und die Suche nach Lösungen (und nicht nach Problemen) als Pfad für die Digitalisierung an. Neben den Chancen der Digitalisierung bietet das Thema auch ausreichend Raum für Diskussionen und unterschiedliche Meinungen. Das vermeintlich Neue wird von jenen, die prädigital aufgewachsen sind, möglicherweise als Mode oder als eine Technik von vielen Techniken relativiert und als verunsichernd empfunden. Die junge Generation verbindet mit dem Begriff wenig, denn sie sind mit vielen digitalen Technologien aufgewachsen. Stattdessen sehnen sie Verbesserungen gegenüber den ja bereits eingeübten digitalen Techniken herbei und freuen sich auf Lösungen, mit denen das Unternehmen vorangeht und vorne auf der digitalen Welle „mitschwimmt“. In vielen Vorträgen wird der Vergleich zwischen der digitalen Entwicklung und der industriellen Revolution gesucht. Die Industrialisierung war für jeden sichtbar, für viele begreifbar und für die meisten herausfordernd. Die Digitalisierung ist zwar auch für die meisten herausfordernd, sie ist aber nur für wenige sichtbar und begreifbar. Auch ist die digitale Entwicklung eine fortlaufende, dies liegt an den im Hintergrund nicht sichtbar laufenden Programmen, die sich immer wieder verändern. Das hat Auswirkungen auf jedes Unternehmen, und zwar bezüglich der bestehenden Strukturen, Prozesse und den Arbeitsalltag auf der einen Seite und bezüglich der angebotenen Produkte und Dienstleistungen auf der anderen Seite. Von besonderer Bedeutung ist im Rahmen einer modernen Personalentwicklung, angemessen viele und umfangreiche Angebote für die Beschäftigten zu bieten, um sich mit neuen Technologien, und insbesondere der Digitalisierung auseinandersetzen zu können. Nur mit einem tiefen und aktuellen Wissen kann eine Beteiligung ihre Basis und ihre Leistungsangebote weiter digitalisieren.

Das bisherige Leitbild „Business drives IT“ ist überholt. Die Digitalisierung der Wirtschaft führt dazu, dass ITK-Lösungen, die sich am Markt durchsetzen zu einer Notwendigkeit bei jedem Unternehmen werden und die Differenzierung durch die frühe Nutzung der neuesten ITK-Technologien mit geprägt werden wird. Die IT-Architektur eines Unternehmens und ihre Daten werden für viele Unternehmen zu Schlüsselressourcen ihrer Geschäftsmodelle.

13.2 Bewertung des digitalen Reifegrads

Wo steht die Beteiligung hinsichtlich ihrer digitalen Reife? Diese Frage lässt sich mit Benchmarking-Studien beantworten. Entweder wird ein Vergleich speziell für ein Unternehmen erstellt oder es werden bestehende Reifegrad-Modelle genutzt. Beispiele dafür sind etwa der Digital Champion Vergleich der Zeitschrift Focus,[10] der Digitalqualität Deutschland Vergleich für kommunale Unternehmen[11] oder das Digital Maturity Modell von neuland.[12] Das Digital Maturity Modell umfasst acht Kategorien mit 32 Einzelkriterien, anhand derer die digitale Reife und Handlungsfelder für die Weiterentwicklung bewertet werden können (Tab. 13.1). Es werden fünf Reifegrade unterschieden: von „unaware" über „conceptual", „defined", „integrated" bis hin zu „transformed".

Für die Einordnung (und Reflektion) der Beteiligung anhand von Reifegradmodellen bieten sich gemeinsame Workshops von Akteuren des Mutterunternehmens und der Beteiligung oder auch Klausuren des Aufsichtsgremiums an. Wichtig sind grundlegende Kenntnisse über IT und Digitalisierung bei den Akteuren der Beteiligung und bei den Akteuren des Mutterunternehmens. Und es braucht Mut für die Diskussion von Fragen wie diese: Wo liegen Potenziale für die Nutzung digitaler Technologien im Bereich der

Tab. 13.1 Digital Maturity Modell nach neuland. (Quelle: In Anlehnung an Peyman et al. 2014, S. 38)

Kategorie	Einzelkriterien
Strategy	Strategische Digitale Vision, Digital Transformation Roadmap
Leadership	Zielsystem, Managementmethoden, Sponsorship, Ressourcen (Mitarbeiter, Budget)
Products	Digitale Wertschöpfungskette, Geschäftsmodell, Innnovationsfähigkeit
Operations	Kundenlebenszyklus, Kanäle und Geschäftsprozesse, Agilität
Culture	Kundenzufriedenheit, Hierarchie vs. Netzwerk
People	Rollenverständnis, Expertise, Befähigung
Governance	Kommunikation, Regeln der Zusammenarbeit, KPIs, Alignment
Technology	Software Tools, Cloud-Architektur, ICT-Infrastruktur, Wirtschaft 4.0

[10] Vgl. http://www.deutschlandtest.de/digitalerwandel.

[11] Vgl. http://digitalq-deutschland.de.

[12] Vgl. Vgl. Peyman et al. (2014).

Wertschöpfungsprozesse? Welche bestehenden oder neu zu erhebenden Daten können die Geschäftsmodelle stärken oder neue Geschäftsmodelle hervorbringen? Wie können die Kundenschnittstellen von digitalen Ansätzen profitieren? Welche neuen digitalen Angebote liegen bereits im Markt vor? Welche neuen Geschäftsmodelle lassen sich mit digitaler Prägung umsetzen?

Auf der Basis der Analyse des digitalen Reifegrads und der Potenziale vor dem Hintergrund der Kundenerwartungen und der Wettbewerber steht der nächste Schritt an, die Formulierung einer Digitalisierungsstrategie.

13.3 Entwicklung einer Digitalisierungsstrategie

Während unter Digitalisierung im engeren Sinne die Umwandlung von analogen Daten in digitale Daten verstanden werden kann, lässt sich das erweiterte Verständnis als digitale Transformation bezeichnen. Damit wird eine umfassende Veränderung eines Unternehmens und seiner Geschäftsmodelle verbunden: „Digital Transformation is the deliberate and ongoing digital evolution of a company, business model, idea process, or methodology, both strategically and tactically."[13] Dabei handelt es sich immer um eine relative Form der Digitalisierung – im Vergleich zu der kurzfristigen Unternehmensvergangenheit und im Vergleich zu den Entwicklungen der Wettbewerber. Die Berücksichtigung neuer Technologien hängt von dem situativen Kontext ab. Miles und Snow kommen bezogen auf die Passung zwischen Kontext und Gestaltungsfaktoren zu folgender Einschätzung: „Fit is a process as well as a state – a dynamic search that seeks to align the organization with its environment and to arrange resources internally in support of that alignment. [...] Because in a changing environment it is very difficult to keep these major organizational components tightly integrated, perfect fit is most often a condition to be strived for rather than accomplished."[14] Und das beschreibt auch die Berücksichtigung der Digitalisierung im Unternehmen. Jedes Unternehmen entwickelt den individuellen Fit zwischen dem Kontext und dem Reifegrad der Digitalisierung. Das Mutterunternehmen sollte die Beteiligungen bei der Erstellung einer Digitalisierungsstrategie unterstützen und neue Möglichkeiten, auch gemeinsam unter Einbindung mehrerer Beteiligungen eröffnen helfen. Als Methode eignet sich dafür sehr gut die Durchführung eines Design Thinking Workshops, ggf. im Verlauf ergänzt durch einen Hackathon in Kooperation mit einer begleitenden Institution.

Die Basis für die weitere Ausgestaltung der Digitalisierung im Unternehmen liegt in der Aufnahme von Zielen für die Nutzung von IT- bzw. Kommunikationstechnologien in der Unternehmensstrategie der Beteiligung oder in der Formulierung einer separaten Funktionalstrategie, nämlich einer Digitalisierungsstrategie. Für die Formulierung lassen sich Elemente aus der deutschen Digitalstrategie oder von denen der Bundesländer ein-

---

[13] Mazzone (2014), S. 8.

[14] Miles und Snow (1984), S. 11.

beziehen.[15] Ausgehend von den so formulierten Zielen lassen sich im zweiten Schritt die einzelnen Geschäftsmodelle des Unternehmens um digitale Ansätze ergänzen bzw. neue zum Teil disruptive Geschäftsmodelle entwickeln. Dabei lassen sich Basistechnologien wie z. B. Cloud Services, Big Data Analysen, Internet of Things, Verfahren zum maschinellen Lernen[16] oder 3D-Druck sowie branchenbezogene Technologien und Anwendungen einbeziehen.

Mit der Strategie und den Geschäftsmodellen einhergehend ist die Aufnahme in die Unternehmenspläne bezüglich Investitionen, Kosten und Erlöse sowie im Risikomanagement bezüglich neuer Risiken durch die Digitalisierung bzw. aufgrund fehlender Anwendung bei den bisherigen Geschäftsmodellen. Schließlich bekommt die Digitalisierung auch eine Rolle bei den Zielvereinbarungen mit Führungskräften der Beteiligungen sowie für das laufende und das strategische Controlling.

Die Digitalisierung führt zu einer zunehmenden Flexibilisierung der Erbringung von Dienstleistungen. Verbunden mit den an den Kundenerwartungen orientierten Prozessen führt dies zu neuen Anforderungen an die IT-Organisation. Neben einer stabilen IT-Organisation für die Bereitstellung von Leistungen der Datenverarbeitung und des Informationsmanagements braucht es zusätzlich einer flexiblen oder agilen IT-Organisation, die für die notwendige Flexibilität bei sich schnell verändernden Anforderungen sorgt. Dies kann mit der Schaffung der Rolle eines Chief Digital Officers (CDO) einhergehen.[17] Neben einem CDO einer Beteiligung nimmt auch der Beteiligungsmanager die Rolle eines CDOs für die ihm zugeordneten Beteiligungen wahr. Dadurch profitieren die Beteiligungen von aktuellen Entwicklungen. Die bimodale IT-Struktur führt zu einer IT-Organisation der zwei Geschwindigkeiten, der IT-Abteilung mit den Kernapplikationen sowie einem Innovationslabor für die Entwicklung neuer digitaler Geschäftsmodelle.[18]

13.4 Daten als Kernelement der Digitalisierung

Gemäß dem Standard ISO/IEC 2382:2015 zu Begriffen der Informationstechnologie sind Daten definiert als „reinterpretable representation of information in a formalized manner suitable for communication, interpretation, or processing."[19] Die Übermittlung von Signa-

[15] Vgl. z. B. BMWI (2016); HMWVL (2016).

[16] Der Einsatz von maschinellem Lernen (insb. mit neuronalen Netzen) wird auch als künstliche Intelligenz bezeichnet. Vgl. Beispiele bei KI Bundesverband e.V. (2018). Ein fast metaphysisches Beispiel für die Leistungsfähigkeit der künstlichen Intelligenz ist die Programmierung von Computersoftware durch einen Computer. Vgl. Bichsel et al. (2016), die Beispielprogramme JS Nice und APK Deguard und das Start-up Deepcode unter https://www.deepcode.ai.

[17] Vgl. http://cdoclub.com.

[18] Vgl. Bharadwaj und Sambamurthy (2005), S. 5 ff.

[19] Ziffer 2121272 Norm ISO/IEC 2385: (2015).

len (d. h. Zeichen) führt zu Nachrichten und die Speicherung der übermittelten Signale führt zu Daten.[20] Daten sind sämtliche auf Speichermedien gespeicherte Inhalte wie z. B. Texte, Statistiken, Datenbanken oder Bilder. Hingegen sind Informationen eine Teilmenge von Daten, die für Personen einen potenziellen Nutzen aufweisen, d. h. „knowledge concerning objects, such as facts, events, things, processes, or ideas, including concepts, that within a certain context has a particular meaning.“[21] Schließlich handelt es sich bei Wissen um interpretierte Information, d. h. Kenntnisse, die eine oder mehrere Personen für die Erfüllung ihrer Aufgaben benötigen.[22]

Die Digitalisierung von Aufgaben, Prozessen und Informationen führt zu einer exponentiell steigenden Datenmenge. In jeder Sekunde werden über 2 Millionen E-Mails versendet, täglich werden 2,5 Exabyte an Daten produziert.[23] Ein Exabyte sind eine Trillion (10^{18}) Byte oder eine Milliarde Gigabyte. Die Datenmengen werden bisher vor allem durch stationäre Computer, künftig noch stärker durch mobile Endgeräte (z. B. durch Nachrichten auf sozialen Medien, Metadaten wie Ortsdaten und besuchte Webseiten) und Internet of Things Anwendungen (z. B. von Maschinen, Geräten, Fahrzeugen) hervorgebracht. Wenngleich die Wertschöpfung vieler Unternehmen vor allem durch Wissen begründet ist, wird in der sich verbreitenden Datenökonomie die Ebene der Daten betrachtet. Damit gewinnen in den Unternehmen besonders die Fragen der Datensammlung, Datenauswertung, der Datenvalidierung und der Datenanwendung an Bedeutung. Entsprechend werden Daten als das „neue Öl“ bezeichnet und ihnen damit ein hoher Wert zugeschrieben. Gleichwohl suchen viele Unternehmen noch nach profitablen Anwendungsfällen für ihre Daten.[24]

Die Bedeutung von Daten hat in den letzten Jahren eine Entwicklung durchlaufen.

- **Daten als Ergebnisse von Prozessen.** In den Anfängen der Nutzung von digitalen Technologien waren Daten Nebenprodukte von Wertschöpfungs- und unterstützenden Prozessen. Als Ressource wurde ihnen kein besonderer Wert beigemessen.
- **Daten als Integrationshilfsmittel.** Im Zuge der Verbreitung von Enterprise Resource Planning (ERP-) Systemen wurden Daten zu einem wichtigen Integrationstreiber für das Prozessmanagement eines Unternehmens. Damit gewannen sie an Bedeutung vor allem für die Querschnittsfunktionen (Finanzen, Controlling, Einkauf, Personal und Einsatzplanung) und teilweise für die Wertschöpfung des Unternehmens (Logistik, Produktionsplanung).
- **Daten als wichtige Ressource für die Wertschöpfung.** Mit der Verknüpfung der Dienstleistungen und Produkte eines Unternehmens mit Daten aus online-Plattformen, Portalen, Apps, Call-Centern und Customer Relationship Management Systemen wur-

[20] Vgl. Norm DIN 44300 (1985).

[21] Ziffer 2121271 Norm ISO/IEC 2385: (2015).

[22] Vgl. z. B. Fraunhofer-Gesellschaft (2011).

[23] Vgl. Borkhataria (2017).

[24] Vgl. The Economist (2017); Schreieck et al. (2016).

den Daten zu einer wichtigen Ressource für die Wertschöpfung vieler Unternehmen. Eine zunehmende Personalisierung in der Kundenansprache und Kundenbindung sowie eine Individualisierung des Leistungsangebots wird nur durch digitale Technologien möglich. Darüber hinaus ermöglichen Daten die Entstehung neuer datengetriebener Geschäftsmodelle. Im Smart Home Bereich nutzen z. B. einige Start-ups die Möglichkeit der Verbindung von Sensordaten oder von Terminkalenderdaten für die Regelung von per WLAN oder Funk steuerbaren Thermostaten.
- **Daten als eigenständiges Angebot**. Die Daten eines Unternehmens haben auch einen Wert für die Wertschöpfungsprozesse von anderen datenbasierten Unternehmen (oder von Privatkunden). Die Daten lassen sich an diese in einer definierten Struktur und Häufigkeit bilateral oder über Marktplätze verkaufen. Teilweise wird der Verkauf derartiger Daten direkt vergütet (z. B. Kundendaten auf Basis von Cookies, anonymisierte Handydaten zur Frequenzmessung in einem Kaufhaus) oder sie werden indirekt vergütet (z. B. Google Heat Maps der Verkehrssituation auf einer Straße in Verbindung mit Werbeanzeigen bei der Google-Nutzung).

Die Datenökonomie entwickelt sich zu einem wichtigen Teil der Wirtschaft. Daten sind künftig eine wichtige Basis für Wirtschaftswachstum und Beschäftigung. In Kombination mit modernen Analyseverfahren, insb. dem maschinellen Lernen, ermöglichen sie Verbesserungen in Abläufen und Entscheidungen, tragen zu Prognosen bei und stärken die Geschäftsmodelle.[25] Entsprechend hat die Europäische Union mit FIWARE eine Datenplattform finanziert, die eine gemeinsame Nutzung von Daten für wissenschaftliche, gesellschaftliche und industrielle Prozesse ermöglicht.[26] Die Bereitstellung erfolgt dabei nur gegenüber vom Bereitsteller akzeptierten Nutzern und kann jederzeit beendet werden.

Die Datenökonomie umfasst die Nutzung verfügbarer Daten und auch den Handel mit Daten. Während dies von großen Unternehmen wie Amazon, Facebook und Google bereits sehr erfolgreich praktiziert wird, stehen viele Mittelständler noch am Anfang.[27] Den bereits aktiven Unternehmen helfen dabei Cookies und Tracker, die die Daten der Internet-Nutzung aufzeichnen. Weitere Daten kommen von Sensoren, die in vielen elektronischen Geräten enthalten sind und im Zusammenspiel mit ihrer Einbindung in Kommunikationsnetze wie WLAN oder GSM ihre Daten an den Hersteller oder eine Plattform übermitteln. Dazu kommen die Daten aus Programmen, Apps und Social Media Plattformen. Aus der Kombination der Daten lässt sich ein relativ gutes Profil des Kunden erstellen, auf dessen

[25] Vgl. die Mitteilung der Kommission an das Europäische Parlament, den Rat, den Europäischen Wirtschafts- und Sozialausschuss und den Ausschuss der Regionen „Aufbau einer europäischen Datenwirtschaft" vom 10.01.2017, COM (2017) 9 final.

[26] Vgl. https://www.fiware.org. Darüber hinaus sind auch die Ansätze der von der Fraunhofer Gesellschaft initiierten International Data Spaces und die Darmstädter Datenplattform interessant. Vgl. https://www.internationaldataspaces.org; https://www.digitalstadt-darmstadt.de.

[27] Vgl. Shapiro und Anja (2019).

Basis wiederum eine relativ zielgruppenscharfe oder sogar personalisierte Werbung für den Verkauf neuer Produkte initiiert werden kann. Viele Internet-Unternehmen verdienen damit Geld, mit der Nutzung von Daten für personalisierte Werbung, dem Handel mit Daten (oder Adressen) oder mit der Bewertung von Kunden, z. B. anhand ihrer Kaufkraft oder Zahlungsfähigkeit.[28] Künftig werden auch Informationen der eigenen Bank dazu kommen, wenn diese auf Grundlage der PSD2 Richtlinie sämtliche Kontobewegungen (nach einmaliger vorheriger Freigabe durch den Kunden) entweder an Kontoinformationsdienstleister oder an Zahlungsauslösedienstleister weitergibt.[29] Einen Eindruck für den Wert der eigenen Daten vermittelt der Financial Times Kalkulator für den Wert von Daten.[30] Der Wert setzt sich aus Angaben aus den Bereichen Demografische Daten, Familien- und Gesundheitsdaten, Immobiliendaten, Aktivitätsdaten sowie Kundendaten zusammen. Danach haben besonders die Daten einen hohen Wert, die vom Durchschnitt abweichen, z. B. die Kenntnis darüber, dass Menschen vor kurzem oder in kürze Eltern werden, oder die Kenntnis über spezielle Gesundheitsprobleme.

Aus Sicht eines Unternehmens sind dem möglichen Wert von Daten jedenfalls die Kosten für die Erhebung gegenüber zu stellen. So lässt sich grob der Nutzen von neuen Ansätzen für die Datensammlung und die Datennutzung errechnen und prognostizieren. Für die Bewertung des Wertes von Daten lassen sich drei Ansätze unterscheiden.[31]

- **Herstellkosten**. Der Wert der Daten ergibt sich aus den Kosten für die Beschaffung bzw. Erzeugung der Daten im Sinne der Kostenrechnung.
- **Nutzwert**. Durch den Vergleich der Wertschöpfung unter Nutzung und ohne Nutzung der Daten ergibt sich der Nutzwert der Daten. Dies ist dann der Fall, wenn sich zusätzliche Ergebnisbeiträge aus der Nutzung von aufbereiteten Daten ergeben.
- **Marktwert**. Lässt sich ein Marktpreis für Daten ansetzen, so ergibt sich mithilfe von Hochrechnungen ein Marktwert. Am Beispiel personenbezogener Daten zeigt eine Studie, dass der Gesamt-Datensatz einer Person mit Geburtsdatum, Adresse, Kredithistorie etc. einen Marktwert von bis zu 55 Euro haben kann.[32] Eine reine Adressinformation hat einen Marktwert von ca. 0,50 Euro. Der Marktwert wird dabei insbeson-

[28] Vgl. z. B. die Angebote der Adresshändler Acxiom und Deutsche Post Direkt unter https://www.acxiom.de und https://www.deutschepost.de/de/d/deutsche-post-direkt.html. Für den Verkauf eigener Daten wollen auch Start-ups den Kunden Geld anbieten. Vgl. https://itsmydata.de; http://datacoup.com; http://www.datafairplay.com.

[29] Vgl. § 1d der Verordnung EU 2018/389 v. 27.11.2017 zur Ergänzung der Richtlinie EU 2015/2366 v. 25.11.2015.

[30] Die Daten des Financial Times Kalkulators stammen aus US-Quellen aus dem Jahr 2017. Eine Übersicht anhand von deutschen Daten bietet die Studie von Goldmedia (vgl. Goldmedia (2017)). Dabei wurden die Umsätze der Datenhändler durch die Zahl der Datensätze dividiert.

[31] Vgl. Fraunhofer-Gesellschaft (2016), S. 10–11.

[32] Vgl. Open Knowledge Foundation (2016).

dere durch die Einbeziehbarkeit der Daten in das Geschäftsmodell des Erwerbers der Daten geprägt.

Wenngleich eine Bilanzierung von Daten als immaterielle Vermögensgegenstände in der Regel nicht infrage kommt, lassen sich die Daten im Rahmen bestehender Geschäftsmodelle oder als separat bepreiste Daten zur Umsatz- und Ergebnisverbesserung nutzen. Für die Umsetzung bedarf es folgender Schritte: (1) Analyse bestehender Daten, (2) Prüfung der Erweiterung der Datenbasis z. B. durch zusätzliche Sensoren, (3) Entwicklung von Algorithmen für personalisierte Kundenansprache, (4) Einholung der Erlaubnis der Kunden für die Nutzung ihrer Daten und schließlich (5) Umsetzung im Realbetrieb. Wenngleich viele etablierte (US-) Internet-Unternehmen ihre Einverständniserklärungen für die Nutzung personalisierter Daten sehr breit formulieren, sollten Mittelständler aufgrund der höheren Sensibilität ihrer Kunden auf Datensammelaktivitäten nur die konkret aus unternehmerischer Sicht benötigten Daten und Nutzungszwecke vorsehen.

Daten, die häufig aktualisiert werden und in großer Menge entstehen, bilden die Grundlage für Big Data-Analysen. Der Begriff Big Data wurde erstmals 1997 verwendet und lässt sich mit dem 3V-Modell beschreiben.[33] Während Big Data einerseits auf ein hohes Datenvolumen hindeutet (Volume), wird mit dem Begriff zusätzlich auch die Breite der Datenquellen (Variety) und die Auswertung in bzw. nahe Echtzeit (Velocity) verbunden.[34] Das 3V-Modell lässt sich auch zu einem 4V-Modell weiterentwickeln. Das vierte V steht für Value und unterstreicht den zusätzlichen Wert, den der Einsatz von Big Data für die unternehmerischen Geschäftsmodelle leisten kann.[35] Die Big Data werden mithilfe von Algorithmen und Tools wie Hadoop und Spark ausgewertet. Um Muster in Daten zu finden und Prognosemodelle zu erstellen (prädiktive Nutzung der Daten), werden Machine-Learning-Techniken verwendet.[36] Nutzbringende Ergebnisse entstehen häufig durch die Kombination von Daten aus mehreren Quellen.

Neben den Transaktionsdaten und Kundendaten aus Finanz- bzw. ERP-Systemen eines Unternehmens können zusätzlich z. B. Bilder, Video-, Audio-, Sensor-Daten oder sonstige Datentypen einbezogen werden. Dabei lassen sich folgende Datenquellen unterscheiden: interne, bereits existierende Daten, interne, künftig selbst erzeugte Daten (von Prozessen und Beschäftigten), externe Daten von Kunden, externe öffentlich zugängliche Daten (Open Data, Daten aus Social Media oder Daten von Crawlern aus dem Internet) sowie externe erworbene Daten. Neben der Nutzung bereits vorhandener Da-

[33] Vgl. Cox und Ellsworth (1997).

[34] Vgl. Davenport et al. (2012), S. 22.

[35] Vgl. zum Begriff die Meta-Studie von Ylijoki und Porras (2016), die neben den 3V's auch ein 5 V-Modell präsentiert. Neben dem „Value“ kommt dabei auch die „Veracity“ als Begriffskriterium hinzu. „Veracity“ betrifft das Vertrauen in die Qualität und Korrektheit der Daten.

[36] Als Machine-Learning Algorithmen gelten u. a. lineare und nicht lineare Regression, neuronale Netze, Support Vector Machines und Entscheidungsbäume.

tenquellen lassen sich auch neue Quellen nutzen. Dies kann durch die Speicherung bislang ungenutzter Daten erfolgen, oder die Generierung neuer Daten, z. B. mithilfe von zusätzlichen Systemen oder von Sensoren. Einige Beispiele für solche zusätzlich erhebbare Daten sind: Handydaten (Präsenz vor Ort), iBeacon Daten, E-Commerce Bestellinformationen, App-Nutzungsstatistiken, Smart Meter Daten, Smart Home Daten, Sensordaten von Maschinen und Anlagen, Sensordaten (städtischer) Infrastruktur und Emissionen und Immissionen, Füllstandsdaten, Daten der Intranetnutzung, Lagerdaten, Lagedaten (über Drohnen), Bewegungsdaten (über Kameras), WLAN Nutzungsdaten, Gebäude-Nutzungsdaten. Bei der Auswahl und der Verwendung sollte auf die Qualität der Daten geachtet werden. Die Redewendung „Garbage in, garbage out“ beschreibt treffend, dass die Ergebnisse der Datennutzung klar von der zugrunde liegenden Datenqualität der Quelle abhängen. Die Qualität der Daten ist dabei tendenziell geringer, je unstrukturierter die Daten sind. Dabei lässt sich die Datenqualität in mehrere Aspekte unterteilen: Glaubwürdigkeit, Nützlichkeit, Interpretierbarkeit und Schlüsselintegrität (Tab. 13.2).

Die Eigenschaften der Kategorie Glaubwürdigkeit stellen die Basis dar. Neben der Fehlerfreiheit gehören dazu die Widerspruchsfreiheit und die Realitätsnähe. In der Kategorie Nützlichkeit werden Qualitätskriterien aufgeführt, die der Verwendbarkeit und Zweckdienlichkeit dienen. Daten können nutzlos sein, wenn sie unvollständig, nicht ausreichend detailliert, nicht mehr aktuell, doppelt oder irrelevant sind. Die Kategorie Interpretierbarkeit umfasst Kriterien, die sicherstellen sollen, dass die Daten semantisch einheitlich, eindeutig und verständlich sind. Schließlich sichern die Qualitätskriterien der Kategorie Schlüsselintegrität die eindeutige Identifizierbarkeit der Daten. Ein Beispiel für die Schlüsselintegrität ist die Forderung, dass eine Kunden-Nr. nur einmal vergeben wird. Die referenzielle Integrität ist verletzt, wenn noch ein Kundenauftrag existiert, der zugehörige Artikel aber schon längst aus dem Sortiment gestrichen ist.

Für den Einbezug zusätzlicher Daten sollte im Rückgriff auf mögliche Potenziale eine Auswahl erfolgen, die dann auf Basis der Grundlagen des Datenschutzes erhoben wird. Die Bewertung der Potenziale kann auch durch öffentliche Hackathons erfolgen. Dabei werden vorhandene Daten kreativ kombiniert und nutzbringend ausgewertet. Neben der Erfassung von Daten, die im Unternehmen oder bei Partnern des Unternehmens (wie Kunden, Mitarbeiter) entstehen, liegen weitere Quellen in Open Data Portalen. Beispiele dafür sind:

Tab. 13.2 Datenqualitätskriterien nach. (Quelle: in Anlehnung an Hinrichs 2002, S. 30)

Glaubwürdigkeit	Nützlichkeit	Interpretierbarkeit	Schlüsselintegrität
• Korrektheit • Konsistenz • Zuverlässigkeit	• Vollständigkeit • Genauigkeit • Zeitnähe • Redundanzfreiheit • Relevanz	• Einheitlichkeit • Eindeutigkeit • Verständlichkeit	• Schlüssel eindeutigkeit • Referenzielle Integrität

- Bundesdatenportal: https://www.govdata.de/
- Geoinformationsdaten: http://geoportal.wiesbaden.de
- Geoinformationsdaten: http://geoportal.metropolregion.hamburg.de/
- Daten der Stadtverwaltung: http://transparenz.hamburg.de/Open-Data/
- Open Data Portal der Deutschen Bahn: https://www.govdata.de/
- Open Data Portal von Baden-Württemberg: https://opendata.service-bw.de/
- und die Übersicht bei https://offenedaten.de

Alternativ kann sich das Unternehmen bei den sich entwickelnden Innovationslaboren von Bund, Ländern und Kommunen beteiligen (vgl. vertiefend zu Innovationslaboren auch für Unternehmen Ahrend und Hölle 2018). Beispiele sind dafür das Innovationslabor der Stadt Darmstadt (www.digitalstadt-DArmstadt.de) oder das Innovationslabor der Stadt Amsterdam (https://amsterdamsmartcity.com/Network/Chief-Technology-office).

Die zunehmende Datenmenge birgt auch Herausforderungen. Die Menge erfordert umfangreiche Speicher- und Rechnerleistungen und entsprechend viel Energie. Neben einem geeigneten Löschkonzept für die Handhabbarkeit sind geeignete Strukturierungs- und Auswertungsmethoden gefragt.[37] Außerdem verbleiben Herausforderungen wie Datenschutz, Datensicherheit und Informationssicherheit. Die Bedeutung dieser Themen nimmt zu, weil mit voranschreitender Digitalisierung der Lebensräume die Aufgaben Datenerfassung, Datenweitergabe, Datenverarbeitung, Datenhaltung und Datenanalyse immer relevanter werden.

- Der **Datenschutz** betrifft den Schutz von natürlichen Personen bezogen auf die Verarbeitung von personenbezogenen Daten. Grundsätzlich soll jede Person über die Preisgabe und Verwendung ihrer Daten selbst bestimmen können. Entsprechende Vorschriften zum Datenschutz regeln die Verarbeitung personenbezogener Daten.[38] Personenbezogene Daten sind dabei alle Informationen, die sich auf eine identifizierte oder identifizierbare natürliche Person beziehen.[39] In Unternehmen wirkt der Datenschutzbeauftragte auf die Einhaltung der gesetzlichen Vorschriften hin.
- Bei der **Datensicherheit** geht es um den Schutz der Daten, unabhängig davon, ob es sich um personenbezogene oder um nicht personenbezogene Daten handelt. Jedes Unternehmen hat gemäß § 64 Bundesdatenschutzgesetz geeignete technische und organisatorische Maßnahmen zu ergreifen. Dabei geht es nicht nur um digitale Daten, son-

[37] Beispiele für Software-Systeme für die Strukturierung und Auswertung von Big Data sind: Attivio, Coveo, Elastic.co, Lucidworks, Mindbreeze, Sinequa und Squirro.

[38] Dazu zählen das Übereinkommen zum Schutz des Menschen bei der automatischen Verarbeitung personenbezogener Daten (SEV 108) v. 28.01.1981, die EU-Verordnung EU-2016/679 v. 27.04.2016 und das Gesetz zum Schutz vor Missbrauch personenbezogener Daten bei der Datenverarbeitung (Bundesdatenschutzgesetz) v. 30.06.2017.

[39] Vgl. § 46 Abs. 1 Bundesdatenschutzgesetz.

dern auch um analoge Informationen. Dazu gehören Maßnahmen wie die Nutzung von Kennwörtern, die Überwachung von Veränderungen und Plausibilitätsprüfungen.

- Die **Informationssicherheit** (inkl. der IT-Sicherheit) umfasst über die Datensicherheit hinaus die Funktionsfähigkeit und Verfügbarkeit der informationsverarbeitenden und speichernden technischen und nicht-technischen Systeme. Der Schwerpunkt liegt auf der Sicherstellung der Funktionen, der Zuverlässigkeit der IT-Systeme und der Integrität, d. h. Vollständigkeit und Richtigkeit der durch die Systeme präsentierten Informationen. Dazu gehört auch die Sicherstellung der Vertraulichkeit durch geeignete Zugriffs- und Benutzerrollen- bzw. Berechtigungskonzepte. Ziel sind die Vermeidung von Schäden und die Minimierung von Risiken. Die IT-Sicherheit ist ein Element der Informationssicherheit und unterstützt die Anforderungen aus der Informations- und Datensicherheit sowie dem Datenschutz. Die Maßnahmen der IT-Sicherheit konzentrieren sich auf den Schutz von Hardware, Software und Daten vor Verlust, Zerstörung und Missbrauch.

Die Bedeutung dieser Themen nimmt auch deshalb zu, weil viele Menschen stärker zu einer übertriebenen Extrovertiertheit im Sinne eines Panoptikums[40] im Umgang mit persönlichen Informationen neigen, was durch die Echokammern der sozialen Medien weiter verstärkt wird. Die Gefahren sind durch den Ablasshandel der katholischen Kirche bekannt und werden aktuell mit dem Sozialkreditsystem in China deutlicher:[41] Dabei werden u. a. die Informationen aus zahlreichen Internet- und Social Media-Seiten bezüglich des Kauf-, Kredit- und sonstigen Verhaltens der Nutzer erfasst und mittels verschiedener Algorithmen dynamisch auf den individuellen Punktestand übertragen, mit entsprechenden Vor- und Nachteilen im realen Leben. Paradoxerweise schätzen viele Chinesen dieses System, weil sie davon ausgehen, dass der Staat seine Handlungsmacht dann verlässlicher und nicht regellos wahrnehmen werde.[42] Es bleibt zweifelhaft, ob ein derartiges Vorgehen in demokratischen, also nicht autoritären Ländern, Umsetzungschancen hätte. Mit dem Blick auf die Anwendung in der Unternehmenswelt zeichnet sich neben der bereits heute bewussten oder unbewussten Akzeptanz der Verwendung der eigenen Daten im Sinne von einer personalisierten Kundeninteraktion, eines Kundenwerts oder auch eines (dem Kunden verborgenen) Kunden Scorings (z. B. bei Plattformen wie Amazon oder Google) eine zunehmende Sensibilisierung der Kunden hinsichtlich ihrer Datennutzung ab. Dies ist nicht zuletzt der Einführung der Datenschutzgrundverordnung zu verdanken.[43] Gleich-

[40] Mit einem Panoptikum war im 18. Jahrhundert die Idee verbunden, Gefängnisinsassen in einem entsprechend konstruierten Raum permanent beobachten zu können. Damit sollte die Effizienz erhöht werden.

[41] Vgl. die Übersetzung des Beschlusses zum Aufbau eines landesweiten Socialkreditsystems in China bis 2020 unter Creemers (2014).

[42] Vgl. Kostka (2018), S. 23.

[43] Vgl. EU 2016/679 v. 04.05.2016.

wohl regelt diese nur die Nutzung der personenbezogenen Daten und nicht das Eigentum an solchen Daten und auch nicht die Nutzung von nicht personenbezogenen Daten. Insofern werden sich auch Geschäftsmodelle etablieren, die bewusst auf die Auswertung der Daten verzichten und für den Kunden kein Kunden Scoring und damit keine datenbasierte Kundeninteraktion nutzen, um mit dem Verzicht der Datenauswertung einen Kundennutzen zu bieten.

13.5 Digitale Geschäftsmodelle

Digitale Geschäftsmodelle sind solche, bei denen digitale Technologien zu einer deutlichen Veränderung von Geschäftsprozessen oder Ertragsmechanik führen: „A business model is digital if changes in digital technologies trigger fundamental changes in the way business is carried out and revenues are generated.“[44] Neben einer positiven ökonomischen Wirkung können digitale Geschäftsmodelle auch positive Auswirkungen auf die Umwelt, den sozialen Zusammenhalt und die Beschäftigung entfalten.[45] Die damit verbundenen Ziele einer nachhaltigen Digitalisierung finden sich z. B. in der Geneva Declaration der Internationalen Fernmeldeunion.[46]

Die Wertschöpfung von digitalen Geschäftsmodellen orientiert sich an digitalen Technologien und der Nutzung von Informationen bzw. Daten. Als wesentliche Aktivitäten stehen entsprechend die Sammlung, Systematisierung, Auswahl, Zusammenfügung, Verteilung, Austausch, Bewertung und Angebot von Informationen im Fokus.[47] Das Geschäftsmodell von Unternehmen der Digitalwirtschaft schafft durch elektronische Produkte einen Kundennutzen.[48] Als Quellen für den Kundennutzen lassen sich verschiedene Kategorien unterteilen. Im Vordergrund stehen Mehrwerte durch die Informationsvermittlung. Diese werden durch die Art und Weise der Abwicklung untermauert. Abb. 13.2 gibt einen Überblick, der im Folgenden vertieft wird.[49]

- **Überblick**. Ein Online-Angebot schafft einen Überblick über verschiedene Informationen oder Angebote. Die Transparenz schafft Mehrwert.
- **Auswahl**. Ein Online-Angebot schafft die Möglichkeit nach Informationen zu Produkten oder Dienstleistungen zu suchen. Die Selektionsmöglichkeit schafft Mehrwert.

[44] Veith et al. (2014), S. 48.

[45] Vgl. z. B. Global e-Sustainability Initiative (2015); Stuchtey et al. (2016); aber auch WBGU (2019).

[46] Vgl. ITU (2003).

[47] Vgl. Kollmann (2013), S. 47.

[48] Vgl. zur Vertiefung die Typologie datengetriebener Geschäftsmodelle bei Hartmann et al. (2014).

[49] Vgl. Kollmann (2013), S. 70–71.

Überblick (Strukturierungswert)
Auswahl (Selektionswert)
Vermittlung (Matchingwert)
Abwicklung (Transaktionswert)
Kooperation (Abstimmungswert)
Austausch (Kommunikationswert)

Zeitliche Dimension der Information	Informationsinhalt	Form der Information
Pünktlichkeit Aktualität Alterung Frequenz Beschaffungsperiode	Richtigkeit Relevanz Vollständigkeit Wirksamkeit Verlässlichkeit	Verständlichkeit Detailgrad Anordnung Präsentation Medium

Abb. 13.2 Elemente für Mehrwerte in der Digitalwirtschaft. (Quelle: In Anlehnung an Kollmann 2013, S. 45)

- **Vermittlung**. Ein Online-Angebot ermöglicht die Verbindung von Käufern und Verkäufern. Diese Verknüpfung schafft Mehrwert.
- **Abwicklung**. Ein Online-Angebot ermöglicht eine schnellere, kostengünstigere oder bequemere Realisierung einer Transaktion. Die bessere Umsetzung schafft Mehrwert.
- **Kooperation**. Ein Online-Angebot ermöglicht die Kombination der Leistungsangebote verschiedener Partner. Die Zusammenarbeit schafft Mehrwert.
- **Austausch**. Ein Online-Angebot bietet neue Möglichkeiten, dass verschiedene Institutionen oder Menschen miteinander kommunizieren können. Die Kommunikation schafft Mehrwert.

Die verschiedenen Mehrwerte lassen sich auch kombinieren. Die Basis für jeden der Mehrwerte sind aktuelle Daten, die in ein nutzbares Produkt integriert und schließlich kundenorientiert präsentiert werden können.

Für die Ergänzung von bestehenden Geschäftsmodellen um Elemente der Digitalisierung veranschaulichen folgende Beispiele die Vielfalt der Möglichkeiten.

- **Element Kundennutzen**. z. B. Datengetriebene Services mit deren Hilfe Daten in konkrete Werte für den Kunden umgesetzt werden; Plattformen mit dem Hauptziel der Steigerung des Wertes des Netzwerks; Leistungen in den Bereichen Data Analytics, Additive Manufacturing, Advanced Robotics, Betrieb einer Blockchain
- **Element Schlüsselressourcen**. Nutzung von Daten als wichtige Ressource zur Unterstützung der Schlüsselaktivitäten; erfordert Fähigkeiten in den Bereichen Informatik, Wirtschaftsinformatik und Data Sciences

- **Element Schlüsselaktivitäten**. Angebot von Diensten z. B. für Sammlung, Systematisierung, Klassifikation, Speicherung von Daten und Website-Reporting; Orchestrierung von durch Partner eingebrachten Ressourcen; Erstellung eigener Inhalte, Bereitstellung von eigenerstellten und von fremderstellten Inhalten; Management von Werbepartnerschaften
- **Element Schlüsselpartner**. Intensive Kooperation mit Partnern (auch Einbindung von Wettbewerbern und Wissenschaft) im Rahmen eines unternehmerischen Ökosystems (nicht nur bei digitalen Plattformen)
- **Elemente Kundenbeziehung und Kundenkanäle**. Einbindung der Kunden über den gesamten Lebenszyklus des Angebots (Entwicklung, Markteinführung, operativer Betrieb); Verwertung von Nutzungsdaten durch das Marketing; Nutzung von Web, Apps, Bots, Cloud und Mobile Computing, Social Media, Virtual und Augmented Reality sowie Internet of Things
- **Element Kostenstruktur**. Kosten für den Aufbau und den Betrieb einer digitalen Plattform bzw. der datengetriebenen Services; Kosten für den Aufbau und die nachhaltige Gestaltung eines unternehmerischen Ökosystems
- **Element Einnahmequellen**. Bezahlung der Technologienutzung; Vermarktung von datengetriebenen Dienstleistungen auf Basis sogenannter „as-a-service"-Bezahlmodelle (Infrastruktur, Hardware, Software, Daten); Werbung (direkt oder über affiliate Marketing)
- **Element Sicherung Wettbewerbsvorteil**. z. B. Skalierung der Angebote; Nutzung Patente; Bildung einer starken Marke; Stetige Entwicklung von neuen Features; Enge Kundenbindung durch Ökosystem
- **Element Beitrag für Umwelt und Gesellschaft**. z. B. Nutzung von Technologien für die Dematerialisierung von Produkten (für mehr Ressourcen- und Energieeffizienz), Ansätze gegen Lebensmittelverschwendung, Schaffung neuer Arbeitsplätze, Stärkung des Empowerments Für eigenständige Geschäftsmodelle im Bereich der Digitalisierung fasst Abb. 13.3 die wesentlichen Typen zusammen.

Jede Beteiligung sollte sich für das jeweilige Geschäftsmodell Gedanken machen, welcher Weg für den Umgang mit den vorhandenen, den künftigen und den potenziell möglichen zusätzlichen Daten aus dem Unternehmen, von Geschäftspartnern und von Kunden vorgesehen ist.[50] In der Regel geht es bei den für eine Beteiligung verfügbaren Daten um nicht personenbezogene Daten oder um solche personenbezogene Daten, für die eine Nutzungsberechtigung seitens der Betroffenen vorliegt. Jedenfalls sollte die Beteiligung sich dem Wert der Daten bewusst sein und diese nicht freimütig externen Datenplattformen ohne Gegenleistung zur Verfügung stellen. Schließlich darf bei aller Diskussion über die Vorteile von Open Data für die Gründungskultur nicht übersehen werden, dass die Nutzung der Daten auch den Aufbau von konkurrenzierenden Geschäftsmodellen ermöglicht. Die langfristigen Effekte der intensiven Sammlung, Analyse, Verknüpfung und Weitergabe

[50] Vgl. Picot und Hopf (2014).

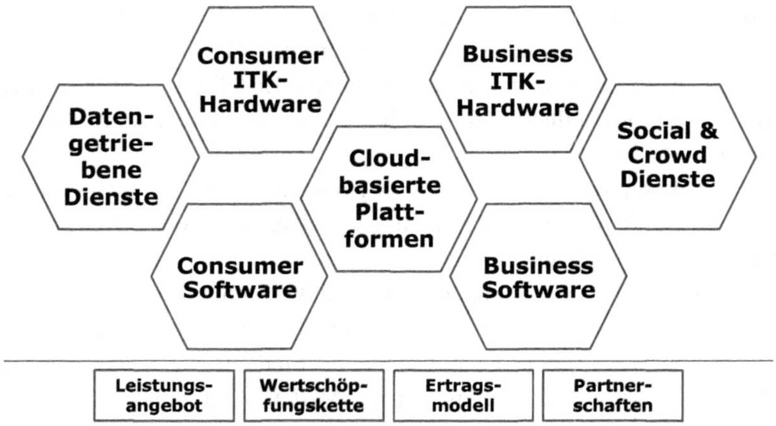

Abb. 13.3 Typen digitaler Geschäftsmodelle

von Daten sind meist nicht absehbar. Im Verhältnis zu bestehenden Wettbewerbern kann ein gemeinsamer Zugriff auf Daten zwar durchaus sinnvoll sein, es sollten aber den Vorzügen von gemeinsamen Plattformen die möglichen Risiken gegenüber gestellt werden. In der Regel wird eine beidseitige Bereitstellung von Daten (Reziprozität) ein valider Ansatz für die Kooperationen von Wettbewerbern sein. Unabhängig davon, ob es sich um kleine oder große Datenmengen handelt, werden Daten relevant für das Geschäftsmodell, wenn mit ihrer Hilfe ein Kundennutzen geschaffen wird. Auf Basis einer Inventarisierung der Daten lassen sich diese verknüpfen und im Rahmen der Geschäftsmodelle nutzen (vgl. die verschiedenen Stufen der Nutzungsintensität in Abb. 13.4).

Während sich viele Unternehmen noch auf den ersten Stufen befinden, arbeiten manche Industrie- und Finanzunternehmen bereits in der 5. Stufe.[51] Die Nutzung von Daten für Prognosen und Entscheidungsunterstützung wirkt dabei direkt auf die Wirtschaftlichkeit des Unternehmens.

Im Sinne eines Impulses gibt Abb. 13.5 einen Überblick über mögliche neue Geschäftsmodelle von Städten und öffentlichen Unternehmen in einer Smart City.

Dabei lässt sich der Mehrwert für den Kunden in folgende Kategorien unterteilen:[52]

- Gesundheit und Lebensqualität
- Umwelt, Ressourcen und Emissionen
- Verbundenheit und Partizipation
- Kosten der Lebensführung
- Bildung, Arbeitsplätze
- Sicherheit
- Zeit und Bequemlichkeit

[51] Vgl. zu Beispielen Bründl et al. (2016).

[52] Vgl. McKinsey Global Institute (2018), S. 5.

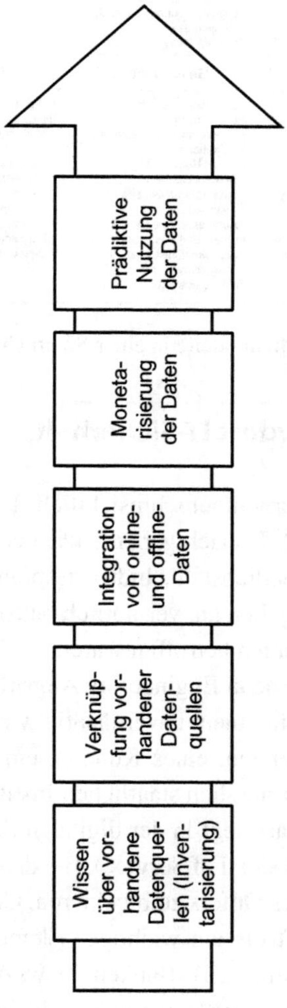

Abb. 13.4 Entwicklungsstufen bei der Nutzungsintensität von Datenquellen. (Quelle: in Anlehnung an Kolany-Raiser et al. 2018, S. 354)

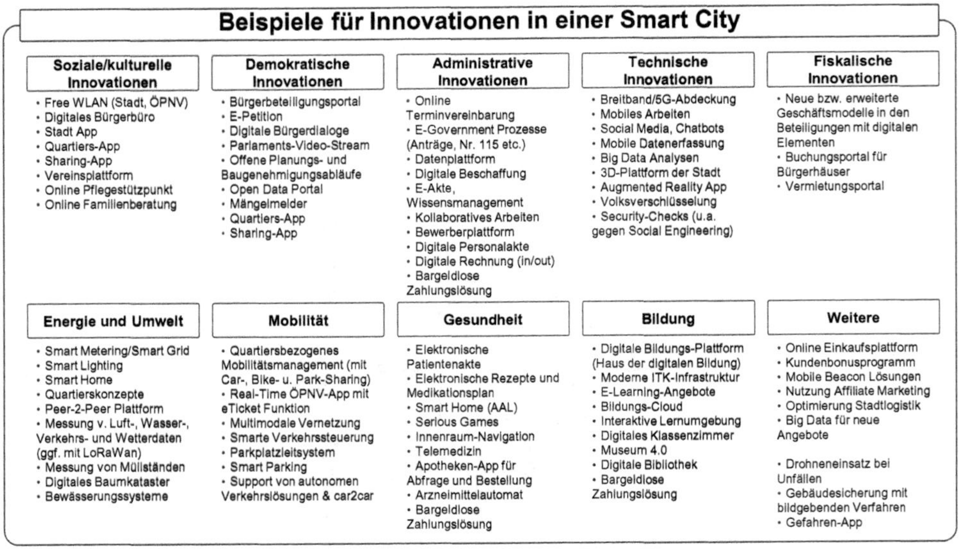

Abb. 13.5 Beispiele für neue Geschäftsmodelle in einer Smart City

13.6 Digitalisierung erfordert IT-Sicherheit

Für die Sensibilisierung des Unternehmens hinsichtlich der IT-Sicherheit hilft die Einschätzung der Studie der Bitkom.[53] Danach gaben 53 % der Unternehmen an, dass Sie in den letzten zwei Jahren von Datendiebstahl, Industriespionage oder Sabotage betroffen waren (Abb. 13.6). Weitere 26 % gaben an, vermutlich betroffen gewesen zu sein. Es fällt auf, dass gerade größere Unternehmen betroffen waren.

Dabei dominieren sogenannte Social Engineering Angriffe (vgl. Abb. 13.7). Bei diesen kann es sich z. B. um eine Email mit einem unverdächtig wirkenden Link (zu einer Schadsoftware) eines fingierten Vorgesetzten, eines Kunden, eines wichtigen Lieferanten des Unternehmens oder auch einer mutmaßlich staatlichen Institution handeln.[54]

Eine weitere wichtige Angriffsart liegt in der digitalen Sabotage. Eine Variante davon sind DDos-Attacken (Distributed Denial of Service). Bei diesen wird versucht, durch hohe Datenmengen die Internet-Seite des Opfers zu blockieren. Gerade Institutionen, bei denen die Verfügbarkeit des Online-Auftritts ein wichtiges Element des Geschäftsmodells ist, nehmen dadurch Schaden. Ziele sind z. B. Banken, News-Webseiten oder Regierungen. Mithilfe einer Karte lassen sich die Angriffe genauer analysieren (vgl. eindrucksvoll http://www.digitalattackmap.com).

Durch digitale oder analoge Angriffe auf die IT-Sicherheit sind Schäden von rd. 55 Mrd. Euro pro Jahr entstanden. Abb. 13.8 vermittelt einen Eindruck über die Schadensursachen.

[53] Vgl. Berg und Maaßen (2017).

[54] Vgl. Geschonneck und Sauermann (2017).

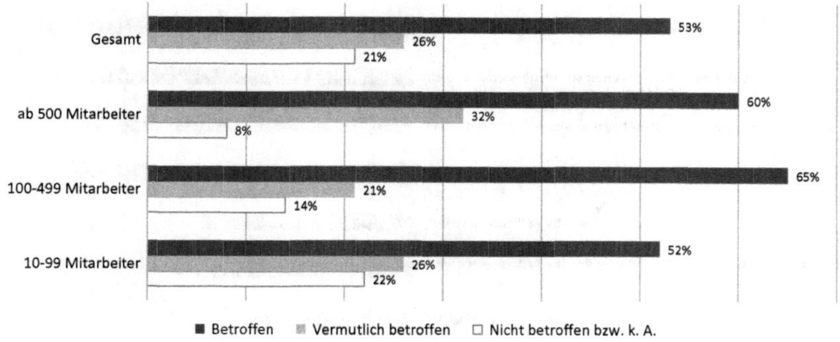

Abb. 13.6 Verbreitung von Datendiebstahl, Industriespionage oder Sabotage. (Quelle: in Anlehnung an Berg und Maaßen 2017, S. 2, N = 1069)

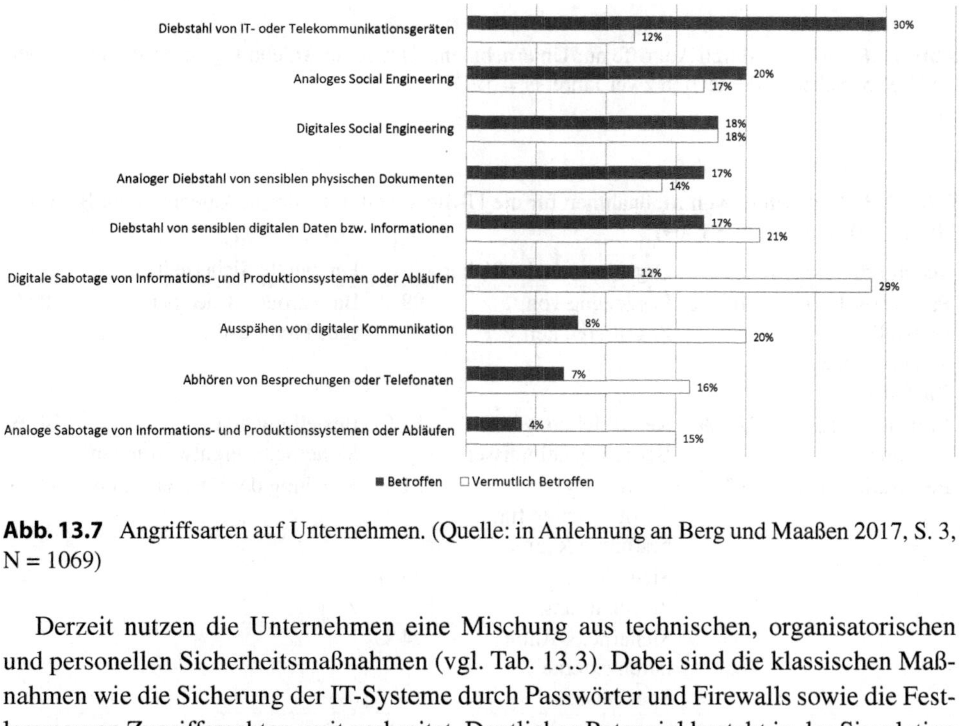

Abb. 13.7 Angriffsarten auf Unternehmen. (Quelle: in Anlehnung an Berg und Maaßen 2017, S. 3, N = 1069)

Derzeit nutzen die Unternehmen eine Mischung aus technischen, organisatorischen und personellen Sicherheitsmaßnahmen (vgl. Tab. 13.3). Dabei sind die klassischen Maßnahmen wie die Sicherung der IT-Systeme durch Passwörter und Firewalls sowie die Festlegung von Zugriffsrechten weit verbreitet. Deutliches Potenzial besteht in der Simulation von Angriffen (im Sinne von Penetrationstests) der Erkennung von Eindringlingen im System (Intrusion Detection Systeme), in der Zertifizierung des Email-Versands sowie in der Schulung bzw. Sensibilisierung der Beschäftigten. Übergeordnet zeigen verschiedene Fallstudien die Potenziale für einen konzertierteren Umgang mit Cyber-Angriffen.[55]

[55] Vgl. die internationalen Fallstudien bei Centre for European Policy Studies (2018).

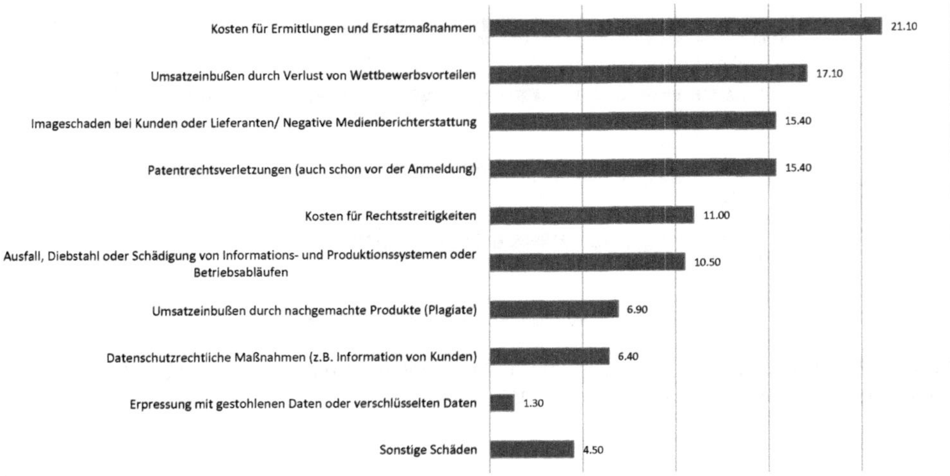

Abb. 13.8 Schäden durch Angriffe auf Unternehmen. (Quelle: in Anlehnung an Berg und Maaßen 2017, S. 5; Schäden der letzten zwei Jahre, N = 571)

Tab. 13.3 Verbreitung von Maßnahmen für die IT-Sicherheit. (Quelle: in Anlehnung an Berg und Maaßen 2017, S. 11, N = 1069)

Technische Sicherheit		Organisatorische Sicherheit		Personelle Sicherheit	
Passwortschutz, Firewalls, Virenscanner, Backups	100 %	Festlegung von Zugriffsrechten	99 %	Background-Checks bei sensiblen Positionen	58 %
Intrusion Detection Systeme	20 %	Kennzeichnung von Betriebsgeheimnissen	85 %	Bestellung eines Sicherheitsverantwortlichen	54 %
Penetrationstests	17 %	Festlegung von Zutrittsrechten für bestimme Räume	81 %	Schulung der Beschäftigten	53 %
		Sicherheits-Zertifizierung	43 %		
		Sicherheits-Audits durch externe Spezialisten	24 %		

Wenngleich eine Verschlüsselung aller versendeten und empfangenen Emails wünschenswert wäre, haben sich bislang Programme wie De-Mail nicht durchgesetzt. Aufgrund der Viefalt der im Markt verfügbaren Email-Programme sollte das Mindestziel in der bilateralen Verschlüsselung von Emails mit wichtigen Kunden, Lieferanten und anderen Geschäftspartnern liegen. Eine Umfrage unterstreicht als Hürde bei der Verschlüsselung den hohen technischen Aufwand für die Verschlüsselung (Abb. 13.9).

Abb. 13.9 Hürden bei der Einführung verschlüsselter Kommunikation. (Quelle: in Anlehnung an Goldmedia 2018, S. 16. N = 122. Antworten: „stimme voll zu" oder „stimme überwiegend zu")

Entsprechend bietet sich die Nutzung von pragmatischen Ansätzen für die Verschlüsselung an. Ein Beispiel dafür ist das Produkt Key2B des Fraunhofer Instituts für Sichere Informationstechnologie aus Darmstadt.[56] Darüber hinaus sind Konzepte und Maßnahmen in jedem Unternehmen sinnvoll, um die Resilienz bzw. Widerstandsfähigkeit gegenüber Angriffen oder der unerlaubten Weitergabe zu erhöhen. Im Minimum sollte ein Konzept oder eine Richtlinie formuliert werden, wie mit den Daten des Unternehmens umgegangen werden soll und wie ein unberechtigter Zugriff und eine nicht gewollte Nutzung der Unternehmensdaten durch Dritte verhindert werden soll. Das Konzept beschreibt auch die verantwortlichen Organisationseinheiten für den Umgang mit Daten sowie die Prozesse für die Nutzung von bzw. den Schutz der Unternehmensdaten.

Literatur

Berg A, Maaßen H-G (2017) Wirtschaftsschutz in der digitalen Welt. Bitkom Research, Berlin

Bharadwaj A, Sambamurthy V (2005) Enterprise agility and information technology management: the CIO's manifesto. SIM Advanced Practices Council Publication, Mount Laurel

Bichsel B, Raychev V, Tsankov P, Vechev M (2016) Statistical deobfuscation of android applications. In: 23rd ACM conference on computer and communications security 24.–28.10.2016. ACM, Wien

BMWI (2016) Digitale Strategie 2025. BMWI, Berlin

Boudreau KJ, Hagiu A (2008) Platform rules: multi-sided platforms as regulators. Working paper 09-061. Harvard Business School, Boston

[56] Vgl. für weitere Informationen https://key2b.de/about.html.

Bremmer M (2018) Robotic Process Automation wird zur Einstiegstechnologie. Computerwoche. https://www.computerwoche.de/a/robotic-process-automation-wird-zur-einstiegstechnologie,3545329. Zugegriffen am 31.08.2019

Bründl S, Matt C, Hess T (2016) Daten als Geschäft – Rollen und Wertschöpfungsstrukturen im deutschen Markt für persönliche Daten. Wirtschaftsinformatik & Management 6:78–83

Centre for European Policy Studies (2018) Software vulnerability disclosure in Europe: technology, policies and legal challenges. Report of a CEPS Task Force. CEPS, Brüssel

Cox M, Ellsworth D (1997) Application-controlled demand paging for out-of-core visualization. In: Proceedings of the 8th conference on visualization. IEEE Computer Society Press, Los Alamitos, S 235–244

Creemers R (2014) Planning outline for the construction of a social credit system (2014–2020) – China Copyright and Media: the law and policy of media in China. https://chinacopyrightandmedia.wordpress.com/2014/06/14/planning-outline-for-the-construction-of-a-social-credit-system-2014-2020/. Zugegriffen am 31.08.2019

Davenport TH, Barth P, Bean R (2012) How big data is different. MIT Sloan Manag Rev 54(1):22–24

dotSource (2017) Internet of things – Geschäftsmodelle, Chancen und Herausforderungen. Whitepaper, dotSource, Jena

EU-Kommission (2018) Bericht über den Stand der Digitalisierung in Europa 2017 – Länderprofil Deutschland, Brüssel. http://ec.europa.eu/newsroom/document.cfm?doc_id=44307. Zugegriffen am 31.08.2019

Fraunhofer-Gesellschaft (2011) Praxisleitfaden Wissensmanagement. Fraunhofer-Gesellschaft, Berlin/Magdeburg

Fraunhofer-Gesellschaft (2016) Industrial data space. White paper. Fraunhofer-Gesellschaft, München

Geschonneck A, Sauermann M (2017) Fake President-Betrug: Wenn Mitarbeiter aus Unwissenheit Betrügern helfen. KPMG, Berlin

Global e-Sustainability Initiative (2015) #SMARTer2030 – ICT solutions for 21st century challenges. GeSI, Brüssel

Goldmedia GmbH (2017) Ökonomischer Wert von Verbraucherdaten für Adress- und Datenhändler. Goldmedia, Berlin

Goldmedia GmbH (2018) Einsatz von elektronischer Verschlüsselung – Hemmnisse für die Wirtschaft Studie im Auftrag des Bundesministeriums für Wirtschaft und Energie (BMWi). Goldmedia, Berlin

Hagiu A, Wright J (2015) Multi-sided platforms. Int J Ind Organ 43(C):162–174

Hartmann PM, Zaki M, Feldmann N, Neely A (2014) Big data for big business?: a taxonomy of data-driven business models used by start-up firms. Working paper. Cambridge Service Alliance. https://cambridgeservicealliance.eng.cam.ac.uk/resources/Downloads/Monthly%20Papers/2014_March_DataDrivenBusinessModels.pdf. Zugegriffen am 31.08.2019

Hinrichs H (2002) Datenqualitätsmanagement in Data Warehouse-Systemen. Dissertation Universität Oldenburg.

HMWVL (2016) Strategie Digitales Hessen – Intelligent. Vernetzt. Für Alle. HMWVL, Wiesbaden

ITU (2003) Declaration of principles – building the information society: a global challenge in the new millennium. WSIS-03/GENEVA/DOC/4-E. ITU, Genf

KI Bundesverband e.V (2018) Künstliche Intelligenz – Situation und Maßnahmenkatalog. KI Bundesverband, Berlin

Kolany-Raiser B, Heil R, Orwat C, Hoeren T (Hrsg) (2018) Big Data und Gesellschaft – Eine multidisziplinäre Annäherung. Springer, Wiesbaden

Kollmann T (2013) E-Business, 5. Aufl. Gabler, Wiesbaden

Kostka G (2018) China's social credit systems and public opinion: explaining high levels of approval. https://papers.ssrn.com/sol3/papers.cfm?abstract_id=3215138. Zugegriffen am 31.08.2019

Krause T, Strauß O, Scheffler G, Kett H, Lehmann K, Renner T (2017) IT-Plattformen für das Internet der Dinge (IoT). Fraunhofer, Stuttgart

Manner J, Nienaber D, Schermann M, Krcmar H (2013) Six principles for governing mobile platforms. In: 11th international conference on Wirtschaftsinformatik. o. V., Leipzig, S 1375–1389

Mazzone D (2014) Digital or death: digital transformation – the only choice for business to survive, smash, and conquer. Smashbox Consulting Inc., Mississauga

McKinsey Global Institute (2018) Smart cities – digital solutions for a more livable future. https://www.mckinsey.com/~/media/mckinsey/industries/capital%20projects%20and%20infrastructure/our%20insights/smart%20cities%20digital%20solutions%20for%20a%20more%20livable%20future/mgi-smart-cities-full-report.ashx. Zugegriffen am 31.08.2019

Miles RE, Snow CC (1984) Fit, failure and the hall of fame. Calif Manag Rev 26(3):10–28

Newman P (2017) The Internet of things 2018 report: how the IoT is evolving to reach the mainstream with businesses and consumers. Business Insider. https://www.businessinsider.de/the-internet-of-things-2017-report-2017-1?r=US&IR=T. Zugegriffen am 31.08.2019

Open Knowledge Foundation (2016) Der Wert persönlicher Daten. OKF, Berlin

Peyman AK, Faraby N, Rossmann A, Steimel B, Wichmann KS (2014) Digital transformation report 2014. Neuland GmbH & Co. KG. und WirtschaftsWoche, Köln

Picot A, Hopf S (2014) Geschäftsmodelle mit Big Data im Dienstleistungsbereich. In: Boes A (Hrsg) Dienstleistung in der Digitalen Gesellschaft – Beiträge zur Dienstleistungstagung des Bundesministeriums für Bildung und Forschung im Wissenschaftsjahr 2014. Campus, Frankfurt, S 259–272

Schreieck M, Pflügler C, Wiesche M, Krcmar H (2016) Forderung 2: Verfahren zur Wertermittlung von Datensätzen schaffen. Bundesministerium für Wirtschaft und Energie, Berlin

Shapiro R, Anja S (2019) Who owns Americans' personal information and what is it worth?. Future Majority. https://www.futuremajority.org/pages/who-owns-americans-personal-information. Zugegriffen am 31.08.2019

Stuchtey M, Enkvist P-A, Zumwinkel K (2016) A good disruption. Redefining growth in the twenty-first century. Bloomsbury, London

The Economist (2017) The world's most valuable resource is no longer oil, but data. https://www.economist.com/news/leaders/21721656-data-economy-demands-new-approach-antitrust-rules-worlds-most-valuable-resource. Zugegriffen am 31.08.2019

Veith D, Clemons E, Benlian A, Buxmann P, Hess T, Spann M, Kundisch D, Leimeister M, Loos P (2014) Business models – an information systems research agenda. Bus Inf Syst Eng 1:45–53

WBGU – Wissenschaftlicher Beirat der Bundesregierung Globale Umweltveränderungen (2019) Unsere gemeinsame digitale Zukunft. Zusammenfassung. WBGU, Berlin

Ylijoki O, Porras J (2016) Perspectives to definition of big data: a mapping study and discussion. J Innov Manag 4(1):69–91

MIX
Papier aus verantwortungsvollen Quellen
Paper from responsible sources
FSC® C105338

Printed by Books on Demand, Germany